嵌入式系统课程教学实施方案项目规划教材

高等学校计算机专业特色教材

嵌入式硬件设计

Qianrushi Yingjian Sheji

马维华　编著

高等教育出版社·北京

内容提要

本书是按照教育部高等学校计算机类专业教学指导委员会组织制订的《高等学校嵌入式系统专业方向核心课程教学实施方案》的要求组织编写的。全书共 11 章，分别介绍嵌入式硬件系统设计基本知识、嵌入式硬件设计基础、嵌入式处理器片上组件、电源设计、最小系统设计、数字通道和模拟通道设计、电机及其控制、互连通信接口设计、可靠性与抗干扰设计，最后以一个完整的实例详细讨论嵌入式硬件综合设计。

本书将通识性知识和个性化知识有机结合，在介绍硬件组件原理及外部接口原理时，不针对任何一款特定嵌入式处理器，只是在具体编程应用时才涉及具体引脚。这样做的目的是因为任何一款处理器都不可能一直使用下去，但只要掌握其本质，以后使用新的处理器时就可以很方便地用特定的引脚代替共性的标识来移植。

全书结构合理、系统、全面、实用，每章后面都有一定数量的习题。本书可作为高等学校计算机专业、电类专业、自动化以及机电一体化专业本科生嵌入式技术相关课程的教材和参考书，也可作为嵌入式硬件开发人员的参考书和工具书。

图书在版编目（CIP）数据

嵌入式硬件设计 / 马维华编著.---北京:高等教育出版社,2018.12

ISBN 978-7-04-047895-2

Ⅰ.①嵌… Ⅱ.①马… Ⅲ.①硬件-设计-高等学校-教材 Ⅳ.①TP303

中国版本图书馆 CIP 数据核字（2018）第 259451 号

策划编辑	时 阳	责任编辑	时 阳	封面设计	杨立新	版式设计 王艳红
插图绘制	杜晓丹	责任印制	田 甜			

出版发行	高等教育出版社		网　　址	http://www.hep.edu.cn
社　　址	北京市西城区德外大街 4 号			http://www.hep.com.cn
邮政编码	100120		网上订购	http://www.hepmall.com.cn
印　　刷	北京宏伟双华印刷有限公司			http://www.hepmall.com
开　　本	787mm×1092mm　1/16			http://www.hepmall.cn
印　　张	31.25			
字　　数	710 千字		版　　次	2018 年 12 月第 1 版
购书热线	010-58581118		印　　次	2018 年 12 月第 1 次印刷
咨询电话	400-810-0598		定　　价	58.00 元

本书如有缺页、倒页、脱页等质量问题，请到所购图书销售部门联系调换

版权所有　侵权必究

物 料 号　47895-00

出 版 说 明

为推动嵌入式系统专业方向建设和课堂教学，建设嵌入式系统优质教学资源，解决嵌入式系统课程建设和教学中存在的问题，教育部高等学校计算机类专业教学指导委员会、中国计算机学会教育专业委员会和高等教育出版社组织来自电子科技大学、浙江大学、国防科学技术大学、南京航空航天大学、上海交通大学、杭州电子科技大学、深圳大学、电子科技大学中山学院等在嵌入式系统专业方向建设和相关课程建设方面具有一定基础的高校的专家，开展了"嵌入式系统课程教学实施方案"项目研究。

项目研究工作自 2010—2012 年，历时两年，正式出版了《高等学校嵌入式系统专业方向核心课程教学实施方案》。通过将嵌入式系统人才培养目标，特别是能力培养目标分解、细化到不同课程，同时考虑到课程之间的前后衔接、课程与培养目标实现的支撑，《高等学校嵌入式系统专业方向核心课程教学实施方案》确定了该专业方向的 5 门核心课程：嵌入式系统概论、嵌入式微控制器及其应用、嵌入式操作系统、嵌入式硬件设计和嵌入式软件开发，并编写相应教材。这套教材旨在反映项目最新的研究成果，体现教学实施方案对于相应课程的定位和要求，以循序渐进的方式安排教学内容，讲解嵌入式系统平台设计的基本原理和基本方法，并给出典型性的示例。为保证教材质量，项目组确定由具有相应课程丰富教学和开发经验，并参与了课程教学实施方案研究的专家担任主编，同时邀请相关领域的权威专家对书稿进行了认真审读，数次修改，才最终交付出版。

这套教材具有如下特点：

• 内容全面，结构新颖。在内容上，理论与实践并重，涵盖课程教学实施方案中涉及的重点内容，并提供大量实例；在结构安排上，从基础知识入手，循序渐进；在叙述上，力求简明扼要，由浅入深。

• 原理部分通用性好。将教材的理论部分与实验部分分开，尽量减少理论内容对实验平台的依赖，以方便实际教学。

• 实验内容丰富、翔实。针对理论部分设计相应的实验，这些实验均系作者亲自设计、验证，力求展现细节，让读者易于上手，可以边干边学，具有较大的参考价值。

• 在拓展性上有突破。教材每章后都有相应的实验思考题和进一步探索的题目，供读者进一步深入研究。

• 面向实践，适用面广。教材兼顾教学、科研和工程开发的需要，对于广大高校本科生和研究生而言，是学习嵌入式系统的教科书；对于从事嵌入式系统开发的工程人员来说，则是实用的参考书。

我们希望这套教材的出版能够为国内高校嵌入式系统相关课程教学的开展提供有益的参考和帮助，提升高校嵌入式系统的教学水平和开发水平，培养更多适应社会需求的嵌入式技术人才。我们将为此不懈努力，也希望得到各位读者的热情帮助，使这套教材能够不断完善和提高。

教育部高等学校计算机类专业教学指导委员会

中国计算机学会教育专业委员会

高等教育出版社

2015 年 1 月

前　言

在教育部高等学校计算机类专业教学指导委员会组织制订的《高等学校嵌入式系统专业方向核心课程教学实施方案》（简称《实施方案》）中，嵌入式硬件设计是其中的核心课程之一。嵌入式硬件设计是计算机科学与技术及相关学科嵌入式专业或方向的必修课程，主要讲授嵌入式系统硬件基础知识、典型接口电路设计、硬件开发工具、开发流程和调试方法，培养学生嵌入式系统硬件设计和开发能力。

本书就是按照实施方案的具体要求组织编写的，内容涉及嵌入式系统体系结构，嵌入式处理器，嵌入式硬件系统设计原则、方法及步骤，嵌入式硬件设计常用开发工具、调试手段和方法等，嵌入式硬件基础，嵌入式电源设计，嵌入式最小硬件系统设计，嵌入式数字通道与模块通道设计，电机及其控制，嵌入式互连通信接口设计，嵌入式硬件系统可靠性与抗干扰设计以及硬件综合设计等。本书包括了硬件设计的方方面面，涉及内容全面且广泛，从嵌入式处理器及其外围电路的功能设计要求出发，旨在培养学生掌握嵌入式硬件的基本设计方法，逐步引入和过渡到嵌入式硬件高性能、高可靠性、低功耗、低成本等非功能性设计方法上，由浅入深、从简到难，有序培养学生的能力，使学生掌握嵌入式硬件设计的基本方法。

尽管市面上关于嵌入式系统方面的书已经很多，但全面、系统地介绍嵌入式硬件设计的参考书却非常稀少。鉴于此，借《实施方案》推出的东风，在吸收国内外有关嵌入式硬件系统相关大量资料，并结合作者科研任务及多年教学经验的基础上，组织编写了本书。

本书在介绍必备的基础知识后，从实际应用系统的视角，以嵌入式硬件系统的组织为主线，逐步展开对嵌入式硬件设计的介绍。在介绍具体硬件设计的过程中，始终把共性的通识内容与个性的特色知识有机结合起来。因此在具体介绍共性的通识知识（如片上硬件组件）时，不限于特定的嵌入式处理器，在介绍典型具体应用时，设计方法也不限于特定的嵌入式处理器，只有在具体实现和编写代码时才具体化到特定的嵌入式处理器。本书介绍的大部分知识是基于 ARM Cortex-M 处理器的，但也不限于这个系列的处理器。

在讲解具体内容时，本书特别注重实用性，尽量列举实例，有些接口电路可直接用于实际硬件系统中。在叙述上，则力求深入浅出，通俗易懂。

全书分成 11 章，第 1 章嵌入式硬件系统设计概论，第 2 章嵌入式硬件基础，第 3 章嵌入式处理器片上典型外设组件，第 4 章嵌入式系统电源设计，第 5 章嵌入式最小系统设计，第 6 章数字输入输出系统设计，第 7 章模拟输入输出系统设计，第 8 章电机及其控制，第 9 章互连通信接口设计，第 10 章嵌入式硬件可靠性与抗干扰设计，第 11 章嵌入式硬件综合设计。

本书由马维华编著，在编写过程中得到"嵌入式系统课程教学实施方案"项目组全体成员在教学和教材大纲及教材内容取舍等方面的大力支持和帮助；对本书做出贡献的有谭白磊、白延敏、朱琳、孙萍、马远、韩语韬，他们在本书编写过程中提出了许多修改意见；本书还得到了院系领导及高等教育出版社的大力支持，在此一并向他们表示衷心感谢！

由于嵌入式硬件技术发展飞速，新技术不断涌现，加上作者水平有限，书中难免有疏漏之处，恳请同行专家及读者提出批评意见。

编者于南航西苑

2018 年 6 月

目　录

第1章　嵌入式硬件系统设计概论 ……… 1

1.1　嵌入式系统体系结构 …………… 2

1.1.1　嵌入式系统的概念 ………… 2

1.1.2　嵌入式系统组成 …………… 3

1.1.3　嵌入式系统硬件组成 ……… 4

1.2　嵌入式处理器 …………………… 5

1.2.1　嵌入式处理器概述 ………… 5

1.2.2　CISC 与 RISC 结构 ………… 7

1.2.3　冯·诺依曼结构与哈佛结构 … 8

1.2.4　ARM 处理器 ………………… 8

1.2.5　ARM 处理器存储器格式及数据

类型 ………………………… 13

1.2.6　ARM 处理器中的 MMU 和 MPU … 14

1.2.7　典型 ARM 微控制器 ……… 15

1.3　嵌入式硬件系统设计 ………… 25

1.3.1　嵌入式硬件设计的主要内容 … 25

1.3.2　嵌入式应用系统设计步骤及原则 … 26

1.3.3　嵌入式系统的设计方法 …… 30

1.4　嵌入式应用系统调试与测试技术 … 32

1.4.1　硬件调试连接 ……………… 32

1.4.2　调试工具及硬件调试 ……… 34

本章习题 ……………………………… 35

第2章　嵌入式硬件基础 …………… 36

2.1　嵌入式工程识图 ……………… 37

2.1.1　框图 …………………………… 37

2.1.2　原理图 ………………………… 38

2.1.3　印刷线路图 ………………… 38

2.1.4　接线图 ………………………… 39

2.1.5　时序图 ………………………… 39

2.2　电路与电路元件 ……………… 41

2.2.1　直流电路和交流电路 ……… 41

2.2.2　模拟电路与数字电路 ……… 43

2.2.3　电路元件 …………………… 44

2.2.4　集成电路 …………………… 65

2.3　数字逻辑电路 ………………… 67

2.3.1　组合逻辑电路 ……………… 67

2.3.2　时序逻辑电路 ……………… 69

2.4　常用模拟集成电路 …………… 72

2.4.1　模拟比较器 ………………… 72

2.4.2　运算放大器 ………………… 73

2.4.3　模拟开关 …………………… 75

2.5　常用数字集成电路 …………… 77

2.5.1　TTL 集成电路 ……………… 78

2.5.2　CMOS 电路 ………………… 80

2.5.3　常用缓冲器 ………………… 82

2.5.4　常用锁存器 ………………… 83

2.5.5　常用移位寄存器 …………… 85

2.5.6　常用译码器 ………………… 87

2.5.7　常用数据选择器 …………… 89

2.6　可编程逻辑器件 ……………… 89

2.6.1　PLD 的一般结构 …………… 89

2.6.2　PLD 的种类 ………………… 90

2.6.3　基于 PLD 的数字系统设计 … 91

2.6.4　常用 EDA 开发工具 ……… 92

2.7　IC 资料查找及阅读 …………… 93

2.7.1　常用 IC 资料下载网站 …… 93

2.7.2　IC 资料的阅读 ……………… 94

本章习题 ……………………………… 95

第3章　嵌入式处理器片上典型外设

组件 …………………………… 97

3.1　嵌入式处理器组成 …………… 98

3.1.1　ARM 的 AMBA 总线体系结构

及标准 …………………… 98

3.1.2　基于 AMBA 总线的嵌入式

处理器 …………………… 100

3.1.3　典型 ARM 芯片简介 …… 102

I

3.2　GPIO 通用 I/O 端口组件 ·············· 104
　　3.2.1　GPIO 概述 ·············· 104
　　3.2.2　GPIO 基本工作模式 ·············· 104
　　3.2.3　GPIO 端口保护措施 ·············· 108
　　3.2.4　GPIO 端口的中断 ·············· 109
　　3.2.5　引脚的多功能 ·············· 110
3.3　定时计数组件 ·············· 110
　　3.3.1　通用定时计数器 ·············· 111
　　3.3.2　看门狗定时器 ·············· 114
　　3.3.3　实时钟定时器 ·············· 115
　　3.3.4　脉宽调制定时器 ·············· 117
　　3.3.5　电机控制 PWM 定时器 ·············· 120
3.4　互连通信组件 ·············· 126
　　3.4.1　串行异步收发器 UART ·············· 126
　　3.4.2　I²C 总线接口 ·············· 129
　　3.4.3　SPI 串行外设接口 ·············· 132
　　3.4.4　CAN 总线接口 ·············· 135
　　3.4.5　Ethernet 以太网控制器接口 ·············· 137
3.5　模拟通道组件 ·············· 140
　　3.5.1　模数转换器 ADC ·············· 140
　　3.5.2　数模转换器 DAC ·············· 143
　　3.5.3　比较器 COMP ·············· 143
本章习题 ·············· 144

第4章　嵌入式系统电源设计 ·············· 146
4.1　嵌入式系统电源设计概述 ·············· 147
　　4.1.1　嵌入式系统的电源需求 ·············· 147
　　4.1.2　嵌入式系统电源主要类别 ·············· 148
　　4.1.3　嵌入式系统的电源变换 ·············· 150
4.2　线性直流稳压电源的设计 ·············· 150
　　4.2.1　电源变压器的定制 ·············· 151
　　4.2.2　整流与滤波电路设计 ·············· 153
　　4.2.3　稳压电路设计 ·············· 156
4.3　开关电源的设计 ·············· 160
4.4　DC-DC 和 LDO 的典型应用 ·············· 161
　　4.4.1　利用 LDO 器件进行电源变换 ·············· 162
　　4.4.2　利用 DC-DC 器件进行
　　　　　　电源变换 ·············· 163
4.5　基于电池供电的便携式电源设计 ·············· 164
　　4.5.1　电池供电的降压式电源设计 ·············· 165

　　4.5.2　电池供电的升压式电源设计 ·············· 165
本章习题 ·············· 167

第5章　嵌入式最小系统设计 ·············· 169
5.1　典型嵌入式硬件系统及嵌入式最小
　　　系统组成 ·············· 170
　　5.1.1　典型嵌入式硬件系统组成 ·············· 170
　　5.1.2　嵌入式最小系统组成 ·············· 170
5.2　嵌入式处理器选型 ·············· 171
　　5.2.1　功能参数选择原则 ·············· 171
　　5.2.2　非功能性参数选择原则 ·············· 173
5.3　供电模块设计 ·············· 175
5.4　时钟与复位电路设计 ·············· 177
　　5.4.1　时钟电路设计 ·············· 177
　　5.4.2　复位模块设计 ·············· 178
5.5　调试接口设计 ·············· 182
　　5.5.1　JTAG 调试接口设计 ·············· 182
　　5.5.2　SWD 调试接口设计 ·············· 184
5.6　存储器接口设计 ·············· 185
　　5.6.1　存储器层次结构 ·············· 185
　　5.6.2　存储器分类 ·············· 185
　　5.6.3　存储器主要性能指标 ·············· 188
　　5.6.4　片内存储器 ·············· 190
　　5.6.5　片外存储器 ·············· 191
　　5.6.6　辅助存储器 ·············· 191
　　5.6.7　外部存储器扩展 ·············· 193
本章习题 ·············· 197

第6章　数字输入输出系统设计 ·············· 198
6.1　数字信号的逻辑电平及其转换 ·············· 199
　　6.1.1　数字信号的逻辑电平 ·············· 199
　　6.1.2　数字信号的逻辑电平转换 ·············· 201
6.2　数字信号的隔离与保护 ·············· 207
　　6.2.1　数字接口的保护 ·············· 207
　　6.2.2　数字信号的隔离 ·············· 211
6.3　数字输入接口的扩展 ·············· 221
　　6.3.1　使用缓冲器扩展并行输入接口 ·············· 221
　　6.3.2　使用串行移位寄存器扩展
　　　　　　并行输入接口 ·············· 222
6.4　数字输出接口的扩展 ·············· 222
　　6.4.1　使用锁存器扩展并行输出接口 ·············· 222

6.4.2 使用串行移位寄存器扩展
　　　并行输出接口 ……………… 223
6.5 数字输入输出接口的一般结构 … 224
6.5.1 数字输入接口的一般结构 … 224
6.5.2 数字输出接口的一般结构 … 227
6.6 人机交互通道设计 …………… 228
6.6.1 键盘接口设计 …………… 228
6.6.2 显示接口设计 …………… 234
本章习题 …………………………… 244

第7章　模拟输入输出系统设计 … 245
7.1 模拟输入输出系统概述 ……… 246
7.2 传感器及变送器 ……………… 247
7.2.1 传感器 …………………… 247
7.2.2 变送器 …………………… 254
7.3 信号调整的电路设计 ………… 255
7.3.1 信号调理电路的功能及任务 … 256
7.3.2 信号滤波 ………………… 258
7.3.3 信号放大 ………………… 260
7.3.4 激励与变换 ……………… 262
7.3.5 模拟信号隔离 …………… 264
7.4 模数转换器及其接口设计 …… 269
7.4.1 片内 ADC 及其应用 …… 269
7.4.2 片外 ADC 及其应用 …… 270
7.5 数模转换器 …………………… 279
7.5.1 片内 DAC 及其应用 …… 279
7.5.2 片外 DAC 及其应用 …… 280
7.6 模拟比较器及其应用 ………… 284
7.6.1 片上比较器及其应用 …… 284
7.6.2 片外比较器及其应用 …… 286
7.7 典型模拟输入输出系统实例 … 288
7.7.1 温度变送器设计要求 …… 288
7.7.2 温度变送器硬件系统设计 … 289
本章习题 …………………………… 292

第8章　电机及其控制 …………… 294
8.1 电机及其种类 ………………… 295
8.1.1 电机的定义 ……………… 295
8.1.2 电机的种类 ……………… 295
8.1.3 电机的一般控制系统 …… 296
8.1.4 电机控制系统中的常用部件 … 296

8.2 直流电机及其控制 …………… 300
8.2.1 直流电机及类别 ………… 300
8.2.2 直流电机励磁方式及其连接 … 301
8.2.3 直流电机的控制 ………… 302
8.2.4 采用 H 桥驱动芯片的直流电机
　　　控制实例 ……………… 305
8.3 步进电机及其控制 …………… 310
8.3.1 步进电机 ………………… 310
8.3.2 步进电机的控制系统构成 … 313
8.3.3 采用由分离元件构成的步进
　　　电机控制接口 …………… 314
8.3.4 采用由专用芯片构成的步进
　　　电机控制接口 …………… 316
8.4 单相交流电机及其控制 ……… 319
8.4.1 单相交流电机 …………… 319
8.4.2 单相交流电机的控制 …… 320
8.5 三相异步电机及其控制 ……… 323
8.5.1 三相异步电机的结构与
　　　工作原理 ……………… 323
8.5.2 异步电机的启动与调速 … 324
8.5.3 三相异步电机的运行控制 … 326
8.5.4 三相异步电机控制系统实例 … 329
8.6 电机的保护 …………………… 334
8.6.1 电机故障及异常状态 …… 334
8.6.2 电机的相间短路保护 …… 335
8.6.3 电机的单相接地保护 …… 335
8.6.4 电机的低电压保护 ……… 336
8.6.5 电机的过载保护 ………… 336
8.6.6 基于嵌入式技术的电机
　　　保护系统 ……………… 337
本章习题 …………………………… 339

第9章　互连通信接口设计 ……… 341
9.1 串行异步收发器 UART ……… 342
9.2 RS-232 接口及其应用 ……… 343
9.2.1 RS-232 接口 …………… 343
9.2.2 基于 RS-232 的双机通信 … 346
9.2.3 基于 RS-232 的多机通信 … 347
9.3 RS-485 接口及其应用 ……… 348
9.3.1 RS-485 接口 …………… 348

9.3.2 RS-485 隔离应用 ············· 352
9.3.3 RS-485 主从式多机通信的
应用 ················· 353
9.3.4 基于 RS-485 的 ModBus RTU
协议 ················· 355
9.4 4~20 mA 电流环接口及其应用 ··· 359
9.5 I²C 总线接口 ················· 361
9.5.1 I²C 总线模块相关寄存器 ··· 361
9.5.2 I²C 总线接口的应用 ······· 363
9.6 SPI 串行外设接口 ············· 364
9.6.1 SPI 寄存器结构 ·········· 364
9.6.2 SPI 接口的应用 ·········· 365
9.7 CAN 总线接口 ··············· 367
9.7.1 典型片上 CAN 控制器组成及
相关寄存器 ············ 367
9.7.2 CAN 总线接口的应用 ····· 369
9.8 Ethernet 以太网控制器接口应用 ··· 370
9.8.1 基于片上以太网控制器的
以太网接口连接 ········· 370
9.8.2 片外以太网控制器的以太网
接口连接 ·············· 372
9.9 USB 接口 ··················· 373
9.9.1 USB 的主要特点 ·········· 373
9.9.2 USB 硬软件构成及接口信号 ··· 374
9.9.3 USB 的传输方式 ·········· 377
9.9.4 USB 接口连接 ············ 377
9.9.5 USB 与 UART 及 RS-232 之间
的相互转换接口 ········· 379
9.10 无线通信模块及其接口 ········· 381
9.10.1 GPS 模块 ·············· 381
9.10.2 GSM 模块 ·············· 382
9.10.3 GPRS 模块 ············· 383
9.10.4 北斗模块 ·············· 384
9.10.5 Wi-Fi 模块 ············· 385
9.10.6 蓝牙模块 ·············· 387
9.10.7 ZigBee 模块 ············· 387
9.10.8 RFID 通信接口设计 ······ 388
9.10.9 其他无线模块 ·········· 390
本章习题 ················· 391

第 10 章 嵌入式硬件系统可靠性与
抗干扰设计 ············· 392
10.1 嵌入式系统可靠性概述 ········· 393
10.1.1 嵌入式系统可靠性及其特点 ··· 393
10.1.2 嵌入式系统可靠性设计内容 ··· 393
10.1.3 嵌入式系统可靠性设计原则 ··· 394
10.2 嵌入式硬件系统可靠性设计 ····· 395
10.2.1 影响嵌入式硬件系统可靠性
的主要因素 ············ 396
10.2.2 提高嵌入式硬件系统可靠性
的主要措施 ············ 397
10.2.3 嵌入式硬件系统总体方案
可靠性设计 ············ 401
10.3 嵌入式硬件系统的干扰 ········· 402
10.3.1 干扰的来源 ············ 402
10.3.2 干扰的传播途径 ········· 403
10.3.3 干扰对嵌入式系统的影响 ··· 404
10.3.4 干扰的抑制原则及措施 ····· 405
10.4 供电系统抗干扰与最小系统
可靠性设计 ················· 407
10.4.1 供电系统的抗干扰措施 ····· 407
10.4.2 嵌入式最小系统的可靠性
设计 ················· 409
10.5 接地系统抗干扰措施 ··········· 410
10.5.1 接地的种类 ············ 411
10.5.2 接地的方式 ············ 412
10.6 过程通道的抗干扰设计 ········· 414
10.6.1 差模干扰及其抑制 ······· 415
10.6.2 共模干扰及其抑制 ······· 416
10.6.3 长线传输干扰及其抑制 ····· 418
10.7 印制电路板抗干扰设计 ········· 419
10.7.1 印制电路板的电磁干扰 ····· 420
10.7.2 印制电路板的电磁兼容设计 ··· 421
10.8 嵌入式系统的能量控制与低功耗
设计 ····················· 426
10.8.1 能量控制与低功耗设计及其
意义 ················· 426
10.8.2 低功耗设计的内容及步骤 ··· 426
10.8.3 低功耗器件的选择 ········· 427

10.8.4 低功耗电源设计 ·············· 428
10.8.5 嵌入式处理器的功率控制 ········ 431
10.8.6 对外围电路的功耗管理 ······· 434
本章习题 ·············· 438

第11章 嵌入式硬件综合设计 ·············· 439

11.1 系统设计要求 ·············· 440
11.1.1 系统总体设计要求 ·············· 440
11.1.2 主要功能要求与技术指标 ········ 441
11.2 硬件需求分析与体系结构设计 ········ 442
11.2.1 嵌入式硬件需求分析 ·············· 442
11.2.2 嵌入式阀门控制器体系结构
设计 ·············· 444
11.3 最小系统设计 ·············· 446
11.3.1 嵌入式处理器的选型 ·············· 446
11.3.2 供电模块的设计 ·············· 447
11.3.3 最小系统设计 ·············· 449
11.4 通道设计 ·············· 449

11.4.1 通道模块元器件选型 ·············· 449
11.4.2 模拟通道硬件设计 ·············· 451
11.4.3 数字通道硬件设计 ·············· 453
11.4.4 互连通信接口设计 ·············· 461
11.5 嵌入式硬件综合 ·············· 462
11.5.1 硬件原理图综合 ·············· 463
11.5.2 硬件PCB设计 ·············· 466
11.6 系统调试 ·············· 467
11.6.1 硬件调试概述 ·············· 467
11.6.2 电源模块的调试 ·············· 469
11.6.3 最小系统调试 ·············· 470
11.6.4 标度变换 ·············· 471
11.6.5 通道调试 ·············· 473
11.6.6 系统综合调试 ·············· 478
本章习题 ·············· 480

附录 部分习题参考答案 ·············· 481
参考文献 ·············· 487

第1章 嵌入式硬件系统设计概论

【本章提要】

本章介绍嵌入式系统体系结构、嵌入式处理器、嵌入式硬件系统设计等相关基本知识，最后概述嵌入式应用系统调试与测试技术。

【学习目标】

- 从熟悉嵌入式系统的概念、嵌入式系统的组成以及嵌入式系统硬件构成开始，了解嵌入式系统体系结构。

- 了解嵌入式处理器作为嵌入式硬件系统的核心，知晓嵌入式处理器的种类，了解 CISC 和 RISC，冯·诺依曼结构与哈佛结构，了解 ARM 处理器及其分类，了解 ARM 处理器内核典型代表，了解嵌入式处理器存储器格式及数据类型，了解嵌入式处理器内部 MMU 和 MPU 的概念，了解典型 ARM 微控制器生产厂家及典型芯片系列。

- 了解嵌入式硬件设计的主要内容，嵌入式应用系统设计的步骤、原则及方法。

- 了解嵌入式系统硬件调试连接，熟悉硬件调试工具及硬件调试的主要内容。

1.1 嵌入式系统体系结构

1.1.1 嵌入式系统的概念

1. 嵌入式系统的定义

嵌入式系统（embedded system）是嵌入式计算机系统的简称，它有以下几种定义。

（1）IEEE（国际电气和电子工程师协会）的定义

嵌入式系统是"Devices used to control，monitor or assist the operation of equipment，machinery or plants"，即为控制、监视或辅助设备、机器或者工厂运作的装置。它通常执行特定功能，以微处理器与周边构成核心，具有严格的时序与稳定度要求，可以全自动操作循环。

（2）国内公认的较全面的定义

嵌入式系统是指以应用为中心，以计算机技术为基础，软硬件可裁剪，适应应用系统对功能、可靠性、成本、体积、功耗严格要求的专用计算机系统。

（3）简单定义

嵌入式系统是指嵌入到对象体系中的专用计算机系统。

上述定义中比较全面准确，并广泛被业界接受的是第二种定义，比较简洁的是第三种定义，而第一种定义则侧重控制领域的嵌入式设备。

2. 嵌入式系统的三个要素

嵌入性、专用性与计算机系统是嵌入式系统的三个基本要素。

嵌入式系统是把计算机直接嵌入到应用系统中，它融和了计算机软硬件技术、通信技术和微电子技术，是集成电路发展过程中的一个标志性成果。

3. 嵌入式技术

嵌入式技术是将计算机作为一个信息处理部件，嵌入到应用系统中的一种技术，它将软件固化集成到硬件系统中，将硬件系统与软件系统一体化。因此可以说，嵌入式技术是嵌入式系统设计技术和应用的一门综合技术。

4. 嵌入式产品或嵌入式设备

嵌入式产品或嵌入式设备是指应用嵌入式技术，内含嵌入式系统的产品或设备。嵌入式产品或设备强调内部有嵌入式系统。例如，内含微控制器的家用电器、仪器仪表、工控单元、机器人、手机、个人数字助理（PDA）等都是嵌入式设备或称为嵌入式产品。

5. 嵌入式

嵌入式是嵌入式系统、嵌入式技术以及嵌入式产品的简称。

6. 嵌入式产业

基于嵌入式系统的应用和开发，并形成嵌入式产品的产业称为嵌入式产业。目前国内已有许多省市开始着手进行嵌入式产业的规划和实施。

嵌入式技术的快速发展不仅使其成为当今计算机技术和电子技术的一个重要分支，同时也使计算机的分类从以前的巨型机、大型机、小型机、微型机变为通用计算机和嵌入式计算机。可以预见，嵌入式系统将成为后 PC 时代的主宰。

7. 嵌入式系统开发工具

嵌入式系统开发工具是指可以用于嵌入式系统开发的工具，主要指嵌入式软件开发工具。嵌入式系统开发工具一般具有集成开发环境，可以在集成开发环境下进行编辑、编译、链接、下载程序、运行和调试等各项嵌入式软件开发工作。

8. 嵌入式系统开发平台

可以进行嵌入式系统开发的软硬件套件称为嵌入式系统开发平台，包括含嵌入式处理器的硬件开发板、嵌入式操作系统和一套软件开发工具。借助于开发平台，开发人员可以集中精力于编写、调试和固化应用程序，而不必把心思浪费在应用程序如何使用开发板的各种硬件设备上。

1.1.2 嵌入式系统组成

嵌入式系统体系结构如图 1.1 所示。嵌入式系统由硬件、软件和执行机构等组成。

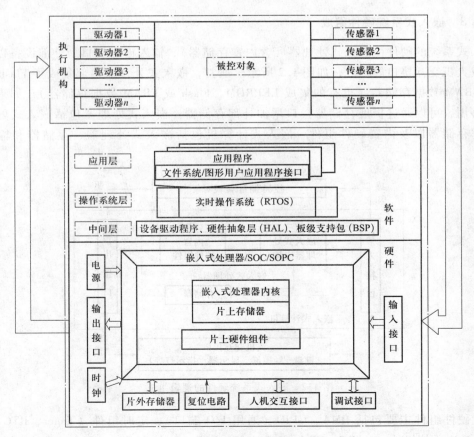

图 1.1 嵌入式系统体系结构

3

嵌入式系统的硬件包括电源、时钟、嵌入式处理器、复位电路、调试接口、人机交互接口、输入输出接口等。嵌入式系统的核心部件是嵌入式处理器，嵌入式处理器内部包括处理器内核、片上存储器以及片上硬件组件等。

嵌入式系统的软件包括中间层、操作系统（Operating System，OS）层和应用层。中间层直接跟硬件打交道，包括设备驱动程序、硬件抽象层（HAL）以及板极支持包（BSP）等。中间层的软件由嵌入式处理器生产厂商提供。操作系统层通常由第三方提供，也有生产芯片厂商提供的简易操作系统，通常具有实时操作系统（RTOS）。应用层软件是由用户自行开发的软件，包括文件系统、图形用户应用程序接口以及具体应用程序。

执行机构是嵌入式系统专用性很重要的组成部分，涉及被控对象的传感器和驱动器等。传感器将感知的信息送入硬件中模拟组件 ADC，硬件中模拟组件 DAC 根据控制策略输出控制信号，通过驱动器控制被控对象完成具体应用。

当今世界，嵌入式系统无处不在，其应用已越来越广泛。嵌入式微控制器作为嵌入式系统的硬件核心——嵌入式处理器的一种形式，在传感器网络、物联网以及工业控制等领域得到广泛应用。

1.1.3 嵌入式系统硬件组成

嵌入式系统的硬件由嵌入式处理器（含内置存储器）、输入输出接口、外部设备以及被测控对象及人机交互接口等构成，如图 1.2 所示。通常，嵌入式处理器内部集成了 Flash 程序存储器和 SRAM 数据存储器（也有的集成 EEPROM、Flash 或 FRAM 数据存储器），如果内部存储器不够用，可以通过扩展存储器接口增加外部存储器。嵌入式处理器包括嵌入式处理器内核、内部存储器以及内置硬件组件。嵌入式计算机包括嵌入式处理器、存储器和输入输出接口。

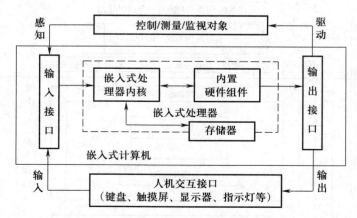

图 1.2　嵌入式系统硬件的逻辑组成

内置硬件组件主要包括 DMA、GPIO（通用 I/O 端口）、定时组件（Timer、RTC、WDT、PWM）、互连通信组件（UART、IrDA、I^2C、I^2S、USB、CAN 以及以太网）、模拟组件（ADC、

DAC）以及协处理器和可编程逻辑器件等。不同厂家不同内核的嵌入式处理器片上硬件组件各具特色，有一定差异。

1.2 嵌入式处理器

嵌入式处理器的体系结构按照指令集架构可分为两种类型：复杂指令集结构（CISC）及精简指令集结构（RISC）；按照存储机制又可分为冯·诺依曼（Von Neumann）结构及哈佛结构（Harvard）；按字长分为 8 位、16 位、32 位和 64 位结构；按内核结构又可分为 51、AVR、PIC、MSP430、MC68HC、X86、MIPS、PowerPC 以及 ARM 等。

1.2.1 嵌入式处理器概述

嵌入式处理器是嵌入式系统的硬件核心，它主要有 4 类：嵌入式微处理器（embedded microprocessor unit，EMPU）、嵌入式微控制器（embedded microcontroller unit，EMCU）、嵌入式数字信号处理器（embedded digital signal processor，EDSP）以及片上系统（system on chip，SoC）。

1. 嵌入式微处理器

嵌入式微处理器是由 PC 中的微处理器演变而来的，与通用 PC 的微处理器不同的是，它只保留了与嵌入式应用紧密相关的功能硬件。典型的 EMPU 有 PowerPC、MIPS、MC68000、i386EX、AMDK62E 以及 ARM 等，其中 ARM 是应用最广、最具代表性的嵌入式微处理器。

2. 嵌入式微控制器

嵌入式微控制器主要是面向控制领域的嵌入式处理器，其内部集成了存储器、定时器、I/O接口以及便于互连通信的多种通信接口等各种必要的功能部件。典型的嵌入式微控制器如 8 位的 51 系列，16 位的 MSP430 系列，8 位/16 位/32 位的 PIC，32 位的 ARM7、ARM9 以及 ARM Cortex-M 系列和 ARM Cortex-R 系列等。

众所周知，微型计算机由中央处理器、存储器、I/O 接口及总线等基于超大规模集成电路（VLSI）的器件组合而成。微控制器（microcontroller unit，MCU）是将上述微型计算机部件集成在单个芯片上构成的专用于控制的微型计算机。即微控制器是把中央处理器、存储器、定时器/计数器（timer/counter）、各种输入输出接口等都集成在一块集成电路芯片上的微型计算机。嵌入式微控制器是面向控制领域，以微处理器为核心的微型控制器。换句话说，微控制器将CPU、存储器、常用 I/O 接口、专用单元和总线集成于一个芯片中，并主要应用于控制领域。由于微控制器主要应用于以控制为目的的嵌入式系统，因此把嵌入式微控制器简称为微控制器。

早期的微控制器被称为单片微型计算机（single chip microcomputer），简称单片机。也有厂家称之为面向控制的微型计算机（control-oriented microcomputer），或面向控制的微控制器（control-oriented microcontroller），而后又出现了单片微控制器（single chip microcontroller）这

一名称，而在国外，无论是 51 还是 ARM，均称为 microcontroller unit 或 microcontroller（微控制器）。随着 ARM 公司推出采用全新技术的微控制器，国内才真正广泛使用微控制器这一名词取代先前的单片机。

目前，国内仍常用单片机来描述低档 8 位/16 位微控制器，如 51 系列/AVR/MSP430 等，而仅把 32 位 RISC 架构的 ARM Cortex-M 等称为微控制器，这种习惯性称谓是不妥当的，还是应该统称为微控制器。

以英特尔公司的 51 内核为依托，不同厂家生产的 51 系列、微芯（microchip）的 PIC 系列、Atmel 公司的 AVR 系列、德州仪器公司的 MSP430 系列、飞思卡尔半导体公司的 MC68HC 系列以及不同厂家生产的各种 ARM 系列，都是微控制器领域的杰出代表。

除了高端应用之外，嵌入式微控制器在工业控制、消费电子、智能家电、机器人、医疗电子、网络设备、传感器网络节点、物联网感知单元与网络传输等诸多方面应用十分广泛。

3. 嵌入式数字信号处理器

嵌入式 DSP 是专门用于信号处理的嵌入式处理器，在系统结构和指令算法方面经过特殊设计，因而具有很高的编译效率和指令执行速度。DSP 芯片内部采用程序和数据分开的哈佛结构，具有专门的硬件乘法器，广泛采用流水线操作，提供特殊的 DSP 指令，可以用来快速地实现各种数字信号处理算法。典型的 DSP 如 TMS320 系列。

4. 片上系统

片上系统或系统芯片是一个将计算机或其他电子系统集成为单一芯片的集成电路。片上系统可以处理数字信号、模拟信号、混合信号甚至更高频率的信号。片上系统常常应用在嵌入式系统中。片上系统集成规模很大，一般达到几百万门到几千万门。

片上系统是追求产品系统最大包容的集成器件。片上系统的最大特点是成功实现了软硬件无缝结合，直接在处理器芯片内嵌入软件代码模块。

典型的片上系统具有以下几个部分。

- 至少有一个微控制器、微处理器或数字信号处理器。
- 内存可以是只读存储器、随机存取存储器、EEPROM 和闪存中的一种或多种。
- 用于提供时间脉冲信号的振荡器和锁相环电路。
- 由计数器、计时器和电源电路组成的外部设备。
- 不同标准的总线及其接口。
- 用于在数字信号和模拟信号之间进行转换的模拟数字转换器和数字模拟转换器。
- 电压调理电路以及稳压器。

片上系统具有极高的综合性，实现了一个复杂的系统。用户不需要像设计传统系统那样绘制庞大、复杂的电路图，一点点地连接焊制，只需要使用精确的语言，综合时序设计直接在器件库中调用各种通用处理器，通过仿真之后就可以直接交付芯片厂商进行生产。

由于绝大部分系统构件都位于系统内部，因此整个系统特别简洁，不仅减小了系统的体积，降低了功耗，而且提高了系统的可靠性和设计生产的效率。

大多数现代微控制器芯片均具有片上系统所描述的组成部分，因此大部分功能强大的微控制器芯片都可以看作系统芯片或片上系统。

1.2.2 CISC 与 RISC 结构

CISC（complex instruction set computer，复杂指令集计算机）与 RISC（reduced instrution set computer，精简指令集计算机）代表了两种不同理论的处理器设计学派，两种理论各有利弊，有许多按 CISC 或 RISC 理论所设计的嵌入式处理器问世。这两种理论对处理器设计都产生了巨大的影响，无论采用何种理论设计的嵌入式处理器都有较高的执行效率。

1. CISC 结构

CISC 结构比 RISC 结构产生得早，利用 CISC 结构设计的微控制器有以下特点。

（1）复杂指令

在以 CISC 结构设计的微控制器中，有许多常用指令及特殊设计的指令，有些特殊指令能处理复杂的功能，为了用一条或少量几条指令来完成复杂的功能，一个特殊指令的指令码会很长，并且非常复杂。

由于 CISC 结构设计了很多复杂的指令，微控制器中译码部件的工作就会加重，因而会延长时间。

（2）多种类型的内存寻址方式

在 CISC 结构中，从内存中存取数据有许多不同的寻址方式，以找出数据的所在地址。

（3）微程序结构

微指令（micro instruction）是微控制器控制命令的基本单位。通常，一个简单的处理过程需要数条微指令来完成。微指令指挥微控制器执行一项基本功能，众多微指令的组合便能组合成完整的执行程序。由于微控制器使用微指令，使得微控制器的设计者能将完整的命令置于微控制器的芯片内。

2. RISC 结构

RISC 结构一开始多应用于工作站与中小型计算机的设计中，而随着近年来 RISC 的设计理论越来越受重视，所有 ARM 嵌入式微控制器均为 RISC 结构。

RISC 结构的微控制器有以下几个特点。

（1）固定指令长度

RISC 结构的特点是将指令的长度缩短，因此许多在 CISC 结构中的复杂指令都被去除，只保留了一些简单而常用的指令，而且每条指令的长度相同。

（2）指令流水线处理

指令流水线（pipeline）是 RISC 结构最重要的特点。

（3）简化内存管理

在 RISC 结构中，大多数的指令可以在内部的寄存器之间进行处理，对于内存只有加载（load）及存储（store）两个操作，因而简化了对内存的管理工作。

（4）硬件接线式控制

在采用 CISC 结构的微控制器中，所有的控制是执行微指令，而所有的微指令存放在微控制器的只读存储器中。而在采用 RISC 结构的微控制器中，微指令的格式被简化，因而减少了译码的逻辑，使 RISC 结构能直接用逻辑门串接成控制逻辑。

（5）单周期执行

由于大多数指令属于寄存器间的处理，而这些指令在一个时钟周期内便可执行完毕，比 CISC 结构的微指令的执行时间短且时间固定不变。

（6）复杂度存在于编译程序内

指令流水线是 RISC 结构微控制器设计成功的关键，如果程序码没有经过最优化的排列与精简，就会使指令流水线的性能下降。因此，采用 RISC 结构的微控制器除了硬件的逻辑设计外，软件的编译程序也尤为重要，而编译程序要根据微控制器的结构来优化。

1.2.3 冯·诺依曼结构与哈佛结构

根据存储机制的不同，可以将嵌入式微控制器分为冯·诺依曼结构与哈佛结构。它们之间的不同之处是，CPU 连接程序存储器与数据存储器的方式不同。冯·诺依曼结构如图 1.3（a）所示，CPU（运算器与控制器）与存储器的连接只有一套总线，也就是一套数据线、控制线和地址线连接了 CPU 与存储器，存储器中既可以存放数据也可以存放程序。

与冯·诺依曼结构相比，哈佛结构如图 1.3（b）所示，其特点如下：

① 使用两个独立的存储器分别存储指令和数据，不允许指令和数据并存；

② 使用两条独立的总线分别作为 CPU 与每个存储器之间的专用通信路径，而这两条总线之间毫无关联。

哈佛结构的微处理器通常具有较高的执行效率。其程序和数据分开组织与存储，执行时可以预先读取下一条指令，因而减轻了程序运行时的访存瓶颈。

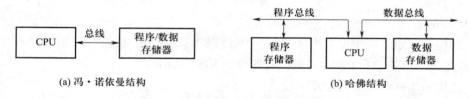

(a) 冯·诺依曼结构　　　　　　　　　　　(b) 哈佛结构

图 1.3　冯·诺依曼结构与哈佛结构

ARM Cortex-M0、M0+和 M1 采用冯·诺依曼结构，而 ARM Cortex-M3、M4 则采用哈佛结构，其他 ARM 处理器以哈佛结构居多。

1.2.4 ARM 处理器

英国 ARM（Advanced RISC Machines）公司是专门从事基于 RISC 技术芯片设计、开发的公司。作为知识产权供应商，ARM 公司自己并不生产芯片。ARM 是 ARM 公司研发的 RISC 结构的嵌入式处理器内核，它是目前嵌入式处理器的领跑者，是最具优势的嵌入式处理器内核。

ARM 的产品线从低端到高端，应用非常广泛，是全球应用最广、知名度最高、使用厂家最多的嵌入式处理器内核。

1. ARM 处理器内核

ARM 内核与其他处理器内核相比，主要特点有耗电省、功能强、成本低、16 位 Thumb 与 32 位 ARM 及 Thumb-2 双指令集并存，以及具有非常众多的合作伙伴，使用面广泛，这是其他处理器内核所不及的。ARM 结构的主要特点包括：采用 RISC 结构，具有 16 位/32 位指令集及多处理器状态模式，采用先进的片内 AMBA 总线技术，以灵活、方便地连接组件，采用低功耗设计技术等。

ARM 家族中的产品包括 ARM7、ARM9、ARM10、ARM11 以及 ARM Cortex-M（ARM Cortex-M 有 M0/M0+/M1/M3/M4/M7 等不同系列）、ARM Cortex-R 和 ARM Cortex-A 系列，ARM Cortex-A 系列包括 32 位的 ARM Cortex-A7/A8/A15 以及 64 位的 ARM Cortex-A50 和 ARM Cortex-A70 系列等。

由于 ARM 公司只设计 IP 核（intellectual property core，知识产权核），并不生产芯片，因此其他半导体厂家要购买 ARM 内核技术，然后加入有特色的组件，再构成各自的嵌入式处理器或片上系统。

目前，许多半导体公司持有 ARM 授权，如 Atmel、Broadcom、Cirrus Logic、飞思卡尔（于 2004 年从摩托罗拉公司独立出来）、富士通、英特尔、IBM、NVIDIA、台湾新唐科技（Nuvoton Technology）、英飞凌、任天堂、恩智浦半导体 NXP（于 2006 年从飞利浦公司独立出来）、OKI 电气工业、三星电子、Sharp、STMicroelectronics、德州仪器和 VLSI 等，这些公司均拥有各个不同形式的 ARM 授权。

ARM 嵌入式处理器的内核版本如表 1.1 所示。

表 1.1　ARM 嵌入式处理器的内核版本

ARM 内核名称	体系结构
ARM1	ARMv1
ARM2	ARMv2
ARM2As、ARM3	ARMv2a
ARM6、ARM600、ARM610、ARM7、ARM700、ARM710	ARMv3
Strong ARM、ARM8、ARM810	ARMv4
ARM7TDMI、ARM710T、ARM720T、ARM740T ARM9TDMI、ARM920T、ARM940T	ARMv4T
ARM9E-S	ARMv5
ARM10TDMI、ARM1020E、XScale	ARMv5TE
ARM11、ARM1156T2-S、ARM1156T2F-S、ARM1176JZ-S	ARMv6

ARM 内核名称		体系结构
Cortex-M	Cortex-M0、Cortex-M0+、Cortex-M1	ARMv6-M
	Cortex-M3、Cortex-M4、Cortex-M7	ARMv7-M
Cortex-R 系列，如 Cortex-R4/R5/R7		ARMv7-R
Cortex-A 系列，如 Cortex-A5/A7/A8/A9/A15		ARMv7-A
Cortex-A50 系列，如 Cortex-A53/A57/A72		ARMv8-A

2. ARM 处理器分类

ARM 处理器分类如图 1.4 所示。ARM 公司把以 ARM7~ARM11 为内核的系列处理器称为经典 ARM 处理器；把 ARM Cortex-M（MicroController）内核的系列处理器称为 ARM Cortex 嵌入式处理器；把基于 Cortex-R（real-time）内核的系列处理器称为 ARM Cortex 实时嵌入式处理器；把基于 Cortex-A（application）和 64 位的 Cortex-A50 系列处理器称为 ARM Cortex 应用处理器；把专门用于智能卡安全应用领域的处理器称为 ARM 专家处理器（SecurCore Processors）。

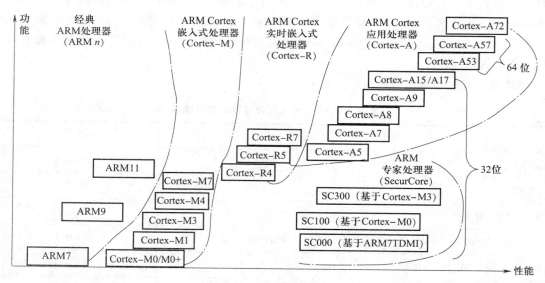

图 1.4　ARM 处理器分类

通常，ARM Cortex-M 和 ARM Cortex-R 统称为嵌入式处理器，这类芯片通常被称为嵌入式微控制器。

3. ARM 处理器内核的主要特点

ARM 处理器内核系列及主要性能特点如表 1.2 所示。

表 1.2　ARM 处理器内核系列及主要性能特点

系列	相应内核	主要性能特点
ARM7	ARM7TDMI/ARM7TDMI-S ARM720T/ARM7EJ	冯·诺依曼结构，3 级流水线，无 MMU
ARM9	ARM920T/ARM922T	哈佛结构，5 级流水线，单 32 bit AMBA 接口，有 MMU
ARM9E	ARM926EJ-S/ARM946E-S/ARM966E-S ARM968E-S/ARM996HS	哈佛结构，5 级流水线，支持 DSP 指令，软核（soft IP）
ARM10	ARM1020E/ARM1022E/ARM1026EJ-S	哈佛结构，6 级流水线，分支预测，DSP 指令，高性能浮点操作，双 64 位总线接口，内部 64 位数据通路
ARM11	ARM11MPCore/ARM1136J(F)-S	哈佛结构，8 级流水线，分支预测和返回栈，支持 DSP、SIMD/Thumb-2 核心技术
	ARM1156T2(F)-S/ARM1176JZ(F)-S	哈佛结构，9 级流水线，分支预测和返回栈，支持 DSP、SIMD/Thumb-2 核心技术
Cortex-M	Cortex-M0/Cortex-M0+	冯·诺依曼结构，3 级流水线，Thumb 指令集并包含 Thumb-2，嵌套向量中断，M0+内部有 MPU，M0 没有
	Cortex-M1	冯·诺依曼结构，3 级流水线，支持 FPGA 设计，Thumb 指令集并包含 Thumb-2
	Cortex-M3	哈佛结构，3 级流水线，Thumb-2 指令集，嵌套向量中断，分支指令预测，内置 MPU
	Cortex-M4	哈佛结构，3 级流水线，Thumb-2 指令集，嵌套向量中断，分支指令预测，内置 MPU，高效信号处理，SIMD 指令，饱和运算，FPU
	Cortex-M7	哈佛结构，6 级流水线，Thumb-2 指令集，嵌套向量中断，超标量分支指令预测，内置 FPU，灵活的系统和内存接口（包括 AXI 和 AHB）、高速缓存（cache）以及高度耦合内存或紧耦合内存（TCM），为 MCU 提供出色的整数、浮点数和 DSP 性能

系列	相应内核	主要性能特点
Cortex-R	Cortex-R4/Cortex-R4F/Cortex-R5/Cortex-R7	实时应用，哈佛结构，8 级流水线，支持 ARM、Thumb 和 Thumb-2 指令集，F 标示内置 FPU，DSP 扩展，分支预测，超标量执行，MPU
Cortex-A	Cortex-A5/Cortex-A5 MPCore	哈佛结构，MPCore 多核（1~4 核），分支预测，顺序执行指令流水线，支持 ARM、Thumb/ThumbEE 指令集，MMU
	Cortex-A7/Cortex-A7 MPCore	哈佛结构，MPCore 多核（1~4 核），直接和间接分支预测，顺序执行指令流水线，支持 ARM、Thumb/ThumbEE 指令集，L1 cache，L2 cache，MMU
	Cortex-A8/Cortex-A8 MPCore	哈佛结构，MPCore 为多核，超标量结构，13 级流水线，动态分支指令预测，分支目标缓冲器 BTB，MMU，FPU，L1 cache，L2 cache，支持 ARM、Thumb/ThumbEE 指令集，SIMD
	Cortex-A9/Cortex-A9 MPCore	哈佛结构，MPCore 为多核，超标量结构，可变长度，乱序执行指令流水线，动态分支指令预测，分支目标缓冲器 BTB，MMU，FPU，L1 cache，L2 cache，支持 ARM、Thumb/ThumbEE 指令集，SIMD，Jazelle RCT 技术
	32 位字长的 A 系列 Cortex-A15/Cortex-A15 MPCore	哈佛结构，MPCore 为多核，超标量结构，可变长度，乱序执行指令流水线，动态分支指令预测，分支目标缓冲器 BTB，MMU，FPU，32 KB 一级缓存，4 路相关二级缓存，共享 512 KB~4 MB 二级缓存，支持 ARM、Thumb/ThumbEE 指令集，SIMD，SIMD2，Jazelle RCT 技术
	64 位字长的 A 系列 Cortex-A53/Cortex-A57/Cortex-A72	哈佛结构，64 位处理器，8 级流水线，支持 ARM AArch64 64 位指令集，并向下兼容 AArch32 32 位指令集，核心数量从 1 个到 4 个不等，均集成了 NEON SIMD 引擎、ARM CoreSight 多核心调试与追踪模块、128 bit AMBA ACE 一致性总线界面，还可选加密加速单元，能将加密软件的运行速度提升最多 10 倍。Cortex-A53 是简单的顺序执行，Cortex-A57 则是复杂的乱序执行、多发射流水线，Cortex-A72 是最高性能的 64 位 A 系列处理器，性能是 Cortex-A15 的 3.5 倍

本书主要介绍使用广泛、面向嵌入式应用领域、以 ARM Cortex-M 系列内核嵌入式微控制器为核心的嵌入式硬件系统的设计。

1.2.5 ARM 处理器存储器格式及数据类型

ARM 体系结构将存储器看作从 0x00000000 地址开始的以字节为单位的线性阵列。每个字数据 32 位，占 4 个字节的地址空间，如第 0~3 号单元存储第 1 个字数据，第 4~7 号单元存储第 2 个字数据，依次排列。作为 32 位的处理器，ARM 体系结构所支持的最大寻址空间为 4 GB（2^{32} B）。但具体的 ARM 芯片不一定提供最大的地址空间。

1. ARM 的两种存储字的格式

ARM 体系结构可以用两种方法存储字数据，称为大端模式和小端模式。以下假设 4 个字节（一个字）中的字节 1 为最低字节，字节 4 为最高字节，具体说明如下。

（1）大端模式（big-endian）

在这种格式中，32 位字数据的高字节存储在低地址中，而字数据的低字节则存储在高地址中，这与通用计算机中存储器的信息存放格式正好相反，如图 1.5 所示。

高地址	31……24	23……16	15……8	7……0	地址示例
	数据字D字节1	数据字D字节2	数据字D字节3	数据字D字节4	0x3000100C
	数据字C字节1	数据字C字节2	数据字C字节3	数据字C字节4	0x30001008
	数据字B字节1	数据字B字节2	数据字B字节3	数据字B字节4	0x30001004
低地址	数据字A字节1	数据字A字节2	数据字A字节3	数据字A字节4	0x30001000

图 1.5　以大端模式存储字数据

例如，一个 32 位字 0x12345678 存储的起始地址为 0x30001000，则在大端模式下，0x30001000 单元存储 0x12，0x30001001 单元存储 0x34，0x30001002 单元存储 0x56，而 0x30001003 单元存储 0x78。

（2）小端模式

与大端模式存储数据完全不同，在小端模式（little-endian）下，32 位字数据的高字节存储在高地址，而低字节存储在低地址，这与通用计算机中存储器的信息存储格式相同，如图 1.6 所示。

高地址	31……24	23……16	15……8	7……0	地址示例
	数据字D字节4	数据字D字节3	数据字D字节2	数据字D字节1	0x300100C
	数据字C字节4	数据字C字节3	数据字C字节2	数据字C字节1	0x30001008
	数据字B字节4	数据字B字节3	数据字B字节2	数据字B字节1	0x30001004
低地址	数据字A字节4	数据字A字节3	数据字A字节2	数据字A字节1	0x30001000

图 1.6　以小端模式存储字数据

例如，同样是 32 位字 0x12345678，存储的起始地址为 0x30001000，则在小端模式下，0x30001000 单元存储 0x78，0x30001001 单元存储 0x56，0x30001002 单元存储 0x34，而 0x30001003 单元存储 0x12。

系统复位时一般自动默认为小端模式，与 Intel 80X86 一致。

2. ARM 存储器数据类型

ARM 处理器支持字节（8 位）、半字（16 位）、字（32 位）3 种数据类型，其中字需要 4 字节对齐（地址的低两位为 0）、半字需要 2 字节对齐（地址的最低位为 0）。其中每一种数据类型又支持有符号数和无符号数，因此共有 6 种数据类型。

ARM 微处理器的指令长度可以是 32 位（在 ARM 状态下），也可以是 16 位（在 Thumb 状态下）。如果是 ARM 指令，则必须固定长度，使用 32 位指令，且必须以字为边界对齐；如果是 Thumb 指令，则指令长度为 16 位，必须以 2 字为边界对齐。

必须指出的是，除了数据传送指令支持较短的字节和半字数据类型外，在 ARM 内部，所有操作都是面向 32 位操作数的。当指令从存储器中读出单字节或半字的操作数装入寄存器时，根据指令对数据的操作要求，会自动扩展其符号位使之成为 32 位操作数，进而作为 32 位数据在内部进行处理。

1.2.6 ARM 处理器中的 MMU 和 MPU

1. ARM 处理器中的 MMU

MMU（memory management unit，存储管理部件）是许多高性能处理器所必需的重要部件之一。在基于 ARM 技术的系列微处理器中，ARM720T、ARM922T、ARM920T、ARM926EEJ-S、ARM10、ARM11、XScale 以及 Cortex-A 系列等内部均集成了 MMU。借助于 ARM 处理器中的 MMU，可以对系统中不同类型的存储器（如 Flash、SRAM、SDRAM、ROM、U 盘等）进行统一管理。通过地址映射，使需要运行在连续地址空间的软件可运行在不连续的物理存储器中，需要较大存储空间的软件可以运行在较小容量的物理存储器中，这就是所谓的虚拟存储器技术。使用虚拟存储器的另一个优点是它还提供对存储器的存取保护，这在多任务系统中是非常重要的。

（1）MMU 的功能

① 虚拟地址到物理地址的映射。ARM 中的 MMU 功能可以被"禁止"或"使能"。当"使能"MMU 后，ARM 处理器产生的地址是虚拟地址。虚拟地址空间分成若干大小固定的块（块的大小可以是 1 MB，也可以是 64 KB、4 KB 或 1 KB），称为页，物理地址空间也划分为同样大小的页。MMU 的功能就是进行虚拟地址到物理地址的转换，这需要通过查找页表来完成。页表是一张虚拟地址与物理地址的对应表，存储在内存储器（简称"内存"）中。在 ARM 系统中，使用协处理器 CP15 中的寄存器 C2 保存页表在内存中的起始地址（基地址）。

页表比较大，查找整个页表的过程虽然由硬件自动进行，但需要花费较多时间。为此可以把页表中一小部分常用的内容复制到一张"快表"（translation look-aside buffers，TLB）中，每次访问内存时，先查快表，查不到时（概率只有 1% 左右）再到内存中查找整个页表。快表的作用类似于 cache，用 SRAM（静态随机存储器）固化在处理器中。在 ARM 中，通常每个内存接口有一个 TLB，指令存储器和数据存储器分开的系统通常有分开的指令 TLB 和数据 TLB。

② 存储器访问权限控制。存储器的访问权限可以以块（页）为单位进行设置，分为不可访问、只读、可读写等不同的权限。当访问具有不可访问权限的页时，会产生一个存储器异常信号并通知 ARM 处理器。当然，存储器允许访问的权限级别也受到程序运行在用户状态还是特权状态的影响。

（2）存储器访问的顺序

当执行加载/存储指令访问存储器时，MMU 先查找 TLB 中的转换表。如果 TLB 中没有转换表，则硬件会自动查找主存储器内的页表，找到的虚拟地址到物理地址的转换信息和访问权限信息就可以用来进行存储器的读写操作，同时把这些信息放入 TLB 中供此后继续使用。如果在页表中也找不到转换信息，则产生中断，通知操作系统进行处理。

通常，绝大多数时候都可以从 TLB 中查到地址转换信息和访问权限信息，这些信息将被用于以下方面。

① 访问权限控制信息用来控制访问是否被允许。如果不允许，则 MMU 将向 ARM 处理器发送一个存储器异常信号，否则访问继续进行。

② 对于没有高速缓存（指令 cache 和数据 cache）的系统，转换得到的物理地址将被用作访问主存储器的地址。对于有高速缓存的系统，则先访问高速缓存，只有在高速缓存没有选中的情况下，才需要真正访问主存储器。

2. ARM 处理器中的 MPU

MPU（memory protection unit）即存储器保护单元，是对存储器进行保护的可选组件。它提供了简单替代 MMU 的方法来管理存储器，这样对于没有 MMU 的嵌入式系统，就简化了硬件设计和软件设计。没有 MMU 就不需要进行复杂的地址转换操作。

MPU 允许 ARM 处理器的 4 GB 地址空间定义 8 对域，分别控制 8 条指令和 8 个数据内存区域。每个域的首地址和界（或长度）均可编程。MPU 中的一个区域就是一些属性值及其对应的一片内存。这些属性包括起始地址、长度、读写权限以及缓存等。带 MPU 的 ARM 处理器使用不同的域来管理和控制指令内存与数据内存。

域和域可以重叠并且可以设置不同的优先级，域的起始地址必须是其大小的整数倍。另外，域的大小可以是 4 KB～4 GB 间任意一个 2 的指数，如 4 KB、8 KB、16 KB、…、4 GB。

1.2.7 典型 ARM 微控制器

典型的嵌入式微控制器当属基于 ARM 的系列嵌入式处理器。生产 ARM 处理器的厂家众多，超过 100 家，每个厂商生产的 ARM 芯片型号各不相同，除了内核架构外，其内置硬件组件各有特色，性能也有差异。图 1.7 所示为采用 ARM 内核技术的不同系列典型嵌入式微控制器芯片的生产厂商、采用的内核系列及典型的 ARM 芯片。

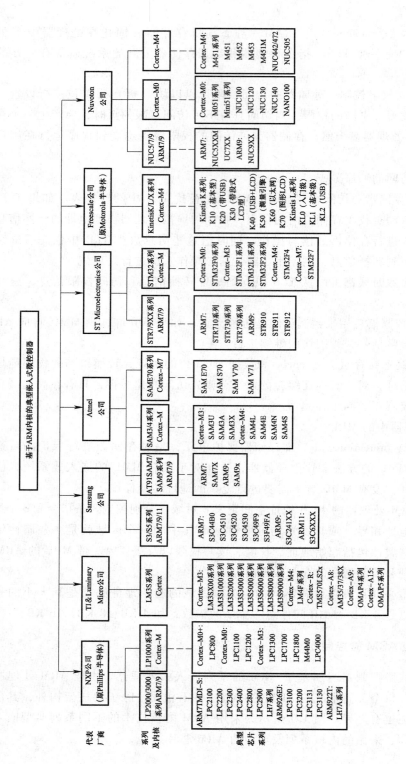

图 1.7 典型厂家的 ARM 处理器

1. 恩智浦公司的典型 ARM 芯片

荷兰的恩智浦（NXP）半导体公司（原飞利浦半导体）主要提供半导体芯片、系统解决方案和软件。它的 ARM 芯片侧重于微控制器，以 ARM7、ARM9 和 Cortex-M3 内核为基础，生产了多个系列的 ARM 处理芯片，且应用非常广泛。NXP 公司的主要 ARM 芯片有以下系列。

（1）基于 ARM7TDMI-S 内核的 LPC2000 系列

LPC2000 系列采用 ARM7TDMI-S 内核，并带有 128/256 KB 嵌入式高速 Flash 存储器。128 位宽度的存储器接口和独特的加速结构使 32 位代码能够在最大时钟速率下运行。LPC2000 系列有 5 个子系列：LPC2100、LPC2200、LPC2300、LPC2400 和 LPC2800。

LPC2000 系列采用非常小的 64 脚封装，具有极低的功耗、多个 32 位定时器、4 路 10 位 ADC、PWM（脉宽调制）输出以及多达 9 个外部中断，这使该系列特别适用于工业控制、医疗系统、访问控制和电子收款机（POS）等应用领域。该系列还提供 UART 接口、CAN-bus 接口、SPI 接口、SSP 接口、I²C 接口、ADC、DAC、USB 2.0 接口、通用定时器、外部中断、PWM、实时时钟、LCD 驱动器等。

（2）基于 ARM9 的 LPC2900 以及 LPC3000 系列

LPC2900 系列 ARM 芯片是基于高达 125 MHz 主频的 ARM968 处理器芯片系列，支持 USB 2.0 Device/OTG/Host 控制器，带有 CAN-bus 接口和 LIN 主机控制器、多达 4 个 UART 接口、16 KB 的 EEPROM、3 个 A/D 转换器和带有正交编码器的 PWM 电机控制接口，非常适用于包括工业自动化和车内网络在内的应用。

LPC3000 系列 ARM 芯片采用带有矢量浮点协处理器的 ARM926EJ-S CPU 内核，数据处理能力大幅提升；工作频率可高达 266 MHz，这为 USB、以太网、LCD 控制器等外设同时运行提供了强有力的保证，能够将各种高速外设的性能发挥得淋漓尽致。有两个子系列 LPC3100 和 LPC3200。

（3）基于 Cortex-M0 的 LPC1000 系列

这个系列包括 LPC1100 和 LPC1200 两个子系列。LPC1100 系列 ARM 芯片是以 Cortex-M0 为内核，为嵌入式系统应用而设计的高性能、低功耗的 32 位微处理器。LPC1100 是低价位 32 位微控制器解决方案，其价值和易用性比现有的 8/16 位微控制器更胜一筹。

LPC1200 系列 ARM 芯片是基于 Cortex-M0 内核的微控制器，具有高集成度和低功耗等特性，可用于嵌入式应用。它可为系统提供更高的性能，如增强的调试特性和更高密度的集成。

（4）基于 Cortex-M0+ 的 LPC800 系列

LPC800 系列是由 Cortex-M0 改进缩减的版本，目标是低功耗、低成本应用。它为物联网感知层应用提供了性价比极高的应用方案。

（5）基于 Cortex-M3 的 LPC1300/LPC1700/LPC1800 系列

LPC1300/LPC1700/LPC1800 系列 ARM 芯片是以第二代 Cortex-M3 为内核的微控制器，用于处理要求高度集成和低功耗的嵌入式应用。这几个系列采用 3 级流水线和哈佛结构，运行速度高达 100 MHz，带有独立的本地指令和数据总线以及用于外设的第三条总线，使得代码执行速度高达 1.25 MIPS/MHz，并包含一个支持随机跳转的内部预取指单元，特别适用于静电设计、照明设备、工业网络、报警系统、白色家电、电机控制等领域。

LPC1700 系列 ARM 芯片增加了一个专用的 Flash 存储器加速模块，使得在 Flash 中运行代码能够达到较理想的性能。LPC1700 系列的外设组件相当多，最高配置包括 512 KB 片内 Flash 程序存储器、96 KB 片内 SRAM、4 KB 片内 EEPROM、8 通道 GPDMA 控制器、4 个 32 位通用定时器、一个 8 通道 12 位 ADC、1 个 10 位 DAC、1 路电机控制 PWM 输出（MCPWM）、1 个正交编码器接口、6 路通用 PWM 输出、1 个看门狗定时器以及 1 个独立供电的超低功耗 RTC。LPC1700 系列的互联通信接口也相当丰富，包括 1 个以太网 MAC、1 个 USB 2.0 全速接口、5 个 UART 接口、2 路 CAN-bus 接口、3 个 SSP 接口、1 个 SPI 接口、3 个 I^2C 接口、2 路 I^2S 输入输出。

LPC1800 系列 ARM 芯片包含高达 1 MB 片内 Flash、200 KB 片内 SRAM、4 线 SPI Flash 接口（SPIFI）、可配置定时器子系统（SCT）、2 个高速 USB 控制器、1 个以太网接口、1 个 LCD 接口、1 个外部存储器控制器以及各种数字和模拟外设等。

（6）基于 Cortex-M4+M0 双核的 LPC4000 系列

LPC4000 系列 ARM 芯片是 NXP 公司推出的基于 Cortex-M4 内核的数字信号系统处理器，Cortex-M4 处理器完美地融合了微控制器 Cortex-M0 的基本功能（如集成的中断控制器、低功耗模式、低成本调试和易用性等）和高性能数字信号处理功能（如单周期 MAC、单指令多数据（SIMD）技术、饱和算法、浮点运算单元等）。LPC4000 系列 ARM 芯片的工作频率高达 150 MHz，采用 3 级流水线和哈佛结构，带有独立的本地指令和数据总线以及用于外设的第三条总线，并包含一个内部预取指单元，支持随机跳转的分支操作。LPC4000 系列可以帮助开发者实现多种开发应用，如电动机控制、电源管理、工业自动化、机器人、医疗、汽车配件和嵌入式音频。典型芯片有 LPC4333、LPC4337、LPC4350、LPC4357 等。

2. 德州仪器公司的典型 ARM 芯片

美国德州仪器（TI & Luminary Micro）公司设计、生产的嵌入式微控制器超过 270 个品种，主要特色是全部内置 10 位 ADC，并根据不同应用场合特制不同子系列以满足不同应用需求。其主要 ARM 芯片有以下几种。

（1）基于 ARM9 的 ARM 芯片

基于 ARM9 的 ARM 芯片主要是 AM1x 系列以及 ARM9+DSP 的 OMAP-L1x 系列。AM1x 系列主要有 AM1705、AM1707、AM1802、AM1806、AM1808 以及 AM1810 等；OMAP-L1x 系列主要包括 OMAP-L137 和 OMAP-L138。

（2）基于 ARM Cortex-M3 的低成本、低功耗 LM3SX00 系列

该系列的 ARM 芯片主要有 LM3S100、LM3S300、LM3S600、LM3S800 等几个子系列，Flash 大小分别为 8 KB、16 KB、32 KB、64 KB，SRAM 大小为 2~8 KB。

（3）基于 ARM Cortex-M3 的高性能 LM3S1000 系列

LM3S1000 系列主要有 LM3S11xx、LM3S13xx、LM3S14xx、LM3S15xx、LM3S16xx、LM3S19xx 等。

（4）基于 ARM Cortex-M3 带 CAN 控制器的 LM3S2000 系列

LM3S2000 系列主要有 LM3S21xx、LM3S22xx、LM3S24xx、LM3S25xx、LM3S26xx、LM3S27xx、

LM3S29xx 等。

（5）基于 ARM Cortex-M3 带 USB 接口的 LM3S3000 系列

LM3S3000 系列主要有 LM3S3651、LM3S3739、LM3S3948、LM3S3949 等。

（6）基于 ARM Cortex-M3 带 USB+CAN 接口的 LM3S5000 系列

LM3S5000 系列主要有 LM3S5632、LM3S5652、LM3S5662、LM3S5732、LM3S5737、LM3S5739、LM3S5747、LM3S5752、LM3S5762、LM3S5791 等。

（7）基于 ARM Cortex-M3 带以太网接口的 LM3S6000 系列

LM3S6000 系列的最大特色是内置以太网 MAC+PHY 接口，是所有带以太网接口 ARM 芯片中性价比最高的。这个系列的主要芯片有 LM3S6110、LM3S6420、LM3S6422、LM3S6432、LM3S6537、LM3S6610、LM3S6611、LM3S6618、LM3S6633、LM3S6637、LM3S6730、LM3S6753、LM3S6911、LM3S6918、LM3S6938、LM3S6950、LM3S6952 以及 LM3S6965 等。

（8）基于 ARM Cortex-M3 带以太网+CAN 接口的 LM3S8000 系列

LM3S8000 系列以以太网与 CAN 总线接口共存为特色，主要芯片包括 LM3S8530、LM3S8538、LM3S8630、LM3S8730、LM3S8733、LM3S8738、LM3S8930、LM3S8933、LM3S8938、LM3S8962、LM3S8970 以及 LM3S8971。

（9）基于 ARM Cortex-M3 带以太网+USB+CAN 接口的 LM3S9000 系列

LM3S9000 系列以以太网、USB 与 CAN 总线接口共存为特色，主要芯片包括 LM3S9790、LM3S9B90、LM3S9792、LM3S9B92、LM3S9B95 等。

（10）基于 ARM Cortex-M3 带 Cortex-M4 的 LM4F（内置 FPU 浮点运算部件）系列

（11）基于 ARM Cortex-R4 的 TMS570LS2x 系列

（12）基于 ARM Cortex-M4F 的 LM4F 系列

LM4F 系列主要包括 LM4F110 系列、LM4F120 系列、LM4F130 系列以及 LM4F230 系列，主要适用于高性能、低功耗应用。

3. 三星公司的典型 ARM 芯片

韩国的三星（Samsung）公司主要生产 ARM7、ARM9 以及 Cortex-A 系列芯片，是最早得到应用的 ARM 处理器芯片，已广泛应用于商业用途。其主要 ARM 微控制器芯片为以 S3 开头的所有系列（在三星公司的 ARM 命名规则中，第二位 3 表示微控制器）。

（1）基于 ARM7 内核的 S3C44B0

S3C44B0 是三星公司专为手持设备和一般应用提供的高性价比、高性能 16/32 位 RISC 型嵌入式微处理器，它使用 ARM7TDMI 内核，工作频率为 75 MHz。S3C44B0X 采用 0.25 μm 制造工艺的 CMOS 标准宏单元和存储编译器，具有功耗低、精简和出色的全静态设计等特点，非常适合用于对成本和功耗要求较高的场合。S3C44B0 是应用最早且最通用的嵌入式处理器芯片，也是最早被大众熟悉的 ARM 芯片。

（2）基于 ARM9 内核的 S3C24xx 系列

S3C24xx 系列是三星公司基于 ARM920T 内核开发的嵌入式微处理器，与基于 ARM7 的

S3C44B0 的最大区别在于，S3C24xx 内部带有全性能的 MMU，适用于设计移动手持设备类产品，具有高性能、低功耗、接口丰富、体积小等优良特性。

S3C24xx 提供丰富的内部设备，如双重分离的 16 KB 指令 cache 和 16 KB 数据 cache、MMU 虚拟存储器管理部件、LCD 控制器、支持 NAND Flash 系统引导、外部存储控制器、3 通道 UART、4 通道 DMA、4 通道 PWM 定时器、I/O 端口、定时器、8 通道 10 位 ADC、触摸屏接口、I^2C 总线接口、USB 主机、USB 设备、SD 主卡及 MMC 卡接口、2 通道 SPI 以及内部 PLL 时钟倍频器。

S3C24xx 系列包括 S3C2410、S3C2440、S3C2450 和 S3C2470 等。

（3）基于 ARM11 的 S3C6xxx 系列

S3C6xxx 系列包括 S3C6410、S3C6440、S3C6450 以及 S3C6560 等。

4. Atmel 公司的典型 ARM 芯片

美国的 Atmel 公司是世界上高级半导体产品设计、制造和行销的领先者。其产品涵盖微控制器、可编程逻辑器件、Flash 存储器、混合信号器件以及射频（RF）集成电路。Atmel 公司将高密度非易失性存储器、逻辑和模拟功能集成于单一芯片中，它的 ARM 芯片主要有以下系列。

（1）基于 ARM7 的 SAM7x 系列

SAM7x 系列以 ARM7TDMI 为内核，主要芯片系列包括 SAM7Lx、SAM7Sx、SAM7Ex、SAM7SEx、SAM7Xx 以及 SAM7XCx 等，这里的 x 表示芯片内部 Flash 容量的大小，从 12 KB 到 512 KB；E 表示具有外部总线接口的芯片；C 表示内置 CAN 接口的芯片。

（2）基于 ARM9 的 SAM9x 系列

SAM9x 系列以 ARM926EJ-S 为内核，主要有 SAM9XE128、SAM9XE256、SAM9XE512、SAM9G10、SAM9G15、SAM9G20、SAM9G35、SAM9G45、SAM9G46、SAM9260、SAM9261、SAM9263、SAM9R64、SAM9M10、SAM9M11 以及 SAM9X25 和 SAM9X35 等。

（3）基于 ARM Cortex-M3 的 SAM3x 系列

SAM3x（前缀 SAM3 表示内核为 ARM Cortex-M3）包括 SAM3N、SAM3S 和 SAM3U 等系列，N 表示基本型，S 表示带有 USB 接口，U 表示带有高速 USB 接口。SAM3N 系列主要有 SAM3N1A、SAM3N2A、SAM3N4A、SAM3N1B、SAM3N2B、SAM3N4B、SAM3N1C、SAM3N2C、SAM3N4C，其中 1 表示 Flash 容量为 64 KB、2 表示 Flash 容量为 128 KB、4 表示 Flash 容量为 256 KB，A 为 48 脚封装、B 为 64 脚封装、C 为 100 脚封装。

（4）基于 ARM Cortex-M4 的 SAM4x 系列

SAM4x 系列以 Cortex-M4 为内核，侧重于工业控制等应用领域。例如，SAM4S8B、SAM4S16B、SAM4S16C、SAM4SD32B 和 SAM4SD32C 等均带有 USB 接口且 Flash 容量大小为 512 KB~2 MB，SRAM 容量为 128~160 KB。该系列是微控制器领域 Flash 容量较大、SRAM 容量也较大的 ARM 芯片。

（5）基于 ARM Cortex-M7 的 SAM7x 系列

SAM7x 系列以 Cortex-M7 为内核，侧重于工业控制等应用领域，包括 SAM E70、SAM S70、SAM V70、SAM V71 等。

5. 意法半导体公司的典型 ARM 芯片

法国意法半导体（ST）公司的主要产品有基于 ARM7 的 STR7 系列，基于 ARM9 的 STR9 系列，基于 Cortex-M0 的 STM32F0 系列，基于 Cortex-M3 的通用型的 STM32F1 系列、低功耗型的 STM32L1 系列、高性能的 STM32F2 系列，基于 Cortex-M4 的 STM32F4 系列以及基于 Cortex-M7 的 STM32F7 系列等 ARM 芯片。

（1）基于 ARM7 的 STR7 系列

STR7 系列是 ST 公司基于 ARM7TDMI 内核的 ARM 芯片，主要有 STR710FZ2T6、STR710FZ1T6、STR711FR2T6、STR711FR1T6、STR712FR2T6、STR712FR1T6 等。

（2）基于 ARM9 的 STR9 系列

STR9 系列是 ST 公司基于 ARM9E 内核的 ARM 芯片，主要有 STR910F、STR911F、STR912F 等。

（3）基于 ARM Cortex-M0 的 STM32F0 系列

STM32F0 系列是基于 ARM Cortex-M0 的 ARM 芯片，内部有 12 位 ADC 和 12 位 DAC、2 个比较器、CRC 模块、1 个 32 位定时器、6 个 16 位定时器、看门狗、16 位 3 相电机控制器、I^2C 和 SPI 等外设组件。内部 Flash 容量为 16~64 KB，SRAM 容量为 4~8 KB。STM32F0 系列有 STM32F050x 和 STM32F051x 两个子系列，有 32 脚、48 脚和 64 脚三种封装方式，性价比较高。

（4）基于 ARM Cortex-M3 的 STM32F1 系列

STM32F1 系列是基于 ARM Cortex-M3 的主流 ARM 芯片系列，主要满足工业、医疗、消费电子等领域的需求。STM32F1 系列主要包括超值型系列 STM32F100、基本型系列 STM32F101、USB 基本型系列 STM32F102、增强型系列 STM32F103（电机控制+CAN+USB）以及互联型系列 STM32F105/107（以太网 MAC+USB+CAN）。

（5）基于 ARM Cortex-M3 的 STM32L1 系列

STM32L1 系列是基于 ARM Cortex-M3 的超低功耗 ARM 芯片系列，主要包括 STM32L151 和 STM32L152，主要用于要求高性能、低功耗的场合。

（6）基于 ARM Cortex-M3 的 STM32F2 系列

STM32F2 系列是基于 ARM Cortex-M3 的高性能 ARM 芯片系列，内部 Flash 容量高达 1 MB，SRAM 容量为 192 KB，具有以太网、USB、摄像头接口、硬件加密及外部存储器扩展接口等。STM32F2 系列主要包括 STM32F205、STM32F207、STM32F215 和 STM32F217 4 个子系列，主要用于高性能场合。

（7）基于 ARM Cortex-M4 的 STM32F4 系列

STM32F4 系列是基于 ARM Cortex-M4 的高性能 ARM 芯片系列，内部 Flash 容量高达 1 MB，SRAM 容量为 128 KB，具有以太网、USB、双路 CAN、摄像头接口、硬件加密及外部存储器扩展接口并具有 DSP 功能等。STM32F4 系列主要包括 STM32F405、STM32F407、STM32F415 和 STM32F417 4 个子系列。

（8）基于 ARM Cortex-M7 的 STM32F7 系列

STM32F7 系列是基于 ARM Cortex-M7 的高性能 ARM 芯片系列，是首款采用 ARM Cortex-M7

内核的微控制器，内部 Flash 容量高达 1 MB，SRAM 容量达到 320 KB，兼容 STM32F4 引脚及指令集，比 Cortex-M4 具有更高的性能。Cortex-M7 内核将数字信号处理性能（DSP）在原来 Cortex-M4 的基础上提高约一倍，能够满足高速或多通道音视频、无线通信、运动识别或电机控制的需求，同时还是首款内置片上高速缓存的 Cortex-M 内核，能够快速传输数据，高速执行嵌入式闪存或外存（例如双模四线 SPI 存储器）的指令。

6. 飞思卡尔公司的典型 ARM 芯片

美国飞思卡尔（Freescale）公司是从原来摩托罗拉（Motorola）公司处理器部门分离出来的新公司，主要致力于嵌入式处理器芯片的生产和销售。其主要的 ARM 芯片以 Cortex-M0+ 和 Cortex-M4 内核为代表，包括 Kinetis K、Kinetis L（KL0/KL1/KL2）以及 Kinetis X 三大系列。Kinetis 系列共同的特点包括具有高速 12/16 位模数转换器、12 位数模转换器、高速模拟比较器、低功率触碰感应（可透过触碰将装置从省电状态唤醒）、强大的定时器（适用于多种应用，如马达控制）等。

飞思卡尔公司的 Cortex-M 嵌入式处理器系列如图 1.8 所示。

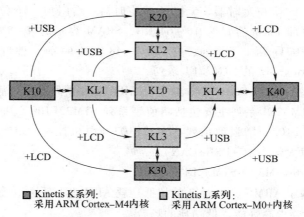

图 1.8　飞思卡尔公司的 Cortex-M 嵌入式处理器系列

（1）基于 ARM Cortex-M0+ 的 Kinetis L 系列 ARM 芯片

Kinetis L 系列采用飞思卡尔公司曾获奖的创新闪存技术，其闪存所需功率极低。这种技术能产生纳米大小的硅晶片，改进了传统的硅晶式电荷存储法，以薄膜存储电荷，同时也改良了闪存不易抗拒数据损失的缺点，广泛应用于小型家电、游戏外设、便携式医疗系统、音响系统、智能型测量仪、照明与电力控制等应用。

Kinetis L 系列的主要代表有 Kinetis L0 即 KL0（KL04/KL05：8~32 KB Flash）、Kinetis L1 即 KL1（KL14/KL15：32~256 KB Flash）、Kinetis L2 即 KL2（在 KL1 的基础上增加 USB 2.0 接口）、Kinetis L3 即 KL3（64~256 KB Flash）、Kinetis L4 即 KL4（128~256 KB Flash）。

（2）基于 ARM Cortex-M4 的 Kinetis K 系列 ARM 芯片

Kinetis K 系列产品组合有超过 200 个基于 ARM Cortex-M 结构的低功耗、高性能、可兼容的微控制器。它的设计具有可扩展性、集成性、连接性、人机交互（HMI）和安全等特性。这个系列的产品高度集成，包含多种快速 16 位模拟/数字转换器（ADC）、数字/模拟转换器（DAC）、可编程增益放大器以及强大、经济有效的信号转换器。

Kinetis K 系列是飞思卡尔公司能源效益解决方案项目和产品长寿项目的一部分。K 系列的主要芯片包括 K10、K20、K30、K40、K50、K60 以及 K70 等。其中 K10 为基本型、K20 为带 USB 型、K30 为带段式 LCD 型、K40 为带 USB 和段码 LCD 型、K50 为带测量引擎型、K60 为带以太网及加密功能型、K70 为带图形 LCD 型等。

（3）基于 ARM Cortex-M4 的 Kinetis X 系列 ARM 芯片

Kinetis X 系列是基于 ARM Cortex-M4 内核构建的微控制器。该系列具有先进的连接特性和 HMI 外设，内含软件可以支持带有强大图形用户界面的网络系统。Kinetis X 系列微控制器配置了一系列软件和工具。

Kinetis X 系列除具有 ARM Cortex-M4 内核固有的特征外，还具有指令和数据缓存紧密耦合的 32 KB SRAM、64 通道 DMA 控制器、64 位 AXI 总线，存储器有 1 MB、2 MB、4 MB、0 MB/外部闪存、512 KB ECC SRAM、NOR 和 NAND 闪存、串行闪存、SRAM，低功耗 DDR2、DDR3 的片外扩展选件，带有集成 PHY 的 USB OTG（LS/FS/HS），IEEE 1588 以太网 MAC，段码式和图形 LCD 控制器，I^2C，SPI，UARTs，I^2S，CAN 等。

7. 新唐科技公司的典型 ARM 芯片

台湾新唐科技（Nuvoton）公司是一家专门从事 ARM 芯片制造的厂家。NuMicro 是新唐科技公司最新一代 32 位微控制器，以 ARM 公司的 Cortex-M0 处理器为核心，适合广泛的微控制器应用领域。新唐科技公司同时致力于 Cortex-M4 芯片的研发生产。

NuMicro 家族目前主要有以下系列。

（1）基于 ARM7 的 NUC5XX 和 NUC7XX

NUC5XX 和 NUC7XX 系列是基于 ARM7TDMI 内核的 ARM7 芯片，主要芯片有 NUC501A、NUC501B、NUC710A、NUC740A 和 NUC750。

（2）基于 ARM9 的 NUC9XX

NUC9XX 系列是基于 ARM926EJ 内核的 ARM9 芯片，主要芯片有 NUC910A、NUC920B、NUC945A、NUC950A 和 NUC960。

（3）基于 ARM Cortex-M0 的 M051 系列

NuMicro M051 系列为 32 位微控制器，内建 ARM Cortex-M0 内核，最高工作频率为 50 MHz，具有 8 KB、16 KB、32 KB、64 KB Flash 存储器、4 KB 内建 SRAM、4 KB 独立 Flash 作为在线系统编程（In System Programming），并配备有丰富外设，如 GPIOs、定时器、UART、SPI、I^2C、PWM、ADC、模拟比较器、看门狗定时器、低电压复位和欠压检测等。M051 系列以低成本、低功耗著称，主要芯片有 M052（8 KB Flash）、M054（16 KB Flash）、M058（32 KB Flash）以及 M0516（64 KB Flash）等。

（4）基于 ARM Cortex-M0 的 Mini51 系列

NuMicro Mini51 系列也是基于 ARM Cortex-M0 内核的 32 位微控制器，最高工作频率为 24 MHz，具有 4 KB、8 KB、16 KB 内建 Flash 内存、2 KB 内建 SRAM、数据 Flash 大小可配

置（与程序 Flash 内存共享）、2 KB 独立 Flash 字节作为在线系统编程。为了降低成本，减小空间，Mini51 系列内嵌丰富外设，如 GPIOs、定时器、UART、SPI、I^2C、PWM、ADC、看门狗定时器、低电压复位和欠压检测等，使 Mini51 系列适用于广泛的应用。Mini51 系列的主要芯片有 MINI51（4 KB Flash）、MINI52（8 KB Flash）以及 MINI54（16 KB Flash）。

（5）基于 ARM Cortex-M0 的 NUC100 系列

NuMicro NUC100 系列为基于 ARM Cortex-M0 内核的 32 位微控制器芯片，最高工作频率为 50 MHz，具有 32 KB、64 KB、128 KB 内建 Flash 存储器，4 KB、8 KB、16 KB 内建 SRAM，4 KB 独立 Flash 作为在线系统编程，内建有丰富外设，如 GPIOs、定时器、看门狗定时器、RTC、PDMA、UART、SPI/MICROWIRE、I^2C、I^2S、PWM、LIN、CAN 2.0B、PS2、USB 全速 2.0 设备、12 位 ADC、模拟比较器、低电压复位和欠压检测等。NUC100 系列主要有 NUC100（高集成外设型）、NUC120（内置 USB 2.0 型）、NUC130（内置 CAN 总线型）、NUC140（内置 USB+CAN 型）等。

（6）基于 ARM Cortex-M0 的 Nano100 系列

NuMicro Nano100 系列为基于 ARM Cortex-M0 内核的 32 位微控制器芯片，最高工作频率为 32 MHz，具有 32 KB、64 KB 内建 Flash 内存，8 KB、16 KB 内建 SRAM，数据 Flash 大小可配置（与程序 Flash 存储器共享），4 KB 独立 Flash 作为在线系统编程。Nano 系列具有超低功耗，内嵌丰富外设，包含 4x40LCD 驱动、12 位 ADC、12 位 DAC、电容触控击键、UART、SPI、I^2C、I^2S、USB 全速 2.0 设备、智能卡接口 ISO-7816-3，并支持多种外设快速唤醒功能。Nano100 系列主要芯片包括 Nano100（基本型）、Nano110（内置 LCD 驱动型）、Nano120（内置 USB 型）、Nano130（内置 USB+LCD 驱动型）。

（7）基于 ARM Cortex-M4 的微控制器系列

Cortex-M4 微控制器提供宽工作电压（2.5~5.5 V）、工业级温度（-40~105℃）、高精度内部振荡器和强抗干扰性。

新唐科技公司的 Cortex-M4 微控制器包括 NuMicro NUC442/NUC472 系列和 M451 系列。NUC442/NUC472 系列产品特性：最高工作频率为 84 MHz，内建 256 KB、512 KB Flash 存储器，64 KB SRAM，10/100 MB 以太网单元，高速 USB 设备，全速 USB OTG，CAN，SD 驱动和其他外设单元。M451 系列产品特性：最高工作频率为 72 MHz，内建 128 KB、256 KB Flash 存储器，32 KB SRAM，快速 USB OTG，CAN 和其他外设单元。

NUC442/NUC472 系列分为 NUC442 通信系列和 NUC472 全功能系列。M451 系列分为 M451B 的基础系列、M451U 的 USB 系列、M451C 的 CAN 系列和 M451A 的全功能系列。它们适用于工业控制、工业自动化、消费类产品、网络设备、能源电力、电动机控制等应用领域。

8. 其他厂家的典型 ARM 芯片

美国英特尔（Intel）公司的 ARM 处理器主要代表有 Xscale 内核的 PXA250 和 PXA270。

美国的 Silicon Labs 公司基于 ARM Cortex-M3 处理器的新型 Precision32 系列产品，包括 SiM3U1xx 和 SiM3C1xx 两大系列 ARM 芯片。

国内瑞芯微电子（Rockchip）公司推出的 ARM Cortex-A 系列应用处理器包括基于 32

位 Cortex-A8 的 RK29 系列，基于 Cortex-A9 的 RK292X 系列，基于 Cortex-A17 双核的 RK30 系列，四核的 RK31、RK32 系列，基于 64 位 Cortex-A53 八核的 RK3368 等。

其他生产 ARM 芯片的厂家还有 Altera、Alilent、Cirrus、Hynix、Linkup、Micronas、Motorola、NEC、NetSilion、OKI、Parthus、Qualcomm、Rohm、Triscend 等，国内也有购买 ARM 内核的科研院所和生产厂家。限于篇幅，这里就不一一列举了。

关于嵌入式处理器如何选型，参见第 5 章 5.2 节。选择 ARM 处理器芯片时，在考虑各方面因素的基础上，还应分出权重，哪方面性能或要求更重要，选用满足特定要求的嵌入式处理器。

1.3　嵌入式硬件系统设计

要进行嵌入式系统设计，需要从体系结构的角度来了解嵌入式系统。尽管绝大多数嵌入式系统是用户针对特定应用而定制的，但它们一般都是由下面几个模块组成的：一是嵌入式处理器，二是用于保存固件的 Flash ROM，三是用于存储数据的 SRAM，四是外部设备，如连接嵌入式处理器的开关、按钮、传感器、模数转换器、控制器、LCD、LED、显示器的 I/O 端口以及通信接口等。

本节主要介绍嵌入式硬件系统的设计内容、设计方法、设计原则及设计步骤。

1.3.1　嵌入式硬件设计的主要内容

由图 1.1 可知，嵌入式硬件系统包括电源、时钟、嵌入式处理器、存储器、调试接口、复位电路、人机交互接口、输入输出接口等。因此嵌入式硬件设计的主要内容离不开这些硬件及接口设计，包括电源设计、嵌入式处理器选型、根据需求进行外部存储器扩展设计、调试接口设计、复位电路设计、人机交互及通用 I/O 接口设计等。由于嵌入式系统要与外界联系，因此还包括通信接口设计、模拟接口设计以及抗干扰设计等。

1. 电源设计

电源设计的任务就是要保证嵌入式硬件系统各部件有稳定且可靠的电源供电。由于嵌入式硬件系统连接不同的硬件，不同部件需要的电源电压和电流有所不同，必须保证每个部件工作在各自额定的工作环境（额定电压和额定电流）中。嵌入式硬件系统中除个别传感器外，都只需要直流电源供电，因此如何利用市电（交流电）或电池（直流电）获得所需的不同电压要求（例如有 ±12 V、5 V、3.3 V、2.8 V 和 1.8 V 等不同电压要求）的直流电源，是电源设计的主要目标。

电源设计详见第 4 章的有关内容。

2. 嵌入式处理器选型

嵌入式处理器是嵌入式硬件系统的核心，它的性能直接影响整个嵌入式系统的性能。对于嵌入式硬件系统设计来说，并不需要设计嵌入式处理器，只需要按照需求选择最适合的嵌入式处理器就可以了。

嵌入式处理器选型详见第 5 章 5.2 节的相关内容。

3. 时钟源设计

任何嵌入式处理器都需要时钟来完成定时操作，因此时钟源是嵌入式系统最基本的组成部分之一。时钟源设计详见第 5 章 5.3.1 节的有关内容。

4. 复位电路设计

嵌入式硬件系统在通电之后要能够迅速正常工作，除了可靠的电源和恰当的时钟之外，还需要外部有一个可靠的复位电路给处理器复位，才能使程序中的第一条指令得以执行。

如何设计可靠的复位电路，详见第 5 章 5.3.2 节的相关内容。

5. 存储器接口设计

嵌入式处理器内部通常都有片上存储器，包括片内 SRAM、Flash 和 EEPROM 等，通常情况下不需要扩展外部存储器。如果需要运行大型操作系统软件，则需要扩展外部存储器。关于存储器的扩展方法，详见第 5 章 5.5 节的相关内容。

6. 调试接口设计

为方便调试，现代嵌入式处理器内部均集成了专用的调试和跟踪部件，主要包括 JTAG 调试接口和串行 SWD 调试接口。调试接口设计详见第 5 章 5.4 节的相关内容。

7. 输入输出接口设计

应用离不开输入和输出。数字输入输出接口设计及模拟输入输出接口设计的相关内容详见第 6、7 章。

8. 互连通信接口设计

嵌入式应用系统如果不与外界通信和互连，则会成为信息孤岛。有了互连通信接口，嵌入式系统就可以与外界联系，构成网络。这部分内容详见第 9 章。

9. 人机交互接口设计

大部分嵌入式应用系统都有人机交互接口，包括显示接口、键盘输入接口等。这部分内容参见第 6 章。

10. 抗干扰设计

嵌入式系统的长期、可靠运行是必须考虑的问题，而干扰无处不在，如何设计能抵抗或减少干扰的硬件，是嵌入式硬件系统设计中比较重要且比较困难的事情。这部分内容参见第 10 章。

1.3.2　嵌入式应用系统设计步骤及原则

1. 嵌入式应用系统设计的一般流程

嵌入式系统设计一般有 5 个阶段，如图 1.9 所示。设计步骤包括需求分析、体系结构设计、硬件设计、软件设计、执行机构设计、系统集成和系统测试。各个阶段之间往往要不断修改，直至完成最终设计目标。

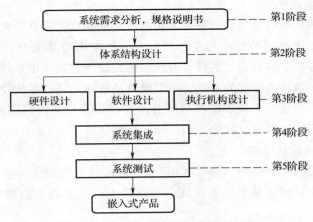

图 1.9　嵌入式系统设计的一般流程

（1）嵌入式系统需求分析

嵌入式系统的需求分析就是确定设计任务和设计目标，并提炼出设计规格说明书，作为正式设计指导和验收的标准。系统需求一般分为功能性需求和非功能性需求两方面。功能性需求是系统的基本功能，如输入输出信号、操作方式等；非功能性需求包括系统性能、成本、功耗、体积、重量以及环境等因素。

（2）嵌入式系统体系结构设计

嵌入式系统体系结构设计的任务是描述系统如何实现所述的功能性和非功能性需求，包括对硬件、软件和执行机构的功能划分以及系统的软件、硬件选型等。一个好的体系结构是嵌入式系统设计成功的关键。

体系结构设计并不是具体说明系统如何实现，而只说明系统做些什么、有哪些方面的功能要求。体系结构是系统整体结构的一个规划和描述。

（3）嵌入式硬件、软件及执行机构设计

该阶段基于嵌入式体系结构，对系统的硬件、软件和执行机构进行详细设计。为了缩短产品开发周期，设计往往是并行即同时进行的。硬件设计就是确定嵌入式处理器型号、外围接口及外部设备，绘制相应硬件系统的电路原理图和印制电路板（PCB）图。

在整个嵌入式系统硬件、软件的设计过程中，嵌入式系统设计的工作大部分都集中在软件设计上，面向对象技术、软件组件技术、模块化设计技术是现代软件工程经常采用的方法。软硬件协同设计方法是目前较好的嵌入式系统设计方法。

执行机构设计的主要任务是选型，选择合适的执行机构，配置相应的驱动器以及传感器、放大器、信号变换电路等，并考虑与嵌入式硬件的连接方式。

（4）嵌入式系统集成

系统集成就是把系统的软件、硬件和执行机构集成在一起进行调试，发现并改正单元设计过程中的错误。

27

（5）嵌入式系统测试

嵌入式系统测试的任务就是对设计好的系统进行全面测试，看其是否满足规格说明书中给定的功能要求。针对系统不同的复杂程度，目前有一些常用的系统设计方法，如瀑布设计方法、自顶向下的设计方法、自底向上的设计方法、螺旋设计方法、逐步细化设计方法和并行设计方法等，根据设计对象复杂程度的不同，可以灵活地选择不同的系统设计方法。

应该指出的是，上面几个步骤不能严格区分，有些步骤是并行的，相互交叉，相互渗透。在设计过程中也存在测试过程，包括静态测试和动态测试等。

2. 嵌入式系统硬件设计原则

嵌入式系统设计的基本原则是"物尽其用"。与通用计算机相比，嵌入式系统的硬件和软件都必须高效率地设计，量体裁衣、去除冗余，以最小成本实现更高的性能。具体包括以下方面。

（1）选用功能丰富的芯片，简化电路结构

根据需求，选择功能丰富的芯片可以简化电路的设计，增强可靠性。在成本允许的情况下，能用一个芯片实现的，不要选择用两个或更多的芯片实现。

（2）选择典型电路，符合常规用法

在进行硬件设计时，有些单元电路，如复位电路、放大电路、滤波电路等都有成熟、现成的典型电路可直接借鉴，没有必要重新设计。这样做也符合常规用法，既节省了开发周期，也增强了系统的可靠性。因为这些典型电路是经过时间和工程考验的。

（3）满足应用系统的要求并留有一定余量

在设计初期进行硬件资源分配时，在物尽其用的前提下，还要留有一定余量，以防今后增加功能时要重新设计硬件。例如 I/O 引脚不要用满，选择的定时器、内部程序存储器 Flash、数据存储器 SRAM 和 EEPROM 的容量都要留有一定的剩余空间。

（4）硬件设计时应结合软件方案统筹考虑

由于嵌入式系统设计通常是软硬件一起的协同设计，因此在进行硬件设计时要考虑软件的协同。在以成本为主要考虑因素且对实时性要求不高的嵌入式系统（通常是民用和商用产品）设计中，能用软件实现的尽量用软件实现，不要使用额外的硬件，这样可降低硬件成本。例如，没有专用的硬件滤波器做滤波处理时，可以使用软件中的数字滤波功能。但在以性能为主要考虑因素且对实时性要求比较高的场合（军用或高端工业），则应尽可能用硬件完成，这样可以保证实时性的要求。

（5）系统相关器件的最佳匹配

由于嵌入式系统硬件组成中除处理器外，还有许多片外外围器件，因此要选择能直接与处理器电平匹配的器件，这样可省去电平转换这一中间环节。例如，一个由 3.3 V 电源供电的嵌入式处理器应尽可能选择由 3.3 V 电源供电的外部器件，如 RS-232 接口芯片 SP3232，而不宜使用 SP232（5 V 电源供电）；RS-485 芯片应选择 MAX3485（3.3 V 电源供电），而不选用 MAX485（5 V 电源供电），以保证电平匹配。在选用外部门电路时，尽可能选择 CMOS

型，而不使用 TTL 型。例如可选用 74HC 系列以及 CD4000 系列，这样就可以用 3.3 V 电源供电。关于 CMOS 和 TTL 的介绍详见第 2 章的相关内容。

（6）保证系统的可靠性

系统的可靠性涉及方方面面，而硬件的可靠性是基础。在设计硬件时，器件越少，走线就越少，系统也就越可靠。设计时应尽可能少用器件。当然，可靠性设计是难点，可以从处理器选择、外围器件选择、布线、屏蔽等诸多方面入手来保证可靠性。

（7）适当增加驱动能力

在进行硬件设计时还要考虑对外的驱动能力，例如，在输出引脚的接口设计中就要考虑外接器件的功率。对于大于嵌入式处理器引脚所能提供的电流的器件，需要增加一定的驱动电路以增大电流。例如，要接一个 75 mA 的可控硅、100 mA 的指示灯、600 mA 的继电器等，光靠嵌入式处理器的引脚显然是不足以带动这些器件工作的，必须增加驱动。常用驱动可以是三极管、缓冲驱动器或专用驱动电路。相关内容参见第 2 章。

（8）提高抗干扰能力

嵌入式系统通常在一个特定的环境中不间断运行，而环境中往往存在各种各样的干扰源，这些干扰源会直接或间接地影响或干扰嵌入式系统的运行，这就要求嵌入式系统的硬件具有一定的抑制干扰的能力。相关内容详见第 10 章。

3. 嵌入式硬件设计步骤

（1）原理图设计

根据需求，利用电路 CAD（计算机辅助设计）软件（参见第 2 章的有关内容）进行模块划分，将模块化设计原理图融合在一起，同时要考虑模块间的信息通道及连接，标注网络标号以便 PCB 布线。

（2）PCB 设计

按照原理图，利用电路 CAD 软件设计 PCB 图，选择合适的布局，设计布线规划。可采用自动、手动或半自动布线，要注意电源和地线、模拟信号和数字信号共地问题以及其他抗干扰措施等。

（3）制版及电路板焊接

将设计好的 PCB 文件发送到 PCB 厂家制版，电路板制作完成后，进行所有器件的焊接和组装。

（4）硬件调试

焊接、组装完毕后要进行调试，调试包括静态调试和动态调试。

静态调试是指硬件系统在没有通电运行时进行的调试，主要测试电路中电源对地有没有短路现象，该连接的地方是否可靠，不该连接的地方是否绝缘，元器件有没有虚焊等。

动态调试主要是通电运行时的调试，可通过模块化的调试程序片段来测试硬件是否正常运行。通常要对每个模块、每个通道逐一进行测试，最后联合调试并运行，进行功能和性能测试。

1.3.3 嵌入式系统的设计方法

1. 无操作系统的嵌入式系统设计

对于不需要嵌入式操作系统的简单嵌入式系统，通常按照如图 1.10 所示的流程进行设计。

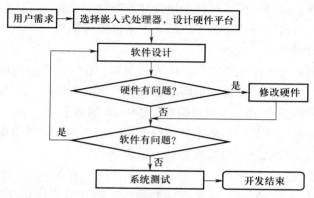

图 1.10 不带嵌入式操作系统的嵌入式系统设计流程

2. 带操作系统的嵌入式系统设计

对于带操作系统的嵌入式系统，整个系统的设计流程如图 1.11 所示。

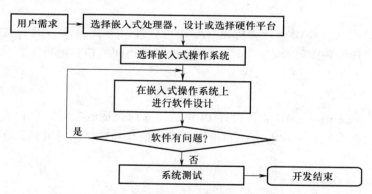

图 1.11 带嵌入式操作系统的嵌入式系统设计流程

在选定嵌入式处理器之后，可以自行设计以该处理器为核心的硬件系统，也可以选择现成的硬件平台。如果选择现成的硬件平台，由于硬件平台相对通用、固定、成熟，所以在开发过程中减少了硬件系统错误的引入。同时，嵌入式操作系统屏蔽了底层硬件的很多复杂信息，使得开发者通过操作系统提供的 API 函数就可以完成大部分工作，从而大大地简化了开发过程，提高了系统的稳定性。

3. 传统嵌入式系统设计方法

在传统的嵌入式系统设计方法中，硬件和软件分为两个独立的部分，由硬件设计人员和软件设计人员按照拟定的设计流程分别完成，如图 1.12 所示。其过程可描述如下：

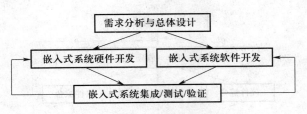

图 1.12　传统嵌入式系统设计方法

① 需求分析；

② 软硬件分别设计、开发、调试、测试；

③ 系统集成（软硬件集成）；

④ 集成测试；

⑤ 若系统正确，则开发结束，否则继续进行；

⑥ 若出现错误，需要对软硬件分别进行验证和修改；

⑦ 返回③，继续进行集成测试。

传统方法虽然也可改进硬件、软件性能，但由于这种改进是各自独立进行的，不一定能使系统综合性能达到最佳。

4. 嵌入式系统的软硬件协同设计技术

上述传统的嵌入式系统设计开发方法只能改善硬件、软件各自的性能，而有限的设计空间不可能对系统做出较好的性能综合优化。一般来说，每一个应用系统都存在一个适合于该系统的硬件、软件功能的最佳组合。如何从应用系统需求出发，依据一定的指导原则和分配算法对硬件、软件功能进行分析及合理的划分，从而使系统的整体性能、运行时间、能量损耗、存储能力达到最佳状态，已成为软硬件协同设计的重要研究内容之一。

应用系统的多样性和复杂性，使得软硬件的功能划分、资源调度与分配、系统优化、系统综合、模拟仿真存在许多需要研究解决的问题，因而国际上这个领域的研究日益活跃。

系统协同设计与传统设计相比有两个显著的特点。

① 描述硬件和软件时使用统一的表示形式。

② 硬件、软件的划分可以选择多种方案，直到满足要求为止。

在传统设计方法中，虽然在系统设计的初始阶段就考虑了软硬件的接口问题，但由于软硬件分别开发，各自的修改和缺陷很容易导致系统集成出现错误。由于设计方法的限制，这些错误不但难于定位，而且更重要的是，对它们的修改往往会涉及整个软件结构或硬件配置的改动。显然，这是任何设计者都不愿意看到的，但有时又是不可避免的。

为避免上述问题，一种新的开发方法应运而生，即软硬件协同设计方法。一个典型的软硬件协同设计过程如图 1.13 所示。

首先，应用独立于任何硬件和软件的功能性规格方法对系统进行描述，采用的方法包括有限状态自动机（FSM）、统一化的规格语言（CSP、VHDL）或其他基于图形的表示工具，其作用是对软硬件统一表示，便于功能的划分和综合。

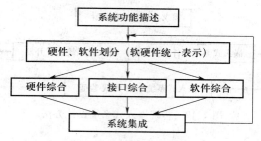

图 1.13　嵌入式系统的软硬件协同设计方法

　　然后，在此基础上对软硬件进行划分，即对软件、硬件的功能模块进行分配。这种功能分配不是随意的，要从系统功能要求和限制条件出发，依据算法进行。完成软硬件功能划分之后，需要对划分结果进行评估。方法之一是性能评估，方法之二是对软硬件综合之后的系统依据指令级评估软硬件模块。以上过程不断重复，直到系统获得一个满意的软硬件实现为止。

　　软硬件协同设计过程可归纳如下：
　　① 需求分析；
　　② 软硬件协同设计；
　　③ 软硬件实现；
　　④ 软硬件协同测试和验证。

　　这种方法的特点在于协同设计（co-design）、协同测试（co-test）和协同验证（co-verification），充分考虑了软硬件的关系，并在设计的每个层次上进行测试、验证，能尽早发现和解决问题，避免灾难性错误的出现，提高系统开发效率，降低开发成本。

　　需要说明的是，对于许多应用场合的嵌入式系统，并不能完全抛弃传统的嵌入式系统设计方法，因为这种方法无论是开发经验还是开发工具都已深入人心，不能一味地只追求硬软件协同设计。

1.4　嵌入式应用系统调试与测试技术

　　借助于调试工具及调试接口，可以对设计的嵌入式应用系统进行调试。

1.4.1　硬件调试连接

　　嵌入式应用系统的开发与调试需要借助于软件开发套件（软件集成开发环境）和硬件调试工具进行。集成开发环境安装在通用计算机上，通过协议转换器连接到用户板，即嵌入式应用系统（也是调试目标），连接关系如图 1.14（a）所示。

　　在调试主机（安装嵌入式系统软件开发套件的主机，也叫宿主机）上运行开发软件（一般是集成开发环境 MDK），通过协议转换器，把宿主机发来的 MDK 调试命令传送给目标板，而目标板（称用户板）就是用户设计的嵌入式应用系统。通过图 1.14（b）所示的连接关系，宿主机可以向目标机烧写应用程序，也可以在线进行调试。

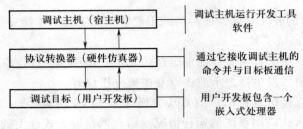

(a) 硬件调试连接关系

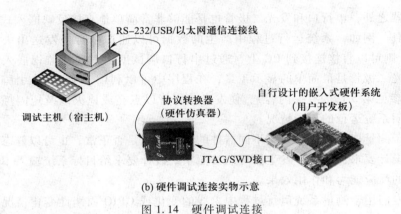

(b) 硬件调试连接实物示意

图 1.14　硬件调试连接

目前使用最为广泛的是 JTAG 调试接口和 SWD 调试接口。采用 USB 接口，符合 JTAG 标准的仿真器的典型代表是 J-LINK 电路，它的一端是 USB 连接器，直接连接宿主机，另一端为 20 芯的 JTAG 连接器，通过扁平连接线直接连接到目标板的 JTAG 调试插座上。而 SWD 调试接口是针对 ARM Cortex-M 系列微控制器新增的一种串行线调试接口，它比 JTAG 调试接口设计更为简捷，引脚少，一端采用 USB 接口，另一端通常采用 10 芯连接器，两端通过电缆连接，连接器可插入目标板的相应插座，运行 MDK 软件就可以在线进行调试。

目前比较流行、使用广泛、基于众多嵌入式微控制器的开发平台当属 RealView MDK，由于它的集成开发环境是 Keil μ-Vision，现在通称为 Keil MDK。Keil MDK 由德国的 Keil 公司开发。ARM 公司开发的集成开发环境 RealView Microcontroller Development Kit（简称为 RealView MDK）将 ARM 开发工具 RealView Development Suite（简称为 RVDS）的编译器 RVCT 与 Keil MDK 的工程管理、调试仿真工具集成在一起。

Keil MDK 主要包括 Keil μ-Vision 集成开发环境、C 编译器、汇编器、链接器和相关工具，还集成了调试器、模拟器，内嵌了 RTX 实时内核（微控制器使用的嵌入式操作系统）、多种微控制器的启动代码与 Flash 编程算法以及编程实例和开发板支持文件。

关于 Keil MDK 的详细内容及具体使用方法，可参见有关资料。值得一提的是，以往使用的集成开发环境 ADS1.2 已不支持新型的 ARM Cortex-M 系列处理器。

1.4.2　调试工具及硬件调试

有了 Keil MDK 这样的开发套件，还得借助于硬件调试工具，才能完成对硬件的调试工作。

1. 常用硬件开发和调试工具

常用的硬件开发和调试工具主要有内部电路仿真器、ROM 监控器、在线仿真器、串行口、发光二极管、万用表、信号发生器、示波器以及逻辑分析仪等。

仿真器或监控器可直接仿真目标板的 CPU，例如 J-LINK 仿真器，通过在 PC 上运行 Keil MDK，即可实时监视嵌入式应用系统的运行情况。仿真器是嵌入式开发的一个非常必要且有效的工具。

除了仿真器之外，串行口和发光二极管也是能够非常简单地直接反映嵌入式应用系统运行状态的调试工具。例如，系统运行过程中产生的数据可以通过串行口发送出去，如果配置为 RS-232 接口，则可以直接连接到 PC 上，通过串行口调试助手方便地监视嵌入式应用系统的运行情况。发光二极管是最简单的显示工具，在程序中可以利用一个 GPIO 引脚定时输出高低不同的电平（参见第 5 章的有关内容），使发光二极管以点亮或熄灭以及短闪烁或长闪烁等不同显示方式表明系统运行的不同情况。

万用表用于测量嵌入式应用系统不同器件的工作电压是否正常，也可以静态测量目标板的电阻是否满足设计要求；而信号发生器可以按照系统设计要求给目标系统输入不同的信号，以测试目标系统的反应能力和作用效果。

示波器是专门用于测量系统运行过程中总线的变化或 GPIO 周期性变化情况的设备。示波器能够测量一切在工作中有变化或无变化状态的任何引脚的波形，以判断系统是否运行正常。对于复杂逻辑关系，在不能用万用表和示波器测量的情况下，可以借助于逻辑分析仪来分析逻辑关系。一般而言，逻辑分析仪有 8 路、16 路、32 路等不等的通道数，可同时测量多个通道，这样可以测量具有总线功能的时序，快速了解系统的工作时序，排除故障。逻辑分析仪的成本较高，一般在简单嵌入式应用系统中很少使用。

除了以上介绍的调试硬件工具外，常用的 EDA（电子设计自动化）工具软件主要有 PROTEL、Altium Designer、ORCAD、EWB/Multisim、Proteus 以及 MAX+plus Ⅱ（FPGA/CPLD）等。

2. 硬件调试的主要内容

（1）静态检测

所谓静态检测是指在通电之前，对照原理图，使用万用表二极管档或蜂鸣器档，测量 PCB 各电源对地是否有明显短路或阻值很小的情况，阻值一般应不小于 500 Ω；检测有极性器件是否接反。出现异常时不能通电，必须排除异常后再通电测试。

（2）动态检测

在静态检测没有发现问题时，可以进行通电调试。

首先用万用表的电压挡检测各工作电源是否正常，不正常的电源要排除；然后用万用表或示波器根据原理图检测相关逻辑状态是否正常；最后再逐个模块地检查功能的正确性，如果功能不正确，需要考虑嵌入式处理器是否复位正常，是否有振荡信号。

由于嵌入式应用系统是硬软件的结合体，因此软件调试与硬件调试是同步进行的。

关于系统测试与调试的内容详见第 11 章 11.6 节。

本 章 习 题

1. 什么是嵌入式系统？其基本要素是什么？
2. 简述冯·诺依曼结构和哈佛结构的特点。
3. ARM 处理器是怎么分类的？
4. 有哪些典型的 ARM 微控制器？
5. 什么是小端模式和大端模式，其存储特点分别是什么？
6. 简述嵌入式硬件系统的组成。
7. 简述嵌入式硬件设计的主要内容。
8. 嵌入式应用系统的设计流程是怎样的？
9. 简述嵌入式硬件系统的设计原则。
10. 嵌入式硬件设计的步骤如何？

第 2 章　嵌入式硬件基础

【本章提要】

　　本章是嵌入式硬件设计的基础，首先从嵌入式工程识图入手，然后介绍电路元器件及电路，进而讨论模拟电路及数字电路，介绍常用集成电路，最后给出集成电路资料的查找及阅读方法。

【学习目标】

- 了解并能识别常用的工程图，如框图、原理图、印制电路图、接线图和时序图。
- 了解电流电路和交流电路，知晓模拟电路与数字电路及其区别，能识别常用电路元器件，知晓常用电路元器件的作用，了解集成电路分类、常用封装形式、主要参数和工作频率。
- 熟悉常用门电路，如非门、与门、或门、与非门、或非门、异或门以及三态门的基本功能，能简单分析由基本门电路构成的组合逻辑电路。
- 熟悉 RS 触发器和 JK 触发器的电路符号及其功能逻辑，了解常用 D 触发器构成的锁存器的功能逻辑，了解移位寄存器和计数器等时序电路的功能。
- 了解常用比较器、运算放大器以及模拟开关等模拟集成电路的功能和简单应用。
- 了解 TTL 和 CMOS 常用数字集成电路的主要参数，并能够根据需求选择合适的集成电路，熟悉常用缓冲器、锁存器、移位寄存器、译码器和数据选择器的功能及其使用。
- 了解可编程器件的一般结构、种类以及常用开发工具
- 了解常用 IC 资料网站，并学会查找所需的 IC 资料并能有效阅读相关资料

2.1 嵌入式工程识图

嵌入式硬件设计中会接触多种图，如框图、原理图、接线图、逻辑图、印制电路图以及工作时序图等。图给人以视觉感受，表达信息简单、直观、明了。本节主要介绍各种图的表示及识别。

2.1.1 框图

把用正方形、长方形和其他适当的图形表示电路、程序、工艺流程等内在联系的图形称为方框图，简称框图（blockdiagram）。方框内表示各独立部分的性能、作用等，方框之间用线连接起来，表示各部分之间的相互关系。框图的作用在于清晰地表达比较复杂的系统各部分之间的关系。

对于硬件框图，就是电路中的每个功能用一个方框来表示，由这种方框组成的完整电路图叫作电路框图。一个框图就是一个基本硬件的描述，它抽象了具体的实现细节。框图是描述系统模块最为简单的方法。

图 2.1 所示为典型嵌入式最小硬件系统组成框图。从中可以看出，最小硬件系统包括嵌入式处理器、供电模块、复位模块、时钟模块以及调试接口等。直线箭头说明它们之间的相互关系。例如，供电模块、复位模块和时钟模块的箭头都指向嵌入式处理器，方向是由这些模块输入嵌入式处理器，为嵌入式处理器提供电源、复位信号以及时钟信号；而调试接口与嵌入式处理器的连接是双向的箭头，说明信息既有输入又有输出。后面的章节中还将看到有调试数据的输入输出，同时还包括输入时钟及复位信号等。

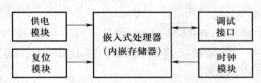

图 2.1　典型嵌入式最小硬件系统组成框图

流程图也是框图的一种形式，有工艺流程图、调试流程图以及软件流程图等。流程图通常有开始、输入、处理、判断、输出和结束几个部分。图 2.2 所示为输入 a、b、c 三个参数，对这三个数进行降序（由大到小）排序，最后输出排序结果的软件流程图。开始和结束通常采用两边带圆弧的圆角矩形表示，输入和输出及处理采用矩形框表示，条件判断采用棱形表示，图形之间用带箭头的连接线连接，箭头方向表示程序的流向。

框图可以用专用绘图工具绘制，也可以用文字处理软件中的绘图工具绘制。常用的绘制电路框图及软件流程图的软件如微软公司的 Microsoft Visio，在 Word 或 WPS 中也可以直接使用绘图工具绘制框图。注意选择合适的绘图网格，它决定了所绘制图形的精细程度。可直接利用图库中的图形绘制

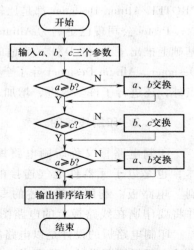

图 2.2　典型软件流程图

矩形、棱形、圆角矩形、直线、不同箭头的连接线、圆形等，这些图形都是矢量图形，可以任意缩放而不影响清晰度。

2.1.2 原理图

电路图（circuit diagram）分为电路原理图（简称原理图，schematic diagram）和印制电路板（printed-circuit board，PCB）图。原理图是指用电路元器件符号表示电路连接的原理电路图示。它是人们为研究、工程规划的需要，用电路符号绘制的一种表示各元器件组成及元器件关系的原理布局图。

由原理图可以得知组件的工作原理，为分析性能、安装电子电器产品提供规划方案。在设计电路的过程中，设计人员通过计算机辅助设计软件绘制电路图，确认完善后再进行实际安装，并通过调试改进、修复错误，直至实现既定功能。

原理图比框图能够更加细致地描述元器件之间的具体连接关系和信号流向，更加注重细节。图 2.3 所示为以嵌入式微控制器为核心的手持红外遥控器的原理图。

图 2.3 中右下角为标题区，列出电路图的名称、版本、尺寸、绘制日期及设计者等信息。电路原理图中要使用标准的电路元件符号，详见 2.2 节电路与电路元件的相关内容。电路元器件的每个引脚都有一个网络标签（net label），如 RXD1、TXD1 等，表示引脚的含义，并且同标签名的信号代表要实际连接。通常，输入输出信号的连接器在左侧或右侧，电源电路一般放在上端。

在原理图中，通常有高电平或低电平有效的信号。在表示低电平有效的信号时有以下几种表示方法：一种是字符带上画线，如 $\overline{\text{RESET}}$；一种是字符后面加#，如 RESET#；一种是在字符前面加 n，如 nRESET；还有一种是在字符前面加／，如／RESET。高电平有效的信号通常不需要加任何符号，直接用字符表示。

绘制电路原理图需要用专用的 CAD 软件，美国 Cadence 公司的 OrCAD、Altium 公司的 PROTEL/Altium Designer 都是比较容易掌握且非常实用的电子线路 CAD 软件。

Protel 公司现已更名为 Altium 公司，公司更名后，Altium 公司在原来流行的 Protel 99SE 的基础上推出了 Protel DXP。为适应 64 位操作系统及新的形势要求，Altium 公司又推出了 Altium Designer。Altium Designer 除了全面继承包括 Protel 99SE、Protel DXP 等一系列版本的功能和优点外，还进行了许多改进，增加了很多高级功能。

2.1.3 印刷线路图

印制电路板又称印刷电路板、印刷线路板，是重要的电子部件，是电子元器件的支撑体，也是电子元器件电气连接的提供者。由于它是采用电子印刷术制作的，故被称为"印刷"电路板。利用如前所述的专用电子线路计算机辅助设计软件，以原理图为依据而绘制并将要印刷在线路板上的电路图称为印制电路板图，简称 PCB 图。

印制电路板的设计是以电路原理图为根据，实现电路设计者所需要的功能。印制电路板的设计主要指版图设计，需要考虑外部连接的布局、内部电子元件的优化布局、金属连线和通孔

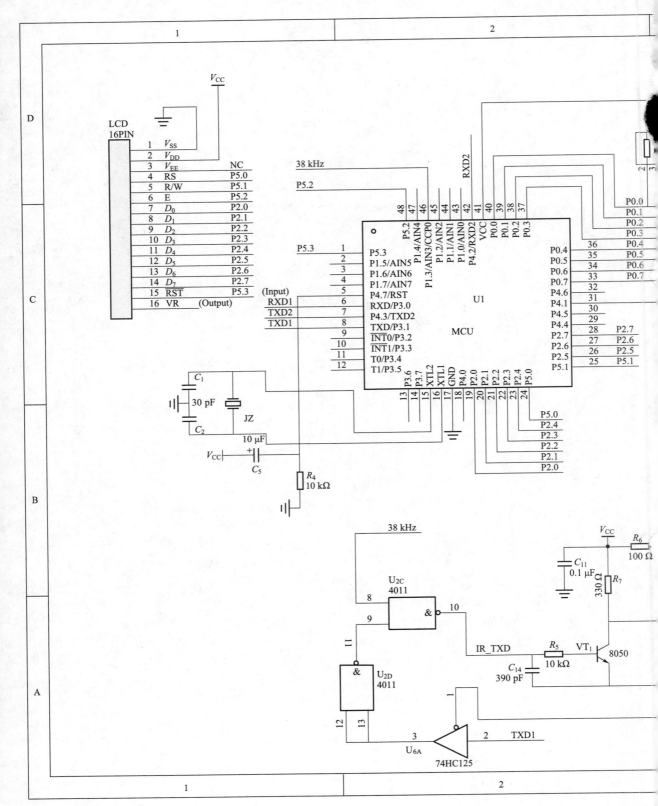

图 2.3 典型

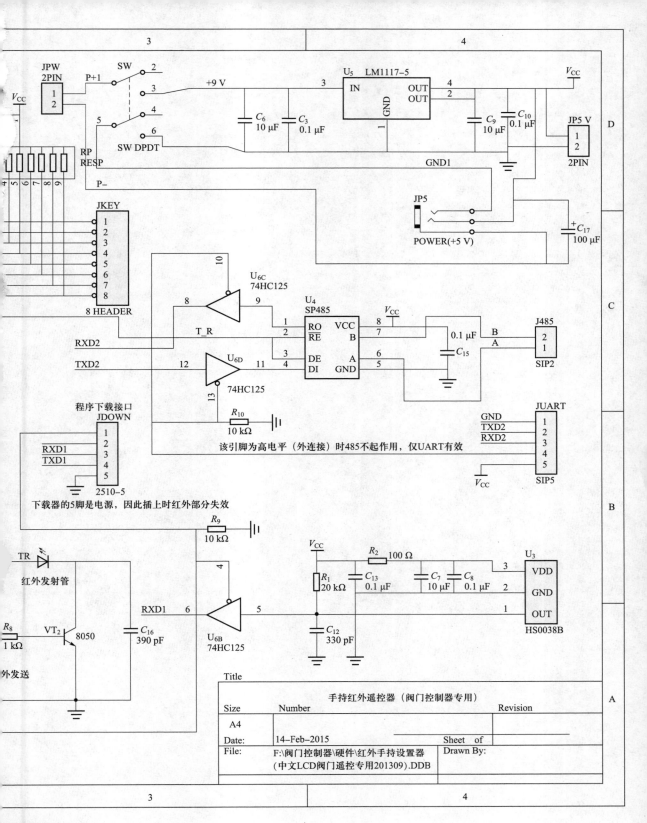

路原理图示例

的优化布局、电磁保护、热耗散等各种因素。优秀的版图设计可以节约生产成本，达到良好的电路性能和散热性能。简单的版图设计可以用手工实现，复杂的版图设计需要借助计算机辅助设计软件实现。

PCB 图在制版时直接印在覆铜板上，然后再在印好的板上焊接元器件。

典型的 PCB 图如图 2.4 所示。设计 PCB 图的基本流程是使用 Altium Designer 软件或旧版本的 Protel 99SE 依据设计好的原理图生成网络表，检测没有电气错误后，先在 PCB 的适当区域（根据实际 PCB 的尺寸决定）采用 KeepOut layer 层画线的方式绘制一个矩形框，加载原理图生成的网络表，即可加载原理图对应封装的元器件，合理布局之后可通过手动、半自动或自动方式进行布线。注意：电源线和地线应尽可能粗；在自动布线之前要选择好规则，如间距、线宽、过孔大小等。

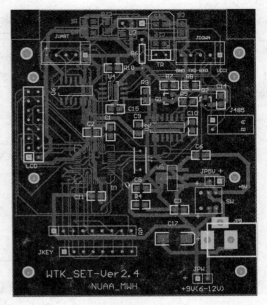

图 2.4 典型的 PCB 图示例

2.1.4 接线图

接线图是指导安装人员对成套装置、设备或装置的电路进行接线的连接关系简图，通常是给出接线端子编号或标识，以进行设备或装置的连接。图 2.5 所示为一个简单电机控制线路电气部分的连接图。图中在断路器、空气开关、电机、启动和停止按钮之间标示出了连接关系。

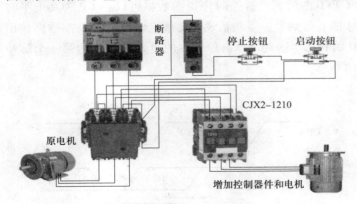

图 2.5 典型接线图示例

2.1.5 时序图

时序图（sequence diagram）是一种以时间为横轴，在纵轴上标示出信号为"0"或"1"的关系，以通俗易懂地表现电路动作状况的图示。表 2.1 所示为时序图中常用的符号。

表 2.1　时序图中常用的符号表示

符号	信号含义
	信号有效（是确定的高电平或低电平），通常表示总线有效状态
	信号确定为高电平
	信号确定为低电平
	信号悬空，三态，高阻状态
	信号上升沿
	信号下降沿
	不确定的信号，通常表示信号无效状态

图 2.6 所示为 D 触发器典型时序图。从图中可以看出，当数据 D 有效时，在时钟信号 CP 的作用下，当 CP 由高电平变为低电平，在数据 D 有效保持 $t_{s(H)}$ 时间后变为高电平（上升沿）时，将数据 D＝1（高电平）经过为 t_{PLH} 时延后，在 Q 端输出逻辑 1（高电平）。同理，在下一个时钟 CP 作用下，上升沿将 D 端数据 0（低电平）经一定时延 t_{PLH} 后在 Q 端输出 0。图中 t_W 表示 CP 时钟脉冲的宽度，$1/f_{MAX}$ 表示时钟周期。$t_{s(H)}$ 为数据从高电平有效到 CP 上升沿到来之前应该保持的时间，即先出数据，后产生上升沿才能保证有效的触发。$t_{s(L)}$ 为低电平应该保持的时间。$t_{h(H)}$ 和 $t_h(L)$ 分别为数据 D 从上一个无效到下一个有效的时间间隔。t_{PLH} 和 t_{PHL} 分别是触发时输出数据为 1 和 0 的时延。这个时序说明数据可以在 CP 为高电平时变化，在 CP 为低电平时要保持稳定才能有效触发。换句话说，要确定触发器的 Q 端数据输出是 0 还是 1，就是看在 CP 上升沿时 D 的状态。因此，该时序表示的 Q 端的输出为第一个脉冲作用下输出 1，第二个脉冲作用下输出 0。

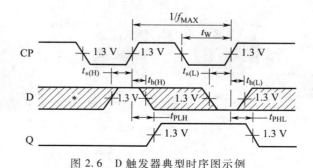

图 2.6　D 触发器典型时序图示例

某系统总线操作的时序图如图 2.7 所示。图中 MCLK 为总线时钟信号，$\overline{CS}$ 为片选信号，$\overline{RD}$ 为读控制信号，$\overline{WR}$ 为写操作信号，ALE 为地址锁存允许信号，AD 表示数据线和地址线合用，假设 AD[31：16] 为高 16 位地址，AD[15：0] 为低 16 位地址且与数据线复用。如图 2.7 所示，在片选信号$\overline{CS}$有效（低电平）时，总线地址通过复用的数据线地址线 AD[15：0] 和高位地址 AD[31：16] 输出有效的地址，在 ALE 的下降沿，将地址锁存到外接的锁存器，一直在总线操作期间保持不变。

对于如图 2.7(a) 所示的写数据操作，当总线输出完地址后，立即在复用的总线上呈现数据输出，之后在总线写控制信号$\overline{WR}$的作用下，在其上升沿将数据写入外部，完成写操作。

对于如图 2.7(b) 所示的读操作，在输出有效地址后，复用的总线呈现高阻状态，等待外部准备就绪，如果外部准备就绪，在总线读控制信号$\overline{RD}$的作用下，在其上升沿读取总线上的数据，完成总线读的操作。

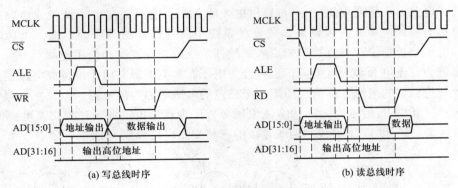

图 2.7　总线的读写时序图

2.2　电路与电路元件

电路（electric circuit）也称电气回路，是把电气设备和元器件按一定方式连接起来，为电荷流通提供路径的总体。电子线路（electronic circuit）是把电子元器件按照一定方式连接起来，为电子流通提供路径的总体。例如，将电源、电阻、电容、电感、二极管、三极管、集成电路以及按键等，以某种方法连接在一起构成的硬件即为电子线路。

通常，如不加特别说明，不太区分电气元器件或电子元器件，即电气线路及电子线路都简称为电路。

2.2.1　直流电路和交流电路

按照信号特性，电路又可分为交流电路和直流电路。

1. 交流电路与直流电路

交流电（alternating current，AC）和直流电（direct current，DC）是两种不同的电气信号类别。交流是交变电流的简称，原意是指周期性正负变化的电流；直流是电流方向不变的直接电流的简称，原意是指方向固定不变的电流。直流和交流的信号波形如图 2.8 所示。

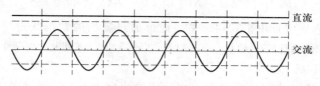

图 2.8　直流和交流的信号波形

交流信号由于是周期性变化的信号，因此具有频率特征，其频率为周期的倒数。

电路元件通过的信号是交流电的电路称为交流电路，电路元件通过的信号是直流电的电路称为直流电路。

2. 电源

无论什么电路，都需要电源（power）供电才能工作。电源是向电子设备或电路提供能源的装置，也称电源供应器，它提供嵌入式硬件系统中所有部件所需要的电能。电源功率的大小、电流和电压是否稳定，将直接影响嵌入式硬件系统的工作性能和使用寿命。

电源可分为直流电源和交流电源，也可分为电压源和电流源。由于设备或电路需要稳定的电源，因此又把稳定的电压源称为稳压源，把稳定的电流源称为恒流源。电源在电路中的符号如图 2.9 所示。其中 V_1 为电池，V_2 为直流电压源，I_1 为直流电流源，I_2 为交流电流源，V_3 为单向交流电压源，V_4 和 V_5 为三线和四线连接的三相交流电压源。

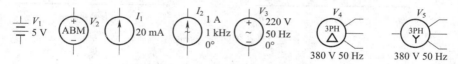

图 2.9　电源在电路中的符号

电源还可以分为线性电源和开关电源两大类。

嵌入式硬件系统使用的都是直流稳压源，简称直流电源。在移动设备中使用电池（特殊的直流电压源）。典型电源实物外形如图 2.10 所示，从左到右依次为电池、线性电源、开关电源以及可调节稳压电源。一般购买的电源很难满足系统的要求，往往需要自行设计电源，详见第 4 章嵌入式系统电源设计。

图 2.10　不同电源实物

3. 电压和电流

（1）电压

电压（voltage）也称作电势差或电位差，是衡量单位电荷在静电场中由于电势不同所产生的能量差的物理量。电压用 U 表示，电压的方向规定为从高电位指向低电位的方向。电压的国际单位制单位为伏［特］（V），常用的单位还有微伏（μV）、毫伏（mV）、千伏（kV）等。

电压不同单位之间的换算方法：1 kV = 1 000 V，1 V = 1 000 mV，1 mV = 1 000 μV。

电压是电源的基本参数之一，它表示电源提供的额定工作电压的大小。常用稳压电源的电压有 24 V、±12 V、5 V、3.3 V 等。

（2）电流

电流（current）的定义为单位时间内通过导体任一横截面的电量。电流通常用字母 I 表示，它的单位是安［培］（A），常用的单位还有微安（μA）、毫安（mA）、千安（kA）等。

电流不同单位之间的换算方法：1 kA = 1 000 A，1 A = 1 000 mA，1 mA = 1 000 μA。

4. 功率

电流在单位时间内做的功叫作电功率，在电学中简称功率。功率是用来表示消耗电能快慢的物理量，用 P 表示，它的单位是瓦［特］（W）。

作为表示电流做功快慢的物理量，一个用电器功率的大小在数值上等于它在 1 s 内所消耗的电能。对于纯电阻电路，功率 $P = IU$。

根据欧姆定律 $I = U/R$，电功率还可以用公式 $P = I^2 \times R$ 和 $P = U^2/R$ 表示。

2.2.2　模拟电路与数字电路

电路可分为模拟电路和数字电路。

1. 模拟信号与模拟电路

模拟信号（analog signal）是指振幅和相位伴随时间连续变化的电信号。连续的含义是在某个取值范围内可以取无穷多个数值。"模拟"主要指电压（或电流）对于真实信号成比例的再现。模拟信号的大小用电压或电流来描述。

模拟电路（analog circuit）是由若干模拟电子器件构成的电路，它是涉及连续函数形式模拟信号的电子电路。也就是说，模拟电路是处理模拟信号的电子电路。

模拟电子器件包括分立元件、模拟集成电路等。

2. 数字信号与数字电路

数字信号（digital signal）是指电压或电流在幅度和时间上都是离散的、突变的信号。数字信号只有两个量 0 和 1，因此数字信号的大小并不能用电压或电流来描述，而是用 0 和 1 的组合编码来描述。数字信号的特点是抗干扰能力强、无噪声积累。

数字电路（digital circuit）是由若干数字逻辑器件构造而成的电路，即用数字信号完成对数字量进行算术运算和逻辑运算的电路。逻辑门是数字逻辑电路的基本单元。

从整体上看，数字电路可以分为组合逻辑电路和时序逻辑电路两大类。

与模拟电路相比，数字电路主要进行数字信号（即信号以 0 和 1 两个状态表示）的处理，因此抗干扰能力较强。

数字集成电路有各种门电路、触发器以及由它们构成的各种组合逻辑电路和时序逻辑电路。

3. 模拟电路与数字电路的区别

在模拟电路和数字电路中，信号的表达方式不同。能够对模拟信号执行的操作，例如放大、滤波、限幅等，都可以对数字信号进行。模拟电路可以说是数字电路的基础，数字电路可以看作模拟电路的一种特殊形式。

模拟电路和数字电路的主要区别如下所述。

（1）处理信号不同

模拟电路中的晶体管工作在放大状态，而数字电路中的晶体管工作在饱和区和截止区，即工作在开关状态。

（2）研究对象不同

数字电路的研究对象是电路的输入与输出之间的逻辑关系，而模拟电路的研究对象是电路中输入与输出之间的电压、电流大小的关系。

2.2.3 电路元件

电路中常用的元器件包括电阻、电容、电感、磁珠、二极管（含发光二极管）、三极管、场效应管、晶闸管、光电耦合器、熔丝、蜂鸣器、继电器、变压器、滤波器、电动机、开关、晶振、显示器件（LED 数码管及 LCD 液晶屏）、集成电路以及接插件（连接器）等。

1. 电阻

电阻器（resistor）泛指所有用以产生电的阻力的电子器件，简称电阻，标记为 R。电阻几乎是任何电子线路中都不可缺少的一种元件。

电阻在电路中主要承担分流、限流、分压、偏置、阻抗匹配、RC 充电、上拉、下拉、缓冲及作为负载等作用。

电阻分为不变电阻（通常讲的电阻器）R、可变电阻 RW、电位器 RP 以及敏感电阻 RT（热敏电阻和压敏电阻等）。热敏电阻随着热量的改变，其阻值大小也随之改变。压敏电阻随着两端电压的变化，电阻值也随之变化。电阻在电路中的符号如图 2.11 所示，电阻实物外形如图 2.12 所示。

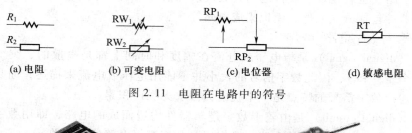

图 2.11　电阻在电路中的符号

图 2.12　电阻实物

（1）普通电阻

普通电阻分为直插和贴片两大基本封装形式，直插的普通电阻又分为碳膜电阻和金属膜电阻两种。

碳膜电阻的优点是制作简单，成本低；缺点是稳定性差，噪声大、误差大。

金属氧化膜电阻的优点是体积小、精度高、稳定性好、噪声小、电感量小；缺点是成本高。

此外，还有特殊的绕线电阻和水泥电阻，它们一般应用在功率比较大的场合。

（2）可变电阻和电位器

电位器（potentiometer）是一种具有三个端子，其中有两个固定端与一个滑动端，可经由滑动而改变滑动端与两个固定端间电阻值的电子元件。电位器属于被动元件，使用时可形成不同的分压比率，从而改变滑动点的电位，因而得名。可变电阻和电位器的实物外形如图 2.13 所示。

(a) 焊接式微型电位器　　　　　　　　　(b) 旋转式小型电位器

图 2.13　电位器实物

只有两个端子的可变电阻器称为可变电阻（variable resistor），不叫电位器。

（3）电阻的单位及标称值

电阻的单位有毫欧（$m\Omega$）、欧［姆］（Ω）、千欧（$k\Omega$）、兆欧（$M\Omega$）。单位之间的换算方法如下：$1\ M\Omega = 1\ 000\ k\Omega$，$1\ k\Omega = 1\ 000\ 000\ \Omega$、$1\ \Omega = 1\ 000\ m\Omega$。

电阻具有标称值，并非具有任意阻值的电阻都存在。精度为 5% 的碳膜电阻，以 Ω 为单位的标称值如图 2.14 所示。精度为 1% 的碳膜电阻比精度为 5% 的碳膜电阻更细，其标称值可参见相关资料。

（4）电阻标称值的表示方法

电阻标称值的表示方法有文字符号法（用数字与特殊符号的组合表示）、数字表示法和色环表示法等基本方法。老式的直插电阻或大功率电阻采用文字符号法，贴片电阻通常采用数字表示法，而直插电阻常采用色环表示法。

① 文字符号法。

常见符号有 M、K、R。例如，4K7 表示 4.7 $k\Omega$，1R9 表示 1.9 Ω。阻值在 1 $k\Omega$ 以下，可以标注单位 Ω，也可以不标注。例如，5.1 欧可以标注为 5.1 或 5.1 Ω，680 欧可以标注为 680 或 680 Ω。

② 数字表示法。

贴片电阻大多采用数字表示法标注电阻值。数字表示法用 3 位或 4 位整数（前 2 位或 3 位表示有效值，末位表示倍率）表示阻值，单位为 Ω。

1.0	5.6	33	160	820	3.9 K	20 K	100 K	510 K	2.7 M
1.1	6.2	36	180	910	4.3 K	22 K	110 K	560 K	3 M
1.2	6.8	39	200	1 K	4.7 K	24 K	120 K	620 K	3.3 M
1.3	7.5	43	220	1.1 K	5.1 K	27 K	130 K	680 K	3.6 M
1.5	8.2	47	240	1.2 K	5.6 K	30 K	150 K	750 K	3.9 M
1.6	9.1	51	270	1.3 K	6.2 K	33 K	160 K	820 K	4.3 M
1.8	10	56	300	1.5 K	6.6 K	36 K	180 K	910 K	4.7 M
2.0	11	62	330	1.6 K	7.5 K	39 K	200 K	1 M	5.1 M
2.2	12	68	360	1.8 K	8.2 K	43 K	220 K	1.1 M	5.6 M
2.4	13	75	390	2 K	9.1 K	47 K	240 K	1.2 M	6.2 M
2.7	15	82	430	2.2 K	10 K	51 K	270 K	1.3 M	6.8 M
3.0	16	91	470	2.4 K	11 K	56 K	300 K	1.5 M	7.5 M
3.3	18	100	510	2.7 K	12 K	62 K	330 K	1.6 M	8.2 M
3.6	20	110	560	3 K	13 K	68 K	360 K	1.8 M	9.1 M
3.9	22	120	620	3.2 K	15 K	75 K	390 K	2 M	10 M
4.3	24	130	680	3.3 K	16 K	82 K	430 K	2.2 M	15 M
4.7	27	150	750	3.6 K	18 K	91 K	470 K	2.4 M	22 M
5.1	30								

图 2.14　5%碳膜电阻的标称值

3 位数字表示 5% 的电阻，例如，100 为 10×10^0 Ω = 10 Ω，102 为 10×10^2 Ω = 1 000 Ω = 1 kΩ，473 为 47×10^3 Ω = 47 kΩ，如图 2.15（a）所示。

4 位数字表示 1% 的电阻，例如，1001 为 100×10^1 Ω = 1 000 Ω = 1 kΩ，1150 为 115×10^0 Ω = 115 Ω，5112 为 511×10^2 Ω = 51.1 kΩ，如图 2.15（b）所示。

如果带小数点，则整数后用 R 表示，例如 R15 表示 0.15 Ω，4R7 表示 4.7 Ω，32R4 表示 32.4 Ω，如图 2.15（c）所示。

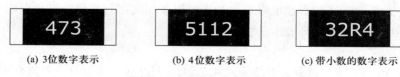

(a) 3位数字表示　　　　(b) 4位数字表示　　　　(c) 带小数的数字表示

图 2.15　电阻的数字表示法

③ 色环表示法。

直插电阻的标称阻值一般使用色环方法表示。色环表示法常用的有 4 环和 5 环，4 环电阻的误差一般比 5 环电阻大，多用于普通电子产品；而 5 环电阻一般都是金属膜电阻，主要用于精密设备或仪器；还有用 6 环表示的带温度系数的特殊电阻。

色环表示法中的不同颜色对应不同数字，不同颜色对应的数字如表 2.2 所示。颜色与数字的关系可以用一个口诀表示：棕一红二橙是三，四黄五绿六为蓝，七紫八灰九对白，黑是零，金五银十表误差。

表 2.2　色环表示法中颜色与数字的关系

类别	颜色												
	银	金	黑	棕	红	橙	黄	绿	蓝	紫	灰	白	无
有效数字	—	—	0	1	2	3	4	5	6	7	8	9	—
数量级	10^{-2}	10^{-1}	10^{0}	10^{1}	10^{2}	10^{3}	10^{4}	10^{5}	10^{6}	10^{7}	10^{8}	10^{9}	
允许偏差	±10%	±5%	—	±1%	±2%	—	—	±0.5%	±0.25%	±0.1%	±0.05%	—	±20%

4 环电阻的识别：4 环电阻的前三环为阻值描述，最后一环是精度。

（5）电阻的使用常识

要根据电路的要求选用电阻的种类和误差。在一般的数字电路中，采用误差为 10% 甚至 20% 的碳膜电阻即可。

电阻的额定功率要为实际承受功率的 1.5～2 倍，才能保证电阻耐用。电阻在装入电路之前，要用万用表的欧姆挡核实它的阻值。安装电阻时，要使电阻的类别、阻值等符号容易看到，以便核实。

2. 电容

电容器（capacitor）是具有电荷存储能力的容器，简称为电容，标记为 C。电容也是最常用、最基本的电子元件之一。电容可分为无极性电容、有极性电容以及可变电容。无极性电容不分正负极，而有极性电容往往容量比较大，必须注意正负极的接法。电解电容以及钽电容属于有极性电容，一般容量是 μF 级，如 10 μF、680 μF 等。

电容的主要作用是在电路中用于调谐、滤波、去耦合、旁路、能量转换和延时等。电容的一个重要性质是其两端的电压不能突变。

电容在电路中的符号如图 2.16 所示。

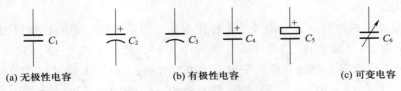

图 2.16　电容在电路中的符号

无极性电容的作用是通交流隔直流，即对直流信号进行隔离。

（1）电容的分类

根据介质的不同，电容可分为陶瓷电容、云母电容、纸质电容、薄膜电容、瓷片电容、独石电容、钽电容和电解电容等几种。

电容实物外形如图 2.17 所示。

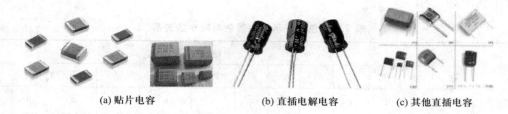

(a) 贴片电容　　　　　　(b) 直插电解电容　　　　　　(c) 其他直插电容

图 2.17　电容器实物

其中，以钽做介质的电容又叫钽电容，全称是钽电解电容，属于电解电容的一种。钽电容不像普通电解电容那样使用电解液，也不像普通电解电容那样使用镀铝膜的电容纸绕制，因此本身几乎没有电感，体积小，但这也限制了它的容量。此外，由于钽电容内部没有电解液，因而很适合在高温下工作。这种独特的自愈性能，保证了其长寿命和可靠性的优势。但缺点是成本高，通常在要求比较高的场合使用钽电容，而在一般要求不高但对容量要求比较大的场合，宜选用普通电解电容。

（2）电容的参数和选用

电容的主要参数是容量和耐压值。常用的容量单位有 μF（10^{-6} F）、nF（10^{-9} F）和 pF（10^{-12} F），标注方法与电阻类似。

电容的耐压单位为 V，常用的有 10 V、16 V、32 V、50 V、63 V、100 V、400 V、630 V、1 000 V、2 000 V 等。普通电容如果没有标注耐压值，则默认是 63 V。

电容的选用应考虑使用频率和耐压值；电解电容还应注意极性，使正极接到直流高电位，并考虑使用温度。

（3）电容大小的表示方法

① 直接表示法。

有的电容表面直接标注了其特性参数，如在电解电容上经常按如下方法标注：4.7 μ/16 V，表示此电容的标称容量为 4.7 μF，耐压值为 16 V。

② 纯数字表示法。

许多电容受体积的限制，其表面经常不标注单位，但都遵循一定的识别规则。当数字小于 1 时，默认单位为 μF（微法），当数字大于或等于 1 时，默认单位为 pF（皮法），如 0.33 表示 0.33 μF。对于用没有小数的三位数字表示的电容容量，采用 ijk 格式描述大小，其中 ij 为数值，k 为容量单位数量级（10^k pF），ijk 的容量为 $ij \times 10^k$ pF。例如，220 表示 22×10^0 pF = 22 pF，471 表示 47×10^1 pF = 470 pF，332 表示 33×10^2 pF = 3 300 pF = 3.3 nF = 0.003 3 μF，103 表示 0.01 μF，104 表示 0.1 μF，476 表示 47 μF。本书的图中如不特殊说明，均采用这种表示方法。

③ 数字和字母共同表示法。

用 2~4 位数字和一个字母表示标称容量，其中数字表示有效数值，字母表示数值的量级。

字母为 m、μ、n、p。字母 m 表示毫法（10^{-3} F）、μ 表示微法（10^{-6} F）、n 表示纳法（10^{-9} F）、p 表示皮法（10^{-12} F）。字母有时也表示小数点，如 33 m 表示 33 000 μF；47 n 表示 47 nF，即 0.047 μF；3μ3 表示 3.3 μF；5n9 表示 5 900 pF；2p2 表示 2.2 pF。另外，有些是在数字前面加 R，表示为零点几微法，即 R 表示小数点，如 R22 表示 0.22 μF。

④ 色环表示法。

该表示法与电阻的色环表示法类似，沿着电容的引线方向，第 1、2 条色环代表电容量的有效数字，第 3 条色环表示有效数字后面零的个数，其单位为 pF。

3. 电感

电感器（inductor）是能够把电能转化为磁能而存储起来的元件，简称电感，标记为 L。电感器具有一定的电感量，它只阻碍电流的变化。电感器在没有电流通过的状态下，如果电路接通，它将试图阻碍电流流过；电感器在有电流通过的状态下，如果电路断开，它将试图维持电流不变。电感器又称扼流器、电抗器、动态电抗器。电感在电路中的符号如图 2.18 所示。

图 2.18 电感在电路中的符号

当线圈中有电流通过时，线圈的周围就会产生磁场。当线圈中的电流发生变化时，其周围的磁场也发生相应的变化，此变化的磁场可使线圈自身产生感应电动势（也称感生电动势，电动势用于表示有源元件理想电源的端电压）。电感实物如图 2.19 所示。

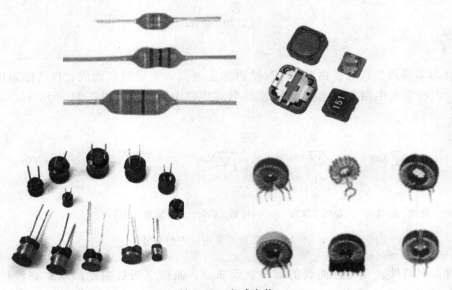

图 2.19 电感实物

49

电感的作用是通直流阻交流，即对交流信号进行隔离。

电感的常用容量单位为 μH、mH 和 H。1 H = 1 000 mH，1 mH = 1 000 μH。

电感的标注方法一般有直标法和色标法，色标法与电阻类似，如颜色标注分别为棕色、黑色、金色、金色的电感，表示 1 μH（误差为 5%）。

一般电感的误差值为 20%，用 M 表示；误差值为 10%，用 K 表示。精密电感的误差值为 5%，用 J 表示；误差值为 1%，用 F 表示。例如 100 M，即为 10 μH，误差为 20%。

4. 磁珠

磁珠（ferrite bead）专用于抑制信号线、电源线上的高频噪声和尖峰干扰，还具有吸收静电脉冲的能力，在电路中记作 FB，在抗干扰设计中经常使用。

电感是储能元件，而磁珠是能量转换（消耗）器件。电感多用于电源滤波回路，侧重于抑止传导性干扰；磁珠多用于信号回路，主要用于电磁干扰（EMI）方面。磁珠用来吸收超高频信号。

磁珠有很高的电阻率和磁导率，等效于电阻和电感串联，但电阻值和电感值都随频率变化。它比普通的电感有更好的高频滤波特性，在高频时呈现阻性，所以能在相当宽的频率范围内保持较高的阻抗，从而提高调频滤波效果。磁珠在电路中的符号与电感一样，与电感只是特性不同，如图 2.20(a) 所示，图 2.20(b) 所示为磁珠的实物。

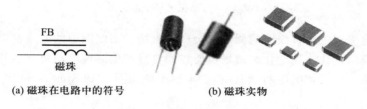

(a) 磁珠在电路中的符号　　　　　　(b) 磁珠实物

图 2.20　磁珠

5. 二极管

二极管即半导体二极管，由一个 PN 结再加上电极、引线封装而成，P 结接阳极 A，N 结接阴极 K。二极管在电路中标记为 VD。二极管在电路中的符号如图 2.21 所示。

普通二极管　　稳压二极管　　肖特基二极管　　发光二极管　　光敏二极管

图 2.21　二极管在电路中的符号

二极管正向特性：在特性曲线的第一象限部分，曲线呈指数曲线形状，非线性。正向电压很低时，正向电流几乎为 0，这一区间称为"死区"，对应的电压范围称为死区电压或阈值电压，锗二极管的死区电压约为 0.1 V，硅二极管的死区电压约为 0.5 V；反向特性：反向电流很小，但当反向电压过高时，PN 结发生击穿，反向电流急剧增大。晶体二极管按材料分为锗二极管、硅二极管、砷化镓二极管。按结构不同，可分为点接触型二极管和面接触型二极管。

二极管按用途分为整流二极管、稳压二极管、开关二极管、发光二极管以及光敏二极管等。二极管有直插和贴片两种基本封装形式。二极管实物如图 2.22 所示。

(a) 直插二极管　　　　　　　(b) 贴片二极管　　　　　　　(c) 发光二极管

图 2.22　二极管实物

二极管用于数字电路时的基本特性是正向导通，反向截止。条件是正向要加超过阈值电压，反向要加小于击穿电压一半的电压。

除通用参数外，不同用途的二极管还有其各自的特殊参数。下面介绍常用二极管的参数。

① 最大整流电流。它是二极管在正常连续工作时能通过的最大正向电流值。使用时，电路的最大电流不能超过此值。否则二极管就会因发热而烧毁。

② 最高反向工作电压。二极管正常工作时所能承受的最高反向电压值。它是击穿电压值的一半。也就是说，将一定的反向电压加到二极管两端，不致引起二极管的 PN 结被击穿。一般使用时，外加反向电压不得超过此值，以保证二极管的安全。

③ 最大反向电流。这个参数是指在最高反向工作电压下允许通过的反向电流。这个参数的大小反映了晶体二极管单向导电性能的好坏。如果反向电流值太大，就会使二极管因过热而损坏。因此这个值越小，则表明二极管的质量越好。

④ 最高工作频率。这个参数是指二极管能正常工作的最高频率。如果通过二极管的电流频率大于此值，二极管将不能起到应有的作用。在选用二极管时，一定要考虑电路频率的高低，选择能满足电路频率要求的二极管。

下面简单介绍常用晶体二极管。

（1）整流二极管

整流二极管的主要功能是整流，主要用于整流电路，即把交流电变换成脉动的直流电。整流二极管都是面结型，因此结电容较大，工作频率较低，一般为 3 kHz 以下。整流二极管主要应用在电源电路的设计中。

典型的 1N4000 系列二极管的主要参数如表 2.3 所示。

表 2.3　1N4000 系列二极管的主要参数

主要参数	二极管						
	1N4001	1N4002	1N4003	1N4004	1N4005	1N4006	1N4007
最大反向峰值电压	50 V	100 V	200 V	400 V	600 V	800 V	1 000 V
最大正向平均整流电流	1 A						
1 A 时最大正向电压	1.1 V						

（2）稳压二极管

稳压二极管的主要作用是稳压，它利用二极管的反向击穿特性制成。在电路中，其两端的电压保持基本不变，起到稳定电压的作用。稳压二极管的阴极通过一只限流电阻接正端，阳极接负端。可根据不同稳压值选择稳压二极管。

（3）肖特基二极管

肖特基二极管是利用金属与 N 型半导体接触形成的二极管，金属端为阳极，N 端为阴极。肖特基二极管特别适合于调频或开关状态的应用，另外其正向饱和压降也比 PN 结二极管要低；但缺点是反向击穿电压不高，通常小于 60 V，最高不超过 100 V。

肖特基二极管广泛应用于开关电源、变频器、驱动器等电路，作为高频、低压、大电流整流二极管，续流二极管，保护二极管使用。

（4）发光二极管

发光二极管是一种把电能变成光能的半导体器件。它具有一个 PN 结，与普通二极管一样，具有单向导电的特性。当给发光二极管加上正向电压，有一定的电流流过时就会发光。发光二极管是由磷砷化镓、镓铝砷等半导体材料制成的。当给 PN 结加上正向电压时，P 区的空穴进入 N 区，N 区的电子进入 P 区，这时便产生了电子与空穴的复合，复合便释放出能量，此能量就以光的形式表现出来。

（5）光敏二极管

光敏二极管也叫光电二极管。和普通二极管一样，它也是由一个 PN 结构成，但是它的 PN 结面积较大，是专为接收入射光而设计的。它是利用 PN 结在施加反向电压时，在光线照射下反向电阻由大变小的原理工作的。也就是说，当没有光照射时，反向电流很小，而反向电阻很大；当有光照射时，反向电阻减小，反向电流增大。

6. 晶体管（三极管）

晶体三极管按结构分为有点接触型三极管和面接触型三极管；按工作频率分为高频三极管、低频三极管和开关管；按功率大小分为大功率三极管、中功率三极管和小功率三极管；三极管的封装形式有金属封装和塑料封装等，又可分为直插和贴片两类。三极管在电路中标记为 VT。三极管在电路中的符号如图 2.23 所示。

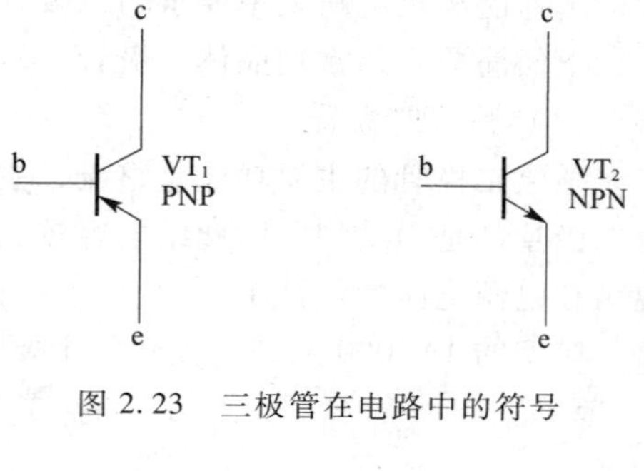

图 2.23　三极管在电路中的符号

由于三极管的品种多，在每类当中又有若干具体型号，因此在使用时务必分清，不能疏忽，否则将损坏三极管。每个三极管都有两个 PN 结，三个电极（发射极 e、基极 b、集电极 c）。按 PN 结的不同构成，三极管有 PNP 和 NPN 两种类型。PNP 三极管的两个 PN 结为 e-b 和 c-b，NPN 三极管的两个 PN 结为 b-e 和 b-c。

三极管属于电流控制型半导体器件，它的基本功能就是放大，把流过 b-e 或 e-b 的输入电流通过 c-e 或 e-c 放大。用于数字电路时，三极管相当于开关。当输入有足够的电流流过 b-e 或 e-b 时，c-e 导通，否则 c-e 截止。导通相当于开，截止相当于关断。三极管实物如图 2.24 所示。三极管的电流放大关系为 $i_c=\beta i_b$，i_c 为集电极电流，β 为放大倍数，i_b 为基极电流。

(a) 直插三极管   (b) 贴片三极管

图 2.24　三极管实物

7. 场效应管

场效应晶体管（field effect transistor，FET）简称场效应管。场效应管主要有两种类型：结型场效应管（junction FET，JFET）和金属氧化物半导体场效应管（metal-oxide semiconductor FET）。场效应管由多数载流子参与导电，因此也称为单极型晶体管。场效应管具有输入电阻高（107~1 015 Ω）、噪声小、功耗低、动态范围大、易于集成、没有二次击穿现象、安全工作区域宽等优点，现已成为双极型晶体管和功率晶体管的强大竞争者。FET 在电路中的符号如图 2.25 所示，分为 N 沟通的 MOSFET 和 JFET 以及 P 沟通的 MOSFET 和 JFET，还有 NMOS 和 PMOS。NMOS 是在 P 型硅的衬底上，通过选择掺杂形成 N 型的掺杂区，作为 NMOS 的源漏区；PMOS 是在 N 型硅的衬底上，通过选择掺杂形成 P 型的掺杂区，作为 PMOS 的源漏区。场效应管的标记为 VT。

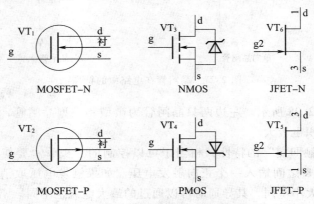

图 2.25　场效应管在电路中的符号

场效应管属于电压控制型半导体器件，当作开关使用时，当栅极 g 施加电压达到阈值时，漏极 d 和源极 s 导通；当栅极 g 没有电压或施加的电压没有达到阈值时，则漏极 d 和源极 s 截止。导通相当于开，截止相当于关断。图 2.26 所示为场效应管实物，分为直插式和贴片式两种。

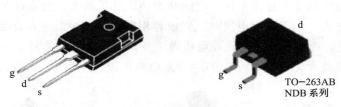

图 2.26　场效应管实物

8. 晶闸管

晶闸管（silicon controlled rectifier，SCR）是晶闸管整流元件的简称，是一种具有三个 PN 结四层结构的大功率半导体器件。晶闸管具有体积小、结构相对简单、功能强等特点，是比较常用的半导体器件之一。晶闸管在电路中标记为 Q。

晶闸管的特点是具有可控的单向导电，即与一般的二极管相比，可以对导通电流进行控制。晶闸管具有以小电流（电压）控制大电流（电压）的作用，并且具有体积小、重量轻、功耗低、效率高、开关迅速等优点，广泛用于无触点开关、可控整流、逆变、调光、调压、调速等方面。

普通晶闸管最基本的用途就是可控整流，而二极管是不可控整流。晶闸管在电路中的符号如图 2.27 所示。晶闸管又可分为单向晶闸管和双向晶闸管。晶闸管有三个电极，单向晶闸管包括阳极（A）、阴极（K）和控制极（G），双向可控硅包括 A_1、A_2 和控制极（G）。

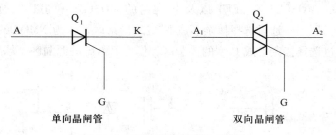

图 2.27　晶闸管在电路中的符号

晶闸管实物如图 2.28 所示。左边两只晶闸管为微型和小型晶闸管，功率较小；右边两个晶闸管功率较大，体积也较大。

晶闸管具有“一触即发”的特性，相当于可以控制的二极管。要使晶闸管导通，就要在它的控制极 G 与阴极 K 之间输入一个正向触发电压。如果触发电压取消，则晶闸管截止。不同晶闸管的触发电流大小不同，其导通时可以通过的最大电流也不同。

图 2.28　晶闸管实物

双向晶闸管广泛用于工业、交通、家用电器等领域，可实现交流调压、电动机调速、路灯自动开启与关闭、温度控制、台灯调光、舞台调光等多种功能，还被用于固态继电器（SSR）和固态接触器电路中。

9. 光电耦合器

光电耦合器（optical coupler，OC）亦称光电隔离器，简称光耦。光耦的输入输出端都是电信号，只是两端之间有光电转换并以此实现输入和输出没有电的直接联系而隔离的目的。光耦可以提高安全性和降低输入输出端的电气耦合干扰，是首选的抗干扰器件。

光耦在电路中的符号如图 2.29 所示。在光耦输入端 A–K 加电信号，使内部发光二极管发光源发光，光的强度取决于激励电流的大小，此光照射到封装在一起的受光器上后，因光电效应而产生光电流，由受光器输出端引出，这样就实现了由电到光再由光到电的转换。

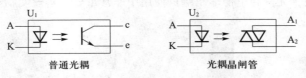

图 2.29　光电耦合器在电路中的符号

光耦的主要作用是隔离，分为线性光耦和普通光耦，线性光耦用于模拟信号的隔离，普通光耦用于数字信号的隔离。

一般情况下，光耦用于数字应用，有普通光耦和光耦晶闸管等形式。普通光耦的输出端是受光控制的浮置基极的三极管，当发光二极管 A–K 有足够的电流流过时，二极管发光，使输出三极管输出的两个引脚 c 和 e 导通，否则截止；而光耦晶闸管是输出端中受光控制的触发端的双向晶闸管，当发光二极管 A–K 有足够的电流流过时，输出端两个引脚 A_1 和 A_2 导通，否则截止。光耦的输入和输出信号不共地，电气上完全隔离。

光耦的实物外形如图 2.30 所示，分别为单光耦（三个 4 只引脚，一个 6 只引脚）、双光耦（8 只引脚）以及四光耦（16 只引脚）。

10. 熔丝

熔丝（fuse）也被称为电流熔丝，IEC 127 标准将它定义为熔断体（fuse-link）。当有超过额定电流的电流流过时，熔丝由于迅速升温而自动熔断导致开路，以保护电路部件不受损坏，起到保险的作用因此而得名。熔丝的标记为 F，在电路中的符号如图 2.31 所示。

图 2.30　光电耦合器实物

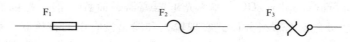

图 2.31　熔丝在电路中的符号

熔丝分为普通熔丝和自恢复熔丝两类。普通熔丝熔断后不能自行恢复，而自恢复熔丝当电流超过额定值时自动熔断，当电流下降到额定值以下时，随着温度降低，会自动恢复接通状态。这在电路设计中非常方便，尤其在电源输出端口使用中非常重要。熔丝实物如图 2.32 所示。

(a) 自恢复熔丝　　　　　　　　　　　　(b) 普通熔丝

图 2.32　熔丝实物

11. 蜂鸣器

蜂鸣器（buzzer）是一种一体化结构的电子音响器，采用直流电压供电，广泛应用于计算机、打印机、复印机、报警器、电子玩具、汽车电子设备、电话机、定时器等电子产品中，作为发声器件，共有两只引脚或引线。图 2.33 所示为蜂鸣器在电路中的符号，图 2.34 所示为蜂鸣器实物。

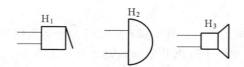

图 2.33　电路中的蜂鸣器符号

图 2.34 蜂鸣器实物

蜂鸣器主要分为压电式蜂鸣器和电磁式蜂鸣器两种类型。蜂鸣器在电路中用字母 H 或 HA 表示。蜂鸣器又可分为无源和有源两种类别。有源蜂鸣器只要通上额定电压（不同蜂鸣器供电电压不同）就会发出声响，而无源蜂鸣器加上电压并不发声，必须施加脉冲信号（如 2~5 kHz 的方波）才能发声，在选择和使用时要特别注意。

12. 继电器

继电器（relay）是一种电控制器件，当输入量（激励量）的变化达到规定要求时，能在电气输出电路中使被控量发生预定的阶跃变化。它具有控制系统（又称输入回路）和被控制系统（又称输出回路）之间的互动关系。输入回路主要是一个线包，输出回路主要是触点。继电器在电路中的符号如图 2.35 所示，其实物外形如图 2.36 所示。

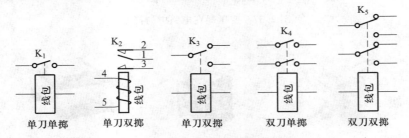

图 2.35 继电器在电路中的符号

图 2.36 继电器的实物

继电器通常应用于自动化的控制电路中，它实际上是用小电流去控制大电流运作的一种"自动开关"，在电路中起着自动调节、安全保护、转换电路等作用。

继电器的激励端通常是一个线包，有一定的电阻值，可用万用表测量。当在激励端加继电器的额定工作电压和一定的工作电流时，输出回路中的常闭触点断开，常开触点闭合，实现输出的开关。当释放电压时，原来触点的常闭触点恢复闭合，常开触点恢复常开状态。

继电器的额定工作电压通常是指线包的工作电压。此外，输出触点的耐压和能够承受的最大电流是继电器的主要技术参数。继电器可分为直流继电器和交流继电器。

在嵌入式硬件设计中，使用光耦加继电器，借助于嵌入式微控制器的 GPIO 引脚输出的高低电平，可以方便地控制电动设备的运行，这也是继电器最为常用的用法。详见后面的相关内容。

13. 变压器

变压器（transformer）是利用电磁感应的原理来改变交流电压的装置，主要构件是初级线圈、次级线圈和铁芯（磁芯）。变压器在电路中用 T 标记。

变压器的主要功能有电压变换、电流变换、阻抗变换、隔离、稳压（磁饱和变压器）等。变压器按用途可以分为电力变压器和特殊变压器（电炉变压器、整流变压器、工频试验变压器、调压器、矿用变压器、音频变压器、中频变压器、高频变压器、冲击变压器、仪用变压器、电子变压器、电抗器、互感器等）。变压器在电路中的符号如图 2.37 所示，实物如图 2.38 所示。

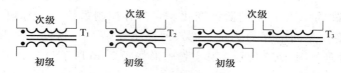

图 2.37　变压器在电路中的符号

图 2.38　变压器实物

在嵌入式硬件系统设计中用到最多的电源变压器即电压变换器，通常是输入高电压，输出低电压，达到变压的目的。如输入市电电压 220 VAC，输出 15 VAC 等。开关电源用的主要是调频变压器。

电源变压器的主要参数有额定电压、额定电流、额定容量、额定频率及空载电流等。额定电压包括初始额定电压和次级额定电压。次级额定电压即输出额定电压，是指空载时次级输出的电压有效值。额定容量通常用功率来表示。

14. 电动机

电动机（motor）是一种把电能转换成机械能的设备。它利用通电线圈（定子绕组）产生旋转磁场并作用于转子形成磁电动力旋转扭矩。电动机也称电机（俗称马达），在电路中用字母 M 表示。关于电动机的详细分类及应用详见第 8 章电动机及其控制。

电动机主要由定子与转子组成。通电导线在磁场中受力运动的方向跟电流方向和磁感线（磁场方向）方向有关。电动机的工作原理是磁场对电流的作用使电动机转动。电动机在电路中的符号如图 2.39 所示。

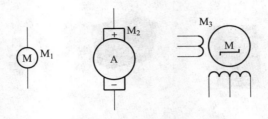

图 2.39　电动机在电路中的符号

　　电动机的主要用途是通过电的控制使机械设备运动，如用于机器人各个关节的运行控制、电梯控制、传输带控制、通风控制、排水控制、灌溉控制、水闸开启控制、飞行器机翼控制、宇航器太阳能电池板收缩扩展控制等。只要有机构运动的场合均需要电动机的参与。电动机的实物如图 2.40 所示。

图 2.40　电动机实物

15. 开关和按键

　　开关（switch）的含义为开启和关闭。它还指一个可以使电路开路、使电流中断或使其流到其他电路的电子元器件。

　　按钮（button）或按键（key）是具有复位功能的开关，即按下时两个触点导通，抬起时触点断开。开关或按键用 S 标记。开关在电路中的符号如图 2.41 所示，实物如图 2.42 所示。

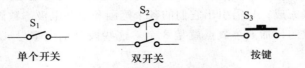

图 2.41　开关在电路中的符号

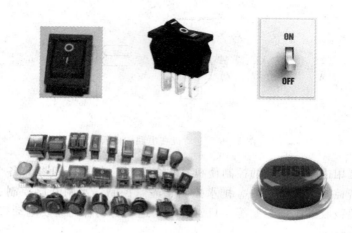

图 2.42　开关实物

16. 晶振

晶体振荡器（crystal oscillator）是指从一块石英晶体上按一定方位角切下的薄片（简称为晶片）。石英晶体谐振器简称为石英晶体或晶体、晶振；而在封装内部添加 IC 组成振荡电路的晶体元件称为晶体振荡器。其产品一般用金属外壳封装，也有用玻璃壳、陶瓷或塑料封装的。晶振在电路中的符号及实物如图 2.43 所示。

(a) 晶振在电路中的符号　　　　(b) 晶振实物

图 2.43　晶振

在嵌入式硬件系统设计中，晶振主要给嵌入式硬件系统提供时钟源。详见第 5 章嵌入式最小系统设计。

17. 显示器件

除了前面介绍的发光二极管外，显示器件还有数码管的 LED 显示器以及 LCD 显示器。

（1）LED 数码管

LED 数码管（LED segment displays）是由多个发光二极管封装在一起组成的 8 字形的器件，引线已在内部连接完成，只需引出它们的各个笔画和公共电极。数码管实际上是由 7 个发光管组成的 8 字形构成的，加上小数点就是 8 个。这些段分别由字母 a，b，c，d，e，f，g，dp 来表示，如图 2.44 所示。

当使用共阴极结构时，阴极控制端为低电平，数码显示端（阳极）输入高电平时发亮。例如要显示数字"1"，则使 b、c 段为高电平，其他段为低电平，显示代码为 06H。

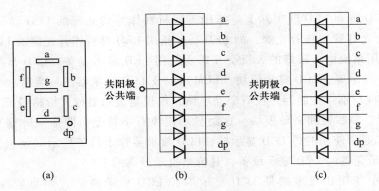

图 2.44 典型的 8 段式 LED 器件

当使用共阳极结构时，有效电平相反。阳极控制端为高电平，数码显示端（阴极）输入低电平时发亮。

在多个 LED 显示电路中，通常把阴（阳）极控制端连接到一个输出端，称为位控端口；而把数码显示段连接到另一个输出端口，称为段控端口。把控制多个 LED 的公共端的代码称为位码，把控制显示字符的代码称为段码。

LED 数码管在电路中的符号如图 2.45 所示，实物如图 2.46 所示。

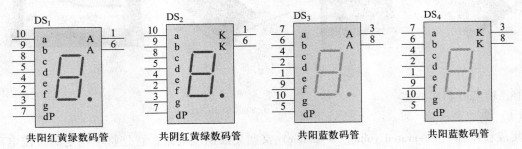

图 2.45 数码管在电路中的符号

图 2.46 数码管实物

（2）液晶显示器件

液晶显示（liquid crystal display，LCD）的构造是在两片平行的玻璃基板当中放置液晶盒，下基板玻璃上设置薄膜晶体管（TFT），上基板玻璃上设置彩色滤光片，通过 TFT 上的信号与电压改变来控制液晶分子的转动方向，从而控制每个像素点偏振光的出射与否，以达到显示目的。

　　市场上的 LCD 屏和 LED 屏实际上是指用不同材料作为背光源的 LCD 屏。传统 LCD 屏用 CCFL（冷阴极荧光灯管）作背光源，而 LED 屏是指用 LED 材料作背光源的 LCD 屏。

　　在嵌入式应用系统中，较好的人机交互需要使用 LCD 显示设备。LCD 显示设备按其完整程度可分为 LCD 显示屏、LCD 显示模块（LCM）以及 LCD 显示器三种类型。

　　LCD 显示屏自身不带控制器，没有驱动电路，仅仅是显示器件，价格最低；LCD 显示模块内置 LCD 显示屏、控制器和驱动模块。这类显示模块有字符型、图形点阵型、带汉字库的图形点阵型等；PC 通常使用的是 LCD 显示器，LCD 显示器除了具备显示屏还包括驱动器、控制器以及外壳，是最完备的 LCD 显示设备，其价格也是最高的。

　　嵌入式系统中使用比较多的是 LCD 显示屏和 LCD 显示模块。如果嵌入式处理器芯片内部集成了 LCD 控制器，则可以直接选择 LCD 显示屏；如果内部没有集成 LCD 控制器，则可选择 LCD 显示模块，通过 GPIO 以并行方式连接 LCD 显示模块或通过串行方式如 SPI 或 I^2C 连接 LCD 显示模块（不同模块的通信方式不同）。不同 LCD 的实物外形如图 2.47 所示。

图 2.47　LCD 显示器件

18. 稳压器和滤波器

（1）集成稳压器

　　集成稳压器（integrated voltage regulator）又叫集成稳压电路，它是将不稳定的直流电压转换成稳定的直流电压的集成电路。

　　用分立元件组成的稳压电源具有输出功率大、适应性较广的优点，但因体积大、焊点多、可靠性差而使其应用范围受到限制。近年来，集成稳压电源已得到广泛应用，其中小功率的稳压电源以三端式串联型稳压器的应用最为普遍。典型的三端稳压器如图 2.48 所示。

(a) 集成稳压器电路符号　　　　　　(b) 集成稳压器实物

图 2.48　典型的集成稳压器——三端稳压器

集成稳压器一般分为线性集成稳压器和开关集成稳压器两类。线性集成稳压器分为低压差集成稳压器和一般压差集成稳压器。开关集成稳压器分为降压型集成稳压器、升压型集成稳压器和输入与输出极性相反集成稳压器。

嵌入式系统常用的集成稳压器有普通稳压器和低压差调节器（low dropout regulator，LDO）。

普通稳压器通常指稳压模块，输入输出均是直流，输入电压比输出电压高，一般要求输入电压要高于输出电压 3 V 以上，输出才能稳定输出额定电压，如 78 系列三端稳压器。

LDO 是一种特殊的直流到直流的器件，输入要求也是直流，只不过输入与输出的压差要求比普通稳压芯片或模块低，通常输入电压高于输出电压 1.5 V 以上，输出就能得到稳定的电压。这就是所谓的低压差器件。

集成稳压器最大的特点是噪声低、成本低、纹波小、精度高、电路简单。常用集成稳压器如表 2.4 所示。78XX 系列属于普通线性电压调节器（稳压器），LM2576/2596 为开关型 DC-DC 电压调节器，CAT6219/AS2815/1117/2908 等属于低压差线性调节器。

表 2.4　常用集成稳压器

稳压器系列	78XX 系列	LM2576/ LM2596 系列	CAT6217/18/ 19/21 系列	AS2815- XX 系列	1117-XX 系列	AMS2908- XX 系列
输出电压等级	5 V、6 V、8 V、9 V、10 V、12 V、15 V、18 V、24 V	3.3 V、5 V、12 V	1.25 V、1.8 V、2.5 V、2.8 V、2.85 V、3.0 V、3.3 V	1.5 V、2.5 V、3.3 V、5 V	1.8 V、2.5 V、2.85 V、3.3 V 和 5 V	1.8 V、2.5 V、2.85 V、3.3 V 和 5 V
输出电流	1 A	3 A	500 mA	800 mA	800 mA	800 mA
输入电压要求	XX+3 V~35 V	XX+3 V~40 V HV 型：达 60 V	2.3 V~5.5 V	XX+0.5~1.2 V，小于或等于 7 V	XX+1.5 V~12 V	XX+1.5 V~12 V

选择稳压芯片除了要考虑输入输出电压，还要考虑输出电流。通常要选择输出电流大于实际系统能够消耗的电流且留有一定余量的芯片，切不可满负荷工作。

以上提供的是正电源输出的稳压器，还有负电源输出的集成稳压器 79XX 系列，79XX 系列与 78XX 系列的输出电压极性正好相反。

此外，MC1403 以及 TL431 是输出基准电压 2.5 V 的稳压集成芯片，通常作为比较器或 ADC 参考电压使用，应用在输出电流较小（MC1403 为 10 mA，TL431 为 100 mA）的场合。

在嵌入式硬件系统中，通常需要 5 V 电源，这是嵌入式系统的主要电源之一，此外还需要嵌入式处理器匹配的工作电压，如 3.3 V 等。具体应用详见第 4 章嵌入式系统电源设计。

（2）电源滤波器

电源滤波器（filter）是由电容、电感和电阻等器件组成的能够有效去除特定频率范围信号的电路。凡是有能力进行信号处理的器件都可以称为滤波器。

滤波器可以对电源线中特定频率的频点或该频点以外的频率进行有效滤除，得到一个特定频率的电源信号，或消除一个特定频率的电源信号。滤波器是抗干扰的重要器件之一。滤波器没有独立的电路符号。

按所通过信号的频段，滤波器可分为低通、高通、带通和带阻滤波器四种。

低通滤波器：它允许信号中的低频或直流分量通过，抑制高频分量或干扰和噪声。

高通滤波器：它允许信号中的高频分量通过，抑制低频或直流分量。

带通滤波器：它允许一定频段的信号通过，抑制低于或高于该频段的信号、干扰和噪声。

带阻滤波器：它抑制一定频段内的信号，允许该频段以外的信号通过。

按所采用的元器件，滤波器可分为无源滤波器和有源滤波器两种。无源滤波器仅使用电阻、电容以及电感等无源器件组成，而有源滤波器采用的器件中必须含有有源器件，如运算放大器等。典型无源滤波器如图 2.49 所示。

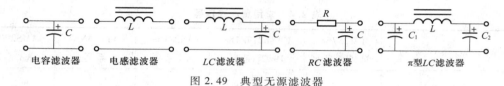

电容滤波器　　电感滤波器　　　LC 滤波器　　　RC 滤波器　　　π 型 LC 滤波器

图 2.49　典型无源滤波器

19. 接插件

接插件也叫连接器（connector），是指装有接触件的整体，其接触件用于与插入式元器件的插脚进行电气连接。接插件也称作接头或插座，一般是指电器接插件，即连接两个有源器件的器件，用于传输电流或信号。接插件在电路中的符号是 X。为了区分，可以用 XP 表示插头，用 XS 表示插座。

典型接插件在电路中的符号及实物外形分别如图 2.50 和图 2.51 所示。

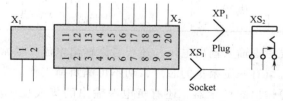

图 2.50　接插件在电路中的符号

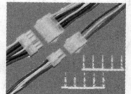

图 2.51　典型接插件实物

2.2.4 集成电路

集成电路（integrated circuit，IC）是一种微型电子器件或部件。采用一定的工艺，把一个电路中所需的晶体管、二极管、电阻、电容和电感等元件及布线互连在一起，制作在一小块或几小块半导体晶片或介质基片上，然后封装在一个管壳内，即成为具有所需电路功能的微型结构。

集成电路具有体积小、重量轻、引出线和焊接点少、寿命长、可靠性高、性能好、成本低等优点。

不同于分立元件作为单独一个元件存在，集成电路是把若干分立元器件集成到一块芯片上，以完成特定的功能。随着微电子技术的不断发展，集成电路的应用越来越广泛。本小节介绍集成电路的分类、封装及主要参数。典型集成电路芯片见 2.4 节和 2.5 节。

1. 集成电路分类

按照规模可以把集成电路分成小规模集成电路（small scale integrated circuit，SSI）、中规模集成电路（medium scale integrated circuit，MSI）、大规模集成电路（large scale integrated circuit，LSI）、超大规模集成电路（very large scale integrated circuit，VLSI）以及极大规模集成电路（ultra large scale integrated circuit，ULSI）。

小规模集成电路包含 100 个及以下电子元器件；中规模集成电路包含 100~3 000 个电子元器件，大规模集成电路包含 3 000~100 000 个电子元器件，超大规模集成电路包含 100 000~10 000 000 个电子元器件，极大规模集成电路包含 10 000 000 个及以上电子元器件。

按照处理信号类型又可以把集成电路分为模拟集成电路和数字集成电路。

2. 集成电路的封装形式

集成电路的封装形式有几十种之多，主要封装形式如下所述。

（1）BGA

球形触点阵列（ball grid array），表面贴装型封装形式之一。在印刷基板的背面按陈列方式制作出球形凸点用以代替引脚，在印刷基板的正面装配 LSI 芯片，然后用模压树脂或灌封方法进行密封。

（2）BQFP

带缓冲垫的四侧引脚扁平（quad flat pack age with bumper）封装。QFP 封装形式之一，在封装本体的四个角设置突起（缓冲垫），以防止引脚在运送过程中发生弯曲变形。

（3）DIP

双列直插式（dual in-line package）封装。插装型封装形式之一，引脚从封装两侧引出，封装材料有塑料和陶瓷两种。

（4）LCC

无引脚芯片载体（lead less chip carrier）。指陶瓷基板的四个侧面只有电极接触而无引脚的表面贴装型封装，常用于高速和高频 IC，也称为陶瓷 QFN 或 QFN-C（见 QFN）。

（5）LGA

触点陈列封装（land grid array）。即在底面制作有阵列状态坦电极触点的封装。装配时插入插座即可。

（6）LQFP

LQFP（low profile quad flat package）是最常用的封装形式之一，为薄型 QFP，指封装本体厚度为 1.4 mm 的 QFP。

（7）PGA

陈列引脚封装（pin grid array）。插装型封装形式之一，其底面的垂直引脚呈陈列状排列。封装基材基本上都采用多层陶瓷基板。

（8）PLCC

带引线的塑料芯片载体（plastic leaded chip carrier）。表面贴装型封装形式之一。引脚从封装的四个侧面引出，呈丁字形，是塑料制品。

（9）SDIP

收缩型 DIP（shrink dual in-line package）。插装型封装形式之一，形状与 DIP 相同，但引脚中心距（1.778 mm）小于 DIP（2.54 mm），因此得名。

（10）SO 或 SOP

SOP（small outline package）小外形封装是一种很常见的元器件形式。表面贴装型封装形式之一，引脚从封装两侧引出呈海鸥翼状（L 字形）。材料有塑料和陶瓷两种。SOP 有时也标成 SO，省去 P，如 SO-8。

SOP 除了用于存储器 LSI 外，也广泛用于规模不太大的 ASSP 等电路。在输入输出端子不超过 10~40 个的领域，SOP 是普及最广的表面贴装封装形式。引脚中心距为 1.27 mm，引脚数为 8~44 个。

另外，引脚中心距小于 1.27 mm 的 SOP 也称为 SSOP；装配高度不到 1.27 mm 的 SOP 也称为 TSOP。还有一种带有散热片的 SOP。

还有几十种不同封装的名称，此处不再一一列出。

3. 集成电路的主要参数

除了以上封装形式之外，集成电路还有以下主要参数。

（1）工作电压

工作电压是指提供给集成电路的电源供电电压，通常给出的是一个范围，在这个工作范围内集成电路才能正常工作。工作电压的单位为 V，如 4.5~5.5 VDC 表示可以在 4.5~5.5 V 之间的直流电下正常工作，3~15 DVC 表示直流电压为 3~15 V 均可正常工作。不能超过额定的工作电压范围，否则集成电路芯片容易烧坏。

（2）工作电流

工作电流是指集成电路在额定工作电压下工作时消耗的电流，通常以 mA 为单位，如 50 mA 等。

（3）工作温度

工作温度是指集成电路工作时能够适应的工作温度范围。温度以 ℃ 为单位，可根据实际工作环境选择不同温度等级的集成电路芯片。

有三种常用级别的温度范围：商业级（commercial）、工业级（industry）以及军用级（military）。通常，在集成电路芯片尾部会标有 C、I 或 M 以区分是商业级、工业级还是军用级。不同级别器件的温度范围如下：

- 商业级：0~70℃；
- 工业级：-40~85℃；
- 军用级：-55~125℃。

（4）工作频率

许多集成电路芯片都有工作频率的限制，超过额定工作频率，芯片就不能正常工作。例如，门电路的翻转速度就受到一定限制，放大器接收信号变化的频率也是有限制的。

普通 CMOS 电路（CD4000 系列）的工作频率最低，一般用于 1 MHz 甚至 100 kHz 以下。在时序逻辑电路中，输入信号的有效上升沿或下降沿不宜超过 5~10 μs，否则可能产生误触发，导致逻辑错误。TTL 集成电路的工作频率比 CD4000 系列的高。

应该说明的是，不同类别集成电路的主要参数有很大差别，以上几个重要参数是所有芯片均具有的。不同芯片由于功能上的差异，主要参数的侧重点不同，还有许多特有的参数，在使用时要参考芯片的数据手册及设计手册。

2.3　数字逻辑电路

数字逻辑电路是嵌入式硬件系统中最常用、最重要的电路，主要包括组合逻辑电路以及常用时序电路。

2.3.1　组合逻辑电路

门电路是组合逻辑电路的基本模块。组合逻辑电路的输出状态只反映输入逻辑，没有存储功能。门电路是数字电路中最基本的逻辑单元，主要包括非门、与门、或门、与非门、或非门、异或门以及三态门等。

1. 非门

非门（NOT）是最简单的基本门电路，基本功能是将输入逻辑取反。基本门电路符号如图 2.52 所示。

非门的逻辑关系为：$B = \bar{A}$，B 是对 A 逻辑取反。当 $A = 0$ 时，$B = 1$；当 $A = 1$ 时，$B = 0$。

2. 与门

与门（AND）也是最常用的基本门电路，有两输入与门和多输入与门。图 2.53 所示为两输入与门。两输入与门的逻辑关系为：$C = A$ AND $B = AB$。

与门的输出与输入的关系是：输入有 0 时，输出必为 0；输入全为 1 时，输出为 1。

3. 与非门

与非门比与门多一个取反的逻辑，如图 2.54 所示。

图 2.52　非门电路符号　　　　　　　图 2.53　与门电路符号

与非门输出与输入的关系是：$C=\overline{AB}$，即输入有一个为 0 时，输出必为 1；输入全为 1 时，输出为 0。

4. 或门

图 2.55 所示或门的逻辑关系是：$C=A+B$，即输入端有一个为 1，则输出必为 1；输入全部为 0 时，输出为 0。

图 2.54　与非门电路符号　　　　　　图 2.55　或门电路符号

5. 或非门

图 2.56 所示或非门与或门正好逻辑相反。或非门的逻辑关系是：$C=\overline{A+B}$，即输入端有一个为 1，则输出必为 0；输入全部为 1 时，输出为 0。

6. 异或门

图 2.57 所示异或门的逻辑关系是：$C=A\oplus B$，即两个输入端相同时，输出必为 0；输入端不相同时，输出为 1。

图 2.56　或非门电路符号　　　　　　图 2.57　异或门电路符号

7. 三态门

数字逻辑有三种状态，即逻辑 0（低电平）、逻辑 1（高电平）和高阻状态。三态实际上是一种高阻状态，是指输出与输入在高阻状态时是悬浮而隔离的。三态门分为同向三态门和反向三态门，如图 2.58 所示。三态门的控制一般多为逻辑 0 有效，即控制端或输出使能端 $OE=0$ 时三态门打开，否则关闭。三态门打开时，正逻辑输出的三态门的输出等于输入，即当 $OE=0$ 时，$B=A$。负逻辑输出的三态门的输出与输入相反，即当 $OE=0$ 时，$B=\overline{A}$。当 $OE=1$ 时，三态门关闭，输出 B 与输入 A 是隔离的，即此时输出与输入没有联系。三态门常用作缓冲器。

8. 组合逻辑电路

组合逻辑电路就是将基本门电路组合在一起的逻辑电路。由异或真值表可知，$C=A\oplus B=\overline{A}B+A\overline{B}$。因此异或门可以用非门、与门和或门组合而成，如图 2.59 所示。

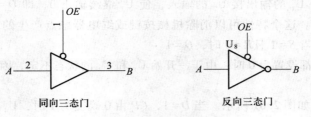

图 2.58　三态门电路符号

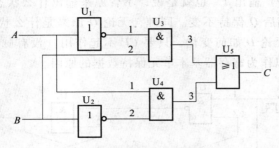

图 2.59　异或门组合逻辑电路

2.3.2　时序逻辑电路

时序逻辑电路是由最基本的时序电路器件触发器组成的，而触发器则由逻辑门电路加上反馈逻辑回路或器件组合而成。时序逻辑电路与组合逻辑电路最本质的区别在于它具有记忆功能。也就是说，时序逻辑电路的输出不仅与输入有关，还与原来电路的状态有关。时序逻辑电路至少有一个时钟控制输入端，时序逻辑电路正是在时钟的作用下进行工作的。

典型的时序逻辑电路有计数器和寄存器两大类。计数器的种类较多，有同步计数器、异步计数器、二进制计数器、十进制（BCD 码）计数器、任意进制计数器，二进制计数器又包括加法计数器、减法计数器等。寄存器分为数据寄存器和移位寄存器。

1. 触发器

触发器（flip-flop）是一种应用在数字电路中具有记忆功能的时序逻辑元件，可记录二进制数字信号"1"和"0"。触发器是构成时序逻辑电路以及各种复杂数字系统的基本逻辑单元。所有时序逻辑电路均由触发器构成。触发器主要包括 D 触发器、RS 触发器、JK 触发器等，这里仅介绍嵌入式应用系统中常用的 D 触发器和 RS 触发器。

（1）RS 触发器

RS 或 SR 触发器如图 2.60 所示。当 $S=0$ 且 $R=1$ 时，U_1 输出 1，又由于 U_1 的输出接 U_2 的输入，因此 U_2 输出 0，即 $Q=0$；此时，若 $S=1$（S 由 0 跳变为 1，上升沿），保持 $R=1$ 不变，则由于原来 U_2 输出 0，而 U_2 的输出接 U_1 的输入，因

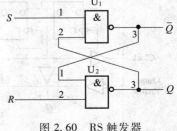

图 2.60　RS 触发器

此 U_1 输出 1，再由于 U_1 的输出接 U_2 的输入，使 U_2 继续输出 0，即 $Q=0$ 不变，即说明 U_2 能够记忆 S 的输入状态。这个特性可以消除机械按键或继电器触点产生的抖动，典型应用见第 6 章 6.5.1 节。同理，当 $S=1$ 且 $R=0$ 时，$Q=1$。

当同时将 S 和 R 都设置为 0 时，由于一开始 U_1 和 U_2 的状态不定，因此输出状态不能确定。

（2）D 触发器

典型的 D 触发器如图 2.61 所示。当 $D=1$，CP 由 0 跳变为 1 时，U_4 输出 0，U_3 输出 1，如果原来 U_2 输出 0，则 U_1 输出 0，U_2 输出 1；如果原来 U_2 输出 1，则由于 U_3 输出 1，因此 U_1 输出 0，最后迫使 U_2（Q）输出 1。也就是说，不管原来输出什么状态，在 CP 的作用下，当 $D=1$ 时，$Q=1$。CP 撤销后 Q 保持不变。同理，无论 Q 原来是什么状态，当 $D=0$ 时，在 CP 的作用下，$Q=0$。此时无论 D 如何变化，只要 CP 不起作用（没有脉冲），则 Q 端保持不变。这就是为什么触发器可以作为寄存器基本单元保持数据的原因。

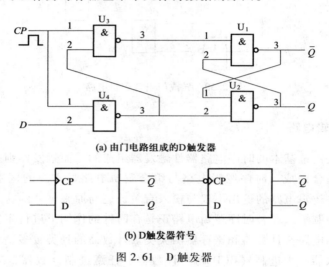

(a) 由门电路组成的D触发器

(b) D触发器符号

图 2.61 D 触发器

一个典型的 8D 触发器 74HC374 如图 2.62 所示。它由 8 个 D 触发器组成，Output Enable 为 0 时，打开三态门，Clock 为触发脉冲，D 为数据输入端，Q 为数据输出端。在 Clock 的作用下，将输入端的 8 位数据 $D_0 \sim D_7$ 从 $Q_0 \sim Q_7$ 输出，并在 Clock 撤销后保持不变。

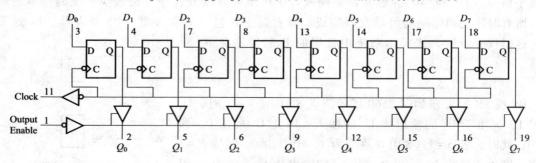

图 2.62 8D 触发器 74LS174

2. 锁存器

锁存器（latch）是数字电路中异步时序逻辑电路系统中用来存储信息的一种时序电路，由多个触发器及其控制逻辑组成。通常一次锁存多个数据位，如 4 位锁存器可存储 4 位二进制数，8 位锁存器可存储 8 位二进制数等。嵌入式硬件设计中使用最多的是 8D 锁存器。

锁存器可以用于锁存地址，也可以用于存放数据，因此是寄存器的一种形式。锁存器由若干触发器组合而成。

锁存器的功能是在锁存脉冲的作用下，使输出端的逻辑状态与输入端的逻辑状态相同，并一直保持到新的锁存脉冲到来之前不变。

3. 移位寄存器

数字电路中用来存放数据或指令的部件称为寄存器。寄存器由若干触发器构成，具有以下逻辑功能：可在时钟脉冲作用下将数据或指令存入寄存器（称为写入），或从寄存器中将数据或指令取出（称为读出）。一个触发器只能寄存 1 位二进制数，要寄存多位二进制数时，就要用到多个触发器。常用的有 4 位、8 位、16 位触发器等。寄存器的存储电路是由锁存器或触发器构成的。

寄存器存入和取出数据的方式有并行和串行两种。并行方式就是数据各位同时从各对应位输入端输入寄存器中，或同时出现在输出端；串行方式就是数据逐位从一个输入端输入寄存器中，或由一个输出端输出。

根据功能的不同，寄存器可分为数据寄存器和移位寄存器两种。

数据寄存器就是前面介绍的锁存器。这种寄存器只有寄存数据和清除数据的功能。移位寄存器不仅能存放数据（锁存），而且有移位功能。根据数据在寄存器内移动的方向，移位寄存器又可分为左移移位寄存器和右移移位寄存器两种。

4. 计数器

计数器是最常用的时序逻辑电路，它也是由触发器组成的。常用的计数器主要有以下几种。

（1）二进制计数器

二进制计数器能按二进制的规律累计脉冲的数目，也是构成其他进制计数器的基础。一个触发器可以表示 1 位二进制数，表示 n 位二进制数需要用 n 个触发器。二进制数逢二进一，只有 0 和 1 两个状态。

（2）十进制计数器

从 4 位二进制数的 16 种状态中任取 10 种状态 0、1、2、3、4、5、6、7、8、9 来表示 1 位十进制数可有多种组合，也称编码。常用的编码形式是 8421 加权码，相应的计数器称为 8421 十进制计数器。十进制数逢十进一。十进制计数也称 BCD（binary-coded decimal）码，即用 4 位二进制编码表示 1 位十进制数。如二进制数 0101 表示十进制数 5。

（3）集成计数器

将由多个触发器构成的计数器做在一块中规模芯片上构成集成计数器，用它可构成所需模数的各种计数器。

2.4 常用模拟集成电路

模拟集成电路（analog integrated circuit）主要是指由电容、电阻、晶体管等组成，用来处理模拟信号的集成电路。嵌入式系统设计中常用的模拟集成电路除了 2.2.3 节所述的集成稳压器和滤波器之外，主要包括模拟比较器、运算放大器以及模拟开关等。

2.4.1 模拟比较器

模拟比较器是将指定模拟量与标准模拟量进行比较的一种模拟集成电路。模拟比较器的电路符号如图 2.63 所示。模拟比较器的工作原理是：当 $V_+ = V_A > V_B = V_-$ 时，$V_C = V_{CC}$（接近 V_{CC}）；当 $V_+ = V_A < V_-$ 时，$V_C = 0$（接近 0）。

有的模拟比较器具有迟滞回线，称为迟滞比较器，这种比较器有助于消除寄生在信号上的干扰。

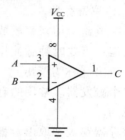

模拟比较器通过对电压的比较，可以检测不同传感器的检测数值的界限，如超过一定温度、湿度、压力、流量、风速、水位等就进行报警。方法是将模拟比较器负端接基准电压，另一端接传感器经过信号调整后的输出电压。调整比较参考电压的大小即可确定报警值的大小。

图 2.63 模拟比较器电路符号

常用的集成模拟比较器有 LM293、LM393 以及 LM2903。此外还有四比较器，如 LM239、LM339、LM2901 等，以及微功耗比较器 TLV1701 等。

LM393 的引脚及封装方式如图 2.64 所示。LM393 为单电源供电的双比较器，供电电源的电压范围为 2~36 V（直流），消耗电流 0.4 mA，集电极开路输出，因此需要外接 10 kΩ 左右的上拉电阻。

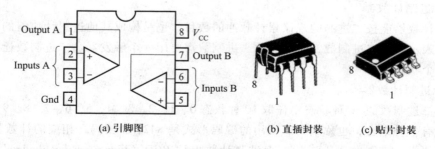

(a) 引脚图　　　　(b) 直插封装　　(c) 贴片封装

图 2.64 LM393 双比较器

常用集成模拟比较器的工作温度如下：LM393，0~70 ℃；LM293，−25~80 ℃；LM2903，−40~125 ℃。

值得注意的是，由于比较器输出通常是集电极开路输出（OC），因此实际应用时应该在输出端与电源之间接一定数值的电阻（1~100 kΩ），以构成完整的回路来确定输出的电位。

2.4.2 运算放大器

集成运算放大器（integrated operational amplifier）简称运放，是由多级直接耦合放大电路组成的高增益模拟集成电路。其主要功能是对模拟信号进行放大，主要用于模拟前置通道的信号调整（如电子滤波、信号放大、有源整流等）。

运放在电路中的符号与比较器相同，只是比较器用在非线性区域，而运放作为放大器使用时一定工作在线性区域。普通运放也可以作为比较器使用。下面介绍运放的常规用法。

1. 反相放大器

典型的反相放大器如图 2.65 所示。根据放大器虚短的概念可知：$U_+ = U_- = 0$，由欧姆定律可得 $I_{R_f} = U_o/R_f$，$I_{R_1} = U_i/R_1$，由运放的特性可知，流入运放的电流理想情况下为 0，因此 $I_{R_f} + I_{R_1} = 0$，可得：

$$U_o = -(R_f/R_1) \times U_i \tag{2.1}$$

放大的结果为：U_o 是 U_i 的 R_f/R_1 倍，极性与 U_i 相反。即当 U_i 输入正电压信号时，U_o 输出负电压信号，反之 U_o 输出正电压信号。

图中 $R_1 = 10$ kΩ，$R_f = 100$ kΩ，因此，当 $U_i = 0.45$ V 时，$U_o = -4.5$ V；当 $U_i = -0.2$ V 时，$U_o = 2$ V。

2. 同相放大器

典型的同相放大器如图 2.66 所示。根据放大器虚短的概念可知：$U_+ = U_- = U_i$，再由欧姆定律可得 $I_{R_f} = (U_o - U_i)/R_f$（流入运放负端），$I_{R_1} = -U_i/R_1$（流入运放负端），由运放的特性可知，流入运放的电流理想情况下为 0，因此 $I_{R_f} + I_{R_1} = 0$，有 $(U_o - U_i)/R_f - U_i/R_1 = 0$，可得：

$$U_o = (1 + R_f/R_1) \times U_i \tag{2.2}$$

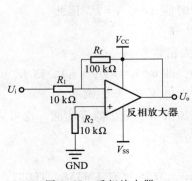

图 2.65 反相放大器

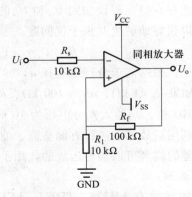

图 2.66 同相放大器

放大的结果为：U_o 是 U_i 的 $(1 + R_f/R_1)$ 倍，极性与 U_i 相同。图中 $R_1 = 10$ kΩ，$R_f = 100$ kΩ，因此，当 $U_i = 0.45$ V 时，$U_o = 4.95$ V；当 $U_i = -0.2$ V 时，$U_o = -2.2$ V。

值得注意的是，无论是同相放大器还是反相放大器，要想输出负电压信号，供给运放的电源 V_{ss} 必须是负电源。通常运放采用双电源供电就是这个道理，可以输出正负电压的双极信号。当然也可以使用单电源供电，但输出只能是 0 到正电源电压范围的正电压单极信号，无法输出负电压信号。

3. 差分放大器

无论是同相放大还是反相放大，如果存在外界干扰，则干扰信号同时被放大，这是人们所不希望的，通常需要在放大之前采取滤波措施来解决。有时干扰源频率丰富，很难完全滤除，这时可以使用运放构建一个差分放大器或专用差分放大器来解决干扰问题。

典型的差分放大器如图 2.67 所示。利用三个运放采用如图所示的接法，根据运放的性质可得到输出电压与输入差分电压的关系为：

$$U_o = c \times (1+a+b) \times (U_{i+} - U_{i-})　　　　　　(2.3)$$

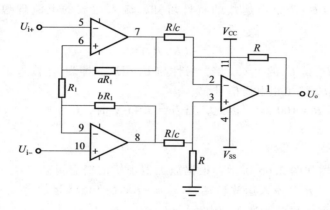

图 2.67　差分放大器

当有干扰存在时，假设加到 U_{i+} 和 U_{i-} 的干扰同样大小，通过上式可知，干扰被相减而去除了，因此可以很好地解决共模干扰问题。通常在设计时使 $a=b$，$c=1$，因此

$$U_o = (1+2a) \times (U_{i+} - U_{i-})　　　　　　(2.4)$$

由此可见，根据需求合理地选择 a，即可确定放大倍数。

例如，如果 $R_1 = 1\ \text{k}\Omega$，$aR_1 = 100\ \text{k}\Omega$，$R/c = 1\ \text{k}\Omega$，即 $a=b=100$，$c=1$，则 $U_o = 201 \times (U_{i+} - U_{i-})$，放大 101 倍，当输入差分电压为 10 mV 时，输出电压 U_o 为 2.01 V。

此外，利用运放可以进行有源整流、滤波，实现加法器、减法器等功能，也可以进行电流放大。感兴趣的读者可以参考运放的使用手册。

4. 常用运放

常用的四运放有 LM324、TL084、LF347、AD713，双运放有 LM358、TL082，单运放有741 及 OP07 等。

典型经济型双运放 LM358 如图 2.68 所示。LM358 与双比较器 LM393 引脚兼容。LM358 为可单/双电源供电的双运放，供电电源电压范围宽，单电源应用时为 3~32 V，双电源供电时为

±1.5~±16 V，消耗电流分别为 0.7 mA/3 V 和 3 mA/32 V。

工作温度：LM358，0~70 ℃；LM258，−25~80 ℃；LM2904，−40~125 ℃。

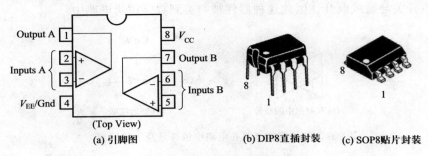

(a) 引脚图　　　　　(b) DIP8直插封装　　(c) SOP8贴片封装

图 2.68　LM358 双运放

典型的经济型通用四运放 LM324 如图 2.69 所示。LM324 供电电源电压范围宽，单电源应用时为 3~30 V，双电源供电时为±1.5~±15 V，消耗电流分别为 0.7 mA/3 V 和 3 mA/32 V。

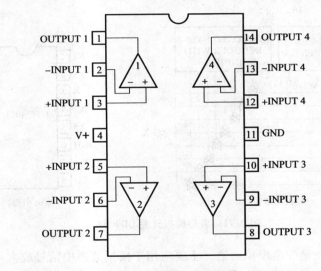

图 2.69　LM324 四运放

工作温度：LM324，0~70 ℃；LM224，−25~80 ℃；LM124，−55~125 ℃。

2.4.3　模拟开关

模拟开关（analog switch）是可以通过数字信号控制使两个连接点断开或接通的双向电子开关。模拟开关主要完成信号链路中的信号切换功能。

模拟开关在电子设备中主要起接通信号或断开信号的作用。由于模拟开关具有功耗低、速度快、无机械触点、体积小和使用寿命长等特点，因而在嵌入式领域得到广泛应用。

模拟开关在电路中的符号及等效模型如图 2.70 所示。图中等效模型 A、B 两端为输入或

75

输出（方向任意），在 C 的电平作用下，A 和 B 导通。与数字选择器不同的是，A、B 两端主要用于连接模拟信号，当然也可以接数字信号（模拟信号的特殊形式）。只是在数字信号 C 的控制下使模拟开关导通或断开，因此这种器件被归类到数字逻辑电路中。

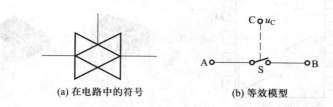

(a) 在电路中的符号   (b) 等效模型

图 2.70 模拟开关在电路中的符号及等效模型

典型的八选一模拟开关 CD4051 如图 2.71 所示。INH 为禁止引脚，高电平禁止，低电平允许，因此使用时正常工作应接低电平。C、B、A 的编码决定选中哪个 X_i（$i=0,1,2,3,4,5,6,7$，分别对应 CBA 编码为 000、001、010、011、100、101、110，111）与输出 X 相连通。

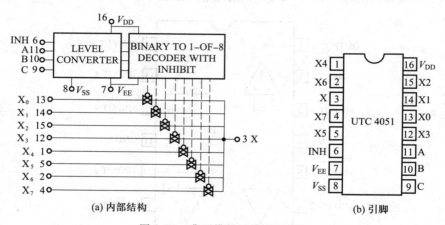

(a) 内部结构   (b) 引脚

图 2.71 典型模拟开关 CD4051

模拟开关的主要功能是变换模拟通道，主要应用于模拟通道中信号放大等环节，用于变换放大器的放大倍数，即用于可编程放大。

例 2.1 利用 CD4051 和运算放大器构建一个可编程放大器，如图 2.72 所示。如前面反相放大器，现在使用 8 个不同的电阻 $R_3 \sim R_{10}$ 作为反馈电阻，这样有 8 个不同的放大倍数。利用模拟开关 CD4051，在嵌入式处理器三个 GPIO 引脚 $PIO_1 \sim PIO_3$ 的编码控制下，即可方便地选择不同的放大倍数，实现可编程放大。

例 2.2 利用 CD4051 与 ADC 结合实现一个 ADC 连接多路模拟量。如图 2.73 所示，$X_0 \sim X_7$ 分别接 8 路模拟量输入，输出端 X 连接到 ADC 模拟输入端，C、B、A 接嵌入式处理器的 GPIO 三个引脚，通过编码可以选择 8 路模拟量中指定的一个通道进入 ADC 进行 A/D 变换，输出的数字量 $D_0 \sim D_{11}$ 接处理器的通用端口或通过数据总线连接处理器。这样可以在只有一个 ADC 的情况下连接多个模拟通道，通过切换开关的方法节省硬件的成本。

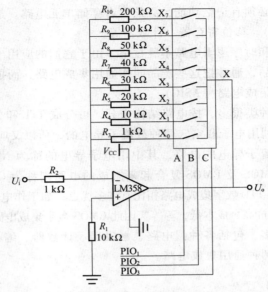

图 2.72　利用模拟开关 CD4051 构建可编程放大器示例

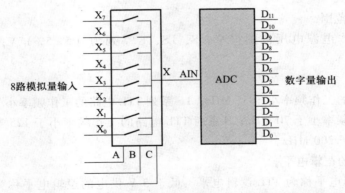

图 2.73　利用模拟开关 CD4051 实现一个 ADC 连接多路模拟量

2.5　常用数字集成电路

　　数字集成电路是将元器件和连线集成于同一半导体芯片而制成的数字逻辑电路。也可以定义为，数字集成电路是基于数字逻辑（布尔代数）设计和运行的，用于处理数字信号的集成电路。

　　由 2.3 节可知，数字逻辑电路分为组合逻辑电路和时序逻辑电路两大类。

　　在组合逻辑电路中，任意时刻的输出仅取决于当时的输入，而与电路以前的工作状态无关。最常用的组合逻辑电路除了基本门电路外，还有编码器、译码器、数据选择器、多路分配器、数值比较器、全加器、奇偶校验器等。

　　在时序逻辑电路中，任意时刻的输出不仅取决于该时刻的输入，还与电路原来的状态有关。因此，时序逻辑电路必须有记忆功能，必须含有存储单元电路。最常用的时序逻辑电路有寄存器（触发器和锁存器）、移位寄存器、计数器等。

具体的组合逻辑电路和时序逻辑电路不胜枚举。由于它们的应用十分广泛，所以都有标准化、系列化的集成电路产品，通常把这些产品叫作通用集成电路，而把那些为专门用途而设计制作的集成电路叫作专用集成电路（ASIC）。

数字集成电路产品的种类很多，按电路结构来分，可分成 TTL 和 MOS 两大系列。

TTL 数字集成电路是利用电子和空穴两种载流子导电的，所以又叫作双极性电路。MOS 数字集成电路是只用一种载流子导电的电路，其中用电子导电的称为 NMOS 电路，用空穴导电的称为 PMOS 电路，由 NMOS 及 PMOS 复合起来组成的电路则称为 CMOS 电路。

CMOS 数字集成电路与 TTL 数字集成电路相比有许多优点，如工作电源电压范围宽、静态功耗低、抗干扰能力强、输入阻抗高、成本低，等等。因此 CMOS 数字集成电路得到了广泛的应用。

数字集成电路品种繁多，包括各种门电路、触发器、计数器、编/译码器、存储器等数百种器件。下面简单介绍这两种通用集成电路。

2.5.1 TTL 集成电路

1. TTL 主要参数

（1）电源电压范围

TTL 电路的工作电源电压范围很窄。S、LS、F 系列为（5±5%）V；AS、ALS 系列为（5±10%）V。

（2）频率特性

标准 TTL 电路的工作频率小于 35 MHz；LS 系列 TTL 电路的工作频率小于 40 MHz；ALS 系列 TTL 电路的工作频率小于 70 MHz；S 系列 TTL 电路的工作频率小于 125 MHz；AS 系列 TTL 电路的工作频率小于 200 MHz。

（3）TTL 电路的逻辑电平

5 V 供电的逻辑电平称为 TTL 逻辑电平，低于 5 V 供电的逻辑电平称为 LVTTL（低电压 TTL）逻辑电平，例如有些 TTL 可工作在 3.3 V。VOH 表示输出高电平的电压，VOL 表示输出低电平的电压，VIH 表示输入高电平的电压，VIL 表示输入低电平的电压，则：

TTL 逻辑电平（$V_{CC} = 5$ V）：$V_{OH} \geqslant 2.4$ V，$V_{OL} \leqslant 0.4$ V，$V_{IH} \geqslant 2.0$ V，$V_{IL} \leqslant 0.8$ V；

LVTTL 逻辑电平（$V_{CC} = 3.3$ V）：$V_{OH} \geqslant 2.4$ V，$V_{OL} \leqslant 0.4$ V，$V_{IH} \geqslant 2.0$ V，$V_{IL} \leqslant 0.8$ V。

可见，无论是使用 5 V 还是 3.3 V 供电，TTL 和 LVTTL 的逻辑电平是一样的，统称为 TTL 逻辑电平。

（4）最小输出驱动电流

TTL 电路的最小输出驱动电流：标准 TTL 电路为 16 mA；LS-TTL 电路为 8 mA；S-TTL 电路为 20 mA；ALS-TTL 电路为 8 mA；AS-TTL 电路为 20 mA。

大电流输出的 TTL 电路：标准 TTL 电路为 48 mA；LS-TTL 电路为 24 mA；S-TTL 电路为 64 mA；ALS-TTL 电路为 24/48 mA；AS-TTL 电路为 48/64 mA。

（5）扇出能力（带动 LS-TTL 负载的个数）

标准 TTL 电路为 40；IS-TTL 电路为 20；S-TTL 电路为 50；ALS-TTL 电路为 20；AS-TTL 电路为 50。大电流输出的 TTL 电路：标准 TTL 电路为 120；LS-TTL 电路为 60；S-TTL 电路为 160；ALS-TTL 电路为 60/120；AS-TTL 电路为 120/160。

对于同一功能编号的各系列 TTL 集成电路，它们的引脚排列与逻辑功能完全相同。例如，7404、74LS04、74AS04、74F04、74ALS04 等各集成电路的引脚图与逻辑功能完全一致，但它们在速度和功耗方面存在着明显的差别。

2. 常用 TTL 集成电路芯片

以下不加说明，74 表示 74LS、74A、74AS、74F、74HC、74ALS 等。

常用 74 系列集成电路有反相器、与门、或门、与非门、或非门、触发器、振荡器、计数器、缓冲器、译码器、多路选择器、寄存器、数字比较器、全加器等。常用 74 系列集成电路型号及名称如表 2.5 所示。表中只是列出了典型、常用的门电路及时序电路，并不完整。

表 2.5　常用 74 系列集成电路型号及名称

型号	名称	型号	名称
7400	2 输入端四与非门	74165	八位并行输入/串行输出移位寄存器
7402	2 输入端四或非门	74170	开路输出 4×4 寄存器堆
7404	六反相器	74190	BCD 同步加/减计数器
7408	2 输入端四与门	74191	二进制同步可逆计数器
74107	带清除主从双 J-K 触发器	74240	八反相三态缓冲器/线驱动器
74121	单稳态多谐振荡器	74241	八同相三态缓冲器/线驱动器
74125	三态输出高有效四总线缓冲门	74244	八同相三态缓冲器/线驱动器
74133	13 输入端与非门	74245	八同相三态总线收发器
74136	四异或门	74249	BCD-7 段译码/开路输出驱动器
74138	3-8 线译码器	74266	2 输入端四异或非门
74139	双 2-4 线译码器	74273	带公共时钟复位 8D 触发器
7414	六反相施密特触发器	74283	4 位二进制全加器
74145	BCD-十进制译码/驱动器	7430	8 输入端与非门
74148	8 选 1 数据选择器	7432	2 输入端四或门
74151	8 选 1 数据选择器	74373	三态同相 8D 锁存器
74154	4 线-16 线译码器	74374	三态反相 8D 锁存器
74160	可预置 BCD 异步清除计数器	74377	单边输出公共使能 8D 锁存器
74161	可预置四位二进制异步清除计数器	7474	带置位复位正触发双 D 触发器
74164	八位串行输入/并行输出移位寄存器	74193	可预置四位二进制双时钟可逆计数器
7485	四位数字比较器	74574	八位三态输出 D 触发器
74194	四位双向通用移位寄存器		

2.5.2 CMOS 电路

1. CMOS 集成电路主要参数

（1）电源电压范围

CMOS 集成电路的工作电源电压范围为 3～15 V，74HC 系列为 2～6 V。

（2）功耗

当电源电压 $V_{CC}=5$ V 时，CMOS 电路的静态功耗分别如下：门电路类为 2.5～5 μW；缓冲器和触发器类为 5～20 μW；中规模集成电路类为 25～100 μW。

（3）输入阻抗

CMOS 电路的输入阻抗只取决于输入端保护二极管的漏电流，因此输入阻抗极高，可达 108～1 011 Ω 以上。所以，CMOS 电路几乎不消耗驱动电路的功率。

（4）抗干扰能力

因为 CMOS 电路的电源电压允许范围大，因此它们输出高低电平的摆幅也大，抗干扰能力强，其噪声容限最大值为 $45\%V_{CC}$，保证值可达 $30\%V_{CC}$。电源电压越高，噪声容限值越大。

（5）逻辑电平

CMOS 电路输出的逻辑高电平"1"非常接近电源电压 V_{CC}，逻辑低电平"0"接近 0 V，因此 CMOS 电路电源利用系数最高。工作在 5 V 的 CMOS 逻辑电平称为 CMOS 逻辑电平，而工作在 5 V 以下的 CMOS 逻辑电平称为 LVCMOS 逻辑电平。

CMOS 逻辑电平（$V_{CC}=5$ V）：$V_{OH} \geqslant 4.44$ V；$V_{OL} \leqslant 0.1$ V；$V_{IH} \geqslant 3.5$ V；$V_{IL} \leqslant 1.5$ V。

LVCMOS-3.3 V 逻辑电平（$V_{CC}=3.3$ V）：$V_{OH} \geqslant 3.2$ V；$V_{OL} \leqslant 0.1$ V；$V_{IH} \geqslant 2.0$ V；$V_{IL} \leqslant 0.7$ V。

LVCMOS-2.5 V 逻辑电平（$V_{CC}=2.5$ V）：$V_{OH} \geqslant 2.0$ V；$V_{OL} \leqslant 0.1$ V；$V_{IH} \geqslant 1.75$ V；$V_{IL} \leqslant 0.7$ V。

可见，CMOS 器件在不同电源电压供电时，其逻辑电平是不同的。必须先确定电源电压，才能确定逻辑电平。

（6）扇出能力

在低频工作时，一个输出端可驱动 50 个以上 CMOS 器件。

（7）抗辐射能力

CMOS 管是多数载流子受控导电器件，射线辐射对多数载流子浓度影响不大。因此，CMOS 电路特别适合用于在航天、卫星和核试验条件下工作的装置。

CMOS 集成电路功耗低，内部发热量小，集成度可大大提高。又因为电路本身的互补对称结构，当环境温度变化时，其参数有互相补偿作用，因而其温度稳定性好。

（8）CMOS 集成电路的制造工艺

CMOS 集成电路的制造工艺比 TTL 集成电路的制造工艺简单，而且占用硅片面积也小，特别适合用于制造大规模和超大规模集成电路。

2. 常用 CMOS 集成电路芯片

CMOS 集成电路的主要代表是 4000 系列和 4500 系列。CMOS 4000 集成电路包括反相器、与门、或门、与非门、或非门、触发器、计数器、振荡器、锁相环、缓冲器、译码器、多路选择器、寄存器、数字比较器、全加器等。它们与 TTL 名称相同时引脚也不兼容。常用的 CMOS 4000 系列集成电路型号及名称如表 2.6 所示。表中只是列出了典型、常用的门电路及时序电路，并不完整。

表 2.6 常用 CMOS 4000 系列集成电路型号及名称

型号	名称	型号	名称
CD4000	双 3 输入端或非门+单非门	CD4054	液晶显示驱动器
CD4001	四 2 输入端或非门	CD4063	四位数字比较器
CD4009	六反相缓冲/变换器	CD4067	16 选 1 模拟开关
CD4011	四 2 输入端与非门	CD4068	八输入端与非门/与门
CD4013	双主-从 D 型触发器	CD4069	六反相器
CD4014	8 位串入/并入-串出移位寄存器	CD4070	四异或门
CD4017	十进制计数/分配器	CD4071	四 2 输入端或门
CD4027	双 J-K 触发器	CD4073	三 3 输入端与门
CD4028	BCD 码十进制译码器	CD4077	四 2 输入端异或非门
CD4029	可预置可逆计数器	CD4081	四 2 输入端与门
CD4030	四异或门	CD4082	双 4 输入端与门
CD4032	三串行加法器	CD4096	3 输入端 J-K 触发器
CD4033	十进制计数/7 段译码器	CD4097	双路八选一模拟开关
CD4034	8 位通用总线寄存器	CD40102	8 位可预置同步 BCD 减法计数器
CD4046	锁相环	CD40103	8 位可预置同步二进制减法计数器
CD4047	无稳态/单稳态多谐振荡器	CD40106	六施密特触发器
CD4051	八选一模拟开关	CD40175	四 D 型触发器
CD4052	双 4 选 1 模拟开关	CD40194	4 位并入/串入-并出/串出移位寄存器
CD4053	三组二路模拟开关	CD40195	4 位并入/串入-并出/串出移位寄存器

CMOS 集成电路除了 4000 外，还有 CD4500 系列，这里不再介绍。另外还要说明的是，74 系列除了 TTL 也有 CMOS 型，如 74HC 系列。74HC 与 74LS 引脚和功能兼容，只是逻辑电平和工作电压范围不同。

2.5.3 常用缓冲器

缓冲器由若干个三态门组成，具有缓冲、驱动等功能。典型的缓冲器有 74HC125，如图 2.74 所示。74HC125 有四个独立控制的三态门。当使能端 $\overline{OE}=0$ 时，$Y=A$；当使能端 $\overline{OE}=1$ 时，则呈高阻状态。它的常用封装形式有 DIP14 和 SOP14 两种，可用于驱动和缓冲。

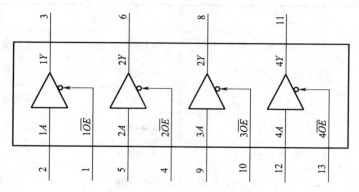

图 2.74　缓冲器 74HC125 组成

74HC244 和 74HC245 是更为常用的 8 位缓冲器，分别如图 2.75 和 2.76 所示。74HC244 为双四缓冲器，可以独立作为两组各 4 位缓冲器使用，也可同步控制两组作为 8 位缓冲器使用。74HC245 是具有双向功能的 8 位缓冲器，方向由 *DIR* 控制，当使能信号 $\overline{G}=0$ 且 *DIR*=0 时，由图 2.76 内部逻辑可知，*B* 到 *A* 方向的三态门打开，*A* 到 *B* 关闭，信息由 *B* 到 *A* 的方向传输；当使能信号 $\overline{G}=0$ 且 *DIR*=1 时，*A* 到 *B* 方向的三态门打开，*B* 到 *A* 关闭，信息由 *A* 到 *B* 的方向传输。当 $\overline{G}=1$ 时，所有三态门全部关闭。这样可以利用嵌入式处理器的引脚来控制传输方向，可构成双向通信的缓冲电路。

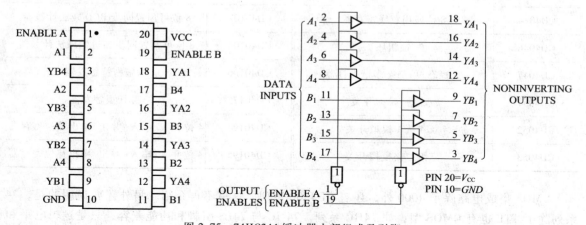

图 2.75　74HC244 缓冲器内部组成及引脚

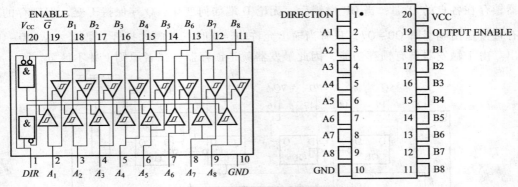

图 2.76　74HC245 缓冲器内部组成及引脚

2.5.4　常用锁存器

1. 带清除端的 8 位寄存器 74HC273

图 2.77 所示为 8D 触发器构成的可清除的 8 位寄存器。$\overline{MR}$ 是清除端，为 0 时输出全为 0，为 1 时正常工作。正常工作时，在 CP 脉冲的上升沿将 8 位数据 $D_7 \sim D_0$ 通过 D 触发器的 Q 端输出并锁存。CP 脉冲撤销后，无论输入如何变化，输出端都保持不变。

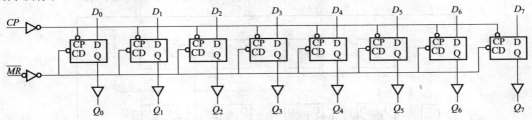

图 2.77　带清除端的 8 位寄存器 74HC273 内部组成

74HC273 的外部引脚如图 2.78 所示。

2. 三态同相 8D 锁存器 74HC373/74HC374/74HC574

图 2.79（a）、（b）所示分别为 74HC373 和 74HC374 三态同相 8D 锁存器，引脚 1 为输出允许，低电平允许锁存输出。对于 74HC373，锁存允许端 G 是高电平，低电平保持；对于 74HC374，锁存允许是在时钟 CLK 的上升沿锁存。

一个由 8D 触发器组成的典型锁存器 74HC574 如图 2.80 所示，它是一个由三态门控制的 8 个 D 触发器构成的锁存器。图中 CP 为触发时钟，$\overline{OE}$ 为三态门数据输出的使能端，D0 ~ D7 为数据输入端，Q0 ~ Q7 为数据输出端。在 CP（上升沿）的作用下，8 位数据 D0 ~ D7 通过 8 个 D

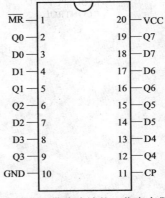

图 2.78　带清除端的 8 位寄存器
74HC273 的外部引脚

83

触发器锁存在各自的 Q 端；当 CP 撤销后，无论 D 端如何变化，Q 端保持不变，但锁存的数据并没有直接输出到引脚 Q0～Q7，只有当输出允许$\overline{OE}=0$时三态门才打开，数据才从 Q0～Q7 引脚输出。由于触发器具有锁存功能，因此触发器就是锁存器，二者原则上并不区分。

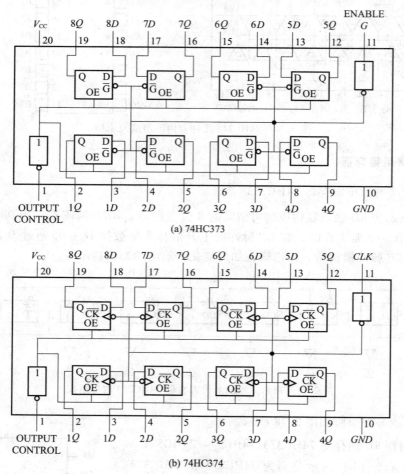

(a) 74HC373

(b) 74HC374

图 2.79 三态同相 8D 锁存器结构及引脚

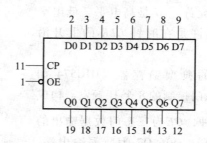

图 2.80 典型锁存器 74HC574 的引脚分布

74HC574 的内部组成如图 2.81 所示。

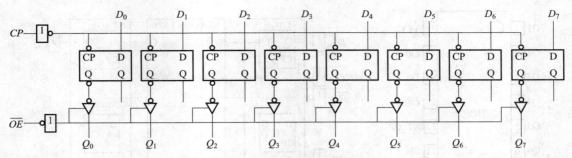

图 2.81　典型锁存器 74HC574 内部组成

2.5.5　常用移位寄存器

1. 串行输入并行输出移位寄存器

在移位寄存器中，数据的输入或输出有并行和串行两种方式。典型的串行输入并行输出移位寄存器 74HC164 的组成如图 2.82 所示。图中 $\overline{MR}$ 为清除端，CP 为时钟输入，A 和 B 为数据输入端，$Q_0 \sim Q_7$ 为移位后并行数据的输出端。当 $\overline{MR} = 0$ 时，输出全 0；当 $\overline{MR} = 1$ 时，在 CP 的作用下，一个脉冲从 A、B 端移入一位数据，第一个脉冲将输入端的数据输出到 Q_0，第二个脉冲将输入端的数据输出到 Q_1，以此类推，第 8 个脉冲将输入的数据输出到 Q_7 端。当 CP 撤销后，输出端数据保持输入时的 8 位数据不变。

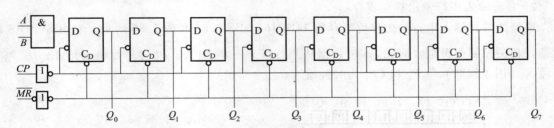

图 2.82　串行输入并行输出移位寄存器 74HC164

引脚信号排列如图 2.83 所示。

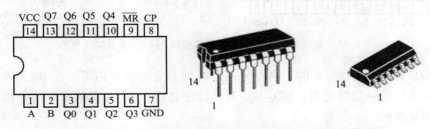

图 2.83　串行输入并行输出移位寄存器 74HC164 引脚及外形

带输出使能的串行输入并行输出移位寄存器 74HC595 如图 2.84 所示。

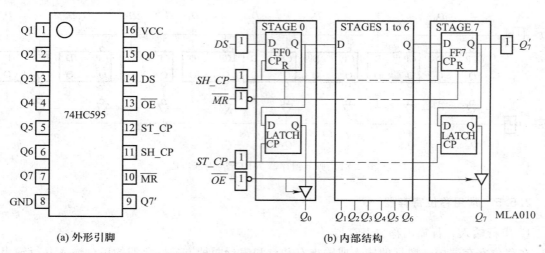

(a) 外形引脚　　　　　　　　　　　　　　　(b) 内部结构

图 2.84　带输出使能的串行输入并行输出移位寄存器 74HC595 引脚及内部结构

与 74HC164 不同的是，74HC595 具有输出使能 $\overline{OE}$ 以及 8 位串行数据输入的锁存控制 ST_CP。串行输入数据在移位脉冲 SH_CP 的上升沿作用下移位，当 8 个脉冲完成 8 位数据移位之后，再利用数据锁存脉冲 ST_CP 把 8 位数据锁存到寄存器，当 $\overline{OE} = 0$ 时数据即可输出。74HC595 被广泛应用于 LED 阵列显示模块中。

2. 并行输入串行输出移位寄存器

典型的并行输入串行输出移位寄存器 74HC165 如图 2.85 和图 2.86 所示，它由 8 个 RS 触发器及相关控制逻辑组合而成。8 位数据从并行口 $P_0 \sim P_7$ 输入，$\overline{PL}$ 为并行输入允许，D_s 为串行输入（用于级联），CP_1 和 CP_2 为时钟输入。

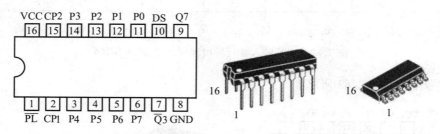

图 2.85　并行输入串行输出移位寄存器 74HC165 引脚及外形

CP_1 及 CP_2 有一个为低电平时，则在另一个时钟上升沿的作用下，在 RS 触发器 CP 端出现下降沿时将并行的一位数据锁存到 Q 端，8 个脉冲之后在 Q_7 端得到串行的 8 位数据，其中低位在前，高位在后。

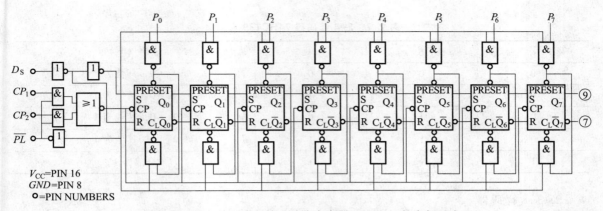

图 2.86　并行输入串行输出移位寄存器 74HC165 的内部组成

2.5.6　常用译码器

译码器（decoder）是一类多输入多输出组合逻辑电路器件，可以分为变量译码器和显示译码器两类。变量译码器一般是一种由较少输入变为较多输出的器件，常见的有 n 输入线、2^n 线译码和 8421BCD 码译码两类，通常把变量译码器简称为译码器；显示译码器用来将二进制数转换成对应的七段码，一般可分为驱动 LED 和驱动 LCD 两类。这里仅介绍常用的变量译码器，主要有 2-4 译码器、3-8 译码器、4-16 译码器等。

1. 2-4 译码器

典型的双 2-4 译码器 74HC139 如图 2.87 所示，其真值表如表 2.7 所示。

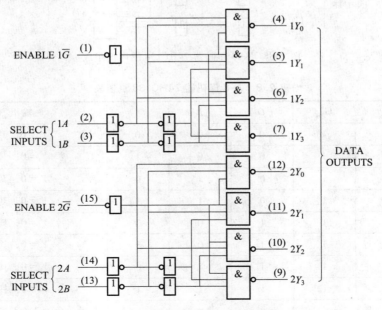

图 2.87　双 2-4 译码器 74HC139 的内部组成

表 2.7　2-4 译码器 74HC139 真值表

$\overline{G}$	B	A	输出（Y_i）
0	0	0	$Y_0 = 0$，其他为 1
0	0	1	$Y_1 = 0$，其他为 1
0	1	0	$Y_2 = 0$，其他为 1
0	1	1	$Y_3 = 0$，其他为 1
1	x	x	全部为 1

2. 3-8 译码器

典型的 3-8 译码器 74HC138 如图 2.88 所示，其真值表如表 2.8 所示。

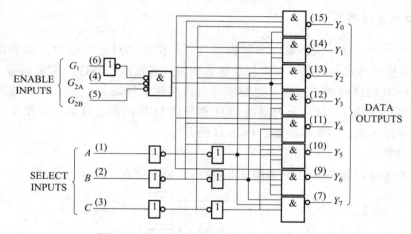

图 2.88　3-8 译码器 74HC138 的内部组成

表 2.8　3-8 译码器 74HC138 真值表

$\overline{G_1}$	$\overline{G_{2A}}$	G_{2B}	C	B	A	输出（Y_i）
0	0	1	0	0	0	$Y_0 = 0$，其他为 1
0	0	1	0	0	1	$Y_1 = 0$，其他为 1
0	0	1	0	1	0	$Y_2 = 0$，其他为 1
0	0	1	0	1	1	$Y_3 = 0$，其他为 1
0	0	1	1	0	0	$Y_4 = 0$，其他为 1
0	0	1	1	0	1	$Y_5 = 0$，其他为 1
0	0	1	1	1	0	$Y_6 = 0$，其他为 1
0	0	1	1	1	1	$Y_7 = 0$，其他为 1
其他情况			×	×	×	全为 1，不选中任何 Y_i

此外，还有 4-16 译码器，如 74HC154，请参阅其数据手册，此处不再赘述。

2.5.7 常用数据选择器

数据选择器（data selector）是根据给定的输入地址代码，从一组输入信号中选出指定的一个送至输出端的组合逻辑电路，有时也把它叫作多路选择器或多路调制器（multiplexer）。

数据选择器相当于可选择的开关，如图 2.89 所示。其与模拟开关类似，所不同的是数据选择器的输入输出信号全部是数字信号，不是模拟信号。常用的 8 输入选择器 74HC151 的内部结构如图 2.90 所示，引脚如图 2.91 所示。

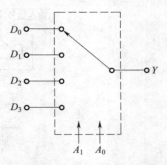

图 2.89　数据选择器模型

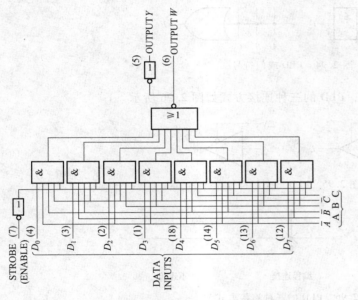

图 2.90　数据选择器 74HC151 的内部组成

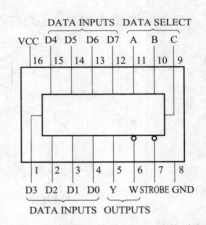

图 2.91　数据选择器 74HC151 的引脚

2.6　可编程逻辑器件

以上介绍的集成电路均是功能逻辑已经确定、不可编程的，对于需要根据需求自行设计外部功能逻辑关系的情况就显得力不从心了。可编程逻辑器件（programmable logic device，PLD）的出现解决了这一问题。PLD 是可以通过编程来确定输入输出的逻辑器件，故而得名。

2.6.1　PLD 的一般结构

典型的 PLD 由输入电路、与门阵列、或门阵列及输出电路组成，如图 2.92 所示。其中，PLD 中与门和或门的符号有别于普通门电路，如图 2.93 和图 2.94 所示。

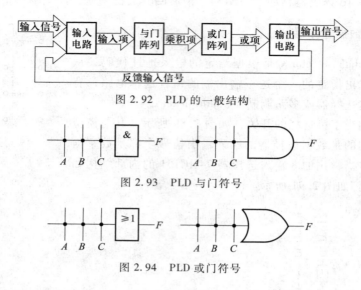

图 2.92　PLD 的一般结构

图 2.93　PLD 与门符号

图 2.94　PLD 或门符号

图 2.95 所示为 PLD 三态门符号，PLD 的三种连接方式如图 2.96 所示。

图 2.95　PLD 三态门符号

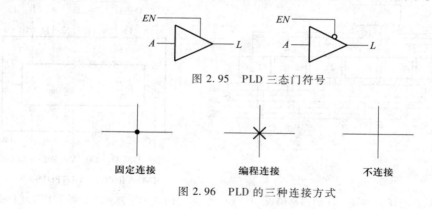

固定连接　　　　　　编程连接　　　　　　不连接

图 2.96　PLD 的三种连接方式

2.6.2　PLD 的种类

PLD 按照集成密度可分为低密度 PLD 和高密度 PLD，如图 2.97 所示。其中低密度 PLD 包括 PROM、PLA、PAL、GAL，高密度 PLD 包括 CPLD 和 FPGA。

PROM（programmable read only memory，可编程只读存储器）是最早出现的 PLD 器件，它集成度低，门数少，与门是固定的，因此利用率低。PROM 可用于组合逻辑电路的编程。

PLA（programmable logic array，可编程逻辑阵列）与 PROM 相比，与门数不再固定，提高了芯片利用率，减小了体积。

PAL（programmable array logic，可编程阵列逻辑）具有多种输出结构类型，工艺简单、速度快、功能多变，常用的如 PAL16R8、PAL20X10 等。

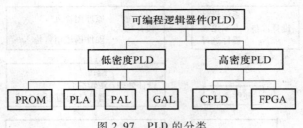

图 2.97　PLD 的分类

GAL（generic array logic，通用阵列逻辑）以基本宏逻辑单元为核心，使得电路的逻辑设计更加灵活。GAL 具有专用输入、专用输出、反馈组合输出、时序电路组合输出以及寄存器输出等五种工作模式。常用的有 GAL16V8、GAL20V8 等。

CPLD（complex programmable logic device，复杂可编程逻辑器件）是从 PAL 和 GAL 发展起来的高密度 PLD，采用 EEPROM 或 Flash 工艺，可利用原理图、硬件描述语言等方法生成相应的目标文件，通过下载电缆（"在系统"编程）将代码传送到目标芯片中，实现设计的数字系统。CPLD 主要是由可编程逻辑宏单元（macrocell，MC）围绕中心的可编程互连矩阵单元组成的。其中 MC 结构较复杂，并具有复杂的 I/O 单元互连结构，可由用户根据需要生成特定的电路结构，完成一定的功能。由于 CPLD 内部采用固定长度的金属线进行各逻辑块的互连，所以设计的逻辑电路具有时间可预测性，避免了分段式互连结构时序不可完全预测的缺点。

FPGA（field programmable gate array，现场可编程门阵列）采用了逻辑单元阵列（logic cell array，LCA）的概念，内部包括可配置逻辑模块（configurable logic block，CLB）、输出输入模块（input output block，IOB）和内部连线（interconnect）三个部分。与传统逻辑电路和门阵列（如 PAL、GAL 及 CPLD 器件）相比，FPGA 具有不同的结构。FPGA 利用小型查找表（16×1 RAM）来实现组合逻辑，每个查找表连接到一个 D 触发器的输入端，再由触发器驱动其他逻辑电路或驱动 I/O，由此构成既可实现组合逻辑功能又可实现时序逻辑功能的基本逻辑单元模块，这些模块间利用金属连线互相连接或连接到 I/O 模块。FPGA 的逻辑是通过向内部静态存储单元加载编程数据来实现的，存储在存储器单元中的值决定了逻辑单元的逻辑功能以及各模块之间或模块与 I/O 间的连接方式，并最终决定了 FPGA 所能实现的功能。FPGA 允许无限次编程。

FPGA 是作为专用集成电路（ASIC）领域中的一种半定制电路而出现的，既弥补了定制电路的不足，又克服了原有可编程器件门电路数有限的缺点。

2.6.3　基于 PLD 的数字系统设计

基于 PLD 的数字系统设计步骤如图 2.98 所示。

在设计准备阶段进行系统总体设计、方案论证及器件选择，根据需求概括出要完成的功能逻辑，选择适当的 PLD 器件。

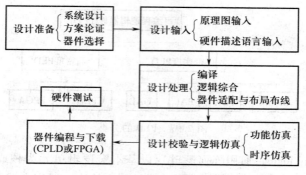

图 2.98　基于 PLD 的数字系统设计

　　在设计输入阶段，使用 PLD 设计工具，既可通过输入原理图的方式，也可使用专用的硬件描述语言（如 VHDL 或 Verilog HDL）对 PLD 进行编程。

　　在设计处理阶段，利用专用设计工具，如 EDA（electronic design automation）进行编译、逻辑综合、器件适配以及布局布线。

　　在设计校验与逻辑仿真阶段，借助于 EDA 工具进行功能仿真和时序仿真。

　　仿真无误可对 PLD 器件（这里主要指 CPLD 和 FPGA）进行编程写入（下载），最后进行硬件测试。

2.6.4　常用 EDA 开发工具

　　PLD 编程需要使用专用的 EDA 开发工具来完成，由于不同厂家器件支持的开发工具有所不同，要按照厂家的要求选择指定的开发工具。常用的开发工具有以下几种。

　　1. MAX+PLUS Ⅱ

　　MAX+PLUS Ⅱ是 Altera 公司（世界上最大的可编程逻辑器件供应商之一）的 PLD 开发软件，提供 FPGA/CPLD 集成开发环境。MAX+PLUS Ⅱ界面友好，使用便捷，被誉为业界最易用易学的 EDA 软件。在 MAX+PLUS Ⅱ上可以完成设计输入、元件适配、时序仿真及功能仿真、编程下载的整个流程。它提供了一种与结构无关的设计环境，使设计者能方便地进行设计输入、快速处理和器件编程。目前，Altera 公司已经停止开发 MAX+PLUS Ⅱ，转而开发 Quartus Ⅱ软件平台。

　　2. Quartus Ⅱ

　　Quartus Ⅱ是 Altera 公司推出的综合性 PLD/FPGA 开发软件，支持原理图、VHDL、Verilog HDL 以及 AHDL（Altera hardware description language）等多种设计输入形式，内嵌自有的综合器以及仿真器，可以完成从设计输入到硬件配置的完整 PLD 设计流程。

　　3. ispLEVER

　　ispLEVER 是 Lattice 公司推出的一套 EDA 软件。设计输入可采用原理图、硬件描述语言、混合输入三种方式，能对所设计的数字电子系统进行功能仿真和时序仿真。编译器是该软件的核心，能进行逻辑优化，将逻辑映射到器件中，自动完成布局与布线并生成编程所需要的熔丝图文件。软件中的 Constraints Editor 工具允许经由一个图形用户接口选择 I/O 设置和引脚分配。软件包含 Synplicity 公司的 Synplify 综合工具和 Lattice 公司的 ispVM 器件编程工具。

ispLEVER 软件给开发者提供了一个简单而有力的工具，可用于设计所有 Lattice 公司的可编程逻辑产品。ispLEVER 软件支持所有 Lattice 公司的 ispLSI、MACH、ispGDX、ispGAL、GAL 器件。

4. ISE

ISE（integrated software environment）即"集成软件环境"，是 Xilinx 公司的硬件设计工具。ISE 将先进的技术与具有灵活性、易用性的图形界面结合在一起，不管开发者的经验如何，都能帮助开发者在最短的时间内，以最少的努力，达到最佳的硬件设计。

5. Synplify

Synplify、Synplify Pro 和 Synplify Premier 是 Synplicity 公司（Synopsys 公司于 2008 年收购了 Synplicity 公司）提供的专门针对 FPGA 和 CPLD 实现的逻辑综合工具。Synplicity 公司的工具涵盖了可编程逻辑器件（FPGAs、PLDs 和 CPLDs）的综合、验证、调试、物理综合及原型验证等领域。

2.7 IC 资料查找及阅读

新技术、新集成电路芯片不断更新和发展，这就要求设计者具备查找和阅读硬件资料、芯片手册的能力。已有的知识会不断老化，学习过的知识或已经掌握的知识随着时间的推移会无法适应形势发展的要求，因此必须学会如何查找所需资料，并学会阅读相关资料。

互联网为查阅资料提供了很大的便利，设计者要充分利用相关网络资源，这样可以加快嵌入式硬件设计与开发的速度。

2.7.1 常用 IC 资料下载网站

1. 内核研发和芯片生产厂家官网

由于中国市场非常大，许多国外芯片厂商建立的网站都有相应的中文版，因此如果英文不太好，可以从中文网站上查找相关资料。当然在关键的使用细节上还是看原文比较可靠，因为翻译成中文后，有些细节会存在翻译不准确甚至错误的情况，最后还得依赖原文。表 2.9 所示为嵌入式硬件设计常用芯片的厂商网站，可供下载资料时参考。

表 2.9 厂商及网站一览表

厂商名称	网站
ARM 公司网站	http：//www.arm.com
恩智浦公司网站	http：//www.nxp.com
德州仪器公司网站	http：//www.ti.com.cn

厂商名称	网站
新唐科技网站	http://www.nuvoton.com
三星公司网站	http://www.samsung.com
爱特梅尔公司网站	http://www.atmel.com
意法半导体公司网站	http://www.st.com
飞思卡尔公司网站	http://www.freescale.com
亚德诺半导体公司网站	http://www.analog.com

2. 专门检索集成电路芯片的网站

http://www.alldatasheet.com

http://www.datasheet5.com

http://www.21icsearch.com

http://www.pdf.la

3. 嵌入式开发相关网站

http://www.zlgmcu.com

http://www.laogu.com

http://www.embed.com.cn

http://www.edw.com.cn

http://www.bol-system.com

http://www.mcu123.com

2.7.2　IC 资料的阅读

通常下载的 IC 资料是以 PDF 格式保存的，因此要使用 PDF 阅读器来阅读。

1. 常用 PDF 阅读器

常用的 PDF 文档阅读器主要包括以下几种。

Adobe Reader（也称为 Acrobat Reader）是美国 Adobe 公司开发的一款优秀的 PDF 文档阅读软件。文档的撰写者可以向任何人分发自己制作（通过 Adobe Acrobat 制作）的 PDF 文档而不用担心被恶意篡改。

Foxit Reader（福昕阅读器）是一款免费的 PDF 文档阅读器和打印器，具有体积小巧、启动速度快、功能丰富等特点。福昕阅读器功能简单，使用方便，极大地提升了用户体验。

Sumatra PDF 是由 Krzysztof Kowalczyk 开发的轻量级 PDF 阅读器。它设计风格简单，软件的安装包体积小，拥有 20 多种语言界面。Sumatra PDF 小巧、操作简单，可以将 PDF 文件直接拖入浏览，它提供的 PDF 文字复制功能也非常方便。

迷你 PDF 阅读器是一款免费的 PDF 文档阅读器，具有如下优点：体积小巧，瞬间就可启动；可以在文档上画图、高亮文本、输入文字，并且对批注的文档进行打印或保存。

克克 PDF 阅读器是一款免费的国产 PDF 阅读器，支持 PDF 文件阅读、PDF 文件打印、目录、书签等功能。克克 PDF 阅读器还能够将 PDF 文件转换成 bmp、jpg、png、tif、gif、pcx 等格式的图片文件以及文本文件。

海海软件 PDF 阅读器是一款完全免费、简单易用、功能实用的 PDF 文档阅读器。与同类 PDF 阅读器相比，海海软件 PDF 阅读器体积更小巧，功能更专一，性能更高效，用户可以享受高速阅读 PDF 文件的乐趣。

此外还有 PDF-XChange 等轻量级、快速的 PDF 阅读器。

2. 使用 PDF 资料

阅读资料并不是要从头看到尾，而是要有目的地查找自己关注的有用信息，另外在不同的设计阶段关注的重点也不同。

下载的芯片资料有三种基本类别：一是产品简介（product brief），类似于广告形式的宣传页；二是数据表或规格书（datasheet），类似于产品说明书；三是技术参考手册（technical reference manual），类似于开发指南。

产品简介对产品做简单的介绍，对芯片的选型及大概了解非常有用，可以知道这类产品的基本功能描述。而数据表详细描述芯片技术参数、内部组成，但并不涉及技术实现的细节。只有技术参考手册是芯片最为详细、全面的资料，涉及芯片内部每一个细节，如寄存器地址及各位的含义、如何操作等都会进行详细的描述并给出示例。要使用哪个部件，就必须详细阅读技术参考手册中的相关章节。

在嵌入式硬件设计中，如何有效使用这些资料呢？

在方案论证的初级阶段，只需要了解产品的主要功能等大概描述，因此只要看产品简介即可；在进行需求分析时，需要用到数据表或规格书，因为数据表中列出了芯片详细的功能和主要技术指标；在详细设计阶段，必须用到技术参考手册的资料，详细了解芯片组件的每一个细节。

在嵌入式硬件设计中，在阅读芯片资料时，除了要注意功能、技术指标外，还需要了解引脚及封装形式，此外还要考虑应用场合适用的温度等级（商业级、工业级还是军用级）。

本 章 习 题

1. 简述框图、原理图、印制线路图、接线图及时序图的主要功能特点。

2. 直流电与交流电、模拟信号与数字信号的特点是什么？

3. 模拟电路与数字电路的主要区别有哪些？

4. 简述 5% 和 1% 电阻用数字表示的方法。

5. 电阻、电容、电感和磁珠的作用是什么？

6. 简述用三位数字表示电容容量的方法。

7. 二极管有哪些种类？各自的特点和用途是什么？

8. 三极管与场效应管各自的特点是什么？晶闸管的作用是什么？

9. 集成电路的封装形式有哪些？集成电路有哪些主要参数？

10. 数字逻辑电路中的简单门电路有哪些？各自的符号如何？

11. 简述三态门缓冲器和锁存器的作用及特点。

12. 简述模拟比较器、运算放大器以及模拟开关的主要特性和用途。

13. 简述译码器及选择器的功能。

14. 查找 ARM 处理器的最新发展情况，简述 ARM Cortex-M0、ARM Cortex-M3、ARM Cortex-M4 都有哪些设计生产厂家？各自产品有何特点？应用领域如何？

第3章 嵌入式处理器片上典型外设组件

【本章提要】

随着嵌入式硬件技术的不断发展，基于 ARM 内核的嵌入式处理器越来越被制造商所青睐，目前世界上许多芯片制造商购买了 ARM 内核，并在外围加上特有的硬件组件形成相应的嵌入式处理芯片，以满足不同层次、不同应用场合、不同价位的需求。由于生产 ARM 芯片的厂家众多且各具特色，因此使得 ARM 处理器芯片片上硬件组件资源丰富，通信接口多样。

本章主要介绍基于 AMBA 总线的 ARM 嵌入式处理器的硬件组成，详细介绍典型 ARM 处理器芯片内部常用外设组件，包括 GPIO 组件、定时计数组件、互连通信组件以及模拟通道组件等的构成及原理，为后续章节使用这些常规组件设计硬件系统打下基础。

【学习目标】

● 了解 AMBA 总线标准及基于 AMBA 的 ARM 处理器芯片硬件的基本组成，了解典型 ARM 处理器的硬件组成。

● 了解 GPIO 组件的基本功能、工作模式、端口保护、端口中断以及引脚的多功能。

● 熟悉常用定时计数器组件如 Timer、WDT、RTC、PWM 以及 MCPWM 的工作原理及简单应用。

● 了解常用通信互连组件如 UART、I^2C、SPI、CAN、Ethernet 接口的基本知识。

● 熟悉模拟通信组件中 ADC、DAC 以及比较器的组成及简单应用。

3.1 嵌入式处理器组成

3.1.1 ARM 的 AMBA 总线体系结构及标准

为了连接 ARM 内核与处理器芯片中的其他各种组件，ARM 公司定义了总线规范，称为 AMBA（advanced microcontroller bus architecture），即先进的微控制器总线体系结构，它是用于连接与管理片上功能模块的开放标准和片上互连规范，有助于开发带有大量控制器和外设的多处理器系统。标准规定了 ARM 处理器内核与处理器片上高带宽 RAM、DMA 以及高带宽外部存储器等快速组件的接口标准（通常称为系统总线），也规定了内核与 ARM 处理器片上外围端口及慢速设备接口组件的接口标准（通常称为外围总线）。

AMBA 从 1995 年的 AMBA 1 到 2015 年的 AMBA 5 共有五个版本，其总线性能不断提高。AMBA 总线的发展及版本如图 3.1 所示。

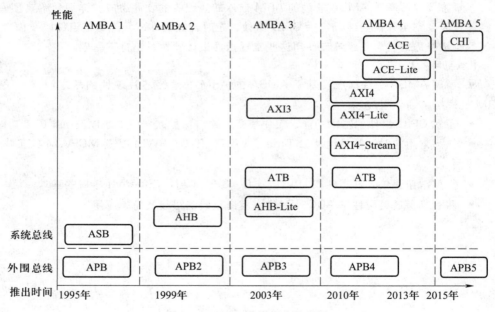

图 3.1 AMBA 总线标准的发展

AMBA 总线版本及基本性能如表 3.1 所示。

AMBA 1 总线标准规定了两种类型的总线，即系统总线和外围总线。系统总线连接高性能、快速的系统模块，而外围总线连接周边外设硬件组件。ASB（advanced system bus，先进系统总线）用于连接高性能系统模块，是第一代 AMBA 系统总线；APB（advanced peripheral bus，先进外围总线）支持低性能的外围接口，主要用于连接系统的周边组件，是第一代外围总线。

表 3.1 AMBA 总线版本及性能

AMBA 总线版本	系统总线名称	基本特点及性能	基于该总线版本的典型 ARM 处理器
AMBA 1	ASB	用于连接高性能系统模块，数据宽度为 8 位、16 位、32 位	ARM7
AMBA 2	AHB	用于连接高性能系统组件或高带宽组件，支持多控制器和数据突发传输，数据宽度为 8 位、16 位、32 位、64 位及 128 位	ARM9、ARM10、ARM Cortex-M
AMBA 3	AXI ATB AHB-Lite	面向高带宽、高性能、低延时的总线，支持突发数据传输及乱序访问。AXI 采用单向通道，能够有效地使用寄存器分段，实现更高速度的数据传输，数据宽度为 8 位、16 位、32 位、64 位、128 位、256 位、512 位、1024 位	ARM11、Cortex-R 以及 Cortex-A5/A7/A8/A9
AMBA 4	ACE ACE-Lite AXI4 AXI4-Lite AXI4-Stream	用于高带宽、高性能通道的连接。 （1）ACE 增加了三个新通道，用于在 ACE 主设备高速缓存和高速缓存维护硬件之间共享数据。 （2）ACE-Lite 提供 I/O 或单向一致性。ACE-Lite 主设备的高速缓存一致性由 ACE 主设备维护。 （3）AXI4 对 AXI3 进行更新，在用于多个主接口时，可提高互连的性能和利用率。增强的功能有突发长度最多支持 256 位，发送服务质量信号，支持多区域接口。 （4）AXI4-Lite 适用于与组件中更简单的接口通信。 （5）AXI4-Stream 用于从主接口到辅助接口的单向数据传输，可显著降低信号路由开销	Cortex-A15/A17
AMBA 5	CHI	面向 64 位 ARM Cortex-A 系列的新型标准	Cortex-A53/A57/A72

APB 与 ASB 之间通过桥接器（bridge）相连，期望能减少系统总线的负载。APB 属于 AMBA 的二级总线，用于不需要高带宽接口的设备互连。所有通用外设组件均连接到 APB 总线上。

AMBA 2 标准增强了 AMBA 的性能，定义了两种高性能的总线规范 AHB 和 APB 2 以及测试方法。系统总线改为先进高性能总线（advanced high-performance bus，AHB），用于连接高性能系统组件或高带宽组件。

AMBA 3 总线包括 AXI（advanced extensible interface，先进可扩展接口）、ATB（advanced trace bus，先进跟踪总线）、AHB-Lite 及 APB 3 四个总线标准。

AMBA 4 在 ATB 的基础上增加了 5 个接口协议：ACE（AXI coherency extensions，AXI 一致性扩展）、ACE-Lite、AXI4、AXI4-Lite 及 AXI4-Stream。

AMBA 5 新增 CHI（coherent hub interface，相干中枢接口），能够让 Cortex-A50 系列 64 位多核处理器一起高性能工作，支持高数据传输率。

表 3.1 中只列出了起关键核心作用的系统总线的变化情况，不同版本的外围总线从 APB 到 APB 4 的发展仅仅是所支持的外围硬件组件有所增加，其他并没有太大变化。

3.1.2 基于 AMBA 总线的嵌入式处理器

基于 AMBA 总线的典型 ARM 处理器芯片硬件组成如图 3.2 所示。它使用系统总线和外围总线连接高速系统组件和低速外围组件，高速、高性能硬件组件通常连接系统总线，而其他外设组件连接外围总线。

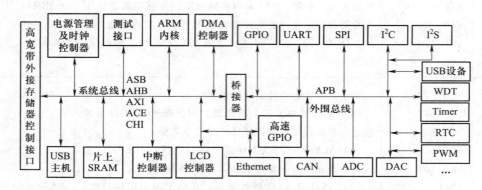

图 3.2 基于 AMBA 总线的 ARM 嵌入式处理器芯片硬件组成

按照 AMBA 总线规范，以 ARM 内核为基础的嵌入式处理器芯片采用系统总线与外围总线两层结构的方式构建片上系统。系统总线从早期的 ASB、AHB 到 AXI、ACE 再到 CHI 等不断发展，性能不断提高，主要用于连接快速组件；而外围总线 APB 支持的内置外设不断增加，性能也不断增强，它主要连接相对低速的组件以及与外部相连的硬件组件。

连接到系统总线上的高速、高性能组件主要包括电源管理及时钟控制器、测试接口（如 JTAG）、片外存储器控制接口、DMA 控制器、USB 主机、Ethernet、高速 GPIO、片上 SRAM 及 Flash、中断控制器、LCD 控制器等。

系统总线通过桥接器与外围总线互连，外围总线连接的硬件组件包括普通 GPIO、UART、SPI、I²C、I²S、USB 设备、CAN、ADC、DAC 以及 WDT、Timer、RTC、PWM，等等。

应该指出的是，这只是典型 ARM 处理器芯片的模型，不是所有芯片都具有图中的各种组件，图中列出的这些硬件组件是许多典型芯片常用的硬件组件，还有些组件未列入图中，如 LIN 总线、智能卡接口等。

1. 存储器及控制器

在 ARM 处理器芯片片上硬件中，除 ARM 处理器核外，最重要的组件就是存储器及其管理组件，它用于管理和控制片内的 SRAM（静态随机存取存储器）、ROM 和 Flash（闪速存储器），通过片外存储控制器对片外扩展存储器 Flash 及 DRAM 等进行管理与控制。

片内程序存储器通常使用的是 Flash，一般容量为几千字节到几兆字节不等，不同厂家的配置情况不同。片内数据存储器通常使用的是 SRAM，一般配置有几千字节到几百千字节大小不等。

高速片外存储器控制接口为片外存储器扩展提供了接口，可以扩展程序存储器和数据存储器。目前程序存储器大都采用 Flash，而数据存储器可采用 SRAM、普通 DRAM 以及 DDR、DDR2、DDR3 和 DDR4 等。

2. 中断控制器

中断控制器负责对其他硬件组件的中断请求进行管理和控制，一般采用向量中断（VIC）或嵌套向量中断（NVIC）方式管理中断。

处理中断有两种形式：标准的中断控制器和向量中断控制器。标准中断控制器在一个外设设备需要服务时，发送一个中断请求信号给处理器。中断控制器可以通过编程设置来忽略或屏蔽某个或某些设备的中断请求。中断处理程序通过读取中断控制器中与各设备对应的表示中断请求的寄存器内容，从而判断哪个设备需要服务。

VIC 比标准中断控制器的功能更为强大，因为它区分中断的优先级，简化了判断中断源的过程。每个中断都有相应的优先级和中断处理程序地址（称为中断向量），只有当一个新的中断的优先级高于当前正在执行的中断的优先级时，VIC 才向内核提出中断请求。根据中断类型的不同，VIC 可以调用标准的中断异常处理程序。该程序能够从 VIC 中读取设备处理器的地址，也可以使内核直接跳转到设备的处理程序处执行。

NVIC 比 VIC 更进一步，可以进行中断的嵌套，即高优先级的中断可以进入低优先级中断的处理过程中，待高优先级中断处理完成后才继续执行低优先级中断。也有人称之为抢占式优先级中断。Cortex-M 系列就支持嵌套的向量中断。

3. DMA 控制器

ARM 处理器芯片内部的 DMA 控制器（直接存储器访问控制器）是一种硬件组件，使用它可将数据块从外设传输至存储器（这里特指随机存储器）、从存储器传输至外设或从存储器传输至存储器。数据传输过程不需要 CPU 参与，因而可显著降低处理器的负荷。通过将 CPU 设为低功率状态并使用 DMA 控制器传输数据，也降低了系统的功耗。在 ARM 处理芯片中有许多与外部世界打交道的通道，如串行通信接口、USB 接口、CAN 接口、以太网接口等，它们既可以由 ARM 处理器控制数据传输，也可以通过 DMA 控制器控制数据传输，这样可以把 ARM 处理器从繁杂的数据传输操作中解放出来，提高数据处理的整体效率。

4. 电源管理与时钟控制器

ARM 处理器芯片内部的电源管理主要有正常工作模式、慢时钟模式、空闲模式、掉电模式、休眠模式、深度休眠模式等，以控制不同组件的功耗。

时钟信号是 ARM 芯片定时的关键。时钟控制器负责对时钟的分配，产生不同频率的定时时钟供片内各组件作为同步时钟使用。例如，有供快速通道的存储器时钟、供 DMA 控制器及中断控制器的时钟，也有在桥接器之后经过若干分频得到的慢速时钟，供 APB 总线上的不同接口作为同步信号。

5. 常用片上外设组件

片上常用外设组件，如 QPIO 组件、定时计数组件、互连通信组件以及模拟通道组件等，详见本章后续内容。

3.1.3 典型 ARM 芯片简介

1. 基于 ARM Cortex-M0 的 M051 系列嵌入式微控制器

NuMicro M051 系列是以 ARM Cortex-M0 为内核的 32 位微控制器，应用于工业控制和需要丰富通信接口的领域。Cortex-M0 是 32 位嵌入式处理器，成本仅相当于传统的 8 位微控制器。NuMicro M051 系列包括 M052、M054、M058 和 M0516。

NuMicro M051 系列运行频率最高可达 50 MHz，因此可应用于各种各样的工业控制和需要高性能 CPU 的领域。NuMicro M051 系列内嵌有 8 KB/16 KB/32 KB/64 KB 的 Flash 存储器，4 KB 数据 Flash 存储器，4 KB 在系统编程（ISP）的 Flash 存储器及 4 KB SRAM 存储器。

NuMicro M051 系列的片上系统级外设丰富，如 I/O 端口、EBI（外部总线接口）、Timer、UART、SPI、I²C、PWM、ADC、WDT 和欠压检测等都被集成在其中，以减少系统外围元器件数量，节省电路板空间和系统成本。这些功能使 NuMicro M051 系列适用于多种应用场合。

此外，NuMicro M051 系列具有 ISP（在系统编程）和 ICP（在电路编程）功能，允许用户直接在电路板上对程序存储器进行升级，而无须取下芯片。

M051 系列微控制器的内部结构如图 3.3 所示。

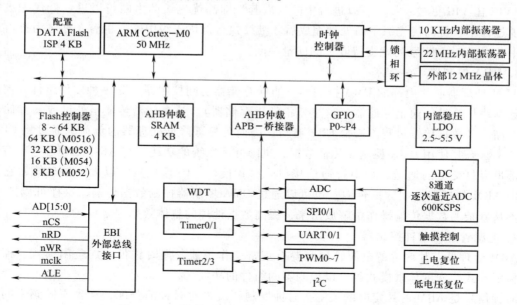

图 3.3　M051 系列 ARM Cortex-M0 微控制器内部结构

2. 基于 ARM Cortex-M3 的 LPC1700 系列嵌入式微控制器

LPC1700 系列微控制器的内部组成如图 3.4 所示。

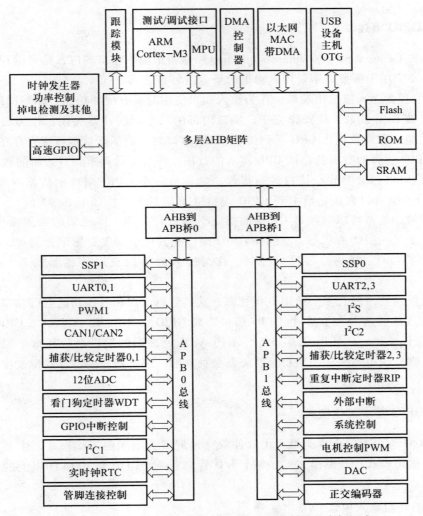

图 3.4 LPC1700 系列 ARM Cortex-M3 微控制器的内部组成

LPC1700 系列 Cortex-M3 微控制器的外设组件包含高达 512 KB 的 Flash 存储器、64 KB 的数据存储器、以太网 MAC、USB 主机/从机/OTG 接口、8 通道的通用 DMA 控制器、4 个 UART、2 条 CAN 通道、2 个 SSP 控制器、SPI 接口、2 个 I²C 接口、2-输入和 2-输出的 I²S 接口、8 通道的 12 位 ADC、10 位 DAC、电机控制 PWM、正交编码器接口、4 个通用定时器、6-输出的通用 PWM、带独立电池供电的超低功耗 RTC 和多达 70 个的通用 I/O 管脚。

LPC1700 系列微控制器主要应用于静电计、照明设备、工业网络、报警系统、白色家电以及电动机控制等多个方面。

3.2 GPIO 通用 I/O 端口组件

3.2.1 GPIO 概述

GPIO 端口（general purpose input output port）即通用输入输出端口，是可编程的通用并行 I/O 接口，主要应用于需要数字量输入输出的场合（详细内容见第 6 章）。

GPIO 可编程为输入或输出端口，作为输入端口使用时具有缓冲功能，即当读取该端口时，端口的数据才被 CPU 读取，读操作完毕，端口内部的三态门缓冲器关闭；作为输出端口使用时具有锁存功能，即当数据由 CPU 送到指定 GPIO 端口时，数据就被锁存或寄存在端口对应的寄存器中，GPIO 引脚的数据就是被 CPU 写入的数据，并且保持到重新写入新的数据为止。

GPIO 端口可以对整个并行接口进行操作，如读取一个 GPIO 端口的数据（可能是 8 位、16 位或 32 位），也可以直接送数据到 GPIO 端口（可能是 8 位、16 位或 32 位）。在嵌入式微控制器应用领域，通常可以单独对 GPIO 的指定引脚进行操作，即所谓的布尔操作或位操作，这样可以只改变某一引脚的状态，对同一 GPIO 端口的其他引脚没有影响。例如，作为输出时可以对继电器、LED、蜂鸣器等进行控制，作为输入时可以获取传感器状态、高低电平等信息。

嵌入式微控制器一般有多个通用 I/O 管脚，这些管脚可以和其他功能管脚共享，这取决于芯片的配置。这些管脚分配在多个 GPIO 端口，如 GPIOA、GPIOB、GPIOC、GPIOD、GPIOE 以及 GPIOF 或 P_0、P_1、P_2、P_3 等端口上。不同 ARM 处理器的端口个数和每个端口的引脚数各不相同，引脚标识也不一样。但每个管脚都是独立的，都有相应的寄存器位来控制管脚功能模式和数据。

3.2.2 GPIO 基本工作模式

GPIO 的 I/O 管脚上的 I/O 类型可由软件独立地配置为不同的工作模式，主要工作模式包括输入模式、输出模式、开漏模式等。每个 I/O 管脚有一个阻值为 100 kΩ 以上的上拉电阻接到 I/O 电源端。

1. GPIO 的高阻输入模式

GPIO 的输入模式决定了 GPIO 具有输入缓冲功能，输入缓冲功能由 GPIO 端口内部的三态门控制，如图 3.5 所示。由于由三态门控制输入状态的读取，因此输入模式在读无效时呈高阻状态，因此输入模式又称为高阻输入模式。在这种高阻输入模式下，只有在读 GPIO 端口时，该端口的三态门 U_1 才打开，端口引脚的状态（0 或 1）经具有施密特触发器功能的三态门缓冲器 U_1 到达内部总线，通过内部总线加载到 CPU

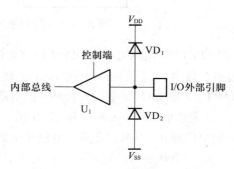

图 3.5 GPIO 端口高阻输入模式

内部通用寄存器。读操作结束后，三态门关闭，U_1处于高阻状态，外部引脚的状态无法进入微控制器内部总线，任凭端口数据如何变化，内部总线状态也不变，从而起到隔离作用，只有在读的时刻才打开三态门。图中VD_1和VD_2为起保护作用的二极管。

2. GPIO 的输出模式

GPIO 输出模式决定了它具有输出锁存功能。锁存的数据经过如图 3.6 所示的电路，写指定 GPIO 端口时控制引脚有效，数据通过混合器进入输出控制单元输入端，在输出使能控制信号的作用下，再经 P 沟道和 N 沟道两只 MOS 管输出。

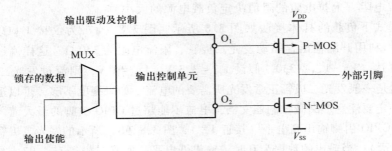

图 3.6　GPIO 端口输出模式

当锁存输出的数据为逻辑 1 时，输出控制的 O_1 端输出逻辑 0，使单元 P-MOS 管导通，外部引脚呈高电平（接近 V_{DD}）从而输出逻辑 1，与此同时，O_2 输出 0 使 N-MOS 管截止，保持引脚输出逻辑 1 不变，完成逻辑 1 输出；当锁存输出的数据为逻辑 0 时，输出控制单元使 O_1 端输出逻辑 1，使 P-MOS 管截止，而此时由于 O2 输出 1，使 N-MOS 管导通，这样引脚输出低电平（接近 V_{SS}），从而输出逻辑 0。

（1）GPIO 的开漏输出模式

GPIO 开漏输出模式是在普通输出模式的基础上，使输出 MOS 管的漏极开路的一种输出方式，如图 3.7 所示。开漏输出在低电平输入时可提供 20 mA 的电流。应用时要求外部根据需求接上拉电阻。

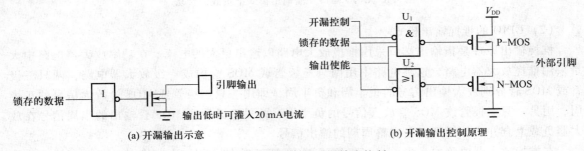

(a) 开漏输出示意　　　　　　　　(b) 开漏输出控制原理

图 3.7　GPIO 端口的开漏输出控制

当开漏控制信号无效（逻辑 0）时，写数据 1 到端口，输出使能引脚有效，U_1 输出 0，P-MOS管导通，U_2 输出 0，N-MOS 管截止，因而使输出引脚为逻辑 1；当输出数据为 0 时，

U_1 输出 1，P-MOS 管截止，U_2 输出 1，N-MOS 管导通，使引脚输出逻辑 0，这与普通输出模式一样。

当开漏控制信号有效（逻辑 1）时，无论写什么数据均使 U_1 输出 1，迫使 P-MOS 管截止，相当于断开了 P-MOS 管，这样 N-MOS 管的漏极呈开路状态（内部没有到电源的回路），这时当写数据 1 时，U_2 输出 0，N-MOS 管截止，开漏输出的电平取决于该引脚所接上拉电阻及外部电源电压的情况；当输出数据为 0 时，U_2 输出 1，N-MOS 管导通，使引脚输出逻辑 0。

因此，为了输出正常的逻辑电平，在开漏输出引脚处必须接一个电阻到电源电压上，所接的电阻称为上拉电阻，上拉电阻的阻值决定负载电源的大小。

开漏输出模式下负载的具体接法如图 3.8 所示。图 3.8（a）为仅接 1 kΩ 上拉电阻的情况，图 3.8（b）利用开漏输出，驱动发光二极管，限流电阻为 330 Ω，这样流过发光二极管的最大电流大约可达 $(V_{\text{CC}} - V_{\text{led}})/330$，假设 $V_{\text{CC}} = 3.3$ V，$V_{\text{led}} = 1$ V，则流过发光二极管的电流约为 6.97 mA，这是一般发光二极管正常发光所需要的电流。如果亮度不够，可以适当减小限流电阻 R 的值，但一定要注意参阅微控制器文档，电流不能超过 GPIO 引脚的最大灌入电流。当输出的数据为 1 时，GPIO 引脚输出高电平（接近 V_{CC}），图 3.8（b）所示的发光二极管由于没有电流流过而不发光（灭）；当输出的数据为 0 时，输出低电平，发光二极管有 6.97 mA 左右的电流流过而发光（亮）。

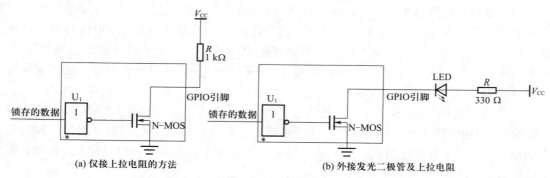

(a) 仅接上拉电阻的方法   (b) 外接发光二极管及上拉电阻

图 3.8　GPIO 端口开漏输出模式下负载的接法

（2）GPIO 的推挽输出模式

推挽输出原理是指输出端口采用推挽放大电路以输出更大的电流。在功率放大器电路中大量采用推挽放大器电路，这种电路中用两只三极管或 MOS 管构成一级放大器电路，两只三极管或 MOS 管分别放大输出信号的正半周和负半周，即用一只三极管或 MOS 管放大信号的正半周，用另一只三极管或 MOS 管放大信号的负半周，两只三极管或 MOS 管输出的半周信号在放大器负载上合并后，得到一个完整周期的输出信号。

在推挽放大器电路中，当一只三极管或 MOS 管工作在导通、放大状态时，另一只三极管或 MOS 管处于截止状态，当输入信号变化到另一个半周后，原先导通、放大的三极管或 MOS 管截止，而原先截止的三极管或 MOS 管呈导通、放大状态，两只三极管或 MOS 管在不断地交替导通放大和截止变化，所以称为推挽放大器。

图 3.9 所示为 GPIO 管脚在推挽输出模式下的等效结构示意图。

U₁ 是输出锁存器，执行 GPIO 管脚写操作时，在写控制信号的作用下，数据被锁存到 Q 和 Q̄。T₁ 和 T₂ 构成 CMOS 反相器，T₁ 导通或 T₂ 导通时都表现出较低的阻抗，但 T₁ 和 T₂ 不会同时导通或同时截止，最后形成的是推挽输出。在推挽输出模式下，GPIO 还具有读回功能，实现读回功能的是一个简单的三态门 U₂。

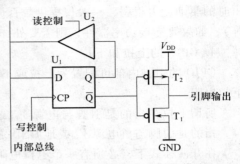

图 3.9　GPIO 端口推挽输出模式

推挽输出的目的是增大输出电流，即增加输出引脚的驱动能力。

值得注意的是，执行读回功能时，读回的是管脚原来输出的锁存状态，而不是外部管脚的实际状态。

3. GPIO 的准双向 I/O 模式

GPIO 的准双向 I/O 模式就是在需要输入时可以读外部数据（输入），在需要输出时可以向端口发送数据的模式。如图 3.10 所示，当需要读取外部引脚的输入状态时，通过读操作，外部引脚的数据通过 U₁ 和 U₂ 两次反相变为同相数据，进入输入数据的内部总线。当引脚逻辑为 1 时，经 U₁ 反相输出 0，则弱上拉的 P-MOS 管导通，使外部引脚继续呈逻辑 1 即高电平状态；当外部引脚逻辑为 0 时，经 U₁ 反相输出 1，使弱上拉 P-MOS 管截止，引脚保持逻辑 0 不变。当需要输出数据到外部引脚时，如写数据 1 时，一路经过 U₃ 反相输出 0，此时 N-MOS 管截止，很弱上拉 P-MOS 管导通，输出逻辑 1；另一路经过 U₄ 输出 1，2 个 CPU 的延时无效而输出 1，经过或门输出 1，这样强上拉 P-MOS 管截止，禁止强上拉输出，保持很弱上拉输出 1。当输出数据 0 时，经 U₃ 反相输出 1，使 N-MOS 管导通，输出逻辑 0，此时 U₄ 输出 0，2 个 CPU 的延时有效，经过延时后输出 0，但由于 U₃ 输出 1，则 U₅ 输出 1，这样强上拉 P-MOS 管截止，禁止强上拉输出，同时也使很弱上拉的 P-MOS 管截止，使引脚输出保持 0，经 U₁ 反馈又输出 1，使弱上拉也无效。

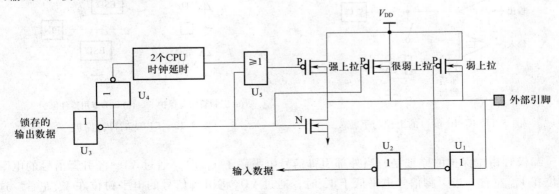

图 3.10　GPIO 端口准双向 I/O 模式

需要指出的是，由于准双向输入输出是用于检测外部的逻辑以及输出逻辑给外部，因此输出时的驱动能力很弱，一般仅提供数百微安的电流，不能直接连接功率器件（如 LED、继电器等），如果要连接功率器件，则需要外加驱动。

4. GPIO 的上拉和下拉

GPIO 的引脚内部可配置为上拉或下拉，如果内部没有配置方式，则可以外接上拉电阻或下拉电阻。

所谓上拉，指的是引脚与电源 V_{DD} 或 V_{CC} 之间接一个大小为 100 kΩ 左右的电阻；所谓下拉，指的是引脚与负电源 V_{SS} 或地 GND 之间接一个大小为 100 kΩ 左右的电阻。

在开漏模式下，必须有一个上拉电阻才能输出正常的逻辑状态，其他模式接一个大小合适的上拉电阻也可以起到一定的抗干扰作用，电阻越小，抗干扰能力越强。但一般还要考虑 GPIO 承受电流的能力，不同芯片 GPIO 引脚所能承受的最大电流并不相同。

典型内部上、下拉配置的引脚如图 3.11 所示，R_{pu} 为上拉电阻，R_{pd} 为下拉电阻。当配置为上拉时，上面的开关闭合，上拉电阻 R_{pu} 接入引脚，下面的开关断开，下拉电阻 R_{pd} 与引脚分离；当配置为下拉时，上面的开关断开，R_{pu} 与引脚分离，下面的开关闭合，使下拉电阻接入引脚。

3.2.3 GPIO 端口保护措施

GPIO 作为输入输出基本端口直接与外界相连接，由于外部 GPIO 引脚受到环境及所连接器件的影响，使 GPIO 引脚上的信号干扰很多，如果受到强干扰尖脉冲的侵入，容易造成引脚的损坏，因此如今嵌入式微控制器的 GPIO 引脚均在内部加上了一定的保护措施。保护的形式主要有两种：一种是采用二极管钳位的方式来保护，另一种是采用 ESD 器件的方式保护，如图 3.12 所示。

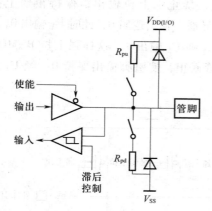

图 3.11　GPIO 端口的上拉与下拉

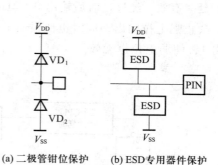

(a) 二极管钳位保护　　(b) ESD 专用器件保护

图 3.12　GPIO 端口的保护

二极管钳位保护的原理是，当外部引脚信号电平高于 V_{DD} 时，通过 VD_1 将引脚信号的电平钳位在 V_{DD} 左右，当引脚信号电平低于 V_{SS} 时，通过 VD_2 将引脚信号的电平钳位在 V_{SS} 左右。这样保证信号输入的大小在 $V_{SS} \sim V_{DD}$ 之间，不至于超出微控制器 I/O 引脚所能接受的最高电平，也就保护了 GPIO 端口不被烧坏。

ESD（electro-static discharge）指静电释。ESD 器件相对来说应用范围更广，可以保护电路，避免脉冲、电源瞬变、浪涌等现象损坏芯片。

尽管大部分现代微控制器内部均有 GPIO 保护措施，但由于引脚连接的外部有引线长度，因此经常还需要额外添加保护措施，详见第 6 章 6.2.1 节。

3.2.4　GPIO 端口的中断

普通的 GPIO 端口作为输入端口时，可随时读取其状态，但微控制器在处理其他事务时，不断查询引脚的状态效率十分低下，解决这一问题的有效方法是采用中断机制。当引脚有变化时产生一个中断请求，微控制器在中断服务程序中执行处理任务，从而提高效率。

目前，ARM Cortex-M 系列包括 M0 和 M3 两个典型系列，ARM 微控制器生产厂家对 GPIO 均配置有中断输入方式，可实现单边沿触发（只在上升沿触发或只在下降沿触发）、双边沿触发（上升沿和下降沿均触发）以及电平触发（高电平或低电平触发）的多种中断输入方式。GPIO 中断触发方式如表 3.2 所示。表中包括不同 ARM 处理器芯片 GPIO 引脚的中断方式，多数仅有上升沿和下降沿中断。

表 3.2　GPIO 中断触发方式

GPIO 中断触发方式	描　　述	引脚信号图示
高电平触发	当 GPIO 引脚有高电平时，将产生 GPIO 中断请求	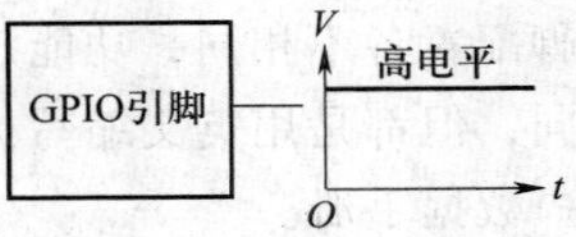
低电平触发	当 GPIO 引脚有低电平时，将产生 GPIO 中断请求	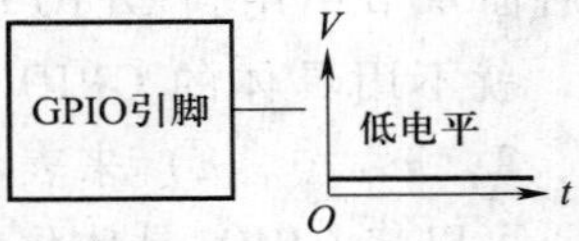
上升沿触发	当 GPIO 引脚有上升沿电平时，将产生 GPIO 中断请求	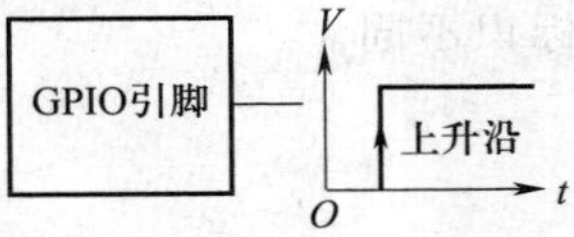
下降沿触发	当 GPIO 引脚有下降沿时，将产生 GPIO 中断请求	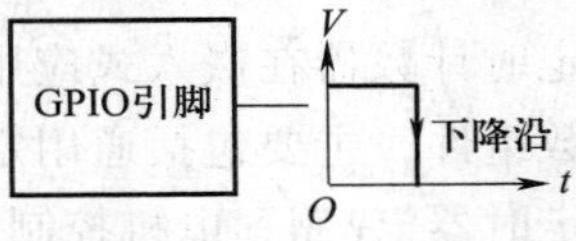
双边沿触发	当 GPIO 引脚有上升沿和下降沿时，均产生 GPIO 中断请求	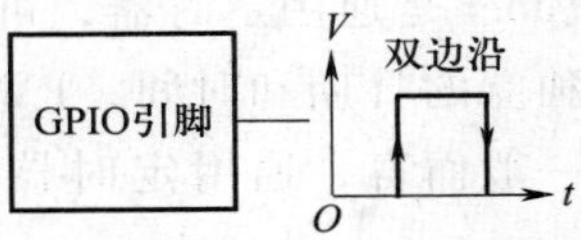

3.2.5　引脚的多功能

除了作为通用的 I/O 数字端口外，为了节省引脚，通常嵌入式处理器引脚可以配置成不同功能，很少是单个功能的，有的引脚为双功能、三功能、四功能等，有的甚至具有 7 个功能。配置为不同功能，则应用的目的不同。这些引脚的功能主要有 PWM（脉冲宽度调制器）功能、UART（通用异步接收发送设备，即串行通信端口）功能、SPI（串行外设接口）功能、I^2C（集成电路内部总线）功能、ADC（模拟到数字转换器）功能、DAC（数字到模拟转换器）功能、ACMP（模拟比较器）功能、USB（通用串行总线接口）功能、CAN（控制局域网接口）功能、Ethernet（以太网通信接口）功能等。

嵌入式处理器引脚除了作为 ADC、DAC 和 ACMP 三种模拟通道以外，其他功能全部是数字逻辑，属于数字通道或互连通信接口。

例如，采用 LQFP48 封装的 ARM Cortex-M0 微控制器 M051 的 1 脚被定义为 P1.5/AIN5/MOSI0/CPP0 共 4 个功能，P1.5 为通用 I/O 引脚，AIN5 为 ADC 中的模拟输入通道 5，MOSI0 为 SPI0 的 MOSI 信号，CPP0 为模拟比较器 0 的正输入引脚。

采用 LQFP100 封装的 ARM Cortex-M3 微控制器 LPC1768 的 75 脚被定义为 P2.0/PWM1/TXD1 3 个功能，P2.0 为通用 I/O 引脚，PWM1 为脉冲宽度调制器 1，通道 1 输出引脚，TXD1 为 UART1 的发送器输出引脚。

应该指出的是，由于 ARM 处理器品种繁多，芯片生产厂家也越来越多，不同 ARM 处理器的引脚配置各不相同，功能定义在不同引脚之间的异常性较大，同一功能的引脚标识方法也不尽相同，但都是用英文缩写标识，只要功能相同，其工作原理就是一样的。在具体应用时要参阅用户数据手册。

后面章节中用到 GPIO 引脚作为 I/O 使用时，只要不特别指出是哪个具体的嵌入式处理器，就不用具体的 GPIO 引脚表示，即不用 PA0.1、P0.2 等表示，而使用 GPIOi（$i=$ 0，1，2，3，…，n）来表示，读者在看 GPIO 引脚标识时不要感到奇怪，当应用到具体芯片时，可以将 GPIOi 具体化为不同处理器的标识。这样表示是为了通用性考虑，因为不同芯片的标识不同。

3.3　定时计数组件

定时计数器在嵌入式应用系统中是非常重要的必备组件。本节介绍嵌入式处理器常用的定时计数组件，主要包括通用定时器 Timer、看门狗定时器 WDT、实时钟定时器 RTC、脉冲宽度调制定时器 PWM、电机控制 PWM（MCPWM）等与定时器相关的内容。

Timer 是通用定时器，可用于一般的定时；RTC 可直接提供年月日时分秒，使应用系统具有独立的日期和时间；PWM 用于脉冲宽度的调制，如电机控制，用于变频调整等多种场合。一般而言，通用定时器具有定时、计数、捕获和匹配等功能，不同功能的应用场合不同。

3.3.1　通用定时计数器

1. 内部定时功能

所谓定时，是指由稳定提供的内部基准时钟作为计数时钟源，每一个脉冲计数一次，将计数值与计数周期相乘即可得到定时时间。

所有与定时有关的组件有一个共同的特点，就是对特定输入的时钟，通过分频后接入计数器进行加 1 或减 1 计数，计数达到预定的数值后将引发一个中断并置溢出标志。对于 WDT，定时达到后将产生系统复位信号；对于 PWM，定时达到后会产生特定波形。基本的定时计数功能单元如图 3.13 所示。当定时计数器从指定值（可以是 0，也可以是其他值）计数到定时器溢出时，将产生中断并置相应标志。有些微控制器具有加法计数或减法计数功能，有的可以设置加计数或减计数。

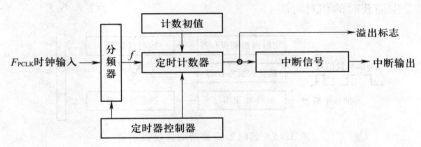

图 3.13　基本的定时计数功能单元

如果需要定时，则除了确定计数值外，还要考虑定时计数器计数时钟的周期。如果定时器经过若干分频后的计数时钟频率为 f，计数次数为 N，则定时的时间为 $T = N/f$。而 f 与所接时钟源及分频系数有关。

假设分频器的值为 PR，输入时钟（假设为 APB 总线时钟）频率为 F_{PCLK}，定时器的计数频率 $F = F_{PCLK}/(PR+1)$，因此当计数值为 N 时，定时时间由式（3.1）决定：

$$T = N \times (PR+1)/F_{PCLK} \qquad (3.1)$$

需要指出的是，不同微控制器的定时计数器的分频范围有所区别，有的是一级分频，有的需要二级分频，要详细参阅不同厂家产品的用户手册。

2. 外部计数功能

所谓计数，是指对外部时钟进行计数，而不考虑外部时钟的周期。图 3.14 所示为计数方式下的定时器。对于外部计数，通常选用分频系数 $PR = 0$，使定时器计数的时钟源就是外部信号的时钟。外部信号接输入捕获引脚。

3. 捕获功能

当定时器/计数器运行时，在捕获引脚上出现有效外部触发动作，此时定时器/计数器的当前值保存到指定捕获寄存器中，这一功能叫作输入捕获或捕获，大部分通用定时器均具有捕获功能。

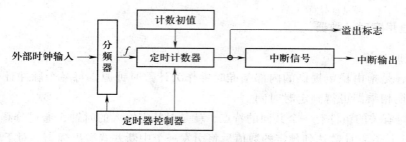

图 3.14 外部计数功能示意

典型的定时器捕获功能的逻辑示意如图 3.15 所示。当外部触发信号（捕获引脚所接信号）有符合条件的触发信号时，捕获控制寄存器在识别触发条件后，控制定时计数器的当前计数值输出给捕获寄存器，即捕获时计数值自动装入相应引脚对应的捕获寄存器中。读取捕获寄存器的值即可知晓发生捕获时的相对时间。

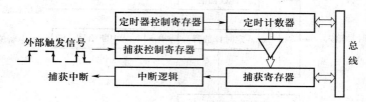

图 3.15　定时器捕获功能的逻辑示意

捕获有效的触发条件通常有上升沿触发、下降沿触发或上升沿下降沿均触发，可通过相应控制寄存器进行配置。

捕获功能是应用非常广泛的一种功能，可用于测量外部周期信号的周期或频率。例如选用下降沿触发，可计算两次捕获的时间差来测量周期性信号的周期，计算其倒数即可得到频率。

4. 匹配功能

匹配输出功能简称匹配，是指当定时器计数值与预设的匹配寄存器的值相等时，将产生匹配信号或标志并激发一个匹配中断。匹配输出的信号类型可通过相关控制寄存器来设置。匹配功能的逻辑示意如图 3.16 所示。

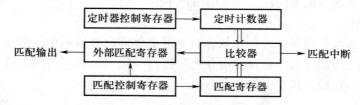

图 3.16　定时器匹配功能的逻辑示意

匹配输出是定时器应用更广泛的一种功能，可用于常规定时，或在定时一段时间后在匹配输出引脚产生一定要求的输出波形。

5. 定时计数器的应用

对定时计数器的操作依赖于实际应用，可分为内部定时、外部计数以及测量脉冲周期或宽度等。

（1）定时功能的应用

定时功能就是利用定时计数器的匹配功能，预置一定时间给匹配寄存器，等计数到与匹配值相等时进入中断，达到定时中断的目的。

定时时间由式（3.2）确定：

$$定时时间\ T = MR \times (PR+1) / F_{PCLK} \tag{3.2}$$

当分频系数 $PR=0$ 时，匹配寄存器 MR 的值为

$$MR = T_s \times F_{PCLK} \tag{3.3}$$

式中 SystemFrequency 的单位为 Hz，因此 T 的单位是 s，如果 T 的单位为 ms，则用 T_{ms} 表示，因此得到的匹配寄存器 MR 的值为

$$MR = T_{ms} \times F_{PCLK}/1\ 000 = T_{ms} \times SystemFrequency/4\ 000 \tag{3.4}$$

利用定时计数器进行中断方式的定时在实际应用中非常有用，主程序需要做的初始化定时器的工作主要包括：

① 复位定时计数器；

② 清定时中断标志；

③ 选择定时计数器为定时模式且 PCLK 上升沿计数；

④ 定时计数器清零；

⑤ 预分频器值设置为 0；

⑥ 设置定时常数，由式（3.1）或式（3.2）决定；

⑦ 开定时计数器中断；

⑧ 设置定时计数器优先级；

⑨ 启动定时器。

设计中断服务程序时要注意以下问题：

① 定时中断服务程序名要在启动文件中定义好，一定要与文件定义的名称完全一致。

② 清除相应定时中断标志。

③ 定时中断的主要事务要视具体定时器的具体任务来编写。

（2）计数功能的应用

利用对外部时钟的捕获功能可以对外部事件进行计数。

利用定时计数器进行计数，在实际应用中非常有用，一般计数不用中断。程序需要做的工作主要包括：

① 配置指定引脚为捕获输入引脚；

② 选择定时计数器为计数模式且下降沿计数并选择是 CAPn.0 还是 CAPn.1；

③ 定时计数器清零；

④ 启动定时器。

（3）匹配输出的应用

利用定时计数器的匹配输出可以输出固定频率的方波，输出频率 F_{out} 为

$$F_{out} = F_{PCLK}/(2 \times MR \times (PR+1)) \quad （单位：Hz） \tag{3.5}$$

变换得到匹配寄存器的值为

$$MR = F_{PCLK}/2/F_{out}/(PR+1) \tag{3.6}$$

程序需要做的工作主要包括：

① 配置指定引脚为匹配输出引脚；
② 打开相应定时计数器电源；
③ 预分频器清零（不分频）；
④ 设置匹配后复位定时器，并且让匹配引脚输出电平翻转，可产生 50% 占空方波；
⑤ 输出指定频率，给定计数初值给匹配寄存器；
⑥ 启动定时器。

3.3.2 看门狗定时器

在嵌入式系统设计中，嵌入式系统必须可靠工作，但由于种种原因（包括环境干扰等），程序有时会不按指定指令执行，导致死机，系统无法继续工作，这时必须使系统复位才能使程序重新投入运行。这个能使系统定时复位的硬件称为看门狗定时器（watchdog timer，WDT），简称看门狗。看门狗的主要功能是当处理器在进入错误状态后的一定时间内复位，使系统重新回到初始运行状态，保证系统的可靠稳定运行。

1. WDT 的硬件组成

典型的嵌入式处理器片上 WDT 的一般结构如图 3.17 所示，可选择 PCLK（外围总线时钟）、IRC（内部 RC 时钟）、RTC（实时钟，详见 3.3.3 节）等不同的时钟源作为 WDT 的输入时钟 f_{IN}，经过适当的预分频和分频后得到 f_{WDCLK} 供 WDT 计数，计数的值被寄存在当前计数寄存器中，当启动 WDT 时，WDT 按照定时常数寄存器的值开始减法计数，当计数到 0 时溢出，由模式寄存器决定产生溢出中断或复位信号。也就是说，除非中途装入新的初始值，否则计数到 0 时就会产生复位信号或中断。如果选择复位，则会使嵌入式处理器强行重新复位。

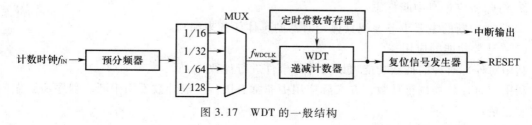

图 3.17 WDT 的一般结构

由于不同厂家的嵌入式处理器内部看门狗的硬件组成稍有不同，因此预分频器和分频器系数也有所不同，但共同点都是经过一定的分频之后得到 WDT 计数所需要的计数时钟频率 f_{WDCLK}，对应的计数周期为 t_{WDCLK}，看门狗定时器的溢出时间 T_{WDT} 由式（3.7）决定：

$$T_{\mathrm{WDT}} = t_{\mathrm{WDCLK}} \times N \tag{3.7}$$

其中 N 为 WDT 定时常数寄存器或数据寄存器的值。

2. WDT 的应用

WDT 的定时时间由时钟源经过选择之后再进行若干分频得到，不同嵌入式处理器时钟源的选择方式以及分频数有所不同。WDT 总是按照分频之后的 WDT 计数脉冲来计数，当计数到 0 时产生溢出中断或复位。因此为了让系统正常工作，要考虑整个嵌入式系统软件的运行耗时，估计好时间后再确定 WDT 的常数值。

确定 WDT 常数的基本原则是：WDT 定时溢出时间 T_{WDT} 要远大于软件运行总时间。这样当正常程序运行时，每次循环均要对 WDT 进行一次初始值的重新装入，或直接"喂狗"操作（实质也是重写常数值到 WDT），WDT 就不会产生溢出中断或复位，只有当受到干扰，程序不能正常执行时，由于没有"喂狗"操作，则超过 WDT 的溢出时间将会产生复位或中断，如果选择使能复位，则系统会因为 WDT 溢出而复位，使系统重新进入初始状态，程序重新运行。

根据 WDT 的基本原理，假设某系统程序完整运行一个周期的时间是 T_{p}，WDT 的定时周期为 T_{WTD}，$T_{\mathrm{WTD}} > T_{\mathrm{p}}$，在程序运行一个周期后就重新设置定时器的计数值，只要程序正常运行，定时器就不会溢出。若由于干扰等原因使系统不能在 T_{p} 时刻修改定时器的计数值，定时器将在 T_{WTD} 时刻溢出，引发系统复位，使系统重新运行，从而起到监控作用。

"喂狗"操作不应该在中断服务程序中进行，而应该在第一级主循环体中进行。如果在中断服务程序中进行"喂狗"操作，当主循环体被干扰而无法正常运行时，如果激发了中断，则中断服务程序是照样运行的，但由于中断服务程序中有"喂狗"操作，则 WDT 永远不会产生复位信号，那么主程序将永远回不到正常运行的状态，尽管没有死机，但程序已经无法按照指定的顺序执行相应的任务了。

对于 WDT 的操作主要包括以下几种。

（1）选择看门狗时钟源。

（2）写入常数到 WDT 定时常数寄存器。

（3）启动看门狗。

（4）在主循环中进行"喂狗"操作。

3.3.3 实时钟定时器

实时钟（real time clock，RTC）组件是一种能提供日历/时钟、数据存储等功能的专用定时组件，现代嵌入式微控制器片内大都集成了实时钟单元。

RTC 具有的主要功能包括 BCD 数据（秒、分、时、日、月、年）、闰年产生器、告警功能（告警中断或从断电模式唤醒）等。

1. RTC 的硬件组成

RTC 由滴答时钟发生器、闰年发生器、分频器、控制寄存器、告警发生器、复位寄存器以及年、月、日、时、分、秒寄存器等构成，如图 3.18 所示。RTC 采用单独的供电引脚和单独的时钟源，采用 32.768 kHz 晶体，由 XTAL 和 EXTAL 引脚接入，通过 2^{15} 时钟分频器得到 1 Hz 的脉冲，进而得到时钟的最小单位时间 1 s。

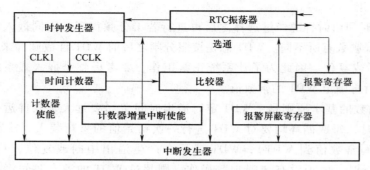

图 3.18　典型 RTC 内部功能结构

在一个嵌入式系统中，通常采用 RTC 来提供可靠的系统时间，包括时、分、秒和年、月、日等，而且要求在系统处于关机状态下也能够正常工作（通常采用后备电池供电），它的外围也不需要太多的辅助电路，典型的 RTC 只需要一个高精度的 32.768 kHz 晶体和电阻、电容等。

典型嵌入式微控制器的 RTC 内部组成如图 3.19 所示。有了 RTC 组件，在设定了时间、日期之后，就可随时轻松获取系统时间。

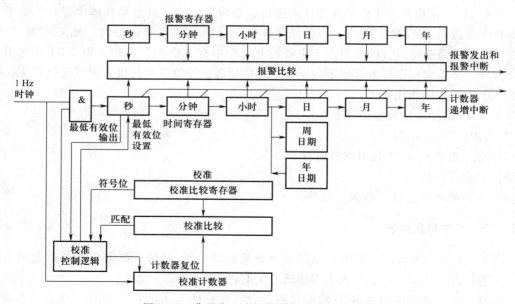

图 3.19　典型嵌入式微控制器 RTC 内部组成

通过 1 Hz 时钟，各 RTC 时间寄存器中的秒寄存器加 1，秒寄存器每 60 s 进位到分寄存器，分寄存器每 60 min 向小时进位，小时寄存器每 24 h 向日进位，以此类推，直到年。除年、月、日、时、分、秒正常计数之外，RTC 内部还有与之对应的报警寄存器，通过设置报警寄存器的值，当计数到时间寄存器与报警寄存器的值相等时，引发报警中断。

2. RTC 的应用

RTC 在嵌入式系统中应用广泛，只要涉及与时间相关的需要记录的事件，均要用到 RTC。使用 RTC 时，首先要对 RTC 进行初始化，其基本步骤如下：

（1）通过 PCONP 打开 RTC 电源；

（2）禁止时间计数器；

（3）清除 RTC 中断；

（4）使能需要的报警（如秒或分或时等）；

（5）设置时间计数器；

（6）设置报警时间；

（7）使能 RTC 中断；

（8）启动 RTC。

3.3.4 脉宽调制定时器

脉冲宽度调制（pulse width modulation，PWM）是对模拟信号电平进行数字编码的一种处理方法。通过高分辨率计数器的使用，方波的占空比被调制用来对一个具体模拟信号的电平进行编码。PWM 广泛应用于电子、机械、通信、功率控制等多个领域。

利用 PWM 可以控制脉冲的周期（频率）以及脉冲的宽度，达到有效控制输出的目的，如对电机的控制、灯光的控制、空调的控制等，还可实现 DAC 的功能。

1. PWM 概述

目前大多数嵌入式处理器片内都包含 PWM 控制器，有的有一个 PWM 控制器，也有的有多个 PWM 控制器可供选择。每一个 PWM 控制器均可以选择接通时间（脉冲宽度）和周期（或频率）。占空比是接通时间（例如定义高电平导通）与周期之比，调制频率为周期的倒数。

PWM 输出的一个优点是从微控制器到被控系统信号都是数字形式的，无须进行数模转换。让信号保持为数字形式可将噪声影响降到最小。噪声只有在强到足以将逻辑 1 改变为逻辑 0 或将逻辑 0 改变为逻辑 1 时，才能对数字信号产生影响。因此 PWM 输出的抗干扰能力很强。

图 3.20（a）所示为简单 PWM 灯控电路原理，图 3.20（b）所示为采用不同 PWM 占空比得到的电灯的波形。

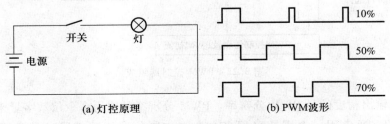

(a) 灯控原理   (b) PWM 波形

图 3.20　基于 PWM 的灯控原理及波形图

从 PWM 波形图可知，对于采用 10% 占空比的 PWM 波形，如果电源电压为 12 V，则平均加在灯上的电压只有 12 V×10% = 1.2 V，相当于输出 1.2 V 模拟电压信号；对于采用 50% 占空比的 PWM 波形，则平均加在灯上的电压为 12 V×50% = 6 V，相当于输出 6 V 的模拟信号；而对于采用 70% 占空比的 PWM 波形，则平均加在灯上的电压为 12 V×70% = 8.4 V，相当于输出 8.4 V 的模拟信号。采用不同占空比的灯的亮度完全不同，占空比越大，灯越亮，占空比越小，灯越暗。因此可以利用 PWM 技术控制灯的调光。

对噪声抵抗能力的增强是 PWM 相对于模拟控制的另外一个优点，而且这也是在某些时候将 PWM 用于通信的主要原因。从模拟信号转向 PWM 可以极大地延长通信距离。在接收端，通过适当的 RC 或 LC 网络可以滤除调制高频方波并将信号还原为模拟形式。

总之，PWM 既经济又节约空间，抗噪性能强，是一种值得推广应用的有效控制技术。

2. PWM 工作原理

在 PWM 波形中，各脉冲的幅值是相等的，要改变等效输出正弦波的幅值，只要按同一比例系数改变各脉冲的宽度即可。单个 PWM 周期如图 3.21 所示。

T_p 为 PWM 一个周期的高电平宽度，T_n 为 PWM 一个周期的低电平宽度，一个 PWM 周期 $T_{PWM} = T_p + T_n$，占空比为 T_p / T_{PWM}。正脉冲宽度越大，占空比越大，输出能量也越大。

图 3.21　单个 PWM 周期示意

嵌入式处理器内部 PWM 硬件的一般组成如图 3.22 所示。通过不同时钟源的选择及分频之后得到 PWM 计数时钟，频率为 f_{PWM}，PWM 计数初值决定 PWM 周期和正脉冲宽度（或占空比），大部分由两类寄存器存放，一类是初始计数值决定 PWM 周期，另一类是匹配寄存器决定占空比。当 PWM 计数器计数满足正脉冲宽度所计输入脉冲个数时产生匹配中断，输出发生翻转，由高电平变为低电平，继续计数到 PWM 周期所对应的计数脉冲个数时，PWM 输出再回到高电平，完成一个 PWM 周期的操作。只要改变正脉冲的计数脉冲个数即（占空比），即可输出不同宽度的 PWM 波形。

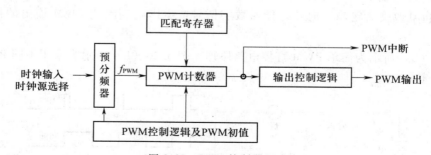

图 3.22　PWM 控制器组成

决定 PWM 输出精度的是 PWM 分辨率。PWM 分辨率是由用多少位数字量来逼近一个周期的模拟量决定的，通常用一个周期采用多少个二进制位数描述正脉冲的宽度表示。如 8 位

PWM 在一个 PWM 周期，其正脉冲宽度可以由 0~255 个 PWM 计数脉冲来表示；10 位 PWM 的正脉冲宽度可以由 0~1 023 个 PWM 计数脉冲来表示；12 位 PWM 的正脉冲宽度可以由 0~4 095 个 PWM 计数脉冲来表示；16 位 PWM 的正脉冲宽度可以由 0~65 535 个 PWM 计数脉冲来表示；32 位 PWM 正脉冲个数为 0~$2^{32}-1$ 个 PWM 计数脉冲等。

3. PWM 的应用

PWM 控制技术主要应用于电力电子技术行业，如风力发电、电机调速、电灯调光、直流供电等领域，应用非常广泛。

（1）PWM 输出周期与占空比

PWM 输出周期由 PWM 计数寄存器决定，而占空比由 PWM 匹配寄存器或比较寄存器决定。不同的嵌入式处理器，其 PWM 计数寄存器和 PWM 匹配寄存器或比较计数器的名称不同。假设 PWM 计数寄存器为 CNR，比较寄存器或匹配寄存器为 CMR，嵌入式处理器的 PWM 部件所接时钟为 PCLK，通过预分频后得到输入频率为 f_{PWMIN}，预分频器为 PR，则

$$f_{\text{PWMIN}} = F_{\text{PCLK}}/(PR+1) \tag{3.8}$$

PWM 输出频率为

$$F_{\text{PWMOUT}} = f_{\text{PWMIN}}/\text{CNR} \tag{3.9}$$
$$\text{CNR} = f_{\text{PWMIN}}/F_{\text{PWMOUT}}$$

PWM 输出周期为

$$T_{\text{PWMOUT}} = 1/F_{\text{PWMOUT}} \tag{3.10}$$

PWM 输出占空比可以由匹配寄存器决定，但周期是一样的，即

$$\text{PWM 占空比} = \text{CMR}+1/\text{CNR}$$

如果要达到 50% 的占空比，则 CMR = CNR/2，如果要求输出占空比为 DutyRatio%（DutyRatio = 0~100），则可设置 CMR 的值为

$$\text{CMR} = \text{CNR} \times \text{DutyRatio}/100 \tag{3.11}$$

对于 PWM 输出模式的编程应用，需要做以下主要工作。

① 确定 PWM 输出引脚。

② 通过 PR 确定 PWM 分频系数，以决定 PWM 计数时钟。

③ 配置 PWM 输出操作模式。

④ 写 PWM 计数寄存器 CNR，确定 PWM 输出周期或频率。

⑤ 写 PWM 比较寄存器或匹配寄存器 CMR，确定占空比。

⑥ 使能 PWM 定时器并使能 PWM 功能。

值得说明的是，在利用 PWM 模块进行 PWM 输出时，一般不需要使能 PWM 中断，除非有特殊要求，例如在一个 PWM 输出周期完成后要处理一件事务，则可以在中断处理程序中完成。

（2）PWM 在模拟输出中的应用

在没有片上 DAC 硬件或有 DAC 但 ADC 分辨率不能满足要求的情况下，可以使用 PWM 技术来实现模拟 DAC 输出。尽管 PWM 是数字信号，但由于它是工作频率在 1~200 kHz 范围内

的周期性脉冲序列，因此在外部通过滤波的方法，很容易得到模拟电压的输出。

例 3.1 假设嵌入式处理器 PWM 输出引脚为 PWM1，利用外部滤波可以通过 PWM 模拟 DAC 输出，如图 3.23 所示。设置 PWM 输出频率为 10 kHz，通过改变占空比来控制输出电压的高低，这样通过 PWM 占空比的变化，就可以在 JOUT 端得到与 PWM 占空比对应的模拟量输出。

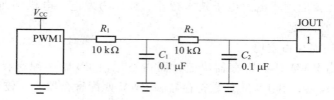

图 3.23　利用 PWM 模拟 DAC 输出

如果在 JOUT 端接电压转换电流的电路，就可以利用 PWM 得到 4~20 mA 的电流输出（可参见第 7 章 7.7.2 节中的图 7.61）。

3.3.5　电机控制 PWM 定时器

有的嵌入式处理器（如 LPC1700 系列微控制器）除了具有普通 PWM 控制器外，还专门为电机控制设计了专用电机控制 PWM 控制器（motor control PWM，MCPWM）。MCPWM 非常适合用于三相交流（AC）和直流（DC）电机控制应用。它也可以用于需要通用定时、捕获和比较的应用中。

1. MCPWM 概述

MCPWM 含有 3 个独立的通道（32 位定时计数），其主要特性如下：

- 支持定时/计数模式；
- 具有两个输入捕获通道，支持匹配控制；
- 支持带死区（10 位）的边沿对齐 PWM 输出和中心对齐 PWM 输出；
- 支持快速中止（ABORT）输入，保障系统安全；
- 支持三相 AC 和三相 DC 输出模式，拥有 1 个 32 位捕获寄存器；
- 1 个周期中断、1 个脉宽中断和 1 个捕获中断。

输入引脚 MCIO-2 可触发 TC 捕获或使通道的计数值加 1。全局异常中断输入可强制所有通道进入"有效"状态并产生一个中断。

2. MCPWM 硬件组成及引脚

MCPWM 硬件由定时计数部分（定时/计数器、界限寄存器以及匹配寄存器）、事件捕获控制部分（事件控制、捕获寄存器）、映射寄存器、死区控制部分（死区时间寄存器、死区时间计数器）、通道控制及中断控制等组成，如图 3.24 所示。

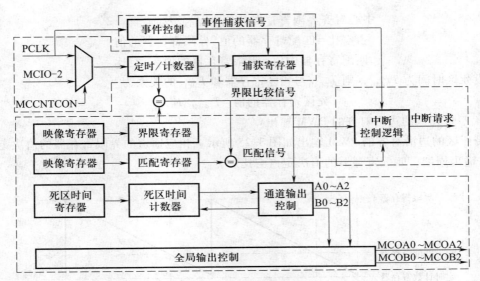

图 3.24　MCPWM 硬件组成

外设时钟 PCLK 或 MCIO-2 经定时/计数器计数，当与界限寄存器和匹配寄存器比较时，将产生中断或输出，输出通道还受死区的控制。所谓死区，是指在 H 桥等电机驱动电路中，需要在上半桥关断后，延迟一段时间再打开下半桥或在下半桥关断后，延迟一段时间再打开上半桥，从而避免功率元件被烧毁。这段延迟时间就是死区时间，简称死区。

由 MCPWM 的功能框图可知，MCPWM 支持如下功能：

- 定时功能：可设定定时的时间间隔；
- 输入计数：能对两个输入引脚上的信号进行计数；
- 捕获控制：捕获外部事件发生时定时/计数器的值；
- 界限控制：决定定时/计数器所能计数的最大范围，即输出波形的周期；
- 匹配控制：决定输出波形的占空比以及单周期内信号跳沿的位置；
- 死区控制：控制一对输出波形间的死区时间。

3. MCPWM 应用

（1）MCPWM 的 PWM 操作

LPC1700 系列微控制器的 PWM 可分为带死区和不带死区的边沿对齐或中心对齐的 PWM 输出。对于 MCPWM 来说，每个通道有一对输出引脚 A 和 B，通常在没有死区的情况下，B 的输出与 A 逻辑相反。在有死区的情况下，A 输出的有效时间被延时。

MCPWM 的 PWM 周期由界限寄存器的值决定。假设 PWM 计数输入频率为 F_{PCLK}，PWM 输出频率为 F_{MCPWMOUT}，界限寄存器与输入输出频率之间的关系如下：

对于边沿对齐的 PWM，$F_{\text{MCPWMOUT}} = F_{\text{PCLK}}/$界限寄存器，因此

$$边沿对齐界限寄存器的值 = F_{\text{PCLK}}/F_{\text{MCPWMOUT}} \tag{3.12}$$

对于中心对齐的 PWM，$F_{\text{MCPWMOUT}} = $ PWM 计数输入频率$/2/$界限寄存器

$$中心对齐界限寄存器的值=F_{\text{PCLK}}/F_{\text{MCPWMOUT}}/2 \qquad (3.13)$$

$$占空比=匹配寄存器的值/界限寄存器的值$$

$$匹配寄存器的值=界限寄存器的值/占空比 \qquad (3.14)$$

假设死区时间为 T_{DEAD}，则 T_{DEAD} 与死区寄存器和 F_{PCLK} 的关系为

$$死区寄存器的值=T_{\text{DEAD}}\times F_{\text{PCLK}} \qquad (3.15)$$

（2）不带死区的边沿对齐的 PWM 输出

不带死区的边沿对齐的 PWM 输出如图 3.25 所示。相应通道的界限寄存器的值决定该通道的 PWM 输出周期，匹配寄存器的值决定占空比。

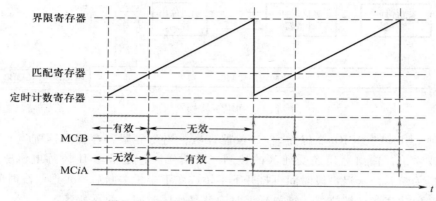

图 3.25　不带死区的边沿对齐的 PWM 输出

例 3.2　假设 $F_{\text{MCPWM}}=24$ MHz，对于不带死区的边沿对齐情况，要求通道 0 的引脚 A 输出 1 kHz、占空比为 1/6 的 PWM 波形，引脚 B 输出的有效电平为高。

界限寄存器决定 PWM 的周期或频率，要求引脚 A 输出 1 kHz 的频率，由于是边沿对齐，因此由式（3.11）可知，界限寄存器 0 的值 MCPER0 = $F_{\text{MCPWM}}/1\ 000 = 24\ 000\ 000/1\ 000 = 24\ 000$，即写入 24 000 到 MCPER0 或 MCLIM0（界限寄存器 0）。

由于占空比 = 1/6，因此 MCPW0/MCPER0 = 1/6，MCPW0 = MCPER0/6 = 24 000/6 = 4 000，即写入 4 000 至 MCPW0 或 MCMAT0（匹配寄存器）即可。

（3）带死区的边沿对齐的 PWM 输出

带死区的边沿对齐的 PWM 输出如图 3.26 所示。相应通道界限寄存器的值决定该通道的 PWM 输出周期，相应通道匹配寄存器的值以及死区寄存器的值决定占空比。

MCPWM 的每个通道都具有两个输出 A 和 B，大多数情况下两个输出极性相反，但可以使能死区时间特性（以每个通道为基础）来延时信号从"无效"到"有效"状态的跳变，这样晶体管永远都不会同时导通。复位后，3 个 A 输出都为"无效"状态或低电平，而 B 输出都是"有效"状态或高电平。

例 3.3　假设 $F_{\text{MCPWM}}=4$ MHz，对于带死区控制的情况，要求通道 1 的引脚 A 输出 2 kHz、占空比为 1/5、死区时间为 50 μs 的 PWM 波形，引脚 B 输出有效电平为高。

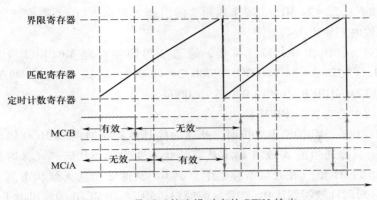

图 3.26 带死区的边沿对齐的 PWM 输出

由于界限寄存器决定 PWM 的周期或频率，要求通道 1 的引脚 A 输出 2 kHz 的频率，因此界限寄存器 1 的值 MCPER1 = F_{MCPWM}/2 000 = 4 000 000/2 000 = 2 000，即写入 2 000 至 MCPER1 或 MCLIM1（界限寄存器 1）；由于占空比 = 1/5，因此 MCPW1/MCPER1 = 1/5，MCPW1 = MCPER1/5 = 2 000/5 = 400，即写入 400 至 MCPW1 或 MCMAT1（匹配寄存器）。

要求死区时间为 50 μs，由式（3.14）可知，对应的死区寄存器 MCDT［19:10］的值为 50 μs×4 MHz = 200。

（4）不带死区的中心对齐的 PWM 输出

不带死区的中心对齐的 PWM 输出如图 3.27 所示。在该模式中，定时计数器从 0 开始递增计数，直到达到界限寄存器中的值，然后递减计数到 0 并重复操作。当定时计数器递增计数时，MCO 输出为无效状态，直至定时计数器与匹配寄存器相等，此时 MCO 输出状态变为有效。当定时计数器与界限寄存器匹配时，它开始递减计数。当定时计数器与匹配寄存器在向下过程中匹配时，MCO 输出状态变为无效。

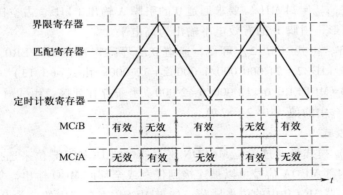

图 3.27 不带死区的中心对齐的 PWM 输出

由于中心对齐的 MCPWM 存在递增计数和递减计数两个过程，因此其输出的 PWM 周期是界限寄存器的 2 位，如式（3.12）所示，占空比仍然为匹配寄存器的值与界限寄存器的值之比。

例 3.4 已知 $F_{MCPWM}=24$ MHz，要求通道 2 的引脚 A 输出 1 kHz、占空比为 1/6 的 PWM 波形，引脚 B 的有效电平输出为高电平。

由于是中心对齐，由式（3.12）可得，通道 2 界限寄存器 MCPER2 或 MCLIM2 的值为 MCPER2 = 24 MHz/1 kHz/2 = 24 000 000/1 000/2 = 12 000。由式（3.13）可知，匹配寄存器 MCPW2 或 MCMAT2 = MCPER2/6 = 12 000/6 = 2 000。

（5）带死区的中心对齐的 PWM 输出

当通道的 DTE 位在 MCCON 中置位时，死区时间计数器延时两个 MCO 输出的"无效到有效状态"的跳变。只要通道的 A 或 B 输出从有效状态变为无效状态，死区时间计数器就开始递减计数，从通道的 DT 值（在死区寄存器中）到 0。其他输出从无效状态到有效状态的跳变被延时，直至死区时间计数器到达 0。在死区时间内，MCiA 和 MCiB 的输出电平都无效。图 3.28 所示为带死区的中心对齐的 PWM 输出。

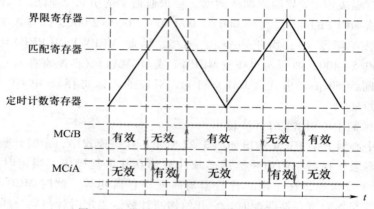

图 3.28　带死区的中心对齐的 PWM 输出

例 3.5 已知 $F_{MCPWM}=24$ MHz，要求通道 0 的引脚 A 输出 1 kHz、占空比为 1/6、死区时间为 10 μs 的 PWM 波形，引脚 B 的有效电平输出为高电平。

由于是中心对齐，由式（3.12）可得，通道 0 的界限寄存器 MCPER0 或 MCLIM0 的值为 MCPER0 = 24 MHz/1 kHz/2 = 24 000 000/1 000/2 = 12 000。由式（3.13）可知，匹配寄存器 MCPW0 或 MCMAT0 = MCPER0/6 = 12 000/6 = 2 000。由于存在死区，由式（3.14）可知，死区寄存器 MCDT [9:0] 中的值 = 10×24 = 240。

（6）三相直流模式

三相直流（DC）模式可通过置位 MCCON 寄存器中的 DCMODE 位来选择。

在该模式下，内部 MCOA 信号可以被连接到任意或全部的 MCO 输出。每个 MCO 输出可通过当前通信格式寄存器 MCCP 中的位来屏蔽。如果 MCCP 寄存器中的位为 0，那么它的输出管脚具有输出 MCOA0 的无效状态的逻辑电平。断开状态的极性由 POLA0 位决定。

在 MCCP 寄存器中，所有 MCO 输出含有 1 的位由内部 MCOA0 信号控制。

当 MCCON 寄存器中的 INVBDC 位为 1 时，3 个 MCOB 输出管脚被反相。这种特性可用来调节桥驱动器（桥驱动器的低端开关为低电平有效输入）。

MCCP 寄存器作为一对映射寄存器来操作，因此有效通信模式的变化在新 PWM 周期的起始处出现。

图 3.29 所示为三相直流模式中 MCO 的示例波形。假设 MCCP = 0×2B（对应于输出 MC1A 和 MC2A）中的位 2 和位 4 为 0，所以这些输出被屏蔽，处于断开状态。它们的逻辑电平由 POLA0 位决定（POLA0 = 0 使得无效状态为逻辑低电平）。INVBDC 位被设为 0（逻辑电平没有翻转），所以 B 输出和 A 输出的极性相同。

注意：该模式与其他模式不同，因为其他模式的 MCiB 输出不是 MCiA 输出的反相。

（7）三相交流模式

三相交流（AC）模式可通过置位 MCCON 寄存器中的 ACMODE 位来选择。

在该模式下，通道 0 的定时计数器的值可用于与所有通道的匹配寄存器进行比较（不使用界限寄存器 1、2）。每个通道通过比较它的匹配寄存器的值与定时计数寄存器 0 的值来控制其 MCO 输出。

图 3.30 所示为三相交流模式下 6 个 MCO 输出的示例波形。POLA 位设为 0，用于所有的 3 个通道，因此对于所有的 MCO 输出来说，有效状态下的电平为高电平，无效状态下的电平为低电平。每个通道具有不同的界限值，可以与定时计数寄存器 0 的值进行比较。在这种模式下，周期值指定用于所有的 3 个通道，并且由界限寄存器 0（MCPER0 或 MCLIM0）来决定。死区时间模式被禁能。

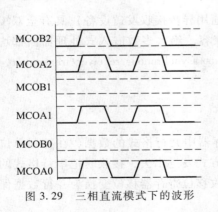

图 3.29 三相直流模式下的波形

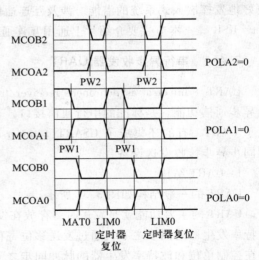

图 3.30 三相交流模式下的波形

由于每个通道的匹配寄存器可以不同，因此在三相交流模式下，虽然 3 个通道的周期相同，但占空比可以不同，每个通道的波形相差一定角度。

（8）快速中止

当 MCPWM 的外部输入引脚 MCABORT 为低电平时，6 个 MCO 输出均表现为无效状态，并可选产生 ABORT 中断。快速中止可用于电机的过热检测防护。

输出无效状态下保持锁定直至 ABORT 中断标志被清除或 ABORT 中断被禁止。ABORT 标志在 MCABORT 输入为高电平之前不会被清除。输出无效状态指输出使电机处于安全工作的状态（如停机等）。

（9）MCPWM 的 PWM 功能配置

对于 MCPWM 操作，需要对 PWM 进行如下配置：

① 设置引脚为 MCPWM 相关引脚；

② 打开 MCPWM 电源；

③ 停止通道定时器，清零通道定时器；

④ 设置通道界限值与匹配值，配置输出信号的周期与脉宽（占空比）；

⑤ 配置快速中止中断；

⑥ 使能 MCPWM 中断并设置优先级；

⑦ 配置通道死区时间；

⑧ 配置通道工作模式。

3.4　互连通信组件

由于嵌入式应用的特殊性，需要把嵌入式处理器与其他芯片和系统相互连接在一起，才能更好地发挥嵌入式系统的潜能。涉及互连通信的片上组件包括 UART、I²C、SPI、CAN、Ethernet、USB 等。本节主要介绍片上通用互连通信组件及其应用。

3.4.1　串行异步收发器 UART

UART（universal asynchronous receiver/transmitter，通用异步接收发送设备）具有全双工串行异步通信功能，是标准的串行通信接口，与 16C550 兼容。绝大多数嵌入式处理器内部均集成了 UART，有的还集成了 USART（universal synchronous/asynchronous receiver/transmitter，通用同步异步接收发送设备）。

1. UART 结构

UART 的一般结构如图 3.31 所示。

UART 的主要功能就是发送时将存放在发送缓冲寄存器中并行格式的数据，在控制单位和波特率发生器的同步之下，通过发送移位寄存器以串行方式发送出去，接收时把串行格式的数据在控制单位和波特率发生器的脉冲同步之下，经过接收移位寄存器移位变换为并行数据保存到接收缓冲寄存器中。

UART 由发送器、接收器、控制单元及波特率发生器等构成。

发送器负责字符的发送，可采用先进先出（FIFO）模式，也可采用普通模式。发送的字符先送到发送缓冲寄存器，然后通过发送移位寄存器，在控制单元的作用下，通过 TXDn 引脚一位一位顺序发送出去。在 FIFO 模式下，当 N 个字节全部到位后才进行发送。不同嵌入式处

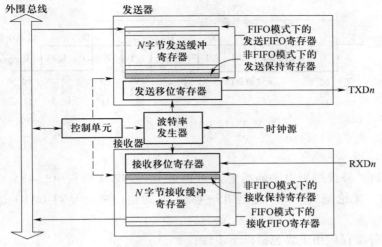

图 3.31　UART 的一般结构

理器芯片内部设置的 N 值不同。采用查询发送方式时，必须等待发送缓冲寄存器为空才能发送下一个数据。采用中断发送方式时，当发送缓冲寄存器已经空了才引发发送中断，因此可以直接在发送中断服务程序中继续发送下一个或下一组数据（FIFO 模式）。

接收器负责接收外部送来的字符，可以采用 FIFO 模式，也可以采用普通模式。外部送来的字符通过 RXDn 引脚进入接收移位寄存器，在控制单元的控制下，一位一位移位到接收缓冲寄存器中。在 FIFO 模式下，只有缓冲器满时才引发接收中断并置位接收标志；在普通模式下，接收到一个字符就引发接收中断并置标志位。

接收和发送缓冲寄存器的状态被记录在 UART 的状态寄存器（如 UTRSTATn）中，通过读取其状态位，即可了解当前接收或发送缓冲寄存器的状态是否满足接收或发送条件。

一般接收和发送缓冲寄存器的 FIFO 字节数 N 可通过编程选择长度，如 1 字节、4 字节、8 字节、12 字节、14 字节、16 字节、32 字节、64 字节等，不同的嵌入式微控制器芯片，FIFO 缓冲器的最大字节数 N 不同，如 ARM9 的 S3C2410 以及 ARM Cortex-M3 的 LPC1766 为 16 字节，而 ARM9 的 S3C2440 为 64 字节。接收和发送 FIFO 寄存器的长度由 UART FIFO 控制寄存器决定。

波特率发生器在外部时钟的作用下，通过编程可产生所需要的波特率，最高波特率为 115 200 bps。波特率的大小由波特率系数寄存器决定。

2. UART 的字符格式

UART 的字符格式如图 3.32 所示，一帧完整的数据帧由起始位、数据位、校验位和停止位构成。起始位占 1 位，数据位可编程为 5~8 位，校验位占 1 位，无校验时可省去 1 位，有校验时可选择奇校验或偶校验，奇校验是指传输的数据位包括校验位在内，传输 1 的个数为奇数，偶校验是指传输的数据位包括校验位 1 的个数为偶数。停止位可选择 1 位、1 位半或 2 位。起始位逻辑为 0，停止位逻辑为 1。

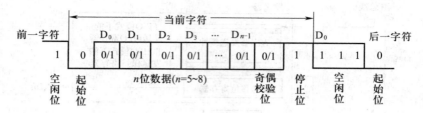

图 3.32　UART 的字符格式

3. UART 的应用

借助于 UART，外接逻辑电平转换芯片可构成 RS-232 接口或 RS-485 接口来进行近距离或远距离通信。无论是 RS-232 还是 RS-485，其通信的实际是对 UART 进行适当的编程应用。

对 UART 进行编程应用主要包括以下步骤：

① 初始化 UART；

② 接收数据；

③ 发送数据。

以上应用离不开对 UART 相关寄存器的操作。

由于 UART 是串行异步通信，因此何时外界有数据到来是不确定的、随机的，因此接收通常需要允许中断；由于发送是主动的，因此发送可以不采用中断方式。

（1）初始化 UART

初始化包括对引脚的配置、波特率设置、字符格式设置以及使能相关中断等。

（2）基于 UART 的 RS-232 双机通信的应用

RS-232 是基于 UART 加上 RS-232 电平转换逻辑得到的一种传统的标准串行通信接口，具体应用详见第 9 章 9.2 节。

（3）基于 UART 的 RS-485 主从式多机通信的应用

在工业控制领域，传输距离越长，对抗干扰能力的要求也越高。这时采用 RS-232 标准接口的问题就显现出来了，因为 RS-232 无法消除共模干扰，且传输距离只有约 15 m 左右。

工业标准组织提出了 RS-485 接口标准。RS-485 标准采用差分信号传输方式，因此具有很强的抗共模干扰能力，其逻辑电平遵循当 A 的电位比 B 高 200 mV 以上时为逻辑 1，而当 B 的电位比 A 高 200 mV 以上时为逻辑 0，传输距离可达 1 200 m。RS-485 的互连是同名端相连的方式，即 A 与 A 相连，B 与 B 相连，由于是差分传输，因此不需要公共地，在 RS-485 总线上仅需要连接 A 和 B 两根线。

RS-485 通常用于主从式多机通信系统，采用轮询方式，由主机逐一向从机寻址，当从机地址与主机发送的地址一致时，才建立通信链接，进行有效的数据通信。总线上某一时刻仅允许有一个主机处于发送状态，其他全部处于接收状态。

关于 RS-485 的详细应用，参见第 9 章 9.3 节。

3.4.2 I²C 总线接口

1. I²C 总线概述

I²C（inter-integrated circuit）是集成电路互连的一种总线标准，只有两根信号线，一根是时钟线 SCL，一根是数据线 SDA（双向三态），可完成数据的传输操作。I²C 的字符格式具有特定的起始位和终止位，可完成同步半双工串行通信，用于连接嵌入式处理器及其外围器件。许多处理器芯片和外围器件均支持 I²C 总线，这些器件各有一个地址。这些器件可以是单接收的器件（如 LCD 驱动器），也可以是既能接收也能发送数据的器件（如 Flash 存储器）。主动发起数据传输操作的 I²C 器件是主控器件（主器件），否则是从器件。

I²C 总线具有接口线少，控制方式简单，器件封装紧凑，通信速率较高（与版本有关，一般为 100 kbps、400 kbps，高速模式可达 3.4 Mbps）等优点。

I²C 总线只有两条信号线，一条是数据线 SDA，另一条是时钟线 SCL，所有操作都通过这两条信号线完成。数据线 SDA 上的数据必须在时钟的高电平周期保持稳定，它的高/低电平状态只有在 SCL 时钟信号线是低电平时才能改变。

（1）启动和停止条件

图 3.33 所示为 I²C 总线的启动/停止条件和数据传输时序。总线上的所有器件都不使用总线（总线空闲）时，SCL 线和 SDA 线各自的上拉电阻把电平拉高，使它们均处于高电平。主控器件启动总线操作的条件是，当 SCL 保持高电平时，SDA 线由高电平转为低电平，此时主控器件在 SCL 线产生时钟信号，SDA 线开始数据传输，数据的高位在前，低位在后。若 SCL 线为高电平时 SDA 线的电平由低转为高，则总线停止工作，恢复为空闲状态。

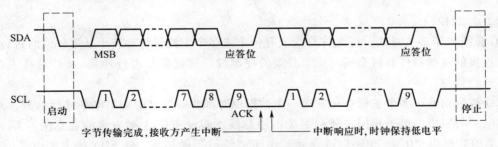

图 3.33 I²C 总线的启动/停止条件和数据传输时序

（2）寻址字节

数据传输时高位在前，低位在后，每个字节的长度都是 8 位，每次传输的字节数没有限制。传输操作启动后，主控器件传输的第一个字节是地址，其中前面 7 位指出与哪一个从器件进行通信，第 8 位指出数据传输的方向（发送还是接收）。起始信号后的第一个字节的格式如图 3.34 所示。

（3）应答信号（ACK）传送

为了完成一个字节的传送，接收方应该发送一个确认信号 ACK 给发送方。ACK 信号出现在 SCL 线的第 9 个时钟脉冲上，有效电平为 0，如图 3.33 所示。

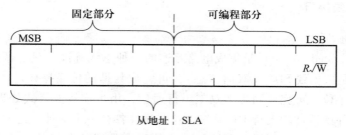

图 3.34 I²C 总线起始位后首字节的格式

主控器件在接收到来自从器件的字节后，如果不准备终止数据传输，它总会发送一个 ACK 信号给从器件。从器件在接收到来自主控器件的字节时，总是发送一个 ACK 信号给主控器件，如果从器件还没有准备好再次接收字节，它可以保持 SCL 线为低电平（总线处于等待状态），直到准备好为止。

（4）读写操作

在发送模式下，数据被发送出去后，I²C 接口将处于等待状态（SCL 线将保持低电平），直到有新的数据写入 I²C 数据发送寄存器之后，SCL 线才被释放，继续发送数据。

在接收模式下，I²C 接口接收到数据后将处于等待状态，直到数据接收寄存器内容被读取后，SCL 线才被释放，继续传输数据。

例如，微控制器芯片在上述情况下会发出中断请求信号，表示需要发送一个新数据（或接收一个新数据），CPU 处理该中断请求时，就会向发送寄存器传送数据，或从接收寄存器读取数据。

（5）总线仲裁

I²C 总线属于多主总线，即允许总线上有一个或多个主控器件和若干从器件同时进行操作。总线上连接的这些器件有时会同时竞争总线的控制权，这就需要进行仲裁。I²C 总线主控权的仲裁有一套规约。

总线被启动后，多个主机在每发送一个数据位时都要对自己的输出电平进行检测，只要检测到的电平与发出的电平相同，就会继续占用总线。假设主机 A 要发送的数据为"1"，主机 B 要发送的数据为"0"，如图 3.35 所示，由于"线与"的结果，使 SDA 线上的电平为"0"，主机 A 检测到与自身不相符的"0"电平，只好放弃对总线的控制权。这样，主机 B 就获得了总线的唯一控制权。仲裁发生时，SCL 线为高电平。

由仲裁机制可以看出：总线控制遵循"低电平优先"的原则，即谁先发送低电平，谁就会掌握对总线的控制权；主控器件通过检测 SDA 线自身发送的电平来判断是否发生总线仲裁。因此，I²C 总线的"总线仲裁"是靠器件自身接口的特殊结构实现的。

（6）异常中断条件

如果没有一个从器件对主控器件发出的地址进行确认，那么 SDA 线将保持为高电平。在这种情况下，主控器件将发出停止信号并终止数据传输。

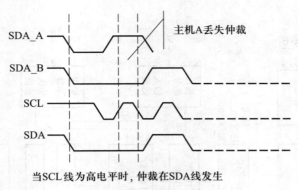

主机A丢失仲裁

当SCL线为高电平时，仲裁在SDA线发生

图 3.35　I^2C 总线仲裁机制

如果主控器件涉入异常中断，在从器件接收到最后一个数据字节后，主控器件将通过取消一个 ACK 信号的产生来通知从器件传输操作结束。随后，从器件释放 SDA 线，允许主控器件发出停止信号，释放总线。

2. I^2C 总线接口的连接

ARM 芯片内部集成了 I^2C 总线接口，因此可直接将基于 I^2C 总线的主控器件或从器件挂接到 I^2C 总线上。每个器件的 I^2C 总线信号线 SCL 和 SDA 与其他具有 I^2C 总线的处理器或设备同名端相连，在 SCL 线和 SDA 线上要接上拉电阻。基于 I^2C 总线的系统构成如图 3.36 所示，假设图中所有处理器或设备均具有 I^2C 总线。

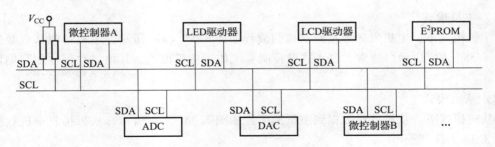

图 3.36　基于 I^2C 总线的系统构成

ARM 芯片中内置了 I^2C 总线控制器，I^2C 总线在主控器件和从器件之间进行数据传输之前，必须根据要求设置相应 I^2C 总线的有关功能寄存器，包括 I^2C 总线控制寄存器、I^2C 总线状态寄存器、I^2C 总线地址寄存器及 I^2C 总线接收/发送数据移位寄存器等。

3. 典型嵌入式处理器内部 I^2C 总线模块结构

典型嵌入式处理器 I^2C 总线模块结构如图 3.37 所示。I^2C 总线模块既可配置为 I^2C 主机，也可配置为 I^2C 从机。

4. I^2C 总线操作模式

I^2C 总线有主机发送数据到从机、主机读取从机数据、从机发送数据到主机以及从机接收主机数据等模式。

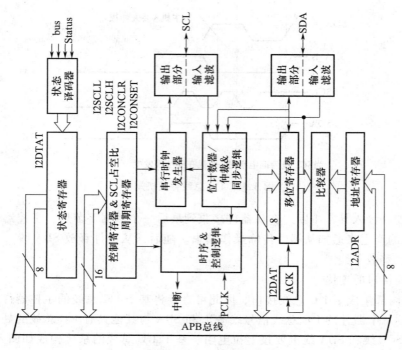

图 3.37 I²C 总线模块结构

（1）主机模式

在主机模式下，主机发送数据到从机的流程如图 3.38（a）所示，主机接收从机数据的流程如图 3.38（b）所示。通常，嵌入式微控制器工作于主机模式，其他一些器件如存储器等属于从机。

（2）从机模式

在从机模式下，从机发送数据到主机的流程如图 3.38（b）所示，从机接收主机数据的流程如图 3.38（a）所示。

I²C 总线接口的应用详见第 9 章 9.5 节。

3.4.3 SPI 串行外设接口

SPI（serial peripheral interface，串行外设接口）是一种具有全双工的同步串行外设接口，允许嵌入式处理器与各种外围设备以串行方式进行通信和数据交换。基于 SPI 接口的外围设备主要包括 Flash、RAM、A/D 转换器、网络控制器、MCU 等。

SPI 系统可与各个厂家生产的多种标准外围器件直接相连，一般使用 4 条线：串行时钟线 SCK、主机输入/从机输出数据线 MISO、主机输出/从机输入数据线 MOSI 和从机选择线 SSEL。有的 SPI 接口芯片带有中断信号线 INT，有的 SPI 接口芯片只能作为从机，因此没有主机输出/从机输入数据线 MOSI。

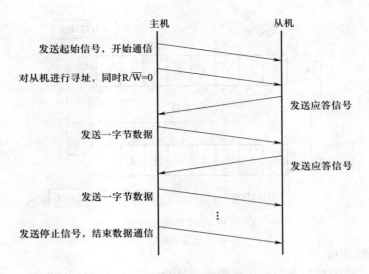

(a) 主机发送从机接收

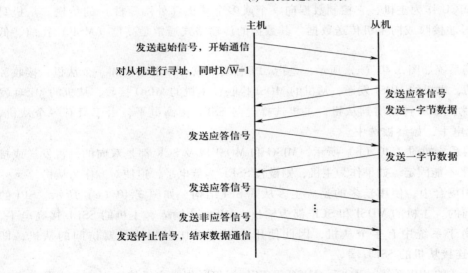

(b) 从机发送主机接收

图 3.38 I^{2}C 总线主从模式操作流程

（1）SPI 的操作过程

将数据写到 SPI 发送缓冲区后，一个时钟信号 SCK 对应一位数据的发送（MISO）和另一位数据的接收（MOSI）；在主机中，数据从移位寄存器中自左向右发出送到从机（MOSI），同时从机中的数据自右向左发到主机（MISO），经过 8 个时钟周期完成一个字节的发送。输入字节保留在移位寄存器中，然后从接收缓冲区中读出一个字节的数据。操作过程如图 3.39 所示。

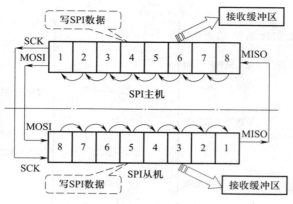

图 3.39　SPI 的操作过程

（2）SPI 接口的连接

SPI 总线可在软件的控制下构成各种简单或复杂的系统，如图 3.40 所示。在大多数应用场合中，使用一个 MCU 作为主机，它控制数据向一个或多个从机（外围器件）的传送。从机只能在主机发命令时才接收或向主机传送数据。其数据的传输格式通常是高位（MSB）在前，低位（LSB）在后。

一主一从式的系统如图 3.40（a）所示，是指 SPI 总线上只有一个主机和一个从机，接收和发送数据是单向的，主机的 MOSI 发送，从机的 MOSI 接收，主机的 MISO 接收，从机的 MISO 发送。主机 SCK 作为同步时钟输出到从机，主机选择信号 SSEL 接高电平，由于只有一个从机，从机的 SSEL 接低电平，始终被选中。

互为主从式的系统如图 3.40（b）所示，MISO 和 MOSI 以及 SCK 都是双向的，视发送或接收而定，SSEL 电平不能固定。如果作为主机，则设置 SSEL 为低电平，迫使对方作为从机。

在大部分应用场合中，使用较多的是一主多从式 SPI 结构，如图 3.40（c）所示。SPI 的所有信号都是单向的，主机的 MOSI 和 SCK 都为输出，MISO 为输入，主机的 SSEL 接高电平，作为主机使用。由于系统中有多个从机，因此使用主机的 I/O 引脚选择要访问的从机，即 GPIO 的某些引脚连接从机的 SSEL 端。

对于多主多从式的 SPI 系统，MOSI、MISO 及 SCK 视何时作为主机使用而定，主要考虑的是 SSEL 选择信号的接法，即每个主/从机的 SSEL 被其他主/从机选择，即其他主/从机的 GPIO 引脚都参与主/从机的选择，如图 3.40（d）所示。这是最复杂的情况，在实际应用系统中，尤其是嵌入式系统中应用得不多。

对 SPI 的操作，首先要选择让基于 SPI 接口的从机的 SSEL 处于被选中状态，表示将要对该从机进行操作，然后才能按照 SPI 时序要求进行数据操作，视通信协议的不同有差异。一般外部器件的 SPI 时序多使用高位在先、低位在后的传输方式，一位一位地进行移位操作，操作完毕再将 SSEL 释放。

SPI 接口的应用详见第 9 章 9.6 节。

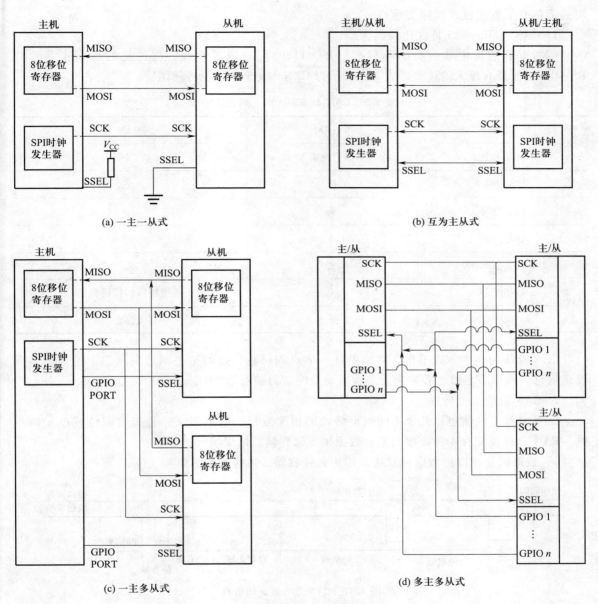

(a) 一主一从式

(b) 互为主从式

(c) 一主多从式

(d) 多主多从式

图 3.40　SPI 接口的连接

3.4.4　CAN 总线接口

　　CAN（controller area network，控制器局域网络）仅有 CANH 和 CANL 两条信号线，采用差分传输的方式，可以进行远距离多机通信，主要用于要求抗干扰能力强的工业控制领域，可组成多主多从系统。CAN 总线现已广泛应用到各个领域，如工厂自动化、汽车电子、楼宇建筑、电力通信、工程机械、铁路交通等。

1. CAN 与 RS-485 特性比较

CAN 是目前为止唯一有国际标准（ISO 11898）的现场总线，与传统的现场工业总线 RS-485 相比具有很大的优势。表 3.3 所示为 CAN 与 RS-485 的特性比较。

表 3.3　CAN 与 RS-485 的特性比较

特性	RS-485	CAN
网络特性	单主网络	多主网络
总线利用率	低	高
通信速率	低	高
通信距离	<1.5 km	<10 km
节点错误影响	大	无
容错机制	无	错误处理和检错机制
成本	低	较高

CAN 总线为多主方式工作，网络上任一节点均可在任意时刻主动地向网络上的其他节点发送信息。网络节点数主要取决于总线驱动电路，目前可达 110 个。

2. CAN 总线报文传输

CAN 总线上的信息以几个不同固定格式的报文发送。所谓报文，是指数据传输单元的一帧。CAN 总线报文有 4 种类型的帧：数据帧、远程帧、错误帧、过载帧。

- 数据帧：可以将数据从发送器传送到接收器，帧格式如图 3.41 所示。

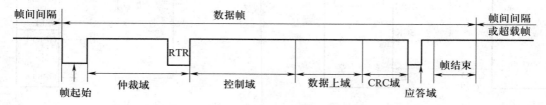

图 3.41　CAN 总线数据帧格式

CAN 总线的报文有两种格式：标准格式和扩展格式。

标准数据帧：仲裁域由 11 位标识符和 RTR 位组成。

扩展数据帧：仲裁域包括 29 位标识符、SRR 位、IDE 位和 RTR 位。

- 远程帧：发送具有同一标识符的数据帧的请求信号，帧格式如图 3.42 所示。
- 错误帧：任何单元检测到总线错误就发送错误帧。
- 过载帧：在相邻数据帧或远程帧之间提供附加的延时。

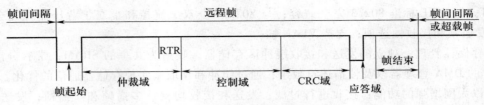

图 3.42　CAN 总线远程帧格式

3. CAN 总线特点

CAN 总线具有如下特点。

- 差分信号对外部电磁干扰（EMI）具有高度免疫，同时具有稳定性。
- 多主方式网络结构可靠性高，节点控制灵活，容易实现多播和广播功能。
- 报文采用短帧结构，传输时间短，受干扰概率低，保证了极低的数据出错率。
- 采用非破坏总线仲裁技术，确保最高优先级的节点数据传输不受影响。

4. CAN 总线仲裁

当两个或两个以上的单元同时开始传送报文时，总线就会出现访问冲突，通过使用标识符的逐位仲裁可以解决冲突。

CAN 总线接口的应用详见第 9 章 9.7 节。

3.4.5　Ethernet 以太网控制器接口

以太网控制器是专门用于以太网连接的控制器，由以太网媒体接入控制器（MAC）和物理收发器（PHY）组成。MAC 与 PHY 之间的通信采用 MII 接口（媒体独立接口）或者 RMII 接口（简化的 MII）。

许多 ARM Cortex-M3 微控制器包含一个功能齐全的 10/100 Mbps 以太网 MAC，可以通过 RMII 与 PHY 组成一个完整的以太网控制器。

1. Ethernet 控制器简介

ARM 微控制器片上以太网控制器通过使用 DMA 硬件加速功能来优化其性能。以太网模块具有大量的控制寄存器组，可以提供半双工/全双工操作、流控制、控制帧、重发硬件加速、接收包过滤以及 LAN 上的唤醒等。利用分散-集中式（scatter-gather）DMA 进行自动的帧发送和接收操作，减轻了 CPU 的工作量。

以太网模块是连接在系统总线 AHB 上的一个 AHB 主机，驱动 AHB 总线矩阵。通过矩阵，它可以访问片上所有的 RAM 存储器。以太网使用 RAM 的建议方法是专门使用其中一个 RAM 模块来处理以太网通信，则该模块只能由以太网和 CPU 或 GPDMA 进行访问，从而可以获取以太网功能的最大带宽。以太网模块使用 RMII 协议、片上 MIIM（媒体独立接口管理）串行总线和 MDIO（管理数据输入输出）来实现与片外以太网 PHY 之间的连接。

ARM 嵌入式微控制器片上以太网控制器支持以下功能。

① 10 Mbps 或 100 Mbps PHY 器件，包括 10 Base-T、100 Base-TX、100 Base-FX 和 100 Base-T4；与 IEEE 标准 802.3 完全兼容；与 802.3x 全双工流控和半双工背压流控完全兼容；灵活的发送帧和接收帧选项；支持 VLAN 帧。

② 存储器管理：独立的发送和接收缓冲区存储器，映射为共享的 SRAM；带有分散/集中式 DMA 的 DMA 管理器以及帧描述符数组；通过缓冲和预取来实现存储器通信的优化。

③ 以太网增强的功能：接收进行过滤；发送和接收均支持多播帧和广播帧；发送操作可选择自动插入 FCS（CRC）；可选择在发送操作时自动进行帧填充；发送和接收均支持超长帧传输，允许帧长度为任意值；支持多种接收模式；出现冲突时自动后退并重新传送帧信息；通过时钟切换实现功率管理；支持"LAN 上唤醒"的功率管理功能，以便将系统唤醒，该功能可使用接收过滤器或魔法帧检测过滤器实现。

④ 物理接口：通过标准的 RMII 接口来连接外部 PHY 芯片；通过 MIIM 接口可对 PHY 寄存器进行访问。

2. Ethernet 控制器结构

典型的嵌入式微控制器片上以太网控制器结构如图 3.43 所示，包括主机寄存器模块、到 AHB 的 DMA 接口、以太网 MAC 以及发送通道等。

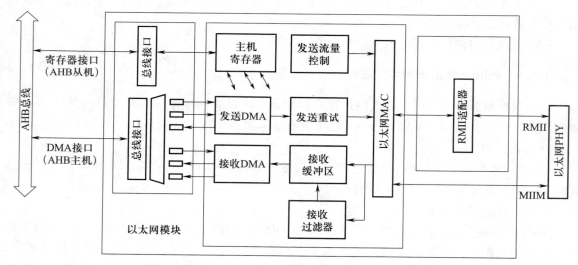

图 3.43　典型的嵌入式微控制器片上以太网控制器结构

① 主机寄存器模块包括软件使用的寄存器以及处理以太网模块的 AHB 访问的寄存器。主机寄存器与发送通道、接收通道以及 MAC 相连。

② 到 AHB 的 DMA 接口用于连接 AHB 主机，使得以太网模块能够访问以太网 SRAM，从而实现描述符的读操作、状态的写操作以及数据缓冲区的读/写操作。

③ 以太网 MAC 通过 RMII 适配器与片外 PHY 相连。

④ 发送数据通道包括发送 DMA 管理器，用于从存储器中读取描述符和数据并将状态写入

存储器；发送重试模块，对以太网的重试和中止情况进行处理；发送流量控制模块，能够插入以太网暂停帧。

⑤ 接收数据通道包括接收 DMA 管理器，用于从存储器中读取描述符并将数据和状态写入存储器；以太网 MAC，通过分析帧头中的部分信息来检测帧类型；接收过滤器，通过使用不同的过滤机制来滤除特定的以太网帧；接收缓冲区，实现对接收帧的延迟，以便将接收帧中的特定帧滤除后，再将接收帧保存到存储器中。

3. Ethernet 以太网数据包格式

以太网数据包的格式如图 3.44 所示。以太网数据包由一个导言、一个起始帧定界符和一个以太网帧组成。而以太网帧由目标地址、源地址、一个可选的 VLAN 区、长度/类型区、有效载荷以及帧校验序列（FCS）组成。每个地址包含 6 个字节，传输操作从最低有效位开始，即采用低位在前、高位在后的原则。

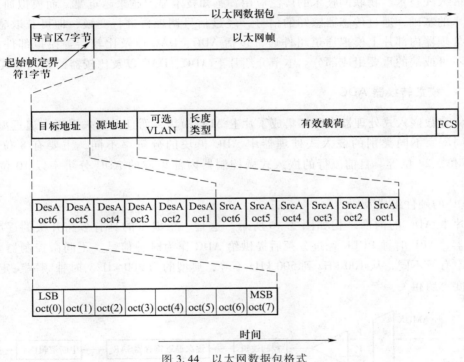

图 3.44　以太网数据包格式

4. Ethernet 以太网接口连接

有些 ARM 芯片如基于 ARM Cortex-M3 的嵌入式处理器芯片已经嵌入了以太网控制器（MAC 层），也有些芯片同时集成了物理层（PHY 层）的收发器电路，因此外部仅需要连接网络变压器及 RJ45 插座即可构成以太网实用接口。具有内置以太网控制器的嵌入式处理器构建的以太网接口如图 3.45 所示。如果内置了 PHY 层，则图中可省去 PHY 层的电路。

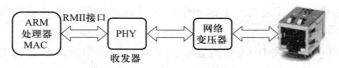

图 3.45　内置以太网控制器的以太网接口

内置以太网控制器的典型 ARM Cortex-M3 芯片有 NXP 公司的 LPC1700 系列、ST 公司的 STM32F2 系列，内置以太网控制器和物理层收发器的 ARM Cortex-M3 芯片有 TI 公司的 LM3S6000 系列、LM3S8000 系列、LM3S9000 系列等。

3.5　模拟通道组件

随着嵌入式技术、物联网技术的广泛应用，感知技术显得越来越重要。而模拟通道组件正是感知技术的基础，通过传感器感知的信号，经过信号调理再进行变换，即可获取感知信息。而嵌入式处理器内部片上模拟通道组件通常包括 ADC、DAC 以及比较器等模拟部件，在实际应用中是不可或缺的重要组成部分。本节介绍片上 ADC、DAC 以及比较器的原理及其应用。

3.5.1　模数转换器 ADC

现在大多数嵌入式处理器内部都集成了片上 ADC 模块，而且大多采用逐次逼近型（SAR）ADC。不同厂家不同类别的嵌入式处理器中 ADC 模块的分辨率不同，主要有 8 位、10 位、12 位、16 位、24 位等。目前流行的嵌入式微控制器内部集成的 ADC 分辨率以 10 位和 12 位居多。

1. ADC 的硬件组成及原理

典型片上 ADC 的内部结构如图 3.46 所示。这是一个典型的具有多路开头的逐次逼近式 A/D 变换器，APB 时钟 PCLK 经过分频后提供给 ADC 作为时钟信号。不同微控制器要求的最高时钟频率有所不同，从 100 kHz 到 500 kHz 不等，典型的为 200 kHz。时钟频率决定采样率，与转换速度密切相关。

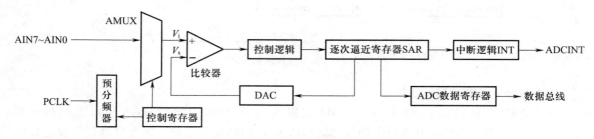

图 3.46　典型片上 ADC 的内部结构

在时钟的作用下，模拟量输入信号经过比较器与另外一路由逐次逼近寄存器的结果经过 DAC 变换成的模拟信号进行比较，当模拟输入信号接近 DAC 转换结果后停止逐次逼近操作，这样得到的数字量正好对应模拟输入。转换的结果存放在相应的 ADC 数据寄存器中。

片上 ADC 的具体工作过程如下所述。

① 选定某通道时，假设其输入的模拟电压 V_i 进入比较器+端，逐次逼近寄存器 SAR 各位清零。

② 第一个脉冲到来时，SAR 寄存器最高位置位为 1，N 位寄存器首先设置在数字中最高位为 1，这样 DAC 输出 V_s 被设置为 $V_{ref}/2$。比较器判断 V_i 与 V_s 的关系，当 $V_i>V_s$ 时，则比较器输出逻辑 1 即高电平，N 位寄存器的最高位保持 1；反之比较器输出低电平，让 N 位寄存器的最高位清 0。

③ 第二个脉冲到来时，SAR 寄存器次高位置位为 1，将寄存器中新的数字量送到 DAC，比较器判断 V_i 与 V_s 的关系，当 $V_i>V_s$ 时，则比较器输出逻辑 1 即高电平，N 位寄存器的次高位保持 1；反之比较器输出低电平，让 N 位寄存器的次高位清 0。

④ 重复上述步骤，直到 N 位转换完毕，最后的转换结果存放在相应通道的 ADC 数据寄存器中。

为了节约成本，嵌入式处理器内部一般仅有一个逐次逼近的 ADC，但通过多道模拟开关，可以连接多路模拟量，比较典型的有 4 路、6 路、8 路、16 路以及 18 路等。可以通过通道地址相关寄存器来选择指定的模拟通道。图 3.47 中有 8 个通道 AIN7 ~ AIN0 可供选择，可以接 8 路模拟量。

某典型的 ARM Cortex-M 系列微控制器片上 ADC 为 12 位逐次逼近式，有 8 路模拟通道，12 位转换速度为 200 kHz（转换时间为 5 μs），由于完成一次转换需要 65 个 ADC 时钟周期，因此 ADC 最高时钟可达 200 kHz×65 = 13 000 kHz = 13 MHz，可采用有输入跳变功能的定时器匹配信号来触发 A/D 转换。

ADC 模数关系为：$D = V×2^{12}/V_{ref} = V×4\ 096/V_{ref}$ 或 $V = V_{ref}×D/2^{12} = V_{ref}×D/4\ 096$

D 为 ADC 变换得到的数字量，V 为输入模拟电压，V_{ref} 为 ADC 参考电压。

不同嵌入式处理器的 ADC 时钟的最高频率不同，使用时要参考芯片数据手册。

2. ADC 变换的一般操作步骤

ADC 变换的一般操作步骤如下：

① 选定通道并启动 A/D 变换。

② 查状态，看变换是否结束。

③ 转换结束，读取转换结果。

如果采用查询方式，则要一直等待转换结束才能读取转换结果；如果采用中断方式，则转换结束时将产生中断信号，可在中断服务程序中读取转换结果。

3. 使用查询方式获取 ADC 变换值

使用查询方式获取 ADC 结果的步骤如下：

① 打开 ADC 电源。

② 配置相关引脚为模拟输入 AIN_i。

③ 设置 ADC 时钟，确定转换速率、工作模式。

④ 启动 A/D 变换。

⑤ 查询状态寄存器的状态位是否转换结束。

⑥ 读 ADC 转换结果（数据寄存器的值）。

⑦ 如果要节能，获取结果后可关闭 ADC 电源。

4. 使用定时计数器匹配触发获取 ADC 的值

使用定时计数器匹配触发获取 ADC 结果的步骤如下：

① 打开 ADC 电源。

② 配置相关引脚为模拟输入 AIN_i。

③ 设置 ADC 时钟，确定转换速率、工作模式。

④ 打开定时计数器电源，设置定时计数器匹配后复位定时计数器。

⑤ 匹配后输出翻转。

⑥ 设置定时匹配时间常数，以决定定时触发时间（对应频率不能高于 200 kHz）。

⑦ 启动定时计数器。

⑧ 使能 ADC 通道，转换后产生中断。

⑨ 开 ADC 中断。

⑩ 在中断服务程序中读取 A/D 变换结果并置位读取成功标志。

⑪ 在主程序中判断读取成功标志，读取结果并处理。

5. 巡回检测 ADC 的值

以上指定单个通道的 A/D 变换可以进行多路 ADC 轮询转换，构成实际的巡回检测系统，如温湿度的测量系统等。

例 3.6　一应用系统中采用 8 个温度传感器 LM35 放置在某环境的不同位置，以测量每个位置的温度（温度范围为 0~100 ℃），应用电路与典型嵌入式微控制器 MCU 的连接如图 3.47 所示。

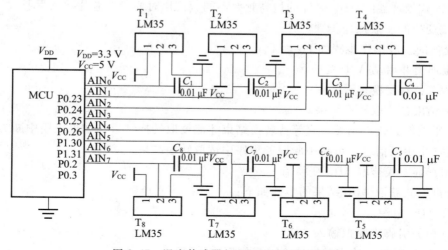

图 3.47　温度传感器与 MCU 的连接示意图

LM35D 是线性温度传感器，0 ℃时为 0 V，温度每增加 1 ℃，输出电压增加 10 mV，它的 1 脚为电源，2 脚为电压输出，3 脚为地。

LM35 的温度范围如下：

LM35、LM35A：−55~150 ℃。

LM35C、LM35CA：−40~110 ℃。

LM35D：0~100 ℃。

温度与电压的关系为：$T = V_{\text{o}}/10 \text{ mV } ℃$

可以按照如图 3.47 所示的巡回检测系统测量 8 个位置的温度。

有关 ADC 的应用详见第 7 章 7.4 节。

3.5.2　数模转换器 DAC

数模转换是将数字量转换为模拟量（电流或电压），使输出的模拟量与输入的数字量成正比。实现这种转换功能的电路叫数模转换器（DAC）。

1. DAC 的硬件组成及原理

通常，在嵌入式处理器内部，片上 DAC 采用电阻串联结构，如图 3.48 所示，电阻相等，各点分压值分别为 $V_{\text{ref}}/2$、$V_{\text{ref}}/4$、$\cdots$、$V_{\text{ref}}/2^n$。

由运算放大器性质以及图中的正相放大可知：$V_{\text{out}} = \dfrac{V_{\text{ref}}}{2^n} \times D$。

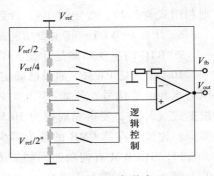

图 3.48　电阻串联式 DAC

对于 10 位分辨率的 DAC，$V_{\text{out}} = \dfrac{V_{\text{ref}}}{2^{10}} \times D = V_{\text{ref}} \times D/1\,024$；

对于 12 位分辨率的 DAC，则 $V_{\text{out}} = \dfrac{V_{\text{ref}}}{2^{12}} \times D = V_{\text{ref}} \times D/4\,096$。

2. DAC 的应用

DAC 的操作非常简单，首先通过相关控制寄存器来配置 DAC 引脚，然后直接把要转换的数字量写入 D/A 转换寄存器 DACR 即可。

DAC 的有关应用详见第 7 章 7.5 节。

3.5.3　比较器 COMP

除了 ADC 和 DAC，许多嵌入式微控制器内部还集成了片上模拟比较器 COMP。

比较器的硬件原理如图 3.49 所示。其基本工作原理是，当+端口电压 V_+ 大于−端电压 V_- 时，比较器输出接近正电源电压 V_{CC}；当+端口电压 V_+ 小于−端电压 V_- 时，比较器输出接近负电源电压 V_{SS}。利用比较器可以检测电源电压是否欠压，温度是否超过一定值等只需要定性

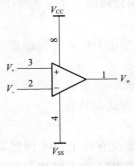

图 3.49　比较器原理

而不需要定量测量的场合。

比较器常用于简单电压比较，不同嵌入式处理器片上比较器的详细描述参见相关用户手册。

本 章 习 题

1. AMBA 总线有哪两大类总线标准？其含义是什么？

2. 基于 AMBA 总线的 ARM 嵌入式处理器片上常用外设中，哪些外设连接在系统总线上，哪些外设连接在外围总线上？

3. AMBA 总线的典型应用特点是什么？

4. 简述 ARM9 芯片 S3C2440、ARM Cortex-M3 LPC1700 系列、ARM Cortex-M4 M451 各芯片片上连接于 APB 总线的主要外设硬件组件。

5. GPIO 有哪些工作模式？为什么要保护 GPIO 端口？有哪些保护措施？

6. GPIO 中断有何用途？GPIO 中断有哪些触发方式？简述各种触发方式的特点。

7. 定时计数器的主要功能是定时和计数。对于定时来说，假设 $F_{PCLK}=40$ MHz，PR = 199，则利用式（3.2），要定时 1 s，计数值 N 为多少？

8. 什么是 WDT？其主要功能是什么？确定 WDT 常数的基本原则是什么？

9. RTC 的主要功能是什么？RTC 的最小定时单位是多少 ms？

10. 什么是 PWM？如果已确定 PWM 输出频率，如何改变占空比？如何利用 PWM 输出模拟电压和电流信号？假如 PWM 时钟源的频率为 $F_{PCLK}=22.118\,4$ MHz，预分频系数 PR = 0，则根据式（3.7），要得到周期为 10 kHz、占空比为 50% 的方波，PWM 计数寄存器 CNR 的值为多少？比较寄存器 CMR 的值为多少？

11. MCPWM 有何功能？如果 $F_{MCPWM}=12$ MHz，对于不带死区的边沿对齐情况，要通道 0 的引脚 A 输出周期为 10 kHz、占空比为 30% 的 PWM 波形，求界限寄存器 0 的值和匹配寄存器 0 的值。

12. UART 的主要功能是什么？由哪些部分构成？

13. 如果一个 UART 字符使用 8 位数据，1 位停止位，无校验，如果波特率为 115 200，要传输这样的字符，1 分钟之内最多传输多少字节？

14. 试说明 I^2C 的启动和停止条件以及数据有效性，并说明 I^2C 总线仲裁的方法。连接 I^2C 总线信号时的方法是什么？

15. 分析 I^2C 总线的操作模式，并说明主从模式下的操作流程。初始化 I^2C 总线的操作是怎样的？

16. 在嵌入式应用系统中，使用比较广泛的是一主多从式的连接方式，通常嵌入式处理器作为主机，其他基于 SPI 接口的芯片（设备）作为从机。简述这种连接方式的特点。

17. 简述 CAN 总线的主要特点，并比较与 RS-485 总线的异同。

18. 嵌入式处理器片上以太网控制器连接在系统总线 AHB 上，如果仅有片上以太网控制器，则要构成完整的以太网通信接口，还需要外部连接哪些部件？如果集成了以太网控制器及物理层收发器，则需要连接什么器件，就可以构成完整的以太网通信接口？

19．常用的无线通信模块有哪些？

20．简述基于嵌入式处理器的模拟输入输出系统的构成。

21．如果一个采用 3.3 V 供电的 ARM 芯片，其片上 DAC 分辨率为 12 位，试说明输出 60 Hz 正弦波的方法及最大的振幅。

第4章 嵌入式系统电源设计

【本章提要】

电源是一个嵌入式系统的基础，一个良好的电源设计是包括嵌入式系统在内的所有电子电路系统稳定运行的前提。嵌入式系统的电源为整个嵌入式系统提供足够的能量，具有极其重要的地位，但却往往被嵌入式系统开发人员所忽略。

本章的主要内容包括嵌入式系统电源设计概述、线性电源设计、开关电源设计、DC-DC及 LDO 的典型应用以及基于电池供电系统的电源设计等，详细介绍嵌入式系统的电源设计。

【学习目标】

● 了解嵌入式系统的电源需求、电源的主要种类以及嵌入式系统的电源变换等基本知识，为设计电源做基础准备。

● 掌握线性直流稳压电源的设计方法，包括电源变压器的定制方法、整流和滤波电路设计以及稳压电路设计。

● 了解开关电源设计，知晓开关电路的组成。

● 掌握常用 DC-DC 以及 LDO 的典型应用。

● 熟悉电池供电环境下嵌入式系统的电源设计，包括降压型电源设计以及升压型电源设计。

4.1 嵌入式系统电源设计概述

嵌入式系统的电源是保证嵌入式硬件系统连续可靠运行的重要硬件部件之一，电源的好坏直接影响嵌入式硬件系统的可靠性。如果电源模块处理得好，则整个系统的故障往往会减少一大半。本节主要介绍嵌入式系统对电源的需求，及常用嵌入式系统的电源设计方法。

4.1.1 嵌入式系统的电源需求

设计供电电源应该考虑的因素包括输出的电压、电流，输入的电压、电流，安全因素（如本质安全型），电磁兼容和电磁干扰，体积限制、功耗限制以及成本限制等。

嵌入式系统的电源与通用计算机系统如 PC 的电源有许多不同之处，一是功率大小不同，嵌入式系统的电源通常功率比较小，而通用计算机系统的电源功率通常都比较大，即使是笔记本计算机的电源功率也比嵌入式系统大；二是嵌入式系统的电源要求小型化且没有统一标准，而通用计算机系统的电源通常体积比较大且有电源的规范标准，包括功率大小、连接器引脚定义及电气特性等，而嵌入式系统的电源通常应用于不同领域，采用不同的嵌入式处理器和外部接口，其对电源的要求是不一样的，对于连接器更没有统一要求和规范。

1. 嵌入式系统电源输出电压要求

就目前而言，嵌入式硬件系统中除了嵌入式处理器本身需要电源之外，外围接口电路也需要电源，因此嵌入式硬件系统所需电源主要包括 5 V、3.3 V、2.5 V、2.0 V、1.8 V、1.5 V、1.2 V 等电压等级的电源。

嵌入式处理器电源引脚引出的电源端如 V_{CC}/V_{DD} 对 GND 等有两种电压，一种是内核工作电压，另一种是片上硬件组件及 I/O 所需电源电压。

① 内核电源电压。一般为 3.3 V，有的为 1.8 V。

② 内部组件供电电源电压。内部组件供电电源分别给 PLL、振荡器、复位电路，包括 ADC 部分供电，一般为 3.3 V、2.5 V、2.0 V、1.8 V、1.5 V、1.2 V 等。

③ I/O 供电电源电压。I/O 供电电源分别给外设 I/O 接口、USB 收发器以及外部总线接口供电，电源电压一般为 3.3 V、2.5 V、1.8 V 等。

④ 通用外部接口电路供电电源电压。系统的键盘、显示电路等人机交互通道以及通信通道等的供电电源电压通常为 5 V。

⑤ 模拟通道接口电路供电电源电压。对于需要精密检测模拟量的嵌入式系统，通常需要采用由单电源或双电源供电的运算放大器对传感器感知的微弱信号进行放大，这时运算放大器的电源电压通常为±12 V。有的也可以使用单一 5 V 供电。

⑥ 继电器等驱动回路供电电源电压。对于要控制执行机构的嵌入式系统，通常使用额定工作电压为 24 V 的继电器，因此需要+24 V 的电源，继电器的电源通常与嵌入式处理器的电源是隔离的，以保证继电器的干扰被隔离。当然，也可以选择 5 V、9 V、12 V 的继电器，因此也就需要 5 V、9 V、12 V 的电源。

2. 嵌入式系统电源输出的电流要求

不同应用领域和场合的嵌入式应用系统所需的工作电流不同，不能一概而论。但嵌入式系统的总体电流通常都不大，5 V 电源的电流最大，因为其他低于 5 V 的电源都可通过转换得到。一般而言，2 A 电流就足够了，除非有大功率器件。

3. 嵌入式系统电源的体积要求

由于嵌入式系统是嵌入对象体系中的专用计算机系统，通常要求电源的体积不能很大。如果没有尺寸要求，可以选择现成的开关电源，也可以自行设计电源。应该根据需求确定电源尺寸。

4. 嵌入式系统电源输入电压的要求

不同工作环境对输入电源电压的要求也不尽相同。

（1）市电工作情况输入电压

通常，国内市电情况下使用工频电压为交流 220 V/50 Hz 的电压，作为嵌入式硬件系统电源的输入电压。国外有 110 V/60 Hz 的电源。

（2）特殊领域工作情况输入电压

如果在一些特殊应用领域，如矿业井下，有交流 127 V、380 V、660 V 等电压。

在机载设备中，有 115 V/200 V 400 Hz 的恒频交流电压，也有 28.5 V 的直流电源可作为嵌入式系统的电源输入。

在野外工作的场合，需要电池供电时，电池的电压等级主要有 36 V、24 V、12 V、9 V、6 V、3 V、1.5 V 以及 1.2 V 等。这些都可以作为嵌入式硬件系统的电源输入。

5. 嵌入式系统电源对温度的要求

不同的应用领域对嵌入式系统电源的温度要求不同，通常情况下，要求电源能工作在 0~70 ℃（商用级），有些环境要求 −40~85 ℃（工业级），有些要求 −55~125 ℃（军用级）。因此设计时要根据需求选择符合要求的器件。

4.1.2 嵌入式系统电源主要类别

嵌入式系统所需电源都是直流稳压电源，一般可分为化学电源、线性稳压电源和开关型稳压电源。

1. 化学电源

化学电源又称电池，是一种能将化学能直接转变成电能的装置，它在国民经济、科学技术、军事和日常生活方面均获得广泛应用。

化学电池使用面广，品种繁多，按照使用性质可分为干电池、蓄电池和燃料电池，按电池中电解质性质可分为碱性电池、酸性电池和中性电池。

通常所用的干电池、铅酸蓄电池、镍镉电池、镍氢电池、锂离子电池等均属于化学电源，各有优缺点。随着科学技术的发展，又产生了智能化电池。在充电电池材料方面，美国研究人员发现锰的一种碘化物，用它可以制造出便宜、小巧、放电时间长，多次充电后仍保持良好性能的环保型充电电池。

2. 线性稳压电源

线性稳压电源的特点是它的功率器件调整管工作在线性区，靠调整管之间的电压降来稳定输出。由于调整管静态损耗大，需要安装一个很大的散热器为电源散热；而且由于变压器工作在工频（50 Hz）上，因此线性稳压电源的体积和质量较大。

线性稳压电源的优点是稳定性高，纹波小，可靠性高，易做成多路、输出连续可调的成品；缺点是体积大、较笨重、效率相对较低。

3. 开关型稳压电源

与线性稳压电源不同的一类稳压电源就是开关型直流电源，它的电路形式主要有单端反激式、单端正激式、半桥式、推挽式和全桥式。它和线性电源的根本区别在于变压器不工作在工频而是工作在几十千赫兹到几兆赫兹。功率管不是工作在饱和区就是截止区，即工作在开关状态，开关电源因此而得名。

开关电源的优点是体积小，重量轻，稳定可靠；缺点是相对于线性电源来说纹波较大。开关电源的功率可从几瓦到几千瓦。

开关电源可分为如下几种类型。

（1）AC/DC 电源

AC/DC 电源是一种把交流变换为直流的电源。该类电源也称一次电源，它自电网取得能量，经过高压整流滤波得到一个直流高压，供 DC/DC 变换器在输出端获得一个或几个稳定的直流电压。嵌入式系统电源中的一次电源（交流 220 V 输入，直流 48 V 或 24 V 输出）也属于此类。

（2）DC/DC 电源

DC/DC 电源是一种把直流变换成直流的电源。该类电源也称二次电源，它是由一次电源或直流电池组提供一个直流输入电压，经 DC/DC 变换以后在输出端获得一个或几个直流电压。

（3）通信电源

通信电源的实质是 DC/DC 变换器式电源，只是它一般以直流 48 V 或 24 V 供电，并用后备电池作直流供电的备份，将直流的供电电压变换成电路的工作电压。通信电源一般又分为中央供电、分层供电和单板供电三种，后者可靠性最高。

（4）电台电源

电台电源的输入为 220 V 或 110 V 的交流电，输出为 13.8 V 的直流电，功率由所供电台功率而定，从几安到几百安。为防止交流电网断电影响电台工作，需要有电池组作为备份，所以此类电源除输出一个 13.8 V 的直流电压外，还具有对电池充电的自动转换功能。

（5）模块电源

随着科学技术的飞速发展，对电源可靠性、容量/体积比的要求越来越高，模块电源越来越显示出其优越性。它工作频率高、体积小、可靠性高，便于安装和组合扩容，所以得到越来越广泛的采用。目前，国内虽有相应模块电源的生产，但因生产工艺未能赶上国际水平，因此故障率较高。

DC/DC 模块电源目前虽然成本较高，但从产品漫长的应用周期的整体成本来看，特别是因系统故障而导致的高昂的维修成本及商誉损失来看，还是值得选用的。值得一提的是罗氏变换器电路，它的突出优点是电路结构简单，效率高，输出电压、电流的纹波值接近于零。

（6）特种电源

高电压小电流电源、大电流电源、400 Hz 输入的 AC/DC 电源等可归于此类，可根据特殊需要选用。

4.1.3 嵌入式系统的电源变换

作为嵌入式系统电源设计人员，面临着 5 V 和 3.3 V、1.8 V 等电压转换的任务。这个任务不仅包括逻辑电平转换，同时还包括为 3.3 V 系统供电，转换模拟信号，使之跨越1.2 V、1.8 V、3.3 V 或 5 V 电压的障碍。

关于逻辑电平的关系详见 2.5 节的有关内容。不同的逻辑电平如果不匹配，必须要进行逻辑电平的转换。本节简单讨论不同电源的变换问题。

1. 其他直流电源变换为 5 V 电源

许多电源的电压并非正好是 5 V，有的是 24 V、12 V 或 9 V，这就需要进行电源变换，通常用三端稳压器完成电源变换。常用的三端稳压器参见 2.2.3 节中的表 2.3，电源变换的具体方法和电路设计详见 4.3 节。

2. 5 V 至 3.3 V、2.5 V、1.8 V 等电源变换

由于从 5 V 到 3.3 V~1.8 V 的电源变换属于低差压变换，因此可以使用 LDO（low dropout，低压降）稳压器来解决，详见 4.4 节的相关内容。

3. 电源变换的原则

① 如果电路负载电流不大，并且对效率没有要求，可以使用简单、稳定的线性稳压器，如 78 系列或 317 系列线性稳压器。如果电流需求较高，则可能需要开关稳压器解决方案。对成本敏感的应用，也可能需要简单的分立式二极管稳压器。

② 标准三端线性稳压器的压差通常是 2.0~3.0 V。要把 5 V 可靠地转换为 3.3 V，压差为几百毫伏的稳压器是此类应用的理想选择。LDO 稳压器内部由四个主要部分组成：导通晶体管、带隙参考源、运算放大器和反馈电阻分压器。

③ 在选择 LDO 稳压器时，重要的是要知道如何区分各种 LDO 稳压器。LDO 稳压器的静态电流、封装大小和型号是重要的参数。根据具体应用来确定各种参数，将会得到最优的设计。

4.2 线性直流稳压电源的设计

线性电源设计的目的就是利用交流 220 V 或 380 V、50 Hz 的电源，设计符合嵌入式系统要求的各路电源。

线性直流稳压电源的组成如图 4.1 所示。线性直流稳压电源由变压、整流、滤波和稳压四个部分构成，其中变压是由电源变压器将交流电网的 220 V 或 380 V、50 Hz 的高电压 a 变换成低电压 b；整流是通过整流电路将正负交变的正弦电压 b 整流成只有正电压、脉动的直流电压

c；滤波就是用滤波电路把脉动的直流电压 c 变成相对比较平滑的直流 d；稳压就是把随负载变化或电网变化而变化的直流 d 稳定在指定电压的直流 e，得到所需的稳定直流电压 V 和有一定负载能力的直流电流 I。

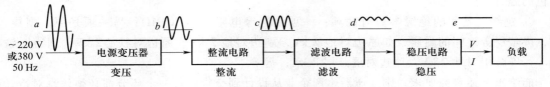

图 4.1　线性直流稳压电源的组成

4.2.1　电源变压器的定制

　　嵌入式系统电源的电压值通常不高，因此可以选择和使用降压型的电源变压器。要考虑的主要问题除了输出电压和电流外，还有体积、重量及使用环境。

　　由 2.2.3 节有关变压器的知识可知，变压器是变换电能以及把电能从一个电路传递到另一个电路的静止电磁装置。在交流电路中，借助变压器能够变换交流电压、电流和波形。每次变换通常是将能量通过电磁方式传递到另一电路。

　　变压器在电子设备中占有很重要的地位，电源设备中的交流电压和直流电压几乎都由变压器通过变换、整流而获得。电路的隔离、匹配及阻抗变换等绝大多数也是通过变压器实现的。

　　嵌入式系统的电源通常功率都不大，因此应用中使用的主要是小型或微型变压器。由于设计嵌入式系统硬件不必自行绕制变压器，因此只需要学会选择和使用小型变压器即可，主要工作是根据变压器输出功率去厂家定制变压器。

　　变压器的功率通常是指输出功率即次级功率，可根据式（4.1）计算，即

$$P = IV \qquad\qquad (4.1)$$

式中 P 为输出功率，I 为输出电流，V 为输出电压。

　　应用场合不同，用户需要的变压器也不同。当在电子产品市场买不到符合特殊要求的变压器时，用户只能定做。定做变压器时应该注意以下问题。

　　1. 必要参数

　　① 工作频率：常用的有 50 Hz、60 Hz、400 Hz、1000 Hz。

　　② 输入电压：如果是电网供电，只要给出电压数值即可，如 220 V、380 V；如果不是，则要声明是额定电压还是空载电压，如 80 V/额定电压。

　　③ 输出电压：必须声明是额定电压还是空载电压，如 12 V/额定电压。

　　④ 输出电流：一般指额定电流，如 1 A。

　　以上参数是必需的，如果只给出上述参数，基本能够做出满足功能要求的变压器，但性能很难说是好的。因为没有更多的参数要求，厂家可以用较少、较差的材料生产出满足上述要求的变压器，从而获得较大的利润。

　　除此以外，还要考虑输出电源是几路，以及每一路的输出电压和电流。

2. 指定参数

① 电压调整率：确定电压调整率，如 10%。

② 温升：在一定的工作环境下变压器的温升，当输出功率为 50/60 Hz 时，主要考虑的是线包的温升。

③ 绝缘：常用的绝缘参数有两项：一项是绝缘电阻，如 20 MΩ；另一项是原、副线包、地，屏蔽层等之间的耐压，如原边对地 2 kV，副边对地 2 kV，原边对铁心 2 kV，副边对铁心 2 kV，屏蔽层对地 2 kV，原边对屏蔽层 2 kV，等等。

能给出上述参数要求，则变压器生产企业从设计到交货的每一个环节都必须认真对待，从而使变压器的性能得到保证。

3. 可选参数

① 空载电流：在额定电压或指定电压下，变压器不带负载时的原边电流，如 0.1 A/220 V。

② 负载类型：指变压器所带负载类型，负载不同，其换算伏安不同，所需的铁心规格也不同。不声明负载类型时，一般指阻性负载。若是其他负载，需要变压器生产厂家换算时，则必须声明；否则，变压器的实际输出功率会与用户的要求不符。嵌入式硬件系统大都是阻性负载，因此可按照阻性负载设计。

当然，参数必须合理，既保证变压器的性能，又使得成本较低，以满足经济性要求。参数间不能自相矛盾，否则变压器将无法生产。

4. 额定输出电压及电压调整率

（1）额定输出电压

变压器原副边绕组存在铜阻，当变压器处于室温状态不工作时，绕组没有温升，铜阻也较小。当变压器处于设计时的工作环境下，给其加电让其工作，由于铜阻的存在，绕组将消耗一定的功率而发热，绕组的温度将升高。温度的升高使得铜阻增大，绕组的温度将进一步升高。如果变压器的设计是合理的，用户使用的环境也符合要求，则经过一段时间（通常是 2 h），变压器达到一定的热态后，铜阻不再增加，绕组的温度也将不再升高，此时变压器的输出电压为 U，这一电压即为额定电压。

额定输出电压定义为：变压器在设计的环境温度和负载条件下处于稳态时的输出电压。室温下给变压器带上相同的负载时，输出电压比额定电压要高，所以室温下测量的输出电压不是额定电压。

（2）电压调整率

电压调整率定义为：当输入电压不变，负载电流从零变化到额定值时，输出电压的相对变化，通常用百分数表示。$dU = (U_o - U)/U_o$，U_o 为空载时的输出电压，U 为变压器热平衡后的满载电压，即设计电压。

显然，电压调整率只是对所设计的额定负载而言的，不随负载的改变而改变。换句话说，设计时只考虑额定负载状态那个点。当负载轻（小于额定负载）时，输出电压高于设计值；当负载重时，输出电压低于设计值。

不同的负载对 dU 有不同的要求。对稳压要求不高或者负载较轻的使用场合，如普通的电子电路，dU 可大一些，以降低成本，但最大不要超过 30%。对有稳压要求的场合，dU 应小一些，因为 dU 越大，加载瞬间输出电流与稳态时输出电流的差值越大，这对没有稳压控制而又要求电流恒定的器件来说非常不利，如显示器件等，为保证它们的寿命，为其供电的变压器的 dU 值应小于 10%。

如果不能确定电压调整率，对于小功率变压器，通常小于 15 W 的调整率为 30%，15～35 W 的调整率为 20%～30%，35～100 W 的调整率为 10%。

4.2.2 整流与滤波电路设计

整流电路（rectifier）的作用是将交流电压变换成单向脉动的直流电压，可用二极管单向导电特性来实现。小功率直流电源中常用的整流电路包括半波整流、全波整流（含桥式整流）和倍压整流电路等，这里仅介绍简单的半波整流和桥式全波整流电路。

1. 整流电路

（1）半波整流电路

最简单的整流电路由一只二极管构成，如图 4.2 所示。假设变压器输出 U_2 为有效值，则其瞬时值 $u_2 = \sqrt{2} U_2 \sin \omega t$，二极管 D 为理想二极管，$R_L$ 为阻性负载，正半周时，二极管 D 导通，电流 i_D 从 a 点流出，经二极管 D 和 R_L 流向 b 点。因此输出 $u_0 = u_2 = \sqrt{2} U_2 \sin \omega t$；负半周时，二极管反向偏置处于截止状态，故 $i_D = 0$，因此 $u_0 = 0$。整流前后的波形如图 4.3 所示。

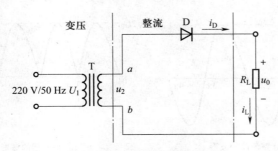

图 4.2　二极管半波整流电路

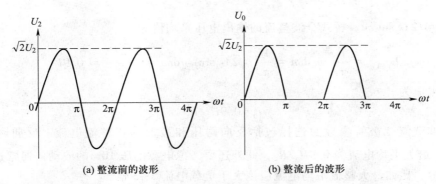

(a) 整流前的波形　　　　　　　　(b) 整流后的波形

图 4.3　半波整流电路波形

由于 $u_2 = \sqrt{2}\,U_2\sin\omega t$，半波整流的输出电压平均值为

$$U_{0(\text{AV})} = \frac{1}{2\pi}\int_0^{\pi} u_0 \mathrm{d}\omega t = \frac{1}{2\pi}\int_0^{\pi}\sqrt{2}\,U_2\sin\omega t\mathrm{d}\omega t = \frac{\sqrt{2}\,U_2}{\pi} \approx 0.45U_2 \tag{4.2}$$

则输出平均电流为

$$i_0 = 0.45U_2/R_L \tag{4.3}$$

（2）桥式整流电路

线性电源中使用最多的是桥式整流电路，典型的桥式整流电路如图 4.4 所示。通过二极管的分析可知，正半周时 $u_0 = u_2$，负半周时 $u_0 = -u_2$，因此桥式整流电路的波形如图 4.5 所示。

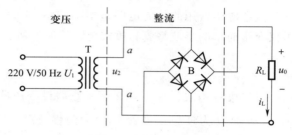

图 4.4　桥式整流电路

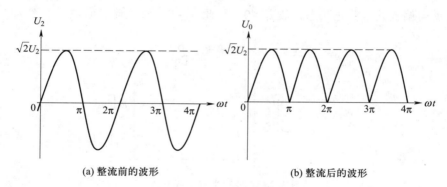

(a) 整流前的波形　　　　　　　(b) 整流后的波形

图 4.5　桥式整流电路波形

由于 $u_2 = \sqrt{2}\,U_2\sin\omega t$，桥式全波整流的输出电压平均值为

$$U_{0(\text{AV})} = \frac{1}{\pi}\int_0^{\pi} u_0 \mathrm{d}\omega t = \frac{1}{\pi}\int_0^{\pi}\sqrt{2}\,U_2\sin\omega t\mathrm{d}\omega t = \frac{2\sqrt{2}\,U_2}{\pi} \approx 0.9U_2 \tag{4.4}$$

则输出平均电流为

$$i_0 = 0.9U_2/R_L \tag{4.5}$$

桥式全波整流二极管参数的选择包括反向耐压和最大平均整流电流。反向耐压最大为 $U_{\text{RM}} = \sqrt{2}\,U_2$，最大平均电流为 $0.9U_2/R_L$，此外还要考虑电源电压 10% 的波动。通常选择时应留有足够的余量，比如最大整流平均电流应该大于负载电流 2~3 倍。

在进行线性电源设计时，通常采用四只二极管进行桥式全波整流电路的设计，也可以使用

现成的整流桥应用到电路中。使用比较多的是 1N4000 系列，如 1N4001 和 1N4007 就是常用于整流的二极管，设计时可参照技术手册。

例 4.1 如果变压器次级输出电压为 15 V，假设负载为 50 Ω，试选择桥式整流电路中的二极管。

选择整流二极管的主要参数是反向耐压和正向最大整流电流。由上所述，反向电压 $U_{RM} = \sqrt{2}\,U_2 = 1.414 \times 15 = 21.21$ V< 50 V，输出平均整流电流按照 $0.9U_2/R_L$ 计算得 $0.9 \times 15/50 = 0.27$ A，按 3 倍计算得 0.81 A< 1 A。参见 2.2.3 节中的表 2.2 可知，1N4001 的反向耐压为 50 V，整流电流为 1 A，完全能满足要求，因此可选择 1N4001。

2. 滤波电路

滤波的目的是滤除整流电路输出的脉动直流的纹波，使脉冲的直流变得比较平滑。关于滤波，可参见 2.2.3 节中有关电容、电感及滤波器等内容。在直流稳压电源中，仅采用电容方式来滤波就可以了。图 4.6 所示就是采用电容滤波器来进行滤波的简单滤波电路。

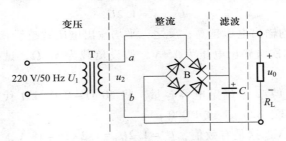

图 4.6 桥式整流及滤波电路

并联电容之前的波形如前所述为全波整流波形，并联电容 C 之后，在 u_2 的正半周，当 $u_2 > u_c$ 时，根据电容两端的电压不能突变的性质可知，电流对 C 按照指数规律充电，u_2 上升到峰值后开始下降，此时电容开始通过负载 R_L 按照指数规律放电；当 $u_2 < u_c$ 时，电容 C 继续放电，当负载半周 $|u_2| > u_c$ 时，u_2 对 C 又开始充电；当 u_c 上升到 u_2 峰值后并开始下降到 $u_c > |u_2|$ 时，电容 C 继续放电，直到 $u_2 > u_c$，又重复上述充放电过程。滤波前后的滤形如图 4.7 所示。

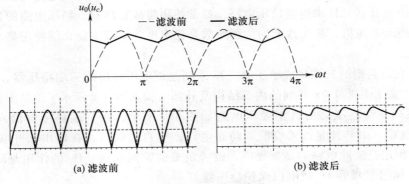

图 4.7 滤波前后波形

155

那么滤波电容到底选择多大合适呢？在不考虑体积和价格的前提下，容量越大越好，基本要求是

$$t_{放} = R_L C \geqslant (3 \sim 5) T/2 \qquad (4.6)$$

式中 C 的单位为 μF，R 的单位为 kΩ 时，t 的单位为 ms。T 为交流电的周期，假设使用国内的市电，则市电频率为 $f = 50$ Hz，$T = 1/f = 20$ ms。如果 $R_L = 1$ kΩ，则 $C \geqslant (3 \sim 5) \times 10 = 30 \sim 50$ μF。

除了估算容量，还要考虑电容的耐压值。空载时，$(R_L \to \infty)$ $U_0 = \sqrt{2} U_2$，这就是 U_2 的峰值。因此电容滤波电路的负载电压，即电容两端的电压为 $U_L = U_C = U_0 = \sqrt{2} U_2 \approx 1.414 U_2$。

但这还不够，还要考虑电源电压允许的波动。电网规定正常允许的市电波动是 ±10%，因此，实际考虑电容的耐压为 $U_c = \sqrt{2} U_2 (1 + 10\%)$，如果波动更大，则也要一同考虑进去。有负载的情况下，在满足充放电条件时，可认为输出直流电压为

$$U_{0(AV)} \approx 1.2 U_2 \qquad (4.7)$$

滤波电容越大，平均输出电压越高；反之，平均输出电压就越低。

例 4.2 如果变压器次级输出电压为 15 V，假设负载为 50 Ω，试选择滤波电路中的滤波电容。

先按照 $R_L C \geqslant (3 \sim 5) T/2$ 来确定电容容量。将 50 Ω = 0.05 kΩ 代入式中得 $C \geqslant 600$ μF ~ 1 000 μF，可选择 680 μF、820 μF 或 1 000 μF。

次级输出电压为 15 V，这是有效值，$U_c = 1.2 U_2 = 1.2 \times 15 = 18$ V，考虑 10% 的波动，电容电压可达 19.8 V，可以选择 25 V 以上的电解电容，也可以选择 32 V 或 50 V 的耐压电容。因此，滤波电容可选择容量至少为 680 μF、耐压至少 25 V 的电解电容或钽电容。

4.2.3　稳压电路设计

从前面的介绍可以看出，变压、整流和滤波都比较简单，线性稳压电源的关键是稳压，因此稳压电路是电源设计的重点内容。

最简单的稳压电路可由一只电阻和一个稳压二极管构成。随着集成电路的发展，嵌入式硬件设计中很少使用分立元件来构建稳压电路，通常使用集成稳压器。稳压电路的目的就是把输出电压稳定在指定电压值，稳压性能的主要参数是稳定度。本节主要介绍使用集成稳压器来设计稳压电路。

78、79 系列是典型的三端集成稳压器，78 系列是正电压输出的三端稳压器，而 79 系列是负电压输出的三端稳压器。78 系列的内部结构及外部引脚如图 4.8 所示。

使用 78 系列三端稳压器的典型稳压电路如图 4.9 所示，在三端稳压器输入端并联一个 0.33 μF 的电容 C_1，其作用是改善纹波并防止电路产生自激振荡，在输出端并联一个 0.1 μF 的电容 C_2，其作用是滤除电路的高频噪声，改善负载的瞬间响应。D_1 的作用是防止输出电压过高，电容 C_2 通过二极管 D_1 放电以保护稳压器。

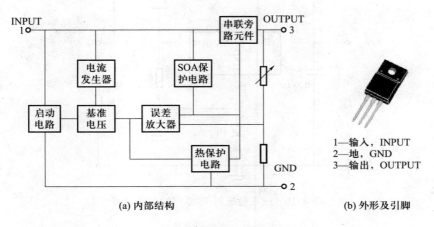

(a) 内部结构   (b) 外形及引脚

图 4.8   典型三端稳压器 78 系列

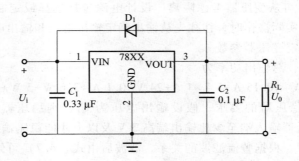

图 4.9   三端稳压器 78 系列的典型应用

由于 78 系列的输出电流一般只有 1 A，最大为 1.5 A，在需要更大电流时要进行扩流处理，如图 4.10 所示。由 NPN 三极管的性质可知，$i_e = i_c + i_b = (1+\beta) i_b$，因此流过负载的电流 $i_{R_L} = i_e = (1+\beta) i_b = (1+\beta)(i_o - i_{R_1})$，当选定 R_1 后，i_{R_1} 就固定不变，由此可见，选择大功率具有 β 放大倍数的功率三极管（通常加散热器）即可扩展输出电流。图中 D_1 用来消除三极管发射结电压对输出电压的影响。图示扩展电流的关系如下：

$$i_{R_L} = (1+\beta)(i_o - i_{R_1}) \tag{4.8}$$

例 4.3   使用 7805 输出 5 V，$R_L = 1\ \Omega$，按照图 4.10 所示电路选择适当的三极管及电阻 R_1。

由于 $R_L = 1\ \Omega$，因此输出电流为 5 A，让 7805 工作在 0.1 A，选择放大倍数不低于 50 倍的功能三极管，选择 $R_1 = 300\ \Omega$，$i_{R_1} \approx 17$ mA。查资料可知 MJE3055 为耐压 50 V、输出电流为 10 A、放大倍数为 70 倍的 NPN 功率管，可保证提供 5 A 输出时的长期稳定工作。注意要在功率管上加散热器。

例 4.4   用全桥式整流电路设计一个线性稳压电源，输入交流电为 220 V/50 Hz，输出为 ±12 V/150 mA、5 V/1 A、24 V/100 mA 的三组相互隔离的直流电源，试给出变压器的主要参数及整流电路、稳压电路与整个电源的电路原理图。

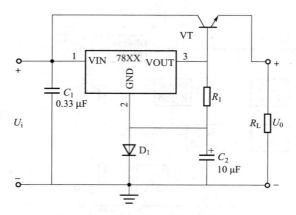

图 4.10　三端稳压器 78 系列的扩流电路

本例要求设计一个多路线性稳压电源，要求市电输入，输出有 4 路 3 组：±12 V、5 V 和 24 V 且电源相互隔离。可从变压器考虑隔离。设计电源包括选择或定制变压器、设计整流滤波电路以及稳压电路。实际操作时，往往先从输出确定输出电压和输出电流，再反推滤波电容和整流二极管，最后确定变压器参数。

根据已给条件可知，总输出功率为

$$P = (12\ V + 12\ V) \times 0.15\ A + 5\ V \times 1\ A + 24\ V \times 0.1\ A = 3.6\ W + 5\ W + 2.4\ W = 11\ W$$

根据 78 系列集成稳压器的要求，假设输出电压为 U_0，则稳压器输入端的电压不小于 $U_0 + 3\ V$（要求三端稳压器输入端至少比输出端高 3 V 及以上才能稳压输出），这也是滤波后的直流电压值 $U_c = U_0 + 3\ V$。根据整流滤波的关系，滤波后由式（4.7）可知 $U_c = 1.2U_2$，U_2 为变压器次级即变压器输出电压有效值。根据上述关系，得到不同输出电压要求的变压器次级电压有效值 U_2 的关系如表 4.1 所示。

表 4.1　稳定输出电压 U_0 与变压器次级电压有效值 U_2 的关系

U_0	输出电流 I_0	等效负载	U_c （$U_0 + 3\ V$）	U_2 （$U_c / 1.2$）	波动±10%时的 U_2	
					理论计算	实际取值
24 V	100 mA	240 Ω	27 V	22.5 V	25 V	25 V
12 V + 12 V	150 mA	80 Ω	15 V	12.5 V	13.89 V	14 V
5 V	500 mA	10 Ω	8 V	6.67 V	7.41 V	7.5 V

以上通过输出电压推算出了变压器次级输出电压的值分别为：第一组独立 25 V/100 mA；第二组两个 13.89 V，取 14 V/150 mA；第三组 7.41 V，取 7.5 V/0.5 A。

变压器输出功率为 25 V×0.1 A + 14 V×0.15 A×2 + 7.5 V×1 = 14.2 W，考虑变压器的损耗，采用至少 15 W 的变压器，变压器初级电压为 220 V/15 W。

对于整流二极管的整流电流，可以根据式（4.5）计算的 3 倍选择，也可以直接根据输出电流的 3 倍选择；对于反向电压值，可根据 $U_{RM} = \sqrt{2}U_2$ 加上 10% 的波动选择。

对于滤波电容的选择，可根据式（4.6）计算电容容量并取上限。根据式（4.7）计算和选择整流二极管耐压值，如第 2 章表 2.3 所示。

由表 4.2 可知，各组整流电路中的二极管最大耐压值不超过 50 V，电流不超过 1 A，因此全部选择 1N4001；滤波电容可分别选择 220 μF/35 V、680 μF/25 V 和 6 800 μF/10 V。

表 4.2　整流二极管参数与滤波参数的计算和选择

U_2 （+10%）	输出电流 I_0	等效负载	整流二极管整流电流的 3 倍	整流二极管反向耐压	选择二极管标称耐压	计算滤波电容容量	选择标称电容容量	计算滤波电容耐压	选择滤波电容耐压
25 V	100 mA	240 Ω	300 mA	35.35 V	50 V	208 μF	220 μF	30 V	35 V
13.89 V	150 mA	80 Ω	450 mA	19.64 V	25 V	625 μF	680 μF	16.67 V	25 V
7.41 V	300 mA	10 Ω	900 mA	10.46 V	16 V	5 000 μF	6 800 μF	8.892 V	10 V

应该注意的是，表中 12 V 的二极管参数中的耐压应该是两个 12 V（24 V），即按照 12 V 计算后的 2 倍关系计算，参见图 4.11。因为 ±12 V 用一个整流桥，变压器两个绕组共用一个抽头作为地。

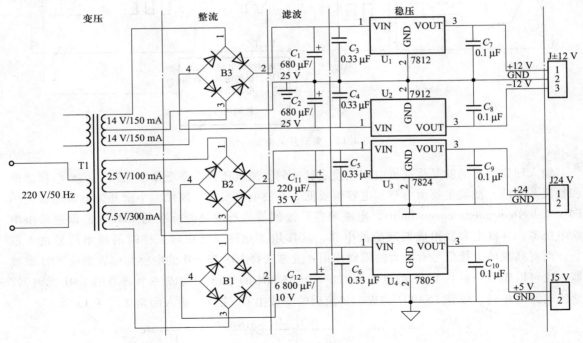

图 4.11　线性电源原理

采用 7824 对 24 V 进行稳压，用 7812 和 7912 对 ±12 V 进行稳压，对 7805 完成 5 V 的稳压。具体稳压电源如图 4.11 所示，由变压、整流、滤波和稳压四个部分组成。稳压部分采用三端集成稳压器实现，7805、7812 和 7824 分别为 5 V、12 V 和 24 V 的稳压器芯片，而 7912 是输出 -12 V 的三端稳压器（79 系列为负电压输出）。

4.3 开关电源的设计

线性电源具有简单方便等优点，但体积大、效率低是主要缺点，在有些场合就需要用开关电源的方法来设计。典型开关电源的组成如图 4.12 所示。它由输入回路、功率变换器、输出回路以及控制电路四部分组成。输入回路由滤波、整流及滤波等组成，主要完成交流到直流（AC-DC）的变换；功率变换器包括功率开关器件及高频变压器，主要完成脉冲宽度调制和直流到直流（DC-DC）的变换；输出回路进行整流和滤波处理；控制回路依据输出来控制功率开关器件调整脉冲宽度，以适应不同负载对输出的要求，使输出稳定。

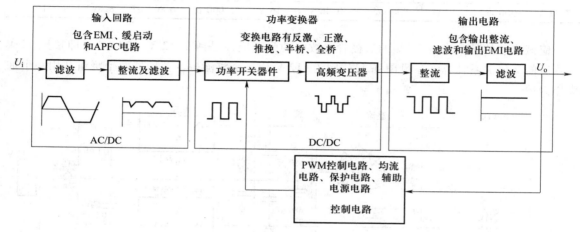

图 4.12　典型开关电源的组成

输入回路的目的就是将交流电压变换成脉冲的直流电压供功率变换器使用，主要包括滤波和整流及滤波。滤波主要由电感和电容组成低通滤波电路实现。现代的小型开关电源通常使用 EMI（electromagnetic compatibility，电磁兼容）滤波器进行滤波。标准的 EMI 滤波器通常由串联电抗器和并联电容器组成低通滤波电路，其作用是允许设备正常工作时的频率信号进入设备，而对高频的干扰信号有较大的阻碍作用。通常选择 10~33 mH 的电感与电容组成 EMI 滤波器。也可以先用一只 0.1 μF 的电容 C_1 加一个 33 mH 的电感 L 构成一个简单的 EMI 滤波器，整流电路由 4 只二极管 1N4007 构成，整流后的滤波由 C_2 完成。输入回路如图 4.13 所示。

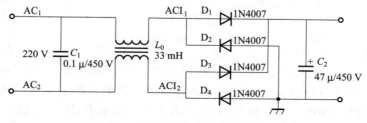

图 4.13　典型开关电源输入回路的组成

功率变换电路由功率开关器件和高频变压器组成。功率开关器件是开关电路的关键部件。功率开关器件的种类很多，本节仅以 TOP101 为例说明开关电源功率变换电路的组成。如图 4.14 所示，TOP101 与高频变压器构成了功率变换电路的主要部分。反馈控制从输出引入，通过光耦调整 TOP101 输出脉冲的宽度，当输出升高时，光耦通过的电流增加，反馈量增加，此时 TOP101 控制引脚 CONTROL 得到的信号增强，这样迫使 TOP101 在 DRAIN 端输出的脉冲宽度变窄，调整输出变低，从而将输出稳定在一定范围内。

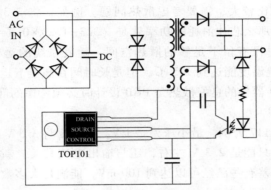

图 4.14　基于 TOP101 开关电源的功率变换电路的组成

功率变换器后面是输出整流和滤波，这与线性电源类似，不同的是开关电源频率很高，滤波电容不用选择那么大，可以用较小容量得到较好的滤波效果。开关电源中的功率变换、输出电路及控制回路等不作为本章的重点，只需知道开关电源的基本构成即可，详细内容可参见相关书籍。

4.4　DC-DC 和 LDO 的典型应用

在实际嵌入式系统的设计中，使用最多的电源结构就是已经有上述两种电源输出额定的值，电压可以是 5 V、9 V、12 V 等。在 PCB 设计中，可以通过各种不同的 DC-DC 或者 LDO 器件转换得到系统需要的各路电源。因此，本节在已经有 5 V 以上的直流电源的前提下，介绍如何应用 DC-DC 和 LDO 器作变换出嵌入式硬件系统所需要的各种电源。

DC-DC 器件和 LDO 两种电源模块各具特色。DC-DC 器件最大的优点是效率高，可以输出大电流，电源效率普遍能够达到 90% 左右，有些甚至可以达到 95% 以上；它的缺点也比较明显，需要用到的外围器件多，所占 PCB 面积大，成本高，由于开关的存在，滤波控制不好会给系统引入噪声等。LDO 与 DC-DC 正好相反，外围器件简单，占用面积小，成本低，没有开关，输出电源的线性度更好，但是效率取决于输入和输出电压的压差，压差大效率就低。

通过比较，可以大致做出电源的选择：如果电源压差较小或者电流较小，选择 LDO 电源芯片构建电源模块；如果压差较大或者电流较大，选择 DC-DC 器件设计电源变换电路。

4.4.1 利用 LDO 器件进行电源变换

LDO 电源设计简单，成本低，外围电路一般只需要几颗旁路电容即可。但设计时应该注意以下几点。

（1）考虑散热问题

由于 LDO 器件压差部分的功耗要通过芯片本身的散热释放出去，如果压差和电流较大，那么器件消耗的功耗就会比较大，需要考虑散热问题。例如，将 3.3 V 通过 LDO 器件降压到 1.2 V，电流是 800 mA，那么芯片消耗的功率就是（3.3−1.2）×0.8 = 1.68 W，这么大的功率消耗，如果在 PCB 设计时没有留下足够的散热空间，随着系统的运行，LDO 就会越来越烫。虽然很多 LDO 器件的截止温度能达到 125 ℃，但是长时间在高温下运行会严重影响系统寿命。为了系统安全，保证 LDO 器件的良好散热是 PCB 设计时必须考虑的问题。

（2）LDO 器件的压差

以常用的 LDO 器件 1117 为例，最小压差是 1 V，如果要将 3.3 V 降压到 2.5 V，选择 1117 是不合适的，得到的结果只能是 2.3 V 左右，还与输出电流有关。新出的 LDO 器件在压差方面有了很大改进，最小压差有些已经可以达到 100 mV，能满足大多数应用的需求。

（3）旁路电容的选择

LDO 器件的外围电路主要是几只旁路电容。旁路电容要参考器件的数据手册来选择，一般都会有容量和型号的推荐。仍以 1117 为例，各公司推出的 1117 虽然功能相差不多，但是在输出旁路电容的选择上会有所区别，有些要求输出旁路电容采用 10 μF 以上的钽电容，如果采用电解电容，则容量要求更高。在选择器件时，需要认真查阅芯片数据手册。

1117 系列 LDO 器件的引脚如图 4.15 所示。

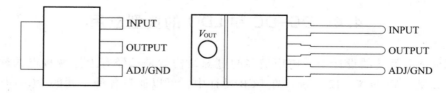

图 4.15　1117 系列 LDO 器件的引脚

不同 LDO 器件的应用原理完全相同，只是由于输入电压、输出电压要求不同，因此规格不同，具体应用时可查阅芯片数据手册。LDO 器件的典型应用如图 4.16 所示。通常在输入端和输出端加一个电解电容或钽电容并联一个无极性电容，以增强抗干扰能力，并使输出纹波变小。

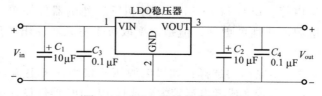

图 4.16　LDO 器件的典型应用

输入电压 V_{in} 至少要比输出电压 V_{out} 高 1.5 V，但对于 LDO 器件，输入电压最高不宜超过 12 V（如 1117 以及 2908 系列），有的不能超过 7 V（如 AS2815 系列），有的不能超过 5.5 V（如 CAT621X 系列）。在 LDO 器件中，1117 系列生产厂家多，输出电流大且输入输出电压范围广，因此应用最为广泛。

4.4.2 利用 DC-DC 器件进行电源变换

DC-DC 器件有升压型和降压型，嵌入式系统电源基本上都使用降压型 DC-DC 器件来进行电源变换。

DC-DC 器件的应用比 LDO 器件要稍微复杂一些，需要注意的地方也更多。

（1）走线对电源的影响

PCB 上的走线会存在一定的走线电感，走线的宽度、厚度和几何形状不同，走线电感也会不同。

电源部分那些电流较大的走线越粗越好，越短越好。

（2）过孔对电源的影响

除了走线的影响以外，过孔也存在一定的寄生电感，因此在大电流的路径上应尽量减少过孔的使用。但如果由于不使用过孔而导致绕线距离过长，就得不偿失了。基本原则是看哪种方式的影响更小。如果一定要使用过孔，则多个过孔并联优于单个过孔，因为这降低了寄生电感值。

（3）开关频率对电源的影响

DC-DC 电源的开关频率越高，所需要的电感体积和感值就越小。但并不是说 DC-DC 的开关频率越高越好。因为过高的开关频率同样会引入开关噪声，如果系统的敏感频率恰好在这个范围内，那么开关频率和它的谐波就会对系统产生影响。另外，开关频率过高，开关损耗也会增加，效率会降低。

（4）电容的选择

在没有尺寸和成本限制的情况下，多使用几只/几种电容对供电系统来说是好事。但在更多的设计中不会这么自由，很多嵌入式系统的设计，对每一只电容的成本都会斤斤计较。这时就需要通过计算、仿真等手段来确定系统所需电容的电容值和数量。要想得到准确的结果，需要清楚系统的工作频率、电压波动容忍度、电流瞬态变化量等，也就是说要对系统有很深入的理解。对于一些简单的系统，如果对电流的需求不是很高，为避免复杂的计算，可以在设计时按照几个数量级放置几种不同的电容，一般情况下是能够正常工作的。

（5）电感的放置方向

电感的选择在电源芯片的数据手册中会有详细介绍，根据开关频率的不同，选择的电感值和封装都会有所区别。这里需要注意一个经常容易被忽视的问题——电感焊接时的方向。在一般的概念中，电感是没有方向的，电感的两端是一样的。实际上并非如此。一般的电感会有一个磁芯，漆包线缠绕在磁芯周围。漆包线总有一个起始端和一个结束端，起始端的电线缠绕在磁芯的内侧，结束端的电线缠绕在磁芯的外侧。正确的连接方法是把电感的起始端连接在 DC-DC 器件的开关节点一端，结束端连接在 DC-DC 器件的输出电压一端，这样输出电压在物理上可以对开关节点电压有一定的屏蔽作用，降低电源系统的电磁干扰。通常，电感的起始端有一个白点作为标注。

目前市面上 DC-DC 器件的品种很多，各有特色，使用起来总体比 LDO 器件复杂得多，主要是外围器件比较多，有电阻、电容和电感的合理配置问题，具体应用时要参考手册中推荐的参数。

应用 LM2575HV-ADJ 构建由直流 48 V 变换成直流 24 V/1 A 的电路如图 4.17 所示。

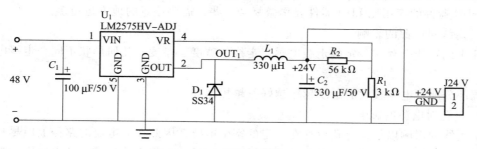

图 4.17 DC-DC 稳压器典型应用

图中使用 DC-DC 开关型稳压器 LM2575HV-ADJ，它是一个可调节输出电压的稳压器，是目前所有稳压器中输入电压耐压最高的稳压器，最高输入电压为 60 V。按照芯片技术手册参考电路参数可知，D_1 选择耐压 25 V 以上的肖特基二极管，L_1 选择 330 μH 的电感，滤波电容 C_1 和 C_2 分别为 100 μF 和 330 μF，如果负载电流不大，电容可以减小。$V_{out} = V_r (1 + R_2/R_1)$，其中 V_r 为 1.23 V，因此 $R_1 = 3$ kΩ 时，选择 $R_2 = 56$ kΩ，则 $V_{out} = 24.19$ V。由于嵌入式系统中的 24 V 电源通常为继电器使用，因此没有必要选择精确的 24.00 V，如果需要 24 V 电源，可以合理计算出精确的电阻替代 R_2 或用电位器代替 R_2 来调整输出电压。

需要说明的是，LM2575 系列的最高输入电压为 40 V，而 LM2575HV 系列为 60 V，除了可调节外，LM2575HV 系列有固定输出 15 V 的 -15 V，输出 12 V 的 -12 V，输出 5 V 的 -5 V 以及输出 3.3 V 的 -3.3 V 多种规格，最大输出电流为 3 A，能满足嵌入式硬件系统的电源要求。

就电源设计来说，充分考虑以上提到的几个方面，优化器件的布局，让大电流走线和开关走线尽量短，选择合适的器件，就能有效地减小电源出错的可能性。

4.5 基于电池供电的便携式电源设计

本节讨论便携嵌入式系统电源设计的注意事项以及设计中应遵循的准则。

在嵌入式应用中，电源效率并不限于传统的系统输出功率与系统输入功率之比。在嵌入式系统中，高效电源方案应满足以下标准。

① 采用电池供电时，设备可长时间工作。

② 延长电池寿命（充放电次数）。

③ 限制元器件和电池本身的温升。

④ 提供集成软件智能，以使效率最大化。

事实上，没有单一的指导方针可以最大化电源方案的效率。不过，设计人员在开发电源系统时应考虑以下几点：电池寿命（充放电次数）取决于电池的充电特性；对锂离子电池来说，制造商通常建议遵循最优充电电流（恒流模式）和终止/预充电电流值。当设计充电器电路时，必须严格遵守这些规范。

对电池供电的电源设计又可分为降压式电源设计和升压式电源设计。

4.5.1　电池供电的降压式电源设计

降压式电源设计就是把电池电压降压成指定值的工作电源，如把 9 V 叠层电池电压变换成 5 V 或 3.3 V，可用 DC-DC 或 LDO 器件实现，一般采用 LDO 器件实现。在选择 LDO 器件时要充分考虑电池的特性：当电池电压降到多少时就不能使用了，在能使用之前可以变换。这需要考虑 LDO 器件对输入电压的要求。

参照 4.4.1 节中的图 4.16，输入电压为 9 V，要输出 3.3 V，则可选择 1117-3.3。如果是 48 V 或 36 V 等具有相对比较高直流电压的电瓶，则可使用高输入电压芯片，如图 4.17 所示的 LM2575 或 LM2596 作为降压型开关式 DC-DC 来变换电源。

由 36 V 电瓶得到+5 V 电源的变换电路如图 4.18 所示，图中选用了 LM2596-5 开关型 DC-DC 稳压芯片，以输出 5 V 的电压。

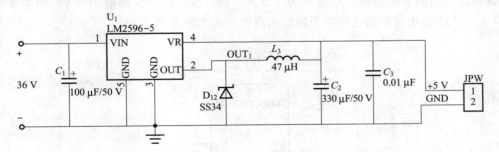

图 4.18　降压型 DC-DC 稳压器典型应用

4.5.2　电池供电的升压式电源设计

升压式电源设计就是把低电压的电池电压升到嵌入式系统所需要的额定电压，如把 1.2 V 或 1.5 V 电池电压变换成 3.3 V 或 5 V。这种设计通常用于功率不是很大的应用场合，可以用一节电池供电，如 1.5 V 的 7 号电池供电。这时必须选择升压式电源芯片，即电荷泵器件。这些器件的输出电流通常都不大，多应用在便携式、功耗小的嵌入式系统中。升压式电源芯片通常是 DC-DC 器件，有 PFM（pulse frequency modulation，脉冲频率调制）和 PWM（pulse width modulation，脉冲宽度调制）两种形式，通过调节脉冲频率或宽度来调整输出电压。

1. 用一节电池供电的电源变换电路

市面上有许多升压型 DC-DC 芯片，例如 AIC1642 可将低于 1 V 的电压变换成 5 V 或 3.3 V 的电压。AIC1642 系列是可以工作在 0.9 V 的 DC-DC 芯片，输出可以为 2.7 V、3.0 V、3.3 V 或 5 V。典型应用电路如图 4.19 所示。假设 V_{in} 为一节电池（1.2~1.5 V）的输出电压，输出可以选择 2.7~5 V 四个等级的电压。

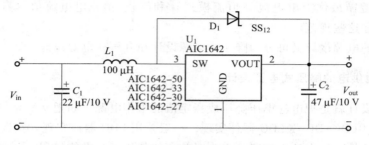

图 4.19　用一节电池供电的 5 V 电源变换电路

类似 AIC1642 的芯片还有 XC6382、XC6371、RT9261B、HT77XX、BL8530、S8351、HMXX1C 等。一般要求最低输入电压为 0.8 V，最高不超过 12 V，输出电流可达 500~700 mA。

2. 用两节电池供电的电源变换电路

LT1300 为用两节干电池供电（最低输入电压为 1.8 V）、可以得到 3.3 V 或 5 V 的 DC-DC 芯片，输出电流为 200 mA。用两节电池供电的典型应用电路如图 4.20 所示。其中，如果 5 V/ 3.3 V 输出选择引脚 2 接高地，则输出为 3.3 V；如果接高电平，则输出 5 V。引脚 3 接地时 LT1300 正常工作，也可以通过控制引脚输出高电平来关断电源。

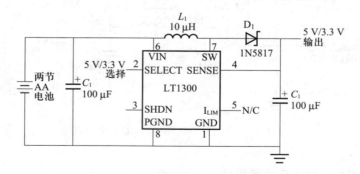

图 4.20　用两节 AA 电池供电的 5 V 电源变换电路

当输出电流超过 200 mA 时，可选用 LT1302，它的输出电流可达 600 mA。

3. 用手机电池供电的电源变换电路

如果采用 4.2 V 锂电池（通常的手机电池）供电，当需要变换成 5 V 电压时，可采用常用的 DC-DC 芯片 LT1308，变换电路如图 4.21 所示。

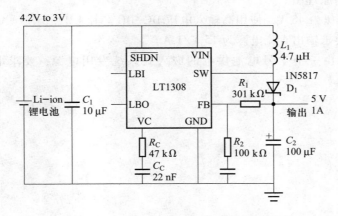

图 4.21 用手机电池供电的 5 V 电源变换电路

本 章 习 题

1. 嵌入式系统的供电电源设计应该考虑哪些因素?

2. 嵌入式系统的电源主要有哪些种类?

3. 嵌入式系统的电源为何要变换? 电源变换有什么原则?

4. 线性直流电源由哪几个部分组成? 各部分的功能是什么?

5. 定制电源变压器需要哪些必要参数和指定参数?

6. 半波整流与全波整流的平均输出电压与输入电压 U_2 的关系如何? 各自的平均输出电流为多少?

7. 如果电源频率为 50 Hz, 次级输出电压 U_2 为 25 V, 则当负载为 50 Ω 时, 滤波电容如何选择?

8. 在图 4.22 所示的稳压电路中, C_1、C_2 和 D_1 的主要作用是什么?

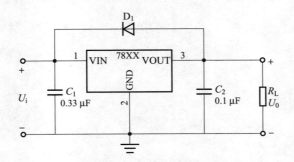

图 4.22 三端稳压器稳压电路

9. 用全桥式整流设计一个线性稳压电源, 输入交流电为 220 V/50 Hz, 输出直流电源为 12 V/250 mA 和 5 V/200 mA, 两组电源相互隔离。试给出变压器主要参数及整流电路、稳压电路与整个电源电路原理图。

10. 已知电池电压为 48 V，使用高输入电压 DC-DC 芯片 LM2575HV-ADJ 设计一个由电池供电的电源系统，要求输出直流电源为 15 V/1 A。

11. 设计一个只由一节 7 号电池供电的嵌入式系统专用电源，要求电源输出为 3.3 V/200 mA。

第5章 嵌入式最小系统设计

【本章提要】

嵌入式最小系统是嵌入式系统最简单、最基本、不可或缺的硬件系统，简称最小系统。

本章主要介绍嵌入式最小系统与整个嵌入式系统的关系，引出嵌入式最小系统，进而介绍嵌入式最小系统的功能模块，内容主要包括嵌入式处理器选型、供电模块设计、时钟模块设计、调试模块设计以及存储接口设计。

【学习目标】

● 了解典型嵌入式系统的组成，知晓嵌入式最小系统在嵌入式系统中的地位和作用，熟悉最小系统的硬件组成。

● 了解嵌入式处理器的选型原则，包括功能参数选择原则以及非功能参数选择原则并能应用到实际选型中。

● 掌握常规时钟模块、供电模块以及调试模块的设计。

● 了解嵌入式系统存储器的层次结构、存储器分类、存储器的主要性能指标，了解片内存储器和片外存储器的概念及常见类型，知晓常用辅助存储器的类别。

● 熟悉对存储器的扩展技术，包括通过外部并行总线扩展以及通过串行接口扩展的方法。

5.1 典型嵌入式硬件系统及嵌入式最小系统组成

5.1.1 典型嵌入式硬件系统组成

一个典型的嵌入式硬件系统的组成如图 5.1 所示，主要包括嵌入式最小系统、输入通道、输出通道、人机交互通道以及相互互连通道几个部分。

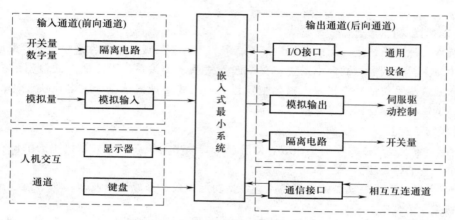

图 5.1 典型嵌入式硬件系统的组成

嵌入式最小系统是嵌入式系统最核心的部分，是加上软件就能独立运行的最基础、不可或缺的硬件；输入通道也称为前向通道，主要有模拟信号的输入和数字信号的输入；输出通道也称为后向通道，主要有模拟信号输出、数字信号及开关信号输出；人机交互通道主要有键盘和显示器；相互互连通道主要是各种通信接口，以便与其他设备或嵌入式系统互连通信。

5.1.2 嵌入式最小系统组成

嵌入式处理器本身是不能独立工作的，必须给它供电，加上时钟信号，提供复位信号，如果嵌入式处理器没有片内程序存储器或片内程序存储器不够大，则还要扩展程序存储器，这样嵌入式处理器才能工作。这些提供嵌入式处理器运行必备条件的硬件电路与嵌入式处理器共同构成了嵌入式最小系统。而大多数基于 ARM 处理器核的处理器芯片都有调试接口，这部分在芯片实际工作时不是必需的，但因为在开发时很重要，所以也把这部分归入最小系统中。

嵌入式最小系统的组成如图 5.2 所示。嵌入式最小系统包括嵌入式处理器、供电模块、时钟模块、复位模块、调试接口以及存储模块等。

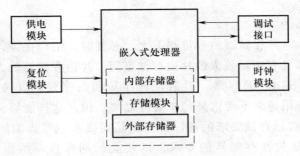

图 5.2　嵌入式最小系统的组成

5.2　嵌入式处理器选型

嵌入式处理器品种繁多，各有特色，如何从众多的嵌入式处理器中选择满足应用系统需求的芯片，是摆在设计人员面前的重要任务，只有选定了嵌入式处理器，才可以着手进行嵌入式系统硬件设计。选择合适的嵌入式处理器可以提高产品质量，减少开发费用，加快开发周期。

嵌入式处理器的选型应该遵循以下总体原则：性价比越高越好，在满足功能和性能要求（包括可靠性）的前提下，价格越低越好。性能和价格本身是一对矛盾。

① 性能：应该选择完全能够满足功能和性能要求且略有余量的嵌入式处理器，够用就行。

② 价格：成本是系统设计的一个关键要素，在满足需求的前提下应尽量选择价格便宜的产品。

除了上述总体选择原则外，还应考虑参数选择原则。参数选择分为功能参数选择和性能参考选择。

5.2.1　功能参数选择原则

功能参数即满足系统功能要求的参数，包括内核类型、处理速度、片上 Flash 及 SRAM 容量、片上集成 GPIO、内置外设接口、通信接口、操作系统支持、开发工具支持、调试接口、行业用途等。

1. 处理器内核

任何一款嵌入式处理器芯片都是以某个内核为基础设计的，因此离不开内核的基本功能，这些基本功能决定了实现嵌入式系统最终目标的性能。因此选择嵌入式处理器的首要任务是考虑基于什么架构的内核。

实际上，对内核的选择取决于许多性能要求，如对指令流水线的要求、指令集的要求、最高时钟频率的限制、最低功耗要求以及低成本要求等。

2. 处理器时钟频率

系统时钟频率决定了处理器的处理速度，时钟频率越高，处理速度就越快。通常，处理器的速度主要取决于内核。

3. 芯片内部存储器的容量

大多数处理器芯片内部存储器的容量都不大，必要时，用户在设计系统时可扩展外部存储器，但也有部分芯片具有相对较大的片内存储空间。片内存储器的大小是要考虑的因素之一，包括内置 Flash 和 SRAM 的容量，要估计程序量和数据量，以选择合适的 ARM 芯片。目前，对于处理器的应用通常不考虑外部扩展存储器，因此选择能够满足程序存储要求的内置 Flash 容量以及满足数据存储要求的 SRAM 容量是需要重点考虑的问题，同时还要考虑是否有对 EEPROM 等非易失性存储器的要求，以便能长期保存系统设置的参数而无须外部扩展。

4. 片上外围组件

除内核外，所有嵌入式处理器芯片或片上系统均根据各自不同的应用领域，扩展了相关的功能模块，并集成在芯片之中，如 USB 接口、SPI 接口、I^2C 接口、I^2S 接口、LCD 控制器、键盘接口、RTC、ADC 和 DAC、DSP 协处理器等。设计者应分析系统的需求，尽可能采用片内外围硬件组件完成所需的功能，这样既可简化系统的设计，同时也可提高系统的可靠性，降低成本。片内外围硬件组件的选择可从以下几个方面考虑。

（1）GPIO 外部引脚数

在系统设计时，需要计算实际可以使用的 GPIO 引脚数量，并规划好哪些作为输入脚，哪些作为输出脚。必须选择那些至少能满足系统要求，并留有一定空余引脚的嵌入式处理器芯片。

（2）定时/计数器组件

实际应用中的嵌入式系统需要若干个定时器或计数器，必须考虑处理器内部定时器的个数。目前，定时/计数器一般多为 16 位、24 位或 32 位。

如果需要脉冲宽度调制（PWM）以控制电机等对象，还要考虑 PWM 定时器。

多数系统需要一个准确的时钟和日历，因此还要考虑处理器内部是否集成了 RTC（实时钟）。

还要考虑抗干扰因素，则需要一个看门狗定时器（WDT）。

（3）LCD 控制器组件

对于需要人机界面且使用 LCD（液晶显示屏）的场合，就需要考虑内部集成了 LCD 控制器的处理器。根据需要可选择有标准 LCD 控制器和驱动器的处理器或有段式 LCD 驱动器的处理器。

（4）多核处理器

对于完成特定处理功能的嵌入式系统，要根据其功能特征选用不同搭配关系的多核处理器或片上系统。对于多核处理器结构的选型，需要考虑的方面可以简单归纳为如下几点。

① ARM+DSP 多处理器可以加强数学运算功能和多媒体处理功能。

② ARM+FPGA 多处理器可以提高系统硬件的在线升级能力。

③ ARM+ARM 多处理器可以增强系统多任务处理能力和多媒体处理能力。

（5）模拟信号与数字信号的转换组件

对于实际的工业控制、自动化或传感器网络应用领域，必然涉及模拟量的输入，因此要考虑内部具有 ADC 的处理器，选择时还要考虑 ADC 的通道数、分辨率及转换速度。对于有些需要模拟信号输出的场合，还要考虑 DAC，选择时要考虑 DAC 的通道数及分辨率。如果没有 DAC，也可考虑使用 PWM 外加运算放大器，通过软件来模拟 DAC 输出。

（6）通信接口组件

嵌入式系统外部往往会连接许多设备，因此要求内部具有相应的能够进行不同互连通信的接口，如 I^2C、SPI、UART、CAN、USB、Ethernet、I^2S 等。根据系统需求查询芯片手册，可选择基本满足通信接口要求的芯片。

5.2.2　非功能性参数选择原则

所谓非功能性需求，是指为满足用户业务需求而必须具有且除功能需求以外的特性。非功能性需求包括系统的性能、可靠性、可维护性、可扩充性和对技术/业务的适应性等。

对于非功能性需求描述的困难在于，很难像功能性需求那样，可以通过结构化和量化的词语描述清楚，在描述这类需求时，经常使用"性能要好"等较模糊的描述。

系统的可靠性、可维护性和适应性是密不可分的，而系统的可靠性是非功能性要求的核心。系统的可靠性是根本，它与许多因素有关。

对于以嵌入式处理器为核心的嵌入式系统来说，非功能性参数是指在满足系统功能外，还要以最小成本、最低功耗保障嵌入式系统长期、稳定、可靠地运行。这些非功能要求的参数包括电压范围、工作温度、封装形式、功耗特性与电源管理功能、成本、抗干扰能力与可靠性、开发环境、易用性及资源的可重用性等。

为了保障嵌入式系统长期、稳定、可靠地工作，还要考虑有特殊要求的处理器。

（1）工作电压要求

不同处理器的工作电压是不同的，常用处理器的工作电压有 5 V、3.3 V、2.5 V 和 1.8 V 等。有些处理器对电压要求很宽，如果处理器在 1.8~3.6 V 均能正常工作，则可以选择 3.3 V 的电源供电，因为 3.3 V 和 5 V 的外围器件可以直接连接到处理器的引脚上，不需要电压匹配电路。

（2）工作温度要求

不同地区的环境温度差别非常大，当将嵌入式系统应用于恶劣环境中时，尤其要特别关注处理器的适用温度范围。例如，有些处理器只适用于 0~45 ℃，有的适用于 -40~85 ℃，有的适用于 -40~105 ℃，还有的适用于 -40~125 ℃。因此，在价格差别不大的前提下，选择宽温度范围的处理器可以满足更宽范围的温度要求。

（3）体积及封装形式

对于某些场合，受局部空间的限制，必须考虑芯片的体积问题，对于处理器来说，体积实际上跟封装有关系。

封装形式与线路板制作以及整体体积要求有关，在初次实验阶段或初学阶段，如果有双列直插式即 DIP 封装形式的芯片，则应选用 DIP 封装，这样便于拔插和更换，也便于调试和调整线路。在成型之后，尽量选择贴片封装的处理器，这样一方面可靠性高，另一方面可以节约 PCB 面积以降低成本。

嵌入式处理器一般有 QFP、TQFP、PQFP、LQFP、BGA、LBGA 等贴片封装形式。BGA 封装具有芯片面积小的特点，可以减少 PCB 的面积，但是需要专用的焊接设备，无法手工焊接。另外，一般 BGA 封装的芯片无法用双面板完成 PCB 布线，需要多层 PCB 板布线。最容易焊接且使用广泛的是 LQFP 封装形式。

（4）功耗与电源管理要求

移动产品及手持设备等需要电池供电的产品对功耗的要求特别严格，只有选择低功耗或超低功耗的处理器及其外围电路，才能有效控制整个系统的功耗，使设备在电池供电的场合可以长时间、不间断地工作。

CMOS 电路的功耗关系如下：

$$P_c = f \times V^2 \times \sum A_g \times C$$

式中，f 为时钟频率（器件工作频率），V 为工作电源电压，A_g 为逻辑门在每个时钟周期内的翻转次数（通常为 2），C 为逻辑门的负载电容。

许多处理器如 ARM 处理器就是利用以上公式，通过降低工作电压，牺牲工作速度，减少逻辑门的数量来达到降低功耗的目的的。

处理器及其外围电路的功耗是能量消耗的因素之一，此外，处理器是否具有能量管理功能也是要考虑的因素。大部分现代处理器都具备能量管理功能，可通过软件设置某些不使用的内置硬件组件处于关闭状态，需要使用时打开，使用过后再关闭；再加上处理器的休眠模式，使得处理器在需要工作时工作，不需要工作时休眠，从而解决能量控制的难题，延长电池供电系统的使用时间。

（5）价格因素

一个以嵌入式处理器为核心的嵌入式产品，性能和价格是一对矛盾体，在满足性能的前提下应尽可能降低成本，因此在选择处理器时，还要考虑价格因素。如果是用来做实验或研究，价格并不重要，只要有好的结果，完成功能和任务就行。但作为企业来说，产品的成本控制十分关键，因此必须切实考虑处理器及其外围电路的价格因素。

（6）是否能长期供货

设计完成的嵌入式产品往往需要批量生产，再加上嵌入式系统的易升级性，使得嵌入式硬件具有很长的生命周期，因此在选择处理器时要关注厂家的生产量以及是否能够长期提供货源，此外要关注在更新换代后能否保障有替代品可以直接或间接替换而不是重新设计。

（7）抗干扰能力与可靠性

嵌入式处理器的可靠性是指在一定时间内、在一定条件下无故障地执行指定功能的能力或可能性。可通过可靠度、失效率、平均无故障间隔来衡量产品的可靠性。

可靠性包含耐久性、可维修性、设计可靠性三大要素。

耐久性：使用无故障或使用寿命长就是耐久性。例如，当空间探测卫星发射后，人们希望它能无故障地长时间工作，否则它的存在就没有太大的意义。但从某一个角度来说，任何产品都不可能永远不发生故障，因此耐久性是相对的。

可维修性：当产品发生故障后，能够很快、很容易地通过维护或维修排除故障，就是可维修性。产品的可维修性与产品的结构有很大的关系，即与设计可靠性有关。

设计可靠性：这是决定产品质量的关键，由于人机系统的复杂性，以及人在操作中可能存在的差错和使用环境的影响，发生错误的可能性依然存在，因此设计时必须充分考虑产品的易用性和易操作性，这就是设计可靠性。

影响可靠性的因素很多，除了处理器本身的可靠性以外，外界的干扰也会对系统的可靠性产生很大影响，经常会出现在恶劣环境下系统不能正常运行的情形，这大都是由于干扰引起的，因此抗外部干扰的能力也是一个很重要的考虑因素。现代工业基于 ARM Cortex-M 系列的处理器在这方面考虑得比较多，厂家增加了许多抗干扰措施，如硬件消抖、内置硬件看门狗、欠压自动检测、内置 CRC 校验机制等。

（8）支持的开发环境及资源的丰富性

在选择处理器时，还要考虑处理器支持的开发环境是否是常用的经典开发环境，提供的资源是否丰富，是否有足够的技术支持等，这是快速设计以某处理器为核心的嵌入式系统的重要手段。目前，比较流行的常用嵌入式处理器支持的开发环境有 ARM 公司的 KEIL MDK 和 IAR 公司的 EWARM。

总之，在选择 ARM 处理器芯片时，在综合考虑以上各因素之后，还应分出权重，判断哪个性能指标或要求更重要，宜选用满足哪个特定要求的处理器。例如，系统要求采用 CAN 总线进行通信，当其他通用性要求相差不大时，则应优先选择带 CAN 总线控制器的处理器。

5.3　供电模块设计

没有一个可靠的电源模块，嵌入式系统就无法正常、可靠地工作。电源模块为整个嵌入式系统提供足够的能量，是整个系统工作的基础，具有极其重要的地位，但设计时却往往容易被忽视。如果电源模块处理得好，则整个系统的故障往往能减少一大半。

选择和设计电源电路时主要应考虑以下因素。

① 输出的电压、电流（按嵌入式硬件系统需要的最大功率来确定电源输出功率）。

② 输入的电压、电流（直流还是交流，输入电压和电流有多大）。

③ 安全因素（是否需要不会因火花或热效应而点燃爆炸性环境的本安型电源）。

④ 电磁兼容。

⑤ 体积限制。

⑥ 功耗限制。

⑦ 成本限制。

根据具体嵌入式应用系统的需求，主要电源电压有 24 V、12 V、5 V、3.3 V、2.5 V、1.8 V

等。详细内容参见第 4 章嵌入式系统电源设计。

嵌入式最小系统的电源主要是为嵌入式处理器供电，因此涉及的电源包括处理器内核电源、数字部分电源、模拟部分电源以及实时钟 RTC 电源等。内核电源包括存储器接口所需电源，通常为 1.8 V，数字和模拟部分电源通常为 3.3 V，实时钟电源通常为 1.8~3.6 V 等。设计这部分电源用得最多的是 LDO 降压型稳压器，如 1117 系列。

典型的低差压稳压 LDO 芯片主要用于嵌入式处理器供电，参见第 2 章表 2.4。典型的 LDO 稳压器介绍如下。

AS2815-XX 系列：输出电压有 1.5 V、2.5 V、3.3 V、5 V 等规格；输入电压高于输出电压 0.5~1.2 V，小于或等于 7 V。

1117-XX 系列（AMS、LM、SPX、TS、IRU 等前缀）：输出电压有 1.8 V、2.5 V、2.85 V、3.3 V 和 5 V 等规格，输入电压 1.5~12 V，输出电流为 800 mA。

AMS2908-XX 系列：输出电压有 1.8 V、2.5 V、2.85 V、3.3 V 和 5 V 等规格，输入电压比输出电压高 1.5~12 V，输出电流为 800 mA。

CAT6219 系列：输出电压有 1.25 V、1.8 V、2.5 V、2.8 V、2.85 V、3.0 V、3.3 V 等规格，输出电流为 500 mA。

LDO 芯片还有常用的 NCP5661 等，可根据需要选择。

如果需要隔离电源，还可以直接选用隔离型 DC-DC 模块，如 B0505（5 V 输入与 5 V 输出完全隔离），还有其他等级的隔离模块如 B2405（24 V 输入与 5 V 输出完全隔离），可以根据需要选择。在抗干扰要求比较高的场合往往需要使用隔离电源供电。

借助于 SPX1117-3.3，将从 USB 接口得到的 5 V 电源变换成大部分嵌入式处理器使用的 3.3 V 电源的电路如图 5.3 所示。如果需要其他电源，可参照第 4 章介绍的电源设计内容选择。

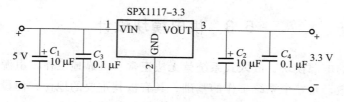

图 5.3 5 V 转 3.3 V 电源变换电路

对于需要隔离的电源，可使用 DC-DC 隔离模块，隔离模块主要有 1 W 和 2 W 两种，典型产品包括 B0305、B0505、B0509、B0512、B0524、B1205、B1212、B1224、B2405、B2412 以及 B2424 等。Bmnjk 中的 mn 为输入电压，jk 为输出电压，如 B0305 为将 3 V 变换为 5 V，B2412 为将 24 V 变换为 12 V，均带隔离。隔离电压通常高于 2 000 V。这些隔离型 DC-DC 模块在抗干扰要求高的场合非常有用，缺点是成本较高。图 5.4 所示为将 5 V 变换为 24 V 的 DC-DC 隔离模块的引脚示意图。隔离模块

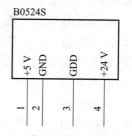

图 5.4 典型 DC-DC 隔离模块 B0524S 外形引脚

为设计电源提供了很大方便，可以只设计一路电源，当需要多路电源时，可用 DC-DC 隔离模块模拟变换出不同电压等级的电源。

5.4 时钟与复位电路设计

5.4.1 时钟电路设计

嵌入式处理器与其他处理器一样，都需要外部或内部提供时钟信号，按照时钟的序列进行工作。不同处理器要求的时钟最高频率不同。几乎所有的嵌入式处理器本质上均为同步时序电路，需要时钟信号才能按照节拍正常工作。大多数嵌入式处理器内置时钟信号发生器，因此设计时钟电路时只需要外接一个石英晶体振荡器，处理器时钟就可以工作了。但有些场合（如为了减少功耗、需要严格同步等）需要使用外部振荡源提供时钟信号。嵌入式处理器的时钟设计如图 5.5 所示。

嵌入式处理器有两个引脚 X1 和 X2 可接时钟信号，X1 为时钟信号输入引脚，X2 为时钟信号输出引脚。使用内部时钟信号发生器的外部时钟电路的连接如图 5.5（a）所示，外部仅需要提供晶体 Xtal 和两只电容 C，再加上电源，其内部时钟发生电路就可以工作了。使用外部振荡源的外部时钟电路的连接如图 5.5（b）所示，要求外部时钟源 Clock 具有很好的稳定度，此时 X2 可以输出时钟信号给其他电路使用。

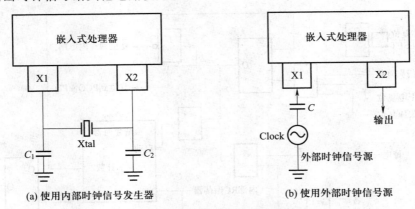

(a) 使用内部时钟信号发生器　　　　　(b) 使用外部时钟信号源

图 5.5　嵌入式最小系统的时钟电路

在嵌入式最小系统的设计中，通常使用内部时钟信号发生器，其中晶体的选择分为有源晶体和无源晶体，对于频率非常高的应用场合，如晶体频率为 100 MHz，最好选用有源晶体（4 只引脚）；如果频率比较低，如 12 MHz，则仅需要选择有 2 只引脚的无源晶体。电源的选择与频率有关，频率越高，电容 C_1 和 C_2 的值越小。通常在 10～50 pF 之间选择比较适宜。

此外，现代嵌入式处理器内部大部分都集成了内部时钟源，可以不用外接晶体，直接使用内部时钟电路即可正常工作。

5.4.2 复位模块设计

任何处理器要正常工作，必须在上电时能够可靠复位，让处理器找到第一条指令对应的地址，以执行为具体应用编写的程序。因此，复位模块是否可靠对于嵌入式应用系统至关重要。ARM 处理器（除 ARM Cortex-M 复位向量为 0x00000004 外）复位后，PC 指针指向唯一的地址 0x00000000，而在此地址处通常放一条无条件转移指令 B RESET，转向 RESET 开始的系统初始化程序，在这个系统初始化程序中就可以对系统进行初始化操作，以保证系统有序工作。

1. 嵌入式处理器内部一般复位逻辑与复位过程

嵌入式系统复位的目的是使程序第一条指令得以正确执行，以完成处理器初始化过程。也就是说，正常复位处理器程序计数器才能指向 Flash，以启动 ROM 的引导代码。

现代 ARM 处理器的复位条件通常有多个复位源：$\overline{\text{RESET}}$引脚复位、看门狗复位、上电复位、欠压复位、掉电复位以及外部中断引发的复位等。

$\overline{\text{RESET}}$引脚为施密特触发输入引脚。任何复位源均可使芯片复位有效，一旦操作电压到达一个可使用的门限值，则启动唤醒定时器。复位信号将保持有效直至外部的复位信号被撤除，此时振荡器开始运行，当时钟计数超过固定的时钟个数后，Flash 控制器即完成初始化。典型 ARM 处理器的复位逻辑如图 5.6 所示。

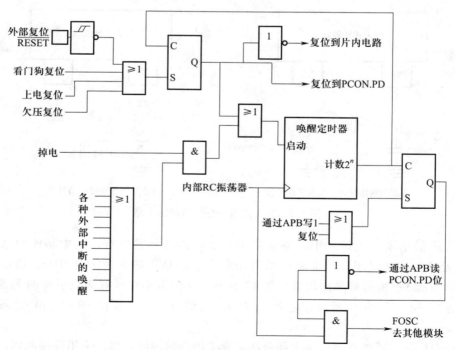

图 5.6 典型 ARM 处理器的复位逻辑

当任何一个复位源（上电复位、掉电检测复位、外部中断复位或看门狗复位）有效时，片内 RC 振荡器开始起振。片内 RC 振荡器起振后，大约经过 60 μs 才能提供稳定的时钟输出，此时复位信号被锁存并且与片内 RC 振荡器时钟同步。然后，将同时启动下面两个序列。

① 当同步的复位无效时，片内 RC 振荡器（IRC）唤醒定时器开始计数。当唤醒定时器超时时，处理器跳转到 Flash 以启动 ROM 的引导代码。但如果 Flash 访问尚未准备好，则存储器加速模块将插入等待周期进行等待，直至 Flash 就绪。

② 当同步的复位无效时，Flash 唤醒定时器也开始计数。Flash 唤醒定时器产生若干微秒的 Flash 启动时间。一旦定时器溢出，则启动 Flash 初始化序列（大概需要 250 个周期），当该序列完成时，存储器加速模块即可进行 Flash 访问。

当内部复位移除后，处理器从地址 0 开始执行，这时处理器和外设寄存器都已被初始化为预先确定的值。复位过程如图 5.7 所示。从中可以看出，处理器复位信号的有效时间为 60 μs，因此外部复位信号要远大于这个时间才能可靠复位。

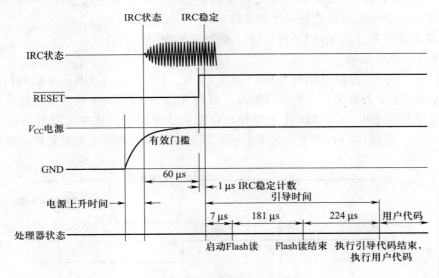

图 5.7　嵌入式处理器复位过程

2. 简单复位电路

简单的复位电路可以使用 RC 电路来构建，如图 5.8 所示。由 RC 电路构成的复位模块在上电时，由于电容两端的电压不能突变，因此输出给复位引脚的信号为 0，经过一段时间充电，电容两端的电压升高到复位门槛电压，然后慢慢升高到电源电压 V_{cc}。从上电有效至达到复位门槛电压这段时间即为复位有效时间，通常选择远大于处理器复位时间（如图 5.7 中的 60 μs）要求的时间，如 100 ms 以上，这样刚上电时就会在复位引脚上产生低电平有效的复位信号。RC 电路简单经济，但可靠性不高。通常 $R = 10$ kΩ，$C = 10$ μF（耐压 10 V）左右。如果不能可靠复位，还要加大电容容量或增加电阻值以延长复位时间。

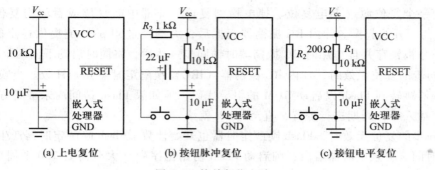

(a) 上电复位　　　　　(b) 按钮脉冲复位　　　　　(c) 接钮电平复位

图 5.8　简单复位电路

3. 专用复位芯片构成的复位电路

采用专用复位芯片构建的复位模块电路如图 5.10 所示。上电时，在 nRST 产生可靠的低电平复位信号，复位信号的宽度满足一般处理器的复位要求。如果中途复位，可以按下 MS1 复位按键，同样会产生一定宽度的低电平复位脉冲。

常用的专用复位芯片主要有 CAT811/812 系列以及 SP708 系列等。

（1）CAT811/812 系列

CAT811/812 系列的复位电压有 5 V、3.3 V、3 V、2.5 V 可选，其中 CAT811 为输出低电平复位信号，CAT812 为输出高电平复位信号。目前 ARM 处理器均采用低电平复位，因此可选用 CAT811 专用复位芯片。CAT811 上电复位时序如图 5.9 所示。从中可以看出，上电后复位引脚输出低电平，经过140 ms 后变高电平，恰好满足嵌入式处理器低电平复位的时序要求。

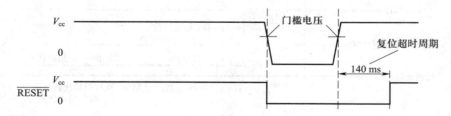

图 5.9　CAT811 复位时序

使用 CAT811 复位芯片设计的复位电路如图 5.10 所示。上电时，通过 R_1 和 C_1 使 nMR 为低电平，通过 CAT811 内部电路调理后，在 nRST 端输出 140 ms 宽度的低电平后变高电平，Sys_nRST 接嵌入式处理器的复位引脚，以满足嵌入式处理器复位的要求。

（2）SP708 系列

SP708 系列为具有 5 V 工作电压或 3.3 V 工作电压的复位芯片，可高电平和低电平双引脚输出。SP708 的工作电压为 5 V，SP708SEN 的工作电压为 3.3 V。使用 SP708SEN 设计的复位电路如图 5.11 所示。上电时，SP708 在 $\overline{\text{RESET}}$ 端输出 200 ms 的低电平后变高电平，nRST 接处理器主复位引脚，nTRST 接调试接口的复位引脚，完全满足嵌入式处理器的复位要求。

CAT811 比 SP708 的价格有优势，无论选用哪个复位芯片，都要说明工作电压和复位电压。

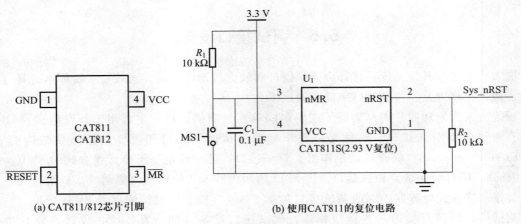

(a) CAT811/812芯片引脚

(b) 使用CAT811的复位电路

图 5.10　专用芯片 CAT811 引脚及复位电路

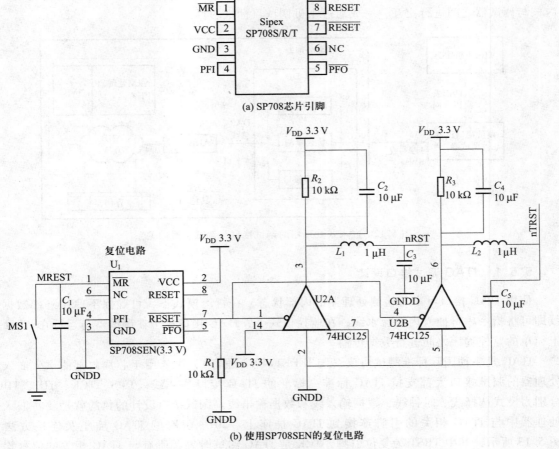

(a) SP708芯片引脚

(b) 使用SP708SEN的复位电路

图 5.11　SP708 引脚及复位电路

5.5 调试接口设计

嵌入式系统与其他系统一样都会遇到硬件和软件的调试问题，这就要求硬件本身具有调试功能、调试接口以及相应的调试手段和调试工具。

现代嵌入式处理器片内都集成了逻辑跟踪单元与调试接口，主要用于开发调试。ARM 处理器有两种基本调试接口，一种是依赖于标准测试访问端口和边界扫描体系结构的 JTAG（joint test action group，联合测试工作组）调试接口，另一种是基于串行线方式的 SWD（serial wire debug，串行线调试）调试接口。图 5.12 所示为嵌入式处理器内部调试接口组件与主机的连接关系。嵌入式处理器内部的调试接口包括 JTAG 接口、协议检测以及 SWD 接口，它们与外部调试接口设备直接通过连接线相连，调试接口设备（如仿真器或协议转换器）再通过 USB 电缆或以太网等与调试主机连接，构成完整的调试系统。而嵌入式处理器内部的调试接口通过数据访问总线 DAP 与内部高性能总线 AHB 连接，调试信息通过 AHB 总线经调试接口在内核与调试器之间进行交互，完成通过主机调试目标机的目的。

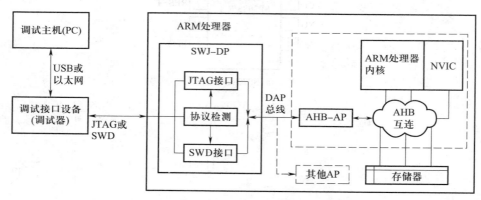

图 5.12　嵌入式处理器的调试接口与调试主机的关系

5.5.1 JTAG 调试接口设计

使用 JTAG 接口可串行检测处理器的内部状态，在暂停模式下，可确保不使用外部数据总线即可将指令串行插入内核流水线；在监控模式下，JTAG 接口用于在调试器与运行在 ARM 核上简单的监控程序之间进行数据传输。

JTAG 是一种国际标准测试协议（与 IEEE1149.1 兼容），主要用于芯片内部测试。嵌入式处理器的调试接口大都支持 JTAG 标准。标准的 JTAG 接口是 4 线：TMS、TCK、TDI、TDO，分别为模式选择线、时钟线、数据输入线和数据输出线。调试接口设计的目的就是要将嵌入式处理器中与 JTAG 相关的引脚连接到 JTAG 插座上。20 个引脚的 JTAG 插座及连接方法如图 5.13 所示，其中 TRST 为复位引脚，TCK 是 JTAG 测试时钟，所有与 JTAG 相关的信号均连接一个 10 kΩ 大小的上拉电阻。

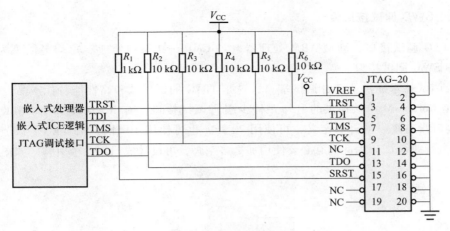

图 5.13 20 引脚的 JTAG 接口

14 引脚 JTAG 连接如图 5.14 所示，10 引脚 JTAG 连接如图 5.15 所示

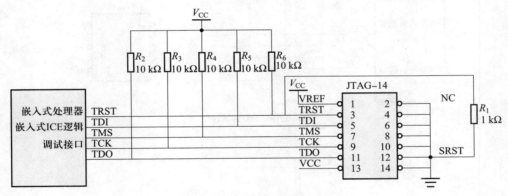

图 5.14 14 引脚的 JTAG 接口

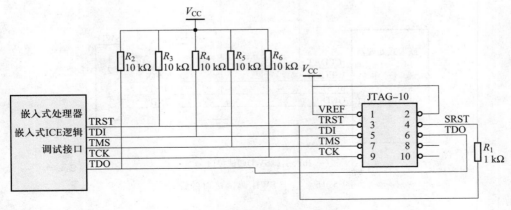

图 5.15 10 引脚的 JTAG 接口

183

5.5.2 SWD 调试接口设计

除了 JTAG 调试接口，新型 ARM 处理器（如 Cortex-M 系列处理器）均提供更为便捷的调试接口，即 SWD 调试接口。

串行线调试技术提供了 2 针调试端口，这是 JTAG 的低针数和高性能替代产品。

SWD 是 Cortex-M 内核提供的另外一种少引脚调试接口，有 ICEDAT 和 ICECLK 两根信号线。它的接口没有统一的针脚定义，可使用 20 针，也可使用 10 针，如图 5.16（a）所示。由于 SWD 是串行线调试，因此没有必要使用那么多空脚，可设计成只用 5 个引脚，如图 5.16（b）所示。

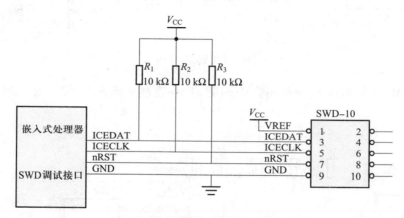

(a) 10引脚SWD调试接口

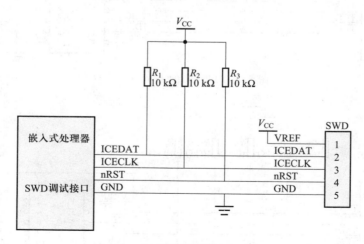

(b) 5引脚SWD调试接口

图 5.16　基于 SWD 调试接口的设计

5.6 存储器接口设计

现代嵌入式处理器片内都有一定容量的 Flash 程序存储器和 SRAM 数据存储器，有的还有 EEPROM 数据存储器等。在一般应用场合，选择具有一定容量存储器的嵌入式处理器设计嵌入式系统通常不用外部扩展存储器，但如果实际应用中需要的程序存储器容量大，数据量也较大，片内存储器无法满足要求时，必须进行存储器的扩展。存储器的接口设计就是利用片上存储器控制器扩展组件来构建大容量的存储系统。

ARM 处理芯片内部硬件中除 ARM 处理器外，最重要的组件就是存储器及其管理组件，用于管理和控制片内的 SRAM、ROM 和 Flash，通过片外存储控制器，还可对片外扩展存储器 Flash 及 DRAM 等进行管理与控制。

5.6.1 存储器层次结构

随着超大规模集成电路的迅猛发展，嵌入式处理器的性能飞速增强，时钟频率不断提高，总线速度也迅速提高，如此高速度的嵌入式处理器如果依然使用 DRAM 作为存储器，则无法与处理器性能匹配。如此一来，即使使用速度再快的处理器，在总是需要等待内存数据而闲置的情况下，嵌入式系统的性能也不会有太大提高。

为解决这一问题，存储器层次的概念被提出。对于 CPU 使用最频繁的少量程序代码和数据，用 SRAM 作为高速缓冲存储器（Cache）存储，正在运行的程序的大部分数据和代码存储在主存储器（内存）中，尚未启动运行的其他程序或数据则存储在容量很大的外部存储器如磁盘（虚拟内存）中。这正如在图书馆看书一样，正在看的书拿在手中，即将要看的书放在随手可取的桌面上，而不知什么时候要查找的书放在书架上。这里的"手"相当于内存层次中的 Cache，"桌面"相当于主存，而"书架"就相当于辅助外部存储器。这就是存储器的三个层次结构，如图 5.17 所示。

图中，最上层是处理器内部的 Cache，其下是主存储器，最下面一层是容量最大、速度最慢的辅助存储器。

使用 Cache 的优点是只需要增加少许成本，就能使整个系统的性能得到显著提高。因此，目前嵌入式系统采用 SRAM 作为 Cache。Cache 又分为一级 Cache（L1）和二级 Cache（L2）。

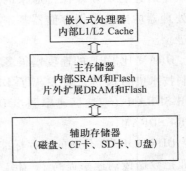

图 5.17 嵌入式系统的存储层次结构

5.6.2 存储器分类

嵌入式系统使用的存储器有多种类型，按照其存取特性可分为随机存储器（RAM）和只读存储器（ROM）；按照所处物理位置可分为片内存储器（芯片内置的存储器）和片外存储器（片外扩展的存储器）以及外部辅助存储设备；按照存储信息的不同又可分为程序存储器和数

185

据存储器。在嵌入式系统中，把片内存储器以及片外扩展的存储器称为主存（简称"主存"），而把外部存储设备称为辅助存储器。

嵌入式系统的存储器以半导体存储器为主。随着技术的不断发展，新型存储器不断出现，主要包括铁电存储器（FRAM）和磁性存储器（MRAM），尤其是铁电存储器，被广泛应用于嵌入式应用系统中并越来越受到重视。嵌入式系统存储器的种类如图 5.18 所示。

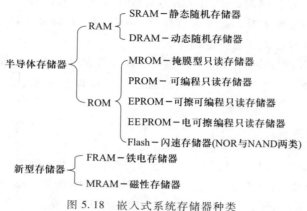

图 5.18　嵌入式系统存储器种类

1. 随机存储器

随机存储器包括静态和动态两种形式，即 SRAM 和 DRAM，它们都是易失性存储器，即掉电后信息丢失。SRAM 是靠双稳态电路的两个稳定状态来记录信息 0 和 1 的，而 DRAM 是靠存储单元的晶体管极间电容的充放电状态来记录信息 0 和 1 的。由于电容容易漏电，因此必须定时进行刷新以保持原来的信息不变，使用时外部需要提供刷新电路。因此，目前嵌入式处理器内嵌的数据存储器基本上都采用 SRAM，而外部扩展的存储器大都采用 DRAM 及其改进型。

DRAM 比 CPU 的速度慢很多，除了改进其电路和工艺外，人们还不断地对 DRAM 的存储控制技术进行改进，开发出了 DRAM 的许多新品种。近几年，大多数嵌入式系统使用的是 DDR SDRAM（双数据速率同步 DRAM）和性能更加优越的 DDR2 SDRAM、DDR3 SDRAM 和 DDR4 SDRAM。

DDR SDRAM 是新的内存标准之一，它在系统时钟触发沿的上、下沿都能进行数据传输，从而把数据传输速率提高了一倍。

DDR2 与 DDR 相比，除了保持原有的双边沿触发传输数据特性外，还提高了存储器内部的时钟工作频率，扩展了数据预读取能力，DDR 可预读取 2 位数据，DDR2 可预读取 4 位（或 8 位）数据，把 DDR 的数据传输速率又提高到两倍（或四倍），因此称为 DDR2。

后来发展出的 DDR3 和 DDR4 速度更快，效率更高。DDR4 内存拥有两种规格：一种使用 Single-ended Signaling 信号，其传输速率为 1.6~3.2 Gbps；另一种基于差分信号技术，其传输速率可以达到 6.4 Gbps。

DDR 及 DDR2 以上的 DRAM 主要应用于高端应用场合，如 ARM Cortex-A8/A9/A15 处理器应用系统的外部存储器中。

2. 只读存储器

从发展的角度看，只读存储器经历了 MROM、PROM、ERPOM、EEPROM 以及 Flash 等发展过程。

MROM（mask ROM）是基于掩膜工艺技术的只读存储器，因此一旦生产出来，信息是不可改变的。这种 ROM 主要用于不可升级的成熟产品存储程序或存储不变的参数等信息。

PROM（programmable ROM）是可编程只读存储器，只能一次编程，通过外接一定的电压和电流来控制内部存储单元节点熔丝的通断以决定信息的 0 和 1。一旦编程完毕，也无法进行修改。

EPROM（erasable programmable ROM）是紫外线可擦除可编程只读存储器，通过内部的浮置栅场效应管是否充满足够的电荷决定信息的 0 和 1。这种电荷的稳定性非常好，可长久不变，除非用紫外线照射一段时间，电荷才会重新分布，从而擦除信息，擦除编程次数在十万次以内。EPROM 编程速度慢，擦除时间长。

EEPROM（electrically-erasable programmable ROM）是一种可以电擦除可编程的只读存储器，可以在线改写和擦除信息，无须紫外线照射，而且可以多次擦除和编程，可擦除和编程次数在一百万次以内。EEPROM 通常也写成 E^2PROM。

Flash 是近年来应用最广、速度最快的只读存储器，是在 E^2PROM 的基础上改进发展而来的，特点是擦除和编程速度快，因此被称为闪速（或闪烁）存储器，简称闪存。

NOR Flash 和 NAND Flash 是目前市场上两种主要的闪存技术。英特尔公司于 1988 年首先开发出 NOR Flash 技术，彻底改变了原先由 EPROM 和 EEPROM 一统天下的局面。紧接着，1989 年，东芝公司发布了 NAND Flash 结构，后者的单元电路尺寸几乎只是 NOR Flash 器件的一半，可以在给定的芯片尺寸内提供更高的容量，也就相应地降低了价格。

与 NOR Flash 相比，NAND Flash 以页（行）为单位随机存取，在容量、使用寿命和成本方面有较大优势。但是它的读取速度稍慢，编程较为复杂，因此大多作为数据存储器使用。嵌入式产品如数码相机、MP3 随身听、U 盘等均采用 NAND Flash。

NOR Flash 的特点是以字节为单位随机存取。这样，应用程序可以直接在 Flash 中执行，不必再把程序代码预先读入 RAM 中。NOR Flash 的接口简单，与通常的扩展存储器一样，可以直接连接到处理器的外围总线上，而 NAND Flash 必须配置专用的 NAND Flash 控制器或采用通常的 I/O 接口才能使用。但是，NOR Flash 的写入和擦除速度较慢，影响了它的性能。

3. 铁电存储器

前面介绍了传统半导体存储器的两大体系：易失性存储器和非易失性存储器。易失性存储器，例如 SRAM 和 DRAM，在没有电源的情况下都不能保存数据，但具有高性能、易用等优点。非易失性存储器，例如 EPROM、EEPROM 和 Flash，断电后仍能保存数据。但由于所有这些存储器均起源于只读存储器技术，所以它们都有不易写入的缺点。这些缺点包括写入缓慢、写入次数有限、写入时需要较大功耗（电压高、电流大）等。

为了解决易失性问题，传统方法是在易失性存储器上集成后备电池以解决掉电后信息丢失的问题，这种做法也有两个缺点：一是可靠性不能保证，二是成本高。新型的存储器既具有RAM的优点，又有非易失性特征，同时克服了非易失性写入速度慢且写入次数有限等缺点，这就是铁电随机存储器（ferroelectric random access memory，FRAM）。

FRAM利用铁电晶体的稳定性，通过在施加电场到铁电晶体时让铁电晶体迅速移动，从而引发铁电电容的击穿。电场移走后，中心原子保持不动，从而保持存储的信息不变。

铁电晶体的稳定性极高，且可读写100亿次，有的可以读写无数次。这样一来，它就既具有只读存储器非易失性的特点，又具有随机存储器可快速随机读写的特点，而且速度快、功耗低，已被应用到嵌入式微处理器内部以取代SRAM和Flash，在其他嵌入式应用领域也越来越受到重视，应用越来越广泛。

4. 磁性存储器

飞思卡尔公司推出了全球第一款商用磁阻式随机存储器（magnetoresistive random access memory，MRAM）。MRAM是一种非挥发性（或非易失性）的磁性随机存储器，拥有静态随机存储器的高速存取能力，以及动态随机存储器的高集成度，而且基本上可以无限次地重复写入。

MRAM的基本工作原理与硬盘驱动器有些类似，它以纳米级铁磁体的两个磁化方向作为存储0或1的依据。它存储的数据具有永久性，直到受外界磁场作用才会发生改变。因为运用磁性存储数据，所以MRAM在成本上降低了很多。

MRAM的磁介质与硬盘有很大不同，它的磁密度要大得多，也相当薄，因此产生的自感和阻尼要少得多，这也是MRAM的速度大大快于硬盘的重要原因。当进行读写操作时，MRAM中的磁极方向控制单元会使用相反的磁力方向，以使数据流水线能同时进行读写操作，不延误时间。

随着技术的不断革新，芯片存储能力将进一步提升，而读写周期将控制在10 ns以内，功耗将小于8 mW。目前，已经有多种应用开始使用MRAM取代Flash存储器。

5.6.3 存储器主要性能指标

衡量存储器的性能指标有很多，如可靠性、功耗、价格、体积、重量、电源种类等，但从接口和应用角度来讲，最为重要的则是存储器的存储容量、存取时间以及带宽。

1. 存储容量

存储容量是指每一个存储芯片或模块能够存储的二进制位数。

存储容量以存储1位二进制数为最小单位（bit），容量单位有字节（byte，B）、千字节（kilo-byte，KB）、兆字节（mega-byte，MB）、吉字节（giga-byte，GB）、太字节（tera-byte，TB）、拍字节（peta-byte，PB）、艾字节（exa-byte，EB）、泽字节（zetta-byte，ZB）以及尧字节（yotta-byte，YB）等。

对于内存容量而言，这些容量单位之间的相互关系均以2^{10}（1 024）倍表示；对于外存容量（如磁盘、U盘以及Flash存储卡等）而言，这些容量单位之间的相互关系却以10^3（1 000）倍表示，如表5.1所示。

表 5.1 容量单位及其关系

单位	B	KB	MB	GB	TB	PB	EB	ZB	YB
内存容量	8 位	2^{10} B	2^{10} KB = 2^{20} B	2^{10} MB = 2^{30} B	2^{10} GB = 2^{40} B	2^{10} TB = 2^{50} B	2^{10} PB = 2^{60} B	2^{10} EB = 2^{70} B	2^{10} ZB = 2^{80} B
外存容量	8 位	10^3 B	10^3 KB = 10^6 B	10^3 MB = 10^9 B	10^3 GB = 10^{12} B	10^3 TB = 10^{15} B	10^3 PB = 10^{18} B	10^3 EB = 10^{21} B	10^3 ZB = 10^{24} B

内存储器的容量取决于存储单元的个数和存储器各单元的位数。因此存储容量可以用式（5.1）表示：

$$内存容量 = 存储单元个数 \times 每个存储单元的数据位数 \tag{5.1}$$

存储单元个数与存储器的地址线有密切关系，因此存储芯片的容量完全取决于存储器芯片的地址线条数和数据线的位数。假设存储单元个数为 L，数据线位（条）数用 n 表示，地址线条数用 m 表示，则存储单元个数与地址线的关系为 $m = \log_2(L)$，因此存储容量 V 与 m、n 之间的关系为

$$V = 2^m \times n \tag{5.2}$$

例如，一个存储芯片的容量为 4 096×8，说明它有 8 条数据线，4 096 个单元，地址线的条数为 $m = \log_2(4\ 096) = \log_2(2^{12}) = 12$ 条。再如，一个存储芯片的容量为 1 M×4，则说明该芯片有 $\log_2(1\ M) = \log_2(2^{20}) = 20$ 条地址线和 4 条数据线。

需要说明的是，DRAM 及其改进型的外部地址线是寻址单元地址线的一半。

2. 存取时间

存取时间是指从 CPU 给出有效的存储器地址开始到存储器读出数据（或者把数据写入存储器）所需要的时间。存储器芯片的工作速度通常用存取时间来衡量。

由于如今存储器的存取速度都较快，内存的存取时间通常以 ns 为单位。秒（s）、毫秒（ms）、微秒（μs）和纳秒（ns）之间的关系如下：

1 s = 10^3 ms = 1 000 ms，1 ms = 10^3 μs = 1 000 μs，1 μs = 10^3 ns = 1 000 ns。

3. 带宽

存储器的带宽指每秒可传输（读出/写入）的最大数据总量，通常以 Bps、KBps、MBps 和 GBps 表示。存储器带宽与存储器总线频率有关，也与数据位数（宽度）和每个总线周期的传输次数有关。

（1）并行总线的存储器带宽

并行总线的存储器带宽如式（5.3）所示：

$$并行总线带宽 = 总线频率 \times 数据宽度 /8 \quad （单位：Bps） \tag{5.3}$$

例如，一个存储器的工作频率为 333 MHz，数据线宽度为 32 bit，则带宽 = 333×32/8 = 1 332 MBps。

（2）串行总线的存储器带宽

由于目前串行总线非常流行且是今后发展的主流趋势，而串行总线按位顺序传输，因此其带宽的计算公式如下：

串行总线带宽＝总线频率×（编码方式/8）×通道数×单时钟传输次数 （单位：Bps）

$$(5.4)$$

通常，串行总线采用 8b/10b 的编码方式，即一个字节用 10 位编码。

5.6.4 片内存储器

片内存储器是指嵌入式处理器内部已经嵌入的存储器，包括 Cache（高速缓冲存储器）、Flash、EEPROM 和 SRAM。嵌入式处理器内部大都集成了 Cache，有的将数据 Cache（D-Cache）与指令 Cache（I-Cache）分离。加入 Cache 的目的是减少访问外部存储器的次数，提高处理速度。嵌入式处理器内部都集成了 Flash 以存储程序，集成了 SRAM 以存储数据，也有许多嵌入式处理器内部集成 EEPROM 或 FRAM，以存储设置参数或采集的数据并保证掉电时信息不会丢失。

1. 片内 Cache

嵌入式处理器内部通常会集成几千字节到几兆字节的 Cache，有些嵌入式处理器内部的 Cache 还分为一级 Cache 和二级 Cache。借助于 Cache，系统不必每次都访问外部存储器，可以把批量的指令或数据一次性地复制到 Cache 中，这样 CPU 直接读取 Cache 中的指令或数据，减少了访问外部存储器的次数，提高了系统运行效率。

2. 片内 Flash

大部分嵌入式处理器内部会集成一定容量的 Flash 作为程序存储器，容量从几千字节到几兆字节不等。有了内置 Flash，嵌入式系统就能以最小系统的形式，无须外接程序存储器即应用到各个领域，充分体现嵌入式系统的专用性和嵌入性。

3. 片内 SRAM

嵌入式处理器内部除了有一定容量的 Flash 作为程序存储器外，还会集成一定容量的 SRAM 作为数据存储器，用来临时存放系统运行过程中的数据、变量、中间结果等。由于 SRAM 是易失性存储器，因此系统复位后要对 SRAM 进行初始化操作。

4. 片内 EEPROM

相当一部分嵌入式处理器内部除了 Flash 和 SRAM 外，还会配备一定容量的 EEPROM 作为长期保存重要数据的存储器。EEPROM 是非易失性存储器，掉电后信息保持不变，因此常用于存放系统的设置和配置信息，以及一些希望长期保存且很少改写的数据。

5. 片内 FRAM

目前已有部分嵌入式处理器内部集成了 FRAM，由于它具有 RAM 和 ROM 的全部特点，因此既可当 RAM 用，又可当 ROM 用，是当前嵌入式处理器内部存储器的主要存储器之一。

5.6.5 片外存储器

对于程序代码量大且内置 Flash 不能满足系统需求或内部没有集成 Flash 的嵌入式处理器，进行系统设计时必须进行外部存储器的扩展。外部存储器的扩展是靠 ARM 内核提供的高带宽外部存储器控制器接口完成的。不同内核的 ARM 芯片，其外部存储器控制接口所支持的外部存储器的容量大小有差别，但原理是一样的。

1. 片外程序存储器

片外程序存储器目前主要使用 NOR Flash 和 NAND Flash。

（1）NOR Flash

NOR Flash 主要有英特尔公司的 E28F 系列、AMD（Advanced Micro Devices）公司的 AM29 系列、SST（Silicon Storage Technology）公司的 SST39 系列、SPANSION 公司的 S29 系列等。

（2）NAND Flash

目前生产 NAND Flash 的厂家很多，主要产品有韩国三星公司的 K9 系列（K9F1G08U、K9F120B、K9F1208、K9F5608、K9F1G08 以及大容量的 K9K8G08U0A、K9WAG08U1M、K9G4G08、K9K8G08、K9G8G08 等），韩国海力士公司（Hynix/HY）的 HY27 系列（HY27US08 系列、HY27UF08 系列、HY27UU08 系列、HY27UT08 系列）、HUAG8 系列、HUBG8 系列、H27UAG8T2BTR 等，法国 ST 公司的 NAND 系列（NAND128、NAND256、NAND512、NAND01G、NAND02G、NANDCRB、NANDC3、NANDG3 等），日本东芝公司的 TC58 系列（TC58 VC 系列、TC58RY 系列、TC58DV 系列、TC58TV 系列等），等等，在此不一一列举。

2. 片外数据存储器

嵌入式系统使用的外部数据存储器有 SDRAM、DDR/DDR2/DDR3/DDR4 等。早期的 ARM 芯片仅支持 SDRAM，新型的 ARM 芯片如 Cortex-A 系列还支持 DDR 系列存储器。

目前使用比较广泛的是韩国海力士公司生产的 DDR 存储器，其命名规则为 HYXZmnjk。其中，HY 为海力士公司的标识；X 为存储器类型，5 和 57 代表 SDRAM，5D 表示 DDR；Z 表示电压等级，U=2.5 V，V=3.3 V，空白表示 5 V；数字 m 表示总容量，对于 SDRAM，如 56 和 52 代表 256 MB，64 和 65 代表 64 MB，26 和 28 代表 128 MB，对于 DDR，28 表示 128 MB，56 表示 256 MB，12 表示 128 MB；数字 n 表示数据宽度，如 16 表示 16 位宽度，32 表示 32 位宽度；j 为逻辑 BANK 数，如 1 表示 2 个 BANK，2 表示 4 个 BANK，3 表示 8 个 BANK，j 实际上是 BANK 的输入引脚个数；最后一位 k 表示电气接口，如 0 表示 LVTLL，1 表示 SSTL，2 表示 SSTL_2。

5.6.6 辅助存储器

基于 Flash 的闪存卡（flash card）是利用闪存技术存储信息的存储设备，一般应用在数码相机、掌上电脑、MP3 等小型嵌入式数码产品中作为外部存储介质。它如同一张卡片，所以称为闪存卡或存储卡。根据不同的生产厂商和不同的应用，闪存卡大致可分为 SM（smartmedia）卡、CF（compact flash）卡、MMC（multimedia card）卡、SD（secure digital）卡、记忆棒（memory stick）、XD（XD-picture）卡等。这些闪存卡虽然外观、规格不同，但是技术原理都是相同的，都是基于 Flash 的存储设备。

1. SM 卡

SM 卡是由东芝公司在 1995 年 11 月发布的 Flash 存储卡，三星公司在 1996 年购买了其生产和销售许可，这两家公司成为主要的 SM 卡厂商。SM 卡一度在数码相机和 MP3 播放器中非常流行，现在已经被 SD 卡和 MMC 卡所取代。

2. CF 卡

CF 卡为兼容 Flash 卡，最初是使用 Flash 存储技术的一种用于便携式电子设备的数据存储设备。CF 卡于 1994 年首次由 SanDisk 公司生产并制定了相关规范，它的物理格式已经被多种设备所采用。

实际上，CF 卡使用了 NOR Flash 和 NAND Flash，只是封装成一个标准的形式而已。目前，新 CF 卡均采用 NAND Flash 作为存储器。

3. MMC 卡

MMC 卡由西门子公司和首推 CF 卡的 SanDisk 公司于 1997 年推出。MMC 卡主要针对数码相机、音乐播放器、手机、PDA、电子书、玩具等产品。MMC 卡把存储单元和控制器集成在一张卡中，智能的控制器保证了 MMC 卡的兼容性和灵活性。

4. SD 卡

SD 卡是安全数字存储卡，也是一种基于 Flash 的新一代记忆设备，它被广泛地应用于便携式设备中，例如数码相机、个人数码助理（PDA）和多媒体播放器等。SD 卡由日本松下公司、东芝公司及美国 SanDisk 公司于 1999 年 8 月共同研制开发。大小犹如一张邮票的 SD 卡，质量只有 2 g，但却拥有高存储容量、快速数据传输率、极大的移动灵活性以及很好的安全性。

SD 卡对于手机等小型数码产品略显臃肿，为此一种 miniSD 卡（亦称 TF 卡）被开发出来。其封装尺寸是 SD 卡的 44%，通过转接卡也可以当作 SD 卡使用。miniSD 卡在手机中应用广泛。

5. 记忆棒

记忆棒是由日本索尼（SONY）公司最先研发出来的移动存储媒体。记忆棒用在 SONY 的 PMP、PSX 系列游戏机、数码相机、数码摄像机、手机以及笔记本电脑中，用于存储数据。

6. XD 卡

XD 卡是由富士公司和奥林巴斯公司联合推出的专用于数码相机的小型存储卡，采用单面 18 针接口。目前市场上见到的 XD 卡有 16 MB、32 MB、64 MB、128 MB、256 MB 等不同的容量规格。

7. U 盘

U 盘，全称为 USB 闪存盘（USB Flash Disk）。它是一种使用 USB 接口、不需要物理驱动器的移动存储产品，通过 USB 接口与系统连接，实现即插即用。

8. 微硬盘

在不断追求大容量和小体积的时代，闪存（容量小）和传统硬盘（体积大）均无法满足市场需求。由超小型笔记本电脑和数码相机领域发展而来的微硬盘已成为外存储器的"主力军"。微硬盘最早是由 IBM 公司开发的一款超级迷你硬盘机产品。其最初的容量为 340 MB 和 512 MB，如今的产品容量有 1 GB、2 GB、4 GB、8 GB、16 GB、30 GB、40 GB、60 GB 甚至

240 GB 等。与以前相比，目前的微硬盘降低了转速（由 4 200 rpm 降为 3 600 rpm），从而降低了功耗，增强了稳定性。

微硬盘的主要特点有容量大、使用寿命长、带有缓存、不需要外置电源、高速传输、接口多样、兼容性好、抗震性好等。

随着电子技术的不断发展，Flash 闪存容量不断增大，微硬盘与 Flash 闪存产品的竞争和较量不断激烈，激发了微硬盘及闪存的发展。将来，容量越来越大、体积越来越小、价格越来越低的存储设备将会出现在世人面前。

5.6.7 外部存储器扩展

外部存储器的扩展可以采用并行总线扩展方式，也可以采用串行方式扩展。

1. 并行存储器扩展

对于并行总线扩展方式，就是利用嵌入式处理器片内外部总线接口 EBI 的相关信号来连接外部存储器，达到扩展的目的。不同厂家 ARM 处理器的 EBI 信号的定义各不相同。

（1）NOR Flash 扩展

典型的 NOR Flash 芯片 AM29LV160（与 S29AL016D 引脚完全兼容）的内部结构如图 5.19 所示。它内部有行和列译码器，连接 $A_0 \sim A_{19}$ 地址线，输入输出缓冲器连接 16 条数据线，芯片使能与输出使能连接内部使能逻辑，状态控制逻辑及命令寄存器连接相关的控制信号。具体引脚含义如表 5.2 所示。

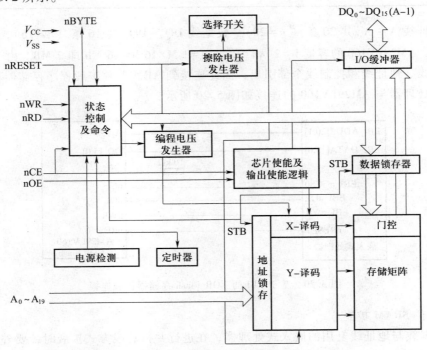

图 5.19　典型 NOR Flash 芯片 AM29LV160 内部结构

表 5.2　AM29LV160 信号引脚含义

引脚	引脚功能
$A_0 \sim A_{19}$	20 条地址线
$DQ_0 \sim DQ_{14}$	15 条数据线
$DQ_{15}/A-1$	DQ_{15}：数据线，字模式； $A-1$：最低地址输入，字节模式
nBYTE	选择 8 位字节模式（0）或 16 位模式（1）
nCE	芯片使能，0 有效，1 无效
nOE	数据输出使能，0 有效，1 无效
nWR	写使能，0 有效，1 无效
nRD	读使能，0 有效，1 无效
nRESET	硬件复位输入，0 有效
V_{CC}	3.0 V 电源电压输入
V_{SS}	电源地
NC	没有连接的空脚

外部地址线 $A_0 \sim A_{19}$ 共 20 条（$m = 20$），数据线 $DQ_0 \sim DQ_{15}$ 共 16 条（$n = 16$），根据容量计算公式可知，AM29LV160 的容量 $V = 2^m \times n = 2^{20} \times 16 = 1\ M \times 16\ b = 16\ Mb$ 即 2 MB。由于 NOR Flash 芯片把数据线、地址线和控制线全部引出，因此连接到 ARM 芯片扩展程序存储器非常方便。

嵌入式处理器与 AM29LV160 的连接如图 5.20 所示。

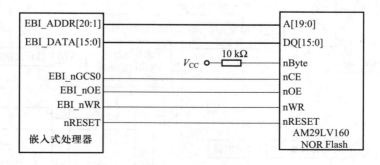

图 5.20　基于 EBI 的 NOR Flash 存储器扩展连接

（2）16 位 SRAM 扩展

对于数据线与地址线复用的嵌入式处理器，在进行并行总线方式扩展时，要外加锁存器将地址锁存。图 5.21 所示为嵌入式处理器利用 EBI 总线扩展 1 M×16 位 SRAM 的连接示意。

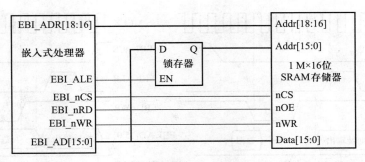

图 5.21 基于 EBI 的 16 位存储器扩展连接

EBI 支持具有多路地址总线和数据总线的设备。对于地址总线和数据总线分开的外部设备，与设备的连接需要外部锁存器（参见第 2 章 2.5.4）来锁存地址。EBI_ALE 为地址锁存允许信号，连接到锁存器的允许端 EN，在它的作用下把地址锁存到锁存器，使输出地址值不变。EBI_AD 信号为锁存器的输入，锁存器的输出连接到外部设备的地址总线上。对于 16 位存储器，EBI_AD[15：0] 由地址与 16 位数据共用，EBI_ADR[18：16] 作为地址，直接与 16 位存储器连接。当 EBI 数据宽度设置为 16 位时，EBI_ADR[19] 无作用。

（3）8 位 SRAM 扩展

对于 8 位存储器，只有 EBI_AD[7：0] 由地址与数据共用，EBI_AD[15：8] 和 EBI_ADR[18：16] 作为地址，直接与 8 位存储器连接，如图 5.22 所示。

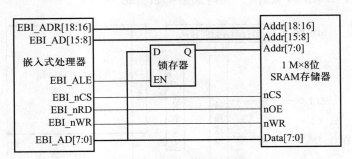

图 5.22 基于 EBI 的 8 位存储器扩展连接

应该注意的是，不同厂家的处理器，其存储映射的地址空间是不同的，要注意 EBI_nCS 片选信号对应的地址范围。

EBI 总线读写时序如图 5.23 所示。在时钟信号 MCLK 的作用下，当片选信号 EBI_nCS 有效（低电平）时，选中外部存储器，当地址有效输出时，在 EBI_ALE 锁存脉冲的作用下，将 16 位地址通过锁存器锁存输出至外部存储器相应的地址引脚。当进行数据写入操作时，总线变为数据，写入控制信号 nWR 为有效的低电平，在 nWR 上升沿时，将总线 EBI_AD 上的数据写入指定地址的存储单元中，完成一次写数据的操作；当需要读数据时，地址锁存后，总线呈高阻状态，待数据到达总线后，读信号 nRD 为有效的低电平，在 nRD 上升沿，通过 EBI_AD 总线读走指定地址单元中的数据，完成读数据的操作。

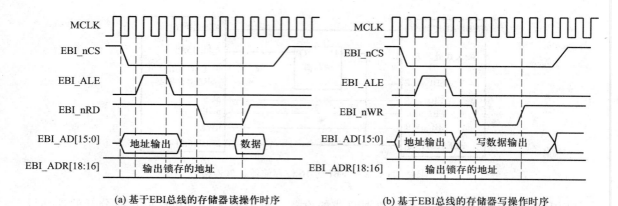

(a) 基于EBI总线的存储器读操作时序　　　　　(b) 基于EBI总线的存储器写操作时序

图 5.23　EBI 总线读写时序

2. 串行存储器扩展

串行扩展存储器，就是利用 SPI 接口或 I^2C 接口扩展串行方式的存储器，这种方式的优点是能够节省大量 I/O 引脚。

（1）基于 I^2C 的铁电存储器扩展

在嵌入式应用中，经常遇到要存储数据，但 SRAM 掉电数据就会丢失的问题，而 FRAM 可以解决这一问题。FRAM 可长期保存数据又可随机读写。典型的铁电存储器如富士通 8 K×8 位的 MB85RC64（与 FM24CL64 兼容），其内部结构如图 5.24 所示。

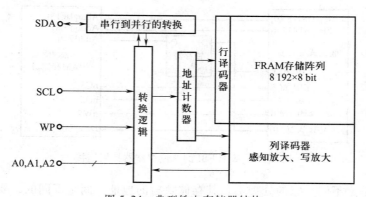

图 5.24　典型铁电存储器结构

嵌入式处理器与 MB85RC64 的连接如图 5.25 所示。将嵌入式处理器的 I^2C 总线的两个引脚配置为 I^2C 总线后，同名连接到铁电存储器的相应引脚，MB85RC64 的地址选择线 A2、A1、A0 直接接地（系统中只用这一片 I^2C 存储器），用 R_1 和 R_2 上拉电阻以确保总线可靠运行。

（2）基于 SPI 的 Flash 存储器扩展

AT45DB161D 是容量为 2 MB、基于 SPI 接口的 Flash 存储器，内部有 4 096 页，每页 512 字节，采用 3.3 V 供电。AT45DB161D 的引脚如图 5.26 所示，其与嵌入式处理器的接口如图 5.27 所示。

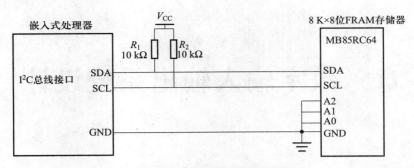

图 5.25 基于 I^2C 的铁电存储器扩展接口

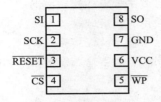

图 5.26 AT45DB161D 引脚

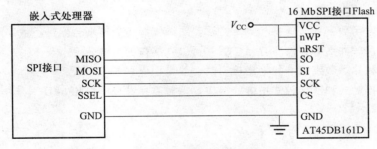

图 5.27 基于 SPI 的 Flash 存储器扩展接口

本 章 习 题

1. 简述典型嵌入式系统及最小系统的构成。

2. 简述嵌入式处理器选型的原则。除了功能要求外，为何还要考虑非功能性参数的要求？

3. 为什么说复位的可靠性很关键？如何实现可靠复位？复位后，ARM 处理器第一条指令的地址是多少？

4. 嵌入式系统使用的存储器有哪些类型？各自特点是什么？

5. 简述嵌入式系统存储器层次结构及半导体存储器的主要类型。

6. 简述并行总线和串行总线存储器带宽的计算方法。

7. 试分析图 5.23 所示基于 EBI 总线的读写时序。

8. 存储器扩展有并行总线的扩展方式，也有串行总线的扩展方式，常用的串行总线扩展有哪些？特点是什么？

第 6 章　数字输入输出系统设计

【本章提要】

　　数字输入输出接口是指具有数字量输入和输出的接口，在嵌入式系统中，数字输入输出接口主要是指嵌入式处理器的通用 I/O 接口。

　　本章主要介绍数字输入和数字输出及应用接口设计。主要内容包括数字信号的逻辑电平及其转换、数字信号的隔离与保护、数字输入输出接口的扩展、数字输入输出系统的一般结构以及人机交互通道的设计等。

【学习目标】

* 了解 TTL 和 CMOS 逻辑电平的规定及逻辑电平转换的必要性，熟悉常用逻辑电平的转换方法。

* 了解常用数字信号保护和隔离方法，熟练掌握用光电耦合器进行数字隔离的方法。

* 熟悉用缓冲器和移位寄存器扩展并行输入接口的方法。

* 了解和熟悉数字输入和输出接口的一般结构。

* 了解接触式和非接触式按键的接口，掌握简易键盘接口和 LED 显示接口的设计。

6.1　数字信号的逻辑电平及其转换

由第 2 章的知识可知，数字信号的逻辑电平有 TTL 逻辑电平、CMOS 逻辑电平、LVCMOS-3.3 V 逻辑电平、LVCMOS-2.5 V 逻辑电平等。

6.1.1　数字信号的逻辑电平

为什么现代嵌入式处理器大部分不采用 5 V 工作电压，而通常使用 3.3 V 或更低的工作电压？这需要了解一下消耗的能量与哪些因素相关。

假设一个嵌入式处理器的工作频率为 F，动态电容为 C，工作电压为 U，静态电阻为 R，则对于直流电路，可知消耗的功率

$$P = U^2 / R \tag{6.1}$$

在动态系统中，消耗的功率为

$$P \propto k \times C \times F \times U^2 / R \tag{6.2}$$

式（6.2）中的 k 为常量，由此可见，消耗的功率除了与静态电阻、工作频率和动态电容有关外，与 U^2 成正比，电压是决定功耗的最核心因素。因此，现代嵌入式处理器为了降低功耗，通常采用降低工作电压的方式，采用低于 5 V 的电压，如 3.3 V、2.5 V 等。

GPIO 引脚并不能确切规定超过多少伏就属于高电平，低于多少伏就属于低电平，因为现代嵌入式处理器工作电源的电压往往不是 5 V（也有 5 V 供电的），主要工作电压有 5 V、3.3 V、2.5 V 和 1.8 V。

例如，对于一个工作电压为 1.8 V 的嵌入式处理器来说，按照传统的 TTL 电平，逻辑 1（高电平）需要电压达到 2.4 V 才有效，而 1.8 V 是嵌入式处理器的工作电压，引脚电压不能超过工作电压，也就不可能出现逻辑 1（高电平）。因此，不能笼统地用绝对电压来描述高低电平，还要看供电电源的电压等级。

由第 2 章的介绍可知，无论什么逻辑器件，输出逻辑 0 的低电平电压均接近 0 V（通常低于 0.5 V），因此逻辑 0 时，不同器件之间互连是没有问题的。

高电平输入的门限是决定不同逻辑电平能否直接相连的关键。常见逻辑器件的最低输入高电平比较如表 6.1 所示。对于带 T 的系列逻辑器件，其要求的最小输入高电平固定为 2 V，而与电源电压没有关系；其他系列的最小输入高电平均为电源电压的 70%。例如，当电源电压为 5 V 时，VIH = 3.5 V；对于 3.3 V 供电的器件，VIH = 2.31 V；对于 2.5 V 供电的器件，VIH = 1.75 V。

表 6.1　常见逻辑器件的最低输入高电平比较

系列	HC	HCT	VHC	VHCT	LVT	LVX	HS	HST	UHS
VIH	$V_{CC} \times 70\%$	2.0 V	$V_{CC} \times 70\%$	2.0 V	2.0 V	2.0 V	$V_{CC} \times 70\%$	2.0 V	$V_{CC} \times 70\%$

由表 6.1 可知，5 V 供电的 TTL 与 CMOS 逻辑电平的定义如图 6.1 所示。

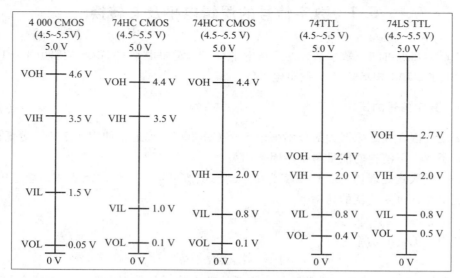

图 6.1　TTL 及 CMOS 逻辑电平的定义

对于 5 V 供电的 CMOS 逻辑器件，输入逻辑电平的范围是：逻辑 0（低电平）为 0～1.5 V（0～VIL），逻辑 1（高电平）为 3.5～5 V（VIH～V_{CC}）；输出逻辑电平的范围是：逻辑 0（低电平）为 0～0.1 V（0～VOL），逻辑 1（高电平）为 4.4～5 V（VOH～V_{CC}）。

对于 TTL 逻辑电平，输入逻辑电平的范围是：逻辑 0（低电平）为 0～0.8 V，逻辑 1（高电平）为 2.0～5 V；输出逻辑电平的范围是：逻辑 0（低电平）为 0～0.4 V，逻辑 1（高电平）为 2.4～5 V。

其他电源供电的 LVTTL 及 LVCMOS 的逻辑电平如图 6.2 所示。

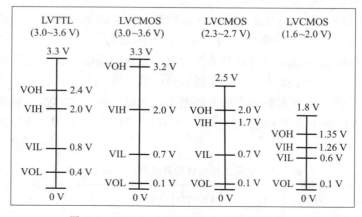

图 6.2　LVTTL 及 LVCMOS 逻辑电平的定义

通常把输出门称为驱动门，把输入门称为负载门，驱动门必须为负载门提供合乎标准的高低电平，即满足：VOH（A）≥VIH（B）且 VOL（A）≤VIL（B），A 和 B 两种门才能正确匹配。也就是说，A 输出端最小高电平输出 VOH（A）必须不小于 B 输入端最小高电平输入 VIH（B）且 A 输出端最大低电平输出 VOL（A）必须不大于输入端最大低电平输入 VIL（B）。此外还要考虑驱动门的扇出能力，有没有能力驱动负载，即驱动门的最大输出电流要大于负载的最大输入电流。如果电压匹配但电流不能驱动，则要加驱动电路。

由图可知，连接器件时必须考虑逻辑电路的匹配问题，如将器件 A 的输出连接到器件 B 的输入端时，必须保证器件 A 输出高低电平的范围落在器件 B 输入高低电平的范围内，否则就要进行逻辑电平的转换。

当 TTL 器件与 CMOS 器件连接时，由于输入输出逻辑电平的规定不同，容易产生电平不匹配的问题。例如，当 TTL 器件的输出接 CMOS 器件的输入时就会出现问题，即当 TTL 输出逻辑 1 时，最低 2.4 V 为高电平逻辑 1，但 CMOS 器件要求输入最低 3.5 V，因此造成了逻辑关系混乱，必须进行逻辑电平的转换。但是，如果是 CMOS 器件的输出接 TTL 器件的输入，就不存在逻辑混乱问题，因为 CMOS 器件的输出高电平最低为 4.4 V，而 TTL 器件的输入高电平最低为 2.0 V，CMOS 器件输出逻辑 0 时的最大低电平 0.1 V 也在 TTL 器件输入低电平 0.8 V 以下的范围之内。图 6.3 所示为 CMOS 器件逻辑输出直接接 TTL 器件逻辑输入的连接方式，由于逻辑电平是符合要求的，因此不需要逻辑电平的转换。图 6.4 所示为 TTL 器件逻辑输出接 CMOS 器件逻辑输入的连接方式，中间是逻辑电平的转换电路，二者不能直接连接。逻辑电平转换有专用的转换芯片，也可以采用其他方式转换。

图 6.3　CMOS 器件输出接 TTL 器件
　　　　输入的连接方式

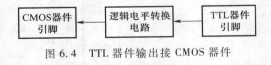

图 6.4　TTL 器件输出接 CMOS 器件
　　　　输入的连接方式

6.1.2　数字信号的逻辑电平转换

由 6.1.1 节可知，假设有两个不同的逻辑器件 A 和 B，则必须满足

$$VOH（A）≥VIH（B）且 VOL（A）≤VIL（B）$$

A 和 B 才能正确匹配，已知 VOL（A）≤VIL（B）是现有器件都具备的，因此仅须考虑 VOH（A）≥VIH（B）。如果不能满足这一条件，就需要进行逻辑电平的转换。

1. 限流电阻加钳位二极管方式进行同相逻辑电平转换接口

对于两个不同逻辑电平的连接，一般需要逻辑电平的转换电路。当逻辑电平电压高的一方作为输出，而逻辑电平电压低的一方作为输入时，可通过一个限流电阻直接连接，不需要复杂的转换电路即可完成不同电平接口的连接，如图 6.5 所示。图中假设 $V_{DD}>V_{CC}$，在两个不同逻辑电平的 GPIO 引脚之间连接一个 47 kΩ 左右的电阻，并在低逻辑电压 V_{cc} 器件的引脚端接两个二极管。当高逻辑电压 V_{DD} 供电的器件输出逻辑 1（接近 V_{DD}）电平时，逻辑电平经过限流电阻 R 和电容 C 到达低逻辑电压 V_{CC} 供电的器件输入端，高出 V_{CC} 的电压部分被二极管 D1 钳位在 V_{CC}，在电阻 R 上有 $V_{DD}-V_{CC}$ 的电压；当输出逻辑 0（接近 V_{SS}）时，低于 V_{SS} 的电压被二极管 D2 钳位在 V_{SS} 附近，满足了电平转换的要求。

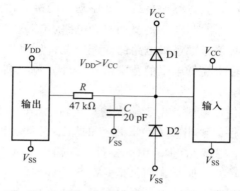

图 6.5 用限流电阻方式进行逻辑电平的转换

2. 电阻与三极管构成的逻辑电平转换接口

在双方电平不匹配时，还可以用电阻及三极管构成的射极跟踪器完成电平转换的接口电路，如图 6.6 所示。

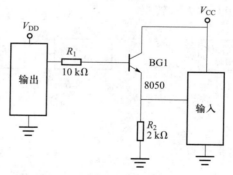

图 6.6 用电阻与三极管构建的逻辑电平转换接口

假设 V_{DD} 与 V_{CC} 不同，无论哪个逻辑电平高，当输出方引脚端输出逻辑 1（高电平）时，经过电阻 R_1、R_2 以及三极管 BG1 构建的电路，由于 BG1 的 b-e 有电流流过，使 BG1 发射极 e 输出逻辑 1；当输出逻辑 0 时，BG1 的发射极输出低电平（逻辑 0），与输出端的逻辑一致。

3. 仅用两只电阻构成的逻辑电平转换接口

更为简单的采用分离元件进行单向逻辑转换的方法是仅采用两只电阻 R_1 和 R_2，连接方法如图 6.7 所示。将电源电压 V_{DD} 高的一端的 GPIO 引脚设置为开漏输出模式，断开内部上拉电阻，这样当输出逻辑 1 时，经 R_1、R_2 在由 V_{CC} 供电的另一端得到接近 V_{CC} 的电压；当输出逻辑 0 时，在另一端仍然是 0，从而实现不同电压等级的逻辑电平转换。

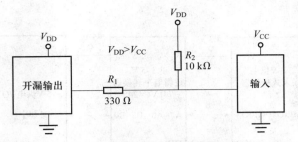

图 6.7　用两只电阻构成的单向逻辑电平转换接口

4. 用专用逻辑电平转换芯片进行逻辑电平转换

当需要转换电平的引脚比较多时，可以采用多路逻辑电平转换专用芯片来完成逻辑电平的转换，它的特点是转换逻辑电平的连接简单，使用方便可靠，但成本略高。

专用逻辑电平转换芯片有单向和双向以及单路和多路之分。双向转换芯片一般由两组电源供电，以供转换逻辑的双向分别使用，如多路双向的 74LVC4245，单向的单路逻辑电平转换芯片如 74AUP1T17DCKR。双路逻辑电平转换器件如 GTL2002 等。

（1）基于改变方向的总线收发器进行逻辑电平转换

典型的 3.3 V 与 5.0 V 双供电的总线收发器 74LVC4245 如图 6.8 所示，它可作为 8 路逻辑电平转换器使用，A 边为 5 V 供电，B 边为 3.3 V 供电。DIR 为方向选择，类似于 74HC245（详见第 2 章 2.5.3 节），当 DIR = 0 时，选择 B 到 A 方向传输；当 DIR = 1 时，选择 A 到 B 方向传输。当 $\overline{\text{OE}}$ = 0 时，内部三态门输出使能。

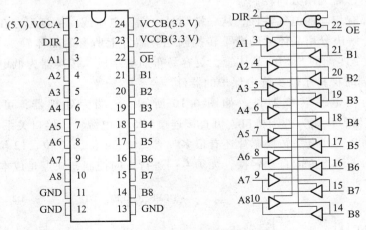

图 6.8　双向 8 位逻辑电平转换器 74LVC4245

一个 3.3 V 供电的嵌入式处理器与 5 V 供电的外围器件的连接如图 6.9 所示。图中 GPIO1～GPIO9 表示用了 9 个 GPIO 引脚，不同处理器标识是不同的，这里泛指 GPIO 引脚。利用 GPIO 的 8 个引脚连接到 74LVC4245 的 A 端，5 V 设备连接 B 端，当 GPIO9 = 0 时，可以通过 GPIO1～GPIO8 来读取 I/O 的数据；当 GPIO9 = 1 时，可以通过 GPIO1～GPIO8 写数据到 I/O。

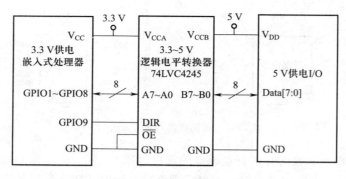

图 6.9　双向 8 位逻辑电平示例

（2）基于无须改变方向的收发器进行逻辑电平转换

收发器逻辑–收发器电压钳位（GTL–TVC）提供低通态电阻和最小延迟的高速电压转换。GTL2002 提供两个 NMOS 传输晶体管（Sn 和 Dn），并且带有一个公共门（GREF）和一个参考晶体管（SREF 和 DREF）。GTL2002 允许从 1.0~5.0 V 的双向电压转换而无须方向控制引脚。

当 Sn 或 Dn 端口是低电平时，钳位处于通态并且会有一个很小的电阻连接 Sn 和 Dn。假设 Dn 端的电平更高，当 Dn 端是高电平时，Sn 端的电压限制在参考晶体管（SREF）设置的电压。当 Sn 端是高电平时，Dn 端通过上拉电阻设置为 V_{cc}。此功能允许用户在选择的高低电平之间进行无缝转换，而无须方向控制。

所有晶体管都有相同的电气特性，从一端到另一端，电压或广播延迟存在微小偏差。开关的对称制造有益于解决分离晶体管的电平转换问题。器件上所有的晶体管是相同的，SREF 和 DREF 位于其他两个匹配的 Sn/Dn 晶体管，更容易布局电路板。转换器为低电压器件提供了出色的 ESD 保护，同时保护了缺少静电保护的器件。

GTL2002 为两位电平转换器件，如图 6.10 所示。S 端为处理器，可直接连接 1.0~5 V 的嵌入式处理器，D 端为外围接口，可直接连接到 5 V 电源上。接口关系如图 6.11 所示。

此外，GTL2000 系列电平转换芯片还有很多，有 2 位、4 位、10 位、12 位等。它的特点是接口方向可根据输入输出方向自动转换，无须专门进行方向控制，缺点是成本比较高。

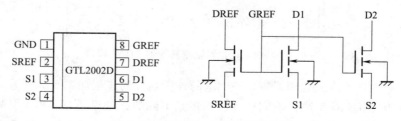

图 6.10　GTL2002 两位电平转换器

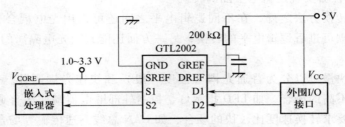

图 6.11　GTL2002 两位电平转换器的应用

（3）基于单路电平转换器件 SN74AUP1T17DCKR 进行电平转换

SN74AUP1T17DCKR 为 1.8 V 系统与 3.3 V 系统、1.8 V 系统与 2.5 V 系统、2.5 V 系统与 3.3 V 系统之间的逻辑电平提供单路转换策略，芯片引脚及转换连接方式如图 6.12 和图 6.13 所示。V_{CC} 为目标电源电压（与输出转换的一方电源一致），A 为输入引脚，Y 为转换输出引脚。

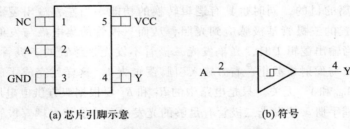

(a) 芯片引脚示意　　　　　　　　(b) 符号

图 6.12　单路电平转换芯片 SN74AUP1T17

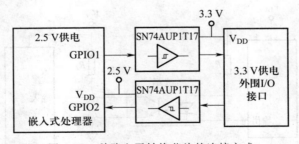

图 6.13　单路电平转换芯片的连接方式

使用该芯片可以构成以下的电平转换关系：

- $V_{CC} = 3.3$ V 时从 1.8 V 到 3.3 V 的逻辑转换；
- $V_{CC} = 3.3$ V 时从 2.5 V 到 3.3 V 的逻辑转换；
- $V_{CC} = 2.5$ V 时从 1.8 V 到 2.5 V 的逻辑转换；
- $V_{CC} = 2.5$ V 时从 3.3 V 到 2.5 V 的逻辑转换。

关于 RS-232 逻辑电平的转换，详见第 9 章互连通信接口设计的有关内容。

5. 采用光电耦合器实现逻辑电平隔离转换

除了采用上述转换方法之外，在不同逻辑电平之间还可以用光电耦合器（简称光耦）进行转换，一方面光耦可进行逻辑电平的转换，另一方面还能起到光电隔离的作用，提高抗干扰能力。

光耦按照速度快慢可以分为普通光耦（速度一般）和快速光耦两种。普通光耦应用在对电平转换速度要求不高的场合，如 LED 指示灯、控制外部继电器动作等普通 I/O 控制的应用；而快速光耦应用在要求转换速度比较快的场合，如 CAN 总线高速传输等场合的应用。

典型的普通光耦如 TLP521 系列，其中 521-1 为单光耦，521-2 为双光耦，521-4 为四光耦，还有 4N25、4N26、4N35 以及 4N36 等。521 系列光耦发光二极管的正向压降为 1.0~1.3 V，正向电流为 1~50 mA 时，光敏三极管导通。此外，还有价格低廉的 PC817/FL817/EL817 等。

典型的快速光耦如 6N137 单光耦等，可根据需要选用。当 6N137 发光二极管的正向压降为 1.2~1.7 V，正向电流为 6.5~15 mA 时，光敏三极管导通。

图 6.14 所示为采用光耦进行转换且具有隔离作用的电路。初始化 GPIO 时，将输出引脚设置为推挽输出或开漏输出模式，左右双方可以采用不同的电源和地（不公地），这样可以达到完成电气隔离的目的，同时也具有逻辑转换的功能。当左方输出逻辑 0 时，光耦发光二极管发光，而浮置的三极管基极感应到光照，从而三极管的集电极与发射极导通，右方输入引脚逻辑为 0；当输出逻辑 1 时，光耦发光二极管不发光，浮置的三极管基极没有光照射，从而三极管的集电极与发射极截止，右方输入引脚逻辑为 1。这样就完成了逻辑电平的转换功能，而与供电电压 V_{DD} 和 V_{CC} 无关。只是电路中的 R_1 和 R_2 要根据双方供电电压的情况选择，具体应用时可参见光耦手册。使发光二极管有足够的光发出，才能使光耦三极管集电极和发射极导通。

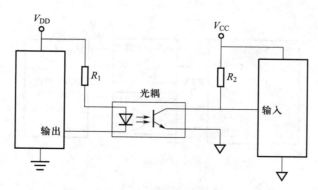

图 6.14 采用光耦进行逻辑电平转换

当需要转换电平的引脚比较多时，可以采用多路逻辑电平转换专用芯片来完成电平的转换，它的特点是连接简单，使用方便可靠。

6.2 数字信号的隔离与保护

6.2.1 数字接口的保护

数字器件对输入信号有一定的要求，通常不能超过供给数字器件的电源电压，超过就有可能损坏器件。瞬间冲击电流很大或瞬间电压很高都会损坏器件。第 3 章 3.2.3 节中已经介绍过要对 GPIO 内部引脚进行保护。此外，在数字输入引脚外部也需要进行保护，可以利用专用保护器件来对输入端口进行保护。

用于保护数字接口的器件主要有放电管（陶瓷气体放电管 GDT、玻璃放电管 SPG、半导体放电管 TSS）、瞬态电压抵制器（TVS）、静电释放保护二极管（ESD）、压敏电阻（插件压敏电阻 MOV、贴片压敏电阻 MLV）以及自恢复保险丝（PTC）等。

1. 放电管及其连接

放电管主要有陶瓷气体放电管（GDT 包括二极管和三极管）、玻璃放电管以及半导体放电管，外形分别如图 6.15 所示。放电管没有方向性，因此连接比较方便，不像晶体二极管和三极管要识别方向。一旦施加到放电管上的电压超过击穿电压，毫微秒内就会在密封放电区形成电弧，具有高浪涌电流处理能力和几乎独立于电流的电弧电压对过压进行短路。放电结束后，放电管熄灭，内阻立即返回至数百兆欧姆。气体放电管近乎完美地满足保护性元件的所有要求。它能将过压可靠地限制在允许的数值范围内，并且在正常工作条件下，由于高绝缘阻抗和低电容特性，放电管对受保护的系统实际上不产生任何影响。

图 6.15　气体放电管

放电管的电压范围为 75~3 500 V，有超过一百种规格。放电管常用于多级保护电路中的第一级或前两级，起泄放雷电暂态过电流和限制过电压作用。优点：绝缘电阻很大，寄生电容很小，浪涌防护能力强，主要应用于抗雷击及抗浪涌的装置保护；缺点：放电时延（即响应时间）较大，动作灵敏度不够理想，部分型号会出现续流现象，长时间续流会导致失效，对于波头上升陡度较大的雷电波难以有效抑制。

（1）放电管在直流电路中的保护连接

对于直流电路的保护可以使用放电二极管，也可以使用放电三极管，如图 6.16 所示。

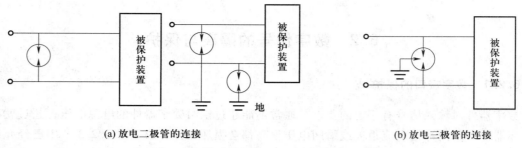

(a) 放电二极管的连接　　　　　　　　　　　　　　(b) 放电三极管的连接

图 6.16　放电管在直流电路中的连接方法

（2）放电管在交流电路中的保护连接

设备有可能接触到电网所感应的浪涌电压，结合使用气体放电管和压敏电阻可实施有效保护。通过带有这两种保护元件的串联电路使相线和零线接地。交流电路的保护主要指电源入口的保护，连接如图 6.17 所示。

2. 压敏电阻及其连接

压敏电阻是一种具有非线性伏安特性的电阻器件，主要用于在电路承受过压时进行电压钳位，吸收多余的电流以保护敏感器件。压敏电阻没有方向性，无须辨别正负。

压敏电阻的连接与放电二极管的连接一样，是并联在要保护的电路两端的，如图 6.18 所示。

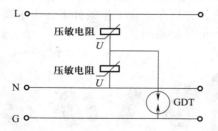

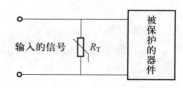

图 6.17　压敏电阻与 GDT 配合的交流电源保护的连接　　图 6.18　基于压敏电阻的保护连接

3. TVS 及其连接

TVS（transient voltage suppressor）即瞬态电压抑制器，它的特点是响应速度特别快（ns 级）；耐浪涌冲击能力较放电管和压敏电阻差，其 10/1 000 μs 波脉冲功率为 400 W ~ 30 kW，脉冲峰值电流为 0.52~544 A；击穿电压的范围为 6.8~550 V，便于各种不同电压的电路使用。

使用 TVS 器件时，它们在电路板上的布局非常重要。TVS 布局前的导线长度应该减到最小，因为快速（0.7 ns）ESD 脉冲可能产生导致 TVS 保护能力下降的额外电压。

需要注意的是，TVS 有单向和双向两类，单向 TVS 连接时要注意方向，双向 TVS 无所谓方向。TVS 也是并联在要保护的电路两端，靠近保护器件或设备，如图 6.19 所示。

图 6.19　基于 TVS 的保护连接

4. ESD 器件及其连接

ESD（electro-static discharge，静电释放）器件的应用范围相对来说更加广泛，包括保护电路避免脉冲、电源瞬变、浪涌等现象损坏芯片。

静电释放在电子设备中时有发生，在静电释放过程中，将产生潜在的破坏电压、电流和电磁场。静电释放产生强大的尖峰脉冲电流，包含丰富的高频成分，其最高频率甚至可能超过 1 GHz。这些高频脉冲使得 PCB 上的走线变成非常有效的接收天线，从而感应出高电平的噪声。

静电释放对电路的干扰有两点：一是静电放电电流直接通过电路对电路造成损害；二是产生的电磁场通过电容耦合、电感耦合或空间辐射耦合等对电路造成干扰。

静电释放电流产生的场可直接穿透设备，或通过孔洞、缝隙、输入输出电缆等耦合到敏感电路。ESD 电流在系统中流动时，激发路径中所经过的天线，导致产生波长从几厘米到数百米的辐射波，这些辐射能量产生的电磁噪声将损坏电子设备或干扰它们的运行。

若静电释放感应的电压或电流超过电路的电平信号，在高阻抗电路中，电流很小，此时电容耦合占主导，ESD 感应电压将影响电路电平信号；在低阻抗电路中，电感耦合占主导，静电释放电流将导致器件失效。ESD 器件的主要作用就是很快吸收或阻止它们，避免元器件的损坏。

NXP 公司针对 USB 端口、CAN 总线、RS-232 和 RS-485 等开发了专门的 ESD 保护器件，这些器件适用于 3.3 V 或 5 V 的工作电压，如电压级别为 5 V 的 PESD5V0 系列，电压级别为 3.3 V 的 PESD3V3 系列，有单通道，也有多通道。ESD 器件也有单向和双向两种，单向应用于直流电路中，双向应用于交流电路中。图 6.20 所示为使用 ESD 器件后，当高压脉冲进入 ESD 器件时保护集成电路（IC）的效果。高压脉冲通过 ESD 器件时，被钳位在 V_{RWM}，超过 V_{RWM} 电压的部分被释放，从而使进入 IC 器件的电压不超过 V_{RWM}，保护 IC 不受损坏。

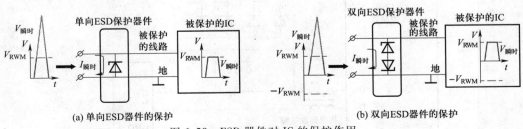

(a) 单向ESD器件的保护　　　　　　　　　　(b) 双向ESD器件的保护

图 6.20　ESD 器件对 IC 的保护作用

对线路进行保护的 ESD 器件的连接如图 6.21 所示。专用和通用 ESD 器件的连接如图 6.22~图 6.24 所示。

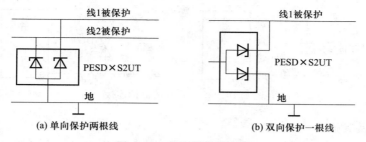

(a) 单向保护两根线　　　　　(b) 双向保护一根线

图 6.21　ESD 器件的连接

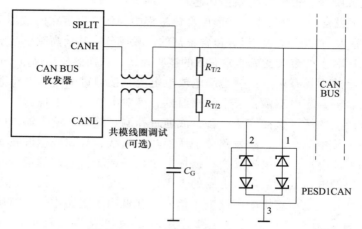

图 6.22　CAN 专用 ESD 器件的连接

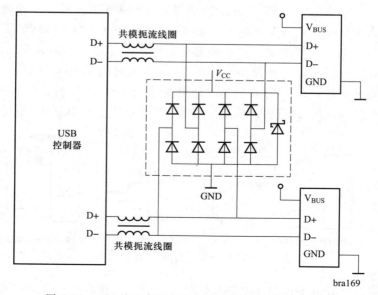

图 6.23　USB 接口专用 ESD 器件 PRTR5V0U4D 的连接

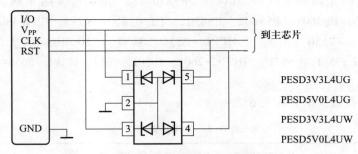

图 6.24　通用多路信号通道 ESD 器件的连接

5. 多重保护

可以将前面介绍的多项保护措施应用到同一个电路中，如可将放电管和压敏电阻结合起来以达到快速保护的目的。

6.2.2　数字信号的隔离

任何信号都会引入外界的干扰，数字信号也不例外，因此采取隔离措施可以降低干扰对系统的影响，提高可靠性。除了传统的光耦隔离之外，随着电子技术的发展，其他形式的数字隔离器也发展迅速。

数字隔离器件的生产商很多，如安华高（Avago Technologies）、TI、ADI、NVE（Nonvolatile Electronics Inc）、芯科实验室（Silicon Laboratories）等公司，各厂商的产品都得到了广泛的应用。依照数字式隔离电路的生产工艺、电气结构和传输原理，数字隔离器件主要分为光学、电感以及电容耦合技术几种类型，产品有消费设备、工业控制、军用、航空航天等多个级别供用户选择。

隔离除了能够抗干扰外，也是一种非常有效的保护措施。

1. 主要隔离方式及隔离器件

（1）光电隔离器

光耦合器也叫光电隔离器或光电耦合器，简称光耦。它是以光为媒介来传输电信号的器件。发光器（红外线发光二极管 LED）与受光器（光敏半导体管）被封装在同一管壳内，当输入端加电信号时发光器发出光线，受光器接收光线后就产生光电流，从输出端流出，从而实现"电-光-电"转换。以光为媒介把输入端信号耦合到输出端的光电耦合器，由于具有体积小、寿命长、无触点、抗干扰能力强、输出和输入之间绝缘、单向传输信号等优点，在数字电路中获得了广泛的应用。

光耦的电路结构相对较为简单，主要由砷化镓红外发光二极管和用作检测器的光敏二极管或光敏三极管组成，有些产品在光敏二极管或三极管的后级添加一些处理电路，使其特性适合于一些特殊的应用或实现一些标准接口。

光耦又分为普通光耦和高速光耦，适用于通用场合和速度比较高的场合。TLP521、PC817等属于性价比较高的普通型光耦，一般能满足应用要求。

100 Kbps 速度的光耦有 6N138、6N139、PS8703；1 Mbps 速度的光耦有 6N135、6N136、CNW135、CNW136、PS8601、PS8602、PS8701、PS9613、PS9713、CNW4502、HCPL-2503、HCPL-4502、HCPL-2530（双路）、HCPL-2531（双路）；10 Mbps 速度的光耦有 6N137、PS9614、PS9714、PS9611、PS9715、HCPL-2601、HCPL-2611、HCPL-2630（双路）、HCPL-2631（双路）等。

常用光耦型号及输出形式如表 6.2 所示。

表 6.2 常用光耦型号

光耦型号	性能说明	光耦型号	性能说明
4N25	非线性，晶体管输出	6N139	达林顿输出
4N25MC	非线性，晶体管输出	MOC3020	可控硅驱动输出
4N26	非线性，晶体管输出	MOC3021	可控硅驱动输出
4N27	非线性，晶体管输出	MOC3023	可控硅驱动输出
4N28	非线性，晶体管输出	MOC3030	可控硅驱动输出
4N29	非线性，达林顿输出	MOC3040	过零触发可控硅输出
4N30	非线性，达林顿输出	MOC3041	过零触发可控硅输出
4N31	非线性，达林顿输出	MOC3061	过零触发可控硅输出
4N32	非线性，达林顿输出	MOC3081	过零触发可控硅输出
4N33	非线性，达林顿输出	TLP521-1	单光耦
4N33MC	非线性，达林顿输出	TLP521-2	双光耦
4N35	非线性，达林顿输出	TLP521-4	四光耦
4N36	非线性，晶体管输出	TLP621	四光耦
4N37	非线性，晶体管输出	TIL113	达林顿输出
4N38	非线性，晶体管输出	TIL117	TTL 逻辑输出
4N39	非线性，可控硅输出	PC814	单光耦
6N135	高速光耦晶体管输出	PC817	单光耦
6N136	高速光耦晶体管输出	H11A2	晶体管输出
6N137	高速光耦晶体管输出	H11D1	高压晶体管输出
6N138	达林顿输出	H11G2	电阻达林顿输出

典型高速单双光电耦合器如图 6.25 所示。

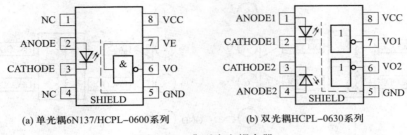

(a) 单光耦6N137/HCPL–0600系列　　　(b) 双光耦HCPL–0630系列

图 6.25　典型光电耦合器

（2）电感式隔离器（磁耦合隔离器）

与光耦合一样，电感耦合也有较长的应用历史，但通常仅用于电源或模拟隔离器，而非数字器件。随着制造工艺的进步和研发设计水平的提高，电感式数字隔离器件得到了迅速发展和广泛运用。

电感耦合隔离器件使用不断变化的磁场通过隔离层实现通信。电感耦合的优势之一是可以在不明显降低差模信号的情况下最小化变压器的共模噪声，另一个优势是信号能量的转换效率极高，因而可以实现低功耗隔离器；缺点是易受外部磁场（噪声）的干扰。电机控制等工业应用在磁场环境中通常需要隔离。

变压器是一个最常见的例子：初级绕组及次级绕组的结构（单位长度的圈数）、磁芯介电常数以及电流强度决定了磁场强度。根据对数字信号编解码的不同，变压器隔离器件主要有以采用脉冲调制（ADI 公司）和射频调制（芯科实验室公司）为主的两类产品。

① 脉冲调制变压器隔离器件。

ADI 公司的 iCoupler 隔离器是基于芯片尺寸变压器的磁耦合器，是采用脉冲调制方式实现的数字隔离器件。iCoupler 技术消除了与光耦合器相关的不确定的电流传送比率、非线性传送特性以及随时间和温度漂移的问题，功耗降低了 90%，并且不需要外部驱动器或分立器件。

数字信号的传送是通过发送大约 1 ns 宽的短脉冲到变压器的另一端来实现的，两个连续的短脉冲表示一个上升沿，单个短脉冲表示下降沿。次级端有一个不可重复触发的单稳态电路产生检测脉冲。如果检测到两个脉冲，输出就被置为高电平。如果检测到单个脉冲，输出就置为低电平。采用一个输入滤波器有助于提高噪声抗扰能力。如果 1 ms 左右没有检测到信号边缘，发送刷新脉冲信号给变压器以保证直流的正确性（直流校正功能）。如果输入为高电平，就产生两个连续的短脉冲作为刷新脉冲；如果输入为低电平，就产生单个短脉冲刷新。这对于上电状态和具有低数据速率的输入波形或恒定的直流输入是很重要的。为了补充驱动器端的刷新电路，在接收器端采用了一个监视定时器来保证在没有检测到刷新脉冲时，输出处于一种故障安全状态。ADI 公司典型的 iCoupler 数字隔离器 ADuM1200 和 ADuM1201 器件的框图如图 6.26 所示。

V_{IA}、V_{IB} 为输入数据，V_{OA}、V_{OB} 为输出数据，V_{DD1} 和 GND_1 为输入端电源和地，V_{DD2} 和 GND_2 为输出端电源和地。二者在电气上完全隔离。ADuM1200 双通道都是同向隔离，而 ADuM1201 为双通道交错隔离。ADuM1201 对于 SPI 的 MISO 和 MOSI 方向相反的数据传输的隔离非常有用。

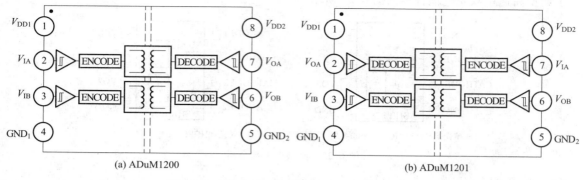

(a) ADuM1200　　　　　　　　　　　　　　　(b) ADuM1201

图 6.26　ADI 公司 ADuM1200/1201 器件结构框图

② 射频调制变压器隔离器件。

芯科实验室公司是采用射频调制变压器技术研发、生产数字隔离器件的典型代表。其 Si844x 系列器件以一套专利架构为基础，利用标准全 CMOS 工艺制造多组芯片级变压器，能够提供整合度最高的四通道隔离功能。产品中采用的射频编码和译码机制不需要特别考虑或初始设定，就能提供可靠的隔离数据路径。芯科实验室公司产品的优点与 ADI 公司的产品类似，但也有一个很明显的缺点。由于采用射频调制，内部有 2.1 GHz 的载波产生及检测，载波和谐波会对外界产生电磁辐射，不过电磁辐射值满足 FCC（美国联邦通信委员会）的标准要求。Si844x 系列射频调制隔离器件的实现原理框图如图 6.27 所示。

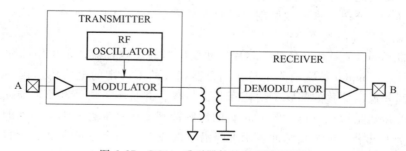

图 6.27　Si844x 系列器件的实现原理框图

典型的射频调制变压器隔离器件代表有 Si84xx 系列，如单通道的 Si8410、双通道的 Si8420/Si8421、四通道的 Si8440/Si8441。尾数为 0 表示方向从 A 到 B，尾数为 1 的双通道隔离器表示第 2 路方向是从 B 到 A，尾数为 1 的四通道指最后一路的方向从 B 到 A，尾数为 2 的四通道表示后两通道的方向为从 B 到 A，如图 6.28 所示。Si84xx 系列的外形引脚如图 6.29 所示。

（3）巨磁电阻（GMR）隔离器件

NVE 公司的 IL 系列和安华高公司的 HCPL-90XX/09XX 系列高速数字隔离器件是采用巨磁电阻技术集成的高速 CMOS 器件。在隔离器中，输入端信号在低电感线圈感应电流，产生正比的磁场。总的磁场改变 GMR 的电阻，通过 CMOS 集成电路分析，输出就是输入信号的精确再生。

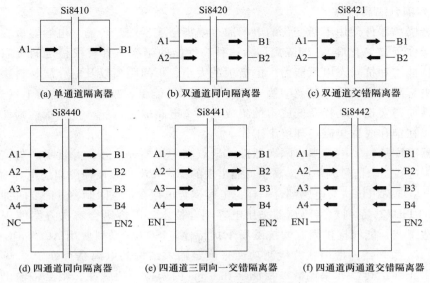

图 6.28　Si84xx 系列传输方向示意

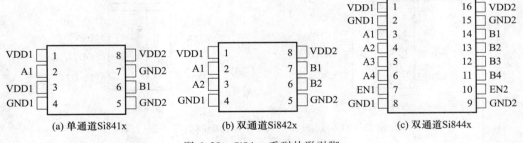

图 6.29　Si84xx 系列外形引脚

该类器件的优点与其他电感式器件类似，但有几个明显的缺点：上电或初始状态时，输入与输出的状态可能不一致；对输入噪声敏感，伴随一个噪声尖峰，输出不稳定，有可能与输入不一致，也有可能与输入一致，还可能会振荡；对较缓的脉冲上升沿，输出可能随输入变化，也可能不变，还可能会振荡；输出有过冲；无直流校正功能，无法传输直流信号。NVE 公司的巨磁电阻隔离器件双通道隔离器 IL711/712 的引脚如图 6.30 所示。

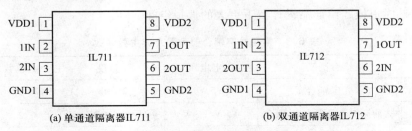

图 6.30　NVE 公司的 IL71x 系列隔离器的外形引脚

215

（4）电容耦合隔离器件

电容耦合隔离器件使用不断变化的电场通过隔离层实现信息传输。电容器极板之间的材料是电介质绝缘体（二氧化硅），即隔离层，这种高性能的绝缘体具有很稳定的可靠性和耐用性以及抗磁干扰能力和抗瞬态电压能力。电极板的大小、板间距离以及电介质材料决定了其电气特性。采用电容隔离层的优势是效率高，无论在体积、能量转换还是抗磁场干扰方面均如此。这种高效特性使得实现低功耗及低成本的集成式隔离电路成为可能。抗干扰性则使得电容耦合隔离器件可以在饱和或密集磁场环境下工作。

与变压器不同的是，电容耦合隔离器件的缺点在于无差分信号，并且噪声与信号共用同一条传输通道。这就要求信号频率应远高于可能出现的噪声频率，以便使隔离层电容对信号呈现低阻抗而对噪声呈现高阻抗。与电感耦合一样，电容耦合也存在带宽限制，并需要时钟编码数据。

TI 公司的 ISO72x 系列数字隔离器采用电容耦合技术。电容耦合解决方案使用了经过验证的低成本制造工艺，能够提供固有的抗磁场干扰特性。ISO72x 系列使用 AC 与 DC 两种通道进行通信。ISO72x 系列器件使用载波检测功能来确定输入结构的电源是否处于"开启"状态以及该结构是否正在运行。如果该载波检测器在 4 ms 内未检测到脉冲，则会将输出设置为逻辑高电平。典型的双通道数字隔离器 IOS722x 系列如图 6.31 所示。

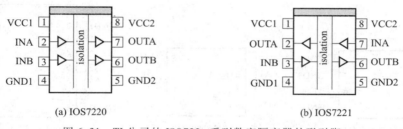

(a) IOS7220　　　　　　　　　　　(b) IOS7221

图 6.31　TI 公司的 ISO722x 系列数字隔离器外形引脚

2. 各类同引脚双通道数字隔离器比较

不同类别的数字隔离器各具特色，要综合考虑应用场合和对成本的要求来选择适合硬件设计需求的数字隔离器。表 6.3 对各类数字隔离器件的主要参数进行了归纳比较，供研发设计师在设计产品时参考。表中 5 个不同类别的数字耦合器均有两个通道，且引脚和封装都是兼容的。各公司的隔离器件只要通道数相同，采用相同的封装，引脚相互兼容，仅有部分引脚定义稍有差异，在大多数情况下就都可相互替换。研发设计师可根据具体需要选择不同公司的产品，也可在调试时更换，给产品设计留下更大的选择空间。

表 6.3　常用数字耦合器型号及其主要参数

隔离器型号	耦合类别	供电电压	速度	通道数	封装引脚数
HCPL-0630	光电耦合	+5 V	25 Mbps	2	DIP8/SO-8
ADuM1200	脉冲调制变压器的磁耦合	+5 V/+3 V	1/10/25 Mbps	2	DIP8/SO-8
ISO7220	电容耦合	+5 V/+3 V	150 Mbps	2	DIP8/SO-8

隔离器型号	耦合类别	供电电压	速度	通道数	封装引脚数
Si8420	射频调制变压器的磁耦合	+5 V/+3 V	100 Mbps	2	DIP8/SO-8
IL712	巨磁电阻的磁耦合	+5 V/+3 V	100 Mbps	2	DIP8/SO-8

另外，四通道的还有 10 Mbps 的 ADuM1400、25 Mbps 的 ADuM3480、90 Mbps 的 ADuM2400、150 Mbps 的 ADuM3440 以及 Si8462 等，还有六通道的 Si8460。

3. GPIO 端口的隔离输入输出实例

为了与外部电路完全隔离，通常在 GPIO 引脚端口接隔离电路，以减少外部干扰对 MCU 可靠性的影响。通常采用光耦隔离以及专用数字隔离芯片来隔离。光耦的隔离电压通常超过 1 000 V，TLP521 系列光耦的隔离电压超过 5.3 kV。

光耦既可以进行逻辑电平的变换，也可以进行数字隔离。

（1）采用光电耦合器进行数字隔离

假设通过嵌入式处理器的 GPIO 引脚（如 P1.4）控制一个由 220 V 交流供电的电动设备，由于电动设备启动和运行时会产生大量干扰脉冲，如果不对 MCU 引脚进行隔离处理，嵌入式系统将很难正常工作。常见的做法是先通过光耦隔离，然后通过继电器驱动电动设备，如图 6.32 所示。

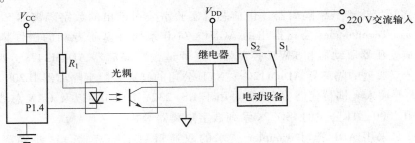

图 6.32　利用光耦进行隔离输出

MCU 与光耦的输入端用一组电源 V_{CC} 供电，而光耦的输出侧与继电器用另一组独立的不共地的电源供电，达到真正电气隔离的目的。对 MCU 的 GPIO 端口 P1.4 进行初始化时，可以选择开漏输出或推挽输出。当 GPIO 引脚 P1.4 输出逻辑 0 时，光耦输出端输出逻辑 0，使直流供电（电源电压 V_{DD} 可视不同继电器选取不同电源）的继电器的常开点 S_1 和 S_2 同时闭合，这样 220 V 交流信号接通电动设备，电动设备开始运行；当引脚输出逻辑 1 时，光耦截止，继电器不得电，处于常开状态，S_1 和 S_2 断开，电动设备停止运行。这样可以很方便地用一个简单的 GPIO 引脚 P1.4 控制不同电压等级的继电器，从而控制高电压交流或直流设备。

图中的光耦如果采用 521 或 817 系列，V_{CC} 为 3.3 V，由于正常发光时二极管饱和压降为 1.1~1.3 V，按照流过光耦二极管的电流大约为 2 mA 计，则 R_1 可选择阻值为 1 kΩ 的电阻。

应该说明的是，为了使上电时电动设备不至于误动作，在 MCU 初始化并上电后，让控制操作的 GPIO 引脚 P1.4 处于逻辑 1 状态，这样需要开动电动设备时才输出逻辑 0。

（2）采用专用数字隔离芯片进行数字隔离

随着数字技术的不断发展，除了光耦这种传统的隔离方式外，ADI 公司推出了全新架构的 iCoupler 数字隔离器，它与光耦的性能比较如表 6.4 所示。

表 6.4　专用数字隔离器与光耦的性能比较

设计制约因素	光耦合器的缺点	iCoupler 数字隔离器的优点
电路板布局布线	需要多个器件	单个器件
与其他元件的接口	每种情况都需要复杂的应用电路	标准 TTL 或 CMOS
电源	需要更多昂贵的电源	电源可根据预算灵活调整
时序/带宽要求	需使用更高性能器件，否则达不到要求	器件可根据要求灵活选择
温度	设计需要考虑电流传输比（CTR）	无 CTR；在整个温度范围内稳定工作
系统成本	缺少集成特性，系统成本较高	完整的集成解决方案，降低整体 BOM 成本

目前有许多厂家生产数字隔离器，包括芯科实验室公司推出的数字隔离器 Si84xx、Si86xx 系列产品；Avago Technologies 公司推出的 ACML-74x0 系列（基于专利的磁性耦合器技术）；ADI 公司的集成变压器驱动器和 PWM 控制器的三通道数字隔离器 ADuM347x、四通道的隔离器 ADuM744x、双通道的隔离器 ADuM120x；NVE 公司的高速型数字隔离器 IL200/IL700、低成本的 IL500、无源输入光耦替代器 IL600，可用于 RS-232、RS-485 以及 CAN 总线的通信数字隔离器 IL400/IL3000；TI 公司的 ISO72x 系列数字隔离器等。

ADuM120x 是采用 ADI 公司 iCoupler 技术的双通道数字隔离器。这些隔离器件将高速 CMOS 与单芯片变压器技术融为一体，具有优于光耦合器等替代器件的出色性能特征。

iCoupler 器件不用 LED 和光电二极管，因而不存在一般与光耦合器相关的设计困难。简单的 iCoupler 数字接口和稳定的性能特征，可消除光耦合器通常具有的电流传输比不确定、非线性传递函数以及温度和使用寿命影响等问题。这些 iCoupler 产品不需要外部驱动器和其他分立器件。此外，在信号数据速率相当的情况下，iCoupler 器件的功耗只有光耦合器的 1/10 至 1/6。

ADuM120x 隔离器提供两个独立的隔离通道，支持多种通道配置和数据速率，器件任一端均可采用 2.7~5.5 V 电源电压工作，与低压系统兼容，并且支持跨越隔离栅的电压转换功能，隔离电压有效值超过 2 500 V。其引脚及结构如图 6.33 所示。ADuM1200W 和 ADuM1201W 均为汽车应用级产品，工作温度可达 125 ℃。V_{DD1} 与 GND_1 为一端的电源和地，V_{DD2} 与 GND_2 为另一端电源和地，V_{IA} 和 V_{IB} 为两个输入端，隔离输出端为 V_{OA} 和 V_{OB}。使用数字隔离器简捷方便，不用任何外围分离元件即可完成数字信号的隔离。

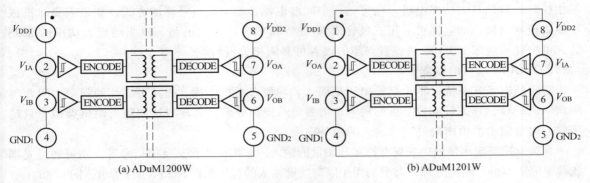

(a) ADuM1200W   (b) ADuM1201W

图 6.33　典型双路有源数字隔离器 ADuM120x

数字隔离器既可以进行隔离，也可以进行逻辑电平的转换。典型双路无源数字隔离器 IL611 如图 6.34 所示。

利用 ADuM1200 构成的隔离应用如图 6.35 所示。利用双路隔离器对外部进行隔离，控制两个继电器，从而控制两台电动机的运行。MCU 利用两个 GPIO 引脚（不同 MCU 引脚的定义不同），假设一个引脚为 P2.7，另一个引脚为 P2.8，分别控制两个电动机。当 P2.7 输出逻辑 0 时，继电器 1 闭合，电机 1 得电而运行；P2.7 输出逻辑 1 时，电机 1 失电而停止运行。同样，当 P2.8 输出逻辑 0 时，电机 2 得电而运行；当 P2.8 输出逻辑 1 时，电机 2 失电而停止运行。由此可以看出，采用专用数字隔离器，无须像光耦那样外接电阻，电路结构简单，可靠性更高，隔离效果更好。

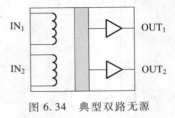

图 6.34　典型双路无源
数字隔离器 IL611

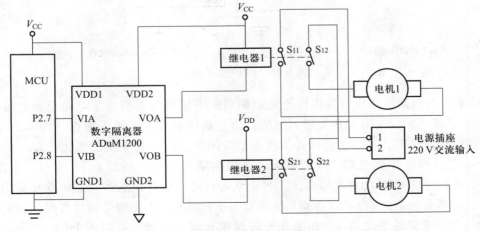

图 6.35　典型双路数字隔离器 ADuM1200 的应用

如果图 6.35 中的电机是小功率的三相电机，则可选择具有三个触点的继电器，这样便于三相控制；如果是大功率电机，则可选择中间继电器带动交流接触器的方式；如果需要非机械接触式控制电机，继电器可采用三极管或 MOS 管做成驱动放大电路，以驱动更大功率的 MOS 管、可控硅模块或 IGBT 模块。有兴趣的读者可参阅相关资料。

（3）GPIO 端口的隔离输入

实用的嵌入式系统，不论是输出还是输入，均要考虑抗干扰、提高可靠性的问题，因此与隔离输出一样，开关量或数字量的输入也需要进行隔离处理，处理方法同隔离输出类似，只是传输方向由输出的由内向外变成输入的由外向内。

在工业控制应用领域，现场有许多开关量的输入，如按键、状态反馈信号等，均可通过光耦或数字隔离器进行隔离处理。典型的用于隔离按键输入的应用如图 6.36（b）所示，图 6.36（a）所示为没有隔离作用的按键输入电路。在带隔离的按键输入电路中，当初始化 GPIO 端口时，将 P1.30 和 P1.31 设置为高阻输入模式，当有按键按下时，相应的 GPIO 引脚为逻辑 0；无按键按下时为逻辑 1。如果 S_1 按下，则 P1.30 = 0；如果 S_2 按下，则 P1.31 = 0；如果没有按键按下，则 P1.30 = 1 且 P1.31 = 1。

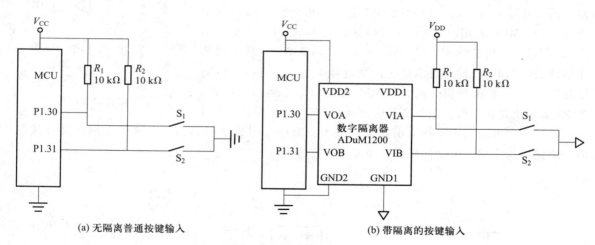

(a) 无隔离普通按键输入　　　　　　　　　(b) 带隔离的按键输入

图 6.36　GPIO 按键输入

GPIO 端口的隔离输入也可以用传统光耦隔离的方法实现。假设某电动设备运行的状态如开限位、开过力矩、关限位和关过力矩信号由远端设备提供无源干接点（图 6.37 中的开关状态），正常情况下，这些状态的开关状态是常闭的，一旦发生状态变化，即由常闭状态变成断开状态，因此用四光耦 TLP521-4 构建隔离输入电路，如图 6.37 所示。假设 V_{DD} = +24 V，电源的地与 MCU 的地是隔离的。当正常运行时，所有状态对应的触点开关均为常闭状态，经过光耦输出后送到 GPIO 引脚均呈现低电平；当有状态出现某种异常时，相应开关的触点断开，经过光耦输出逻辑 1。如果在开过程中开限位有效，则原来 P0.0 的状态由 0 变成 1。

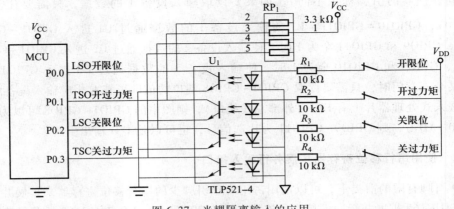

图 6.37　光耦隔离输入的应用

6.3　数字输入接口的扩展

　　嵌入式处理器的 GPIO 数字接口往往数量有限,有些接口可能连接多个外部设备,因此需要有选择的缓冲器来扩展并行输入接口,也可以使用少引脚的串行移位寄存器来扩展并行输入接口。

6.3.1　使用缓冲器扩展并行输入接口

　　利用第 2 章 2.5.3 节介绍的缓冲器可以很方便地扩展并行输入接口。嵌入式处理器用 GPIO 的 8 个引脚 GPIO1 ~ GPIO8 连接三个 8 位缓冲器 74HC245 的输出端,输入端连接三个输入设备,可使用三个引脚 GPIO9 ~ GPIO11 来控制三态门的使能端,连接如图 6.38 所示。74HC245 的 DIR 接地,因此数据传输方向是从 B 到 A。这里的 GPIO1 ~ GPIO11 为 11 个 GPIO

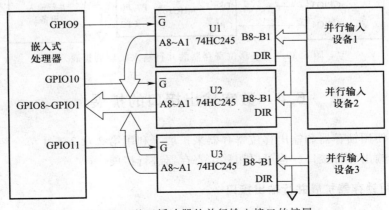

图 6.38　基于缓冲器的并行输入接口的扩展

引脚（不同处理器的引脚标识不同）。如果要读取输入设备 1 的数据，只需要让 GPIO9 = 0（U1 的 $\overline{G}$ = 0），GPIO10 = GPIO11 = 1，使输入设备 1 的数据通过 U1 进入 GPIO1 ~ GPIO8；当 GPIO10 = 0，GPIO9 和 GPIO11 全为 1 时，使输入设备 2 的数据通过 U2 进入 GPIO1 ~ GPIO8；当 GPIO11 = 1，GPIO9 和 GPIO10 全为 1 时，使输入设备 3 的数据通过 U3 进入 GPIO1 ~ GPIO8。因此使能某个三态门时，只需要读取 GPIO1 ~ GPIO8 端口的值即可获取相应输入设备的数据。

如果嵌入式处理器片上有 EBI（外部总线接口），则图中的 GPIO1 ~ GPIO8 可以为 8 位数据总线（AD0 ~ AD7），则 GPIO9 ~ GPIO11 为片选信号，也可以是 I/O 输出引脚。

6.3.2 使用串行移位寄存器扩展并行输入接口

在 I/O 引脚有限的前提下，可以使用占用 I/O 引脚少的串行移位寄存器来扩展并行输入接口。使用 74HC165 扩展并行输入接口的连接如图 6.39 所示。三个 74HC165 的并行输入端 P0 ~ P7 分别连接三个并行输入设备，CP2 接地，只用一个 CP1，三个移位寄存器的串行输出引脚分别连接嵌入式处理器的三个 GPIO 引脚，三个 74HC165 的 CP1 连接在一起，用一个 GPIO 引脚（如 GPIO4）来产生。按照 74HC165 的工作时序，在 CP1 上升沿时移位，将移位的数据在 DS 引脚输出，这样只要控制 GPIO4 产生脉冲，检测 GPIO1、GPIO2 和 GPIO3 即可获取串行移位的数据，8 个脉冲后一个 8 位的数据即可获取完成。

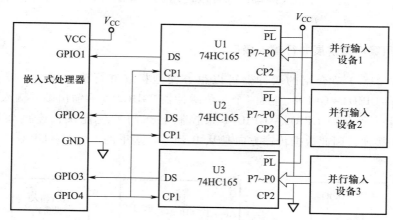

图 6.39　基于移位寄存器的并行输入接口的扩展

6.4　数字输出接口的扩展

输出接口可使用锁存器和输出移位寄存器来扩展。利用第 2 章 2.5.4 节介绍的锁存器可以很方便地扩展多输出并行接口，也可以用移位寄存器进行扩展。

6.4.1 使用锁存器扩展并行输出接口

嵌入式处理器用 GPIO 的 8 个引脚 GPIO1 ~ GPIO8 连接 8 位锁存器 74HC574 的输入端，输出端连接三个输出设备，可使用三个引脚 GPIO9～GPIO11 来控制锁存脉冲 CP 端，连接接口如图 6.40 所示，74HC574 的$\overline{\text{OE}}$接地。

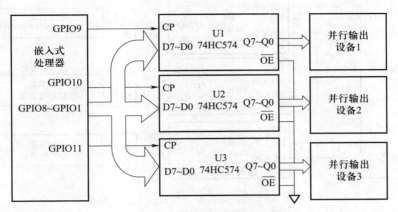

图 6.40　基于锁存器的并行输出接口的扩展

将初始化时用到的 GPIO（GPIO1～GPIO11 视不同微控制器，具体引脚名称不同）配置为通用 I/O 端，并设置为输出端口，然后可以向外部输出数据。如果要写数据到并行输出设备 1，只需将数据从 GPIO1～GPIO8 输出，然后让 GPIO9 产生一个正脉冲即可。同样的，要写数据到并行输出设备 2，先将数据从 GPIO1～GPIO8 输出，然后让 GPIO10 产生一个正脉冲；要写数据到并行输出设备 3，先输出数据到 GPIO1～GPIO8，然后让 GPIO11 产生一个正脉冲即可。

如果嵌入式处理器片上有 EBI（外部总线接口），则图中的 GPIO1～GPIO8 可以为 8 位数据总线（AD0～AD7），GPIO9～GPIO11 为片选信号，也可以是 I/O 输出引脚。

6.4.2　使用串行移位寄存器扩展并行输出接口

使用占用 I/O 引脚少的串行移位寄存器 74HC595 扩展并行输出接口的连接如图 6.41 所示。移位寄存器 74HC595 的$\overline{\text{MR}}$接高电平，3 个 74HC595 的串行输入端时钟 SH_CP 连接到嵌入式处理器的 GPIO1 引脚，数据输入端 DS 连接嵌入式处理器的 GPIO2 引脚，并行输出端 Q0～Q7 分别连接 3 个 8 段 LED 数码管的段码 a～dp 输入端，3 个 74HC595 的数据锁存脉冲 ST_CP 连接到嵌入式处理器的 GPIO3 引脚。

将初始化时用到的 GPIO 配置为通用 I/O 端，并设置为输出端口，然后可以向外部输出数据。要输出数据到 LED1，可以在 GPIO1（SH_CP）的脉冲作用下，1 个脉冲 GPIO2 输出 1 位数据，8 位数据移位结束后，继续输出移位数据，在第 24 个脉冲结束后，3 个 LED 数码管均有数据，最后用 GPIO3（ST_CP）产生 1 个锁存脉冲，将 3 个 74HC595 的数据锁存输出到 3 个 LED 数码管（由于本例将输出使能直接连接到地，因此锁存输出的数据直接输出到 LED 数码管）。

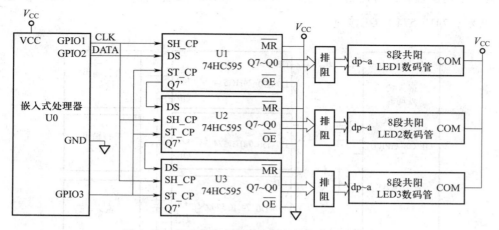

图 6.41　基于移位寄存器的并行输出接口的扩展

以上为静态显示方式，如果采用动态方式，一个 74HC595 可以接多个数码管的 8 个段码。例如接 8 个数码管，再利用另外一个 74HC595 连接位选择（每个 LED 的公共端，8 只 LED 有 8 个公共端）。

6.5　数字输入输出接口的一般结构

6.5.1　数字输入接口的一般结构

典型数字输入接口除了并行的数字量输入外，还有小信号的频率信号、兼容电平的频率信号以及开关量信号输入等。对于逻辑电平兼容的信号，如果没有隔离，可直接连接到 GPIO 引脚；对于逻辑电平不兼容的信号，需要变换后接入 GPIO 引脚。典型的数字输入接口如图 6.42 所示。

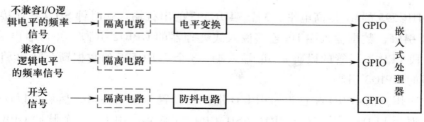

图 6.42　典型数字输入接口

对于与 GPIO 引脚不兼容逻辑电平的频率信号，不能直接与 GPIO 引脚电平匹配，需要按照 6.1.2 节介绍的逻辑电平变换方法变换之后再接入 GPIO 引脚。如果使用隔离电路，则隔离电路本身具有逻辑电平的变换功能，因此无须再进行单独的电平变换。对于无源开关信号，如果是机械触点产生的开关信号，一定会产生抖动，如图 6.43 所示，一般抖动时间为 5~10 ms。需要外部采用消抖电路进行硬件消抖或软件消抖。如果不消除抖动，将引起误触发。

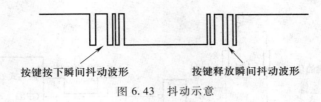

按键按下瞬间抖动波形　　　　按键释放瞬间抖动波形

图 6.43　抖动示意

1. 兼容 I/O 逻辑电平的频率信号输入接口

对于兼容 I/O 逻辑电平的频率信号，可直接连接到嵌入式处理器的 GPIO 引脚，通过配置 GPIO 某引脚为 PWM 捕获输入即可测量信号频率。

2. 不兼容 I/O 逻辑电平的频率信号输入接口

对于不兼容 I/O 逻辑电平的频率信号，必须进行电平转换。由于光耦本身具有电平转换和隔离的双重功能，因此常用光耦作为接口电路，如图 6.44 所示。假设系统需要检测 FIN 为 200 Hz~1 kHz 传感输出的频率信号，幅度为 0~25 V，嵌入式处理器的 $V_{CC} = 3.3$ V，因此不能直接将频率信号接入 GPIO 引脚。图示电路中 $V_{DD} = 25$ V，通过一只光耦 PC817 有效地隔离并进行电平变换，输入端接收 0~25 V 的频率信号，通过光耦输出得到同频率幅度为 0~3.3 V（V_{CC}）的频率信号送到 GPIO 引脚，可将 GPIO 某引脚配置为 PWM 捕获输入，即可方便地进行频率信号的测量。选择光耦时要注意频率的高低，如果是快速信号，则要选择快速光耦。

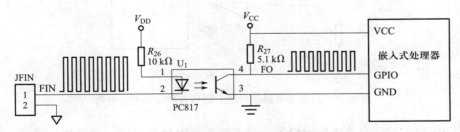

图 6.44　不兼容 I/O 逻辑电平的频率信号典型输入接口

3. 具有抖动的开关信号输入接口

典型的无源机械开关信号具有消抖功能的输入接口如图 6.45 所示。参照第 2 章 2.3.2 节中的 RS 触发器，具有弹跳（抖动）的开关信号经 RS 触发器消抖处理后送入嵌入式处理器 GPIO 引脚。对于具有单刀双掷的触点式无源机械开关信号，图中两个与非门构成一个 RS 触发器。原来 A 的逻辑为 0，B 的逻辑为 1，由 RS 触发器的性质可知，OUT 的输出逻辑为 1。当开关 S 触点由 A 向 B 闭合后，A 的逻辑为 1，B 的逻辑为 0，因此 OUT 的输出逻辑为 0；当触点向 B 闭合时，使触点因弹性抖动而产生瞬时断开（抖动跳开 B），触点不返回原始状态 A，即

225

B 的逻辑瞬间状态或 0 或 1，但由于 A 的逻辑为 1 不变，因此双稳态电路的状态不改变，输出 OUT 保持为 0，不会产生抖动的波形。也就是说，即使 B 点的电压波形是抖动的，但经触发器电路之后，其输出消除了抖动。

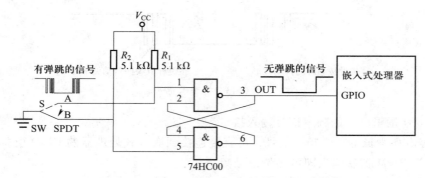

图 6.45　由与非门构成的 RS 触发器硬件消抖电路

除了可以使用 RS 触发器消除抖动外，还可以利用电容和施密特触发器消除抖动，如图 6.46 所示。由于电容两端的电压不能突变，因此电容本身具有延时的作用，再通过施密特触发器进一步延时整形，选择适当的电容，即可消除按键等具有机械开关性质的抖动。

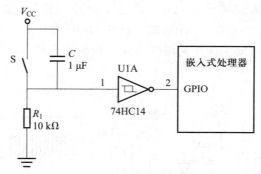

图 6.46　由电容及施密特触发器构成的硬件消抖电路

无论是 RS 触发器还是施密特触发器，均需要在外围增加硬件，这就增加了硬件成本。为此，许多厂家在嵌入式处理器内部增加了消抖机制，仅需要设置消抖延时的时钟周期个数。它的原理是，在获取 GPIO 引脚低电平时，可以在指定的 GPIO 时钟周期内进行采样，这样可以避开抖动期，等抖动过后再采样即可。

具有内部消抖（防反弹）机制的嵌入式处理器的典型厂家代表是台湾的新唐科技，其生产的所有 ARM Cortex-M0 以及 ARM Cortex-M4 的 GPIO 引脚均具有防反弹机制，可根据需要设置，使用非常方便，无须外部消抖电路。

嵌入式处理器内部的 GPIO 默认通常为高阻输入，也有默认准双向 I/O 模式的，作为输入接口时，要根据不同芯片，在对 GPIO 进行初始化时选择或设置输入模式。

6.5.2 数字输出接口的一般结构

典型的数字输出接口除了并行的数字量输出外，还有小信号的频率信号、兼容电平的频率信号以及开关量信号输出等。对于逻辑电平兼容的信号，如果没有隔离，GPIO 引脚可直接连接到外部；对于逻辑电平不兼容的信号，GPIO 引脚信号需要变换后再连接到外部。对于开关量控制的外部设备，GPIO 引脚经过隔离后，再经过功能开关驱动连接外设控制装置；对于频率量控制的外部设备，GPIO 引脚经过隔离后，再通过频率量调节输出给控制装置；对于需要模拟信号驱动的装置，GPIO 引脚经过隔离后，通过 F/V 变换将 GPIO 送出的频率信号变换成模拟信号，再经过直流驱动功放连接直流伺服装置。典型的数字输出接口如图 6.47 所示。

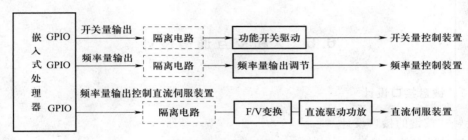

图 6.47　典型数字输出接口

1. GPIO 端口的隔离输出接口

对于 GPIO 端口隔离输出功率开关驱动的示例，典型接口参见图 6.32 和图 6.35。

2. GPIO 端口的频率量输出接口

对于 GPIO 端口的频率输出，采用光耦进行隔离并进行电压变换，典型接口如图 6.48 所示。假设 $V_{CC} = 3.3$ V，$V_{DD} = 24$ V，则通过把具有 PWM 输出功能的 GPIO 引脚配置为 PWM 输出，设定一定频率后使能 PWM 输出，通过光耦把幅值为 3.3 V 的频率信号隔离输出变换成幅值为 24 V 的频率信号输出。

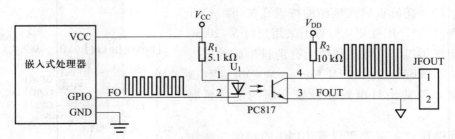

图 6.48　典型数字输出接口

3. GPIO 端口的频率量输出变换电压输出

对于需要模拟量输出驱动的，可以利用 F/V 转换芯片如 LM2917 将频率信号变换为模拟电

227

压，也可以通过低通滤波电路将频率信号转换成模拟信号输出。具体可参见第 7 章 7.3.2 节信号滤波的有关内容。典型接口如图 6.49 所示。频率信号经过光耦隔离变换后，通过二阶低通滤波电路将 1 kHz 的频率信号滤波后变换为直流电压信号输出。

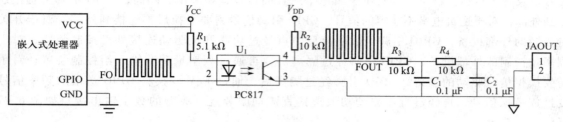

图 6.49　典型数字输出接口

6.6　人机交互通道设计

6.6.1　键盘接口设计

1. 接触式按键的接口设计

（1）简易键盘接口设计

简单应用场合只需要少量几个按键，如图 6.50 所示为有三个按键的简易键盘接口，使用三个 GPIO 引脚构成三个按键。每只按键只需要两个元器件，一只上拉电阻，一只按键。当按下按键时，由于按键一端接地，因此对应的 GPIO 引脚为低电平（逻辑 0）。松开按键时，对应的 GPIO 引脚被上拉电阻拉到高电平（逻辑 1）。

在大多数 ARM 微控制器中，GPIO 引脚具有中断功能。因此，除了通过查询 GPIO 引脚的逻辑来确定哪个按键按下外，还可以方便地利用 GPIO 中断来判断按键。无论查询还是中断，对于如图 6.50 所示的简易键盘电路，由于按键没有在硬件上采用消除抖动的电路（任何机械式接触的按键在按下或松开的瞬间均有抖动），因此要从软件上采用延时 5~20 ms 的方法。对于 GPIO 引脚在硬件上有消抖措施的嵌入式处理器，如新唐科技的 ARM Cortex-M0/M4 系列微控制器，可以使能消抖电路并设置合适的消抖延时时间。

在实际操作中，首先要设置 GPIO 的功能，使作为按键输入的 GPIO 引脚处于输入模式。对于具有防反弹机制的嵌入式微控制器，需要使能防反弹机制，选择防反弹参数（采样周期个数）；对于具有中断功

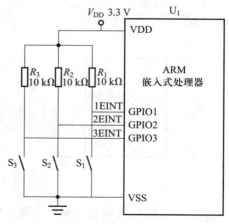

图 6.50　简易键盘接口

能的按键，需要使能相应引脚的 GPIO 中断。在中断方式下，在中断服务程序中操作按键程序或置按键标志，在主程序中进行键盘操作。

（2）矩阵键盘接口

对于需要较多按键的应用系统，可以选择使用行列矩阵的键盘，如图 6.51 所示。4×4 个键中的 4 行由 4 个 GPIO 引脚（如 GPIO1～GPIO4）控制，4 列由另外 4 个 GPIO 引脚（如 GPIO5～GPIO8）控制，因此在判断按键之前，必须首先将 GPIO1～GPIO4 设置为输出，将 GPIO5～GPIO8 设置为输入。当某一行输出为低电平时，如果无按键按下，由于有一个上拉电阻，因此相应列线输出高电平；如果有按键按下，则对应列输入为低电平，其状态在列输入端口可读到。通过识别行线和列线上的电平状态，即可识别哪个按键闭合。如果第 3 行输出低电平（GPIO3 = 0），当 9 键闭合时，第 2 列为低电平（GPIO6 = 0）。矩阵式键盘工作时，就是按照行列线上的电平高低来识别键的开闭状态的。

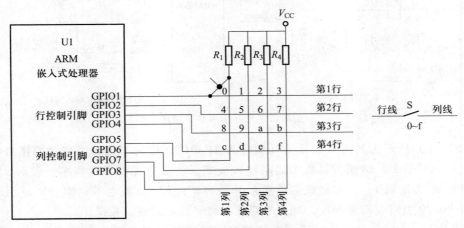

图 6.51　矩阵键盘接口

矩阵键盘通常采用行扫描方法确定按键的位置从而得到键码。行扫描就是逐行输入低电平，然后判断列线的电平高低，以确定具体按键的位置。行扫描法识别闭合键的过程是：先使第 1 行为低电平，其余行为高电平，然后查询列线的电平状态，如果某一列线变为低电平，则表示第 1 行和此列线相交位置上的键被按下；如果此时没有一条列线为低电平，则说明第 1 行没有键闭合。此后，将第 2 行输出为低电平，再检查是否有低电平的列线存在。如此往下一行一行地扫描，直到最后一行。在扫描过程中，当发现某一行有键闭合时，即列线中有一位为 0 时，便退出扫描，并将输入值进行移位，从而确定闭合键所在的列线位置。最后，根据行线位置和列线位置识别此刻闭合的键。

以上不论是简易键盘还是矩阵键盘，都是直接将按键连接到 GPIO 引脚，是人可直接接触的按键，但在某些应用场合下，是不允许直接将按键连接到 ARM 处理器的 GPIO 引脚上的，需要通过间接的手段获取按键的状态。可以通过下面介绍的霍尔开关或干簧管以及电容触摸方式等非接触式按键来完成键盘接口设计。

2. 非接触式按键接口设计

霍尔开关是用来检测磁场及其变化，输出数字信号的一种磁传感器，属于无触点开关传感器。

利用霍尔元件的开关特性制作的非接触式按键非常有用，有些场合不允许使用外接线按键，必须采用非接触式方式操作，利用霍尔元件很容易实现。典型的霍尔开关如图 6.52（a）所示。当磁铁靠近 H 时，通过运算放大器和施密特触发器会在 V_{out} 端输出低电平，当磁铁离开 H 时输出高电平。利用这个特性，霍尔元件可以作为非接触按键，用来测量电机转速等。

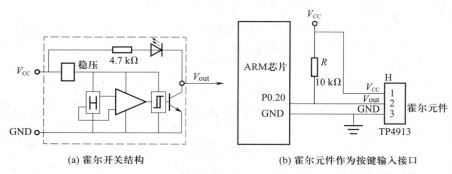

(a) 霍尔开关结构　　　　　　　　　　(b) 霍尔元件作为按键输入接口

图 6.52　开关型霍尔元件作为非接触式按键的应用

图 6.52（b）所示为利用霍尔开关（型号为 TP4913）作为非接触式按键的接口电路。初始化时，将 MCU 的 P0.20 引脚设置为高阻输入模式，当没有磁铁靠近霍尔开关时，V_{OUT} 输出高电平，P0.20 为逻辑 1；当有磁铁靠近霍尔开关时，V_{OUT} 输出低电平，即 P0.20 引脚为逻辑 0。通过对 P0.20 引脚逻辑的判断，即可知晓是否有非接触式按键在操作。

利用图 6.52（b）所示的接口还可以测量电机的转速。在电机的定子放置一个霍尔元件，在转子的某位置上放一块小磁铁，调整好位置和距离，当电机运转时，就会在 P0.20 引脚出现脉冲序列，通过测量 P0.20 引脚的频率就可以知道电机的转速。

应该说明的是，磁铁靠近霍尔元件的距离是有一定要求的，一般磁铁正对着靠近霍尔元件 2 cm 左右，就能可靠、有效地操作（强磁铁效果更好），而且中间可以隔着一定的非铁性金属等介质，如可以隔着铝板、玻璃等进行操作，以达到非接触且与电路完全隔离的目的。

3. 电容式触摸按键的应用

许多工程应用都需要密闭的工作环境，为了方便进行人机交互，通常又需要按键和显示屏，可以用"霍尔开关+磁铁"的方式实现非接触按键的功能，但前提条件是必须有磁铁按钮在外面，面板内用霍尔开关。如果想在显示屏窗口直接用触摸方式操作按键，则是无法完成的。要想用触摸方式进行操作，可采用专用电容式触摸芯片。电容式触摸芯片具有如下功能特点和优势。

① 可通过触摸实现各种逻辑功能控制。操作简单、方便实用。

② 可在有介质（如玻璃、亚克力、塑料、陶瓷等）隔离保护的情况下实现触摸功能，安

全性高。

③ 应用电压范围宽，可在 2.4~5.5 V 之间任意选择。

④ 应用电路简单，外围器件少，加工方便，成本低。

⑤ 抗电源干扰及手机干扰特性好。

典型的电容式触摸芯片有阿达电子公司单通道到多通道电容触摸芯片系列，包括单通道电容感应式触摸芯片 AR101、4 通道电容感应式触摸芯片 AR401、5 通道电容感应式触摸芯片 ADA05、5 通道电容感应式触摸芯片 ADPT005、8 通道电容感应式触摸芯片 ADPT008、12 通道电容感应式触摸芯片 ADPT012 以及 16 通道电容感应式触摸芯片 ADPT016。

还有许多国内外厂家生产电容式触摸芯片，如晶格电子有限公司的 JG 系列，飞翼科技的 TTP223、TTP224、TTP225、TTP226、TTP229 系列、TCH0x 系列（超低功耗类）、FTC334 系列（强抗干扰抗水淹类）、FTC359（强抗干扰抗水淹类）等。

图 6.53 所示为 TTP224 的内部结构，其中有四个电容触摸按键输入 TP0~TP3，对应四个输出信号 TPQ0~TPQ3，引脚功能如表 6.5 所示，其中 TOG、OD 和 AHLB 的输出模式如表 6.6 所示。

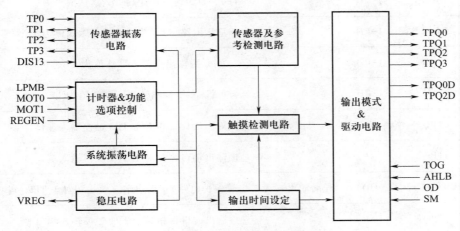

图 6.53　典型电容式触摸芯片 TTP224

表 6.5　TTP224 的输出模式控制

管脚序号	管脚名称	类型	管脚描述
1	TP0	I/O	触摸输入端口
2	TP1	I/O	触摸输入端口
3	TP2	I/O	触摸输入端口
4	TP3	I/O	触摸输入端口
5	AHLB	I-PL	输出高、低电平选择：0 高电平有效，1 低电平有效

管脚序号	管脚名称	类型	管脚描述
6	V_{DD}	P	正电源电压
7	VREG	P	内部稳压电路输出端口
8	TOG	I-PL	输出类型选择，默认值为0
9	LPMB	I-PL	低功耗/快速模式选择，默认值为0
10	MOT1	I-PH	最长输出时间选择，默认值为1
11	MOT0	I-PH	
12	V_{SS}	P	负电源电压，接地
13	DIS13	I-PH	TP1、TP3禁用选择端口，默认值为1
14	REGEN	I-PH	内部稳压电路启用/禁用选择，默认值为1
15	OD	I-PH	开漏输出选择，默认值为1
16	SM	I-PH	单键/多键输出选择，默认值为1
17	TPQ3	O	直接输出端口，相对于TP3触摸输入端口
18	TPQ2	O	直接输出端口，相对于TP2触摸输入端口
19	TPQ2D	OD	开漏输出（无二极管保护电路），低电平有效，相对于TP2触摸输入端口
20	TPQ1	O	直接输出端口，相对于TP1触摸输入端口
21	TPQ0	O	直接输出端口，相对于TP0触摸输入端口
22	TPQ0D	OD	开漏输出（无二极管保护电路），低电平有效，相对于TP0触摸输入端口

表 6.6　TTP224 的输出模式控制

TOG	OD	AHLB	端口 TPQ0~TPQ3 选项描述	备注
0	1	0	直接模式，CMOS输出，高电平有效	默认
0	1	1	直接模式，CMOS输出，低电平有效	
0	0	0	直接模式，开漏输出，高电平有效	

TOG	OD	AHLB	端口 TPQ0~TPQ3 选项描述	备注
0	0	1	直接模式，开漏输出，低电平有效	
1	1	0	触发模式，CMOS 输出，上电状态 = 1	
1	1	1	触发模式，CMOS 输出，上电状态 = 0	
1	0	0	触发模式，上电状态为高阻抗，高电平有效	
1	0	1	触发模式，上电状态为高阻抗，低电平有效	

　　TTP224 与 MCU 的接法如图 6.54 所示。TPQ0~TPQ3 分别对应于触摸按键 TP0~TP3 的输出，连接 MCU 的 GPIO 引脚，初始化时将 GPIO 这四个引脚设置为高阻输入模式。如果让 TTP224 工作在触发模式，低电平有效，上电时为高阻状态，则将 TOG 和 AHLB 接电源端，OD 接地。除了图中的引脚，其他引脚可以采用默认方式不连接，也可以根据需要按照表 6.5 连接。

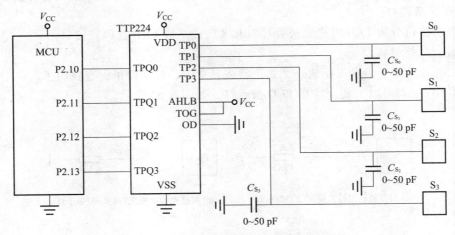

图 6.54　典型电容式触摸芯片 TTP224 的应用

　　图中的 S_0、S_1、S_2 和 S_3 为 4 个带金属盘的触摸点，上面可以隔着一层玻璃，玻璃上要附一层金属膜（如可以导电的锡纸等），金属膜与弹簧可靠接触，弹簧的另一端贴紧触摸点。这样在玻璃另一面用手触摸可以达到预期的触摸按键效果。按照该电路和相应设置，当 S_0 触摸有效时，MCU 的 P2.10 为低电平，否则为高电平。只要有触摸，则相应 GPIO 引脚的逻辑为 0，否则为 1。通过判断 GPIO 引脚的高低电平就可以知道触摸的是哪个按键，从而可以在程序中执行相应的操作，等同于普通按键按下有效。

　　值得注意的是，使用电容式触摸芯片要充分考虑灵敏度。PCB 上感应焊盘的大小及走线会直接影响芯片的灵敏度，所以灵敏度必须根据实际应用的 PCB 进行调整。TTP224/TTP224N 提供以下几种外部灵敏度调整方法。

（1）改变感应焊盘的大小

若其他条件固定不变，使用一个较大的感应焊盘将会增大其灵敏度，反之灵敏度将下降，但是感应焊盘的大小也必须在其有效范围之内。

（2）改变面板厚度

若其他条件固定不变，使用一个较薄的面板也会提高灵敏度，反之灵敏度将下降，但是面板的厚度必须低于其最大值。

（3）改变 $Cs_0 \sim Cs_3$ 电容值的大小

若其他条件固定不变，可以根据各键的实际情况通过调节 C_s 电容值使其达到最佳的灵敏度，同时使各键的灵敏度达到一致。当不接 Cs 电容时其灵敏度最高。$Cs_0 \sim Cs_3$ 的电容值越大，则其灵敏度越低，Cs 电容值可调节的范围为 $0 \leqslant Cs_0 \sim Cs_3 \leqslant 50$ pF。

6.6.2 显示接口设计

在嵌入式应用系统中，最为常用的显示接口主要包括 LED 和 LCD 两种形式。LED 以简单数字或多段字符形式显示，LCD 以点阵字符或图形的形式显示嵌入式系统的各种信息。

1. LED 显示接口

LED 显示接口分为 LED 发光二极管接口和 8 段或 7 段 LED 数码管接口。

（1）发光二极管接口

发光二极管常用于指示工作状态，如正常或异常等，显示简单，直观明了。

利用 GPIO 引脚可以方便地连接 LED 指示灯，如图 6.55 所示。

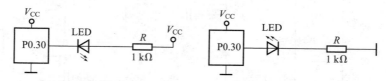

(a) 用普通输出模式控制LED指示灯　　(b) 用推挽输出模式控制LED指示灯

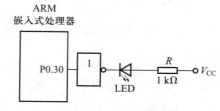

(c) 带反相驱动控制的LED指示灯

图 6.55　利用 GPIO 连接 LED 指示灯

图 6.55（a）采用普通 I/O 端口，利用通用输出模式来控制 LED 指示灯的亮和灭，当嵌入式处理器引脚 P0.30 输出逻辑 0 时，电流由 V_{cc} 通过限流电阻 R 及 LED 流过，电流大小受控于限流电阻 R 的值，LED 发光，处于亮的状态；当 P0.30 输出逻辑 1 时，LED 没有电流流过，

处于灭的状态。

图 6.55（b）采用普通 I/O 端口，利用推挽输出模式（推挽模式可提供大电流输出）控制 LED 指示灯的亮和灭。当 P0.30 引脚输出逻辑 1 时，电流由 GPIO 引脚经 LED 和限流电阻 R 到地，电流大小受控于限流电阻 R 的值，LED 发光，处于亮的状态；当 P0.30 输出逻辑 0 时，LED 没有电流流过，从而不发光，处于灭的状态。

图 6.55（c）采用普通 I/O 输出，外加反相驱动后接发光二极管的接口，没有驱动能力的 GPIO 引脚均可使用该接口方式。只是当 P0.30 为高电平时 LED 亮，低电平时 LED 灭。

应该注意的是，无论采用哪种方式输出，均不可省略限流电阻，否则由于没有限流电阻，使 P0.30 引脚强行输出 MCU 不能提供的大电流，易损坏 GPIO 引脚的内部逻辑。

（2）LED 数码管接口

对于单个 LED 接口的设计，可采用动态显示方式，也可以采用静态显示方式。典型的 4 位共阳动态显示的 LED 数码管接口电路如图 6.56 所示。利用 GPIO 的一个引脚 GPIO9 控制是否允许显示，当 GPIO9 = 0 时，74HC245 允许访问，否则不显示。利用 8 个 GPIO 引脚 GPIO1 ~ GPIO8（不同处理器的引脚定义不同，此处仅代表序号，不代表具体引脚编号）连接 8 个段码到一个 74HC245 缓冲驱动器（段码驱动器），与 LED 之间利用限流电阻连接到 8 段数码管的 8 个段码（a ~ g，dp），利用 4 个 GPIO 引脚（GPIO10 ~ GPIO13）控制位码，利用分离元件电阻和三极管构建位码驱动电路，三极管 8550 用作电源 V_{cc} 的开关，当 GPIO10 ~ GPIO13（对应 BIT1 ~ BIT4）有一个为 0 时，电源接通 LED 的公共端，将段码送到 8 段数码管就可以点亮指定字符。由于仅有一个缓冲驱动器，且不具备锁存功能，因此在让 4 位数码管同时显示 4 个不同字符时，必须采用分时送段码的方式，分别让每一个数码管显示一个字符，延时一段时间切换位码，方可连续显示 4 个不同的字符。这就是动态显示方式，即在显示过程中，段码 D0 ~ D7 是不断变化的，但由于切换的时间和亮灭时间可以在人眼驻留一段时间，给人的感觉是 4 个数码管稳定显示不同字符。字符必须经过编码才能正确显示。

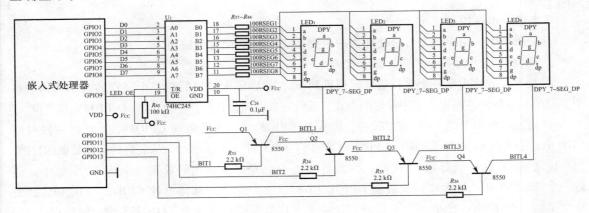

图 6.56　LED 指示灯的动态显示方式

除了动态显示外，也可以使用静态显示方式。常用的静态显示方式可采用锁存器，也可以采用移位寄存器来进行接口设计。借助于串行输入并行输出的移位寄存器 74HC595 来扩展 LED 数码管静态显示接口的电路如图 6.57 所示。

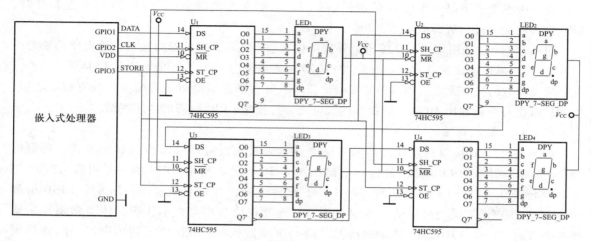

图 6.57　LED 指示灯的静态显示方式

图中仅利用三个 GPIO 引脚来控制 4 个 74HC595，从而控制 4 个 8 段 LED 数码管的显示。由于每个 74HC595 都具备输出锁存功能，因此这是典型的静态显示方式。送完 4 个段码之后，嵌入式处理器不需要连续不断地送数据到显示接口，除非需要更新显示。接口中的 GPIO1 作为数据输出连接到串行输入数据端，GPIO2 为串行移位时钟 CLK，一个时钟移位一个数据位 DATA，8 个 CLK 时钟之后，第一个 74HC595（U₁）的数据到位；16 个 CLK 时钟之后，U₁ 和 U₂ 的数据到位；32 个 CLK 时钟之后，4 个 74HC595 的数据全部到位，此时，可使用 GPIO3 产生一个锁存脉冲，把 4 个 74HC595 的全部数据同时锁存，这样 4 只 LED 数码管就可以显示各自的字符。

具体显示步骤如下：

① 将 GPIO1～GPIO3（不同处理器的引脚定义不同）配置为输出。

② 确定要显示的 4 个字符的显示代码。

③ 按次序先输出第一个字符的显示代码到 U₁，然后依次输出后续三个字符的显示代码，每个字符的显示代码的输出均采用移位的方式，低位在前，高位在后，一个脉冲（GPIO2）移一位。

④ 通过 GPIO3 产生一个锁存脉冲，即先让 GPIO3＝0，然后再让 GPIO3＝1，延时一段时间（100 ns）后再让 GPIO3＝0，即让 GPIO3 对接的 ST_CP 产生一个正脉冲，从而达到锁存数据的目的。

由于 ARM 微控制器是 32 位的，因此可以把 4 个 8 位显示代码放到一个 32 位变量中，通过一个 32 次循环，每次移一位数据 GPIO1（DS），并产生一个移位脉冲 GPIO2（SH_CP），循环结束后，让 GPIO3 产生一个正脉冲，把 4 个 8 位数据锁存在 4 个 74HC595 输出端即可。

无论采用动态还是静态方式，对于共阳 LED 数码管，都需要确定要显示字符的显示代码，如果显示代码不存在中，则可以按照编码原则自行编码。

2. LCD 显示接口

嵌入式系统经常使用 LCD 液晶显示器作为人机交互的主要显示器。LED 数码管只能显示一般字符，而 LCD 液晶屏由于点阵多，可以显示汉字、字符，也可以显示图形或图像，显示效果视分辨率的不同而不同。

LCD 显示设备按其完整程度可分为 LCD 显示屏、LCD 显示模块（LCM）以及 LCD 显示器三种类型。

LCD 显示屏自身不带控制器，没有驱动电路，仅仅是显示器件，价格最低；LCD 显示模块内置了 LCD 显示屏、控制器和驱动模块，这类显示模块有字符型、图形点阵型、带汉字库的图形点阵型等；LCD 显示器除了具备显示屏，还包括驱动器、控制器以及外壳，是最完备的 LCD 显示设备，其价格也是最高的。

嵌入式系统中使用比较多的是 LCD 显示屏和 LCD 显示模块。如果嵌入式处理器芯片内部已集成了 LCD 控制器，则可以直接选择 LCD 显示屏；如果内部没有集成 LCD 控制器，则可选择 LCD 显示模块，通过 GPIO 以并行方式或串行方式（如 SPI 或 I^2C）连接 LCD 显示模块（不同模块的通信方式不同）。

LCD 显示模块又分为单色 LCD 模块和 TFT（thin film transistor，薄膜晶体管）彩色 LCD 模块。

单色 LCD 显示模块分为段式液晶显示模块、字符点阵液晶显示模块、图形点阵液晶显示模块、图形点阵 COG 液晶显示模块、带触摸屏图形点阵液晶显示模块、带中文图形两用液晶显示模块（带 GB 2312 汉字库）、带触摸屏中文图形两用液晶显示模块等。

TFT 式显示屏是各类笔记本电脑和台式机的主流显示设备，该类显示屏上的每个液晶像素点都是由集成在像素点后面的薄膜晶体管驱动的，因此 TFT 式显示屏也是一类有源矩阵液晶显示设备，是最好的 LCD 彩色显示器之一。TFT 式显示器具有高响应度、高亮度、高对比度等优点，其显示效果接近 CRT 式显示器。

在嵌入式系统中，中低端应用通常采用价格低廉的单色 LCD 模块，而在有些高端应用场合，则使用 TFT LCD 模块。

（1）基于 LCD 模块并行传输模式的典型 LCD 接口设计

LCD 模块从接口形式上可分为两种基本形式：一种是并行传输接口，一种是串行传输接口。并行传输接口采用 8 位并行数据与嵌入式处理器连接，还需要片选、读写控制等控制信号引脚。LCD 模块的型号不同，厂家不同，采用的驱动芯片也不同。

典型的并行接口带汉字库的中文图形两用 LCD 模块 OCMJ4X8C 为 128×64 点阵，可用于显示汉字和图形的 LCD 模块。全部用于显示汉字时，可以在屏上显示 4 行 16×16 点阵的汉字，每行可显示 8 个汉字。它提供三种控制接口，分别是并行的 8 位微处理器接口和 4 位微处理器接口及串行接口。所有的功能，包含显示 RAM、字形产生器，都包含在一个芯片中，只需要一个最小的嵌入式系统就可以方便地操作模块。内置 2 Mb 中文字形 ROM（CGROM），提供 8 192 个中文字形（16×16 点阵）；16 Kb 半宽字形 ROM（HCGROM），提供 126 个符号字形

（16×8 点阵）；64×16 b 字形产生 RAM （CGRAM）。另外，绘图显示画面提供一个 64×256 点阵的绘图区域 （GDRAM），可以和文字画面混合显示。提供多功能指令：画面清除 （display clear）、光标归位 （return home）、显示打开/关闭 （display on/off）、光标显示/隐藏 （cursor on/off）、显示字符闪烁 （display character blink）、光标移位 （cursor shift）、显示移位 （display shift）、垂直画面旋转 （vertical line scroll）、反白显示 （by_line reverse display）、待命模式 （standby mode） 等。

OCMJ4X8C 的主要参数如下：

- 工作电压 （V_{DD}）：4.5~5.5 V。
- 逻辑电平：2.7~5.5 V。
- LCD 驱动电压 （V_o）：0~7 V。
- 工作温度 （TOP）：0~55 ℃ （常温） /−20~70 ℃ （宽温）。
- 保存温度 （TST）：−10~65 ℃ （常温） /−30~80 ℃ （宽温）。

由工作电压和逻辑电平可知，无论是 3.3 V 还是 5 V 的嵌入式处理器均可以直接与这种 LCD 模块连接，无须进行逻辑电压的转换。OCMJ4X8C 的接口信号如表 6.7 所示。

表 6.7　OCMJ4X8C 的接口信号

引脚	名称	方向	说明	引脚	名称	方向	说明
1	V_{SS}	−	GND （0 V）	11	DB4	I/O	数据 4
2	V_{DD}	−	电源 +5 V	12	DB5	I/O	数据 5
3	V_o	−	LCD 电源 （悬空）	13	DB6	I/O	数据 6
4	RS	I	高电平：数据，低电平：指令	14	DB7	I/O	数据 7
5	R/W	I	高电平：读，低电平：写	15	PSB	I	高电平并行，低电平串行
6	E	I	使能：高电平有效	16	NC	−	空脚
7	DB0	I/O	数据 0	17	$\overline{RST}$	I	复信信号：低电平有效
8	DB1	I/O	数据 1	18	NC	−	空脚
9	DB2	I/O	数据 2	19	LEDA	−	背光源正极 （+5 V）
10	DB3	I/O	数据 3	20	LEDK	−	背光源负极 （0 V）

工作在并行接口方式下，LCD 显示模块与嵌入式处理器的接口连接如图 6.58 所示。利用 13 个 GPIO 引脚 （GPIO 引脚定义随处理器不同而不同，这里仅提供序号） 与 LCD 显示模块连接，其中 GPIO1~GPIO8 作为 8 位并行数据与 LCD 显示模块的数据端相连。PSB 接 +5 V，表示工作在并行传输模式。GPIO13 控制背光点亮或关闭，当 GPIO13 = 0 时，BG5 导通，LEDA 与 +5 V 接通而得电，背光点亮；当 GPIO13 = 1 时，背光电源为 0，背光灭。通过背光控制，可以在不需要显示的时候将背光关闭，一方面可以延长 LCD 显示模块的使用寿命，另一方面还可以降低能耗。其他引脚按照图 6.59 所示的时序输出相应逻辑即可。

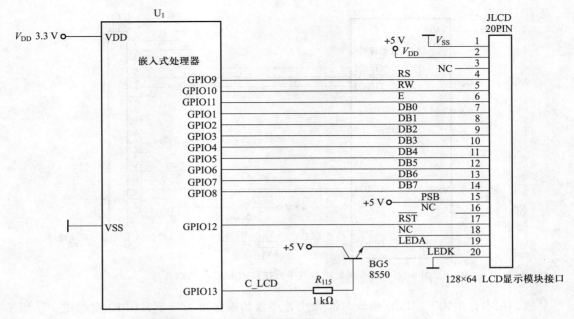

图 6.58 嵌入式处理器与并行接口的 LCD 模块的连接

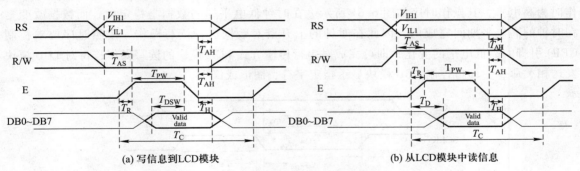

(a) 写信息到LCD模块   (b) 从LCD模块中读信息

图 6.59 OCMJ4X8C 接口读写时序

在读写信息时，先让$\overline{\text{RST}}$（GPIO12）产生一个复位信号（负脉冲），而后可以进行正常的读写操作。操作时，数据在 E（GPIO11）的下降沿有效，当 RW（GPIO10）= 0 时，表示写信息到 LCD 模块；当 RW = 1 时，表示从 LCD 模块中读取信息。通过控制 GPIO 相应引脚的高低电平，即可控制对 LCD 模块的读写。按照技术资料提供的用户命令的格式，通过该接口即可让 LCD 模块显示字符图形或汉字。

（2）基于 LCD 模块串行传输模式的典型 LCD 接口设计

由于并行传输模式占用的 GPIO 引脚较多，在实际应用情况中，为节省 GPIO 引脚，嵌入式系统大都采用串行接口的 LCD 模块。上面介绍的 OCMJ4X8C 既可使用并行接口，又可使用串行接口。在串行模式下，LCD 模块与嵌入式处理器的接口如图 6.60 所示。

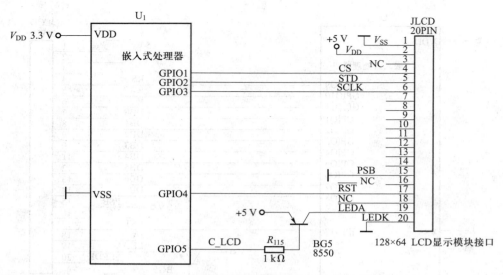

图 6.60　嵌入式处理器与串行接口的 LCD 模块的连接

　　显然，在串行模式下，LCD 模块与嵌入式处理器的连接更为简单，GPIO 引脚更少，用于传输的主要引脚包括选择信号 CS（GPIO1）、串行数据信号 STD（GPIO2）和时钟信号 SCLK（GPIO3）。由 GPIO4 产生的复位信号与并行 LCD 模块一样，首先要产生一个负脉冲，正常工作时为高电平，其操作时序如图 6.61 所示。在时钟低电平期间数据是稳定的，而数据改变是在时钟的高电平期间完成的，因此在时钟的上升沿对数据进行读写操作。按照时序要求控制 GPIO 引脚的高低电平的变化，即可完成对串行传输方式 LCD 模块的读写操作；再对 LCD 模块发送相关命令，即可控制 LCD 模块显示指定字符、图形或汉字。

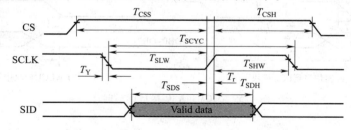

图 6.61　串行接口的 LCD 模块的工作时序

3. 触摸屏接口

　　触摸屏（touch screen）又称为"触控屏""触控面板"，是一种可接收触头等输入信号的感应式液晶显示装置。当接触屏幕上的图形按钮时，屏幕的触觉反馈系统可根据预先编制的程序驱动各种连接装置，用以取代机械式的按钮面板，并借由液晶显示屏显示画面。触摸屏作为一种新型的输入设备，是目前最简单、方便、自然的人机交互方式。它赋予了多媒体以崭新的面貌，是极富吸引力的全新多媒体交互设备。触摸屏在高端嵌入式应用系统中被广泛采用。

　　触摸屏由两个部分构成：一是触摸板，二是显示屏。触摸板有电阻式和电容式两种基本形式。

电阻式触摸屏是一种传感器，它将矩形区域中触摸点（X，Y）的物理位置转换为代表 X 坐标和 Y 坐标的电压。很多 LCD 模块都采用电阻式触摸屏，这种屏幕可以用四线、五线、七线或八线来产生屏幕偏置电压，同时读回触摸点的电压。

电阻式触摸屏具有以下主要优点。

- 电阻式触摸屏的精确度高，可到像素点的级别，适用的最大分辨率可达 4096×4096。
- 屏幕不受灰尘、水汽和油污的影响，可以在较低或较高温度的环境中使用。
- 电阻式触摸屏使用的是压力感应，可以用任何物体来触摸，即便是戴着手套也可以操作，并可以用来进行手写识别。
- 电阻式触摸屏技术成熟，门槛较低，成本较为低廉。

电阻式触摸屏有以下主要缺点。

- 电阻式触摸屏能够设计成多点触控，但当两点同时受压时，屏幕的压力变得不平衡，导致触控出现误差，因而多点触控的实现较困难。实现多点触控通常采用电容式触摸屏。
- 电阻式触摸屏较易因为划伤等导致屏幕触控部分受损。

触摸板是透明的，其中有触摸电路。例如，用手触摸电阻式触摸板某处时，其中两点通过电阻矩阵相连通，加电后得到的模拟电压与之相对应，通过 A/D 变换即可得到触摸点的准确坐标。

典型的触摸屏控制器 ADS7843 是一款四线制的电阻式触摸屏控制器，其内部组成如图 6.62 所示。ADS7843 由 4 通道选择器、ADC（包括 CDAC、SAR 和比较器）以及串行通信接口等组成。

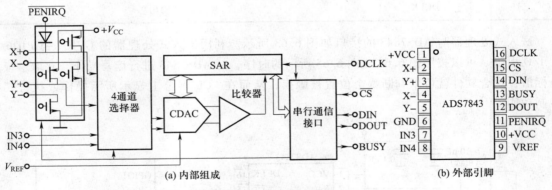

(a) 内部组成 (b) 外部引脚

图 6.62　触摸屏控制器 ADS7843

ADS7843 的引脚信号及其含义如表 6.8 所示。

表 6.8　ADS7843 的引脚信号及其含义

引脚编码	信号名称	说明
1	+VCC	电源电压，2.7~5 V
2	X+	X+位置输入，ADC 输入通道 1

引脚编码	信号名称	说明
3	Y+	Y+位置输入，ADC 输入通道 2
4	X-	X-位置输入
5	Y-	Y-位置输入
6	GND	地
7	IN3	辅助输入 1，ADC 输入通道 3
8	IN4	辅助输入 2，ADC 输入通道 4
9	VREF	电压参考输入
10	+VCC	供电电压，2.7~5 V
11	$\overline{PENIRQ}$	中断输出引脚（需要外接 10~100 kΩ 的电阻）
12	DOUT	串行数据输出
13	BUSY	忙信号输出
14	DIN	串行数据输入
15	$\overline{CS}$	片选信号
16	DCLK	外部时钟输出

嵌入式处理器与 ADS7843 的接口如图 6.63 所示。利用嵌入式处理器的 GPIO1~GPIO6 六个 I/O 引脚，可以按照图 6.64 或图 6.65 所示的时序，对 ADS7843 进行读写操作，获取触摸屏坐标值，配合软件就可以判断哪个位置被触摸，从而在 LCD 屏幕上显示所示操作或执行某种控制功能。

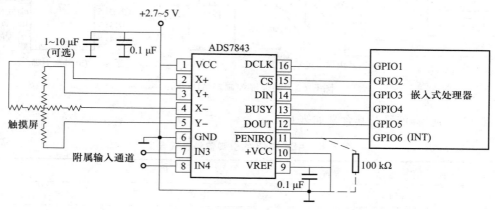

图 6.63 触摸屏控制器 ADS7843 的应用

为了完成一次电极电压切换和 A/D 转换，需要先通过串口向 ADS7843 发送控制字，转换完成后再通过串口读出电压转换值。一次标准的转换需要 24 个时钟周期，如图 6.64 所示。由于串口支持双向同时进行传送，并且在一次读数与下一次发控制字之间可以重叠，所以转换速率可以提高到每次 16 个时钟周期，如图 6.65 所示。

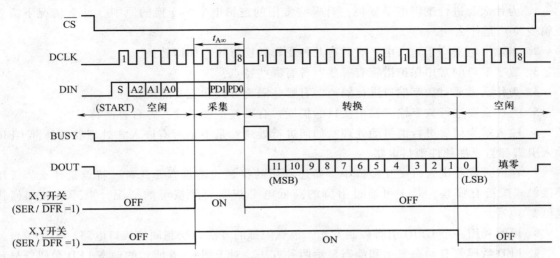

图 6.64　触摸屏控制器 ADS7843 的操作时序（24 个时钟）

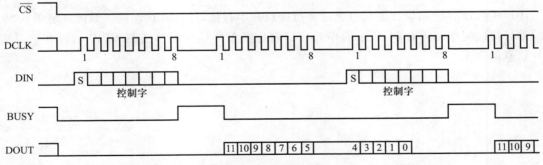

图 6.65　触摸屏控制器 ADS7843 的操作时序（16 个时钟）

显示软件配合硬件要完成以下工作。

● 合理安排显示模块的位置：显示模块有 LED 数码管显示、LCD 液晶模块显示，通常将显示模块放在主程序中，如果放在中断服务程序中则比较复杂。

● 改变显示信息的方式：应将即时显示与定时显示、有按键操作或触摸操作时改变显示、有参量变化时改变显示、有时钟变化时改变显示、有通信数据时改变显示等相结合。

● 高位灭零处理：最高位数字是 0 的不应显示，即进行灭零处理。

● 闪烁处理：重要信息提示可用闪烁显示，方法是：亮→延时 1→灭→延时 2……，如此循环。

一般延时 1 略大于延时 2，通常"延时 1+延时 2"在 1~4 s，以适应眼睛驻留时间，得到好的显示效果。

本 章 习 题

1. 为什么要进行逻辑电平变换？有哪些常用的逻辑电平？变换的原则（什么情况下需要逻辑变换）是什么？

2. 当输出电平高于输入电平时，有几种逻辑转换方法？如何转换？

3. 数字端口的常用保护措施有哪些？各有哪些特点？

4. 为什么需要对数字端口进行隔离？有哪些隔离方式和主要隔离器件？

5. 为什么要进行数字输入输出接口的扩展？有哪些扩展手段？各自有何特点？

6. 输入端为何要进行消抖动处理？如何进行处理？是不是所有嵌入式处理器的外部 GPIO 输入引脚都需要加硬件消抖电路？

7. 在嵌入式系统人机交互接口中，简述常用的接触式键盘有哪几种，特点是什么。常用非接触式按键有哪些？对于可通过引脚的高低电平获取简单按键的情况，矩阵键盘如何按键值？

8. 说明利用一个 GPIO 引脚控制发光二极管闪烁的方法，绘制硬件接口电路。

9. LED 数码管有动态显示和静态显示两种方法，对于图 6.56 所示的动态 LED 数码管显示电路以及图 6.57 所示的静态显示电路，说明让 LED_1~LED_4 稳定显示 1~4（1，2，3，4）的方法步骤。

10. 对于 LCD 液晶屏，通常可通过并行接口和串行接口与 MCU 连接。如何理解图 6.59 所示的并行接口时序和图 6.61 所示的串行接口时序？怎样按照时序进行 GPIO 的操作，以实现 LCD 信息的显示。

第 7 章　模拟输入输出系统设计

【本章提要】

随着嵌入式技术、物联网技术的广泛应用，感知技术显得越来越重要。而模拟通道正是感知技术的基础，通过传感器感知的信号，经过信号调理再进行变换，即可获取感知信息。

本章重点介绍模拟通道各部分的原理及其接口设计。主要内容包括典型模拟输入输出系统、传感器及变送器、信号调理电路设计、模数转换器及其应用、数模转换器及其应用、比较器及其应用以及典型模拟输入输出系统实例等。

【学习目标】

- 了解模拟输入输出系统的基本构成。
- 了解常用传感器和变送器的种类及应用领域。
- 了解信号调理电路的功能及任务，了解信号滤波、放大、激励与变换等知识，掌握无源和有源低通滤波器的设计，会计算二阶低通滤波器的截止频率并掌握其设计，熟练掌握反相放大器、同相放大器以及差分放大器的设计，了解模拟信号的隔离方法。
- 掌握典型微控制器内部 ADC 的应用，熟悉外接 ADC 的接口方法。
- 掌握典型微控制器内部 DAC 的应用，熟悉外接 DAC 的接口方法。
- 了解片上比较器及其应用。
- 能分析典型模拟输入输出系统。

7.1　模拟输入输出系统概述

应用于工业测控技术中的典型模拟输入输出系统如图 7.1 所示。

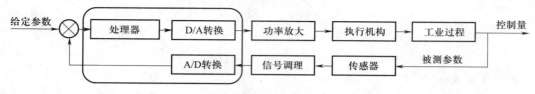

图 7.1　一般模拟输入输出系统

由于工业过程中实际遇到的物理量不可能全部都是直接符合 A/D 或 D/A 变换条件的电信号量，因此这些物理量（如温度、湿度、压力、流量以及位移量等）往往不全是电量，必须通过传感器将这些非电量转换成电量，然后再对转换后的电量进行适当调整，以便使 A/D 变换器能有效地将模拟量转换成数字量。

从传感器、信号调理到 A/D 变换是模拟输入通道的主要构成，这一过程称为数据采集（data acquisition system，DAS）。信号调理包括放大、滤波以及变换等处理。

处理器接收到数字量后，经过某种控制策略控制工业过程，而工业过程大都有执行机构，如电动执行机构、气动执行机构以及直流电机等，这些执行机构大多需要功率较大的模拟量，因此需要经过 D/A 转换将数字量转换成模拟量。由于转换后的模拟量功率小，不足以驱动执行机构，又要将模拟信号的功率放大，以足够大的功率驱动执行机构，完成对工业过程的闭环控制。从 D/A 变换、功率放大到执行机构构成了模拟输出通道。

由于大部分嵌入式处理器内部集成了模拟组件（如 ADC、DAC），因此无须再外接组件，除非内置组件不能满足系统的要求。具有内置 ADC、DAC 的典型嵌入式处理器组成的模拟输入输出系统如图 7.2 所示。

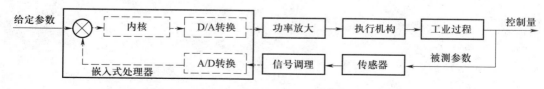

图 7.2　基于嵌入式处理器的模拟输入输出系统

与图 7.1 相比，模拟输入通道的关键部件 ADC 和模拟输出通道的关键部件 DAC 是嵌入式处理器的片上资源，因此无须外扩，一方面节省了成本，另一方面省去了许多外部连接线，因此也降低了干扰。

本章介绍的模拟输入输出通道主要包括传感器接口、信号调整电路、ADC、DAC 以及比较器及其接口设计。

7.2　传感器及变送器

传感器是把被测的非电量转换为与之有确定关系的电量或其他形式量的装置。传感器是人类感官的延伸，是现代测控系统及物联网的关键环节。变送器是在传感器的基础上，把感知的信号通过一定形式传送出去的一种装置。有时并不特意区分传感器和变送器，现代智能传感器均具有变送器的功能。

7.2.1　传感器

传感器（transducer/sensor）是一种检测装置，能感受到被测量的信息，并能将感受到的信息按一定规律变换成为电信号或其他所需形式的信息输出，以满足信息的传输、处理、存储、显示、记录和控制等要求。它是实现自动检测和自动控制的首要环节。

传感器应主要按照其用途、原理、输出信号、结构和作用形式等进行选择。通常，在传感器的线性范围内，传感器的灵敏度越高越好，因为只有灵敏度高，与被测量变化对应的输出信号的值才比较大，有利于信号处理。但要注意的是，传感器的灵敏度高，则与测量无关的外界噪声也容易混入，被放大系统放大，影响测量精度。因此，要求传感器本身应具有较高的信噪比，尽量减少从外界引入的干扰信号。传感器的灵敏度是有方向性的。当被测量的是单向量，而且对其方向性要求较高时，应选择其他方向灵敏度小的传感器；如果被测量的是多维向量，则要求传感器的交叉灵敏度越小越好。

传感器通常由敏感元件和转换元件组成，如图 7.3 所示。敏感元件是接收物理量的元件，而转换元件是将接收到的物理量转换成电量或其他形式量的元件。因此可以把传感器的功用理解为一感二传，即感受被测信息并传送出去。

图 7.3　传感器的组成

传感器的种类很多，在嵌入式应用系统中，广泛使用着各种电量式传感器。电量式传感器将生产和生活中遇到的物理量（如温度、湿度、流量、压力等）变换成电量，再经过 A/D 变换即可由嵌入式系统进行处理。

按输入量可将传感器分为位移传感器、速度传感器、温度传感器、压力传感器等；按工作原理可将传感器分为应变式传感器、电容式传感器、电感式传感器、压电式传感器、热电式传感器等；按物理现象可将传感器分为结构型传感器、特性型传感器；按能量关系可将传感器分为能量转换型传感器、能量控制型传感器；按输出信号可将传感器分为模拟式传感器、数字式传感器。

1. 流量传感器

流量传感器是测量流体流量的传感器，主要有差压流量传感器、涡轮流量传感器、电磁流量传感器、超声波流量传感器、窖式流量传感器、变面积式流量传感器等。

差压式流量传感器是根据安装于管道中的流量检测件产生的差压、已知的流体条件和检测件与管道的几何尺寸来计算流量的一种传感器。这种传感器也叫孔板式流量传感器。

差压式流量传感器的优势：应用广泛，结构牢固，性能稳定可靠，使用寿命长；不足：测量精度普遍偏低，范围度窄，一般仅 3：1~4：1，现场安装条件要求高，压损大（指孔板、喷嘴等）。流量传感器实物外形如图 7.4 所示。

图 7.4　流量传感器实物外形

流量传感器的主要参数有压力、工作温度、环境温度、测量流速、流量测量范围等。

流量传感器输出的模拟信号主要有 0~10 V 和 4~20 mA 两种形式，输出的数字信号有频率信号。现代流量传感器多采用总线形式输出，如 RS-485 等。

2. 压力传感器

压力传感器是测量压力大小的传感器。目前，压力传感器主要有电容式压力传感器、电感式压力传感器、电阻应变片式压力传感器、压阻式半导体式压力传感器等几种。

压力传感器可广泛应用于各种工业自控环境，涉及水利水电、铁路交通、生产自控、航空航天、军工、石化、油井、电力、船舶、机床、管道等众多行业。

压力传感器的主要参数有额定压力范围、最大压力范围、损坏压力、线性度、压力滞后以及温度范围等。压力传感器的实物外形如图 7.5 所示。

图 7.5　压力传感器实物外形

压力传感器输出的模拟信号有 mV 和 mA，也有 0~5 V 和 4~20 mA，输出的数字信号主要有频率，还有基于 RS-485 总线输出的压力传感器。

3. 温度传感器

温度传感器是指能感受温度并将其转换成可用输出信号的传感器。温度传感器是温度测量仪表的核心部分，品种繁多。按测量方式可分为接触式温度传感器和非接触式温度传感器两大类，按照传感器材料及电子元件特性可分为热电阻温度传感器、热电偶温度传感器以及集成温度传感器等。常用温度传感器实物外形如图 7.6 所示。

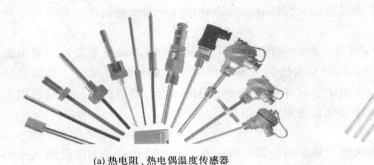

(a) 热电阻、热电偶温度传感器　　　　　　(b) 集成温度传感器

图 7.6　温度传感器实物外形

（1）热电阻温度传感器

热电阻是把温度变化转换为电阻值变化的一次元件。热电阻温度传感器分为金属热电阻温度传感器和半导体热敏电阻温度传感器两大类。热电阻广泛用于测量 $-200 \sim +850$ ℃ 范围内的温度。目前最常用的热电阻有铂热电阻和铜热电阻。

① PT100 铂电阻。PT100 温度传感器是一种以铂（Pt）做成的电阻式温度传感器，采用正电阻系数。查 PT100 的分度表可知，PT100 铂电阻温度传感器在 0 ℃ 时的阻值 R_0 为 100 Ω，在 100 ℃ 时的电阻值 $R_{100} = 138.51$ Ω，电阻变化率为 0.385 1 Ω/℃。PT100 铂电阻的阻值随温度的变化满足下列公式：

$$R_t = R_0 \left[1 + At + Bt^2 + C \left(t - 100 \right) t^3 \right], \qquad -200 \text{℃} < t < 0 \text{℃} \qquad (7.1)$$

$$R_t = R_0 \left(1 + At + Bt^2 \right), \qquad 0 \text{℃} < t < 850 \text{℃} \qquad (7.2)$$

R_t 表示 t ℃ 时的电阻值，R_0 表示 0 ℃ 时的电阻值。式（7.1）和（7.2）中 A、B、C 的系数分别为：$A = 3.908\ 02 \times 10^{-3}$，$B = -5.802 \times 10^{-7}$，$C = -4.273\ 50 \times 10^{-12}$。

在正温度范围内 B 非常小，可忽略不计，因此可用以下公式近似代替式（7.2）：

$$R_t = R_0 \left(1 + At \right) \qquad (7.3)$$

② Cu100 铜电阻。铜电阻的测温原理与铂电阻一样，也是利用导体电阻随温度变化的特性。铜电阻的测温范围小，在 $-50 \sim 150$ ℃ 范围内，稳定性好，便宜；但体积大，机械强度较低。铜电阻在测温范围内的电阻值和温度呈线性关系，温度系数大，适用于无腐蚀介质。铜电阻通常用于对测量精度要求不高的场合。

Cu100 是铜热电阻，它的阻值会随着温度的变化而改变。查 Cu100 分度表可知，Cu100 在 0 ℃ 时的阻值 R_0 为 100 Ω，在 100 ℃ 时的阻值 R_{100} 约为 142.80 Ω。

铜电阻有 $R_0 = 50\ \Omega$ 和 $R_0 = 100\ \Omega$ 两种，它们的分度号为 Cu50 和 Cu100。

铜电阻 R_t 与温度 t 的关系为：

$$R_t = R_0\ (1 + \alpha t) \tag{7.4}$$

式中 R_0 为温度为 0 ℃ 时的电阻值，α 是电阻温度系数，$\alpha = 4.25 \times 10^{-3} \sim 4.28 \times 10^{-3}/℃$。铜电阻通常是用直径为 0.1 mm 的绝缘铜丝绕在绝缘骨架上，再用树脂保护制成的。当被测介质中有温度梯度存在时，所测得的温度是感温元件所在范围内介质层中的平均温度。铜电阻采用常用的三线制接法。

对照式（7.3）和式（7.4），可知温度与电阻之间是线性关系，希望采集到的电阻上的电压也是线性的，因此可以采用 $y = kx + b$ 这样的关系式标度变换得到的温度值。为满足线性关系，可采用恒流源的方式测量电阻值，这样在电流一定的情况下，电阻的变化就反映出电阻两端电压的变化，只要采集电压即可知道电阻，从而得到温度值。

（2）热电偶温度传感器

热电偶温度传感器是温度测量中最常用的温度传感器。其主要优点是温度范围宽（−200 ~ 1 300 ℃，特殊情况下可达 −270 ~ 2 800 ℃）和适应各种大气环境，而且结实、价格低廉，无须供电。热电偶由在一端连接的两条不同金属线（金属线 A 和金属线 B）构成，如图 7.7 所示。当热电偶一端受热时，热电偶电路中就有电势差 E，可用测量的电势差来计算温度。

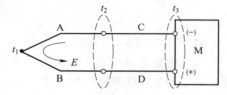

图 7.7 热电偶温度传感器回路

通常使用电桥来测量热电偶产生的电势差。值得注意的是，热电偶产生的电热势与温度之间不完全是线性关系，而是指数关系，不能用简单的线性标度变换 $y = kx + b$ 的方法得到温度与电势的关系。可根据分度表，采用分段线性拟合的方式来计算温度。

（3）集成温度传感器

集成温度传感器就是把温度感知器件及外围输出元件集成到一起的温度传感器。常用集成温度传感器的型号、测温范围、输出形式、封装形式及生产厂商如表 7.1 所示。

表 7.1 常用集成温度传感器

型号	测温范围	输出形式	温度系数	封装形式	生产厂商
LM45	−20 ~ +100 ℃	电压	10 mV/℃	SOT−23	NS
LM135	−55 ~ +150 ℃	电压	10 mV/℃	TO−92，TO−46	NS
LM235	−40 ~ +125 ℃	电压	10 mV/℃	TO−92，TO−46	NS
LM335	−40 ~ +100 ℃	电压	10 mV/℃	TO−92，TO−46	NS
LM3911	−25 ~ +85 ℃	电压	10 mV/℃	TO−5	NS

型号	测温范围	输出形式	温度系数	封装形式	生产厂商
μPC616A	−40～+125 ℃	电压	10 mV/℃	TO−5	NEC
μPC616C	−25～+85 ℃	电压	10 mV/℃	DIP8	NEC
LX5600	−55～+85 ℃	电压	10 mV/℃	TO−5	NS
LX5700	−55～+85 ℃	电压	10 mV/℃	TO−46	NS
REF−02	−55～+125 ℃	电压	2.1 mV/℃	TO−5	PMI
AN6701	−10～+80 ℃	电压	110 mV/℃	4 端	Panasonic
AD22103	0～+100 ℃	电压	28 mV/℃	TO−92，SOP8	AD
AD590	−55～+150 ℃	电流	1 μA/℃	TO−52	AD
LM75A	−55～+125 ℃	总线：I^2C	0.125 ℃	SO−8	NS
DS18B20	−55～+125 ℃	总线：1−Wire	串行数字量输出	TO−92	Dallas

集成温度传感器有模拟输出和数字输出两大类，其中模拟输出又分为电压输出型和电流输出型，如表 7.1 所示。除了 DS18B20 为数字输出外，其他均为模拟输出。在模拟输出温度传感器中，AD590 是电流输出型温度传感器，因此外部要加运放或电阻将电流转换为电压，方可进行 ADC 变换。模拟输出的集成温度传感器，其温度与电压或电流成正比，因此完全可以使用线性标度变换（详见第 11 章 11.6.4 小节）来校准温度与模拟电压或电流成比例的数字量之间的关系。

对于基于总线输出的温度传感器如 DS18B20 和 LM75A 等，无须经过 A/D 变换，可直接通过相应总线读取温度编码。

4. 物位传感器

物位传感器是能感受物位（液位、料位等）并转换成可用输出信号的传感器。

物位传感器可分为两类：一类是连续测量物位变化的连续式物位传感器；另一类是以点测为目的的开关式物位传感器，即物位开关。目前，开关式物位传感器比连续式物位传感器应用得广。它主要用于过程自动控制的门限、溢流和空转防止等。连续式物位传感器主要用于连续控制和仓库管理等方面，有时也可用于多点报警系统中。

几种实用化的物位传感器包括电容式物位传感器、静压式物位传感器、超声波式物位传感器、微波物位传感器以及光纤物位传感器等。其中电容式物位传感器是应用最为广泛的一种物位传感器。物位传感器的实物外形如图 7.8 所示。

利用物位传感器可以测量液位高度、物料深度等参数。物位传感器的主要参数有量程、精度和测量速度等。物位单位通常为 cm 或 m。

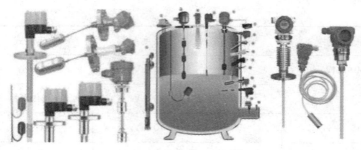

图 7.8　物位传感器实物外形

物位传感器的输出形式有模拟输出和数字数据。模拟输出的物位传感器有电压输出和电流输出两种，单位通常是 mV 或 mA，如 0～100 mV、0～5 V 或 0～10 mA、4～20 mA 等，物位与电压、电流成正比关系。数字输出的有频率信号，总线型输出如 RS-485。

5. 位移传感器

位移传感器又称为线性传感器，是一种属于金属感应的线性器件，作用是把各种被测物理量转换为电量。在生产过程中，位移的测量一般分为测量实物尺寸和机械位移两种。按被测变量变换的形式不同，位移传感器可分为模拟式和数字式两种。模拟式又可分为物性型和结构型两种。

位移传感器主要用于测量各种长度、直径、厚度、高度差、跳动、同心度及垂直度等。

常用位移传感器以模拟式结构型居多，包括电位器式位移传感器、电感式位移传感器、自整角机、电容式位移传感器、电涡流式位移传感器、霍尔式位移传感器等。数字式位移传感器的一个重要优点是便于将信号直接送入嵌入式系统。

位移传感器的输出方式有电阻型、电压型、电流型、增量脉冲型、绝对脉冲型。模拟输出型可以选择精密电位器、霍尔编码器、绝对值编码器等，输出信号可以为 4～20 mA、0～5 V、0～10 V 的电流、电压信号和电阻信号。位移量与输出的模拟量之间呈线性关系。此外还有 RS-485 总线型。常见位移传感器的实物外形如图 7.9 所示。

图 7.9　位移传感器实物外形

6. 称重传感器

称重传感器是一种将质量信号转换为可测量的电信号并输出的装置。称重传感器按转换方法分为光电式、液压式、电磁力式、电容式、磁极变形式、振动式、陀螺仪式、电阻应变式等，以电阻应变式使用最广。输出为 mV 信号，输出电压与质量成正比关系。常见称重传感器的实物外形如图 7.10 所示。

图 7.10　称重传感器实物外形

7. 气敏传感器

气敏传感器是一种检测特定气体的传感器。它主要包括半导体气敏传感器、接触燃烧式气敏传感器和电化学气敏传感器等，其中使用最多的是半导体气敏传感器。

气敏传感器的应用主要有一氧化碳气体的检测、瓦斯气体的检测、煤气的检测、氟利昂（R11、R12）的检测、呼气中乙醇的检测、人体口腔口臭的检测等。

气敏传感器将气体种类及与浓度有关的信息转换成电信号，根据这些电信号的强弱就可以获得与待测气体在环境中的存在情况有关的信息，从而可以进行检测、监控、报警；还可以通过接口电路与嵌入式系统构成自动检测、控制和报警系统。气敏传感器的实物外形如图 7.11 所示。

图 7.11　气敏传感器实物外形

8. 磁敏传感器

磁敏传感器是感知磁性物体的存在或者磁性强度（在有效范围内）的一种传感器，这些磁性材料除永磁体外，还包括顺磁材料（铁、钴、镍及它们的合金），也包括感知通电（直流、交流）线包或导线周围的磁场。磁敏传感器的主要类型有霍尔传感器、磁敏电阻、磁敏二极管、磁敏三极管等。其中霍尔传感器是应用最为广泛的磁敏传感器。

霍尔传感器主要有两大类：一类为开关型器件，一类为线性霍尔器件。在结构形式（品种）及用量、产量方面，前者大于后者。霍尔器件的响应速度大约在 1 μs 量级。霍尔传感器又有感应电压或电流的电压传感器和电流传感器，可以用于直流到直流、交流到交流的不同电压或电流的变换。霍尔传感器的外形如图 7.12 所示。

(a) 霍尔开关　　　　　　　　　　(b) 霍尔电压电流传感器

图 7.12　霍尔传感器实物外形

9. 红外光电传感器

红外光电传感器是把红外光强度的变化转换成电信号变化的一种传感器。红外线又称红外光，具有反射、折射、散射、干涉、吸收等性质。

红外光电传感器包括光学系统、检测元件和转换电路。光学系统按结构不同可分为透射式和反射式两类。检测元件按工作原理可分为热敏检测元件和光电检测元件。热敏元件应用最多的是热敏电阻。热敏电阻受到红外线辐射时温度升高，电阻发生变化，通过转换电路变成电信号输出。光电检测元件常用的是光敏元件。

红外光电传感器常用于无接触温度测量、气体成分分析和无损探伤，在医学、军事、空间技术和环境工程等领域得到广泛应用。例如，采用红外线传感器远距离测量人体表面温度的热像图（热像仪），可以发现温度异常的部位，及时对疾病进行诊断治疗；利用人造卫星上的红外线传感器对地球云层进行监视，可实现大范围的天气预报；采用红外线传感器可检测飞机上正在运行的发动机的过热情况等。

红外光电传感器主要有红外光敏二极管、红外光敏三极管、红外线遥控器件（红外接收头、红外线二极管）。红外光电传感器的实物外形如图 7.13 所示。

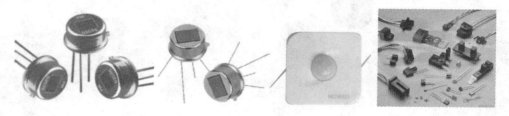

图 7.13　红外光电传感器实物外形

10. 机器人传感器

机器人是由计算机控制的复杂机器，具有类似人的肢体及感官功能，动作程序灵活，有一定程度的智能，在工作时可以不依赖人的操纵。机器人传感器在机器人的控制中起了非常重要的作用，正因为有了传感器，机器人才具备了类似人类的知觉功能和反应能力。为了检测作业对象及环境或机器人与它们的关系，机器人上通常会安装触觉传感器、视觉传感器、力觉传感器、接近觉传感器、超声波传感器和听觉传感器，从而能够大大改善机器人的工作状况，使其能够更充分地完成复杂的工作。由于外部传感器为集多种学科于一身的产品，有些方面还在探索之中，随着外部传感器的进一步完善，机器人的功能会越来越强大，将在许多领域为人类做出更大贡献。机器人传感器在机器人中的位置示意如图 7.14 所示。

7.2.2　变送器

变送器是将物理测量信号或普通电信号转换为标准电信号输出或能够以通信协议方式输出的设备。变送器的种类很多，用在工控仪表上面的变送器主要有温度/湿度变送器、压力变送器、差压变送器、液位变送器、电流变送器、电量变送器、流量变送器、重量变送器等。变送器的实物外形如图 7.15 所示。

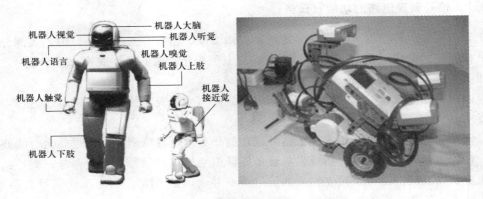

图 7.14　机器人传感器在机器人中的位置示意

机器人视觉
机器人语言
机器人触觉
机器人下肢
机器人大脑
机器人听觉
机器人嗅觉
机器人上肢
机器人接近觉

图 7.15　变送器实物外形

　　一般变送器具有输入过载保护、输出过流限制保护、输出电流长时间短路保护、两线制端口瞬态感应雷与浪涌电流 TVS 抑制保护、工作电源过压极限（≤35 V）保护以及工作电源反接保护等功能。

　　现在有的传感器与变送器已不太区分，因为现代传感器都具有标准输出信号，具备了变送器的功能。相比之下，传感器便宜，变送器则贵很多。也就是说，变送器附加值高，传感器比较专业，一般人做不了，而买了传感器后可以自己做变送器，这样可以节省许多成本。变送器就是在传感器的基础上，把小信号放大，处理成后面的二次仪表能直接接收的信号形式，也可以做出 4~20 mA、0~5 V 或 RS-485 总线形式。详见后面的相关内容。

7.3　信号调整的电路设计

　　在嵌入式系统的输入通道中，传感器感知的信号通常需要通过调整电路进行放大、滤波、变换等相关处理，调理成 A/D 变换器所能接收的量程范围。因此调整电路的设计在前端处理中占有非常重要的地位，直接影响检测的效果。

7.3.1 信号调理电路的功能及任务

由 7.2 节可知,传感器可测量很多物理量,如温度、压力、光强等,但由于大部分传感器的输出是相当小的电压(如 μV 或 mV)、电流或电阻变化,因此,在变换为数字信号之前必须进行调理。

信号调理的功能就是放大、滤波、隔离以及激励与变换等,使其符合模/数转换器(ADC)输入的要求。

根据信号调理的功能,简单来说,信号调理的任务就是将待测信号通过放大、滤波和变换等操作,将传感器输出的信号转换成采集设备能够识别的标准信号。所谓调理,就是指利用放大器、滤波器以及转换器等来改变输入的信号类型并输出给 ADC。因为工业信号有些是高压、过流、浪涌等,不能被系统正确识别,必须先进行调理。

信号调理的主要功能和任务如下所述。

1. 放大与衰减

对于传感器输出的是小信号的场合,要借助于运算放大器对信号进行适当倍数的放大,以更好地匹配 ADC 的范围,从而提高测量精度和灵敏度。利用运算放大器进行放大详见第 2 章 2.4.2 节。

衰减是与信号放大完全相反的过程。在变送器或传感器输出的电压超过 ADC 所能检测的量程时,需要对信号进行衰减操作,从而使调理后的信号处于 ADC 范围之内。信号衰减对于测量高电压是十分必要的。信号衰减可以采用电阻分压,也可以用放大倍数小于 1 的放大器来实现。

2. 隔离

隔离的信号调理设备通过使用变压器、光或电容性的耦合技术,无须物理连接即可将信号从它的源端传输至测量设备。除了切断接地回路之外,隔离也阻隔了高电压浪涌以及较高的共模电压,从而既保护了操作人员又保护了测量设备。

3. 多路复用

通过多路复用技术,一个测量系统可以不间断地将多路信号传输至一个单一的 ADC,从而提供了一种节省成本的方式来极大地扩大系统通道数量。多路复用对于任何高通道数的应用都是十分必要的。常用的多路复用器是多路模拟开关,详见第 2 章 2.4.3 节。

4. 滤波

滤波器在一定的频率范围内去除不希望的噪声。几乎所有的数据采集应用都会受到一定程度的 50 Hz 或 60 Hz 的噪声(来自于电线或机械设备的工频干扰)。大部分信号调理装置都包含为最大限度抑制 50 Hz 或 60 Hz 噪声而专门设计的低通滤波器,还有滤除特定干扰的功能。此外,在工业现场还有各种各样的干扰,均需要滤波来消除。

5. 激励与变换

激励对于一些转换器是必需的。例如,应变计、电热调节器和电阻温度探测器等都需要外部电压或电流激励信号。通常的电阻温度探测器和电热调节器的测量都是使用一个恒定的电流源(恒流源,如 1 mA)来完成的,这个电流源将电阻的变化转换成一个可测量的电压。应变计(一种具有超低电阻的设备）通常利用一个电压激励源来进行惠斯通（Wheatstone）电桥配置。

对于非电压输出的传感器来说，必须将非电压的量变换成电压才能进入信号采集系统ADC 的输入端。因此，变换的目的就是把非电压信号变换成电压信号。常用非电压信号输出的有电流和电阻。对于电流信号，可以通过运算放大器将其变换成电压，在精度要求不高的情况下，也可以用简单取样电阻将电流变换成电压。对于电阻信号，可用前面提到的激励手段（如加恒流源）来变换。

6. 冷端补偿

对于热电偶温度传感器来说，冷端补偿是一种用于精确热电偶测量的技术。任何时候，当一个热电偶连接至一个数据采集系统时，必须知道连接点的温度（因为这个连接点代表测量路径上另一个"热电偶"并且通常会在测量中引入一个偏移），以计算热电偶正在测量的真实温度。

由于传感器或变送器输出的信号多种多样，因此输入通道中信号调整电路的组成各不相同。图 7.16 所示为不同信号形式或大小对应的不同调整电路各种形式的组合，要根据现场的实际情况进行选择。图中隔离电路用虚线框表明，如果要求不高，可以不用模拟隔离电路。如果要求比较高，现场干扰比较严重，则需要隔离电路。隔离电路的设计参见 7.3.5 节。另外需要说明的是，滤波电路和放大电路往往是用运算放大器和分离元件等构成的，因此滤波和放大有时不能分离，是一个电路的整体。还有些变换和放大也是一体的，只是分开表示有多个组成部分。

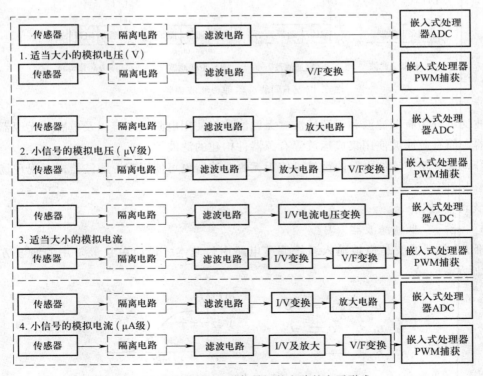

图 7.16　模拟输入通道信号调整电路的主要形式

由图可以看出，所有模拟信号都要经过调理电路后才能进入嵌入式处理器，滤波电路是必需的。如果是电压信号，并且信号在适当的范围内，可直接接入嵌入式处理器的 ADC；也可以转换成频率信号，送入 PWM 捕获端，则嵌入式处理器通过捕获获得频率信号，再换算成相应物理量的值。使用调理电路的前提是嵌入式处理器内部嵌入了 ADC，否则需要外接 ADC。

7.3.2　信号滤波

滤波是指滤除一定频率范围、一定幅度的无用信号。任何一个电子系统都具有自己的频带宽度（对信号最高频率的限制），频率特性反映出了电子系统的这个基本特点。而滤波器则是根据电路参数对电路频带宽度的影响而设计出来的工程应用电路。

用模拟电子电路对模拟信号进行滤波，其基本原理就是利用电路的频率特性实现对信号中频率成分的选择。根据频率滤波时，是把信号看成由不同频率信号叠加而成的模拟信号，通过选择不同的频率成分来实现信号滤波的。

滤波器有高通滤波器、低通滤波器、带通滤波器和带阻滤波器等，这些滤波器的滤波效果如图 7.17 所示。$\omega = 2\pi f$，通带表示信号顺利通过的部分，阻带是被滤除的部分。当高通滤波器和低通滤波器串联时，等效于带通滤波器；当高通滤波器和低通滤波器并联时，等效于带阻滤波器。

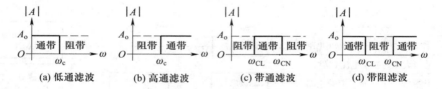

图 7.17　不同滤波器理想滤波幅频特性

滤波又可分为有源滤波和无源滤波。无源滤波只使用电阻、电容以及电感等无源器件构成的滤波器，而有源滤波使用集成运放等有源器件构建的滤波器。

信号调理电路中滤波电路的设计可使用无源滤波器也可使用有源滤波器，要视现场干扰源的具体情况而定。

1. 无源滤波器

（1）一阶 RC 低通滤波器

一阶 RC 低通滤波是模拟输入系统调整电路中最基本、最简单且最常用的滤波方法，如图 7.18 所示。

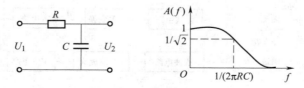

图 7.18　无源低通滤波器电路及幅频特性

由 RC 组成的低通滤波器的截止频率为

$$f_0 = 1/(2\pi RC) \qquad (7.5)$$

式（7.5）中，R 的单位为 kΩ，C 的单位为 μF，则 f_0 的单位为 kHz。确定好要滤除的最低截止频率 f_0 后，再选取 RC 的值，通常 R 选择 1~100 kΩ 不等。可以先确定电容值，根据要求可选择 1 nF~10 μF，电容 C 越小，f_0 越高，再看电阻是否在 1~100 kΩ 之间。

例 7.1   要滤除 1 kHz 以上的干扰信号，试设计一个 RC 无源滤波器。

解答：已知 $f_0 = 1$ kHz，由式（7.5）可知 $1/(2\pi RC) = 1$ kHz，先选择电容 C，不妨取 $C = 33$ nF $= 0.033$ μF，则求得 $R = 4.82$ kΩ。按照图 7.18 所示的接法连接 R 和 C 即可。如果取 $C = 0.01$ μF，则 $R = 15.92$ kΩ。因此，电容、电阻的选择不是唯一的，可以有多种组合。

（2）一阶 RC 高通滤波器

一阶 RC 高通滤波电路及幅频特性如图 7.19 所示。

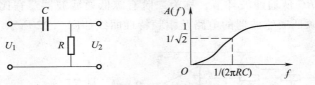

图 7.19   无源高通滤波器电路及幅频特性

高通滤波器的截止频率也如式（7.5）所示。只是高于这个频率的信号能通过，低于这个频率的信号将被滤除。

（3）RC 带通滤波器

按照滤波器串并联特性可知，带通滤波电路就是高通滤波电路与低通滤波电路串联得到的，如图 7.20 所示。

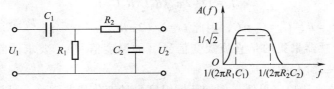

图 7.20   无源带通滤波器电路及幅频特性

例 7.2   假设正常信号的频率范围为 500 Hz~2 kHz，希望在此范围内的信号能够通过，其他频率均滤除，试设计相应的无源滤波器。

解答：根据 $f_1 = 1/(2\pi R_1 C_1) = 500$ Hz，$f_2 = 1/(2\pi R_2 C_2) = 2$ kHz，不妨先取 $C_1 = 0.01$ μF，求得 $R_1 = 7.96$ kΩ；选择 $C_2 = 0.033$ μF，即 33 nF 的电容，求得 $R_2 = 9.65$ kΩ。电路连接如图 7.20 所示。

2. 有源滤波器

（1）一阶有源低通滤波器

一阶有源低通滤波器的电路如图 7.21 所示。有源滤波器与无源滤波器的截止频率的算法是一样的。

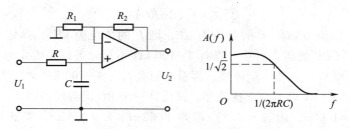

图 7.21 有源低通滤波器电路及幅频特性

（2）二阶有源低通滤波器

为了使输出电压在高频段以更快的速率下降，以改善滤波效果，在一阶有源低通滤波电路的基础上再增加一阶 RC 低通滤波环节，称为二阶有源低通滤波器。它比一阶低通滤波器的滤波效果更好。二阶有源低通滤波器的电路及幅频特性曲线如图 7.22 所示。

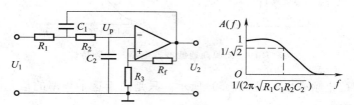

图 7.22 二阶有源低通滤波器电路及幅频特性

二阶有源低通滤波器的截止频率为

$$f_0 = 1 / \left(2\pi \sqrt{R_1 C_1 R_2 C_2} \right) \tag{7.6}$$

通常设计时让 $R_1 = R_2 = R$，$C_1 = C_2 = C$，因此 $f_0 = 1 / (2\pi RC)$。

例 7.3 假设传感器采集的是直流缓变信号（如温度信号），要求滤除干扰，假设截止频率为 20 Hz，试设计二阶有源滤波器。

解答： 缓变信号通常频率很低，例如环境温度每秒变化量非常小，可认为这种环境温度的测量近似于直流。如果将频率为 20 Hz 以上的信号均认为是干扰信号，按照常规取 $R_1 = R_2 = R$，$C_1 = C_2 = C$，不妨先取 $C_1 = 1$ nF，求得 $R_1 = 7.97$ kΩ。

当取 $C = 1$ μF，$R = 10$ kΩ 时，截止频率 $f_0 = 0.015\,92$ kHz = 15.92 Hz。这对于慢变的直流信号的滤波非常有效。

7.3.3 信号放大

广义上的放大可以采用运算放大器，既可以放大信号又可以减小信号，这可以通过控制放大倍数实现。若放大倍数大于 1，则是真正意义上的放大；如果放大倍数小于 1，则是减小或衰减。

前面介绍的有源滤波电路就涉及放大的问题，如一阶有源低通滤波电路。由于是同相放大，因此它的放大倍数为（$1+R_2/R_1$），也就是在滤波的同时把滤波后的有用信号放大了（$1+R_2/R_1$）倍。对于图 7.22 所示的二阶有源低通滤波电路，同样是同相放大，因此它的放大倍数为（$1+R_f/R_3$）。

具体放大电路有反相放大、同相放大以及差分放大等，详见第 2 章 2.4.2 节。

例 7.4 假设有一个传感器输出的信号是 $0\sim10$ mV，ADC 的工作电压为 3.3 V，试设计一个放大电路。

解答： 首先要确定放大倍数。由于传感器的输出信号最大为 10 mV，因此要将其放大到 ADC 能接收的范围，最大 3.3 V。即当信号为最大 10 mV 时，要放大到 3.3 V，因此放大倍数 $A=3.3$ V$/10$ mV$=330$。通常，最好不要让最大值为 3.3 V，以小于但接近 3.3 V 为宜。

根据第 2 章 2.4.2 节的知识可知，可以采用同相放大器，也可以采用差分放大器来实现。采用同相放大器的电路如图 7.23 所示。取 $R_1=1.1$ kΩ，$R_f=360$ kΩ，因此放大倍数 $A=(1+360/1.1)=328.27$。当传感器输出最大 10 mV 时，放大器放大后输出给 ADC 的最大值为 3.282 7 V。

根据第 2 章 2.4.2 节中的差分放大器公式（2.4）可知，当 $a=b$ 时，放大倍数 $=1+2a=330$，可得 $a=164$（没有取 165，如果取 165 则放大倍数超过 330，最大输出信号也将超过 3.3V），取 $c=1$，$R=R_1=1$ kΩ，$aR_1=bR_1=164$ kΩ，此时，差分放大器电路如图 7.24 所示。

应该说明的是，这里没有加滤波电路，通常要按照信号滤波的要求滤波后再放大。

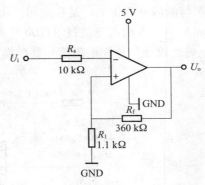

图 7.23　放大倍数为 329 的同相放大电路

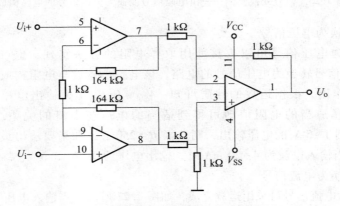

图 7.24　放大倍数为 330 的差分放大电路

261

7.3.4 激励与变换

有些传感器输出的信号不是电压信号，这时就要把非电压信号变换为电压信号，即信号变换。通常，信号变换是靠激励源完成的，因此有时信号变换也可以认为是信号激励。

1. 电阻信号变换为电压信号

例如，PT100 等热电阻温度传感器输出的信号是电阻大小，必须通过一定的激励源把它转换成电压信号。实现方法是设计一个恒流源，让电流通过 PT100 这样的传感器，在两端即可得到电压。这种激励源通常要求电流不大，都是 mA 级的。

恒流源可以用专门的恒流源芯片（价格贵）构成，也可以用廉价的运放构建而成。1 mA 的恒流源电路如图 7.25 所示。图中 R_2 和 DW 构成简单的稳压电路，在 DW 两端稳压输出 2.5 V。进入运放+端的电压为 $V_{DD}-2.5$ V，按照运放的性质可知，$V_- = V_+ = V_{DD}-2.5$ V，因此流过 R_1 的电流 $I_{R_1} = (V_{DD}-V_-)/R_1 = (V_{DD}-V_{DD}+2.5 \text{ V})/R_1 = 2.5 \text{ V}/2.5 \text{ k}\Omega = 1 \text{ mA}$。显然，$I_{R_1} = 1 \text{ mA}$ 与电源电压无关，是稳定的。由于流入运放的电流为 0，因此通过 Q_1 的 ce 电流就是 I_{R_1}，为 1 mA。1 mA 的电流流过 PT100 等传感器，当温度变化时，R_t 随之改变，因此其两端的电压 U_t 也随之改变，这样电阻信号就变换为电压信号了。

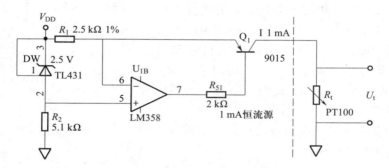

图 7.25　信号变换实例——由电阻信号变换为电压信号的电路构成

2. 电流信号变换为电压信号

电流信号变换为电压信号可以直接使用取样电阻的方法实现，也可以使用运放实现。图 7.26 所示为电流信号转换为电压信号的电路，该电路由运放与电阻构成。两个反接的二极管起到保护运放的作用。根据运放的性质可知：$V_{out} = I \times R$，I 为输出电流，V_{out} 为输出电压，R 为反馈电阻，选择适当的电阻值即可得到适当的电压与电流的关系。如果电流输入为 4~20 mA，要想得到 1~5 V 的电压输出，则选择 $R = 250 \text{ }\Omega$；如果要输出最大 3.3 V 电压，则 $R = 165 \text{ }\Omega$。这样，当输入电流为 4~20 mA 时，输出电压为 0.66~3.3 V。

3. 电压信号变换为电流信号

电压信号变换为电流信号可采用运放完成，如图 7.27 所示。当输入电压 V_{in} 变化时，运放的 V_+ 随之变化，同样 V_- 与 V_+ 要保持基本一致，这样在 R_4 两端的电压随之改变，流过 R_4 的电流同步改变，最后输出电流也随之改变。Z_1、R_2 和 BG_1 保持在输入电压不变时，输出电流稳定不变。

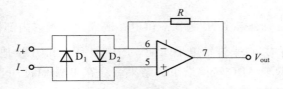

图 7.26 简单电流变换为电压的电路

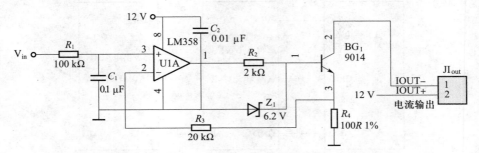

图 7.27 简单电压变换为电流的电路

4. 双极信号变换为单极信号

对于有正负的双极信号，通常 ADC 是不能直接变换负电压信号的，因此在进入 ADC 之前必须进行变换，将双极信号中的负电压部分变换为正电压。常用的方法是有源整流。如图 7.28 所示，U_i 的波形是全波，进行有源全波整流之后频率加倍，仅剩下 0 以上的波形，负半周被反转到正半周，这样有利于 ADC 采集。在进行 ADC 采样时，要进行均方根运算以得到有效值。

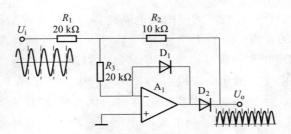

图 7.28 通过有源滤波变双极信号为单极信号的电路

5. 电平变换

采用外部 ADC 芯片时，要考虑 ADC 工作电压是否与嵌入式处理器 I/O 供电电压一致或相匹配。如果不一致，则必须进行电平转换。为了降低成本，通常在设计初期就要考虑尽量选取与嵌入式处理器 I/O 工作电压一致的 ADC 芯片，如果找不到合适的 ADC 芯片，则只能进行逻辑电平变换。如果对速度要求不高，可采用分立元件如电阻以及三极管构成的简单逻辑变换电路。由于 ADC 与处理器的接口是单向的，因此相对比较简单。关于逻辑电平的转换，参见第

6 章 6.1.2 节。

如果使用外部 ADC，且外部 ADC 为 5 V 供电，嵌入式处理器内部模拟电源为 3.3 V 供电，则可采用如图 7.29 所示的接口来进行电平匹配。图中的 DIR 和 $\overline{\text{OE}}$ 接地，表明三态门的方向一直由 B 到 A 传输有效。只要 ADC 转换结束，结果就会在 B 端通过一直有效的三态门到达 A，进入嵌入式处理器的 GPIO 端口。

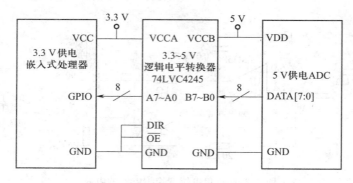

图 7.29   3.3 V 供电的处理器与 5 V 供电外部 ADC 的电平转换接口

7.3.5   模拟信号隔离

有些工业现场的干扰非常严重，为了可靠地进行数据的采集和处理，有必要对传感器送来的信号进行隔离。对于模拟信号的隔离常用两种方法：一是采用线性光电耦合器，二是直接采用隔离运算放大器。

1. 采用线性光耦进行信号隔离

HCNR200/201 是一种性价比较高的模拟光电隔离器。它的内部结构及管脚排列如图 7.30 所示。它由一个高性能的发光二极管 LED 和两个特性十分相近的光电二极管 PD_1 和 PD_2 组成。输入光敏二极管 PD_1 用来检测并稳定 LED 输出光的强度，它能够很好地抑制 LED 输出光的漂移，改善其线性度。输出光电二极管 PD_2 用来产生一个正比于 LED 光强度的光电流。由于两个二极管特性相近且封装在一个集成芯片内，因此当 LED 发光时，PD_1 和 PD_2 接收到 LED 光的数量成比例，并不受外部杂散光的干扰，所以具有很好的增益稳定性和优良的线性度。

HCNR200/201 的主要参数包括：

- 非线性度：0.01%；
- 增益误差：HCNR200 为 ±15%，HCNR201 为 ±5%；
- 增益漂移：−65 ppm/℃；
- 带宽：DC～1 MHz；
- 耐压：5 kVms/min；
- 温度范围：−40～85 ℃；

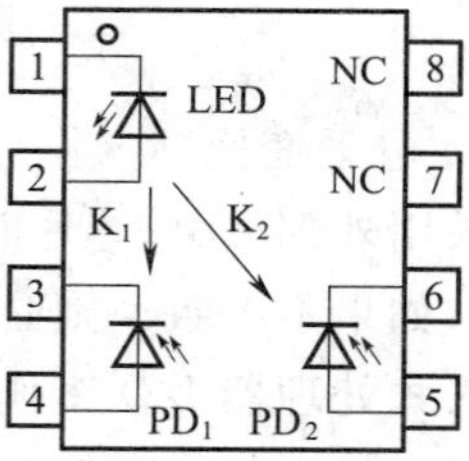

图 7.30   HCNR200/201 内部
结构及管脚排列

- 最大输入电流：40 mA。

（1）单极模拟信号隔离放大

采用 HCNR201 的单极模拟隔离放大器如图 7.31 所示。图中的运算放大器 A_1 构成负反馈放大电路，运算放大器 A_2 为电流电压转换电路。图中虚线框内标注的 1，2，3，4，5，6 为 HCNR201 芯片的引脚编号。PD_1 接在放大器 A_1 的输入端，以完成对 LED 输出光信号的检测。流经 PD_1 的电流为 $I_{PD_1} = V_{IN}/R_1$，当 R_1 确定后，I_{PD_1} 只正比于输入电压 V_{IN}。当其他因素引起 LED 的电流 I_{LED} 变化时，PD_1 的负反馈作用将抑制 I_{LED} 的变化，从而保证 LED 输出的光强度正比于输入电压 V_{IN}。HCNR201 在结构设计上可保证照射在两个光电二极管上光强度的比例为 K，因此，当 LED 发光时，流经两只光电二极管的电流之比应当为 K，即 $K = I_{PD_2}/I_{PD_1}$。由于 A_2 的输出为 $V_{OUT} = I_{PD_2} \times R_2$。因此可得到 $V_{OUT}/V_{IN} = K \times R_2/R_1$。可见，该隔离放大器电路的输出电压与输入电压之间的关系是线性变化的，而且与 LED 的输出光强度无关。其增益可通过改变 R_2/R_1 来调整。R_3 为 LED 的限流电阻，C_1、C_2 用于改善电路的高频特性。

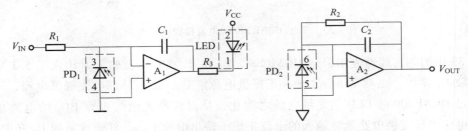

图 7.31　基于 HCNR201 的单极模拟隔离放大器

（2）双极模拟信号隔离放大

双极模拟隔离放大器如图 7.32 所示。可调节 R_1 取得双极输入的中心点，用两片 HCNR201 光耦 OC_1 和 OC_2 构成。图中虚线框中的数字为 OC_1 或 OC_2 对应图 7.31 中的引脚编号。

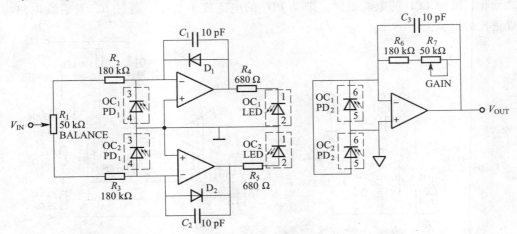

图 7.32　基于 HCNR201 的双极模拟隔离放大器

（3）电流隔离变换为电压信号

在嵌入式应用系统中，经常用到接收变送器或传感器送来的 4~20 mA 的电流信号，通常要将其变换为电压信号方可进入嵌入式系统进行 A/D 变换。为了增强抗干扰能力，可以使用隔离变换电路，如图 7.33 所示。通过该隔离电路，电流经 I_+、I_- 输入，最后得到隔离的电压 V_{OUT} 输出。

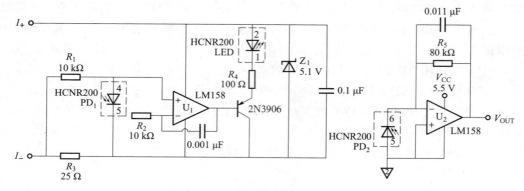

图 7.33　基于 HCNR200 的电流接收隔离变换器

图 7.33 中的隔离线性光耦采用 HCNR200，Z_1 和 R_3 在有电流输入时构成了 5.1 V 稳压电源，供运放 U_1 使用。也就是说，本地并不提供电源给 U_1，而由外部电流提供电源，当电流变化时，通过 HCNR200 的 LED 发光量也随之变化，从而接收光电二极管 PD_2 的电流也随之变化，通过电流电压变换电路就将输入的电流正比于输出电压 V_{OUT}。注意这里的 U_1 和 U_2 采用单独的两个运放，不能使用一个双运放，因为它们的供电是隔离的，不共地和电源。

（4）电压隔离变换为电流信号

电压通过隔离放大器变换为电流的电路如图 7.34 所示。图中输入电压通过 R_1 接入运放 IC_2，通过 IC_2、R_2 和 Q_1 以及 HCNR200 发光二极管 K_1，将电压变换成电流。电压变化时，电流随之变化，此时 LED 的电流变化，带动 PD_2 的电流发生变化，通过 IC_3 及后续电路将隔离输出成正比的电流。

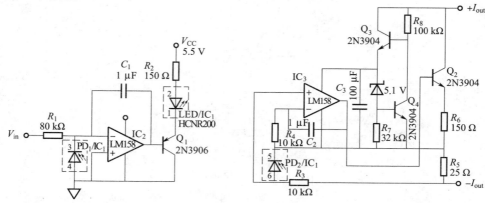

图 7.34　基于 HCNR200 的电压变电流输出隔离放大器

值得说明的是，图 7.33 和图 7.34 除了可以单独作为电流转换为电压和电压转换为电流的隔离电路外，通常还可以分别作为 4~20 mA 电流环进行数据通信时的隔离接收端和隔离发送端。这也是远程通信的一种抗干扰方法之一。

2. 采用隔离运放进行模拟信号的隔离放大

（1）使用隔离运放的目的

- 隔离危险（高）电压。
- 隔离危险（大）电流。
- 隔离接地系统。

（2）隔离运放的三种耦合方式

- 大多数的隔离运放是使用变压器耦合的，利用的是磁场。
- 还有一种是使用小容值的高压电容耦合的，利用的是电场。
- 光隔离耦合是利用 LED 和光电池来隔离，光属于电磁辐射的一种。

（3）三种耦合隔离方式的优缺点

- 变压器耦合方式的模拟精度很高，可以达到 12~16 bit，带宽可以达到几百千赫兹，但是它们的隔离电压很少能超过 10 kV，平常使用的一般是 2~4 kV。
- 电容耦合隔离运放的精度更低，一般在最好情况下只能达到 12 bit 的精度，带宽不高，耐压也较低，但是价格便宜。
- 光耦合隔离运放速度快，较便宜，耐压也较高，普通耐压为 4~7 kV，但是线性度不好，不适用于精密的模拟信号处理。

（4）隔离运放的选择参数

- 线性度。
- 隔离电压。
- 供电方式。

（5）典型隔离运放

典型隔离运放有 ISO100 系列、AD210 系列、ICPL_7800 系列等。典型的 AD210 隔离运放如图 7.35（a）所示。左边为输入模拟信号接口，右边为输出模拟信号接口，输入模拟信号通过+IN 和-IN 引脚输入，反馈端为 FB，输入公共地为 I_{COM}；隔离后的输出模拟信号通过+V_0 和 O_{COM} 引脚输出。芯片电源输入端为 PWR（+）和 PWR COM（-），芯片内部自动隔离成输入和输出两部分电源（输入端电源电压为+V_{ISS} 和-V_{ISS}，输出端电源电压为+V_{OSS} 和-V_{OSS}，输出公共地为 O_{COM}）。

图 7.35（b）为模拟信号隔离的典型应用连接图。隔离的输出信号与输入信号的关系为

$$V_{OUT} = V_{SIG} \quad (1+R_F/R_G) \tag{7.7}$$

因此，按照式（7.7）可知，只要改变 R_F 和 R_G 的比值即可改变放大量，同时又起到隔离的作用，应用起来非常方便。外部只需要加 15 V 的电源到 30 和 29 脚，按照图示接入方法即可进行模拟信号的隔离放大。

AMC1200 是一款高性价比的电压电流隔离放大器，具有 4 kV 峰值隔离度，线性度与增益漂移提高 80%，隔离式放大器支持 0.07% 最大非线性度与 56 ppm/℃ 增益漂移的高精度，5 V

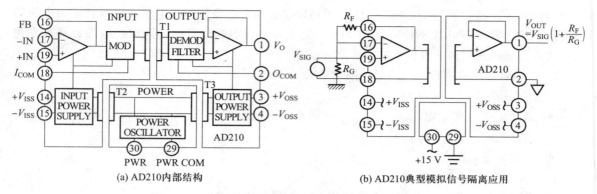

(a) AD210内部结构

(b) AD210典型模拟信号隔离应用

图 7.35　隔离运放 AD210 及其典型应用

下不超过 8 mA 的低高侧电源电流，可降低功耗。支持−40~105 ℃ 的扩展工业温度范围，比同类竞争产品的温度范围宽 20 ℃。可便捷地连接至模数转换器（ADC）与微控制器（MCU），支持 5 V 或 3.3 V 低侧工作电压以及自调节共模电压。其符号如图 7.36（a）所示，左边为输入，右边为输出；外形引脚如图 7.36（b）所示。

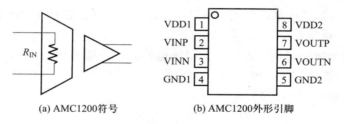

(a) AMC1200符号

(b) AMC1200外形引脚

图 7.36　隔离运放 AMC1200

AMC1200 的典型应用如图 7.37 所示，输入模拟信号 V_{in} 采用差分方式接入，经过隔离变换后从 V_{out} 输出。输入电源 V_{DD1} 和输出电源 V_{DD2} 的地分别对应 GND1 和 GND2，电源是隔离的。

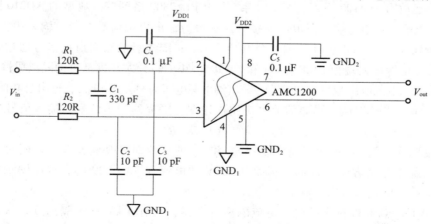

图 7.37　隔离运放 AMC1200 典型应用

268

7.4　模数转换器及其接口设计

如今的大多数嵌入式处理器内部都集成了片上 ADC 模块，而且大都采用逐次逼近型（SAR）ADC。不同厂家不同类别的微控制器，其分辨率不同，主要有 8 位、10 位、12 位、16 位以及 24 位等。目前，流行的嵌入式微控制器内部集成的 ADC 分辨率以 10 位和 12 位居多。如果片上 ADC 的分辨率不够，或没有 ADC，则需要外部 ADC。

7.4.1　片内 ADC 及其应用

大部分嵌入式应用系统在选型时已经选择了能满足要求的嵌入式处理器，包括片内 ADC。由于 ADC 是通过内部总线与嵌入式处理器连接的，因此外部接口简单，无须另外设计，直接连接即可。第 3 章 3.5.1 节已经介绍了片上 ADC 的组成和对 ADC 的操作步骤。

有的嵌入式处理器的 ADC 引脚是专用的，但多数是复用的，可以通过引脚配置来确定和配置 ADC 引脚。不同嵌入式处理器，其 ADC 时钟的最高频率不同，引脚也不同，使用时须参见芯片数据手册。

1. 模拟信号的连接

由于是片内 ADC，因此外部模拟信号进入调理电路之后可直接连接到模拟输入引脚。如果片上 ADC 支持差分方式连接，则有两种接法，如图 7.38 所示，图 7.38（a）为单端接法，图 7.38（b）为差分接法。所有 ADC 均支持单端接法，目前有许多嵌入式处理器片上 ADC 支持差分输入功能，通常用相邻的两个通道做一路信号的差分输入，例如 8 个模拟通道可以接 4 路差分信号。

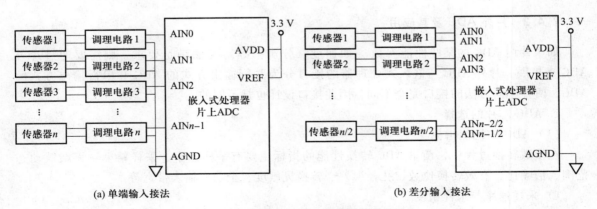

(a) 单端输入接法　　　　　　　　　　　　(b) 差分输入接法

图 7.38　基于片上 ADC 的模拟信号接法

图中的单端接法中，一路模拟信号接一个模拟输入端，n 路模拟通道可以接 n 个模拟信号，但要注意公共点要接模拟地，同时也要注意参考电压和模拟器件电压的接法，它们通常要与数字电源隔离开。单端输入接法的调理电路可以是普通带滤波的放大电路。在差分输入方法中，n 路模拟通道可接 $n/2$ 个模拟信号，即一个模拟信号需要两路模拟通道与之对应。由于是差分连接，没有公共地的问题，这种接法使用的调理电路通常要使用差分放大器来放大。这种连接方法的优点是抗干扰能力强，缺点是浪费模拟通道。

2．ADC 应用

利用嵌入式处理器模拟输入通道 7（AIN7）通过如图 7.39 所示的电路检测 4～20 mA 电流，前置电路将 4～20 mA 电流转换成 0～3.3 V 电压，送 ADC 的 AIN7 进行 A/D 变换。可以采用查询或中断方式获取 4～20 mA 的信号对应的数字量，通常转换 10 次，再进行相应数字滤波，得到被测量的数字量。

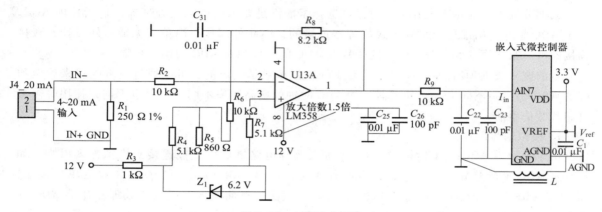

图 7.39　电流输入变换

根据第 3 章介绍的相关内容，可采用查询方式和中断方式获取 ADC 的值。

7.4.2　片外 ADC 及其应用

如果片内 ADC 的某些性能参数（如速度、分辨率等）无法满足要求，则需要通过片外 ADC 来扩展。片外 ADC 与嵌入式处理器的接口分为并行输出方式的 ADC 和串行输出方式的 ADC，两种不同方法的接口完全不同，因此接口设计也是不同的。

1．ADC 芯片的选择

（1）ADC 的性能指标

在模数转换过程中，衡量 ADC 转换性能的指标主要有采样速率、采样精度、无杂散动态范围、信噪比、有效转换位数、孔径误差、转换灵敏度、全功率输入带宽等。

1）采样速率与采样精度

采样速率是指模数变换的速率，而采样精度（分辨率）表示变换输出数据的比特数。较高的采样速率与采样精度对应较宽的信号输入带宽和动态范围，因此这两个指标对于 ADC 采样器件的性能是非常重要的衡量标准。

2）信噪比与无杂散动态范围

信噪比（SNR）是信号电平的有效值和各种噪声（包括量化噪声、热噪声、白噪声等）的有效值之比。对于一个满量程的正弦输入信号，理论上有

$$SNR = 6.02n + 1.76db + 10\lg(f_s/2B)$$

式中，n 为采样位数，f_s 为采样频率，B 为模拟带宽。实际上，ADC 的信噪比还要考虑内部非线性、孔径抖动等因素，实际的信噪比要小得多。

3）转换灵敏度

假设一个 ADC 器件的输入电压范围为（$-V$，V），转换位数为 n，即它有 2^n 个量化电平，则它的量化电平为

$$\Delta V = 2V/2^n$$

ΔV 也可以称为转换灵敏度。ADC 的转换位数越多，器件的电压输入范围越小，它的量化电平越小，转换灵敏度越高。

4）有效转换位数

有效转换位数是 ADC 对应于实际信噪比的分辨率，可以通过各频率点的实际信噪比来测量。

5）孔径误差

由于模拟信号到数字信号的转换需要一定的时间来完成采样、量化、编码等工作，从而会产生孔径误差。

在模数转换之前，通常加一个采样保持放大器，把在模数转换过程中有变化的信号冻结起来，保持不变。使用保持电路之后，相当于在 ADC 转换时间内开了一个很窄的"窗孔"，孔径时间远小于转换时间。SHA 决定了 ADC 的最佳工作频率，而 ADC 的编码速度决定了 ADC 的采样速率。

6）全功率输入带宽

全功率输入带宽是指当输出信号幅度降低 3 dB 时的输入信号频率点，一般采样速率越高，全功率输入带宽就越宽。全功率输入带宽决定了 ADC 转换器输入模拟信号的频率范围。

（2）ADC 芯片的选择

在选择 ADC 器件时，要综合考虑其性能指标，实际应用中的一般选择原则如下所述。

采样速率选择：根据采样定律（奈奎斯采样定律或香农采样定律），采样频率 f_s 要大于或等于 2 倍的信号带宽。实际中，采样频率起码要大于 3~4 倍的信号带宽。

采用分辨率较好的 ADC 器件：分辨率主要取决于器件的转换位数和信号输入范围。一般来说，ADC 器件的转换位数越多越好。

根据环境条件选择 ADC 转换芯片的环境参数，例如功耗、工作温度等。根据接口特征选择合适的 ADC 输出状态。例如，ADC 是并行输出还是串行输出；输出是 TTL 电平、CMOS 电平还是 ECL 电平；输出编码是偏移码方式，还是二进制补码方式；有无内置基准源；有无结束状态等。

2. 并行输出接口的 ADC 及其扩展

并行输出接口的 ADC 可以用总线方式扩展 ADC 接口，也可以用 GPIO 扩展 ADC 接口。

典型的具有可选择并行和串行数据输出的 4 通道 16 位 ADC ADS7825 的内部组成如图 7.40 所示。ADS7825 是美国 B-B 公司生产的 4 通道 16 位模数转换器。它由单一 5 V 电源供电，数据采样及转换时间不超过 25 μs，可输入 -10.0 ~ 10.0 V 的模拟电压，A/D 转换后的数据既可并行输出，也可串行输出，数据转换模式还可设置为 4 通道间连续循环转换，使用方便。

（1）ADS7825 的引脚及说明

ADS7825 的引脚排列如图 7.40（b）所示。各引脚功能如下：

AIN0 ~ AIN3：4 个模拟通道，可接受 -10.0 ~ 10.0 V 的模拟输入电压。

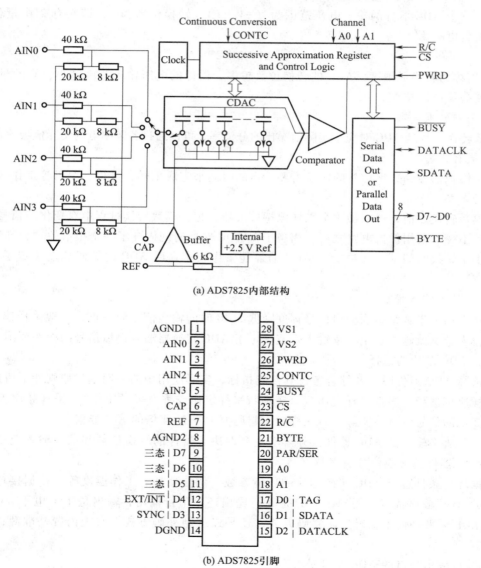

(a) ADS7825内部结构

(b) ADS7825引脚

图 7.40　典型具有可选择并行和串行输出的 4 通道 16 位 ADC ADS7825

$PAR/\overline{SER}$：并行/串行输出选择，该引脚为高电平时，数据在 D0~D7 脚并行输出；为低电平时，数据在 SDATA 脚串行输出。

BYTE：并行数据输出选择位，仅在数据并行输出时使用。BYTE = 1 时，输出低 8 位 D0~D7；BYTE = 0 时，输出高 8 位 D0~D7，这样使引脚只有 8 个数据位，可输出两次得到 16 位结果。

$R/\overline{C}$：读数/启动转换，该引脚被一个下降沿触发，将保持前一次的采样并启动下一次模数转换；上升沿触发，则允许读数。

$\overline{BUSY}$：状态标志位，只读引脚。在 A/D 转换过程中，该引脚输出始终保持低电平。转换结束，数据锁存到输出寄存器后，该引脚输出高电平。当数据并行输出时，必须使BUSY = 1才可读数。

CONTC：选择转换模式。CONTC = 0 时，必须用$\overline{CS}$及 $R/\overline{C}$ 来逐次启动 A/D 转换；CONTC = 1 时，采样和读取数据在 4 个通道之间自动循环进行。

SYNC：串行数据输出帧同步信号。SYNC 为输出引脚，仅在数据串行输出时使用。输出正脉冲时，其后沿标志着一帧数据的最高位开始输出。

TAG：该脚仅在多个 ADS7825 联合工作、数据串行输出且用外部时钟工作时才起作用。当电路中使用单个 ADS7825 时，可在 TAG 脚接低电平。当电路中 ADS7825 联合工作时，可将前一级 ADS7825 的 SDATA 脚接至后一级 ADS7825 的 TAG 脚。第一级 ADS7825 的 TAG 脚接地，最后一级 ADS7825 的 SDATA 脚输出数据，这样，最后一级 ADS7825 的 SDATA 脚将由后级至前级依次输出各个 ADS7825 的转换数据。

（2）ADS7825 的应用

1）选通道并启动 A/D 转换

使用 ADS7825 芯片时，将$\overline{CS}$置 0，通过改变 A1 和 A0 来选择要转换的模拟通道，如表 7.2 和表 7.3 所示，然后给 $R/\overline{C}$ 脚加一个下降沿即可以启动 A/D 转换。

表 7.2　单次转换的通道选择

A1	A0	本次采样通道	说　　明
0	0	AIN0	
0	1	AIN1	A0 和 A1 脚的值在启动下次模数转换之前设置
1	0	AIN2	
1	1	AIN3	

2）查转换状态

在转换期间，$\overline{BUSY}$脚的输出保持低电平，当数据转换结束且内部输出寄存器的内容被更新时，$\overline{BUSY}$脚的输出变为高电平。查状态就是查看$\overline{BUSY}$脚的状态，如果该引脚为高电平，则转换结束；否则要等待。

表 7.3　连续转换的通道选择

A1	A0	数据有效通道	下次采样通道	说　明
0	0	AIN3	AIN0	
0	1	AIN0	AIN1	当$\overline{BUSY}$脚的输出由低电平转为高电平时，A0 和
1	0	AIN1	AIN2	A1 脚的输出将自动更改
1	1	AIN2	AIN3	

3）读转换结果

当$\overline{BUSY}$脚为高电平时，说明转换已经结束，可以读取转换数据，此时令 $R/\overline{C}=1$，打开数据输出的三态门，将结果输出到数据引脚。

由于 ADS7825 转换的数据既可并行输出，也可串行输出，所以数据的读取也须分并行和串行两种方式来讨论。

① 并行输出方式。令并行数据输出选择位 BYTE = 0，即可通过数据输出引脚 D7~D0 读出高 8 位数据；令 BYTE = 1，可从 D7~D0 读出低 8 位数据。

② 串行输出方式。选择串行输出方式时，数据转换完毕后，将根据 DATACLK 脚的时钟周期在 SDATA 脚依次由高至低输出 16 位数据。DATACLK 脚的时钟可分为内部时钟和外部时钟两种工作方式。当 EXT/INT 置"1"时，选择外部时钟工作方式。此时 DATA-CLK 脚作为输入端，外接时钟脉冲。$R/\overline{C}$ 置"1"且 BUSY 脚的输出转为高电平后，数据才能从 SDATA 端读出。当 EXT/INT 置"0"时，选择内部时钟工作方式。此时 DATACLK 脚输出 900 kHz 时钟脉冲。在这种方式下，启动本次转换后，必须在 $R/\overline{C}$ 置为高电平后，BUSY 输出仍为低电平时才能读取数据，但读取的是前一次转换后的数据。本次转换的数据在启动下一次转换后读取。数据读取完毕后，BUSY 脚的输出转为高电平，等待下一次转换开始。

4）设定转换模式

ADS7825 可以在连续和间歇两种数据转换模式下工作。由引脚 CONTC 决定选择哪种模式工作：当 CONTC = 1 时选择连续转换模式，当$\overline{CS}$、$R/\overline{C}$ 和 PWRD 端均为低电平时，A/D 转换和读数将在 AIN0~AIN3 四个输入通道间连续循环进行。当 BUSY 在本次转换结束转为高电平后，A0 和 A1 脚将输出下次采样所用的通道地址，以选择具体的模拟通道。

3. 并行输出 ADC 接口扩展实例

ADS7825 采用并行输出时与嵌入式处理器的连接接口如图 7.41 所示。对于并行方式输出的 ADS7825，PAR/SER接 5 V，$\overline{CS}$、CONTC 以及 PWRD 均接地，表示芯片一直被选中，使用 $R/\overline{C}$ 控制 ADC 转换。

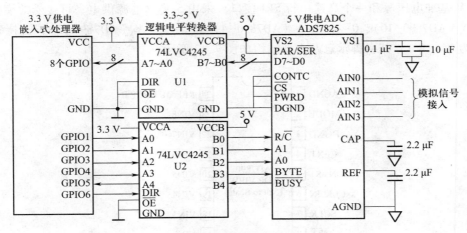

图 7.41　典型并行输出 16 位 ADC 应用实例

嵌入式处理器与 ADC 之间采用逻辑电平转换芯片 74LVC4245（U1）把 ADC 转换得到的 5 V 变换成 3.3 V 逻辑电平的数字量，供嵌入式处理器读取。由于 16 位 ADC 是通过 8 位数据引脚 D7～D0 分两次读取的，因此用一片 8 位逻辑转换芯片 74LVC4245 进行电平转换，控制引脚如 R/C̄ 等还需要 5 个引脚，因此再用一片 74LVC4245（U2）进行电平转换。注意，两片的接法均是从 B 到 A 的方向，但对于 MCU 来说，联络控制引脚，只有 B̄U̅S̅Y̅ 是输入，其他均为输出，因此 U2 的方向要受到 MCU 的 GPIO6 的控制，当需要读 B̄U̅S̅Y̅ 的状态时，令 GPIO6＝0，使 U2 的传输方向由 B 到 A，其他时候令 GPIO6＝1，使方向由 A 到 B。

在应用编程时，按照 ADC 的三个基本步骤进行。

① 首先通过 GPIO2、GPIO3 控制 A1 和 A0 来选择模拟通道 AIN3～AIN0，利用 GPIO1 控制 R/C̄ 来启动 A/D 变换，即令 GPIO1＝0。

② 检测 GPIO5（B̄U̅S̅Y̅）是逻辑 0 还是逻辑 1，确定 ADC 是否忙。如果为逻辑 0，则等待，直到为逻辑 1 时结束等待。

③ 将 GPIO1 置为 1，将 ADC 的转换结果输出到 D7～D0，可读取转换结果。读取时，先让 GPIO4 控制的 BYTE 为 0，通过 8 位 GPIO 读取 ADC 的高 8 位结果，再让 GPIO4＝1，通过 8 位 GPIO 读取低 8 位转换结果，即得到 16 位 ADC 结果。

值得说明的是，不同嵌入式处理器 GPIO 引脚的标识有所不同，这里仅使用 GPIO1～GPIO6 表示 6 个不同的 GPIO 引脚。具体选用哪个处理器，要查看数据手册中的引脚标识。

4. 串行输出接口的 ADC 及其扩展

对于串行输出的 ADC，可以用专用串行接口来扩展。例如，如果 ADC 的数据输出是基于 SPI 接口的，就用片上 SPI 接口连接；如果 ADC 是基于 I^2C 接口的，则用片上 I^2C 总线与之连接。

典型的串行输出的快速 12 位 ADC AD7890 是一款 8 通道、12 位数据采集系统芯片，内置一个输入多路复用器、一个片内采样保持放大器、一个 12 位高速 ADC（转换时间为 5.9 μs）、一个 2.5 V 基准电压源和一个高速串行 SPI 接口，采用 5 V 单电源供电，可接受的模拟输入范围为 ±10 V（AD7890-10）、0～4.096 V（AD7890-4）和 0～2.5 V（AD7890-2），支持省电模式（典型值为 75 μW）。其引脚示意及内部结构如图 7.42 所示。

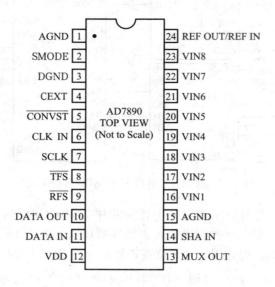

(a) AD7890外形引脚

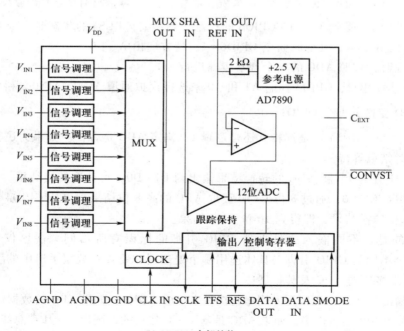

(b) AD7890内部结构

图 7.42　基于串行输出的 ADC 典型芯片 AD7890

SMODE 为模式选择引脚，低电平时为自时钟模式，SCLK 和 $\overline{\text{RFS}}$（接收同步信号）为时钟输出；当 SMODE 为高电平时，SCLK 和 $\overline{\text{RFS}}$为输入时钟，TFS 为发送同步信号。DATA OUT 和 DATA IN 为 SPI 接口的数据输出和数据输入。$\overline{\text{CONVST}}$为硬件转换控制引脚，低电平有效。对于嵌入式微控制器来说，ADC 为从机，因此通常 SMODE 接高电平，让嵌入式处理器提供同步时钟和同步信号。

对 AD7890 的操作是通过 SPI 接口，借助于操作命令完成的。写操作和读操作的时序如图 7.43 所示。

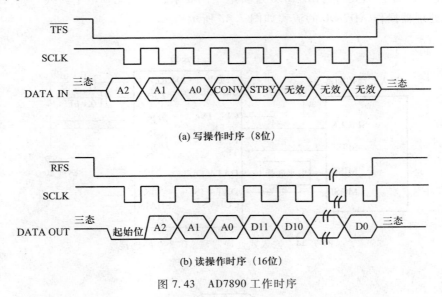

(a) 写操作时序（8位）

(b) 读操作时序（16位）

图 7.43　AD7890 工作时序

对 AD7890 写操作的目的就是让它进行 A/D 转换。图 7.43（a）中的 A2、A1、A0 为 8 个模拟通道的三位地址编码（000 = V_{IN1} ~ 111 = V_{IN8}），CONV 为转换开始状态位，为 1 时表示进入转换状态，与 $\overline{\text{CONVST}}$硬件引脚输入效果完全相同。在向 CONV 执行写操作（写 1）的第 6 个串行时钟周期结束后，内部延时脉冲启动，转换过程开始。另外，在 CONV 为 1 时，$\overline{\text{CONVST}}$引脚输入无效。STBY 为休眠状态位，该位为 1 时，电路处于低功耗休眠状态。电路在写操作 SCLK 的第 7 个脉冲下降沿进入休眠。

引脚 $\overline{\text{CONVST}}$为转换开始时的硬件输入端，上升沿触发。AD7890 可以由 $\overline{\text{CONVST}}$输入或以向 CONV 位写 1 两种方式启动。

串行数据输出引脚是 DATA OUT，输出数据由 1 位起始位（0）、3 位通道地址和由最低有效位开始的 12 位转换数据共 16 位组成。输出数据的码制在双极性输入型（AD7890-10）中为补码，在单极性输入型（AD7890-4 和 AD7890-2）中为无符号的二进制数。

读操作时序如图 7.43（b）所示。在外部时钟模式下，从 $\overline{\text{RFS}}$低电平开始读取 16 位串行数据，为保证正常操作，无论 RFS 和 SCLK 的时间关系如何，起始位 0 都将维持至少一个

SCLK 脉冲周期，并在第一个脉冲周期之后的第一个下降沿时结束。

典型的 AD7890 与嵌入式处理器的连接如图 7.44 所示。SMODE 接 +5 V，因此 AD7890 工作在外部时钟控制方式，嵌入式处理器的 SPI 选择信号 SPISS 直接连接收发同步信号，低电平时开始同步 AD7890。SPICLK 连接 AD7890 的时钟输入端，MOSI 连接 AD7890 的数据输入引脚 DATA IN，以软件方式接收开始转换的命令。DATA OUT 通过电平转换连接 MISO，以通过 SPI 接口接收 AD7890 的转换结果。此处只有 DATA OUT 通过逻辑电平转换后再连接处理器，是考虑输出为 5 V 逻辑，以免电平过高烧坏处理器，而其他引脚对于处理器是输出引脚，输出的最高电平不超过 3.3 V，但又符合 AD7890 逻辑电平的要求，因此无须电平转换。

嵌入式处理器操作 AD7890 的流程如图 7.45 所示。

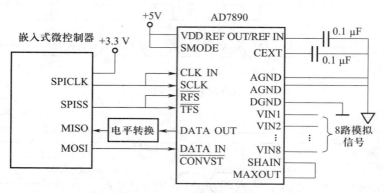

图 7.44 嵌入式处理器与 AD7890 的连接

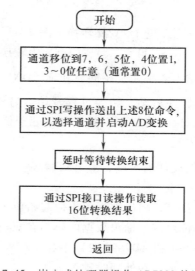

图 7.45 嵌入式处理器操作 AD7890 的流程

7.5 数模转换器

数模转换是将数字量转换为模拟量（电流或电压），使输出的模拟量与输入的数字量成正比。实现这种转换功能的电路叫数模转换器（DAC）。DAC 可分为片内 DAC 和片外 DAC 两类。

7.5.1 片内 DAC 及其应用

片内 DAC 的硬件组成及原理在第 3 章的 3.5.2 节中已经介绍，这里介绍其应用。

DAC 的操作非常简单，首先通过寄存器引脚配置 DAC 引脚，然后直接把待转换的数字量写入 D/A 转换寄存器即可。有的可用软件或硬件触发 DAC 变换。

使用 ARM Cortex-M3 微控制器 LPC1768，利用内部 DAC 通过 $V-I$ 变换得到 4~20 mA 输出的电路如图 7.46 所示。电流输出的大小取决于电阻 R_x 的电位大小，通过旋转电位器，可改变电流大小。假设 LPC1768 的参考电压为 3.3 V，通过调节电位器 R_x，使其阻值在 0~100 kΩ 之间变化（电压从 0~3.3 V），输出 4~10 mA 的电流信号。

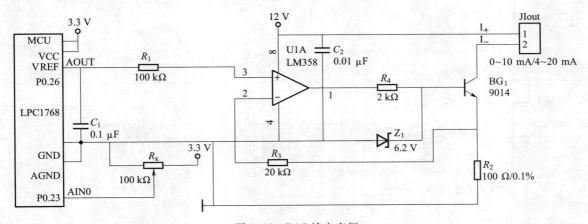

图 7.46　DAC 输出实例

根据上述电路图可知，除了 MCU 外，电路是将 AOUT 的模拟电压转换成电流。当 AOUT=0 时，输出电流为 0，输出 1 V 时，在 R_2 两端的电压也是 1 V，因此输出电流为 1 000 mV/100 Ω=10 mA；如果 AOUT=2 V，则输出电流为 20 mA；如果 AOUT=0.4 V，则输出电流为 4 mA。

由于 LPC1768 内部的 DAC 为 10 位，AOUT 引脚输出的 DAC 电压 $= V_{ref} \times D/1\ 024$，D = VALUE，为输出给 DAC 的数字量，由于 $V_{ref}=3.3$ V，因此 AOUT 输出的电压 $=3.3 \times VALUE/1\ 024$，据此可得典型输出电流对应的 VALUE 值如表 7.4 所示。

表 7.4 输出电流对应数字量的关系

输出电流	20 mA	10 mA	4 mA	0
对应输出电压	2 V	1 V	0.4 V	0
对应 VALUE 值	620 (0x26c)	310 (0x136)	124 (0x7c)	0

对于需要通过 DAC 输出周期性变化的波形，基本思路是将规划的周期性波形幅值离散化，在一个周期内取若干个点的值存入缓冲区，然后定时输出即可得到周期性变化的波形，而输出的周期取决于两点之间输出的时间差。

假设要输出周期为 T 的正弦波，一个周期采集 N 个点，则可以先将采样的 N 个点的正弦值存储在内存缓冲区中，两点之间输出的时间间隔 $=T/(N-1)$。可以利用定时器定时中断，定时时间为 $T/(N-1)$，每中断一次输出一个点，同时修正缓冲区中的地址指针，不断继续下去并一直循环，就可以得到周期为 T 的正弦波输出。

设系统时钟为 12 MHz，通过 LPC1700 系列微控制器的 DAC 输出 50 Hz 正弦波，试说明实现方法。

首先采集正弦信号，假设一个周期用 45 个点，各点的采样值为：

```
410, 467, 523, 576, 627, 673, 714, 749, 778,
799, 813, 819, 817, 807, 789, 764, 732, 694,
650, 602, 550, 495, 438, 381, 324, 270, 217,
169, 125, 87, 55, 30, 12, 2, 0, 6,
20, 41, 70, 105, 146, 193, 243, 297, 353
```

可以通过一个数组存储，如下所示：

```
volatile uint16_t SinxTable[45] = / *      正弦波 45 个点的幅值      * /
{
    410, 467, 523, 576, 627, 673, 714, 749, 778,
    799, 813, 819, 817, 807, 789, 764, 732, 694,
    650, 602, 550, 495, 438, 381, 324, 270, 217,
    169, 125, 87, 55, 30, 12, 2, 0, 6,
    20, 41, 70, 105, 146, 193, 243, 297, 353
}
```

周期 $T = 20$ ms（对应 50 Hz），两点间的时间间隔 $= 20/44 = 0.454\ 545$ ms $= 454\ 545$ ns

假设采用定时器定时 454 545 ns 中断一次，每中断一次，在中断服务程序中取一个点输出，指针同时指向下一点，直到 45 个点输出完毕，指针回零即可得到频率为 50 Hz 的正弦波。

7.5.2 片外 DAC 及其应用

在所选择的嵌入式处理器内部没有 DAC，或者内置 DAC 不能满足要求时，就需要选择片外 DAC 芯片。

按照分辨率，片外 DAC 芯片也可以分为 8 位、10 位、12 位、16 位、24 位等；按照转换速率，可分为高速、中速和低速。按照外部 DAC 与处理器连接的接口形式，可分为并行输入的 DAC 和串行输入的 DAC 两大类。随着电子技术的发展，外部 DAC 的发展也趋向串行输入接口。串行输入接口的 DAC 引脚少，连接简单，应用最为广泛。3 V 供电的并行输入 12 位 DAC 如 AD7392，串行输入的双通道 12 位 DAC 如 AD7394 就是典型的 DAC 代表。本节主要以这两种接口的 DAC 为例，介绍它们与嵌入式处理器的接口及应用。

1. 典型并行输入接口片外 DAC 芯片及其应用

AD7392 采用单一 3 V 供电（可工作在 2.7~5.5V），是并行数字输入的 12 位 DAC 芯片，其功耗低，正常工作时为 100 μA，掉电模式仅为 0.1 μA。AD7392 的内部结构及引脚如图 7.47 所示。

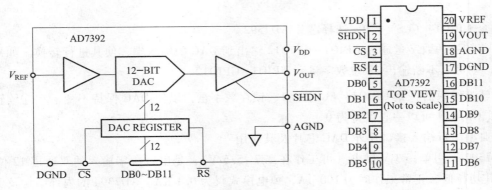

图 7.47　12 位并行输入 DAC 芯片 AD7392

$\overline{\text{SHDN}}$ 为关断控制引脚，低电平时关断输出，此时为掉电模式，工作电流仅为 0.1 μA。$\overline{\text{RS}}$ 为复位 DAC 寄存器的引脚，低电平时寄存器内容复位为 0。$\overline{\text{CS}}$ 为片选信号，低电平有效。DB0~DB11 为输入待转换的 12 位数字量。V_{out} 为转换后的模拟量输出。

嵌入式处理器通过 GPIO 端口与 AD7392 的连接如图 7.48 所示。为方便起见，这里的 GPIO1~GPIO15 仅表示使用了 15 个 GPIO 引脚，GPIO 引脚的具体标识与所选择的嵌入式处理器有关，有的标识为 PA、PB、GPA、GPB，有的标识为 P$i.j$，如 P0.0~P0.14，不同厂家的标识不一样。

对 AD7392 操作的流程如下所述。

① 打开 GPIO 相应端口的电源。

② 配置 GPIO1~GPIO15 为通用 I/O 并作为输出。

③ 初始化 I/O，使 GPIO13~GPIO15 均输出为 1（GPIO13（$\overline{\text{SHDN}}$）= 1），打开 DAC 芯片 AD7392 的电源。

④ 令 GPIO15（$\overline{\text{RS}}$）= 0，清除输出寄存器，使输出模拟量为 0。

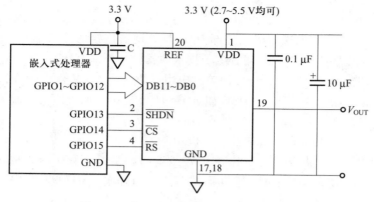

图 7.48　嵌入式处理器与 AD7392 的连接

⑤ 令 GPIO14（$\overline{\text{CS}}$）= 0，选择芯片 AD7392。

⑥ 待转换的数字量通过 GPIO1～GPIO12 输出到 DAC 的输入端，使其进行转换。如果要连续转换，则可以不断输出 12 位数字量到 GPIO1～GPIO12。

⑦ 转换结束后，令 GPIO14（$\overline{\text{CS}}$）= 1，锁存数字量，以使 DAC 保持不变。在连续转换的系统中，GPIO14 可以一直保持为 0。

2. 典型串行输入接口片外 DAC 芯片及其应用

AD7394 采用单一 3 V 供电（可工作在 2.7～5.5 V），是串行数字输入的双通道 12 位 DAC 芯片，其功耗低，正常工作时为 100 μA，掉电模式仅为 0.1 μA。AD7394 的内部结构及引脚如图 7.49 所示。

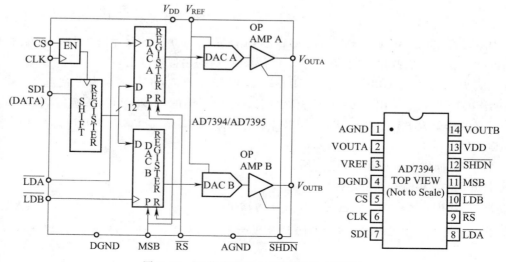

图 7.49　12 位串行输入 DAC 芯片 AD7394

$\overline{\text{SHDN}}$ 为关断控制引脚，低电平时关断输出，此时为掉电模式，工作电流仅为 0.1 μA。$\overline{\text{RS}}$ 为复位 DAC 寄存器的引脚，低电平时寄存器内容复位为 0。$\overline{\text{CS}}$ 为片选信号，低电平有效。SDI 为串行输入待转换的数字量（在时钟作用下移位进入 DAC）。CLK 为串行同步控制时钟。MSB 为配合 $\overline{\text{RS}}$ 清除寄存器的引脚，当 $\overline{\text{RS}} = 0$ 时，若 MSB = 0，则清除 DAC 寄存器；若 MSB = 1，则 DAC 寄存器的值为 800H（为满度的一半）。$\overline{\text{LDA}}$ 和 $\overline{\text{LDB}}$ 分别为两个通道的加载信号，为低电平时，串行移位的 12 位数字量装入 DAC 寄存器，并使 DAC 进行 D/A 变换，变换后的数字量分别从 V_{OUTA} 和 V_{OUTB} 输出。

AD7394 的操作时序如图 7.50 所示。

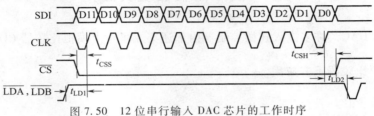

图 7.50　12 位串行输入 DAC 芯片的工作时序

在片选信号 $\overline{\text{CS}}$ 有效时，在时钟的作用下，待转换的 12 位数字量一位一位按位移位，在经过 12 个时钟之后，在 $\overline{\text{LDA}}$ 和 $\overline{\text{LDB}}$ 的作用下（低电平有效）将数字量输入 DAC 寄存器，从而让 DAC 进行 D/A 变换。

嵌入式处理器与 AD7394 的连接如图 7.51 所示。利用 GPIO1 ~ GPIO4（不同嵌入式处理器的引脚标识不同）控制 DAC 操作；MSB 接地，表示清除寄存器的值完全由 $\overline{\text{RS}}$ 决定，当 $\overline{\text{RS}} = 0$ 时，寄存器全清零。

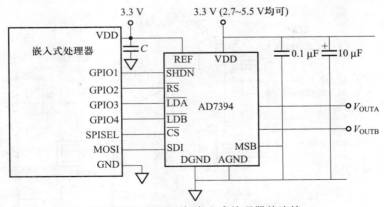

图 7.51　AD7394 与嵌入式处理器的连接

对 AD7394 操作的流程如下所述。

① 打开 GPIO 相应端口的电源。

② 配置 GPIO1 ~ GPIO4 为通用 I/O 并作为输出。

③ 初始化 I/O，使 GPIO1～GPIO4 均输出为 1，打开 DAC 芯片 AD7394 的电源；打开 SPI 接口电源，初始化 SPI 接口；设置主机发送，位长设置为 12 位（每次传输 12 位）；设置 SPI 时钟计数器寄存器，得到相应的时钟频率；设置 SPI 控制寄存器，设置高位在先，低位在后。

④ 将要发送的 12 位数据写入 SPI 数据寄存器，启动 SPI 数据传输，等待 SPI 状态寄存器中的发送完毕位置 "1"，即可将待转换的 12 位数字量输出给 DAC。

当然，也可以利用 GPIO 引脚参照 AD7394 操作时序图来模拟 SPI 操作 DAC。

7.6 模拟比较器及其应用

除了 ADC 和 DAC，许多嵌入式微控制器内部还集成了片上模拟比较器 COMP。

7.6.1 片上比较器及其应用

1. LPC800 片上比较器

典型嵌入式微控制器 ARM Cortex-M0+芯片的 LPC800 片上比较器如图 7.52 所示。

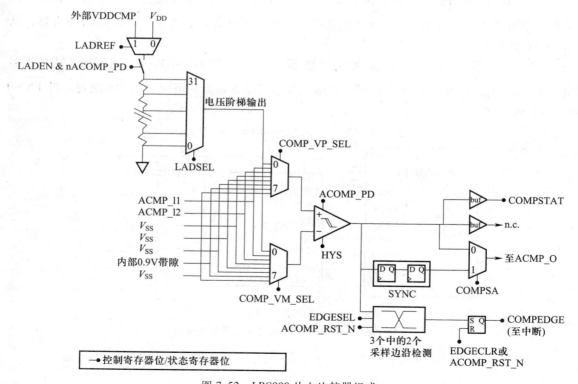

图 7.52　LPC800 片上比较器组成

284

LPC800 比较器的基本特性如下：

① 可选外部输入既可用作比较器的正输入，也可用作比较器的负输入。

② 内部基准电压（0.9 V 带隙基准电压）既可用作比较器的正输入，也可用作比较器的负输入。

③ 32 级阶梯电压既可用作比较器的正输入，也可用作比较器的负输入。

④ 电压阶梯源的可选范围在电源引脚 VDD 或 VDDCMP 引脚之间。

⑤ 电压阶梯在不需要时可单独掉电。

⑥ 比较器具有中断功能。

比较器常用于简单电平比较。关于 LPC800 比较器的应用详见 LPC800 用户手册。

2. M451 片上比较器

基于 ARM Cortex-M4 的 M451 微控制器片上比较器的内部结构如图 7.53 所示。M451 包含两个比较器。当正极输入大于负极输入时，比较器输出逻辑 1；否则输出逻辑 0。当比较器输出值有变化时，两个比较器都可以配置产生中断。两个比较器的+端有四个输入可以选择，–端也有四个输入可以选择，因此使用比较灵活。

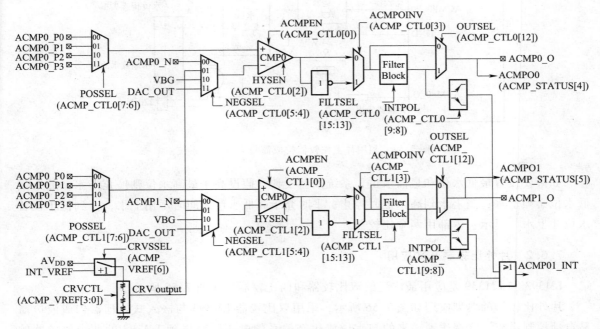

图 7.53　M451 片上比较器组成

模拟比较器提供滞后功能，是为了让比较器有一个稳定输出。如果比较器输出 0，则在正极输入没有超过负极输入的高门限电压之前，输出不会变为 1；同样，如果比较器输出 1，则在正极输入电压没有低于负极输入的低门限电压前，输出不会变为 0。

另外，M451 模拟比较器提供滤波器功能来避免比较器状态输出不稳定。

3. 片上比较器的应用

通常使用片上比较器来检测电源是否欠压、温度是否超限、水位是否超高等具有指定阈值控制的场合。在实际应用时，通常将比较器正端连接需要测量的经传感器感知的输出电压，而负端通常连接内部基准参考电压。当被测量电压超过基准电压时，比较器输出逻辑 1，可直接控制外部；低于基准电压时则输出逻辑 0。片上比较器的典型应用如图 7.54 所示。利用片上比较器构成一个水池或水箱液位简易控制系统，水池水位用水位探头经过变送器得到与水位高度相对应的模拟电压信号，经过运算放大器调理到嵌入式处理器能够接收的电压范围，接比较器正端；模拟比较器采用内部参考电压接负端；比较器输出接由电阻、三极管以及继电器构成的驱动电路。当水位低于设定高度时，比较器输出低电平，继电器不得电，在常闭状态，使电磁阀打开进水；当水位高于设定高度时，比较器输出高电平，使驱动器的继电器得电，常闭点断开，电磁阀关闭，停止进水，达到自动上水的目的。

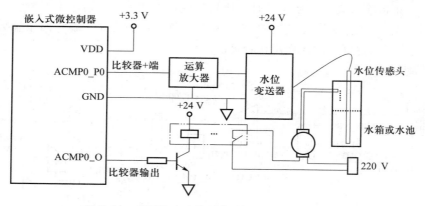

图 7.54　利用片上比较器构成简易水位控制系统

如果要设置最低水位和最高水位，系统如何设计？假设高于最高水位则停止上水，低于最低水位必须上水，当上水到高水位时停止；平时介于高低水位之间时不用上水，直到低于设置水位才上水。提示：内部用两个比较器。

7.6.2　片外比较器及其应用

LM393 和 LM339 是应用最广泛的双比较器和四比较器，如图 7.55 所示。

片外比较器的典型应用如图 7.56 所示，采用双比较器 LM393 与嵌入式处理器构成液位简易自动控制系统。将变送器送来的与水位成比例关系的电压同时送到 LM393 的两个比较器的 A$-$和 B$+$端，而比较器 A$+$与 B$-$分别连接由 R_1 和 R_2 以及由 R_3 和 R_4 构建的模拟参考电压，通过调整 R_3 和 R_4 的值，可确定比较阈值。使得水位达到设置的低水位限位 L_w 以下时，由比较器 B 的 OB 输出低电平，高于 L_w 时 OB 输出高电平；当水位超过高限位值 H_w 时，使比较器 A 的 OA 输出低电平，低于 H_w 时输出高电平。通过获取嵌入式处理器引脚 GPIO1（OA）和 GPIO2（OB）高低电平的状态，即可得到水位的基本情况。当越限时，如 GPIO1 = 0 表示水位

高于高限位 H_w，GPIO2 = 0 表示水位低于低限位 L_w，根据要求可控制 GPIO3 输出高低电平来开关水阀，以满足系统简单控制水位的目的。这里与图 7.54 所示的例子不同，继电器取常开触点，即继电器不得电时断开，电磁阀关闭不上水，得电时闭合，打开上水。

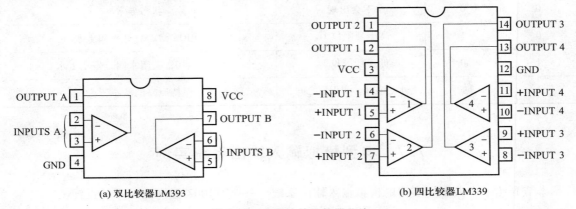

图 7.55　典型片外比较器芯片

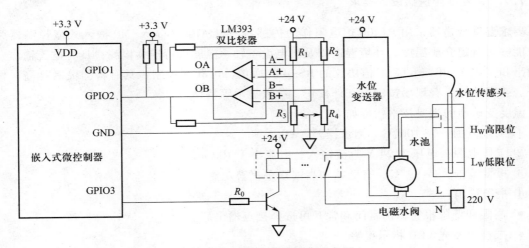

图 7.56　片外比较器的典型应用

系统操作流程如下：

① 打开 GPIO 相应端口的电源。

② 配置 GPIO1、GPIO2 为通用 I/O 并作为输入，GPIO3 为输出。

③ 检测端口 GPIO1 和 GPIO2 的状态，按照表 7.5 所示的状态控制 GPIO3 的操作。

可根据表 7.5 对 GPIO1~GPIO3 进行编程。应该说明的是，在实际应用中，对 GPIO 状态的获取除了查询方式外，更多的是采用中断方式，而 ARM Cortex-M 系列 GPIO 具有可编程的中断输入功能，因此上水时当水位高于 H_w 时，会在 GPIO1 引脚产生由高到低的电平变化，即产生下降沿中断；当水位低于 L_w 时，也会在 GPIO2 引脚产生由高到低的下降沿中断，因此可以在中断处理程序中进行开关电磁阀的操作。

表 7.5　根据水位状态控制电磁水阀的开关逻辑关系表

GPIO1	GPIO2	水位情况	GPIO3
0	0	不会出现	状态异常
0	1	高于高限位 H_w	GPIO3 = 1，打开水阀上水
1	0	低于低限位 L_w	GPIO3 = 0，关闭水阀，停止上水
1	1	水位在 L_w 和 H_w 之间	保持原来的状态不变

7.7　典型模拟输入输出系统实例

本节介绍一个典型、实用的模拟输入输出系统——WPT100Z 温度变送器的设计。

7.7.1　温度变送器设计要求

要求温度变送器采用 PT100 铂电阻作为传感器，以 ARM Cortex-M0 嵌入式微控制器为核心，能够对管道介质温度、环境温度以及机电设备轴承温度进行连续检测；具有电流输出、频率输出和基于 ModBus RTU 通信协议的 RS-485 通信，可联网控制；具有检测灵敏度高、稳定性好、兼容性好、有现场按键或红外校正、参数显示等特性。

温度变送器的主要技术指标如下：

① 测量范围：0~100 ℃，测量误差：±0.2 ℃。

② 工作电源：电压为 24 V 直流输入，电流小于 100 mA。

③ 报警范围：1~99 ℃，有低端和高端双重报警功能。

④ 报警输出：

- 高限和低限报警输出常闭和常开可选择接点输出。
- 二极管发光 LED 指示报警。
- 蜂鸣器声响报警。

⑤ 输出信号：

- 脉冲频率方式：200~1 000 Hz。
- 模拟电流方式：4~20 mA。

⑥ RS-485 通信接口：

- 符合标准 ModBus RTU 通信协议。
- 字符格式为 1 位停止位，无校验，8 位数据。
- 通信波特率默认为 9 600 bps。

7.7.2 温度变送器硬件系统设计

智能型 PT100 变送器硬件由温度传感器、信号调理电路（前置放大与处理模块）、以内嵌 12 位 ADC 的 ARM Cortex-M0 微控制器为核心的最小系统模块、频率输出模块、电流输出模块、基于 RS-485 的 ModBus RTU 通信模块、超限报警模块、红外模块、电源模块以及 LED 显示模块构成，总体构架如图 7.57 所示。

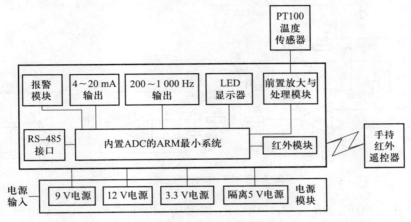

图 7.57　温度变送器硬件组成

电源模块负责将 24 V 直流电源变换为稳定的 12 V、5 V 以及 3.3 V 电源，并通过隔离 DC 变换成独立 5 V 电源供 RS-485 隔离型光耦使用。另外还将产生 1 mA 的恒流源给前置电路使用。

传感器可以是温度传感器、压力传感器、水位传感器等。对于温度传感器，采用 PT100 温度探头，将温度信号变换为电阻信号，接入前置放大与处理模块，将电阻信号变换成模拟电压信号，送入 ARM 嵌入式最小系统的 ADC，经过 A/D 变换得到数字量，经过 ARM 处理器的运算处理得到温度值，通过 LED 显示器显示出来。如果温度超过高限或低于低限，可设置报警，通过声光报警、继电器接点报警输出等方式报警。

如果是压力或水位传感器，以同样的方式处理变换、计算、显示以及超限报警等。

红外模块与手持红外遥控器进行红外通信，以设置和调整参数。

在得到温度的同时，以三种方式与外部或上位机联系：一是产生与 0~100 ℃ 相对应的 4~20 mA 的电流输出信号；二是产生与 0~100 ℃ 相对应的 200~1 000 Hz 的频率输出信号；三是通过 RS-485 按照 ModBus RTU 协议与上位机进行通信，将测得的温度及报警等信息传送给上位机。

1. 模拟输入通道设计

模拟输入通道由 PT100 热电阻传感器、放大电路、滤波电路以及恒流源电路组成，如图 7.58 所示。PT100 热电阻感知的信号为电阻信号，温度为 0 ℃ 时，其阻值为 100 Ω，因此需要用恒流源供给 PT100，将电阻信号变换为电压信号（详见 7.3.4 节的有关内容）。

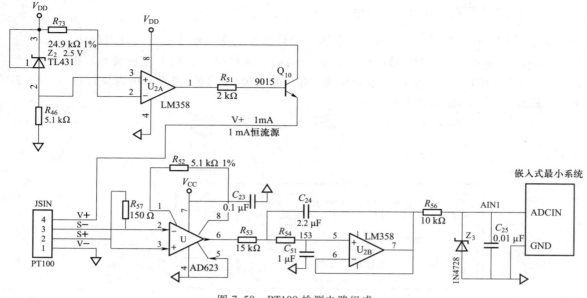

图 7.58　PT100 检测电路组成

在图 7.58 中，由 R_{46}、R_{73}、Z_2、U_2、R_{51} 以及 Q_{10} 构建了产生 1 mA 电流的恒流源，供 PT100 使用，将 PT100 产生的 0～100 ℃温度时的电阻 100～138.51 Ω 变换为 100～138.51 mV。

由 R_{52}、R_{57} 和 U 组成仪表放大器电路，接 PT100 时，R_{57} 断开。其中，R_{52} 决定放大倍数，$R_{52} = 512 = 5.1$ kΩ，因此放大量为 (1+100 kΩ/5.1 kΩ) ≈20 倍。当 PT100 经恒流源得到 100～138.51 mV 时，经过放大电路得到 2～2.77 V。

由 R_{53}、C_{24}、R_{54}、C_{51}、U_{2B} 组成的二阶有源低通滤波器进行滤波处理。R_{56} 和 Z_3 构成稳压限幅电路，防止电压过高烧坏嵌入式处理器。最后送到嵌入式最小系统的处理器片上 ADC 进行模拟到数字的变换，按照 PT100 表的关系，通过软件处理就可以变换得到与 PT100 变化相对应的温度值。

可用以下公式校准计算得到的温度值：

$$t = kD + b \tag{7.7}$$

用电阻箱调节电阻到 100 Ω，然后测量 A/D 变换得到的数字量 D_0，此时 $t = t_0 = 0$，有

$$kD_0 + b = 0 \tag{7.8}$$

再调节电阻箱，使电阻值为 138.51 Ω，此时 $t = t_{100} = 100$，此时得数字量 D_{100}，有

$$kD_{100} + b = 100 \tag{7.9}$$

求解式 (7.8) 和 (7.9) 可得 k 和 b 的值，因此，可代入 (7.7) 式计算任意电阻值通过恒流源流入 PT100 时产生的电压变换得到数字量时对应的温度值。式 (7.7) 即所谓的标度变换公式，将待测量数字量变换成有意义的物理量。

PT100 热电阻有三种连接方法：两线制、三线制和四线制，如图 7.59 所示。

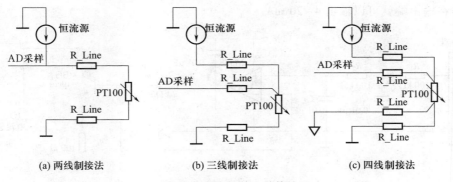

(a) 两线制接法　　　　　　(b) 三线制接法　　　　　　(c) 四线制接法

图 7.59　PT100 的三种接法

按照三种接法，图 7.59 所示的 PT100 端子上标有 V_+、S_+、S_-、V_-。

- 两线制接法：两线制，将 V_+ 与 S_+ 短接，S_- 与 V_- 短接，两线接 S_+ 和 S_-。
- 三线制接法：三线制，将 V_+ 与 S_+ 短接，红线接 S_+，其他两线分别接 S_- 和 V_-。
- 四线制接法：四线制，将四线依次与 V_+、S_+、S_- 和 V_- 连接即可。

2. 模拟输出通道设计

系统要求将 PT100 感知的温度通过 4~20 mA 输出给外接仪表或设备。对于有片上 DAC 的嵌入式处理器，连接电路如图 7.60 所示，R_1 和 C_1 构成低通滤波电路，U_1、R_2、BG_1 和 R_4 构成 V/I 转换电路，Z_1 防止电流过大，以保护 BG_1。

嵌入式处理器的 DAC 输出 AOUT 连接一个电压电流（V/I）的转换电路（见 7.3.4 节的图 7.27），最后将 0~100 ℃ 对应的数字量通过 DAC 输出给 V/I 电路，输出 4~20 mA。

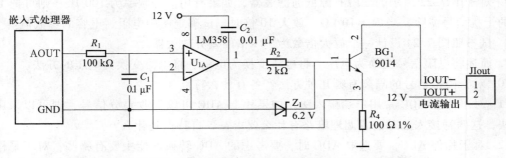

图 7.60　基于有片上 DAC 的嵌入式处理器输出 4~20 mA 电流的电路

对于没有内置 DAC 的嵌入式处理器，要输出电流可以外接 DAC，也可以使用 PWM 来模拟 DAC，接口如图 7.61 所示。由嵌入式处理器片上 PWM 产生固定频率，可变脉冲宽度的 PWM 信号经过 R_1、C_1、R_2 和 C_2 二次滤波后，将脉冲信号变换为直流信号，代替 DAC 输出，不需要外部 DAC，从而降低成本。只要控制 PWM 脉冲宽度即可输出不同高低的电压，变换后就可以输出不同大小的电流。校准 4 mA 输出时，调整脉冲宽度使 PWMOUT 经过滤波后在 U_1

的3脚输出 0.4 V；校准 20 mA 输出时，调整 PWM 脉冲宽度，使输出在 U₁ 的 3 脚的电压为 2 V，这样在输出端就可以输出 4~20 mA。

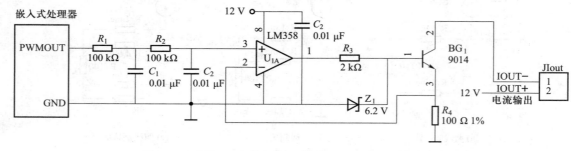

图 7.61　采用 PWM 模拟 DAC 输出 4~20 mA 电流的电路

本章习题

1. 一般模拟输入输出系统及基于嵌入式处理器的模拟输入输出系统是怎么构成的？各部分的主要功能是什么？两个系统的主要区别是什么？

2. 传感器的作用是什么？有哪些常用传感器？

3. 传感器与变送器有什么区别？常用变送器有哪些？

4. 在模拟输入通道中，经常要使用信号调理电路，其主要功能和任务是什么？对于片上有 ADC 的嵌入式模拟输入通道，其调理电路的主要形式有哪些？

5. 信号滤波有哪些基本类型？各种滤波电路有何特点？

6. 对于需要滤除 100 kHz 以上的干扰，采用 RC 低通滤波时，RC 的参数如何选择？

7. 对于图 7.22 所示的二阶有源低通滤波器，如果有用信号频率为 100 Hz，则可把 100 Hz 以上的干扰信号滤除，当 $R_3 = 10$ kΩ，放大 10 倍时，试确定图中电阻、电容的参数值。

8. 试参照图 7.24 设计一个放大倍数为 101 倍的差分放大器。

9. 简述将电阻信号变换为电压、将电压变换为电流、将电流变换为电压的方法。

10. 对于模拟信号的隔离有哪几种方法？各有什么特点？

11. 对于片上 ADC 常用单端接入法，如果片上 ADC 可以接收差分信号，则可以采用差分接入法，这两种接入法对前置调理电路有什么要求？各自特点是什么？

12. 对于片外 ADC，要选取 ADC 时，要考虑的 ADC 转换性能主要有哪些？对于采样速率的选择原则是什么？

13. 对于具有 SPI 接口的串行 ADC 芯片 AD7890，可以通过软件控制时序的写操作要求来选择通道并启动 A/D 变换，用读操作获取 A/D 转换结果。试根据图 7.43 的时序说明对 AD7890 的具体操作流程。

14. 简述利用片内 DAC 再通过外加运算放大电路产生指定幅度和周期的正弦波的方法和步骤。

15. 试利用片内比较器、外部温度传感器 LM35 构建一个超温报警系统，要求当温度超过

80 ℃时报警输出，报警采用发光二极管。

16. 试设计一个模拟输入输出系统，嵌入式处理器采用 3.3 V 供电，内置 12 位 ADC，某压力传感器输出 0~100 mV。对于 0~10 MPa，当压力超过 8.5 MPa 时，输出报警信号，蜂鸣器发声；低于 8 MPa 时解除报警，并将得到的压力用 4~20 mA 电流输出到外部。

第8章　电机及其控制

【本章提要】

在嵌入式应用系统中，经常需要控制机械装置转动或移动。在现代社会，人类的生产活动离不开各种各样的电机，电机被广泛应用到各行各业的各个领域。这些应用领域包括电力工业、工业生产部门、建筑业、交通运输、医疗办公设备与家用电器、航空航天、国防以及其他领域。

本章主要介绍电机及其控制技术以及电机在嵌入式系统中的典型应用，内容包括电机及其种类、直流电机及其控制、步进电机及其控制、单相交流电机及其控制、三相异步电机及其控制以及电机的保护等。

【学习目标】

- 了解电机的概念，包括电机定义、种类、一般控制系统以及电机控制常用部件。
- 了解直流电机的类别、激励方式及其连接方法，掌握直流电机的控制方法。
- 了解步进电机的工作原理，熟悉步进电机控制系统的构成，熟悉典型步进电机的控制接口。
- 了解单相交流电机及其控制方法，熟悉其正反转控制电路的设计。
- 了解三相异步电机的结构及工作原理，会选择三相异步电机，熟悉异步电机的启动与调速方法，了解三相异步电机的运行控制方法，能分析异步电机构成的典型控制系统。
- 了解电机的保护知识，熟悉缺相保护、低压保护以及过载保护策略，熟悉常规缺相和相序检测电路的原理。

8.1 电机及其种类

8.1.1 电机的定义

实现电能与机械能相互转换的电工设备总称为电机。电机利用电磁感应原理实现电能与机械能的相互转换。根据电能与机械能转换的方向，可把电机分为发电机和电动机两类，发电机是把机械能转换成电能的设备，而电动机是把电能转换成机械能的设备。

通常所讲的电机一般是指电动机，以下不加说明，则将电动机简称为电机。本章不介绍发电机。

8.1.2 电机的种类

电机有许多类别，如图 8.1 所示。电机可分为电磁型电机和非电磁型电机两大类。电磁型电机是目前使用最广泛的电机。

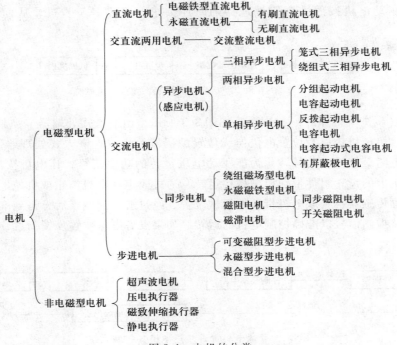

图 8.1 电机的分类

超声电机（ultrasonic motor 或简写为 USM）技术是振动学、波动学、摩擦学、动态设计、电力电子、自动控制、新材料和新工艺等学科结合的新技术。超声电机不像传统的电机那样，利用电磁的交叉力来获得其运动和力矩，而是利用压电陶瓷的逆压电效应和超声振动来获得其运动和力矩，将材料的微观变形通过机械共振放大和摩擦耦合转换成转子的宏观运动。在这种新型电机中，压电陶瓷材料盘代替了许许多多的铜线圈。

交直流两用电动机（universal motor）是一种可由交流供电，也可由直流供电的串励电动机，又称普用电动机。这种电机实质上是直流串励电动机。其内在结构与单纯的直流电机没有大的差异，都是由机电刷经转向电器将电流输入电枢绕组，其磁场与电枢绕组呈串联的形式。两用电机的转向切换十分方便，只要切换开关将磁场线圈反接，即能实现电机转子的逆转和顺转。为了使它能适应交流运行，全部磁路系统都由叠片制成，以减小涡流。定子上除励磁绕组和换向极绕组外，还增设补偿绕组，以限制交流运行时电枢绕组产生过大的电抗压降并改善换向。

交直流两用电机在洗衣机、吸尘器、排风扇等家用电器中应用较为广泛，在交流或直流供电下，电机的输出启动力矩也较大。

8.1.3　电机的一般控制系统

对于步进电机，由于是一步一步地步进以达到准确控制的目的，因此步进电机控制系统不需要位置的反馈信息，是一个开环控制系统，如图 8.2 所示。由嵌入式处理器直接控制驱动电路，驱动电路驱动电机按照嵌入式处理器的时序要求，一步一步步进，从而按照预定位置转动。

图 8.2　步进电机控制系统

普通电机（步进电机除外）控制系统如图 8.3 所示，由嵌入式处理器、控制驱动电路、电机、齿轮组件、机械机构以及位置电位器或位置编码器等组成。嵌入式处理器发出控制信号，通过控制驱动电路，把控制信号转化为能驱动电机运转的功率信号，让电机按指定方向运转，经过固定在电机上的齿轮组件带动机械机构运转，通过固定在电机齿轮或机械上的位置电位器或编码器等位置传感器，获取电机带动的机械位置，经过解码或变换后，得到准确的电机运行位置，从而调整控制信号以准确控制电机的运转。如果没有电机位置反馈信息，就无法有效控制电机的运转。

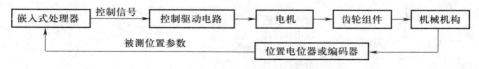

图 8.3　普通电机（非步进电机）控制系统

8.1.4　电机控制系统中的常用部件

1. 控制电路中的常见电器符号

自动控制要由自动开关来完成，自动开关有继电器、接触器等。接触器是一种自动开关，是电力拖动中主要的控制电器之一，它分为直流和交流两类。其中，交流接触器常用来接通和断开电动机或其他设备的主电路。图 8.4（b）虚线框内所示是交流接触器的主要结构。接触器主要由电磁铁和触头两部分组成。它是利用电磁铁的吸引力而动作的。当电磁线圈通电后，吸引山字形动铁芯（上铁芯），而使常开触头闭合。

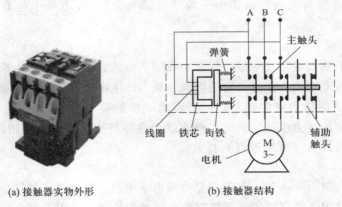

(a) 接触器实物外形　　　　　(b) 接触器结构

图 8.4　典型的三相交流接触器

在电机控制中经常用到开关、按钮、继电器或接触器、行程开关等部件。图 8.5 为刀开关及按钮的电路符号，图 8.6 为继电器或接触器的电路符号，图 8.7 为行程开关的电路符号。

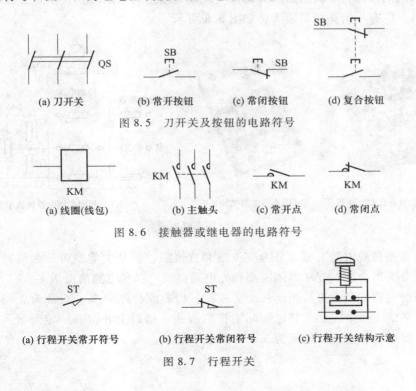

(a) 刀开关　　(b) 常开按钮　　(c) 常闭按钮　　(d) 复合按钮

图 8.5　刀开关及按钮的电路符号

(a) 线圈(线包)　　(b) 主触头　　(c) 常开点　　(d) 常闭点

图 8.6　接触器或继电器的电路符号

(a) 行程开关常开符号　　(b) 行程开关常闭符号　　(c) 行程开关结构示意

图 8.7　行程开关

297

2. 继电器

继电器（relay）是一种电控制器件，是当输入量（激励量）的变化达到规定要求时，在电气输出电路中使被控量发生预定的阶跃变化的一种电器。它具有控制系统（又称输入回路）和被控制系统（又称输出回路）之间的互动关系。继电器通常应用于自动化的控制电路中，实际上是用小电流去控制大电流运作的一种"自动开关"，在电路中起着自动调节、安全保护、转换电路等作用。

（1）普通继电器

普通继电器即电磁继电器，一般由铁芯、线圈、衔铁、触点簧片等组成。只要在线圈两端加上一定的电压，线圈中就会流过一定的电流，从而产生电磁效应，衔铁就会在电磁力吸引的作用下克服返回弹簧的拉力吸向铁芯，从而带动衔铁的动触点与静触点（常开触点）吸合。当线圈断电后，电磁的吸力也随之消失，衔铁就会在弹簧的反作用力作用下返回原来的位置，使动触点与原来的静触点（常闭触点）释放。

（2）固态继电器

固态继电器（solid state relay，SSR）是由微电子电路、分立电子器件、电力电子功率器件组成的无触点开关，用隔离器件实现了控制端与负载端的隔离。固态继电器的输入端用微小的控制信号达到直接驱动大电流负载的目的。

固态继电器有单相和三相之分。单相固态继电器是一种两个接线端为输入端，另两个接线端为输出端的四端器件，中间采用隔离器件实现输入输出的电隔离。三相固态继电器有三个输入和三个输出，还有一组是控制输入，如图 8.8 所示。

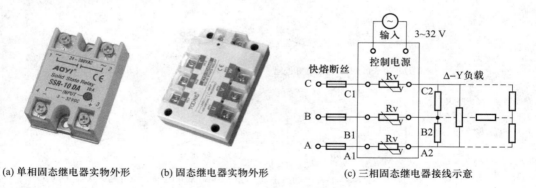

(a) 单相固态继电器实物外形　　(b) 固态继电器实物外形　　(c) 三相固态继电器接线示意

图 8.8　固态继电器

固态继电器按负载电源类型可分为交流型和直流型；按开关类型可分为常开型和常闭型；按隔离类型可分为混合型、变压器隔离型和光电隔离型，以光电隔离型居多。

三相固态继电器控制有直流控制和交流控制，以直流控制居多，通常为 3~36 A。选择固态继电器时，额定工作电流必须超过实际工作电流的 2 倍以上并留有一定余量。例如，1.4 A 的工作电流，要选择额定工作电流为 3 A 的固态继电器。

3. 普通继电器与固态继电器的性能比较

普通继电器与固态继电器的主要性能比较如表8.1所示。

表 8.1　普通继电器与固态继电器性能比较

性能	类型	
	固态继电器	普通继电器
灵敏度	输入电压范围宽，驱动功率小，灵敏度高	控制电压较窄，需要加驱动电路，灵敏度差
寿命和可靠性	由于没有机械触点，寿命长，可靠性高	由于有机械触点，寿命较短，可靠性较低
反应速度	反应速度快，达到 ms 级，适合高速控制	反应速度一般较慢，不适合高速控制
电磁干扰	射频干扰小	线圈及触点动作有较大电磁干扰
导通压降	导通管压降大，断开有漏电流	导通压降小，接触电阻小，断开无漏电流
控制触点及通用性	一般为单路控制，多组转换控制较难，交直流通用性差	对外进行多组控制较容易，可交直流

4. 电磁阀

电磁阀（electromagnetic valve）是用电磁控制的工业设备，是用来控制流体的自动化基础元件，属于执行器，并不限于液压、气动，用于在工业控制系统中调整介质的方向、流量、速度和其他参数。电磁阀可以配合不同的电路以实现预期的控制，而控制的精度和灵活性都能够保证。电磁阀有很多种，不同的电磁阀在控制系统的不同位置发挥作用，最常用的是单向阀、安全阀、方向控制阀、速度调节阀等。电磁阀实物外形及符号如图8.9所示。它的应用参见8.5.5节。

5. IGBT 驱动模块

IGBT（insulated gate bipolar transistor，绝缘栅双极型晶体管）是由 BJT（双极型三极管）和 MOS（绝缘栅型场效应管）组成的复合全控型电压驱动式功率半导体器件，兼有高输入阻抗和低导通压降两方面的优点。三极管饱和压降低，载流密度大，但驱动电流较大；MOSFET 驱动功率很小，开关速度快，但导通压降大，载流密度小。IGBT 综合了以上两种器件的优点，驱动功率小而饱和压降低，非常适合应用于直流电压为 600 V 及以上的变流系统，如交流电机、变频器、开关电源、

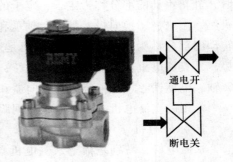

图 8.9　电磁阀

照明电路、牵引传动等。

　　三极管、MOSFET 和 IGBT 是有别于机械开关（如接触器和继电器）的电子类开关，它们的通断没有机械性触点，通电时也就不会产生电火花或抖动。三极管或 MOSFET 管一般电压不超过 600 V，电流小于 1 000 A，因此对于高电压和大电流，MOSFET 管就无能为力了，通常要采用 IGBT 驱动模块。IGBT 实物外形如图 8.10 所示。

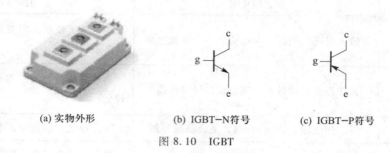

(a) 实物外形　　　　　(b) IGBT-N符号　　　　(c) IGBT-P符号

图 8.10　IGBT

　　IGBT 有三个电极，分别是栅极 G、集电极 C 和发射极 E，与三极管的 B、C、E 和 MOS 管的 G、S、D 有关联也有区别，从引脚标识就可以看出它是三极管和 MOS 管结合的产物。它的工作原理是，当 G=1 时，C 和 E 导通；当 G=0 时，C 和 E 截止（断开），从而起到电子开关的目的。它的应用详见 8.5.5 节。

8.2　直流电机及其控制

8.2.1　直流电机及类别

　　直流电机是指能将直流电能转换成机械能（直流电动机）或将机械能转换成直流电能（直流发电机）的旋转电机。当它作为电动机运行时是直流电动机，将电能转换为机械能；作为发电机运行时是直流发电机，将机械能转换为电能。如果不加说明，直流电机指的就是直流电动机。直流电机的实物如图 8.11 所示。

　　直流电机结构上由定子和转子两大部分组成。直流电机运行时，静止不动的部分称为定子，定子的主要作用是产生磁场，由机座、主磁极、换向极、端盖、轴承和电刷装置等组成；运行时转动的部分称为转子，其主要作用是产生电磁转矩和感应电动势，是直流电机进行能量转换的枢纽，所以通常又称为电枢，由转轴、电枢铁心、电枢绕组、换向器和风扇等组成。

　　常用的直流电机有永磁电机和伺服电机等。

1. 永磁电机

　　永磁电机，特别是稀土永磁电机具有结构简单、运行可靠、体积小、质量轻、损耗小、效率高，电机的形状和尺寸可以灵活

图 8.11　直流电机实物照片

多样等显著优点，因而应用范围极为广泛，几乎遍及航空航天、国防、工农业生产和日常生活等各个领域。

当外加额定直流电压时，永磁电机的转速几乎保持固定。这类电机用于录音机、录像机、唱机或激光唱机等固定转速的机器或设备中，也用于变速范围很宽的驱动装置，例如小型电钻、模型火车、电子玩具等。在这些应用中，借助于电子控制电路的作用，电机功能大大加强。

2. 伺服电机

伺服电机是指在伺服系统中控制机械部件运转的电机，它是自动装置中的执行元件。它的最大特点是可控。在有控制信号时，伺服电机就转动，且转速大小正比于控制电压的大小；除去控制信号电压后，伺服电机就立即停止转动。伺服电机应用广泛，几乎所有的自动控制系统中都需要用到。例如测速电机，它的输出正比于电机的速度；又如齿轮盒驱动电位器机构，它的输出正比于电位器移动的位置。当这类电机与适当的功率控制反馈环配合时，它的速度可以与外部振荡器频率精确锁定，或与外部位移控制旋钮进行锁定。

唱机或激光唱机的转盘常用伺服电机。天线转动系统、遥控模型飞机和舰船也都要用到伺服电机。

直流电机工作电源电压为 2~32 V 不等，最大功率为 20 kW，最高转速为 30 000 r/min。

8.2.2 直流电机励磁方式及其连接

直流电机的励磁方式是指如何对励磁绕组供电、产生励磁磁通势而建立主磁场的问题。根据励磁方式的不同，直流电机可分为下列 4 种类型。

1. 他励直流电机

励磁绕组与电枢绕组无连接关系，而由其他直流电源对励磁绕组供电的直流电机称为他励直流电机，接线如图 8.12（a）所示。永磁直流电机也可看作他励直流电机。

2. 并励直流电机

并励直流电机的励磁绕组与电枢绕组相并联，接线如图 8.12（b）所示。作为并励发电机来说，是电机本身发出来的端电压为励磁绕组供电，励磁绕组与电枢共用同一个电源，从性能上讲与他励直流电机相同。

3. 串励直流电机

串励直流电机的励磁绕组与电枢绕组串联后，再接于直流电源，接线如图 8.12（c）所示。这种直流电机的励磁电流就是电枢电流。

4. 复励直流电机

复励直流电机有并励和串励两个励磁绕组，接线如图 8.12（d）所示。若串励绕组产生的磁通势与并励绕组产生的磁通势方向相同，则称为积复励；若两个磁通势方向相反，则称为差复励。

不同励磁方式的直流电机有着不同的特性。一般情况下，直流电动机的主要励磁方式是并励式、串励式和复励式，直流发电机的主要励磁方式是他励式、并励式和复励式。

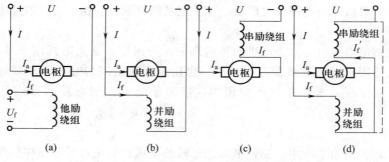

图 8.12 直流电机的励磁方式

8.2.3 直流电机的控制

直流电机应用在各种场合，应用直流电机的典型控制系统如图 8.13 所示，由嵌入式处理器、驱动器电源及桥和直流电机构成直接控制电机运转的回路，通过嵌入式处理器发出 PWM 控制信号给驱动电路，由驱动电路驱动桥路将电源电压加到电机上，以控制电机的运转；检测回路包括直流电机、信号调理、位置传感器、电平转换以及嵌入式处理器，检测来自电机的状态，包括电机的电压、电流及电机转动的位置。因此这是一个典型的闭环控制系统。

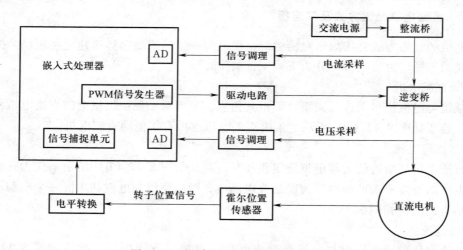

图 8.13 直流电机的典型控制系统框图

电机控制系统的工作过程是：按照预定要求输出 PWM 波形，通过驱动电路送到逆变桥，将整流后的直流电加到直流电机，让直流电机按照预定方向转动，同时检测电机返回的电压、电流和位置信息，当电压超出范围或低于指定电压值，或电流过流或短路，则立即控制 PWM 输出为 0，停止电机运转；如果电压电流正常，位置已达到指定位置，则也使 PWM 输出为 0，让电机停止运转。可以根据要求控制电机的正转和反转。

对直流电机的控制需要采用由分离元件构成的 H 桥驱动器以及采用专用集成电路的电机

驱动器完成。基本原理都是采用 H 桥驱动，对电机进行启停控制、方向控制、可变速度控制和速度的稳定控制等。

1. 直流电机的控制原理

直流电机的开关控制原理如图 8.14 所示。直流电机加上额定直流工作电源 V_{DD} 就会全速运转。通过直流电机有两根电源引线，通常为红色线和黑色线，不妨设红色线为 A，黑色线为 B，当 S_1 合上，S_2 断开时，A 与正电压 V_{DD} 接通；当 S_4 合上，S_3 断开时，B 接地，如果此时定义为正转，则反接电源，即 S_1 断开，S_2 合上，B 接正电源 V_{DD}，S_4 断开，S_3 合上，A 接地，则电机处于反转状态。4 个开关全部断开，即没有电源接通直流电机，则电机停止运转。改变电机的运动方向就是要想办法控制其不同的电源接法，如果要改变运行速度，就要想办法改变施加在电机上的电压大小，这可以通过调整 PWM 脉冲的宽度以改变平均电压的大小来实现。

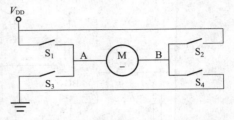

图 8.14 普通直流电机的开关控制原理

三相直流电机的典型控制原理如图 8.15 所示，虚线框中为三相直流电机。对于三相直流电机，可以采用两两导通，也可以采用三三导通方式的控制策略来控制电机的运行。

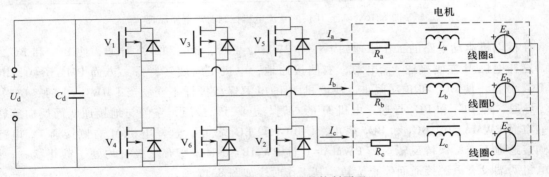

图 8.15 三相直流电机的控制原理

采用两两导通原则，即每一时刻三相直流电机只有两相是导通的，另外一相悬空，各相的导通顺序和时间由位置检测电路的转子信号决定。三相桥式电路工作时，任何时候只允许两只管子（功率 MOS 管）导通，每个管子导通至 120°，每次一个管导通时，逆变桥就进行一次换相，换相一次电度角为 60°，每周期换相 6 次，每经过一次换相，合成转矩的方向就转过 60°。功率器件 V_1V_2、V_2V_3、V_3V_4、V_4V_5、V_5V_6 按照顺序进行导通。

采用三三导通原则，即每一时刻三相直流电机有三只管同时导通，即三相都导通，没有空闲。每个管子导通至 180°，与两两导通相比，三三导通进一步提高了绕组的效率，减少了转矩波动；但缺点是换相时容易导致 H 桥上下臂同时导通而损坏器件，要考虑死区问题。功率器件 $V_1V_2V_3$、$V_2V_3V_4$、$V_3V_4V_5$、$V_4V_5V_6$、$V_5V_6V_1$、$V_6V_1V_2$ 按照顺序进行导通。

因此无论采用何种方式，只要适当控制功率管的导通顺序，即可方便地控制三相直流电机

303

的运行。以上是正转的管导通顺序，如果使导通顺序相反，即可进行反转运行。

2. 直流电机的典型控制驱动电路

图 8.16 是一个由分离元件构成的 H 桥电机驱动电路原理图，它适用于对直流电机的控制，也适用于对步进电机的控制。图中所有三极管均作为开关使用，其中，BG_3、BG_4、BG_7 和 BG_8 视电机功率大小不同，采用功率不同的功率晶体管或场效应管，并留有一定余量，保证功率管的电流大于电机启动电流（启动电流大）；BG_1、BG_2、BG_5 和 BG_6 作为功率管的控制部件，对功率要求不高，采用小功率开关管即可。

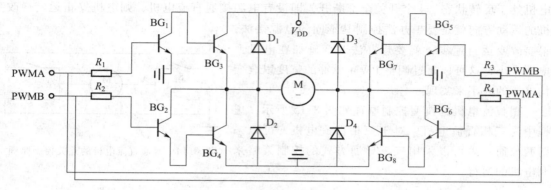

图 8.16　基于 H 桥的直流电机控制驱动电路原理

H 桥电机驱动电路的工作原理如下：当 PWMA＝1 时，BG_1 和 BG_6 导通，使 BG_3 和 BG_8 导通，这样电机 M 左侧接通 V_{DD} 电源，右侧接通地，电机正向旋转；另一方面 PMWB＝0，BG_2 和 BG_5 截止，使 BG_4 和 BG_7 截止，使电机 M 的电源保持极性不变。当 PMWB＝1 时，BG_2 和 BG_5 导通，使 BG_4 和 BG_7 导通，电机 M 的右侧与电源 V_{DD} 接通，左侧与地接通，而反向旋转；另一方面 PWMA＝0，BG_1 和 BG_6 截止，使 BG_3 和 BG_8 截止，这样电机 M 右侧接通 V_{DD} 电源，左侧接通地不变，保持反转。当 PWMA＝0 且 PWMB＝0 时，所有三极管均处于截止状态，因此电机两端没有电源接通而停止旋转，其工作时序如图 8.17 所示。

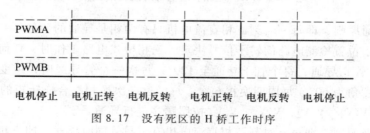

图 8.17　没有死区的 H 桥工作时序

应该注意的是，一定不能让 PWMA＝PWMB＝1，如果这样，所有三极管都导通，则电源和地就短路了，三极管将被烧坏。PWMA 和 PWMB 不能同时为 1，因此要求 PWMA 和 PWMB 从 0，1 到 1，0 的变化或从 1，0 到 0，1 的变化过程中必须有过渡过程，这个过程所需要的时间称为死区时间，简称死区。带有死区控制的 H 桥工作波形如图 8.18 所示。

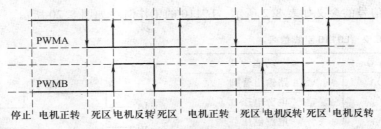

图 8.18　带死区控制的 H 桥工作时序

由上可知，只要利用嵌入式处理器的两个 PWM 引脚分别接 PWMA 和 PWMB，配置两个引脚为 PWM 输出，利用 PWM 输出功能，按照工作时序来控制两个 PWM 输出引脚的输出波形，即可方便地控制直流电机的正转、反转、加速、减速以及停车等操作。

3. 典型 H 桥集成驱动电路

由于分离元件构成的 H 桥元件多，功能单一且可靠性不高，因此为适应直流电机的控制，许多半导体厂家生产了 H 桥集成电机驱动芯片，可应用于直流电机，也可应用于步进电机。

典型的常用 H 桥电机驱动集成芯片有 L293D（4.5~36 V/600 mA）、LG9110/L9110（2.5~12 V/800 mA）、SN754410（4.5~36 V/1 A）、TA7257P（6~18 V/1.5 A）、L298N（3~46 V/2 A）以及 LMD18200（4.5~55 V/3 A）等。芯片后面括号内的内容表示该芯片可驱动电机的工作电源电压范围以及平均输出电流。

不同厂家不同型号的电机驱动集成电路的工作电源/输出电流不同，价格也不一样，电源电压越高，输出电流越大，功率越大，价格就越高。在选择 H 桥驱动芯片时，要考虑电机的额定电压，堵转时的最大电流，然后查芯片的工作电源电压和平均输出电流。选择时要留有一定的余量。

8.2.4　采用 H 桥驱动芯片的直流电机控制实例

H 桥集成电机驱动芯片有许多型号，针对不同电压和电流，本节仅以 L9110 和 LMD18200 这两款典型的 H 桥驱动芯片为例，介绍它们与电机及嵌入式处理器的接口。

1. 基于 L9110 的直流电机控制电路

L9110 为典型的微型直流电机 H 桥驱动集成芯片（全桥电机驱动芯片），宽电源电压范围为 2.5~12 V，每通道具有 800 mA 连续电流输出能力，适用于工作电压为 2.5~12 V、最大电流不超过 800 mA 的直流电机或步进电机。L9110 的外形及引脚示意如图 8.19 所示。

(a) DIP封装　　(b) SO-8封装　　(c) 外部引脚

图 8.19　L9110 外形及引脚

L9110 引脚信号的含义如表 8.2 所示，L9110 的工作时序如图 8.20 所示。

表 8.2　L9110 引脚信号

序号	符号	功能
1	OA	A 路输出管脚
2	V_{CC}	电源电压
3	V_{CC}	电源电压
4	OB	B 路输出管脚
5	GND	地线
6	IA	A 路输入管脚
7	IB	B 路输入管脚
8	GND	地线

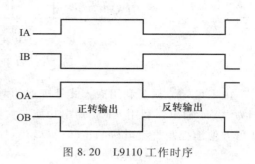

图 8.20　L9110 工作时序

嵌入式处理器借助于驱动器 L9110 与某直流电机的连接接口如图 8.21 所示。嵌入式处理器的电源为 V_{CC}，电机电源为 V_{DD}（2.5 ~ 12 V），配置 GPIO 的两个引脚 GPIO1 和 GPIO2 为输出，控制 L9110 的输入信号，从而按照 L9110 的工作时序来控制电机的正反转操作。当 GPIO1 = 1 且 GPIO2 = 0 时，L9110 的 OA 接通电机电源 V_{DD}，OB 接地，电机正转；当 GPIO1 = 0 且 GPIO2 = 1 时，L9110 的 OA 接地，OB 接通电机电源 V_{DD}，电机反转；当 GPIO1 = 0 且 GPIO2 = 0 时，L9110 的 OA 接地，OB 接地，电机停止运转。如果按照图 8.18 所示的带有死区的电机控制策略来输出 GPIO1 和 GPIO2 的逻辑，即可安全可靠地控制直流电机的运转。

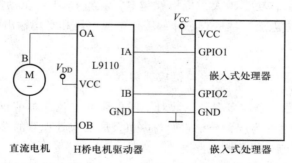

图 8.21　嵌入式系统中基于 L9110 的电机控制接口

对于要求比较高的场合，嵌入式处理器与电机驱动接口之间需要进行电气隔离，以确保嵌入式处理器的可靠运行而不被电机回路干扰。带光电耦合器的直流电机控制接口如图 8.22 所示。采用两个光耦 PC817 作为隔离器，把嵌入式处理器与电机驱动电路完全隔离，光耦输出接 H 桥驱动器的输入，H 桥的输出接直流电机。当嵌入式处理器的 GPIO1 = 1 且 GPIO2 = 0 时，IA = 1 且 IB = 0，这样 OA 接通 V_{DD}，OB 接地，从而电机正转；当 GPIO1 = 0 且 GPIO2 = 1 时，IA = 0 且 IB = 1，这样 OA 接地，OB 接 V_{DD}，从而电机反转；当 GPIO1 = 0 且 GPIO2 = 0 时，IA = 0 且 IB = 0，这样 OA 接地，OB 接地，电机不得电而停止运转。同样可以采用带死区控制的方式来控制电机的运转。

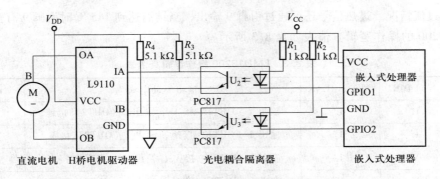

图 8.22　带隔离的直流电机控制接口

2. 基于 LMD18200 的直流电机控制电路

LMD18200 是专用于直流电动机驱动的 H 桥组件，外形及内部结构如图 8.23 所示。同一芯片上集成有 CMOS 控制电路和 DMOS 功率器件，利用它可以与主处理器、电机和增量型编码器构成一个完整的运动控制系统。LMD18200 广泛应用于打印机、机器人和各种自动化控制领域。

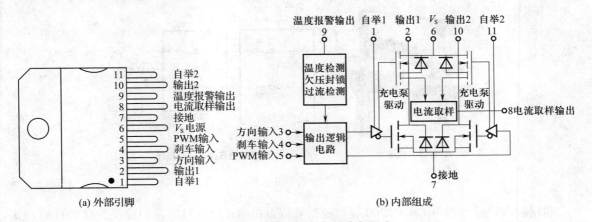

图 8.23　LMD18200 外部及内部组成

LMD18200 的主要性能包括：峰值输出电流高达 6 A，连续输出电流达 3 A；工作电压高达 55 V；TTL/CMOS 兼容电平的输入；具有温度报警和过热与短路保护功能；芯片结温达 145 ℃，结温达 170 ℃时，芯片关断；具有良好的抗干扰性等。

LMD18200 的典型应用包括：驱动直流电机、步进电机；伺服机构系统位置与转速；应用于机器人控制系统；应用于数字控制系统；应用于打印机与绘图仪等。

LMD18200 内部集成了 4 个 DMOS 管，组成一个标准的 H 型驱动桥。通过充电泵电路为上桥臂的 2 个开关管提供栅极控制电压，充电泵电路由一个 300 kHz 左右的工作频率。可在引脚 1、11 外接电容形成第二个充电泵电路，外接电容越大，向开关管栅极输入的电容充电速度越快，电压上升的时间越短，工作频率越高。引脚 2、10 接直流电机电枢，正转时电流的方向从引脚 2 到引脚 10，反转时电流的方向从引脚 10 到引脚 2。电流取样输出引脚 8 可以接一个对地电阻，通过

307

电阻来输出过流情况。过热信号还可通过引脚 9 输出，当结温达到 145 ℃时引脚 9 有输出信号。

LMD18200 的操作逻辑真值表如表 8.3 所示。

表 8.3　LMD18200 操作逻辑真值表

PWM	方向 DIR	刹车 BREAK	输出驱动电流	电机状态
H	H	L	输出 1（OUT1）接 V_s，输出 2（OUT2）接地	正转
H	L	L	输出 1（OUT1）接地，输出 2（OUT2）接 V_s	反转
L	X	L	输出 1（OUT1）接 V_s，输出 2（OUT2）接 V_s	停止
H	H	H	输出 1（OUT1）接 V_s，输出 2（OUT2）接 V_s	停止
H	L	H	输出 1（OUT1）接地，输出 2（OUT2）接地	停止

　　工业生产中经常用到升降系统，如汽车维修行业常用的升降机，可以方便地把汽车升到合适的位置，便于维修人员对车辆进行维护和修理。典型的升降系统如图 8.24 所示。

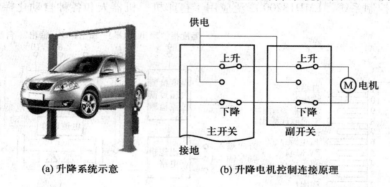

(a) 升降系统示意　　　　　　(b) 升降电机控制连接原理

图 8.24　典型升降系统

　　利用嵌入式处理器与 LMD18200 接口控制直流电机的正反转可以达到控制升降的目的，其接口电路如图 8.25 所示。V_CC 为嵌入式处理器电源电压，V_DD 为电机工作电压，二者共地。利用嵌入式处理器的 GPIO1、GPIO2 分别连接 LMD18200 的换向控制引脚 DIR 和 PWM 输入引脚，GPIO3 连接刹车引脚 BREAK，GPIO4 检测温度超限状态。

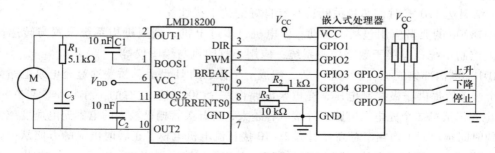

图 8.25　基于 LMD18200 驱动器的电机控制接口

按照 LMD18200 的逻辑真值表，正常操作时，让 GPIO3 = 0，只有在特殊情况下需要紧急刹车时才让 GPIO3 = 1。在 GPIO3 = 0 的情况下，由 GPIO1（DIR）控制运转方向，当按下上升键（GPIO5 = 0）时，GPIO1（DIR）= 1 且 GPIO2（PWM）= 1，电机正转，使升降机上升；当按下下降键（GPIO6 = 0）时，GPIO1（DIR）= 0 且 GPIO2（PWM）= 1，电机反转，使升降机下降；当按下停止键（GPIO7 = 0）时，GPIO2（PWM）= 0，电机停止运转。如果将 GPIO2 选择和配置为 PWM 输出引脚，则通过 PWM 操作来改变 PWM 脉冲宽度，即可调节电机的运行速度。GPIO4 检测温度是否超限，超过 145 ℃，则输出报警信号给 GPIO4（由 1 变为 0）。电流检测输出引脚 8 可以接一个对地电阻 R_3，通过电阻来输出过流情况。内部保护电路设置的过电流阈值为 10 A，当超过该值时会自动封锁输出，并周期性地自动恢复输出。如果过电流持续时间较长，过热保护将关闭整个输出。

同样地，为了使嵌入式处理器与电机电气隔离，可以在嵌入式处理器与驱动器之间增加光耦隔离器或数字隔离器。带光电隔离的基于 LMD18200 电机的接口如图 8.26 所示。V_{CC} 为嵌入式处理器工作电源（视不同处理器不同，有 5 V、3.3 V 不等），V_1 为与 LMD18200 共地、与 V_{CC} 同逻辑的电源电压，V_{DD} 为电机工作电压。当 GPIO3 = 0，GPIO1 = 1 且 GPIO2 = 1 时，经过光电隔离，使 BREAK = 0，DIR = 1，PWM = 1，电机正转；当 GPIO1 = 0 且 GPIO2 = 1 时，经过光电隔离，使 DIR = 0，PWM = 1，电机反转；当 GPIO2 = 1 时，经过光电隔离，使 PWM = 0，电机停止运转；当 GPIO3 = 1 时，处于刹车状态而停转。GPIO4 用于检测温度是否过高，超过 145 ℃，TF0 由 1 变为 0，则 GPIO4 由 1 变为 0，嵌入式处理器可以让 GPIO3 = 1 刹车。

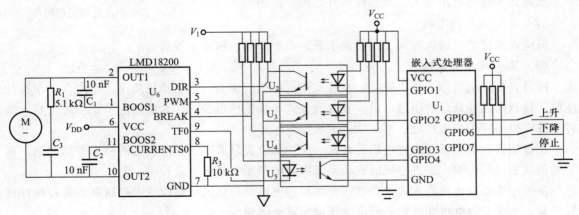

图 8.26　基于 LMD18200 驱动器隔离型电机控制接口

3. 基于 PWM 的速度控制

以上直流电机的控制仅限于正反转和停止的控制，无法进行速度控制，而许多场合需要电机根据应用要求变速运行。使用机械触点的控制线路无法控制速度，使用电子开关的控制线路可以采用 PWM 方式控制电机速度。

以上各例中，把图中嵌入式处理器的两个 GPIO 引脚 GPIO1 和 GPIO2 配置为或更换为具有 PWM 输出功能的引脚，电路无须改变即可方便地控制电机的转速。在占空比为 50% 的情况下，可通过改变 PWM 频率的方式控制电机的运行速度，频率越高，速度越快，频率越低，速度越慢；在频率一定的情况下，可以通过改变 PWM 占空比来控制电机速度，占空比越大，速度越快，占空比越小，速度越慢。

8.3　步进电机及其控制

8.3.1　步进电机

步进电机是一种将电脉冲转化为角位移的执行机构。当步进驱动器接收到一个脉冲信号时，它就驱动步进电机按设定的方向转动一个固定的角度（即步进角）。可以通过控制脉冲个数来控制角位移量，从而达到准确定位的目的；同时还可以通过控制脉冲频率来控制电机转动的速度和加速度，从而达到调速的目的。步进电机的实物照片如图 8.27 所示。

图 8.27　步进电机实物照片

1. 步进电机的种类

步进电机又可分为永磁式（PM）、反应式（VR）和混合式（HB）三种。

（1）永磁式步进电机

永磁式步进电机出力大，动态性能好，但步距角大。

（2）反应式步进电机

反应式步进电机结构简单，生产成本低，步距角小，但动态性能差。

（3）混合式步进电机

混合式步进电机综合了永磁式、反应式步进电机的优点，它的步距角小，出力大，动态性能好，是目前性能最高的步进电机。有时混合式步进电机也被称作永磁感应子式步进电机。这种步进电机的应用最为广泛。

在非超载的情况下，步进电机的转速、停止的位置只取决于脉冲信号的频率和脉冲数，而不受负载变化的影响。步进电机的旋转是以固定的角度一步一步运行的。

步进电机必须由用嵌入式处理器或专用步进电机驱动集成电路构成的控制器，通过脉冲进行控制，不像其他电机那样加上额定工作电压就会运转。

步进电机广泛用于需要精确计量转动角度的地方，例如，机器人手臂的运动，高级字轮的字符选择，计算机驱动器的磁头控制，打印机的字头控制等。

步进电机的工作电源电压一般为 12~180 V，电机功率最高为 300 W，转速为 1 000 r/min，步距角精度最高为 0.1°。

2. 步进电机的相数

步进电机的相数指的是步进电机绕组的个数，有几个绕组就是几相。目前，步进电机的绕组个数主要有两组、三组、四组和五组，分别称为两相、三相、四相和五相。电机相数不同，其步距角也不同。

N 相步进电机有 N 个绕组，这 N 个绕组要均匀地镶嵌在定子上，因此定子的磁极数必定是 N 的整数倍，转子转一圈的步数应该也是 N 的整数倍。也就是说，三相步进电机转一圈的步数是 3 的整数倍，四相步进电机转一圈的步数是 4 的整数倍，五相步进电机转一圈的步数是 5 的整数倍。

步进电机外部的接线和相数没有必然的联系，是根据实际需要决定的。例如，8 根引出线的二/四相电机，可以根据使用要求并接成 4 根线的二相电机，也可以并接成 5 根线或 6 根线的四相电机。

有 6 根引出线既可能是三相电机，也可能是两/四相电机，还可能是五相电机。万用表电阻挡可以测量电机一共有几个独立绕组（同一独立绕组有电阻值，不是无穷大，不同绕组之间相互隔离），如果有 N 个绕组就是 N 相步进电机。不同相数步进电机引出线的情况大概如下所示：

两相步进电机：引出线可以是 4 根或 8 根；

三相步进电机：引出线可以是 3 根或 6 根；

四相步进电机：引出线可以是 5 根、6 根或 8 根；

五相步进电机：引出线可以是 5 根、6 根或 10 根。

3. 步进电机的拍数

步进电机的拍数是指完成一个磁场周期性变化所需的脉冲数或导电状态数，用 n 表示，或指步进电机转过一个步距角所需的脉冲数。

两相步进电机有两相四拍和两相八拍运行方式；三相步进电机有三相三拍和三相六拍运行方式；四相步进电机有四相四拍和四相八拍运行方式；五相步进电机有五相五拍和五相十拍运行方式等。

4. 步进电机的步距角

基本步距角对应一个脉冲信号，电机转子转过的角位移用 θ 表示。

如果步进电机的基本步距角为 θ，转一圈的步数是 M，步进电机的相数是 N，则有下述关系：$\theta = 360°/M$。

转一圈的步数 M 与转子齿数和运行拍数有关，$M=$转子齿数 $J \times$ 运行拍数，因此步距角

$$\theta = 360°/（转子齿数 J \times 运行拍数）$$

以常规二、四相，转子齿数为 50 齿的电机为例，四拍运行时步距角为 $\theta = 360°/(50 \times 4) = 1.8°$（俗称整步），八拍运行时步距角为 $\theta = 360°/(50 \times 8) = 0.9°$（俗称半步）。

5. 步进电机的转速

根据步距角可以计算步进电机的转速。以 θ 为基本步距角，如果步进电机每秒接收的脉冲数为 N，则转速为

$$n = N \times \theta / 360°$$

以基本步距角 1.8° 的步进电机为例（现在市场上常规的二、四相混合式步进电机步距角基本都是 1.8°），在四相八拍运行方式下，每接收一个脉冲信号转过 0.9°，如果每秒钟接收

400 个脉冲，那么转速为 400×0.9° = 360°/s，相当于每秒钟转一圈，每分钟 60 转。如果每秒接收 4 000 个脉冲，则转速为 100 r/min。

6. 典型步进电机工作原理

步进电机是由定子和转子构成的。定子上每个凸极均绕制有控制绕组，两个绕组、三个绕组、四个绕组和五个绕组分别对应两相、三相、四相和五相，两相、三相和四相步进电机的结构如图 8.28 所示。

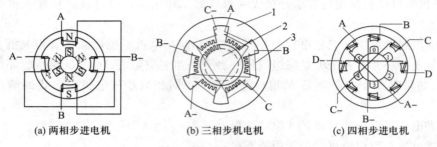

(a) 两相步进电机　　　　(b) 三相步机电机　　　　(c) 四相步进电机

图 8.28　步进电机结构

两相四拍和两相八拍步进电机的工作时序如图 8.29 所示。

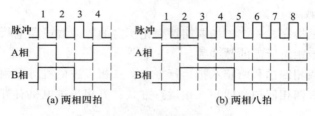

(a) 两相四拍　　　　　　(b) 两相八拍

图 8.29　两相步进电机工作时序

三相三拍和三相六拍步进电机的工作时序如图 8.30 所示。

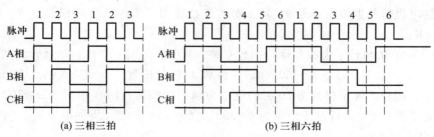

(a) 三相三拍　　　　　　(b) 三相六拍

图 8.30　三相步进电机工作时序

三相三拍，是指步进电机的三相每次只有一相通电，工作时序如图 8.30（a）所示。当三相绕组按 A→B→C→A 顺序循环通电时，转子会按顺时针方向以每个通电脉冲转动一个步矩角（3°）的规律步进式转动起来；若改变通电顺序，按 C→B→A→C 顺序循环通电，则转子就按逆时针方向以每个通电脉冲转动一个步矩角（3°）的规律转动。因为每一瞬间只有一组绕组通电，并且按三种通电状态循环通电，故称为单三拍运行方式，即三相三拍控制方式。

三相双三拍的运行方式，即每次有两相通电，按 AB→BC→CA→AB 顺序循环通电，转子按顺时针方式以每个通电脉冲转动一个步矩角的规律步进式转动起来；若按 CA→BC→AB→CA 顺序循环通电，则转子就按逆时针方向以每个通电脉冲转动一个步矩角的规律转动。

三相六拍是将单、双三拍组合起来构成的特殊控制方式，它们分别按单、双三拍运行，工作时序如图 8.30（b）所示。即如果按 A→AB→B→BC→C→CA→A 顺序循环通电，则电机按照顺时针方向旋转；如果按 A→CA→C→BC→B→AB→A 顺序循环通电，则电机按照逆时针方向旋转。每个通电脉冲转动一个步矩角（1.5°），精度是三相三拍的两倍。

四相步进电机的工作时序如图 8.31 所示。

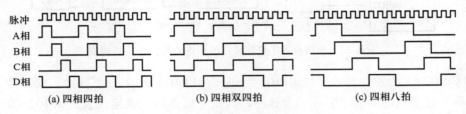

图 8.31　四相步进电机时序

8.3.2　步进电机的控制系统构成

步进电机区别于其他电机的最大特点是，它是通过输入脉冲信号来进行控制的，即电机的总转动角度由输入脉冲数决定，而电机的转速由脉冲信号频率决定。步进电机的驱动电路根据控制信号工作，控制信号由嵌入式处理器产生。步进电机是唯一可以在开环情况下运行，而不需要位置反馈的运动控制方法。

嵌入式应用系统中的步进电机控制系统组成如图 8.32 所示，主要包括嵌入式处理器（主要用来产生步进的脉冲信号以及换向信号）、步进电机驱动器（由环形脉冲分配器和功率驱动电路构成）和步进电机三大部分。

图 8.32　嵌入式应用系统中的步进电机控制系统组成

脉冲分配就是通电换相的过程，环形脉冲分配就是通电换相的顺序首尾相连构成一个环形。

环形分配器是步进电机驱动系统中的一个重要组成部分。环形脉冲分配器通常分为硬件环形脉冲分配器和软件环形脉冲分配器两种。硬件环形脉冲分配器由数字逻辑电路构成，一般放在驱动器的内部。硬件环形脉冲分配器的优点是分配脉冲速度快，不占用 CPU 时间，缺点是不易实现变拍驱动，增加的硬件电路降低了驱动器的可靠性；软件环形脉冲分配器由控制系统用软件编程来实现，易于实现变拍驱动，节省了硬件电路，提高了系统的可靠性。

采用硬件环形脉冲分配器，就是使用现成的专用步进电机驱动器直接驱动步进电机，脉冲分配由驱动器产生，无须嵌入式处理器的干预。采用步进电机驱动器的步进电机控制系统如图8.33所示。在硬件环形脉冲分配情况下，步进电机的通电节拍由硬件分配电路决定，编制软件时不用考虑脉冲的分配。控制器与硬件环形分配电路的连接只需两根信号线：利用一个GPIO引脚GPIO2作为方向控制信号线，利用GPIO1作为脉冲信号线。因此软件仅需要根据步进的时序要求控制步进脉冲和方向电平即可。

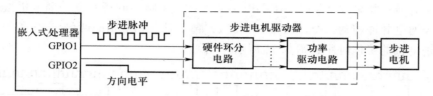

图 8.33　采用步进电机驱动器的步进电机控制系统构成

假设 GPIO2 = 1 为正转有效，当 GPIO2 = 1 时，GPIO1 每产生一个脉冲，就正转一个步进角，可根据步进电机的要求产生若干个脉冲，以使电机正转到指定位置；GPIO2 = 0 为反转有效，当 GPIO2 = 0 时，GPIO1 每产生一个脉冲，就反转一个步进角，可根据步进电机的要求产生若干个脉冲，以使电机反转到指定位置。

8.3.3　采用由分离元件构成的步进电机控制接口

采用嵌入式处理器进行软件环形脉冲分配的典型步进电机控制系统如图8.34所示。该系统基于嵌入式处理器，采用的步进电机为四相五线制，利用嵌入式处理器的 GPIO 端口送出步进脉冲信号，经过驱动放大后，分别控制四相步进电机激磁绕组的通电，以控制步进电机的运动。工作电源为 V_{CC} 的嵌入式处理器，利用 GPIO 的四个 I/O 端口产生四相脉冲，经过反向器和放大驱动电路，控制工作于 V_{DD} 电压的步进电机的运转。

根据步进电机的工作原理，只要不断改变绕组的通电状态，步进电机即按规定的方向运转。软件分配脉冲，步进电机按正向运转的通电顺序参见四相四拍工作时序，如图8.31（a）所示。

利用这个驱动器，除了可以按照四相四拍时序分配脉冲之外，还可以按照四相双四拍和四相八拍来分配脉冲。

当 GPIO1 = 0 时，经反向器 U_1 得到逻辑 1，使三极管 B01、B05 导通，而输出逻辑 0，这样 A 相绕组得电，当 GPIO1 = 1 时，A 相绕组失电；当 GPIO2 = 0 时，经反向器 U_2 得到逻辑 1，使三极管 B02、B06 导通，而输出逻辑 0，这样 B 相绕组得电，当 GPIO2 = 1 时，B 相绕组失电；当 GPIO3 = 0 时，经反向器 U_3 得到逻辑 1，使三极管 B03、B07 导通，而输出逻辑 0，这样 C 相绕组得电，当 GPIO3 = 1 时，C 相绕组失电；当 GPIO4 = 0 时，经反向器 U_4 得到逻辑 1，使三极管 B04、B08 导通，而输出逻辑 0，这样 D 相绕组得电，当 GPIO4 = 1 时，D 相绕组失电。B01～B08 可根据步进电机功率大小选择，以确保能够驱动步进电机。V_{DD} 为步进电机的工作电源，它也要与步进电机的额定工作电压相一致。

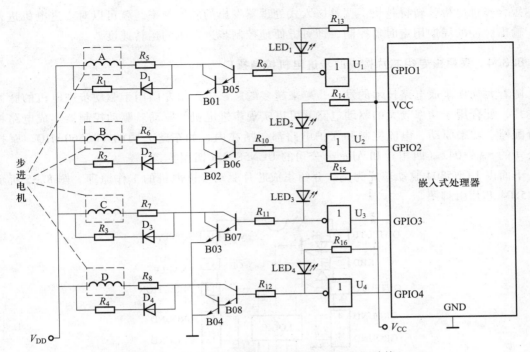

图 8.34 嵌入式处理器分配脉冲的步进电机驱动接口

其中，R_1 和 D_1 构成对 A 相绕组吸引电流的回路，R_2 和 D_2 构成对 B 相绕组吸引电流的回路，R_3 和 D_3 构成对 C 相绕组吸引电流的回路，R_4 和 D_4 构成对 D 相绕组吸引电流的回路。$LED_1 \sim LED_4$ 分别对应 A 相~D 相得电指示。

嵌入式处理器对步进电机的基本控制功能如下所述。

（1）控制换相顺序

按照步进电机的工作时序，依次进行通电换相，即脉冲分配。例如，四相步进电机的四拍工作方式，其各相通电顺序为 A→B→C→D，通电控制脉冲必须严格按照这一顺序分别控制 A、B、C、D 相的通断。

正转时，按照工作时序，依次让 GPIO1、GPIO2、GPIO3、GPIO4 输出负脉冲，经过反射控制后，让 A、B、C、D 依次得电，输出脉冲的宽度用定时器控制。

（2）控制步进电机的转向

如果给定工作方式按正序换相通电，步进电机正转；如果按反序通电换相，则步进电机反转。如对于四相四拍，如果按照 D→C→B→A 依次分配脉冲，则步进电机反向旋转。

反转时，按照工作时序，依次让 GPIO4、GPIO3、GPIO2、GPIO1 输出负脉冲，经过反射控制后，让 D、C、B、A 依次得电。

（3）控制步进电机的速度

给步进电机发一个控制脉冲，它就转一步，再发一个脉冲，它会再转一步。两个脉冲的间隔越短，步进电机就转得越快。调整嵌入式处理器发出的脉冲频率，就可以对步进电机进行调速。输出脉冲的周期用定时器控制，即可方便地控制步进电机的运转速度。

8.3.4 采用由专用芯片构成的步进电机控制接口

随着大规模集成电路技术的发展，越来越多的厂家生产出专门用于驱动步进电机的脉冲分配芯片，配合用于功率放大的驱动电路就可以实现步进电机的驱动。驱动控制器集成电路将脉冲分配器、功率驱动、电流控制和保护电路都包括在内，如东芝公司的 TB6560AHQ、摩托罗拉公司的 SAA1042（四相）和 Allegro 公司的 UCN5804（四相）等。

下面以 UCN5804 驱动芯片为例，介绍集成芯片驱动步进电机的工作原理。图 8.35 所示为 UCN5804 芯片引脚图。

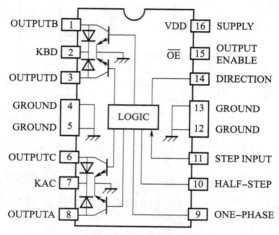

图 8.35　集成步进电机驱动器芯片 UCN5804

UCN5804 是可为最高工作电压为 35 V 的步进电机提供 1.25 A 连续输出电流，具备环形脉冲分配的驱动器。UCN5804 芯片引脚及含义如表 8.4 所示。

表 8.4　UCN5804 芯片引脚及含义

引脚编号	名称	含　义
1	OUPUTB	B 相脉冲输出
2	KBD	接电机电源 12 V
3	OUTPUTD	D 相脉冲输出
4	GROUND	地
5	GROUND	地
6	OUTPUTC	C 相脉冲输出
7	KAC	接电机电源 12 V

引脚编号	名称	含　义
8	OUTPUTA	A 相脉冲输出
9	ONE-PHASE	控制电机脉冲输出方式，0：输出双相脉冲，1：输出单相脉冲
10	HALF-STEP	半步控制，0：整步，1：半步
11	STEP INPUT	脉冲输入
12	GROUND	地
13	GROUND	地
14	DIRECTION	方向，0：正转，1：反转
15	$\overline{\text{OE}}$（OUTPUT ENABLE）	输出允许，低有效
16	VDD（SUPPLY）	电源电压，最高为 7.0 V

引脚 9 控制电机脉冲的输出方式，若引脚 9 为低电平，则每次输出两相脉冲信号（AB-BC-CD-DA-AB），即主 CPU 每送入一个脉冲，芯片向电机输出两相电脉冲；若引脚 9 为高电平，则芯片每次输出单相脉冲信号（A-B-C-D-A），即主 CPU 每送入一个脉冲，芯片向电机输出单相电脉冲。

引脚 10 控制电机接收脉冲后的步长，若引脚 10 为低电平，则芯片控制电机每步运行一整个步长，即芯片送出的脉冲顺序为 A-B-C-D-A 或 AB-BC-CD-DA-AB；若引脚 10 为高电平，则芯片控制电机每步运行半个步长，即芯片送出的脉冲顺序为 A-AB-B-BC-C-CD-D-DA-A。

UCN5804 芯片的驱动脉冲时序分配如图 8.36 所示。

例如，要使驱动器 UCN5804 工作于四相八拍方式，即输出 8 拍，因此必须使引脚 9 为高电平。

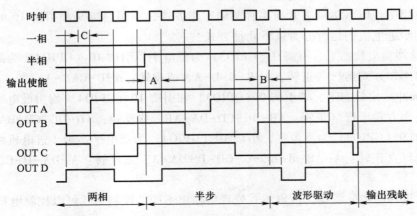

图 8.36　UCN5804 驱动脉冲时序

采用 UCN5804，由嵌入式处理器控制的步进电机控制接口如图 8.37 所示。

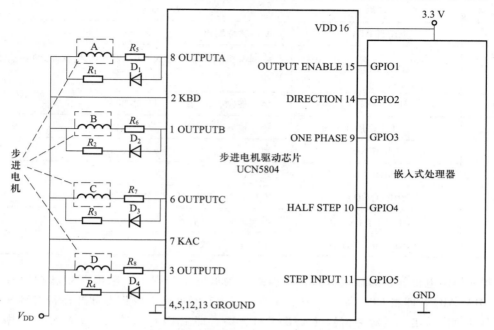

图 8.37　基于专用驱动芯片的步进电机控制接口

GPIO1 控制是否允许 UCN5804 工作，GPIO1 = 1 时禁止驱动芯片工作，GPIO1 = 0 时使能驱动芯片。GPIO2 控制步进电机的运行方向，GPIO2 = 0 时为正转，GPIO2 = 1 时为反转。GPIO3 控制脉冲输出方式，GPIO3 = 0 时输出双相脉冲，GPIO3 = 1 时输出单相脉冲。GPIO4 控制半步操作，GPIO4 = 0 时输出整个步长，GPIO4 = 1 时输出半步长。这里可让 GPIO3 = 1，使输出为六拍，即正转时输出按顺序 A–AB–B–BC–C–CD–D–DA–A 输出。GPIO5 输出步进脉冲给驱动芯片，可通过控制其频率来控制步进电机的速度。

在实际应用中，UCN5804 芯片有多种驱动工作方式，利用引脚 9 和引脚 10 的高低电平组合，可将四相步进电机的运行分为以下几种方式。

① 在单脉冲输出状态下，引脚 9（GPIO3）为低电平，引脚 10（GPIO4）为高电平，电机按四相四拍的工作方式运行（正转：A–B–C–D–A，或反转：A–D–C–B–A）。

② 在双脉冲输出状态下，若引脚 9（GPIO3）和引脚 10（GPIO4）均为低电平，则电机按四相四拍的工作方式运行（正转：AB–BC–CD–DA–AB，或反转：AD–DC–CB–BA）。

③ 若引脚 9（GPIO3）为高电平，引脚 10（GPIO4）为低电平，则步进电机将按四相八拍的工作方式运行（正转：A–AB–B–BC–C–CD–D–DA–A，或反转：A–DA–D–CD–C–BC–B–AB–A）。

根据电机运转的实际需要，由嵌入式处理器输出不同的控制字，可以控制电机运行在不同的工作方式。

8.4　单相交流电机及其控制

8.4.1　单相交流电机

交流电机可分为单相电机和三相电机。三相电机是一种常用电机,在工业控制领域应用广泛。除了特殊电源外,一般三相电机的定额电压为相电压 380 V。与三相电机相比,单相电机主要应用在民用领域,除特殊电源电压要求外,常采用线电压 220 V。

单相电机由于只需要单相交流电,故使用方便、应用广泛,并且有结构简单、成本低廉、噪声小、对无线电系统干扰小等优点,因而常用在功率不大的家用电器和小型动力机械中,如电风扇、洗衣机、电冰箱、空调、抽油烟机、电钻、医疗器械、小型风机及家用水泵等。由于中国的单相电压是 220 V,而国外的单相电压,如美国为 120 V,日本为 100 V,德国、英国、法国为 230 V,所以在使用国外的单相电机时需要注意电机的额定电压与电源电压是否相同。

单相交流电机只有一个运行绕组,转子是鼠笼式的。当单相正弦电流通过定子绕组时,电机就会产生一个交变磁场,这个磁场的强弱和方向随时间作正弦规律变化,但在空间方位上是固定的,所以又称这个磁场为交变脉动磁场。这个交变脉动磁场可分解为两个转速相同、旋转方向相反的旋转磁场,当转子静止时,这两个旋转磁场在转子中产生两个大小相等、方向相反的转矩,使得合成转矩为零,所以电机无法旋转。当用外力使电机向某一方向(如顺时针方向)旋转时,这时转子与顺时针旋转方向旋转磁场间的切割磁力线运动变小,转子与逆时针旋转方向旋转磁场间的切割磁力线运动变大,这样平衡就打破了,转子所产生的总电磁转矩将不再是零,转子将顺着推动方向旋转起来。

单相交流电机有三种不同的启动方式,如图 8.38 所示。

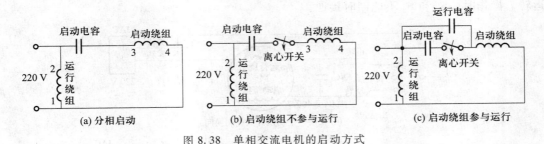

图 8.38　单相交流电机的启动方式

(1) 分相启动方式

图 8.38 (a) 所示为分相启动方式原理图。电机接通电源后,由于启动电容两端的电压不能突变,使启动绕组瞬间得电而启动电机,电机开始运行,启动电容、启动绕组和运行绕组始终投入工作。即由辅助启动绕组来辅助启动,其启动转矩不大,运转速率大致保持定值。这种启动方式主要应用于电风扇、空调风扇、洗衣机等小功率电器中的电机。

（2）启动绕组不参与运行的启动方式

如图 8.38（b）所示，电机静止时离心开关是接通的，给电后启动电容参与启动工作，当转子转速达到额定值的 70%～80% 时，离心开关便会自动跳开，启动电容完成任务并被断开。启动绕组不参与运行，而电动机以运行绕组线圈继续动作。这种启动方式主要用于水泵、农用机械等运行稳定的中等负荷电机中。

（3）启动绕组参与运行的启动方式

电机静止时离心开关是接通的，给电后启动电容参与启动工作，当转子转速达到额定值的 70%～80% 时，离心开关便会自动跳开，启动电容完成任务并被断开。而运行电容串接到启动绕组参与运行。这种启动方式一般用在空气压缩机、切割机、木工机床等负载大而不稳定的地方。

不管哪种方式，要控制正反转，只需要改变电源的接法，即将 1 和 2 对调即可。

8.4.2　单相交流电机的控制

1. 正反转控制

（1）启动绕组和运行绕组相同的单相电机

这种电机的启动绕组（辅助绕组）与运行绕组的电阻值是一样的，也就是说，电机的启动绕组与运行绕组的线径与线圈数是完全一致的。电机一般有三根引线，一根接运行绕组的一端，一根接启动绕组一端，还有一个公共端把运行绕组和启动绕组的另一端连接在一起。这种方式的正反转控制方法比较简单，不需要复杂的转换开关，小容量的只要一个换向开关 S 即可，如图 8.39（a）所示。两个绕组的一端并接在一起（公共端）接零线 N，启动电容接在运行绕组和启动绕组之间，火线 L 接在开关动触点上。当 S 拨到 1 时，火线 L 与运行绕组接通，电机正转；当 S 拨到 3 时，火线 L 与启动绕组接通，电机反转；或用两个独立控制正反转的开关 S_1 和 S_2，如图 8.39（b）所示。开关 S_1 闭合，S_2 断开时，电源火线 L 接通运行绕组，电机正转；S_1 断开，S_2 闭合时，电源火线 L 接通启动绕组，电机反转；S_1 和 S_2 均断开时，电机停止运转。操作时，S_1 和 S_2 不能同时接通。

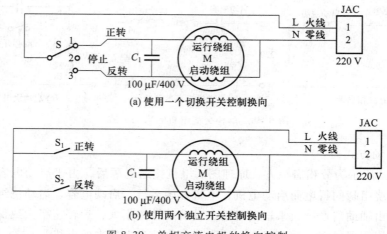

(a) 使用一个切换开关控制换向

(b) 使用两个独立开关控制换向

图 8.39　单相交流电机的换向控制

也可以直接采用人工操作开关来控制电机的正反转或停止。在嵌入式应用系统中需要自动控制，这就需要与图8.39（b）对应的自动控制回路，即将 S_1 和 S_2 两个开关换成电子开关。对于微小型单相交流电机，可以通过可控硅来控制。为使嵌入式处理器在电气上与电机电源完全隔离，可以在前级用光耦隔离。实际应用中的电机接口如图8.40所示。

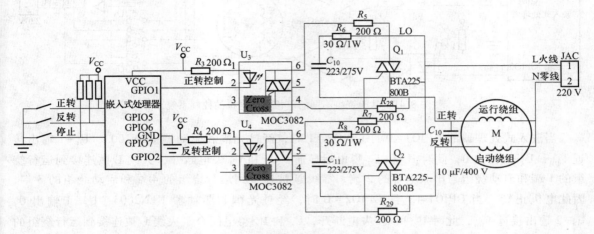

图 8.40　基于绕组相同的单相交流电机的控制系统

图中 Q_1 和 Q_2 取代 S_1 和 S_2，Q_1 和 Q_2 为双向可控硅，当触发端有一定的触发电流时，双向可控硅导通。电路中 Q_1 和 Q_2 的触发端受控于前级的光耦可控硅 U_3 和 U_4。U_3 和 U_4 完全由嵌入式处理器控制，因此通过嵌入式处理器的两个 GPIO 引脚即可方便地控制电机的正反转或停止等操作。当按下正转键时，GPIO1 = 0 且 GPIO2 = 1，U_3 光耦可控硅导通，U_4 输出可控硅截止，使 Q_1 触发端有效，Q_1 导通，火线 L 接通运行绕组，Q_2 截止，使启动绕组断开，电机正转；当按下反转键时，GPIO1 = 1 且 GPIO2 = 0，U_4 光耦可控硅导通，U_3 输出可控硅截止，使 Q_2 触发端有效，Q_2 导通，火线 L 接通启动绕组，Q_1 截止，使运行绕组断开，电机反转；当按下停止键时，GPIO1 = 1 且 GPIO2 = 1，两个绕组全部断开，电机停止运转。

（2）启动绕组和运行绕组不同的单相电机

为了节省铜线，运行绕组和启动绕组不同的单相电机很多。这种电机的运行绕组线径较大，电阻值较小，匝数也较小。大容量电机都采用这样的绕组，特点是运行绕组直接接交流220 V 电压，启动电容要串接在启动绕组上。理论上来说，要反转也比较简单，只需将运行线圈的两个头对调或启动线圈的两个头对调即可。在采用固态继电器的实际嵌入式应用系统中，控制单相电机的接口如图8.41所示。通过控制接触器或固态继电器 $U_5 \sim U_8$ 的通断来控制电机的运行方向，U_5 和 U_7 为三相交流固态继电器，U_6 和 U_8 为单相固态继电器，一个三相固态继电器和一个单相固态继电器构成一个方向的控制。图中 V_{CC} 为嵌入式处理器工作电压，V_{DD} 为固态继电器控制端电压，与 V_{CC} 不共地而隔离。

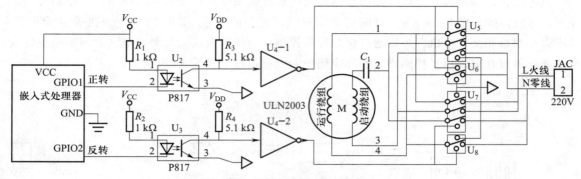

图 8.41　基于绕组不同的单相交流电机的控制系统

当嵌入式处理器的 GPIO1 = 0 且 GPIO2 = 1 时，经过光耦和驱动器 ULN2003，U_4-1 输出接近 V_{DD}，U_4-2 输出 0，此时 U_5 和 U_7 得电后导通，U_6 和 U_8 失电断开，火线 L 被连接到运行绕组的 1 端和启动绕组与串联电容的 2 端，零线 N 被连接到运行绕组的 4 端和启动绕组的 3 端，因此电机正转；当 GPIO1 = 1 且 GPIO2 = 0 时，经过光耦和驱动器 ULN2003，U_4-1 输出 0，U_4-2 输出接近 V_{DD}，此时 U_5 和 U_7 失电断开，U_6 和 U_8 得电闭合，火线 L 被连接到运行绕组的 1 端和启动绕组的 3 端，零线 N 被连接到运行绕组的 4 端和启动绕组与串联电容的 2 端，即运行绕组与启动绕组的接线相反，从而电机反转。当 GPIO1 = 1 且 GPIO2 = 1 时，U_5~U_8 全部失电，电机不得电，停止运转。

固态继电器要根据电机功率的大小来选择，假设单相交流电机的电压电流为 220 V/10 A，则应选用采用直流控制方式的固态继电器，控制电压为 3~32 V，额定工作电压为 480 V，工作电流为 30~50 A（留有一定余量）。

在设计嵌入式应用软件时，对电机进行操作时要注意，不能让 GPIO1 和 GPIO2 同时为 0，软件要有自锁功能，否则正反转固态继电器全部通电后绕组就会烧坏。也可以用硬件互锁机制来达到目的，如图 8.42 所示。

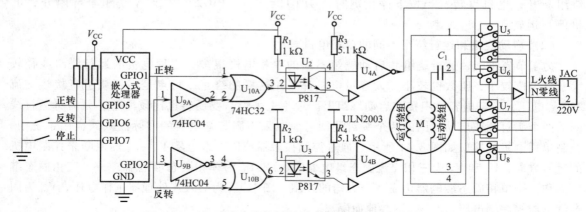

图 8.42　基于绕组不同的单相交流电机带互锁的控制系统

当按下正转键时，GPIO1 = 0 且 GPIO2 = 1，U_{9A} 输出 0，从而 U_{10A} 输出 0，U_{9B} 输出 1，U_{10B} 输出 1，因此电机正转；当按下反转键时，GPIO1 = 1 且 GPIO2 = 0，U_{9A} 输出 1，从而 U_{10A} 输出 1，U_{9B} 输出 0，U_{10B} 输出 0，因此电机反转；当 GPIO1 = 1 且 GPIO2 = 1 时，U_{9A} 输出 1，从而 U_{10A} 输出 1，U_{9B} 输出 1，U_{10B} 输出 1，因此电机不转而停止；与前面没有互锁的情况不同的是，当按下停止键时，GPIO1 = 0 且 GPIO2 = 0 时，由于 U_{9A} 输出 1，从而 U_{10A} 输出 1，U_{9B} 输出 1，U_{10B} 输出 1，因此电机停止不转，这样就达到互锁的目的，不会烧坏绕组。

对于双电容单相电机，接线盒上的接线图可以清晰地反映电机主绕组、副绕组和电容的接线位置，如图 8.43 所示。只需要按图接进电源线，用连接片连接 Z_2 和 U_2，U_1 和 V_1，则电机正转；用连接片连接 Z_2 和 U_1，U_2 和 V_1，则电动机反转。

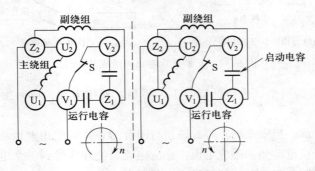

图 8.43　典型双电容单相电机接线示意图

2. 基于 PWM 的速度控制

以上对于单相交流电机的控制仅限于正反转和停止，无法进行速度控制，在许多场合，需要电机根据应用要求变速运行。对于使用机械触点的控制线路，无法控制速度；对于使用电子开关的控制线路，可以采用 PWM 方式控制电机速度。

与直流电流控制转速的原理一样，对于图 8.40 所示采用可控硅控制电机的电路，把图中 GPIO1 和 GPIO2 配置为或更换为具有 PWM 输出功能的引脚，在占空比为 50% 的情况下，可通过改变 PWM 频率的方式控制电机的运行速度，频率越高，速度越快，频率越低，速度越慢；在频率恒定的情况下，可以通过改变 PWM 占空比来控制电机速度，占空比越大，速度越快。

8.5　三相异步电机及其控制

8.5.1　三相异步电机的结构与工作原理

生产中主要使用交流电机，特别是三相异步电机，因为它具有结构简单、坚固耐用、运行可靠、价格低廉、维护方便等优点。它被广泛地用来驱动各种金属切削机床、起重机、锻压机、传送带、铸造机械、功率不大的通风机及水泵等。

三相异步电机的两个基本组成部分为定子（固定部分）和转子（旋转部分）。此外还有端盖、风扇等附属部分，如图 8.44（a）所示。

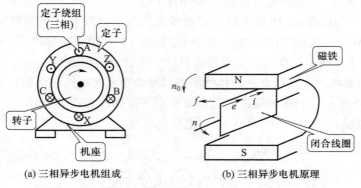

(a) 三相异步电机组成　　　　(b) 三相异步电机原理

图 8.44　三相异步电机的组成及原理

鼠笼式电机由于构造简单、价格低廉、工作可靠、使用方便，成为生产上应用最广泛的一种电机。

如图 8.44（b）所示，当磁铁旋转时，磁铁与闭合的导体发生相对运动，鼠笼式导体切割磁力线而在其内部产生感应电动势和感应电流。感应电流又使导体受到一个电磁力的作用，于是导体就沿磁铁的旋转方向转动起来，这就是异步电机的基本原理。

定子的接法如图 8.45 所示。

旋转磁场的方向是由三相绕组中的电流相序决定的，若想改变旋转磁场的方向，只要改变通入定子绕组的电流相序，即将三根电源线中的任意两根对调即可。这时，转子的旋转方向也跟着改变。也就是说，电机旋转方向的控制是靠电流的相序决定的，只要调换接线的顺序即可改变电机的旋转方向。这是控制电机正向旋转和反向旋转的关键所在。

通常，电机的控制有手动和自动两种基本形式。所谓手动，就是人操纵电器开关，电器开关将电源接通或断开电机，使电机运转和停止。所谓自动，就是利用控制器，按照指令的要求自动控制电机的运转。

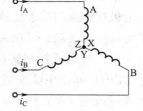

图 8.45　三相异步电机
定子的接法

8.5.2　异步电机的启动与调速

异步电机的主要缺点是启动电流大而启动转矩小。因此，必须采取适当的启动方法，以减小启动电流并保证有足够的启动转矩。

1. 鼠笼式异步电机的启动方法

（1）直接启动

直接启动又称为全压启动，就是利用闸刀开关或接触器将电机的定子绕组直接加到额定电压下启动。这种方法只用于小容量的电机或电机容量远小于供电变压器容量的场合。

（2）降压启动

在启动时降低加在定子绕组上的电压，以减小启动电流，待转速上升到接近额定转速时，再恢复到全压运行。此方法适用于大中型鼠笼式异步电机的轻载或空载启动。

2. 三相异步电机的调速

调速就是在同一负载下能得到不同的转速，以满足生产过程的要求。

由 $S=(n_0-n)/n_0$，得 $n=(1-S)\times n_0=(1-S)\times 60f/p$，其中 n 为转子的转速，n_0 为旋转磁场的转速。可见，可通过三种途径进行调速：改变电源频率 f，改变磁极对数 p，改变转差率 S。前两者是鼠笼式电机的调速方法，后者是绕线式电机的调速方法。对于鼠笼式电机，通常使用 PWM 来进行变频调速，详见后续内容。

3. 三相异步电机的制动

制动是给电机一个与转动方向相反的转矩，促使它在断开电源后很快地减速或停转。对电机制动，也就是要求它的转矩与转子的转动方向相反，这时的转矩称为制动转矩。常见的电气制动方法有以下几种。

（1）反接制动

当电机快速转动而需要停转时，改变电源相序，使转子受一个与原转动方向相反的转矩而迅速停转。

注意，当转子转速接近零时，应及时切断电源，以免电机反转。

为了限制电流，对功率较大的电机进行制动时必须在定子电路（鼠笼式）或转子电路（绕线式）中接入电阻。

这种方法比较简单，制动力强，效果较好，但制动过程中的冲击也较强烈，易损坏传动器件，且能量消耗较大，频繁反接制动会使电机过热。对有些中型车床和铣床的主轴制动可以采用这种方法。

（2）能耗制动

电机脱离三相电源的同时，给定子绕组接入一个直流电源，使直流电流通入定子绕组，于是在电机中便产生一个方向恒定的磁场，使转子受一个与转子转动方向相反的力的作用，于是产生制动转矩，实现制动。

直流电流的大小一般为电机额定电流的 0.5~1 倍。

由于这种方法是用消耗转子的动能（转换为电能）来进行制动的，所以称为能耗制动。

这种制动能量消耗小，制动准确而平稳，无冲击，但需要直流电流。有些机床采用这种制动方法。

（3）发电反馈制动

当转子的转速 n 超过旋转磁场的转速 n_0 时，这时的转矩也是制动的。

例如，当起重机快速下放重物时，重物拖动转子，使其转速 $n>n_0$，重物受到制动而等速下降。

8.5.3 三相异步电机的运行控制

1. 直接启动控制电路

直接启动即启动时把电机直接接入电网,加上额定电压。一般来说,只要电机的容量不大于直接供电变压器容量的 20%~30%,都可以直接启动。

（1）点动控制

合上开关 S,三相电源被引入控制电路,但电机还不能启动。按下按钮 SB,接触器 KM 线圈通电,衔铁吸合,常开主触点接通,电机定子接入三相电源启动运转。松开按钮 SB,点动控制接触器 KM 线圈断电,衔铁松开,常开主触点断开,电机因断电而停转。如图 8.46 所示。

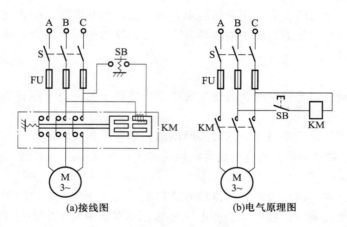

图 8.46 电机的点动控制

（2）直接启动控制

直接启动控制如图 8.47 所示。

① 启动过程。按下启动按钮 SB₁,接触器 KM 线圈通电,与 SB₁ 并联的 KM 辅助常开触点闭合,以保证松开按钮 SB₁ 后 KM 线圈持续通电,串联在电机回路中的 KM 的主触点持续闭合,电机连续运转,从而实现连续运转控制。

② 停止过程。按下停止按钮 SB₂,接触器 KM 线圈断电,与 SB₁ 并联的 KM 辅助常开触点断开,以保证松开按钮 SB₂ 后 KM 线圈持续失电,串联在电机回路中的 KM 的主触点持续断开,电机停转。

与 SB₁ 并联的 KM 辅助常开触点的这种作用称为自锁。图 8.47 所示的控制电路还可实现短路保护、过载保护和零压保护。

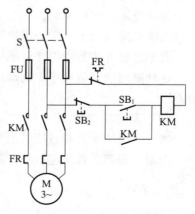

图 8.47 电机的直接启动控制

起短路保护作用的是串接在主电路中的熔断器 FU。一旦电路发生短路故障，熔体立即熔断，电机立即停转。

起过载保护作用的是热继电器 FR。当过载时，热继电器的发热元件发热，将其常闭触点断开，使接触器 KM 线圈断电，串联在电机回路中的 KM 的主触点断开，电机停转；同时 KM 辅助触点也断开，解除自锁。故障排除后，若要重新启动，须按下 FR 的复位按钮，使 FR 的常闭触点复位（闭合）即可。

起零压（或欠压）保护作用的是接触器 KM 本身。当电源暂时断电或电压严重下降时，接触器 KM 线圈的电磁吸力不足，衔铁自行释放，使主、辅触点自行复位，切断电源，电机停转，同时解除自锁。

2. 正反转控制

（1）简单的正反转控制

简单正反转控制如图 8.48 所示。

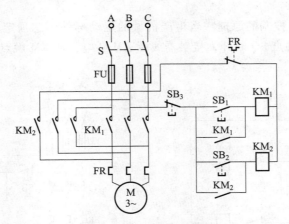

图 8.48　电机的简单正反转控制

① 正向启动过程。按下启动按钮 SB₁，接触器 KM₁ 线圈通电，与 SB₁ 并联的 KM₁ 辅助常开触点闭合，以保证 KM₁ 线圈持续通电，串联在电机回路中的 KM₁ 的主触点持续闭合，电机连续正向运转。

② 停止过程。按下停止按钮 SB₃，接触器 KM₁ 线圈断电，与 SB₁ 并联的 KM₁ 辅助触点断开，以保证 KM₁ 线圈持续失电，串联在电机回路中的 KM₁ 的主触点持续断开，切断电机定子电源，电机停转。

③ 反向启动过程。按下启动按钮 SB₂，接触器 KM₂ 线圈通电，与 SB₂ 并联的 KM₂ 辅助常开触点闭合，以保证线圈持续通电，串联在电机回路中的 KM₂ 的主触点持续闭合，电机连续反向运转。

缺点：KM₁ 和 KM₂ 线圈不能同时通电，因此不能同时按下 SB₁ 和 SB₂，也不能在电机正转时按下反转启动按钮，或在电机反转时按下正转启动按钮。如果操作错误，将引起主回路电源短路。这需要嵌入式微控制器的控制。

（2）带互锁功能的正反转控制电路

图 8.49 所示为带互锁功能的正反转控制电路。将接触器 KM_1 的辅助常闭触点串入 KM_2 的线圈回路中，从而保证在 KM_1 线圈通电时 KM_2 线圈回路总是断开的；将接触器 KM_2 的辅助常闭触点串入 KM_1 的线圈回路中，从而保证在 KM_2 线圈通电时 KM_1 线圈回路总是断开的。这样接触器的辅助常闭触点 KM_1 和 KM_2 保证了两个接触器线圈不能同时通电，这种控制方式称为互锁或者联锁，这两个辅助常开触点称为互锁或者联锁触点。

这种控制方式的缺点是：电路在具体操作时，若电机处于正转状态要反转时，必须先按停止按钮 SB_3，使互锁触点 KM_1 闭合后，按下反转启动按钮 SB_2 才能使电机反转；若电机处于反转状态要正转时，必须先按停止按钮 SB_3，使互锁触点 KM_2 闭合后，按下正转启动按钮 SB_1 才能使电机正转，操作过程比较复杂。

3. 限位控制

（1）限位控制

图 8.50 所示为限位控制的原理。当生产机械的运动部件到达预定的位置时，压下行程开关 SQ 的触杆，将常闭触点 SQ 断开，接触器线圈 KM 断电，使 KM 触点断开，电机断电而停止运行。

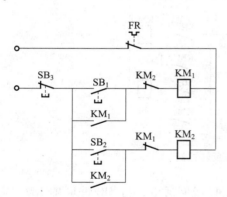
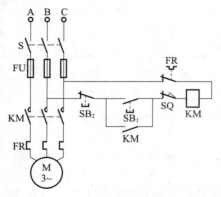

图 8.49　带互锁功能的正反转控制　　　　图 8.50　限位控制原理

（2）行程往返控制

图 8.51（a）所示为行程往返控制示意图。当电机正转使工作台（机械位置）到达左端时，SQ_2 挡板被压下，使 SQ_2 常闭触点断开；当电机反转使机械位置到达右端时，SQ_1 挡板被压下，使 SQ_1 常闭触点断开。

在正常工作没有到位时，当按下正向启动按钮 SB_1，电机正向启动运行，带动工作台向前运动。当运行到 SQ_2 位置时，挡块压下 SQ_2，接触器 KM_1 断电释放，KM_2 通电吸合，电机反向启动运行，使工作台后退。工作台退到 SQ_1 位置时，挡块压下 SQ_1，KM_2 断电释放，KM_1 通电吸合，电机又正向启动运行，工作台又向前进，如此一直循环下去，直到需要停止时按下 SB_3，KM_1 和 KM_2 线圈同时断电释放，电机脱离电源停止转动。

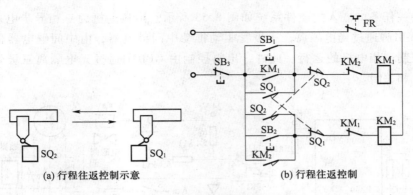

(a) 行程往返控制示意   (b) 行程往返控制

图 8.51　行程往返控制

8.5.4　三相异步电机控制系统实例

前面已经介绍了对三相异步电机运行的基本控制方法，本节以一个定量发料系统为例，介绍电机控制系统的构成。

1. 定量发料系统

一个典型的定量发料（液体）系统组成如图 8.52 所示，由控制器、料仓、料泵、流量计、电磁阀、管路及出料口和贮料器等构成。料泵的核心部件就是三相异步电机，由电机的旋转带动料泵中的物料从料仓吸出，经过流量计及电磁阀，当电磁阀打开时，物料就会从管路流向出料口，最后进入贮料器。

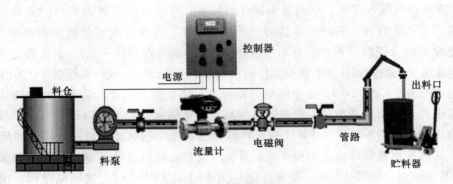

图 8.52　定量发料系统组成

其中控制器是核心，它由以嵌入式处理器为核心的嵌入式硬件系统构成，负责检测流量计的流量，根据流量控制电磁阀的通断以及料泵（三相异步电机控制）的开启和关闭。

本例中的流量计选用具有与流量相对应的频率输出的类型，也可以选用具有 4~20 mA 输出的流量计。

启动工作流程后，嵌入式处理器控制的电磁阀打开，料泵开启，同时检测流量，当流量没有达到设置的值时，料泵继续开启，当达到预设流量值时，关闭料泵，同时断开电磁阀，停止送料。完成这一任务的嵌入式硬件系统如图 8.53 所示。出料电机为三相异步电机，由嵌入式处理器 GPIO2 引脚通过光电隔离，三极管驱动推动中间继电器，由中间继电器再驱动交流接触器，从而控制三相电机的运行。此外，出料控制由 GPIO1 通过光电隔离三极管放大，驱动电磁阀的开启和关闭。

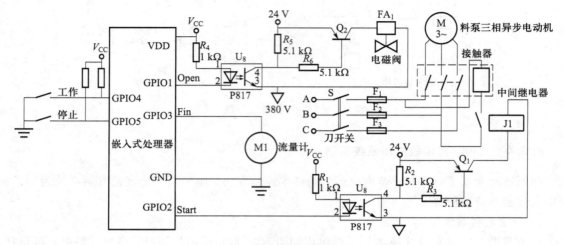

图 8.53　基于嵌入式处理器的定量发料控制系统原理

V_{CC} 为嵌入式处理器电源，V_{DD} 为电磁阀和中断继电器电源电压，与 V_{CC} 隔离，不共地。嵌入式处理器的 GPIO1 和 GPIO2 设置为输出引脚，分别控制电磁阀和中间继电器。GPIO3 选择和配置为 PWM 捕获输入功能，以测量流量计的频率，从而可以换算为物料的流量。GPIO4 和 GPIO5 设置为输入。首先，将开关 S 接通交流电 380 V，假设嵌入式处理器的电源 V_{CC} 和中间继电器的电源均由 S 控制（图中没有示出电源模块，参见电源设计一章），且工作之前已设置了预设的物料总量 W。嵌入式处理器开始工作后，当按下工作键时，嵌入式处理器让 GPIO1 = 0，使电磁阀得电而打开，GPIO2 = 0，让中间继电器得电，使常开点闭合，从而三相交流接触器得电闭合，料泵电机开始运转并出料，物料通过管路经过电磁阀流经出料口最后到达贮料器中。与此同时，嵌入式处理器不断通过 PWM 捕获物料传感器送来的脉冲，通过计算脉冲周期的倒数得到频率，从而按照流量计的说明换算成流量，与设置的物料总量 W 进行比较，如果没有达到 W，则继续检测流量；如果达到 W，则立即让 GPIO1 = 1 且 GPIO2 = 1，关闭电磁阀，也关闭料泵电机。如果遇到紧急情况，可随时按停止键强行关闭电磁阀和三相电机。

这是仅让电机运行和停止，没有正反转，也没有速度控制的电机应用例子。下面介绍一个有正反转且有速度控制的电机应用例子。

2. 升降电机控制系统

一个典型的升降机构如图 8.54 所示，除了钢丝绳外，由电机、滑轮、吊笼（吊箱）、限位开关以及变速开关等组成。限位开关和变速开关都是触控开关，当吊笼到达相应位置时，就会触碰到相应开关，原来闭合的就会断开，原来断开的就会闭合，即改变原来的状态。

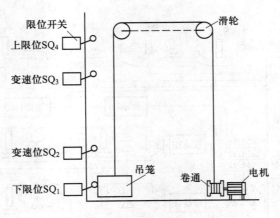

图 8.54　升降机构

系统的工作过程是，在嵌入式处理器及驱动电机驱动器等的控制下，控制电机运行。假设电机正转时吊笼上升，电机反转时吊笼下降，当从起始点地面上升到下方的变速位时，SQ_2 开关原来的常闭点断开，常开点断开，嵌入式处理器检测到 SQ_2 的变化后，开始加速运行；当上升到上面的变速位时，SQ_3 开关原来的常闭点断开，常开点断开，检测到 SQ_3 的变化后，开始让电动机减速运行；当到达上限位时，SQ_4 开关原来的常闭点断开，常开点断开，检测到 SQ_4 的变化后，立即让电机停止运行。

下降时，从上限位点开始向下让电机反转，当下降到上方的变速位时，SQ_4 开关原来的常闭点断开，常开点断开，嵌入式处理器检测到 SQ_4 的变化后，开始加速运行；当下降到下面的变速位时，SQ_3 开关原来的常闭点断开，常开点断开，检测到 SQ_3 的变化后，开始让电机加速运行；当到达下变速位时，SQ_2 开关原来的常闭点断开，常开点断开，检测到 SQ_2 的变化后，开始让电机减速运行；当到达下限位开关时，SQ_1 开关原来的常闭点断开，常开点断开，检测到 SQ_1 的变化后，立即让电机停止运行。

按照以上工作过程，三相交流电机的控制原理如图 8.55 所示。V_+ 和 V_- 为经过整流后的直流电源。驱动 1H~驱动 3L 是为驱动 IGBT 模块而设计的，升降控制系统电路原理如图 8.56 所示。交流主供电电源经过整流滤波后得到直流电源 V_+ 和 V_-，利用两只 IGBT 模块组成一个逆变器，将直流再转换成交流以驱动三相交流电机。通过 PWM 波形来合理控制 6 个 IGBT 模块的时序和频率，即可实现正反转和速度控制。

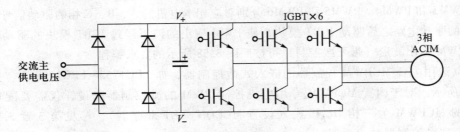

图 8.55　三相交流电机的控制原理

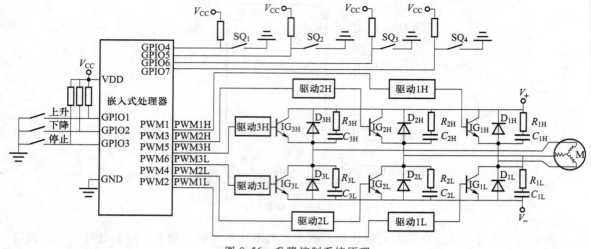

图 8.56　升降控制系统原理

IGBT 模块的驱动电路由光耦、三极管等组成，如图 8.57 所示。当输入 IN 为 0 时，光耦 U_1 输出为 0，Q_1 截止，Q_2 截止，Q_3 导通，输出 OUT 为 0（V_-）；当输入 IN 为 1 时，光耦 U_1 输出为 1，Q_1 导通，Q_2 导通，Q_3 截止，输出 OUT 为 1（V_+）。因此该电路起到隔离同相驱动的作用。

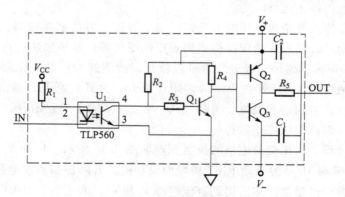

图 8.57　IGBT 模块的驱动电路

嵌入式处理器利用 PWM 组件的 6 个 PWM 输出引脚，每两个 PWM 输出为一组，如 PWM1 和 PWM2、PWM3 和 PWM4、PWM5 和 PWM6 分别对应相本电机的 A、B、C 相的驱动信号输入，经 IGBT 模块的驱动电路之后驱动 IGBT 模块，使 PWM 输出的波形经过 IGBT 模块的驱动后推动电机运行。PWM 输出波形（带死区控制）可按照图 8.58 所示的要求编程。

也可以选用内置 MCPWM 控制器的嵌入式微控制器，如 LPC1753~LPC1768 等。控制系统如图 8.59 所示。对于内置 MCPWM 专用电机控制 PWM 的微控制器来说，仅需要配置和设置微控制器的 MCPWM 为三相 DC 模式（设置 MCCON_SET 寄存器），参见第 3 章 3.3.5 节及 LPC1700 系列微控制器技术手册。

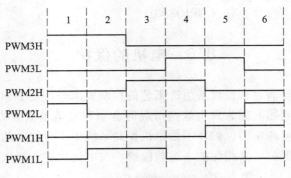

图 8.58 PWM 控制波形

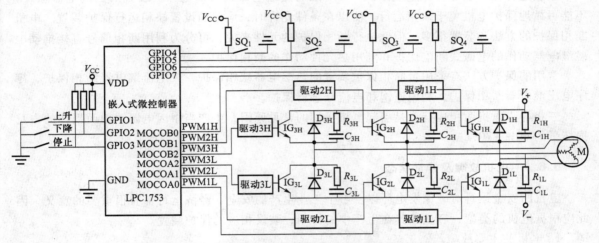

图 8.59 基于具有 MCPWM 微控制器的升降控制系统

系统中嵌入式处理器将 GPIO1~GPIO7 引脚设置为输入,检测按键用限位开关和变速位开关的状态。

当按下上升键(GPIO1=0)时,嵌入式处理器控制 PWM 或 MCPWM 输出工作波形如第 3 章 3.3.5 节图 3.33 所示,电机正转运行带动升降机上升;当到达下方的变速位时,SQ$_2$ 闭合,此时 GPIO5 为 0,可以开始快速运行,让 PWM 或 MCPWM 的周期变短即 PWM 频率升高,继续运行;当到达上面的变速位时,SQ$_3$ 闭合,GPIO5=0,让 PWM 或 MCPWM 频率降低,减速运行;当到达上限位时,SQ$_4$ 闭合,GPIO7=0,则让 PWM 或 MCPWM 停止输出 PWM 波形,立即停车。

当在最高处按下降键(GPIO2=0)时,嵌入式处理器控制 PWM 或 MCPWM 输出与正转不同的工作波形,嵌入式处理器将 PWM1H 和 PWM1L 与 PWM2H 和 PWM2L 两对波形互换,即可实现反向旋转,这样电机反转运行带动升降机下降;当到达上方的变速位时,SQ$_3$ 闭合,此时 GPIO6 为 0,可以开始快速运行,让 PWM 或 MCPWM 的周期变短即 PWM 频率升高,继续向下运行;当到达下面的变速位时,SQ$_2$ 闭合,GPIO5=0,让 PWM 或 MCPWM 频率降低,减速运行;当到达下限位时,SQ$_1$ 闭合,GPIO4=0,则让 PWM 或 MCPWM 停止输出 PWM 波形,立即停车。

紧急情况要停车，可按停止键（GPIO3 = 0）。

8.6 电机的保护

电机控制电路除了要满足被控设备生产工艺的控制要求外，还必须考虑到电路发生故障和不正常工作情况的处理问题。因为发生这些情况时会引起电流增大，电压和频率降低或升高，电机损毁。因此，控制电路中的保护环节是电机控制系统中不可缺少的组成部分。常用的电机保护有过热保护、短路保护、缺相保护、过载保护、过电流保护、高压保护、失电压保护和欠电压保护等。

缺相运行保护也是一种过载保护，而一般的热继电器（带断电保护装置的热继电器除外）不能可靠地保护电机免于缺相运行。所以在条件允许时，应单独设置缺相运行保护装置。电机断相保护的方法和装置很多，但就执行断相保护的元件来说，可分为利用断相信号直接推动电磁继电器动作的电磁式断电保护和利用热元件动作的断相保护。

常用的保护方法有采用带断相保护装置的热继电器缺相保护，欠电流继电器断相保护，零序电压继电器断相保护，利用速饱和电流互感器保护。

三相异步电机两相运行，是引起电机损坏的常见原因，生产当中因电源缺相而损坏的占总损坏量的 60% ~ 70%。

8.6.1 电机故障及异常状态

电机的安全运行对确保发电厂以至整个工业生产的安全、经济运行都有很重要的意义，因此应根据电机的类型、容量及其在生产中的作用，装设相应的保护装置。

1. 电机的主要故障

电机的主要故障有定子绕组的相间短路、单相接地以及同一相绕组的匝间短路。

电机发生相间短路故障时，不仅故障的电机本身会遭受严重损伤，同时还将使供电电压显著下降，影响其他用电设备的正常工作，在发电厂中甚至可能造成停机、停炉的全厂停电事故。因此，对电机定子绕组及其引出线的相间短路，必须装设相应的保护装置，以便及时地将故障电机切除。

单相接地对电机的危害取决于供电网络中性点的运行方式。对于 380 V/220 V 的低压电机，其电源中性点一般直接接地，在发生单相接地时，将产生很大的短路电流，因而也应尽快切除，故应该装设能够快速跳闸的单相接地保护。

2. 电机的异常状态

电机的异常运行状态主要有缺相以及各种形式的过负荷或过载。

引起电机过负荷的原因有：① 所带机械负荷过大；② 电源电压或频率下降而引起的转速下降；③ 缺相，即一相断线造成两相运行；④ 电机启动和自启动时间过长，等等。长时间的过负荷将使电机绕组温升超过允许值，使绝缘老化速度加速，甚至发展成故障。

因此，根据电机的重要程度、过负荷的可能性以及异常运行状态等情况，应装设相应的过负荷保护作用于信号、自动减负荷或跳闸。

8.6.2 电机的相间短路保护

1. 瞬时电流速断保护

电机短路时，短路电流很大，热继电器还来不及动作，电机可能已损坏。因此，短路保护由熔断器来完成。在发生短路故障时，熔断器在很短时间内就熔断，起到短路保护作用。

在单台电机的启动电路中，为了防止电机启动时较大的电流烧断熔丝，熔丝不能按电机的额定电流来选择，而应按下式计算：

$$熔丝额定电流 \geqslant 电机启动电流/2.5$$

如果电机启动频繁，则应满足熔丝额定电流 $\geqslant$ 电机启动电流$/(1.6\sim2)$。

目前，中、小容量的电机广泛采用电流速断保护作为防御相间短路故障的主保护。

2. 纵联差动保护

对于容量在 2 000 kW 以上或 2 000 kW 以下（含 2 000 kW）、具有 6 个引出线的重要电机，当电流速断保护不能满足灵敏度的要求时，应装设纵差保护作为相间短路主保护。

电机纵联差动保护的动作原理基于比较被保护电机机端和中性点侧电流的相位和幅值而构成。为了实现这种保护，在电机中性点侧与靠近出口端断路器处应装设同型号、同变比的两组电流互感器 TA_1 和 TA_2，两组电流互感器之间即为纵差保护的保护区。电流互感器二次侧按循环电流法接线。

在中性点非直接接地的供电网络中，电机的纵差保护一般采用两相式接线，接入差动回路的继电器可采用差动继电器或电流继电器实现。当采用前者时，保护可瞬时动作于跳闸；而当采用后者时，为躲过电机启动过程中暂态不平衡电流的影响，须利用出口中间继电器带 0.1 s 的延时动作于跳闸。

为防止电流互感器二次回路断线时保护误动，保护装置的动作电流应按躲过电机额定电流来整定。

8.6.3 电机的单相接地保护

电机单相接地保护的配置情况、保护方式及动作结果与所在供电电网的状况有关。

1. 高压电机的接地保护

由中性点非直接接地电网供电的 3.10 kV 高压电机，当接地故障电流大于 5 A 时，可能会烧坏电机铁芯，因此应装设单相接地保护装置。

2. 低压电机的接地保护

低压电机所在系统的电源中性点一般直接接地，其接地保护通常由相间保护采用三相式接线兼作即可。但是，由于低压变压器的零序阻抗较大，单相接地短路电流较小，而相间保护的动作值又比较大，因而兼作单相接地保护的灵敏度可能难以满足要求，此时可考虑装设零序电流保护；但动作电流按躲过电机启动和自启动的不平衡电流整定，根据运行经验一般取 10%~20%，反映到互感器二次侧则小于 2 A。

8.6.4　电机的低电压保护

1. 装设低电压保护的目的

发电厂用电系统 380 V 和 3~6 kV 母线一般都装设有低电压保护。其装设目的是：在母线电压降低时，将一部分不重要的电机及按生产过程要求不容许和不需要自启动的电机从电网中切除，以保证重要电机的自启动及加速电网电压的恢复。

2. 电机类别

为了实施低电压保护，一般将厂用电机分为以下三类。

（1）Ⅰ类电机

Ⅰ类电机属重要电机，例如给水泵、循环水泵、凝结水泵、引风机和给粉机等电机，一旦停电将造成发电厂出力下降甚至停电。在这类电机上不装设低电压保护，在母线电压恢复时应尽快让其自启动，但当这些重要电机装设有备用设备自动投入装置时，可装设低电压保护，以 9 s、10 s 的延时动作于跳闸。

（2）Ⅱ类电机

Ⅱ类电机是不重要的电机，如磨煤机、碎煤机、灰浆泵、热网水泵、软水泵等，暂时断电不至于影响发电厂机、电、炉的出力，这类电机上装设有低电压保护，在母线电压降低时，首先被从电网中切除，保护的动作时限与电机速断保护配合，一般取 0.5 s。

（3）Ⅲ类电机

Ⅲ类电机是那些电压长时间消失时，由于生产过程或技术保安条件不允许自启动的重要电机，在这类电机上也要装设低电压保护，但保护的动作电压整定得较低，一般为 0.4~0.5 UN（UN 为额定工作电压），动作时限则取 9~10 s。

当低压电机的低电压保护也采用电压继电器实现时，对保护的要求、保护的接线方式及动作情况与高压电机基本相同，但一般不考虑实际情况中较少出现的互感器二次侧两相同时熔断的情况，故接线较为简单。

8.6.5　电机的过载保护

1. 电机过载的原因

电机的过载除缺相原因外，还有：

① 电机周围环境温度过高，散热条件差；

② 电机在大的启动电流下缓慢启动；

③ 电机长期低速运行；

④ 电机频繁启动、制动、正反转运行及经常反接制动。

电机的过载由于电流增大，发热剧增，从而使其绝缘物受到损害，缩短使用寿命甚至被烧毁。

2. 过载保护策略

对于过载，通常可进行如下保护：在电机的控制回路中常装有双金属片组成的热继电器，它利用膨胀系数不同的两片金属在过载运行时受热膨胀而弯曲，推动一套动作机构，使热继电器的一对常守触头断开，起到过载保护作用。

一般选择热元件时应满足以下条件：动作电流＝电机额定电流×（1.1~1.25）。

8.6.6 基于嵌入式技术的电机保护系统

以上是传统的电机保护方法，通常采用的是继电器、熔断器等，保护精度有限。本节介绍采用嵌入式技术检测各种电机故障和异常状态并能迅速切断电机回路的电机保护系统。

针对电机的不同故障和异常状态，嵌入式系统具备自动检测这些故障和异常的能力，并能根据具体情况适时切断电机回路以保护电机。

1. 缺相和相序的检测

三相电机有一相缺失，就只能由两相运行，这样对电机的危害很大。缺相检测可根据三相电的工作波形来判断。具有缺相和相序检测的嵌入式检测电路如图8.60所示。三相电源插入电机三相电接线端子，经过光耦隔离变换后，得到与三相电相对应的三路方波 AB、BC、CA，再经过由与非门构成的触发器和反相器后，变换成嵌入式处理器方便接收的四路方波 PP、PA、

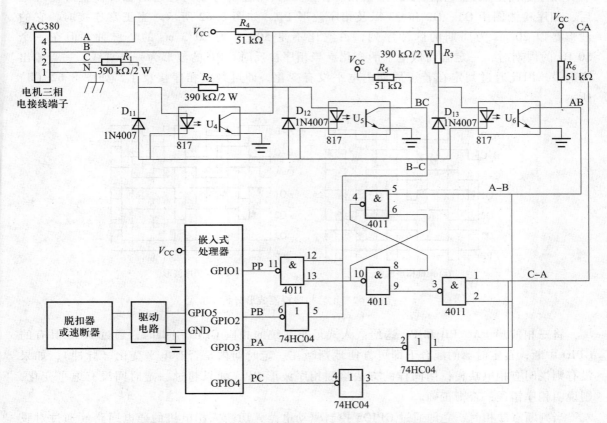

图8.60 以嵌入式处理器为核心的嵌入式系统检测缺相和相序识别的电路

PB 和 PC，其中 PP 可判断相序是否正确，如果 PP 超过 10 ms 没有变化，则为相序错误，PA、PB、PC 中有一路超过 20 ms 没有变化，即可断定该路缺相。这样可以方便地根据波形来判断是否缺相，并且可以根据波形来判断三相电的相序。通常，嵌入式处理器的 GPIO1~GPIO3 配置为可中断输入的引脚，再通过定时器计时来判断是否有波形的变化。

三相 380 V/50 Hz 电源通过光电隔离器 817 隔离后，输出与三相脉冲对应的以 50 Hz 为周期的方波 AB、BC 和 CA，经过反相器 74HC04 或 CC40106 得到 50 Hz 的方波，当缺相时，该相波形为 0，没有方波，启动定时器，通过软件判定是否缺相，当超过 20 ms（50 Hz 的一个周期）一直为 0 时，可以判定为缺相。为可靠起见，通常以超时 2 个周期即 40 ms 没有变化来判定缺相。正常波形与缺相波形如图 8.61 所示。

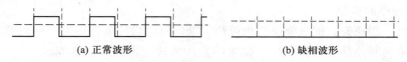

(a) 正常波形   (b) 缺相波形

图 8.61　缺相检测波形

相序检测是根据三相波形的每相相位差 120°，经过由与非门构建的触发器整形处理之后，相序检测图中 Q1、Q2 和 Q3 以及相序波形 PP，如图 8.62 所示。当正常连接时，它的波形是以 20 ms 为周期的脉冲序列，占空比不是 50%，为 20/3 ms 的负脉冲，但在一个 50 Hz 的周期时，一定有高低电平的变化。当相序接反时，PP 的波形为一条直线，一直输出高电平。因此通过判定在若干周期内电平没有变化，即可判定相序接反了，如图 8.62（b）所示。

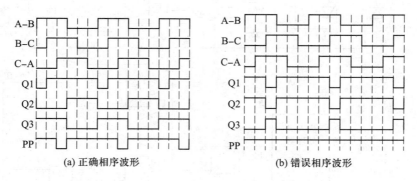

(a) 正确相序波形   (b) 错误相序波形

图 8.62　正确相序检测波形分析

将三相波形 PA、PB 和 PC 送给嵌入式最小系统的相应 GPIO 引脚时，通过 MCU 具有的 GPIO 中断，在定时器的配合下即可方便地判断在一定时间内是否有电平变化（脉冲），如果没有则说明有相电缺相；用同样的方法检测相序波形 PP，如果超过一定时间没有电平变化，则说明相序错误，否则正确。

当判断有缺相时，立即通过 GPIO5 控制驱动电路，切断三相电机的通电回路（通过对脱扣器或速断器的控制），从而保护电机。

2. 短路和过载检测

基于嵌入式处理器的短路和过载检测电路如图 8.63 所示，将电流互感器 TI01 串接在电机上，将电压互感器 TU01 并联在电机电源输入端，电流互感器的输出也是电流信号，电流流过 R_{I1} 产生的电压经过调理电路后，送嵌入式处理器的 ADC 差分输入端，经过 A/D 变换后得到电机运转的电流，根据电流大小判断是过载还是短路。如果达到短路或过载电流的值，可按照短路条件让 GPIO5 输出，以控制脱扣器或速断器立即切断电机电源；如果是过流条件，则可按照反时限原则来控制脱扣器或速断器。电流越大，时间越短；电流越小，时间越长。电压互感器产生的互感电压经过信号调理后送嵌入式处理器片上 ADC 差分输入端，经过 A/D 变换后得到电机工作电压，若电压低于低压值，或高于高压值则立即切断电机通电回路，从而保护电机。本例仅示出了一路电流的检测，为安全起见，可以同时检测三相电流，即采用三个电流传感器，这样可以判断每一相电流的大小。根据电流大小的变化，确定采用何种保护策略。如果某相电流突然很小，则有可能是缺相，因此也可以进行缺相保护，只是没有上述专门缺相保护速度快。

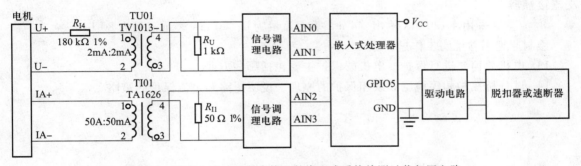

图 8.63　以嵌入式处理器为核心的嵌入式系统检测过载欠压电路

本 章 习 题

1. 电机有哪些种类？电机按照工作电源划分有哪几种？普通电机（非步进电机）的控制系统是怎样的？

2. 一般模拟输入输出系统及基于嵌入式处理器的模拟输入输出系统是如何构成的？各部分的主要功能是什么？

3. 继电器可分为普通继电器和固态继电器，比较它们的主要性能。

4. 直流电机的励磁方式有哪几种？各自的连接方式如何？

5. 分析图 8.16 所示的基于 H 桥直流电机的控制原理电路是如何控制电机正反转的。怎么改变其速度？

6. 仿照图 8.26，使用 LDM18200 作为驱动器，选定一款具体 MCU，设计一个升降系统，说明控制升降的过程。

7. 步进电机有几种类型？各自的特点是什么？步进电机与直流电机的主要区别是什么？

8. 简述步进电机的相数、拍数、步距角的含义。步进电机的转速如何表示？

9. 图 8.32 所示的基于嵌入式处理器的步进电机控制系统的组成是怎样的？各部分的主要功能是什么？

10. 参考图 8.40 所示的单相电机控制系统，假设不是用按键来确定正反转和停止，而是用 4～20 mA 来控制正反转，要求有位置传感器输入，采用位置电位器：0～1 K 表示开度 0～100%（电流对应 4～20 mA），电机正转电阻值增加，反转电阻值减小。根据电流判断是否让电机运转，当电流输入小于对应开度时，电机正转；当电流输入大于对应开度时，电机反转；当电流输入等于对应开度时，电机停止。试选用一款 MCU 设计电机控制系统。

11. 选择三相异步电机要考虑哪些因素？怎样控制三相电机正反转？

12. 试参照图 8.53 所示的定量发料控制系统原理图，进行如下改进并设计完整的定量发料控制系统。

① 选择 ARM Cortex-M0 M058LDN（通过网上查阅资料）。

② 假设三相电机额定功率为 1 kW（380 V 交流供电），用三相交流固态继电器更换原来的交流接触器。

③ 流量计采用 4～20 mA 输出，4 mA 表示流量为 0，20 mA 表示流量为 80 L/s。

绘制原理图并说明工作过程。

13. 电机为何要进行保护？电机的保护主要包括哪些方面？

14. 试分析三相相序检测和缺相保护的原理，说明短路和过流保护的策略。

第 9 章　互连通信接口设计

【本章提要】

嵌入应用系统的应用十分广泛，可以说几乎无处不在。当今在物联网，乃至工业 4.0 时代，嵌入式系统由于具有各种互连通信接口，而更加有用武之地。

本章重点介绍片上各种互连通信组件的原理及其外围接口的应用。主要内容包括异步收发器 UART，基于 UART 的 RS-232 接口、RS-485 接口、4~20 mA 电流环接口，I^2C 总线接口、SPI 接口、CAN 总线接口、Ethernet 接口、USB 接口以及各种无线通信接口等。

【学习目标】

- 熟悉 UART 双机应用及多机应用。

- 熟悉 RS-232 接口的构成，熟练掌握应用逻辑电平转换芯片构建典型 RS-232 接口的方法，掌握基于 RS-232 的双机及多机通信的连接方法。

- 了解 RS-485 接口的特点，熟悉典型 RS-485 接口芯片，熟练掌握使用半双工 RS-485 接口芯片构建 RS-485 多机通信接口的方法，熟悉 RS-485 隔离的方法及应用，了解基于 RS-485 的 ModBus RTU 协议。

- 了解 4~20 mA 电流环的工作原理，了解采用分离器件和专用 IC 电路构建 4~20 mA 的方法。

- 能应用 I^2C 总线连接典型存储器，了解 SPI 接口的简单应用。

- 了解片上 CAN 总线控制器组成及其主要功能，掌握 CAN 总线的连接方法。

- 了解使用片上 Ethernet 组件构建以太网接口的方法，了解外接以太网控制器构建以太网接口的方法。

- 了解 USB 接口及其特点，了解片上 USB 主机控制器、设备控制器以及 OTG 的组成，熟悉作为 USB 设备微控制器的连接，了解 USB 与 UART 相互转换的方法。

- 了解 GPS、GSM、GPRS、北斗、Wi-Fi、蓝牙、ZigBee、RFID 等常用无线通信模块。

9.1 串行异步收发器 UART

通常情况下接收采用中断方式，发送采用查询方式。这是因为发送由程序直接控制，而接收时对方的信息是随机的。

在中断接收情况下，当外部有数据到达接收缓冲器时，会自动置位接收就绪标志并引发 UART 接收中断，这时只需要在中断服务程序中读取接收的数据即可。如果采用查询方式接收，需要先读取并判断接收就绪标志（如接收缓冲器满标志），当已经就绪时方可读取接收数据寄存器中的值，接收完毕必须清除原来的就绪标志（有的芯片内部读完数据会自动清除，有的需要软件清除，使用时注意查看芯片手册）。

典型的嵌入式处理器内部有一个或多个 UART 组件，可通过对相关寄存器编程来完成字符格式、波特率等设置。片上 UART 在不接外围接口如 RS-232 和 RS-422/RS-485 等的情况下，也可以在短距离的板间进行相互通信。

1. 基于 UART 的双机通信接口

在短距离（通常是几十厘米的距离）范围内，由于 UART 与 UART 之间电平完全一致，因此可以直接相连，无须进行电平转换。连接时，一方的 RXD 与另一方的 TXD 相连，也就是说，UART 之间的连接是一方的接收端连接到另一方的发送端，一方的发送端连接到另一方的接收端。不能同名端相连接。最后再把公共地连接在一起即可，如图 9.1 所示。

如果要延长通信距离，可采用光电耦合器隔离的方式。基于光耦隔离的 UART 双机通信接口如图 9.2 所示。这种双机通信接口，选择合适的光耦（考虑速度）即可延长通信距离且两个嵌入式处理器之间可以完全电气隔离，如果不需要隔离，则 V_{CC} 和 V_{DD} 可以用同一电源，一个公共地。

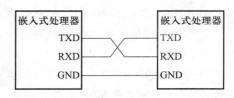

图 9.1　基于 UART 的双机通信接口

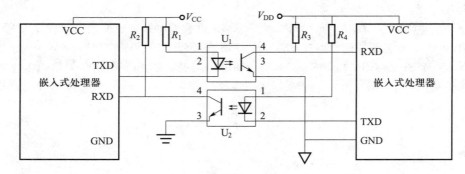

图 9.2　基于 UART 可延长距离且隔离的双机通信接口

2. 基于 UART 的多机通信的连接

在短距离范围内，可能有多个嵌入式处理器要交互数据，可进行多机通信。多机通信时的接口如图 9.3 所示。

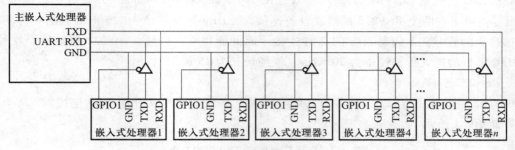

图 9.3　基于 UART 的多机通信接口

一个嵌入式处理器作为主机，其他 n 个为从机，这种结构仅限于一主多从的主从式多机系统。主机首先发送地址信息给从机，从机辨别地址是否与自己相符，不相符不回应，相符则正确应答，此时该从机与主机建立链接，开始按照通信协议通信。接口中，每个从机的发送端接一个正向三态门缓冲器，只有地址相符的从机才用 GPIO1＝0 打开三态门缓冲器，以防止其他从机发送时被本从机接收到。这样，当指定从机与主机通信时，不受其他从机发送信息的影响。

对 UART 的应用主要包括以下步骤。

① 初始化 UART。初始化包括对引脚的配置、波特率设置、字符格式设置以及使能相关中断等。

② 接收数据。在有接收中断标志或查询到接收缓冲器有数据时，接收缓冲区中的数据。

③ 发送数据。将要发送的数据写入发送寄存器或缓冲寄存器中，并等待发送完毕。

由于接收是随机和被动的，而发送是主动的，因此应用系统中的 UART 编程，通常接收采用中断方式，发送采用查询方式。

9.2　RS-232 接口及其应用

RS-232 是由电子工业协会（Electronic Industries Association，EIA）所制定的异步传输标准接口。通常，RS-232 接口以 9 个引脚（DB-9）或 25 个引脚（DB-25）的形态出现。本节介绍 RS-232 接口及其应用。

9.2.1　RS-232 接口

RS-232 接口是由美国电子工业协会联合贝尔系统、调制解调器厂家及计算机终端生产厂家共同制定的用于串行通信的标准。它的全称是"数据终端设备（DTE）和数据通信设备（DCE）之间串行二进制数据交换接口技术标准"，该标准规定采用一个具有 25 个引脚的

DB25 连接器，对连接器的每个引脚的信号内容加以规定，还对各种信号的电平加以规定。后来，IBM 公司的 PC 将 RS-232 简化成了 DB9 连接器，从而成为事实标准。而工业控制的 RS-232 接口一般只使用 RXD、TXD、GND 三条线。这是应用最广泛的串行通信标准。

RS-232C 全称是 EIA-RS-232-C 协议，RS（Recommended Standard）代表推荐标准，232 是标识号，由于在两个 RS-232 机器或设备连接时，DB9 连接器或 DB25 连接器的一方的 2 脚与对方的 3 脚连接，3 脚与对方的 2 脚连接，因此而得名，C 代表 RS232 的最新一次修改。RS-232C 接口的最大传输速率为 20 Kbps，线缆最长为 15 m。

1. RS-232 引脚及其含义

RS-232 目前使用 DB25 连接器的已经不多见，大部分使用 9 针的 DB9 连接器，9 个引脚的定义如表 9.1 所示。

表 9.1　9 针 D 型插座 DB9 引脚及含义

引脚号	名称	含　义
1	CD	载波检测（输入）
2	RXD	接收数据线（输入）
3	TXD	发送数据线（输出）
4	DTR	数据终端准备好（输出），计算机收到 RI 信号，作为回答，表示通信接口已准备就绪
5	GND	信号地
6	DSR	数据装置准备好（输入），即 modem（调制解调器）或其他通信设备准备好。表示调制解调器可以使用
7	RTS	请求发送（输出），由计算机到 modem 或其他通信设备，通知外设（modem 或其他通信设备）可以发送数据
8	CTS	清除发送（输入），由外部（modem 或其他通信设备）到计算机，modem 或其他通信设备认为可以发送数据时，发送该信号作为回答，然后才能发送
9	RI	振铃指示（输入），modem 若接到交换机（台）送来的振铃呼叫，就发出该信号以通知计算机或终端

2. RS-232 逻辑电平及其转换

以上是 RS-232C 对信号引脚的定义，除此以外，RS-232 标准对信号的逻辑电平也有相应的规定。RS-232C 定义的 EIA 电平采用负逻辑，即以 ±15 V 的标准脉冲实现信息传送。在 RS-232C 标准中，规定 -5~-15 V 为逻辑 1，而 +5~+15 V 为逻辑 0。要求接收器必须能识别低至 +3 V 的信号作为逻辑 0，高至 -3 V 的信号作为逻辑 1，该标准的噪声容限为 2 V，以增强抗干扰能力。

由于 RS-232C 的逻辑电平与 UART 逻辑电平（CMOS 或 TTL）不兼容，因此在与 UART 相连时必须进行有效的电平转换。实现这一电平转换的传统芯片主要有 MC1488（SN75188）和 MC1489（SN75189）以及 MAX232 等，目前通常采用单电源供电的 RS-232 逻辑电平转换芯片 MAX232 等。

单一电源供电的 RS-232C 转换器又分为+5 V、+3.3 V 电源供电的转换芯片，分别可用于+5 V 的 I/O 和+3.3 V 的 I/O 系统的逻辑电平转换。MAX232、SP232 为 5 V 供电的转换芯片，MAX3232、SP3232 为 3.3 V 供电的转换芯片，可根据需要选择。MAX232 转换芯片如图 9.4 所示。

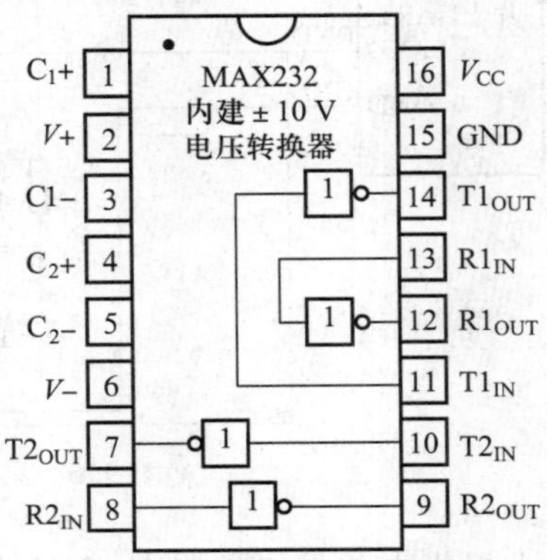

使用时要注意，图中的电容 $C_1 \sim C_5$ 的值对于不同型号有所不同。如 MAX220 用 4.7 μF，MAX232 用 1 μF，而 MAX232A 仅需 0.1 μF。MAX232 逻辑电平转换的关系如下：

- TTL/CMOS 输出逻辑 0：当 Ti_{IN} 为 0~1.4 V 时，Ti_{OUT} 输出为+10 V 左右；
- TTL/CMOS 输出逻辑 1：当 Ti_{IN} 为 2~V_{CC}-0.2 V 时，Ti_{OUT} 输出为-10 V 左右；
- RS-232C 输入逻辑 0：当 Ri_{IN} 为+3~+15 V 时，Ri_{OUT} 输出为 0~0.4 V；
- RS-232C 输入逻辑 1：当 Ri_{IN} 为-15 V~-3 V 时，Ri_{OUT} 输出为 3.5 V~V_{CC}-0.2 V。

嵌入式系统中的串行接口连接示意如图 9.5 所示。嵌入式处理器内置的 UART 经过 RS-232 的电平转换，转换成 RS-232 的逻辑电平，连接到外部 DB9 连接器上，最后用电缆连接到连接器上方，可实现嵌入式系统与 PC 或 RS-232 设备间的串行通信。

图 9.4 MAX232 芯片引脚

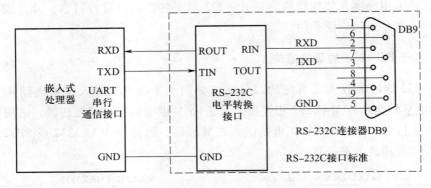

图 9.5 嵌入式系统中的串行接口连接示意

为降低成本，也可以使用分离元件构成简易 RS-232 逻辑电平转换电路，如图 9.6 所示，虚线框左侧为 CMOS/TTL 逻辑电平，右侧为 RS-232 逻辑电平。

嵌入式处理器片上 UART 的发送端 TXD＝0 时，Q_1 导通，使输出 RXD232 接近 V_{CC}（+5 V），符合 RS-232 逻辑 0 电平（负逻辑）。当发送端 TXD＝1 时，Q_1 截止，而 TXD232 的电平在-3~-15 V 之间，当 TXD232 的电平是-3 V 时二极管 D_1 导通，电容 C_1 充电，上负下正，电容 C_1

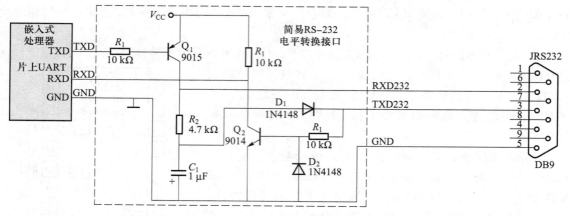

图 9.6　采用分离元件构成的简易 RS-232 电平转换接口

的上极板电位最终被钳在 -3 V 之间, 由于电容的作用会保持一段时间, 因而 RXD232 的电位与电容 C_1 的上极板电位是等同的, 都是 -3 V; 同理可知, 当 TXD232 的电平是 -15 V 时, RXD232 的电位也是 -15 V, 也就是说, 当 TXD = 1 时, RXD232 的输出电平为 -15 ~ -3 V, 为 RS-232 逻辑 1 的电平。

当 RS-232 设备或它机发来 TXD232 为 +3 ~ +15 V 时, D_1 截止, Q_2 导通, 使 RXD = 0, 正好是接收到外部的 RS-232 逻辑 0; 当 TXD232 为 -3 ~ -15 V 时, Q_2 截止, 使 RXD = 1 (被 R_1 上拉到 V_{CC})。

由此可见, 采用分离元件构建的简易 RS-232 电平转换接口可行可靠, 并且成本低, 因此在大批量生产的产品中被广泛采用。

9.2.2　基于 RS-232 的双机通信

基于 RS-232 的两个嵌入式系统的通信接口如图 9.7 所示。嵌入式处理器片上 UART 与 RS-232 逻辑电平转换芯片 MAX232 相连接。对于 +5 V 供电的嵌入式处理器, 选用 MAX232 或 SP232 电平转换芯片; 对于 3.3 V 供电的嵌入式处理器, 可选择 MAX3232 或 SP3232, 以使转换接口与嵌入式处理器电平一致。

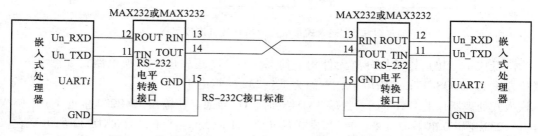

图 9.7　嵌入式系统之间基于 RS-232 的双机通信接口的连接

基于 RS-232 的嵌入式系统与具有 RS-232 接口的机器或设备的连接如图 9.8 所示。嵌入式处理器内置 UART 连接到一个专用 RS-232 逻辑电平转换接口芯片 MAX232，再通过连接器及连接线连接到标准 RS-232 连接器上即可进行双机通信。

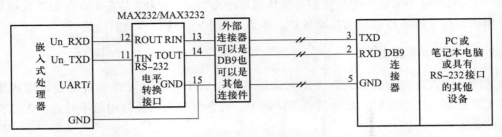

图 9.8　嵌入式系统与其他具有 RS-232 接口的双机通信接口的连接

9.2.3　基于 RS-232 的多机通信

对于需要一个主机与多个从机进行多机通信的情况，可采用如图 9.9 所示的基于 RS-232 的多机通信接口。一个主机与 n 个从机通过轮询的方式进行多机通信。每个从机设置唯一的地址，当主机发送寻址字节时，只有一个从机与之相符，此时，被寻址的从机让 GPIO1＝0，打开三态门，允许本从机发送数据给主机；与此同时，不符合地址要求的所有其他从机的 GPIO1＝1，它们的三态门都是关闭的，因此只有被寻址的从机与主机相互通信。当主机完成与一个从机的通信后，再寻址下一个从机，当前从机 GPIO1＝1，结束本次与该从机的通信，进入与下一个从机的通信。以此类推，直到与所有从机通信完毕，再回到初始状态与每一个从机通信。

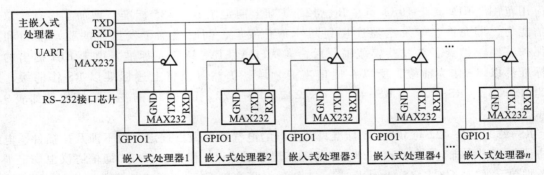

图 9.9　基于 RS-232 的嵌入式系统多机通信接口的连接

采用 RS-232 多机通信的关键是从机在发送端要接三态门控制，否则一个从机的发送会被除主机外的其他所有从机接收到，容易引起混乱。此外，在软件设计时要注意，切换与下一个从机的通信时要适当延时一点时间，等电平转换接口和三态门稳定之后再进行实质的数据通信，以确保通信的可行性。

347

9.3 RS-485 接口及其应用

RS-485 是由电子工业协会制定的异步传输标准接口。RS-485 是在工业控制等应用领域被广泛采用的远程多机串行通信的标准接口。本节介绍 RS-485 接口及其应用。

9.3.1 RS-485 接口

通常的嵌入式处理器都集成有 1 路或多路硬件 UART 组件,可以非常方便地实现串行通信。在工业控制、电力通信、智能仪表等领域中,也常常使用简便易用的串行通信方式作为数据交换的手段。

但是,在工业控制等环境中,常会有电气噪声干扰传输线路,使用 RS-232 通信时经常因外界的电气干扰而导致信号传输错误;另外,RS-232 通信的最大传输距离在不增加缓冲器的情况下只能达到 15 m。为了解决上述问题,RS-485/422 通信方式应运而生。

本节将详细介绍 RS-485/422 的原理与区别、元件选择、参考电路、通信规约、程序设计等方面的应用要点,以及在产品实践中总结出的一些经验、窍门。

1. RS-232/RS-422/RS-485 标准

RS-232、RS-422 与 RS-485 最初都是由电子工业协会制订并发布的。RS-232 在 1962 年发布,命名为 EIA-232-E,作为工业标准保证不同厂家产品之间的兼容。RS-422 由 RS-232 发展而来,它是为弥补 RS-232 的不足而提出的。为改进 RS-232 通信距离短、速率低的缺点,RS-422 定义了一种平衡通信接口,将传输速率提高到 10 Mbps,传输距离延长到 1.2 km(速率低于 100 Kbps 时),并允许在一条平衡总线上连接最多 10 个接收器。RS-422 是一种单机发送、多机接收的单向、平衡传输规范,被命名为 TIA/EIA-422-A 标准。为扩展应用范围,EIA 又于 1983 年在 RS-422 基础上制定了 RS-485 标准,增加了多点、双向通信能力,即允许多个发送器连接到同一条总线上,同时增加了发送器的驱动能力和冲突保护特性,扩展了总线共模范围,后命名为 TIA/EIA-485-A 标准。由于 EIA 提出的建议标准都以 RS 作为前缀,所以在通信工业领域,仍然习惯将上述标准以 RS 作前缀,即称为 RS-232、RS-422 和 RS-485。RS-232、RS-422、RS-485 的主要性能比较如表 9.2 所示。

RS-232、RS-422 与 RS-485 标准只对接口的电气特性做出规定,而不涉及接插件、电缆或协议,在此基础上,用户可以建立自己的高层通信协议。但由于 UART 通信协议也规定了串行数据单元的字符格式(8-N-1 格式):1 位逻辑 0 的起始位,5/6/7/8 位数据位,1 位可选择的奇(odd)/偶(even)校验位,1~2 位逻辑 1 的停止位,基于 UART 的 RS-232、RS-422 与 RS-485 标准均采用同样的通信协议。

RS-485 标准通常被用作一种相对经济、具有相当高噪声抑制能力、相对高的传输速率、传输距离远、宽共模范围的通信平台。同时,RS-485 电路具有控制方便、成本低廉等优点。

表 9.2 RS-232、RS-422、RS-485 主要性能比较

标准	RS-232	RS-422	RS-485
工作方式	单端	差分	差分
节点数	1 收，1 发	1 发，10 收	1 发，32 收
最大传输电缆长度	15 m	1 200 m	1 200 m
最大传输速率	20 Kbps	10 Mbps	10 Mbps
输出逻辑电平	逻辑 1：−10~−5 V 逻辑 0：+5~+10 V	逻辑 1：+2~+6 V 逻辑 0：−6~−2 V	逻辑 1：+2~+6 V 逻辑 0：−6~−2 V
有效的逻辑电平	逻辑 1：−15~−3 V 逻辑 0：+3~+15 V	逻辑 1：+200 mV~+6 V 逻辑 0：−6 V~−200 mV	逻辑 1：+200 mV~+6 V 逻辑 0：−6 V~−200 mV
接收器输入门限	±3 V	±200 mV	±200 mV

2. RS-485 接口及其连接

Maxium 公司和 Sipex 公司生产的 RS-485 芯片在目前市场上应用最为广泛，如 Maxium 公司的 RS-485 芯片 MAX485（5 V 供电）、MAX3485（3.3 V 供电），Sipex 公司的 RS-485 芯片 SP485（5 V 供电）、SP3485（3.3 V 供电）等。RS-485 应用大部分为半双工方式，也有支持全双工的 485 接口芯片，如 8 个引脚不带收发使能端的 MAX490、SP490、SP3490、MAX3490、14 引脚带收发使能端的 MAX491、MAX3491、SP491 和 SP3491 等。典型 RS-485 芯片的外形及引脚如图 9.10 所示。

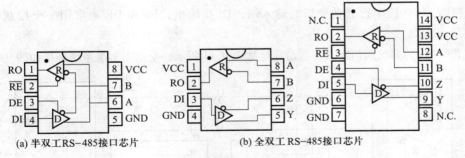

(a) 半双工 RS-485 接口芯片　　　(b) 全双工 RS-485 接口芯片

图 9.10　典型 RS-485 接口芯片

RS-485 标准采用差分信号传输方式，因此具有很强的抗共模干扰能力，其逻辑电平当 A 的电位比 B 高 200 mV 以上时为逻辑 1，而当 B 的电位比 A 高 200 mV 以上时为逻辑 0，因此典型 RS-485 接口的传输距离可长达 1.2 km。典型半双工 RS-485 接口芯片的相互连接如图 9.11 所示，全双工 RS-485 接口芯片的相互连接如图 9.12 所示。

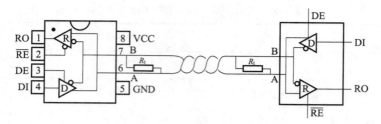

图 9.11　半双工双机通信 RS-485 接口连接

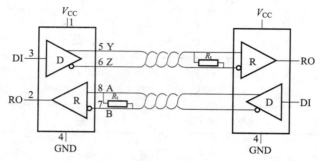

图 9.12　全双工双机通信 RS-485 接口连接

RO 和 DI 分别为数据接收端和数据发送端（TTL/CMOS 电平）；$\overline{RE}$ 为接收使能，低电平有效；DE 为发送使能，高电平有效。MAX485、SP485 是半双工的 RS-485 接口芯片，A 和 B 端为 RS-485 差分输入/输出端，A 为信号正+，B 为信号负-。

RS-485 接口采用同名端相连的方法，其中 R_t 为阻抗匹配电阻，取约 120 Ω 以消除传输过程中电波反射产生的干扰（可参见第 10 章 10.6.1 节关于长线传输干扰及其抑制的介绍）。在与系统连接时，RO 接串行通信接口的输入端，DI 接输出，$\overline{RE}$ 和 DE 通常用一个控制引脚来控制接收和发送方向。

基于 RS-485 的多机通信半双工接口连接如图 9.13 所示，全双工多机系统连接如图 9.14 所示。

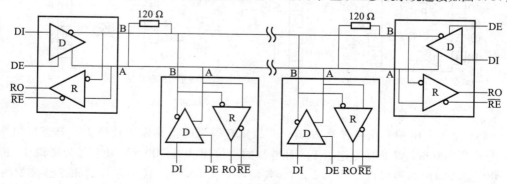

图 9.13　半双工多机通信 RS-485 接口连接

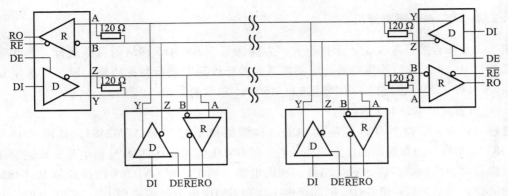

图 9.14　全双工多机通信 RS-485 接口连接

半双工通信方式每一时刻仅允许发送或接收，不能同时进行发送和接收，因此要适时控制收发使能，方能正常通信。对于 8 脚全双工 RS-485 接口芯片，由于无须收发使能的控制，连接线路较简单，应用程序设计也比较方便；对于 14 脚有收发使能控制的全双工 RS-485 芯片，在不考虑功耗的前提下，可以直接让使能端有效，即将 $\overline{\mathrm{RE}}$ 接地，DI 接高电平，这样可同时进行收发。对于有功耗要求的场合，收发使能由 GPIO 引脚控制，在不进行通信时，让使能端无效，以节省能量。在图 9.14 所示的多机通信接口中，如果选用的是 MAX490/MAX3490/SP490/SP3490，则为 8 引脚，无使能端，没有收发使能引脚；如果选用的是 MAX491/MAX3491/SP491/SP3491，则为 14 引脚，有使能端，可按照要求连接到 GPIO 引脚来控制或直接接有效电平，使其常有效。

许多嵌入式处理器内部的 UART 可以工作在 RS-485 模式，外部需要连接 RS-485 收发器（物理层接口芯片如 MAX3485），如图 9.15 所示，使得连接和使用 RS-485 更加方便。图中 R_t 为匹配电阻，用于消除由于传输时线路阻抗不匹配造成的反射干扰。嵌入式处理器的 $\overline{\mathrm{RTS}}$（有的使用 $\overline{\mathrm{CTS}}$）为片上支持 RS-485 功能的请求发送引脚，用于自动切换外部连接的物理收发器。如果片上没有 RS-485 功能，则可以利用 GPIO 引脚单独控制收发方向。

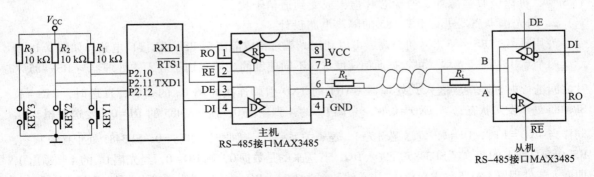

图 9.15　RS-485 接口连接

9.3.2 RS-485 隔离应用

由于工业场合的环境复杂，干扰很大，为确保基于 RS-485 网络的可靠运行，通常将嵌入式处理器与 RS-485 接口连接后进行隔离再送到差分线路上进行数据传输。隔离可选用专用的隔离型RS-485 芯片，也可以采用光耦进行 RS-485 总线的隔离。

1. 专用隔离型 RS-485 接口

这种 RS-485 接口本身具有隔离功能，典型的接口芯片是 ADM2483，如图 9.16 所示。ADM2483 需要两组相互隔离的电源供电，V_{DD1} 和 GND1 为 CMOS/TTL 逻辑电平，以连接 UART 收发引脚和收发控制端的嵌入式处理器一端的电源，而 V_{DD2} 和 GND2 为连接外部 RS-485 总线相关的电源。通常，V_{DD2} 和 GND2 电源是由 V_{DD1} 和 GND1 电源经隔离型 DC-DC 产生的。

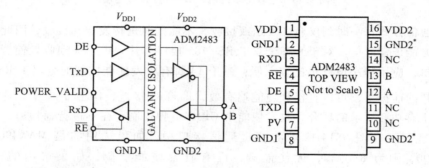

图 9.16　典型隔离型 RS-485 接口芯片

采用隔离型 RS-485 接口的应用如图 9.17 所示。假设嵌入式处理器支持 RS-485 功能，其 UART 引脚 RXD、TXD 和 $\overline{\text{RTS}}$（若片上仅有 UART，不支持 RS-485 功能，则 $\overline{\text{RTS}}$ 可用一个 GPIO 引脚代替，但要从软件上控制接收和发送方向，而不是自动控制方向）分别与隔离型 RS-485 芯片的相应引脚连接；V_{DD331} 为嵌入式处理器工作电源，V_{DD1} 为与嵌入式处理器电源共地的 +5 V 电源，经过隔离型 DC-DC 电源变换后得到与 V_{DD1} 隔离的电源 V_{DD2}，供 RS-485 接口使用；PW 为隔离电源指示灯，亮时表明隔离电源有效；D_7 和 D_8 是为防止强脉冲干扰加入的 TVS 管，可以吸收强脉冲，避免芯片损失或受到通信干扰。

2. 用光耦隔离器进行 RS-485 的隔离电路设计

专用隔离型 RS-485 芯片价格高，可以利用光耦来构成隔离型 RS-485 接口电路，如图 9.18 所示。两个 6N137 高速光耦（可根据通信速度选择不同速度的光耦）用于嵌入式处理器与 RS-485 芯片之间进行电气隔离。嵌入式处理器 UART 的 TXD 引脚连接光耦 U_2 的 2 脚，发送时，$\overline{\text{RTS}}=1$，SP3485 处于发送状态，当 TXD = 0 时，光耦 U_2 的 4 脚输出 0，使 SP3485 的 DI = 0，发送逻辑为 0，同样当 TXD = 1 时，DI = 1，发送逻辑为 1，逻辑关系一致；接收时，$\overline{\text{RTS}}=0$，SP3485 处于接收状态，RS-485 总线上的数据经 SP3485 后进入 RO，若送来的是数据 0，则 RO = 0，经光耦 U_1 的 4 脚输出 0，即嵌入式处理器 UART 的 RXD = 0，当总线数据为 1 时，RO = 1，经过光耦输出为 1，RXD = 1。

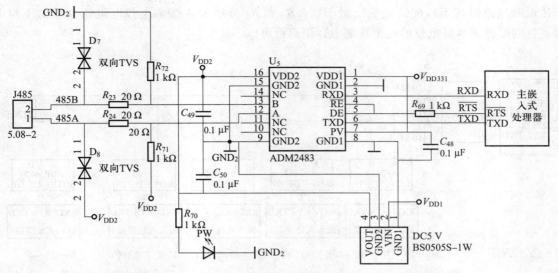

图 9.17　用专用隔离 RS-485 芯片构建 RS-485 隔离接口

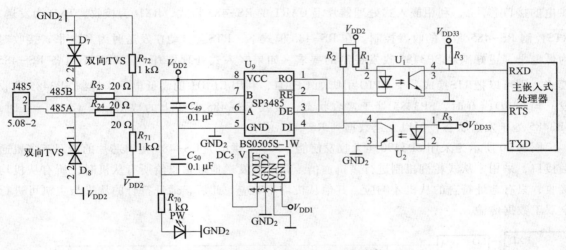

图 9.18　用光耦构成隔离 RS-485 隔离接口

9.3.3　RS-485 主从式多机通信的应用

RS-485 通常用于主从式多机通信系统，采用轮询方式，由主机逐一向从机寻址，当从机地址与主机发送的地址一致时才建立通信链接，进行有效数据通信。总线上某一时刻仅允许有一个发送状态，其他全部处于接收状态。

嵌入式处理器基于 RS-485 的主从式半双工多机通信接口如图 9.19 所示。RS-485 的互连采用同名端相连的方式，即 A 与 A 相连，B 与 B 相连，由于是差分传输，因此不需要公共地，在 RS-485 总线上仅需要连接两根线 A 和 B。图中 R_1 和 R_2 为 120 Ω 的匹配电阻，用于消除由于传输时线路阻抗不匹配造成的反射干扰。R_3 和 R_4 分别为 A 端的上拉电阻和 B 端的下拉电阻，目的是提高高低电位的抗干扰能力，距离近可以不接。

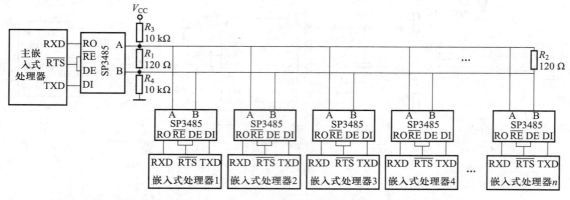

图 9.19　基于 RS-485 接口的嵌入式主从半双工多机通信系统

假设嵌入式处理器为 3.3 V（V_{CC} = 3.3 V）供电，则 RS-485 选择的是 SP3485（为 3.3 V 供电的接口芯片），利用嵌入式处理器片上 UART 的 RS-485 模式，RXD 为接收，TXD 为发送，$\overline{\text{RTS}}$ 控制 RS-485 芯片的收发控制。在 RS-485 模式下，$\overline{\text{RTS}}$ 会自动在发送时为高电平，接收时为低电平，正好满足 SP3485 收发控制的要求。如果嵌入式处理器片上 UART 不具备 RS-485 模式，则可以把 $\overline{\text{RTS}}$ 换成一个 GPIO 引脚如 GPIO1，利用 GPIO1 的高低电平来控制 SP3485 的收发。当 GPIO1 = 0 时，SP3485 处于接收状态，接收 RS-485 总线上的数据；当 GPIO1 = 1 时，SP3485 处于发送状态，可以发送数据到 RS-485 总线。

图 9.20 所示为采用 SP3490（无收发使能，3.3 V 供电）RS-485 接口芯片的全双工多机通信接口，采用主从式轮询机制进行多机通信。在主机发送地址信息给所有从机时，所有从机均接收，只有地址符合的从机才响应，其他从机均不响应。此后，地址符合的从机与主机可进行全双工数据传输。

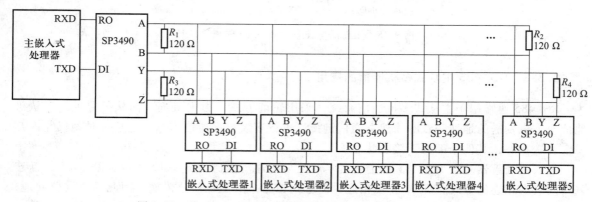

图 9.20　基于 RS-485 接口的嵌入式主从全双工多机通信系统

在工业控制应用领域，RS-485 接口在长距离通信中应用非常广泛，它是到目前为止，价格低廉、容易实现、可行又相对可靠的一种通信接口。在物理层基础上，可以在应用层协议中增加可行性措施。

9.3.4　基于 RS-485 的 ModBus RTU 协议

基于 RS-485 的应用层通信协议是保证可行通信的有效手段。在工业控制领域，应用最广泛的通信协议有 ModBus 和 ProfiBus。本节主要介绍 ModBus RTU 及其应用。

1. ModBus 协议

ModBus 是由 Modicon（现为施耐德电气公司的一个品牌）在 1979 年发明的，是全球第一个真正用于工业现场的总线协议。

ModBus 网络是一个工业通信系统，由带智能终端的可编程序控制器和计算机通过公用线路或局部专用线路连接而成。其系统结构既包括硬件，又包括软件。它可应用于各种数据采集和过程监控。

ModBus 网络只有一个主机，所有通信都由它发出。网络可支持多达 247 个远程从属控制器，但实际所支持的从机数要由所用的通信设备决定。采用这个系统，各 PC 可以和中心主机交换信息而不影响各 PC 执行本身的控制任务。

ModBus 是 OSI 模型第 7 层中的应用层报文传输协议，它在连接至不同类型总线或网络的设备之间提供客户机/服务器通信。

基于 RS-232、RS-422、RS-485 的 ModBus 协议为 ModBus RTU 协议。当控制器设为在 ModBus 网络中以 RTU（远程终端单元）模式通信时，消息中的每个 8 bit 字节包含两个 4 bit 的十六进制字符。这种方式的主要优点是：在同样的波特率下，可比 ASCII 方式传送更多的数据。

典型的基于 RS-485 接口的 ModBus RTU 协议的字符格式如下：

字符格式：1 位停止位，8 位数据，无校验，即 8，N，1。

数据包格式如表 9.3 所示。

表 9.3　ModBus RTU 协议数据包格式

地址	功能码	数据	校验码
8 bit	8 bit	$N\times8$ bit	16 bit

上述数据包中，地址、功能码、数据均高字节在前低字节在后，只有 16 位 CRC 校验码为低字节在前，高字节在后。地址为一个字节，功能码为一个字节，数据为 N 个字节，校验码为两个字节。ModBus RTU 协议遵守上述数据包的格式约定，只是不同厂家、不同系统中的功能码和数据定义有所不同。这里的数据是广义的数据，包括从机中内部寄存器的地址和寄存器中的数据两个方面。详见后面的实例。

下面以某电动执行机构的总线控制为例详细介绍 ModBus RTU 协议的应用。某电动执行器 ModBus RTU 协议中数据包定义的功能码如表 9.4 所示。这里选择了起关键作用的 3 个操作，分别为读保持寄存器、读输入寄存器和写单个寄存器，所有寄存器均为 2 字节，高字节在前，低字节在后。

表 9.4　功能码定义

功能码	功能定义
03H	读保持寄存器
04H	读输入寄存器
06H	写单个寄存器

电动执行机构控制器的寄存器地址如表 9.5 所示。

表 9.5　电动执行机构控制器寄存器地址

参数	类别	定义	工位号（地址）	逻辑地址	读/写	适用功能码
VST	输入寄存器	状态寄存器	30001	0000H	R（可读）	04H
VOP	输入寄存器	阀门开度寄存器	30002	0001H	R（可读）	04H
VER	输入寄存器	软件版本寄存器	30003	0002H	R（可读）	04H
VCTL	保持寄存器	阀门控制寄存器	40001	0000H	RW（可读/写）	03H 和 06H
VOPC	保持寄存器	阀位控制寄存器	40002	0001H	RW（可读/写）	03H 和 06H

电动执行机构的状态寄存器各位的定义如表 9.6 所示，可随时用 04H 命令读取状态寄存器的值，了解电动执行机构的运行状态。

表 9.6　电动执行机构状态寄存器各位的含义

位	D15	D14	D13	D12	D11	D10	D9	D8
状态	QY	EXX	QX	LD	TSC	TSO	LSC	LSO
含义	欠压 0：正常 1：欠压	相序错误 0：正常 1：反相序	缺相 0：正常 1：缺相	漏电 0：正常 1：漏电	关过力 0：正常 1：关过力	开过力 0：正常 1：开过力	关到位 0：正常 1：关到位	开到位 0：正常 1：开到位

位	D7	D6	D5	D4	D3	D2	D1	D0
状态	ZDF	Torque	Limit	KDFlaut	XcYf	STOP	CLOSE	OPEN
含义	振荡异常 0：正常 1：异常	开关力矩 0：正常接 1：反向接	开关到位 0：正常接 1：反向接	开度异常 0：正常 1：异常	0：现场 1：远方	停止 0：无效 1：停止	关阀 0：无效 1：关阀	开阀 0：无效 1：开阀

阀门开度寄存器如表 9.7 所示，可用 04H 命令读取开度。

表 9.7　阀门开度寄存器 VOP

位	D15	D14	D13	D12	D11	D10	D9	D8
含义	保留							
位	D7	D6	D5	D4	D3	D2	D1	D0
含义	阀门开度百分比（64H = 100%）							

软件版本寄存器如表 9.8 所示，可用 04H 命令读取软件版本信息。

表 9.8　软件版本寄存器 VER

位	D15	D14	D13	D12	D11	D10	D9	D8
含义	主版本号							
位	D7	D6	D5	D4	D3	D2	D1	D0
含义	子版本号							

阀门控制寄存器如表 9.9 所示，可用 03H 命令读取阀门控制寄存器的值，也可以用 06H 命令写阀门控制寄存器，以控制电动机构开、关或停止。

表 9.9　阀门控制寄存器（输出寄存器）VCT

位	D15	D14	D13	D12	D11	D10	D9	D8
含义	保留							
位	D7	D6	D5	D4	D3	D2	D1	D0
含义	保留						0：停止； 1：关闭；2：打开	

阀位控制寄存器如表 9.10 所示，可用 03H 命令读取阀位控制寄存器的值，也可以用 06H 命令写阀位控制寄存器，以控制电动机构运行到指定开度停止。

表 9.10　阀位控制寄存器 VOPC

位	D15	D14	D13	D12	D11	D10	D9	D8
含义	阀位开度百分比（64H = 100%）							
位	D7	D6	D5	D4	D3	D2	D1	D0
含义	保留							

2. 功能示例

（1）读保持寄存器（功能码 03）

此功能允许用户获得输出寄存器数据。此功能用于查询已向执行器发送的控制命令或设置的相关参数，即仅表示总线已写入的值，不反映实际工作情况。

保持寄存器内部工位起始号（起始地址）为 40001（逻辑地址为 0000H）。

主机查询：从 01 号从机读两个寄存器 VCT 和 VOPC，VCT 的工位号为 40001H，VOPC 的工位号为 40002H，寄存器起始逻辑地址为 0000H。主机发送的 ModBus RTU 数据包为：

地址	功能码	起始地址高字节	起始地址低字节	数据长度高字节	数据长度低字节	CRC 校验码低字节	CRC 校验码高字节
01H	03H	00H	00H	00H	02H	C4H	0BH

从机响应：响应包含从机地址、功能码、数据的数量和 CRC 错误校验。具体响应数据包为：

地址	功能码	返回数据总字节数	VST 数据高字节	VST 数据低字节	VOP 数据高字节	VOP 数据低字节	CRC 校验码低字节	CRC 校验码高字节
01H	03H	04H	00H	02H	00H	32H	DAH	26H

主机查询的是从 0000H（工位号 40001）开始的两个寄存器中的内容，即 VCT 和 VOPC 的值，VST = 0002H，表示远方正在开阀；VOPC = 0032H，即设置阀门开度为 50%（32H）。

（2）读输入寄存器（功能码 04）

此功能允许用户获得输入寄存器数据。内部寄存器有状态寄存器、阀门开度寄存器以及版本寄存器。寄存器内部工位起始号（起始地址）为 30001（逻辑地址为 0000H）。

主机查询：从 03 号从机读两个寄存器 VST 和 VOP，VST 的工位号为 30001H，VOP 的工位号为 30002H，寄存器起始逻辑地址为 0000H。主机发送的查询数据包为：

地址	功能码	起始地址高字节	起始地址低字节	数据长度高字节	数据长度低字节	CRC 校验码低字节	CRC 校验码高字节
03H	04H	00H	00H	00H	02H	70H	29H

从机响应：响应包含从机地址、功能码、数据的数量和 CRC 错误校验。从机响应数据包为：

地址	功能码	返回数据总字节数	VST 数据高字节	VST 数据低字节	VOP 数据高字节	VOP 数据低字节	CRC 校验码低字节	CRC 校验码高字节
03H	04H	04H	01H	29H	00H	32H	89H	A5H

主机查询的是从 0000H（工位号 30001）开始的两个寄存器中的内容，即 VST 和 VOP 的值，VST = 0129H，即反相序，远方正在开阀；VOP = 0032H，即阀门开度为 50%（32H）。

（3）设置单个寄存器（功能码 06）

主机查询：功能码 06 允许用户改变单个寄存器的内容。

请求 03 号从机修改阀门状态为打开，阀门控制寄存器工位号 40001 的逻辑地址为 0000H，开阀数据为 0002H，主机查询的数据包为：

地址	功能码	起始地址高字节	起始地址低字节	数据高字节	数据低字节	CRC 校验码低字节	CRC 校验码高字节
03H	06H	00H	00H	00H	02H	09H	E9H

从机响应：对于预置单寄存器请求的正常响应，是在寄存器值改变以后将接收到的数据传送回去。从机响应数据包为：

地址	功能码	起始地址高字节	起始地址低字节	数据高字节	数据低字节	CRC 校验码低字节	CRC 校验码高字节
03H	06H	00H	00H	00H	02H	09H	E9H

9.4 4~20 mA 电流环接口及其应用

无论是 RS-232、RS-422 还是 RS-485，均是基于 UART 的串行通信接口，除此之外，还可以采用基于 UART 的电流环进行串行异步通信。

在工业现场，用一个仪表放大器来完成信号的调理并进行长线传输会产生以下问题：

① 由于传输的信号是电压信号，传输线会受到噪声的干扰；

② 传输线的分布电阻会产生电压降；

③ 在现场如何提供仪表放大器的工作电压也是一个问题。

为了解决上述问题和避开相关噪声的影响，可以用电流来传输信号，因为电流对噪声并不敏感。4~20 mA 的电流环即是用 4 mA 表示零信号，用 20 mA 表示信号的满刻度，而低于 4 mA、高于 20 mA 的信号用于各种故障的报警。

1. 4~20 mA 电流环

工业现场有许多过程控制系统，这些控制系统由 CPU、输入模块、模拟量输出、数字量输出、电源等组成，不同模块之间需要进行数据通信。除了以上通信外，还有一种古老的通信方式，即 4~20 mA 电流环。电流环串行通信接口的最大优点是低阻传输线对电气噪声不敏感，因此在长距离通信时要比 RS-232C 优越得多。在发送端，将 TTL 电平转换为环路电流信号，在接收端又转换成 TTL 电平。基于 UART 的电流环串行通信接口示意如图 9.21 所示。发送时，由 UART 的 TXD 端发送逻辑 0 或 1，经过 TTL 转电流的电路，以电流形式传输，当发送的是逻辑 1 时，经 TTL 转电流电路后输出电流 20 mA；当发送逻辑 0 时，经 TTL 转电流电路后输出电流 4 mA。接收端将 4~20 mA 电流转换成电平，当传输的是 4 mA 时，经电流转 TTL 电路，变换成接近 0 V 的电压，接收逻辑为 0；当传输的是 20 mA 时，经过电流转 TTL 电路，变换成接近 V_{CC} 的电源电压，接收逻辑为 1。

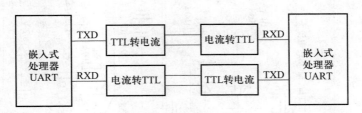

图 9.21 基于 UART 的电流环串行通信接口连接示意图

2. 4~20 mA 电流环在串行通信中的应用

（1）用运放构建电流环电路

由上可知，基于 UART 的 4~20 mA 电流环在通信中的应用关键是两个转换电路，一是将 TTL/CMOS 电平转换为 4 mA 或 20 mA 的电流信号，二是将 4 mA 或 20 mA 的电流信号转换成 TTL/CMOS 逻辑电平。图 9.22 所示为采用运放及分离元件构建的转换电路。

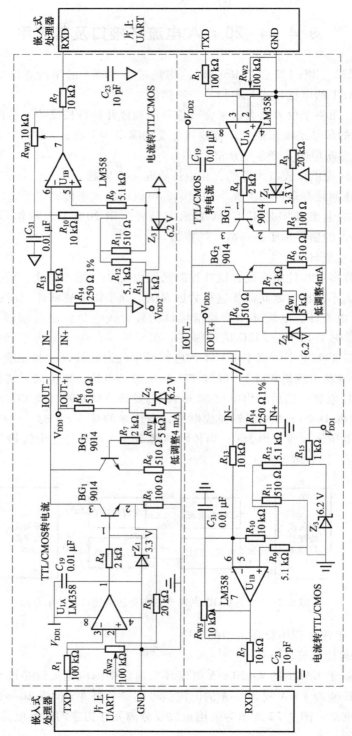

图 9.22 基于 UART 的电流环串行通信应用

TXD 发送 0 时，运放 U_{1A} 输出电压为 0，流过 BG_1 集电极的电流为 0，调整 R_{W1} 使流过 BG_2 集电极的电流为 4 mA，使 IOUT+、IOUT−输出电流为 4 mA；当 TXD 发送 1 时，调整 R_{W2} 使流过 BG_1 集电极的电流为 16 mA，这样输出的电流为流过 BG_1 和 BG_2 的电流总和 20 mA。

接收时，当电流为 20 mA 时，经过由 U_{1B} 构建的带减法的放大器，调整 R_{W3} 使输出接近 V_{CC}（嵌入式处理器工作电源电压），从而接收到数据为 1；当电流为 4 mA 时，U_{1B} 输出由于有减法器的作用，输出电压接近 0 V，接收的就是数据 0。

这样，只要波特率不是特别高，转换电路就能正常工作，通过该 4 ~ 20 mA 电流环就可以进行可行通信。以上是用运放和分离元件构建的转换电路，实现起来麻烦一些，但成本低，是比较实用的电流环电路。

（2）用专用芯片构建电流环电路

由于电流环应用的实质是将电流转换为电压以及将电压转换为电流，因此许多半导体厂家专门生产用于电流环应用的专用电路，如 TI 公司的 XTR101、XTR105、XTR106、XTR110、XTR115 和 XTR116 都是电流环专用电路芯片，其中 XTR115 为电流输入型电流环芯片，如图 9.23 所示。

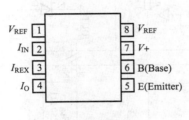

图 9.23　XTR115

XTR115 和 XTR116 都是输入为电流的电流环芯片，其他为电压输入型电流环芯片，XTR115 输入电流为 40 ~ 2000 μA 时，输出为 4 ~ 20 mA。

采用 XTR115 代替 TTL 转电流电路的串行通信接口如图 9.24 所示。与用运放和分离元件构建的电流环电路不同的是，TTL 转电流电路采用了 XTR115。

9.5　I²C 总线接口

9.5.1　I²C 总线模块相关寄存器

典型嵌入式处理器片上 I²C 总线相关寄存器结构如图 9.25 所示。

利用相关寄存器的操作即可实现 I²C 总线下的主机与从机之间的数据交互。不同嵌入式处理器的寄存器地址、各位的含义不尽相同。编程时需要参考用户手册及设计文档。

对内置 I²C 总线控制器的嵌入式微控制器来说，通常采用中断方式进行相关操作，当 I²C 总线状态发生变化时将引发中断，在中断服务程序中读取 I²C 总线的状态寄存器的值来决定程序执行的具体操作。

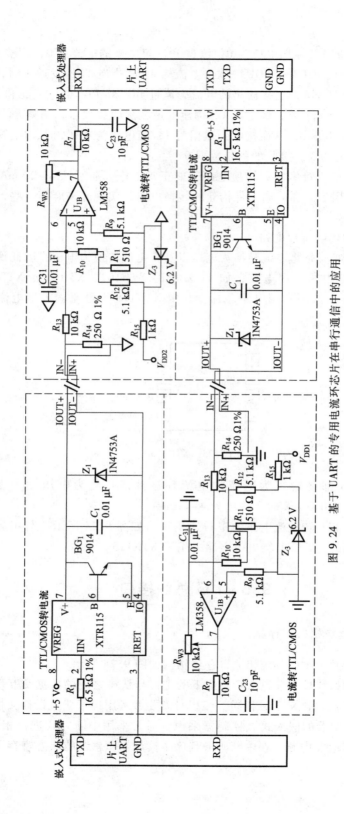

图 9.24 基于 UART 的专用电流环芯片在串行通信中的应用

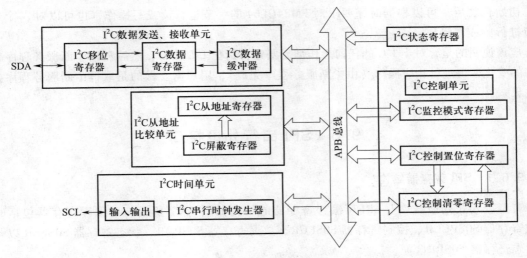

图 9.25　I^2C 寄存器结构

9.5.2　I^2C 总线接口的应用

基于 I^2C 总线串行接口的存储器很多，有 EEPROM，也有铁电存储器。目前，铁电存储器由于性价比高而广泛应用于工业控制领域，它集 RAM 和 EEPROM 的优点于一身，可随机读写且速度很快，读写次数可达 10 亿次以上甚至无数次。图 9.26 所示为某嵌入式处理器与基于 I^2C 总线接口的典型铁电存储器 FM24CL64（大小为 64 Kb = 16 K×8 b = 16 KB）。

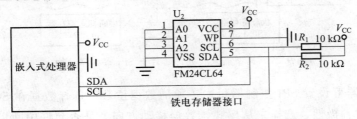

图 9.26　基于 I^2C 总线的串行铁电存储器接口应用

图示接口中使用的铁电存储器的地址选择全接地，保护端 WP 接地，不保护，可随机读写，也可以用一个 I/O 引脚控制，只在要读写时让 WP = 0，否则 WP = 1，起到写保护的作用。将对应 I^2C 数据线和时钟线连接到嵌入式处理器 I^2C 总线的对应引脚，就可以利用该接口电路对 FM24CL64 进行读写操作。

对 I^2C 总线的初始化流程如下：

① 配置引脚为 I^2C 指定引脚；

② I^2C 时钟占空比设置；

③ 主从模式设置；

④ 中断使能设置；

初始化之后，可以根据时序要求对 FM24CL64 的字节进行读或写操作，也可以对 N 个连续字节进行读或写操作。

应该说明的是，对于 I^2C 的任何操作都需要先初始化 I^2C 接口，然后利用中断服务程序得到状态的变化，再进行相应操作（由中断服务程序完成），用户需要做的是取得中断服务程序操作的结果。

9.6 SPI 串行外设接口

9.6.1 SPI 寄存器结构

典型嵌入式处理器片上 SPI 可编程寄存器的结构如图 9.27 所示。可编程寄存器包括时钟计数寄存器 S0SPCCR、控制寄存器 S0SPCR、数据寄存器 S0SPDR、状态寄存器 S0SPSR 以及中断标志寄存器 S0SPINT。

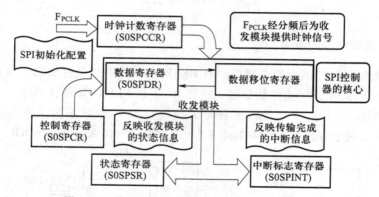

图 9.27 典型嵌入式处理器片上 SPI 寄存器结构

SPI 控制寄存器可设置 SPI 控制器每次传输的数据位数，选择数据在 SCK 时钟采样的时机，选择 SCK 的时钟极性，选择主从模式、数据移动方向、是否允许中断以及每次输出数据的位数等。

SPI 状态寄存器反映 SPI 的当前工作状态。

SPI 数据寄存器是双向数据寄存器，为 SPI 提供数据的发送和接收。发送数据通过将数据写入该寄存器来实现，SPI 接收的数据可以从该寄存器中读出。处于主机模式时，写该寄存器将启动 SPI 数据传输。由于在发送数据时没有缓冲，所以在发送数据期间（包括 SPIF 置位，但是还没有读取状态寄存器）不能再对该寄存器进行写操作。

SPI 时钟计数寄存器控制主机 SCK 的频率。寄存器显示构成 SPI 时钟的 SPI 外围时钟的周期个数。在主机模式下，该寄存器的值必须大于或等于 8 的偶数。在从机模式下，由主机提供的 SPI 时钟速率不能大于 SPI 外设时钟的 1/8。

SPI 中断标志寄存器包含 SPI 接口的中断标志。

不同型号、不同厂家的 SPI 接口寄存器的名称和各位不尽相同。

9.6.2 SPI 接口的应用

TC72 是具有 SPI 接口的 10 位分辨率的温度传感器。本节主要介绍采用嵌入式处理器，外接 TC72 温度传感器，通过 SPI 相关操作获取温度值的典型应用。

1. TC72 简介

TC72 是一种常用的采用 SPI 接口的温度传感器，工作电压范围为 2.6~5.5 V，有适用于不同微控制器的工作电压等级可供选择，包括 2.8 V、3.3 V、5 V 等。本例由于采用 3.3 V 供电的 LPC1700 系列微控制器，因此选用的为 3.3 V 供电、MSOP8 封装的 TC72-3.3MUA 温度传感器。

TC72 的内部结构如图 9.28（a）所示，包括内部温度传感器、一个 10 位分辨率（0.25℃/位）的 ADC、温度寄存器（高字节和低字节）、一个控制寄存器、生产厂商 ID 寄存器以及 SPI 接口等。8 个引脚的分布如图 9.28（b）所示。

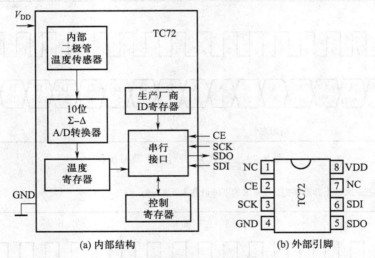

(a) 内部结构   (b) 外部引脚

图 9.28　TC72 内部结构及外部引脚

TC72 的相关寄存器如表 9.11 所示。

表 9.11　TC72 的寄存器及各位的含义

寄存器	读地址	写地址	D7	D6	D5	D4	D3	D2	D1	D0
控制	00H	80H	0	0	0	单次	0	1	0	关断
LSB 温度	01H	NA	T1	T0	0	0	0	0	0	0
LSB 温度	01H	NA	2^{-1}	2^{-2}	0	0	0	0	0	0
MSB 温度	02H	NA	T9	T8	T7	T6	T5	T4	T3	T2
MSB 温度	02H	NA	符号	2^6	2^5	2^4	2^3	2^2	2^1	2^0
厂家 ID	03H	NA	0	1	0	1	0	1	0	0

通过查阅 TC72 手册可知，控制寄存器的最低位 D0 为关断位，复位后为 1，表示关断温度传感器，因此要使用温度传感器，必须首先对该寄存器的最低位写 0。D4 为单次转换位，写 0 为连续转换。可以向控制寄存器地址 80H 写控制字 04H 以正常使用温度传感器 TC72。

温度寄存器存放的两个 8 位合并为 16 位的十六进制数是用补码表示的有符号数，最高位为 1 表示负温度，为 0 表示正温度。通过 MSB 和 LSB 合成的 16 位二进制数可以确定具体的温度值。查阅手册可知，0 ℃ 对应值 0，+25 ℃ 对应值为 1900H，+125 ℃ 对应值为 7D00H，−25 ℃ 对应值为 E700H（符号为 1，值为取反加 1 得 1900H，因此为−25℃）。可见它是线性的温度传感器。

温度的标度变换公式为：$T = K \times MSB\_LSB = 25/1900H \times MSB\_LSB$。

给定一个 MSB_LSB 的值即可确定具体的温度值，如 MSB_LSB = 0080H，则 T = 0.5 ℃。

2. 对 TC72 的读写操作

对 TC72 的具体读写操作如图 9.29 和 9.30 所示。

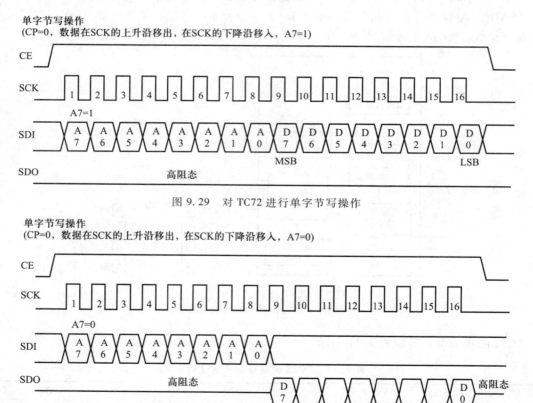

图 9.29　对 TC72 进行单字节写操作

图 9.30　对 TC72 进行单字节读操作

（1）向控制寄存器写连续温度转换命令

按照如图 9.29 所示的写操作时序，先让片选信号为 1，通过 SPI 要写入第一个字节的是地址 80H，写入第二个字节的是控制命令 04H。

（2）读温度寄存器的值

按照图 9.30 所示的读操作时序，先让片选信号为 1，通过 SPI 写入要读出的温度传感器地址，读取指定地址的值。

当写入 02H 地址后，读到的是 MSB 值；当写入 01H 地址后，读到的是 LSB 值，二者合成为 16 位 MSB_LSB。通过上述温度的标度变换即可得到具体的温度值。

3. 典型嵌入式处理器与 TC72 的连接及应用

典型嵌入式处理器与 TC72 通过 SPI 相关引脚的连接如图 9.31 所示。

根据图示原理，可以编写通过 SPI 操作读取温度值的程序。

由 TC72 资料可知，要进行正常的温度读取，必须首先写控制寄存器，让 TC72 能正常进行温度变换，然后才是读温度寄存器的十六进制数，最后再标度变换（关于标度变换详见第 11 章 11.6.4 节）为温度值。

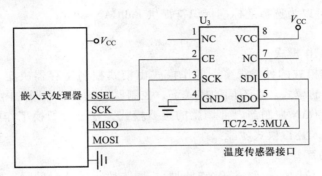

图 9.31　嵌入式处理器与 TC72 的连接

9.7　CAN 总线接口

9.7.1　典型片上 CAN 控制器组成及相关寄存器

基于 ARM Cortex-M3 的许多不同厂家、不同型号的嵌入式处理器片上集成了一路或多路 CAN 控制器，并提供了一个完整的 CAN 协议（遵循 CAN 规范 V2.0B）实现方案。典型片上 CAN 控制器组成如图 9.32 所示。

CAN 控制器的主要功能如下：

- 支持 11 位和 29 位标识符；
- 双重接收缓冲区和三态发送缓冲器；
- 可编程的错误警报界限；
- 仲裁丢失捕获和错误代码捕获；
- "自身"报文的接收。

接收滤波器的主要功能如下：

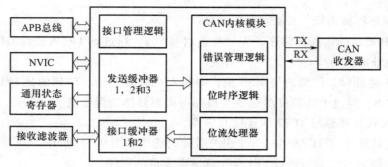

图 9.32 典型嵌入式处理器片上 CAN 控制器组成

- 快速硬件实现的搜索算法支持大量的 CAN 标识符；
- 全局接收滤波器识别所有 CAN 总线的标识符；
- 接收滤波器可以为选择的标准标识符提供 FullCAN-style；
- 自动接收。

1. CAN 控制器工作模式

CAN 控制器工作模式的种类很多，工作模式由模式控制寄存器决定。其中工作模式和复位模式是两个很重要的模式。在不同的模式下，控制器必须分辨不同的内部地址定义。

软件复位模式是 CAN 控制器内部调整的重要模式，在进行切换工作模式、更改波特率等大的修改时，都要进入复位模式才能操作。

2. CAN 总线波特率

根据 CAN 规范，位时间被分成 4 个时间段：同步段、传播时间段、相位缓冲段 1 和相位缓冲段 2。每个段由具体可编程数量的时间份额（time quanta）组成，如图 9.33 所示。

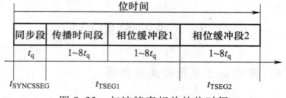

图 9.33 与波特率相关的位时间

波特率计算公式：CAN 总线波特率 = 1/标称位时间。常用波特率有 5 Kbps、10 Kbps、20 Kbps、50 Kbps、100 Kbps、125 Kbps、250 Kbps、500 Kbps、1 000 Kbps。

3. CAN 控制命令寄存器

写 CAN 控制命令寄存器会启动一个 CAN 控制器传输层的操作。CAN 控制命令寄存器控制发送请求、终止发送、自接收请求、选择发送缓冲区是否有效等。

4. CAN 总线数据发送

CAN 总线的数据发送是采用发送缓冲器（TXB）实现的。TXB 是一个三态发送缓冲器，它位于接口管理逻辑（IML）和位流处理器（BSP）之间。每个发送缓冲器可以存放一个将要在 CAN 网络上发送的完整报文，该缓冲器由 CPU 写入。发送缓冲器 TXB 的格式如图 9.34 所示。

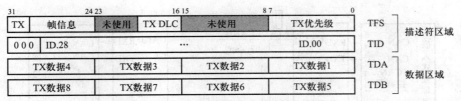

图 9.34　CAN 扩展帧格式对应发送器分布

需要注意的是，标准帧中的标识符 ID 只有 11 位，即 ID18～ID28。图中 TFS 为发送帧状态寄存器，TID 为发送标识符寄存器，TDA 为发送数据寄存器 A，TDB 为发送数据寄存器 B。

无论是标准帧还是扩展帧，数据区域有 8 个字节固定长度的数据，标识符对于标准帧为 11 位，扩展帧为 29 位，此外还包括帧信息及优先级等描述信息。

通过写 CAN 控制命令寄存器的 0 位，传输控制请求（TR）值启动一个 CAN 控制器传输层的操作。

5. CAN 总线数据接收

当检测到全局状态控制寄存器的 0 位，接收缓冲器状态位（RBS）为"1"时，表示接收器有数据，可以读取接收缓冲器 RXB 的值。接收缓冲器 RXB 的格式如图 9.35 所示。

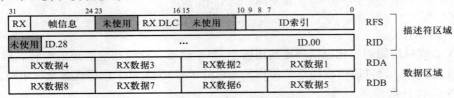

图 9.35　CAN 扩展帧格式对应接收器分布

图中 RFS 为接收帧状态寄存器，RID 为接收标识符寄存器，RDA 为接收数据寄存器 A，RDB 为接收数据寄存器 B。

6. CAN 中断使能寄存器

CAN 中断使能寄存器控制 CAN 控制器的各种事件是否会导致中断产生。

7. CAN 状态寄存器

CAN 状态寄存器反映字节中和传输有关的位的每个 Tx 缓冲器的状态。

9.7.2　CAN 总线接口的应用

CAN 总线操作的复杂性与相关寄存器非常多有很大关系。下面仅介绍最为重要的可编程寄存器的编程应用。

1. 基于 CAN 的网络连接

基于 CAN 总线的网络连接如图 9.36 所示。对于片上 CAN 控制器，外部还需要连接物理收发器，如 TIA1050/1060 等。在整个 CAN 网络中采用同名端相连，为了避免差分传输过程中信号的反射，还要在环境比较恶劣的情况下，在首尾两端加装 120 Ω 的匹配电阻，这与 RS-485 匹配电阻的作用一样。总线采用双绞线以使干扰平均分布在差分的两根线上，这样可以抵制共模干扰。硬件连接后，可以对 CAN 总线进行初始化操作，进而就可通过 CAN 总线接收和发送数据了。

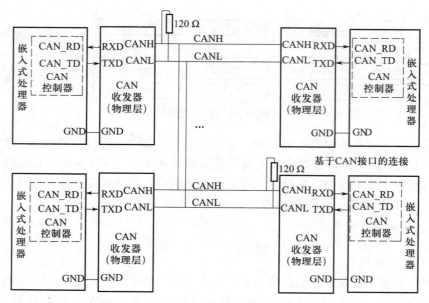

图 9.36   CAN 网络连接

2. CAN 初始化

对 CAN 总线模块的初始化包括确定使用哪个 CAN 通道，使能相应通道的时钟，确定通道后配置 CAN 收发引脚，设置通信波特率，使相关通道处于 CAN 正常工作模式并允许中断。

3. CAN 接收数据程序

当接收报文可用且没有出错时，可以直接读取接收寄存器中的数据。

4. CAN 中断服务程序

由于初始化 CAN 模块时已允许接收中断，因此 CAN 的中断服务程序主要判断是否接收到数据，并利用上述接收程序接收数据并存入相应缓冲区。

5. CAN 发送数据程序

要发送一帧数据，必须首先配置要发送帧的结构（参见第 3 章 3.4.4 节），包括帧长度、是否标准帧、帧 ID、帧数据 A（4 个字节）和帧数据 B（4 个字节）。

9.8   Ethernet 以太网控制器接口应用

9.8.1   基于片上以太网控制器的以太网接口连接

有些 ARM 芯片如基于 ARM Cortex-M3 的嵌入式处理器芯片已经嵌入了以太网控制器（MAC 层），也有些芯片同时集成了物理层（PHY 层）的收发器电路，因此外部仅需要连接网络变压器及 RJ45 插座，即可构成以太网实用接口。

具有片上以太网控制器的嵌入式处理器与外部物理收发器 KSZ8041NL 和网络变压器以及网络连接器的连接如图 9.37 所示。

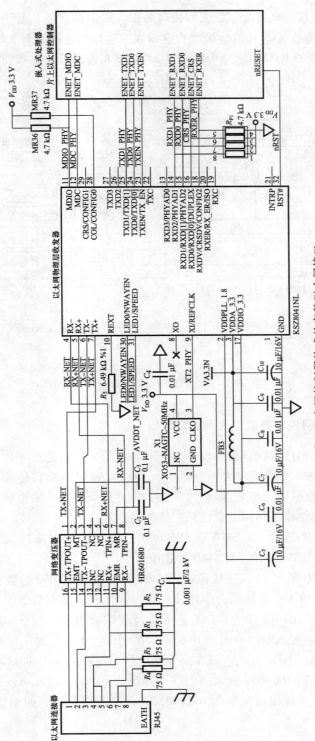

图 9.37 片上以太网控制器构成的完整以太网接口

对于 LM3S6000 等系列具有片上以太网接口的嵌入式微控制器，由于其内部具有以太网控制器的 MAC，还有物理收发器 PHY，因此构建以太网接口的连接如图 9.38 所示。片上以太网接口与具有网络变压器的 RJ45 插座 J3011G21DNL 直接相连即可，连接简单方便，使用外围器件少，可行性高。

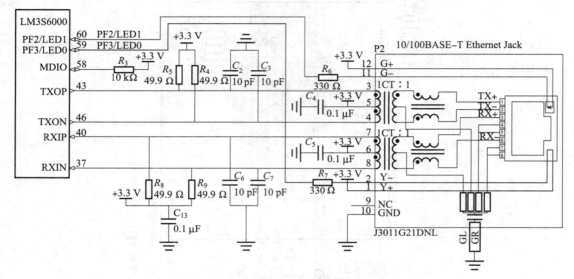

图 9.38　片上以太网控制器构成的完整以太网接口

9.8.2　片外以太网控制器的以太网接口连接

对于许多没有以太网内置接口的处理器如 S3C2440 等，可以通过外加典型的以太网控制器 DM9000 来构建。DM9000 实现了以太网物理层（PHY）和媒体介质访问层（MAC）的功能，包括 MAC 地址识别、数据帧的组装/拆分与收发、CRC 编码校验、输出脉冲成型、接收噪声抑制、超时重传、信号极性检测与纠正、链路完整性测试等。

硬件上要完成 ARM 芯片 S3C2440 和 DM9000 三大总线的连接以及以太网接头 RJ45 和 DM9000 的连接，实现 DM9000 和 S3C2440 的连接。

S3C2440 和 DM9000 采用 16 位连接模式，SD0～SD15 是 DM9000 的数据线，与 S3C2240 的 DATA0～DATA15 相连；CMD 为数据命令切换引脚，清零表示读写命令端口，置高表示读写数据端口，与 S3C2440 的 ADDR2 相连；INT 是中断请求信号引脚，与 S3C2440 的 EINT7 相连，DM9000 产生中断时将触发 S3C2440 外部中断；IOR、IOW 分别是读、写引脚，都是低电平有效，与 S3C2440 的 nOE、nWE 相连；AEN 是片选引脚，与 S3C2440 的 nGCS4 相连，nGCS4 的基地址为 0x20000000，而 DM9000 默认的 I/O 基地址为 0x300，由此可以得出 DM9000 数据端口地址为 0x20003004，地址端口地址为 0x20003000；其他没有用到的引脚悬空。具体连接如图 9.39 所示。

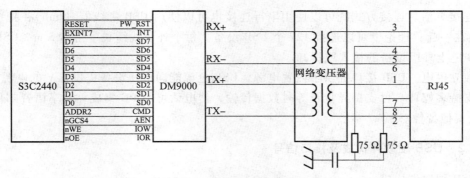

图 9.39　S3C2440 以太网扩展接口

DM9000 与 RJ45 相连，中间一般会增加一个网络变压器，理论上接不接变压器并不影响以太网接口的正常工作，但是传输距离会受到一定限制，与不同电平网口相连时也会受影响。与此同时，外部信号将对芯片正常工作造成很大的干扰。本电路中选用 H1102 网络变压器，它主要用于信号电平耦合，增强信号，延长传输距离；隔离芯片端与外部端，使其抗干扰能力大大增强；对芯片有很大的保护作用（如雷击）；除此之外，当接到不同电平的网口（如有的 PHY 芯片是 2.5 V，有的 PHY 芯片是 3.3 V）时，不会对彼此设备造成影响。

9.9　USB 接口

USB（universal serial bus，通用串行总线）是连接计算机系统与外部设备的一种串行接口总线标准，也是一种输入输出接口的技术规范，被广泛应用于个人计算机、嵌入式系统及移动设备等信息通信产品，并扩展至摄影器材、数字电视（机顶盒）、游戏机等其他相关领域。

9.9.1　USB 的主要特点

通用串行总线为 4 线总线，支持一个主机与一个或多个外设（高达 127 个）之间的通信。主控制器通过一个基于令牌的协议为连接的设备分配 USB 带宽。USB 总线支持设备的热插拔与动态配置。主控制器启动所有的事务处理。

主机将事务安排在 1 ms 的帧中。每帧都包含一个帧开始（SOF）标记和与设备端点进行往返数据传输的事务。每一个设备最多可以具有 16 个逻辑端点或 32 个物理端点。针对端点定义了 4 种传输类型；控制传输可用来对设备进行配置；中断传输则用于周期数据传输；批量传输在对传输速率没有严格要求时使用；同步传输保证了传输时间，但没有纠错功能。

USB 接口的主要特点如下所述。

① 使用方便。可以连接多个不同的设备，支持热插拔。

② 速度快。USB 1.1 最高传输速率可达 12 Mbps（bps = bits per second），比 RS-232 标准的串行接口快了整整 100 倍，比并行接口也快了十几倍。USB 2.0 的传输速率提高到 480 Mbps以上，USB 3.0 的传输速率提高到 5 Gbps，最新一代是 USB 3.1，传输速率为 10 Gbps。

③ 连接灵活。连接方式既可以使用串行连接也可以使用 USB 集线器（hub），把多个 USB 设备连接在一起；理论上可以连接 127 个 USB 设备。每个外设线缆长度可达 5 m。USB 能智能识别 USB 链上外围设备的接入或拆卸。

④ 独立供电。USB 接口提供了内置电源。USB 电源能向低压设备提供 5 V 的电源。

⑤ 支持多媒体。可支持异步及等时数据传输，使电话可与 PC 集成，共享语音邮件、高保真音频及其他特性。

9.9.2 USB 硬软件构成及接口信号

1. USB 硬软件构成

USB 系统由 USB 硬件和 USB 软件组成。USB 主机与设备之间的协议模型如图 9.40 所示。

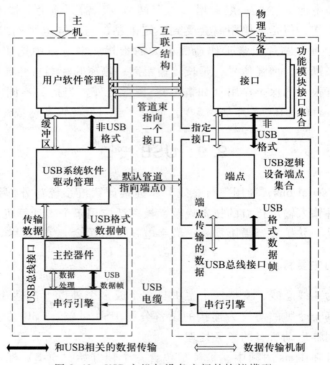

图 9.40 USB 主机与设备之间的协议模型

USB 硬件包括 USB 主控制器/根集线器（USB host controller/root hub）、USB 集线器（USB hub）以及 USB 设备。

目前支持 USB 的设备越来越多，主要包括 USB 键盘、USB 鼠标、USB 打印机、USB 扫描仪、USB 移动存储设备（U 盘、USB 硬盘等）、USB 光驱等，大部分外部设备均可以采用 USB 总线接口。由此可见，USB 总线的应用十分广泛。

USB 软件主要是相关驱动程序，包括 USB 设备驱动程序、USB 驱动程序以及 USB 主控制器驱动程序。

USB 设备驱动程序通过 I/O 请求包（IRPs）将请求发送给 USB 设备。这些 IRPs 初始化一个给定的传输，这个传输或者来自于一个 USB 设备，或者是发送到 USB 设备。

USB 驱动程序在设备设置时读取描述器以获取 USB 设备的特征，并根据这些特征在请求发生时组织数据传输。根据操作系统环境的不同，USB 驱动程序可以捆绑在操作系统中，也可以以可装载的设备驱动程序形式加入操作系统中。

USB 主控制器驱动程序完成对 USB 交换的调度，并通过根 hub 或其他 hub 完成对交换的初始化。

2. 片上 USB 控制器

嵌入式处理器片上完整的 USB 控制器包括 USB 主机控制器、USB 设备控制器以及 USB OTG 控制器，支持 USB 主机、USB 设备以及 USB OTG。USB OTG 是 USB On-The-Go 的缩写，是近年发展起来的技术，2001 年 12 月 18 日由 USB Implementers Forum 公布，主要应用于各种不同的设备或移动设备间的连接，以进行数据交换。

USB 主机控制器如图 9.41 所示。嵌入式 USB 主机控制器遵循 OHCI 规范，利用该主机控制器即可与具有 USB 从机控制器的嵌入式设备进行点对点通信。USB 设备控制器如图 9.42 所示。

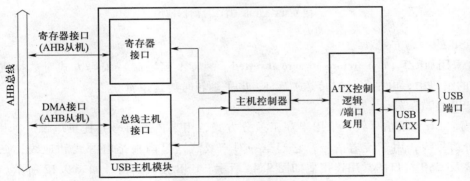

图 9.41　USB 主机控制器框图

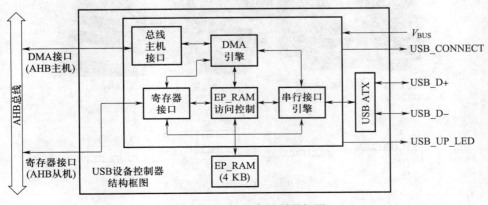

图 9.42　USB 设备控制器框图

USB OTG 控制器如图 9.43 所示。

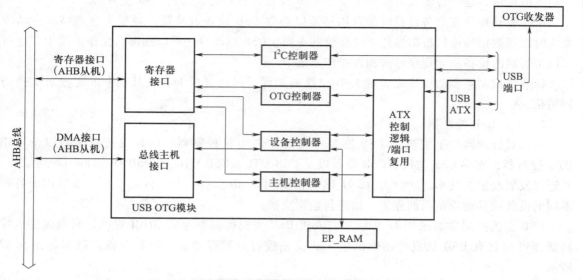

图 9.43　USB OTG 控制器框图

3. USB 的编码方式

USB 采用 NRZI（non-return to zero inverted，翻转不归零制）编码方式对数据进行编码。在 NRZI 的编码中，电平保持时传送逻辑 1，电平翻转时传送逻辑 0。

4. USB 接口信号

USB 接口有 4 根信号线，采用半双工差分方式，用来传送信号并提供电源。其中，D+和 D−为差分信号线，用于传送信号，它们是一对双绞线；另两根是电源线和地线，提供电源。标准 USB 及 USB 接口的常用连接器如图 9.44 所示。USB 接口的信号如表 9.12 所示。

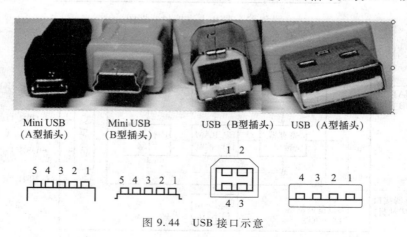

图 9.44　USB 接口示意

表 9.12　USB 接口引脚信号

标准 USB 引脚				Mini USB 引脚				
1	2	3	4	1	2	3	4	5
V_{BUS}	D-	D+	GND	V_{BUS}	D-	D+	ID	GND

9.9.3　USB 的传输方式

针对设备对系统资源需求的不同，在 USB 规范中规定了 4 种不同的数据传输方式。

① 等时传输方式（isochronous）。该方式用来连接需要连续传输数据，且对数据的正确性要求不高而对时间极为敏感的外部设备，如麦克风、喇叭以及电话等。等时传输方式以固定的传输速率连续不断地在主机与 USB 设备之间传输数据，在传输数据发生错误时，USB 并不处理这些错误，而是继续传输新的数据。

② 中断传输方式（interrupt）。该方式传输的数据量很小，但这些数据需要及时处理，以达到实时效果。此方式主要用在键盘、鼠标以及操纵杆等设备上。

③ 控制传输方式（control）。该方式用来处理主机到 USB 设备的数据传输，包括设备控制指令、设备状态查询及确认命令。当 USB 设备收到这些数据和命令后，将依据先进先出的原则处理到达的数据。

④ 批（bulk）传输方式。该方式用来传输要求正确无误的数据。通常打印机、扫描仪和数字相机以这种方式与主机连接。

当 USB 设备接入 USB hub 或 ROOT hub 后，主机控制器和主机软件（host controller & host software）能自动侦测到设备的接入。主机软件读取一系列的数据用于确认设备特征，如 vendor ID（制造商 ID 号）、product ID（产品 ID 号）、interface（接口）工作方式、电源消耗量等参数。之后，主机分配给外设一个单独的地址。地址是动态分配的，各次可能不同。在分配完地址之后对设备进行初始化，初始化完成以后就可以对设备进行 I/O 操作了。

9.9.4　USB 接口连接

USB 定义了一个 8 字节的标准设备请求，主要用于设备枚举过程。枚举是主机从设备读取各种描述符信息，主机根据信息加载合适的驱动程序，从而实现 USB 设备的具体功能。

USB 总线上的数据是以包为基本单位传输的。一个包是由不同的域组成的。不同类型的包的域也是不同的。包的种类可分为令牌类、数据类、握手类、特殊类，如图 9.45 所示。

1. 连接 USB 端口到外部 OTG 收发器

对于 OTG 功能，必须将 OTG 收发器连接到嵌入式处理器设备：使用 USB 信号的内部 USB 收发器，并仅使用 OTG

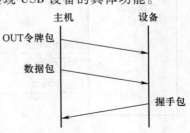

图 9.45　一次简单的数据输出

功能的外部 OTG 收发器，如图 9.46 所示，其中 ISP1301 为 OTG 收发器芯片。借助于嵌入式处理器专门用于与 OTG 收发器连接的 I²C 接口引脚 USB_SCL 和 USB_SDA 与 OTG 收发器 ISP1301 交互来操作 OTG 收发器，OTG 收发器产生的中断信号 INT_N 回送给嵌入式处理器中断输入引脚 EINTn，嵌入式处理器的 $\overline{\text{RSTOUT}}$ 为复位状态指示，USB_D+1 和 USB_D-1 为 USB 总线的数据+−端。

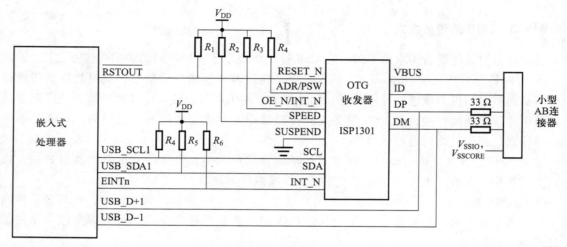

图 9.46　嵌入式处理器与外部 OTG 的连接接口

2. 将 USB 作为主机的连接

利用一个嵌入的 USB 收发器可将 USB 端口作为主机进行连接，该端口不具有 OTG 功能。连接图如图 9.47 所示，其中 LM3526 为双 USB 电源开关和过流保护器，用于防止 USB 端口由于短路等原因引起过流时，切断 USB 电源以保护 USB 控制器。

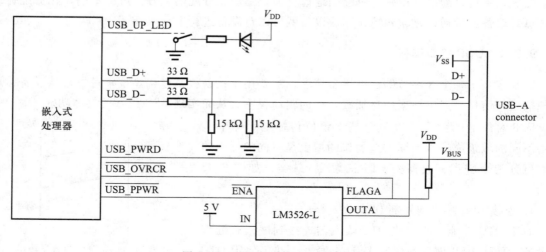

图 9.47　USB 主机端口的连接接口

图中 USB_UP_LED 为 USB 连接就绪指示灯；USB_D+和 USB_D-为 USB 总线的数据 +-；USB_PWRD 为提供给 USB 总线的电源；$\overline{USB\_OVRCR}$为过流（负载电流过大简称过流）状态输出，低电平表示过流；$\overline{USB\_PPWR}$为 USB 电源的使能信号，低电平表示 USB 电源被使能。

3. 将 USB 作为设备的连接

USB 端口作为设备进行连接时不具有 OTG 功能。将嵌入式处理器片上 USB 作为设备的连接如图 9.48 所示。图中 USB_CONNECT 为软件控制的一个电子开关，用于决定是否连接外部的一个 1.5 kΩ 的上拉电阻。如果是高速设备，则需要在 D+端接上拉电阻。

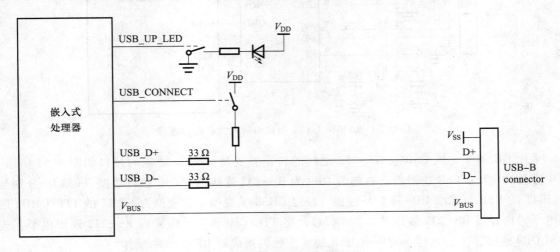

图 9.48　USB 设备端口的连接接口

9.9.5　USB 与 UART 及 RS-232 之间的相互转换接口

USB 的操作非常复杂，而串口 UART 或基于 UART 的 RS-232 则非常简单方便，因此基于 USB 与 UART 的转换接口芯片应运而生，典型的芯片有 CH340G 和 CH340T，如图 9.49 所示。

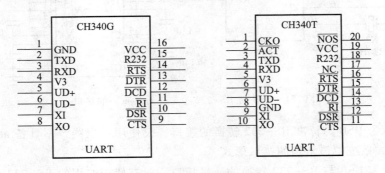

图 9.49　USB 转 UART 的接口芯片

利用该转换芯片，可以方便地实现 UART 与 USB 之间的无缝连接。图 9.50 所示为 USB 转 UART 接口与嵌入式处理器的连接。嵌入式处理器片上 UART 的数据发送引脚 TXD 与 CH304T 的 TTL 数据接收引脚 RXD 相连，UART 的数据接收引脚 RXD 与 CH304T 的 TTL 数据发送引脚 TXD 相连。经过 CH304T 后，变换成 USB 数据 D+ 和 D- 连接到 USB 主机接口，即可实现嵌入式系统与 USB 的通信。

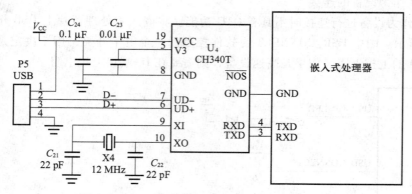

图 9.50 USB 转 UART 接口与嵌入式系统的连接

采用 CH340T 完成 USB 与 RS-232 之间的转换且支持 modem 功能的接口如图 9.51 所示。图中左侧的 P2 为 USB 连接器，右侧的 DB9 为 RS-232 连接器，USB 接口数据 D+ 和 D- 分别与 CH304T 的 USB 数据端 UD+ 和 UD- 连接，经过 CH304T 变换后，变换为 UART 的 TTL/CMOS 逻辑电平，再经过 RS-232 接口芯片 MAX213，将 TTL/CMOS 电平变换成 RS-232 逻辑电平，连接到 DB9 连接器上。这样，对所有 USB 的操作就转换成对 RS-232 的操作。

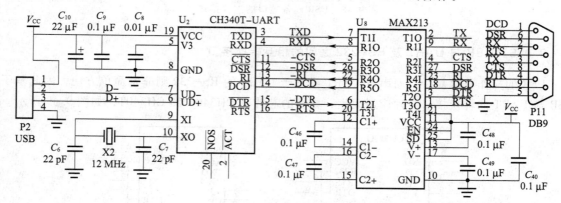

图 9.51 USB 转 RS-232（支持 modem）的接口

图 9.52 所示为 USB 与标准 RS-232 转换的接口，仅使用三根线，不具备 modem 功能。这种接口是在嵌入式系统中最常用的接口形式。

图 9.53 所示为 USB 与 RS-232 转换的简易接口，没有使用专用的 RS-232 电平转换芯片，仅采用分离元件实现简易电平转换。

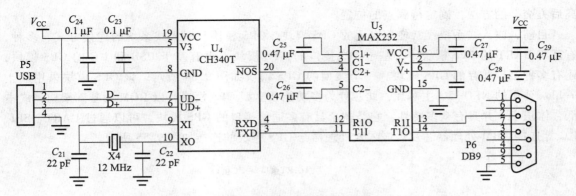

图 9.52　USB 转 RS-232（标准 3 线连接 RS-232）

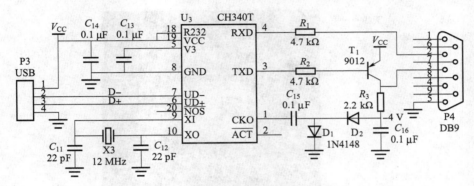

图 9.53　USB 转 RS-232（简易 RS-232）

9.10　无线通信模块及其接口

除了以上有线互连通信接口外，在不方便布线的情况下，嵌入式应用系统也经常使用无线通信方式来传输数据。无线通信接口主要包括 GPS、GSM、GPRS、北斗、Wi-Fi、蓝牙、ZigBee 以及其他无线射频通信模块等。本节将介绍这些无线通信模块及它们与嵌入式处理器的连接接口。

9.10.1　GPS 模块

GPS（global positioning system）即全球定位系统，是利用 GPS 定位卫星，在全球范围内实时进行定位、导航的系统。GPS 可以提供车辆定位、防盗、反劫、行驶路线监控及呼叫指挥等功能。要实现以上所有功能，必须具备 GPS 终端、传输网络和监控平台三个要素。

GPS 导航系统的基本原理是测量出已知位置的卫星到用户接收机之间的距离，然后综合多颗卫星的数据确定接收机（GPS 终端）的具体位置。

GPS 定位的基本原理是根据高速运动的卫星的瞬间位置作为已知的起算数据，采用空间距离后方交会的方法，确定待测点的位置。

目前，嵌入式系统经常使用专用的 GPS 模块。GPS 模块与嵌入式系统的连接方式有多种，有基于 UART 的 GPS 模块，有基于 SPI 接口的 GPS 模块，也有基于 USB 和 I^2C 的 GPS 模块，还有多种接口并存的 GPS 模块。一个典型的 GPS 模块如图 9.54 所示。该 GPS 模块采用瑞士 u-blox 公司的 NEO-5Q 主芯片，此芯片为多功能独立型 GPS 模块，以 ROM 为基础架构，成本低，体积小，并具有众多特性。它是一个具有多通信接口的 GPS 模块，可以通过 UART、SPI、I^2C 等连接 ARM 处理器芯片。嵌入式处理器与 GPS 模块的连接如图 9.55 所示。

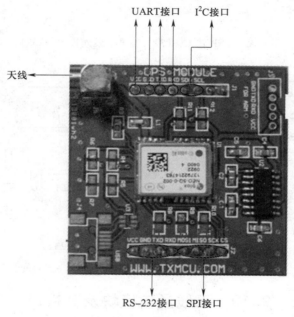

图 9.54　GPS 模块接口

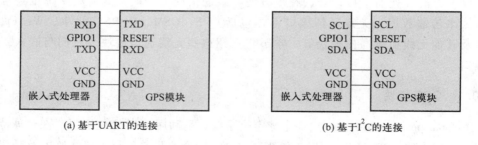

图 9.55　嵌入式处理器与 GPS 模块的连接接口

9.10.2　GSM 模块

GSM（global system for mobile communications）即全球移动通信系统。GSM 模块是将 GSM

382

射频芯片、基带处理芯片、存储器、功放器件等集成在一块电路板上，具有独立的操作系统、GSM 射频处理、基带处理并提供标准接口的功能模块。开发人员使用 ARM 或者其他嵌入式处理器，通过 RS-232 串口与 GSM 模块通信，使用标准的 AT 命令来控制 GSM 模块实现各种无线通信功能，例如发送短信、拨打电话等。典型的 GSM 模块如图 9.56 所示。典型的 GSM 模块有西门子公司的 TC35i、明基公司的 BENQ M22、傻瓜式 GSM 模块 JB35GD 等。在嵌入式系统应用中，使用 GSM 模块的主要目的是通过发送短信的方式来远程传输数据。因此，有时也称 GSM 模块为短信模块。

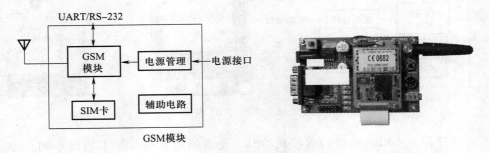

图 9.56 典型 GSM 模块

嵌入式处理器与基于 RS-232 接口的 GSM 模块的连接如图 9.57 所示。

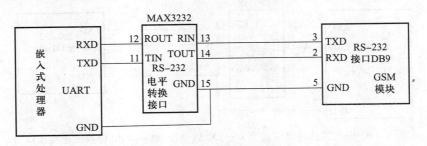

图 9.57 嵌入式处理器与 GSM 模块的连接

9.10.3 GPRS 模块

GPRS 是通用分组无线服务技术的简称，它是 GSM 移动电话用户可用的一种移动数据业务。GPRS 可以说是 GSM 的延续。GPRS 与以往采用的连续传输方式不同，它以封包（packet，也称为分组）方式进行数据传输，因此使用者所负担的费用是以其传输数据的数量计算的，并非使用整个频道，理论上较为便宜。

从使用者的角度，人们并不关心它是怎么分组和交换的，只关心如何通过 GPRS 传输数据包。而 GPRS 模块可以很方便地实现网络数据传输。GPRS 也是以模块形式接入嵌入式系统的，主要模块接口有基于 UART 和基于 RS-232/RS-485 接口的 GPRS 模块。通常，GPRS 模块支持用 AT 命令集进行呼叫、短信、传真、数据传输等业务。典型的 GPRS 模块结构如

图 9.58 所示。无论是 GSM 模块还是 GPRS 模块，都是借助于运营商提供的网络服务的，就像手机一样，均需要使用电信、移动或联通等运营商提供的 SIM 卡，可以包流量，也可以包时限等。

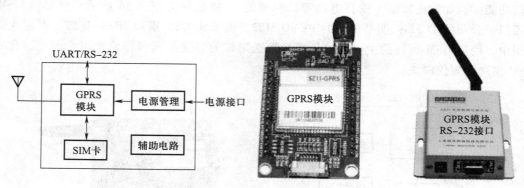

图 9.58　典型 GPRS 模块

　　嵌入式处理器与 GPRS 模块的连接视 GPRS 提供的连接接口的不同而不同，主要连接接口有 UART、RS-232、RS-485 等。嵌入式处理器与基于 RS-232 接口的连接如图 9.59 所示。

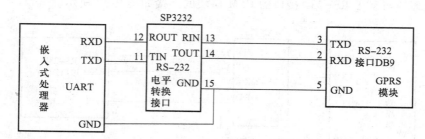

图 9.59　嵌入式处理器与基于 RS-232 通信接口的 GPRS 模块的连接接口

9.10.4　北斗模块

　　北斗卫星导航系统分为北斗一号和北斗二号。北斗一号又称为北斗导航试验系统（BNTS）；北斗二号又称为北斗卫星导航系统，是继美国 GPS 和俄国 GLONASS 之后第三个成熟的卫星导航系统。

　　典型的北斗模块通常采用核心北斗芯片 UM220-Ⅲ-N，其组成如图 9.60 所示。UM220-Ⅲ-N 外加一些辅助电路及接口，就构成了可以直接使用的典型北斗模块，如图 9.61 所示。

　　模块可以方便地与嵌入式处理器连接。北斗模块与嵌入式微控制器的信息交互主要通过串口。可以采用嵌入式处理器的 UART 接口直接与北斗模块的 UART1 TTL 或 UART2 TTL 连接，如果嵌入式系统已经具备 RS-232 接口，则可以直接与 DB9 标准的 RS-232 接口连接。典型的具有 UART 接口的北斗模块与嵌入式处理器的连接如图 9.62 所示。

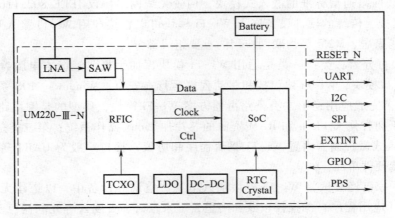

图 9.60　UM220-Ⅲ-N 北斗模块专用芯片组成

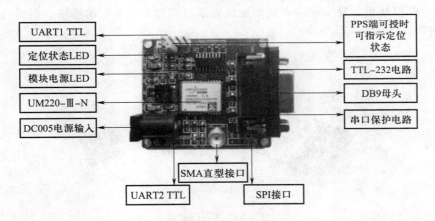

图 9.61　采用 UM220 芯片的北斗模块

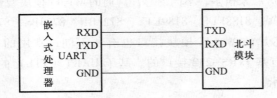

图 9.62　嵌入式处理器与北斗模块的连接

9.10.5　Wi-Fi 模块

凡使用 802.11 系列协议的无线局域网（WLAN）又称为 Wi-Fi（wireless-fidelity，无线保真）。因此，Wi-Fi 几乎成了无线局域网的同义词。

Wi-Fi 模块又称为串口 Wi-Fi 模块，属于物联网传输层，功能是将串口或 TTL 电平转换为符合 Wi-Fi 无线网络通信标准的嵌入式模块，内置无线网络协议 IEEE 802.11b/g/n 协议栈以及 TCP/IP 协议栈。传统的硬件设备嵌入 Wi-Fi 模块可以直接利用 Wi-Fi 接入互联网，Wi-Fi 是实现无线智能家居、M2M 等物联网应用的重要组成部分。

Wi-Fi 模块可分为三类：一类是通用 Wi-Fi 模块，如手机、笔记本电脑、平板电脑上的 USB 或 SDIO 接口模块，Wi-Fi 协议栈和驱动程序运行在安卓、Windows、iOS 系统中，需要非常强大的 CPU 来完成应用；第二类是路由器方案 Wi-Fi 模块，典型的是家用路由器，协议和驱动程序借助于拥有强大 Flash 和 RAM 资源的芯片加 Linux 操作系统；第三类是嵌入式 Wi-Fi 模块，32 位嵌入式微控制器内置 Wi-Fi 驱动程序和协议，接口一般为 UART 等，适用于各类智能家居或智能硬件单品。

现在很多厂家已经尝试将 Wi-Fi 模块加入电视、空调等设备中，以搭建无线家居智能系统，实现 APP（应用程序）的操控以及和阿里云、京东云、百度云等互联网巨头云端的对接，让家电厂家快速方便地实现自身产品的网络化、智能化并和更多的其他电器实现互联互通。

利用 Wi-Fi 模块很容易实现嵌入式系统的有线数据到无线数据的传输。典型的 Wi-Fi 模块如图 9.63 所示。

图 9.63　Wi-Fi 模块

Wi-Fi 模块芯片的生产厂家很多，不同的芯片厂商的 Wi-Fi 模块型号也不相同，例如 Realtek（瑞昱）芯片就有 8188ETV、8188EUS、8189ETV、8723BU、8723BS、8723AS、8811AU、8812AU 等。不同厂家使用同一芯片的 Wi-Fi 模块接口也有所不同，常用的与处理器的接口形式以 UART（TTL）居多，也有基于 RS-232 接口的。基于 UART（TTL）的 Wi-Fi 模块与嵌入式处理器的连接如图 9.64 所示。

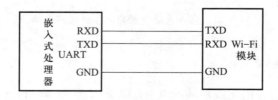

图 9.64　嵌入式处理器与 Wi-Fi 模块的连接

9.10.6 蓝牙模块

蓝牙（bluetooth）是一种支持设备短距离（一般 10 m 以内）通信的无线低速（一般 1 Mbps）通信技术。利用蓝牙技术能够有效地简化移动通信终端设备之间的通信，也能够成功地简化设备与因特网（Internet）之间的通信，从而使数据传输变得更加迅速高效，为无线通信拓宽道路。蓝牙采用分散式网络结构以及快跳频和短包技术，支持点对点及点对多点通信。

蓝牙模块是一种集成蓝牙功能的 PCBA 板，用于短距离无线通信，按功能分为蓝牙数据模块和蓝牙语音模块。

蓝牙信号的收发采用蓝牙模块实现，与其他无线模块类似，一方是无线信号，另一方是通信连接接口信号，如基于串口 UART、基于 USB 等。嵌入式系统中应用基于串口的蓝牙模块比较方便，使用广泛。典型的蓝牙模块如图 9.65 所示。性价比比较高的蓝牙模块有 HC-0X 系列，如早期的 HC-05/HC-06，以及支持蓝牙 4.0 的 HC-08。HC-08 模块采用 TI 公司的 CC2540 芯片，配置 256 KB 存储空间，支持 AT 指令，用户可根据需要更改角色（主、从模式）以及串口波特率、设备名称等参数，使用灵活。

图 9.65 典型蓝牙模块

嵌入式处理器与蓝牙模块的连接如图 9.66 所示。嵌入式系统有了蓝牙模块，即可与带有蓝牙模块的设备进行通信，例如可以方便地通过 AT 命令与智能手机进行数据传输。

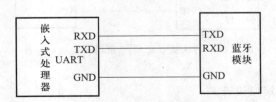

图 9.66 嵌入式处理器与蓝牙模块的连接

9.10.7 ZigBee 模块

ZigBee 是一种用于控制和监视各种系统的低数据速率、低功耗联网无线标准。ZigBee 所依据的 IEEE 802.15.4 标准规定了 ZigBee 的数据传输速率应在 20 Kbps、40 Kbps 或 250 Kbps，并且运行在 2.4 GHz 的频段上。此外，欧洲的标准是 868 MHz，北美是 915 MHz。

ZigBee 主要适用于自动控制和远程控制领域，可以嵌入各种设备。简而言之，ZigBee 就是一种价格低廉、低功耗的近距离无线组网通信技术。ZigBee 协议从下到上分别为物理层（PHY）、媒体访问控制层（MAC）、传输层（TL）、网络层（NWK）、应用层（APL）等。其中物理层和媒体访问控制层遵循 IEEE 802.15.4 标准的规定。

围绕 ZigBee 芯片技术推出的外围电路称为 ZigBee 模块。典型的 ZigBee 模块如图 9.67 所示。

图 9.67　ZigBee 模块

组成 ZigBee 模块的核心芯片有许多，主要有 Jennic 的 JN5148、TI（Chipcon）的 CC2530、Freescale 的 MC13192、EMBER 的 EM260、ATMEL 的 LINK-23X，以上均采用 2.4 GHz 工作频率，ATMEL 的 Link-212 采用 779~928 MHz 频段。其中，CC2530 国内使用得最多。

ZigBee 模块大多支持 UART、SPI、I^2C 以及 RS-232 等通信接口，以便于与不同类型的控制终端连接。嵌入式处理器与 ZigBee 模块的连接如图 9.68 所示。

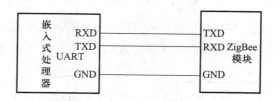

图 9.68　嵌入式处理器与 ZigBee 模块的连接

9.10.8　RFID 通信接口设计

RFID（radio frequency identification，射频识别技术，又称无线射频识别）是一种非接触式无线通信技术，可通过无线电信号识别特定目标并读写相关数据，而无须识别系统与特定目标之间建立机械或光学接触。RFID 的频率范围为 1~100 GHz，适用于短距离识别通信。

最基本的 RFID 系统由三部分组成：标签、阅读器和天线，如图 9.69 所示。

标签（tag）：由耦合元件及芯片组成，每个标签具有唯一的电子编码，附着在物体上标识目标对象，标签也叫应答器。

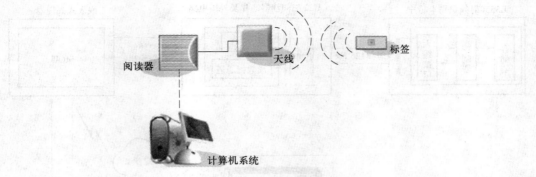

图 9.69　最基本的 RFID 系统

阅读器（reader）：读取（有时还可以写入）标签信息的设备，可设计为手持式或固定式。阅读器由天线、耦合元件、芯片组成。

天线（antenna）：在标签和阅读器间传递射频信号。

RFID 的典型应用如图 9.70 所示。

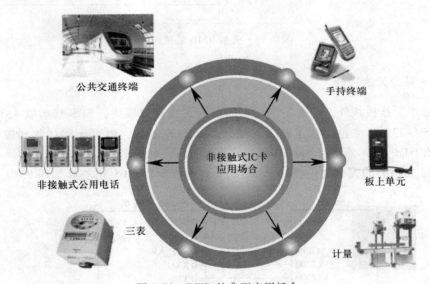

图 9.70　RFID 的典型应用场合

阅读器是整个 RFID 系统最核心、最重要的部件，也是成本最高的部件之一，通常由嵌入式处理器、专用 RFID 芯片和其他辅助电路组成。

由嵌入式处理器、阅读器芯片及射频识别卡芯片组成的 RFID 阅读系统如图 9.71 所示。嵌入式处理器将一个 GPIO 引脚配置为输出，控制阅读器芯片 U227B 的载波使能，U227B 的数据输出送给嵌入式处理器的 GPIO 引脚，可将该引脚配置为输入，得到串行的数据，对数据进行解释后送后台计算机进行进一步处理。U227B 与 E5550 之间采用非接触式的无线射频通信，读取射频卡的信息传送给嵌入式处理器。

389

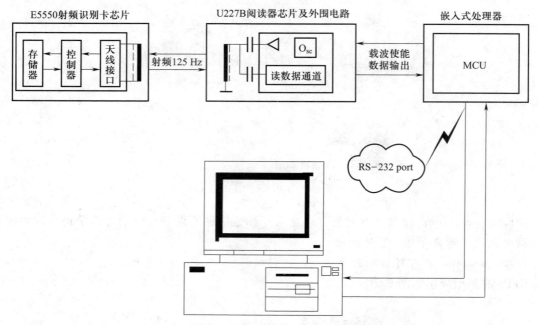

图 9.71　典型 RFID 系统构成

9.10.9　其他无线模块

除上述标准无线模块外，还有不同厂家的射频无线收发模块，频率基本以 433 MHz 居多，典型代表是 Si4432。近来也出现了基于无线通信的微控制器，内置无线接收和发送模块，如 Si1000 内部有 51 内核，外围有 Si4432 无线收发器。

以 Si4432 为核心的无线通信模块 PowerUTC 与微控制器 MCU 的连接如图 9.72 所示。

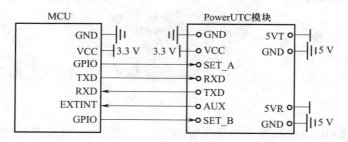

图 9.72　典型无线通信模块与 MCU 的连接

随着嵌入式系统应用的不断发展，不同场合需要采用不同的通信方式以适应不同需求。无线方式解决了连线的问题，作为嵌入式应用系统的开发人员，并不需要知道无线收发模块的工作原理，只需要了解相关无线模块的接口及使用方法。因此从应用角度来说，运用典型的 UART、SPI、I^{2}C 等通信接口连接的无线模块，即可很方便地实现不同形式的无线通信，而无论蓝牙、Wi-Fi、GPRS、GPS 还是北斗。

本 章 习 题

1. 基于 UART 的双机通信最简单的连接方式是怎样的？短距离板间多机通信无须外部接口变换，则基于 UART 最简单的连接方式如何？

2. UART 经过专用 RS-232 电平转换芯片进行电平转换后，即可按照 RS-232 的逻辑电平进行通信，在以节约成本为主要目的的产品中，通常采用分享元件构建一个简单的 RS-232 接口，试分析图 9.6 所示的简易 RS-232 电平转换电路的原理。

3. 试简述基于 RS-232 的嵌入式系统之间双机通信以及嵌入式系统与 PC 之间双机通信的连接。基于 RS-232 的主从机多机通信是如何连接的？

4. 试比较 RS-232、RS-422 和 RS-485 的主要性能。

5. 片上 UART 具有 RS-485 控制功能的嵌入式处理器以及仅有 UART 没有 RS-485 控制功能的嵌入式处理器如何连接 RS-485 接口芯片？它们之间的区别是什么？

6. 对于抗干扰要求比较高的场合，可以使用隔离的 RS-485 芯片。有哪几种隔离方式可用于构建隔离的 RS-485 接口？

7. 基于 RS-485 总线的半双工和全双工主从式多嵌入式系统，各自是如何连接 RS-485 接口的？

8. 什么是 ModBus？什么是 ModBus RTU 协议？一个典型的 ModBus RTU 协议的数据包格式是怎样的？在 ModBus RTU 协议中，数据包中的数据是低字节在前还是高字节在前？16 位的 2 字节 CRC 是低字节在前还是高字节在前？

9. 基于 UART 的 4~20 mA 电流环通信的特点是什么？

10. 对于图 9.31 所示的温度传感器 TC72 与嵌入式处理器的接口，是利用 SPI 接口按照 TC72 的操作时序来进行温度读取的。如果嵌入式处理器片上没有 SPI 接口，使用 GPIO 来模拟 SPI 时序的操作，如图 9.73 所示，试说明读温度寄存器值的操作过程。

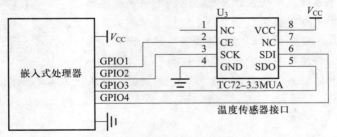

图 9.73 嵌入式处理器与 TC72 的连接

11. 简述基于片上 CAN 总线控制器的 CAN 网络的连接方法。

12. 简述具有片上以太网控制器没有物理层的以太网接口的构成。没有片上以太网控制器的嵌入式处理器如何构建以太网接口？

13. USB 接口的特点有哪些？USB 硬件包括哪些部分？USB 传输方式有哪几种？

14. 对于片上没有 USB 控制器的嵌入式处理器，如何通过 UART 转换来构成 USB 接口？

15. 常用的无线通信模块有哪些？如何将它们接入嵌入式应用系统进行无线通信？

第 10 章 嵌入式硬件系统可靠性与抗干扰设计

【本章提要】

嵌入式应用系统通常要在恶劣的环境下 24 小时不间断运行，因此要求嵌入式系统硬件具有很高的可靠性和很强的抗干扰能力。

本章主要介绍嵌入式硬件系统的可靠性和抗干扰措施。主要内容包括嵌入式系统可靠性的基本知识、可靠性设计、嵌入式硬件系统干扰来源及其抑制措施、供电系统抗干扰及最小系统可靠性设计、接地系统的抗干扰措施、过程通道的抗干扰设计、印刷电路板抗干扰、能量控制与低功耗设计等。

【学习目标】

- 了解嵌入式系统可靠性的基本知识，熟悉可靠性设计内容及设计原则。
- 了解影响嵌入式系统可靠性的主要因素以及应对措施，了解总体方案可靠性设计的主要内容。
- 了解嵌入式系统干扰来源、传播途径，了解干扰对嵌入式系统的影响，熟悉干扰的抑制原则和相关措施。
- 掌握供电系统抗干扰设计及最小系统的抗干扰措施。
- 了解接地的种类及主要接地方式对抗干扰的贡献。
- 了解差模干扰、共模干扰、长线干扰及其抑制方法。
- 了解印刷电路板的电磁干扰及电磁兼容设计。
- 了解能量控制及低功耗设计的意义，熟悉低功耗设计内容及步骤。

10.1　嵌入式系统可靠性概述

对于任何嵌入式系统，系统可靠性是保障系统运行、增强系统控制效能和提升系统管理能力的基础，也是确保嵌入式系统运行结果和体现系统价值的标志。特别是对于高可靠性应用领域，系统的组织越来越复杂，知识涉及的领域越来越宽，信息的组织越来越大，功能的构成越来越强。这些系统组织的复杂性、知识的涉及面、信息的时效性、功能的有效性都对嵌入式系统的可靠性提出了强烈的需求。

10.1.1　嵌入式系统可靠性及其特点

可靠性指的是产品在规定的时间和条件下完成预定功能的能力，包括结构的安全性、适用性和耐久性，当以概率来度量时，称为可靠度。

可靠性通常可以用可靠度、失效率和平均寿命三个指标来定量描述。

嵌入式系统是典型的现代电子系统，因此嵌入式系统的可靠性具有如下特点。

（1）嵌入式系统静态运行和动态运行的可靠性

嵌入式系统的静态运行主要指嵌入式处理器工作在休眠或掉电模式下的运行状态。在休眠或掉电模式下，嵌入式处理器的指令停止运行，外围电路被关断，系统中只有唤醒中断控制器等值守电路在运行。因此静态运行状态不存在软件运行的可靠性问题。静态运行可靠性主要表现在值守电路的可靠性和抗干扰能力、系统中器件的静态参数如直流特性、工作电压、工作温度以及接插件的可靠性等问题。

动态运行是指嵌入式系统在软件运行状态，一切任务都是在软件的控制下运行。因此动态运行可靠性主要是指软件可靠性。当然，软件必须要在可靠的硬件环境下运行，因此动态运行可靠性包括嵌入式硬件的可靠性，也包括嵌入式软件的可靠性。

（2）固化软件运行环境的可靠性

嵌入式应用程序存储于嵌入式处理器片上或片外的程序存储器（通常为 Flash）中，由于固化的程序的运行状态通常是无法改写的，不受计算机病毒的侵害，因此其可靠性主要体现在软件本身的可靠性和程序存储器的信息保护的可靠性。

（3）时空边界性问题可靠性

嵌入式系统的运行通常存在时空边界性问题，如对 EEPROM 的读写，由于次数的限制，当超过写入次数时，数据就会出错，再如计数超过一定容量，数据溢出、参数超界等都会带来可靠性问题。

10.1.2　嵌入式系统可靠性设计内容

传统可靠性主要根据系统应用可靠性需求，在系统规定的条件下和时间内，依据系统资源组织模型，完成系统规定的功能。可靠性模型如图 10.1 所示。

在可靠性模型中，主要包括串联、并联、串并联以及混联和旁联系统等基本模型。

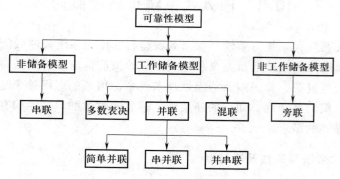

图 10.1 可靠性模型

嵌入式系统的可靠性设计要贯穿于嵌入式系统设计的全过程，主要设计内容包括：

① 嵌入式系统总体设计；

② 嵌入式硬件系统原理设计；

③ 嵌入式硬件系统印制线路板设计；

④ 嵌入式系统电源设计；

⑤ 嵌入式系统软件设计。

本质可靠性只考虑系统功能要求的软、硬件可靠性，是可靠性设计的基础；而可靠性控制设计是依靠嵌入式软件本身的智能化特点来控制系统可靠性的一种设计。

嵌入式硬件系统的设计（包括总体设计、原理设计、PCB 设计和电源设计）主要是本质可靠性设计，而嵌入式软件设计以及在总体设计中除本质可靠性设计以外，必须考虑可靠性控制设计。

10.1.3 嵌入式系统可靠性设计原则

嵌入式系统的可靠性设计模型如图 10.2 所示，这一可靠性设计模型表述了系统从激励到响应的唯一性过程，由激励端加入激励信号，经过输入通道、过程空间、输出通道直到响应端。

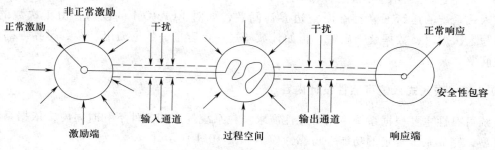

图 10.2 嵌入式系统可靠性设计模型

394

从该设计模型可以看出，在激励端既有正常的激励信号，也有非正常的激励信号进行干扰，经过输入通道时有干扰混入，在过程空间也有空间辐射干扰，在输出通道也有干扰，最后要保证在响应端检测出唯一的正常激励信号，就要求整个设计过程设法把非正常激励信号、空间以及通道干扰去除或降低到最低程度而不影响正常响应。

根据可靠性设计模型可知，嵌入式系统的可靠性设计原则就是要保证从正常激励到正常响应的唯一性，具体包括以下内容。

① 在激励端仅允许正常激励进入，禁止非正常激励进入。可以采用硬件滤波、软件数字滤波或屏蔽等手段对非正常激励信号予以滤除或屏蔽。

② 在过程空间要保证嵌入式系统有序的可靠运行。

- 减少程序设计失误，保证程序路径合理，接口控制时间余度足够。
- 最大的静态化运行设计，减少干扰。
- 对于干扰或非正常信号的引入引起的无序运行，可用看门狗定时器控制，防止无序运行。
- 程序防脱轨设计，设计运行标志，并合理管理标志，确保按照条件运行以及界限控制。
- 有序运行相关参数的安全性保障，对关键参数的检查，硬件自检及修复。

③ 在响应端，保证正常响应的唯一输出。

- 保证正常响应输出的通畅性。
- 要抑制一切非正常响应输出。
- 一旦出现非正常响应，能实现安全性包容。也就是说，当开放性输出响应中出现非正常响应时，能实现无害化处理，不能因为有非正常响应而影响系统安全性。

④ 在激励输入、响应输出通道实施管道原则。

- 防止外界干扰侵入输入和输出通道。
- 防止正常激励输入和正常响应在管道中逃逸。
- 保证管道的通畅性。防止正常激励输入和正常响应输出的畸变和衰减。
- 激励输入口和响应输出口应该具备识别能力，能抑制非正常激励输入和非正常响应输出。

10.2　嵌入式硬件系统可靠性设计

嵌入式硬件系统的可靠性是嵌入式系统本质可靠性及可靠性控制的基础，没有硬件可靠性，系统就谈不上可靠。由典型的嵌入式系统硬件系统组成（详见第5章5.1.1节）可知，嵌入式硬件由最小系统、输入通道、输出通道、人机交互通道、互连通信通道等组成。构成嵌入式系统硬件的包括芯片和器件，从构成器件考虑，包括嵌入式处理器及周边元件、IC电路芯片、分离元件、连接用插座插头、印制电路板、按键、引线、焊点等。

10.2.1 影响嵌入式硬件系统可靠性的主要因素

1. 元器件的可靠性

嵌入式硬件系统由不同部件组成，不同部件由元器件构成，不同元器件的使用寿命不同，各元器件平均失效率差异较大，即使是同一器件，不同厂家生产的产品均有差异。表 10.1 为不同元器件的失效率。表中 λ 为失效率，h 为小时，λ/h 为每小时失效率。

表 10.1　不同元器件的失效率

元器件	λ/h	元器件	λ/h	元器件	λ/h
小信号硅二极管	7×10^{-8}	整流二极管	5×10^{-7}	齐纳二极管	5×10^{-7}
肖特基二极管	2×10^{-7}	硅小信号三极管	10^{-7}	硅功率三极管	5×10^{-7}
74 系列 IC	5×10^{-7}	超大规模 MOS	4×10^{-6}	RAM	2×10^{-6}
中小规模 MOS	10^{-6}	复杂线性器件	4×10^{-6}	简单线性器件	2×10^{-6}
线性驱动器	2×10^{-6}	金属膜电阻	7×10^{-8}	碳膜电阻	10^{-7}
小功率线绕电阻	5×10^{-8}	大功率线绕电阻	10^{-7}	碳合成膜电阻	5×10^{-8}
非恒定电流 LED	2×10^{-7}	恒定电流 LED	4×10^{-7}	云母电容器	10^{-8}
金属化纸介电容器	3×10^{-7}	聚酯薄膜电容器	10^{-7}	铝电解电容器	10^{-6}
电压表	2×10^{-6}	继电器	10^{-5}	变压器	10^{-7}
焊接点	2×10^{-9}	印制板连接器触点	3×10^{-8}	IC 插座触点	5×10^{-8}
开关电源	4×10^{-4}	风扇	2×10^{-4}	软盘	4×10^{-4}

2. 工艺

嵌入式硬件系统的生产工艺也会影响系统的硬件可靠性，这些工艺包括焊接工艺、接插件连接工艺、生产自动化程度高低、手工生产人工技能水平等与生产相关的方方面面。

3. 电路结构

嵌入式硬件的电路结构的优劣也影响着系统的可靠性，这些结构包括元器件数目、电路复杂度、器件集成度、元器件排列分散度、减振、散热、屏蔽及看门狗使用等诸多方面。

4. 环境因素

嵌入式硬件系统受到环境因素的影响也不容忽视，这些环境包括温度湿度、太阳辐射、腐蚀性气体、灰尘、振动、雷击与电磁辐射等各种干扰等，都会影响硬件系统的可靠性。因此，要求嵌入式硬件系统在合适的环境中工作或采取相关措施防止在恶劣环境中工作。

常见干扰源如图 10.3 所示，电磁兼容标准的主要内容如图 10.4 所示。

5. 人为因素

嵌入式硬件系统的可靠性也受到人为因素的影响，包括设计人员、操作人员等。设计人员在设计初期除了功能上的考虑，还要考虑系统的可靠性，不能先实现功能再考虑可靠性。操作人员对于嵌入式系统的不当操作也会影响系统的可靠性。

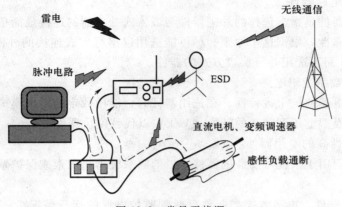

图 10.3　常见干扰源

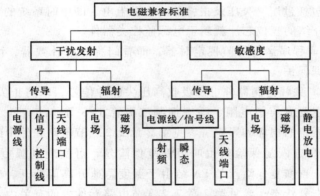

图 10.4　电磁兼容的标准内容

10.2.2　提高嵌入式硬件系统可靠性的主要措施

如上所述，可以针对影响可靠性的诸多因素分别采取有效措施，以提高硬件系统的可靠性。

嵌入式硬件系统是由包括嵌入式处理器在内的各种器件组成的，因此，嵌入式硬件系统的可靠性取决于器件的可靠性。

1. 器件的选择

（1）嵌入式处理器的选择

关于嵌入式处理器的选择可参见第 5 章 5.2 节。尽量选择功能满足要求的嵌入式处理器，能用片上硬件组件的不外接外围部件，这样可以有效减少电路器件的数量，降低总体失效率，提高可靠性。

（2）尽可能选择 CMOS 器件

在选择器件时，如果有 CMOS 器件，就不选用 TTL 器件，以保证可靠性。

（3）选择最简电路器件

所谓最简电路器件是指，选择的外围器件与嵌入式处理器的连接最简单，连接线最少，这样可以提高系统可靠性。根据这个原则，尽可能选用以串行方式连接的外围器件，如通过 SPI 接口、I^2C 总线等，而不选用并行接口方式的器件。

（4）优先选用数字逻辑电路

由于数字逻辑电器的抗干扰特性，在选用器件时，能用数字的不用模拟，必须用模拟的可以先转换，如采用模拟电压到频率的转换（V/F）以代替模块器件。

（5）选择可靠性高的专用器件

尽可能选择专门用于系统可靠性的器件，以消除系统出错因素或保护系统的安全。此类器件主要有以下几种。

① 电源监控类器件。电源监控类器件可时刻监控电源的运行情况，一旦电源不正常立即将其切断，并通知嵌入式系统，嵌入式处理器紧急处理事务，以防止电源切换过程中系统出错。监控电源的参数包括过压、欠压及报警等；电源上电、断电时系统的可靠复位及数据的保护。第 5 章 5.4.2 节介绍的复位芯片就属于电源监控类器件。

② 运行监控器件。程序运行的监视定时器，即看门狗定时计数器，可在程序失控时及时使系统复位并进行数据保护。

③ 尖峰抑制器件。尖峰抑制器件可以吸收高压尖脉冲信号，以防止尖峰脉冲干扰 CPU 或其他部件，这些器件主要有压敏电阻、瞬态抑制二极管 TVS 等，能有效、可靠地消除电源线上尖峰电压及浪涌对系统的损坏和影响。参见第 2 章 2.2.3 节电路元件中的有关内容。

④ 自恢复保险丝。自恢复保险丝也叫可恢复保险丝，可实现电源短路保护和过流保护，当电流超过额定值时，自恢复保险丝的 PN 结由于温度急速升高而断开，起到保护的作用，当电流正常时又可自动恢复状态。参见第 2 章 2.2.3 节电路元件中的有关内容。

⑤ 静电阻抗器件。ESD（electro-static discharge，静电释放）是 20 世纪中期以来形成的研究静电的产生、危害及静电防护等内容的学科。因此，国际上习惯将用于静电防护的器材统称为 ESD，中文名称为静电阻抗器，简称 ESD 器件。ESD 器件主要用于信号线、总线等环节静电干扰的抑制。例如，在 CAN、RS-485、USB 等总线上往往需要连接一个 ESD 器件。

根据不同情况采用不同的可靠性专用器件，对提高嵌入式硬件系统的可靠性将起到非常重要的作用，往往会起到事半功倍的效果。

（6）集成电路的选择和使用

可根据器件手册查知器件的特性，如工作电压、输入电压、最高工作频率、负载能力、开关特性、环境工作温度、电源电流等。

为保证可靠性，尽量不要在器件的极限参数附近工作，可以采取以下措施。

容差设计：考虑器件的制造容差、温度漂移、时间漂移等；

温度余量设计：在使用的温度范围内，器件的性能下降应在允许范围内。考虑到器件自身功耗、热阻及环境温度等因素，所选择的器件的工作温度范围要有一定的余量。例如，在成本允许的情况下，商业级应用可以选择工业级器件，工业级应用可以选择军品级器件，反之则不可以使用。

防静电设计：对于器件不使用的引脚，要直接接地或电源，或者通过电阻接地或接电源，尽量不要悬空；尽可能使用 ESD 器件。

防过载防寄生电容：在器件电源与地之间连接一个去耦电容。

（7）分离器件的选择

分离器件可按照表 10.2 的要求选择和使用。

表 10.2　分离器件的选择和使用

应用	应用要求	选择类型
开关箝位　消反电势检波		开关二极管、整流二极管、稳压二极管、肖特基二极管
整流	不超过 3 kHz	整流二极管
	超过 3 kHz	快恢复整流二极管、开关二极管、肖特基二极管
稳压	1 V 以上	电压调整二极管
	1 V 以下	正偏置开关二极管、整流二极管
电压基准		电压基准管、电压调整二极管
稳流		电流调整二极管
调谐		变容二极管
脉冲电压保护		瞬变电压抑制二极管
信号显示		发光二极管
光电敏感		光敏二极管、光电池、光伏探测器
小功率放大	低输出阻抗（1 MΩ 以下）	高频晶体管
	高输入阻抗（1 MΩ 以上）	场效应晶体管
	低频低噪声	场效应晶体管
功率放大	工频 10 kHz 以上	高频功率晶体管
	工频 10 kHz 以下	低频功率晶体管
开关	通态电阻小	开关晶体管
	通态内部等效电压为 0	场效应晶体管
	功率、低频（5 kHz）	低频功率晶体管
	大电流开关、可通电源	闸流晶体管
光电转换放大		光电晶体管
电位隔离	浮地	光电耦合器

对于电阻器，可按照电阻器的电气特性来使用，这些电气特性包括电阻值、额定功率、误差、温度系数、温度范围、线性度、噪声频率特性、稳定性等。

对于电容器，同样可以按照电容器的电气特性来使用，这些电气特性包括容量、耐压、损耗、误差、温度系数、频率特性、温度范围等。

2. 筛选与老化

所选择的合适的元器件的特性经测试后，对这些元器件施加外力，经过一定时间工作后，再重新测试它们的特性，剔除不合格的元器件。施加的外力包括加电、加热、机械振动等。

嵌入式硬件系统做出来后加电工作，为的是让其尽量进入随机失效期。

3. 降额使用

降额使用就是使元器件在低于额定条件下工作，以保留足够的余量。

在电气上的降额：在额定电压、额定电流、额定功率和额定频率以下工作，并留有一定余量空间，以保证器件不会满负载运行，可以延长器件的使用寿命，提高系统的可靠性。

在机械上的降额：主要有压力、振动、冲击等方面。

在环境方面的降额：主要有温度、湿度、腐蚀等。

4. 可靠的电路设计

可采用以下的电路设计措施。

① 简化电路设计。

② 尽可能采用标准元器件。

③ 考虑最恶劣环境下的设计。

④ 瞬态和过应力保护设计。

⑤ 减少电路设计误差。

5. 冗余设计

对于关键部位的电路采用冗余设计，冗余设计可采用并联冗余设计和串联冗余设计。

6. 环境设计

在环境设计方面可采取以下保护措施。

① 温度保护。

② 冲击振动保护。

③ 电磁干扰保护。

④ 湿度保护。

⑤ 粉尘保护。

⑥ 腐蚀保护。

⑦ 防爆保护。

⑧ 防核辐射保护。

7. 人为因素设计

人机界面必须友好，使操作人员的操作越简单越好，观察直观方便，减少人为操作失误率。

8. 对整体嵌入式硬件系统的可靠性试验

可对嵌入式硬件系统进行高温试验、低温试验、潮湿试验、腐蚀试验、防尘试验、振动试验、雷击试验、防爆试验以及电磁干扰试验等，确保嵌入式硬件系统能够高可靠地运行。

10.2.3 嵌入式硬件系统总体方案可靠性设计

在嵌入式应用系统的总体方案设计中，可根据系统可靠性等级制定完备的总体措施。以下为总体方案可靠性设计的主要内容。

1. 采用硬件平台的系统设计方法

采用基于硬件平台的系统设计方法，是嵌入式系统总体可靠性设计的基本方法。硬件平台的稳定性和可靠性已经经过硬件平台提供商的检验，是嵌入式应用系统可靠性的保障。

通常，嵌入式应用系统的硬件平台都由相似的应用系统基本电路组成，只适用于某个应用领域中的硬件系统设计，如工业控制领域、通信领域、信息终端、智能卡应用等。这里的硬件平台通常是指厂家针对某款嵌入式处理器而设计开发的开发板、最小应用系统或核心板，相对来说比较成熟可靠。

一个良好的硬件平台具有如下功能：

① 系列化、标准化、规范化。这些硬件平台电路系统都是经过不断改进升级的标准化、规范化的硬件系统。

② 柔性的基本应用系统体系结构，具有良好的适应性及满足最大系统集成的能力。

③ 有丰富的软件支持。

④ 有可靠性测评记录。

2. 选用集成度高且成熟的电路或器件

尽量选用集成度高的器件，不选用集成度低的器件，有利于降低系统硬件失误率。

① 在性价比可比的前提下，为了保证可靠性，能用集成电路实现的，不用分离元件实现。

② 尽量选择满足系统要求，具有丰富片上资源的嵌入式处理器，尽量不要通过外部扩展的方式实现某种接口。目前的嵌入式处理器片上资源非常丰富，基本能满足要求。除非在现有嵌入式处理器内部没有需要的接口或组件时，才考虑进行外部扩展。

③ 在成本增加不多，产量比较大的前提下，通过 OEM 方式，采用 OEM 厂家设计的系统集成，可保证硬件的可靠性。

④ 尽可能选择使用成熟的典型电路，这些电路经过实践中的检验，可靠性比较高。

3. 采用 CMOS 电路系统

CMOS 电路与 TTL 电路相比，电源适应能力强，内部保护机制完备，具有更高的可靠性。

① 电源电压范围宽，适应能力强，可在较宽的工作电压范围内正常工作，而不受电源波动的影响。

② 逻辑电平噪声容限高，抗干扰能力力强。

③ 输出电平摆幅大，在较低电压时也能输出正确的逻辑电平。

④ 在低功耗模式下，CMOS 电路对于噪声失敏，有利于降低系统的失误率，提高可靠性。

4. 能用数字电路不用模拟电路

数字电路具有很强的抗干扰能力，模拟电路容易受外界干扰。

5. 嵌入式系统可靠性设计进程

嵌入式系统可靠性设计进程如图 10.5 所示，即在系统设计的每一步均要考虑可靠性。

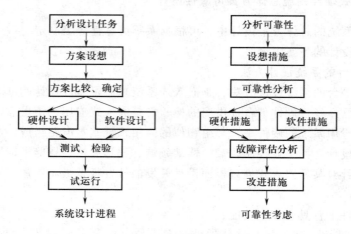

图 10.5　嵌入式系统设计进程

10.3　嵌入式硬件系统的干扰

前面已经介绍了影响嵌入式硬件可靠性的主要因素和应该采取的相关措施，就嵌入式硬件系统而言，除了元器件的可靠性、工艺、电路结构以及人为因素外，环境因素是更为重要的可靠性因素，环境因素中的各种干扰的引入，对可靠性影响巨大，因此本节主要讨论干扰的来源、传播途径及其对嵌入式硬件系统的影响。

10.3.1　干扰的来源

所谓干扰信号或干扰，是指有用信号以外的噪声或使嵌入式硬件系统不能正常工作的破坏因素。对于嵌入式硬件系统来说，有外界的干扰，也有嵌入式硬件系统本身内部的干扰。图 10.6 所示为外部和内部干扰源。

外部干扰包括高压输电电缆、闪电、雷达、电台等天线发射，地电位波动，电机、电焊机等用电大的设备运行，交流动力线以及其他噪声引入等。外部干扰环境的不同，干扰重点也不同。

内部干扰是由于嵌入式硬件系统内部结构布局、制造工艺引入的。分布电容和分布电感引起的耦合感应干扰、内部电路电磁场感应干扰、长线传输引起的电波传输反射干扰、电点接地产生的电位差引入的干扰、装备中各种寄生振荡引入的干扰，以及热噪声、闪电噪声、尖峰噪声等引入的干扰，还有器件产生的噪声干扰等，都会干扰自身电路系统。

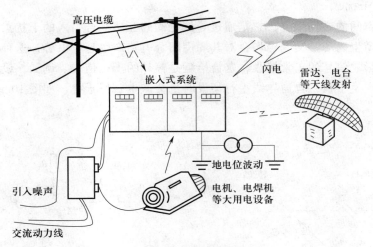

图 10.6 外部和内部干扰源

以上是按照内外来分的干扰来源。从嵌入式硬件系统的构成特点来分，嵌入式硬件系统的主要干扰源如图 10.7 所示，包括空间电磁辐射干扰、供电系统干扰、输入通道干扰、输出通道干扰、人机交互通道干扰以及相互通信通道干扰等。

空间电磁辐射干扰是外部干扰源，无处不在。电磁辐射又称电子烟雾，由空间共同移送的电能量和磁能量所组成，而这些能量是由电荷移动所产生的。例如，正在发射信号的射频天线所发出的移动电荷便会产生电磁能量。电

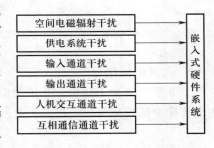

图 10.7 嵌入式硬件系统主要干扰源

磁频谱包括形形色色的电磁辐射，从极低频的电磁辐射至极高频的电磁辐射。两者之间还有无线电波、微波、红外线、可见光和紫外光等。电磁频谱中射频部分的一般定义，是指频率为 3 kHz~300 GHz 的辐射。这些电磁辐射对电路系统产生很大的干扰，有些电磁辐射对人体有一定的影响。

对嵌入式硬件系统干扰最严重的是电网尖峰脉冲干扰。产生尖峰干扰的用电设备有电焊机、大电机、可控机、继电器、接触器、变频器、带镇流器的充气照明灯等。如果对电网尖峰脉冲干扰采取措施不当，很容易出现嵌入式系统死锁。

10.3.2 干扰的传播途径

对于嵌入式硬件系统来说，干扰传播的主要途径有静电耦合、磁场耦合以及公共阻抗耦合。

1. 静电耦合干扰

静电耦合是电场通过电容耦合途径窜入其他线路的。两根并排导线之间会构成分布电容，比如电路板线路之间，变压器绕线之间也会构成分布电容，如图 10.8 所示。

2. 磁场耦合干扰

磁场耦合即空间的磁场耦合，它是通过导体之间的互感耦合引入的干扰。在任何载流导体周围空间中都会产生磁场，交变磁场会对其周围闭合电路产生感应电势，这种感应电势会叠加在正常信号上，影响信号的正常接收，这恰恰就是额外的干扰信号。例如，设备内部的线圈或变压器的漏磁会产生干扰，普通导线平行架设时也会产生磁场干扰，如图 10.9 所示。

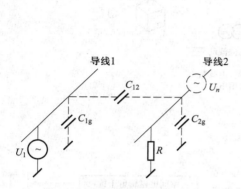

图 10.8　导线之间的静电耦合

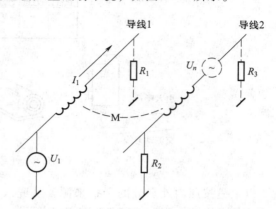

图 10.9　导线之间的磁场耦合

3. 公共阻抗耦合干扰

公共阻抗耦合干扰发生在两个电路之间的电流流经一个公共阻抗时，一个电路在该阻抗上的电压降会影响到另一个电路，从而产生干扰噪声的影响，如图 10.10 所示。

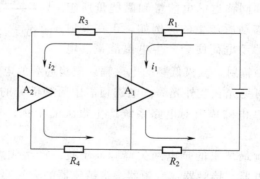

图 10.10　公共电源线的阻抗耦合

10.3.3　干扰对嵌入式系统的影响

影响应用系统可靠、安全运行的主要因素来自系统内部和外部的各种电磁干扰，以及系统结构设计、元器件安装、加工工艺和外部电磁环境条件等。这些因素对嵌入式应用系统造成的干扰后果主要表现在以下几个方面。

1. 测量数据误差加大

干扰侵入嵌入式系统测量单元模拟信号的输入通道，叠加在测量信号上，会使数据采集误差加大，甚至干扰信号，湮没测量信号。特别是检测一些微弱信号，如人体的生物电信号，影响更加明显。

2. 影响嵌入式系统 RAM 存储器和 EEPROM 等

在嵌入式应用系统中，程序及表格、数据存储在程序存储器 EEPROM 或 Flash 中，避免了这些数据受干扰破坏。但是，片内 RAM、外扩 RAM、EEPROM 中可写的存储器数据都有可能受到外界干扰而变化。一旦受到干扰，数据就会被改变，如果重要数据或标志被改变，将严重影响系统运行，对于控制应用领域，将失去正确的控制，结果有时可能是灾难性的。

3. 控制系统失灵

嵌入式处理器输出的控制信号通常依赖于某些条件的状态输入信号和对这些信号的逻辑处理结果。若这些输入的状态信号受到干扰，引入虚假状态信息，将导致输出控制误差加大，甚至控制失灵。

4. 程序运行失常

外界的干扰有时导致机器频繁复位而影响程序的正常运行。若外界干扰导致嵌入式处理器程序计数器（PC）值的改变，则会破坏程序的正常运行。由于受干扰后的 PC 值是随机的，程序将执行一系列毫无意义的指令，如果不采取措施，系统最后会进入"死循环"，这将使输出严重混乱或导致死机。

由此可见，任何干扰对嵌入式应用系统的影响都是不能容忍的，有时是致命的，必须采取相应措施加以抑制。

10.3.4　干扰的抑制原则及措施

1. 干扰抑制的基本原则

抗干扰设计的基本原则是：抑制干扰源，切断干扰传播路径，提高敏感器件的抗干扰性能。干扰源是干扰嵌入式硬件系统的源头，必须从源头抓起，设法减少或抑制干扰源对系统的干扰；想方设法通过各种手段切断干扰的传播路径；对于敏感器件，设法采取措施提高其抗干扰能力，使嵌入式硬件系统可靠运行。

2. 抑制干扰源的常用措施

① 继电器线圈增加续流二极管，消除断开线圈时产生的反电动势干扰。仅加续流二极管会使继电器的断开时间滞后，增加稳压二极管后，继电器在单位时间内可动作更多的次数。

② 在继电器接点两端并接火花抑制电路（一般是 RC 串联电路，电阻一般选几千欧到几十千欧，电容选 0.01 μF），减小电火花影响。

③ 给电机加滤波电路，注意电容、电感引线要尽量短。

④ 电路板上每个 IC 要并接一个 0.01～0.1 μF 的高频电容，以减小 IC 对电源的影响。注意高频电容的布线，连线应靠近电源端并尽量粗短，否则等于增大了电容的等效串联电阻，会影响滤波效果。

⑤ 布线时避免 90°折线，减少高频噪声发射。

⑥ 可控硅两端并接 *RC* 抑制电路，减小可控硅产生的噪声（这个噪声严重时可能会把可控硅击穿）。

干扰按传播路径可分为传导干扰和辐射干扰两类。

所谓传导干扰，是指通过导线传播到敏感器件的干扰。高频干扰噪声和有用信号的频带不同，可以通过在导线上增加滤波器的方法切断高频干扰噪声的传播，有时也可加隔离光耦来解决。电源噪声的危害最大，要特别注意处理。所谓辐射干扰，是指通过空间辐射传播到敏感器件的干扰。一般的解决方法是增加干扰源与敏感器件的距离，用地线把它们隔离，在敏感器件上加屏蔽罩。

3. 切断干扰传播路径的常用措施

① 充分考虑电源对嵌入式系统的影响。电源做得好，整个电路的抗干扰问题就解决了一大半。许多嵌入式系统对电源噪声很敏感，要给嵌入式系统电源加滤波电路或稳压器，以减小电源噪声对嵌入式硬件系统的干扰。例如，可以利用磁珠和电容组成 π 形滤波电路，条件要求不高时也可用 100 Ω 电阻代替磁珠。

② 如果嵌入式处理器的 I/O 接口用来控制电机等噪声器件，在 I/O 接口与噪声源之间应加隔离（增加 π 形滤波电路）。

③ 注意晶振布线。晶振与单片机引脚尽量靠近，用地线把时钟区隔离起来，晶振外壳接地并固定。此措施可解决许多疑难问题。

④ 电路板合理分区，如强、弱信号，数字、模拟信号。尽可能使干扰源（如电机、继电器）远离敏感元件（如单片机）。

⑤ 用地线把数字区与模拟区隔离，数字地与模拟地分离，最后在一点接于电源地。A/D、D/A 芯片布线也应遵循此原则。厂家分配 A/D、D/A 芯片引脚排列时已考虑此要求。

⑥ 嵌入式处理器和大功率器件的地线要单独接地，以减小相互干扰。大功率器件尽可能放在电路板边缘。

⑦ 在嵌入式处理器的 I/O 接口、电源线、电路板连接线等关键地方使用抗干扰元件，如磁珠、磁环、电源滤波器、屏蔽罩等，可显著提高电路的抗干扰性能。

4. 提高敏感器件的抗干扰性能

提高敏感器件的抗干扰性能是指从敏感器件的角度考虑尽量减少对干扰噪声的拾取，以及从不正常状态尽快恢复的方法。

提高敏感器件抗干扰性能的常用措施如下：

① 布线时尽量减少回路环的面积，以降低感应噪声。

② 布线时，电源线和地线要尽量粗。除减小压降外，更重要的是降低耦合噪声。

③ 对于单片机闲置的 I/O 接口，不要悬空，要接地或接电源。其他 IC 的闲置端在不改变系统逻辑的情况下接地或接电源。

④ 对嵌入式系统使用电源监控及看门狗电路，如 IMP809、IMP706、IMP813、X25043、X25045 等，可大幅度提高整个电路的抗干扰性能。

⑤ 在速度能满足要求的前提下，尽量降低单片机的晶振和选用低速数字电路。

⑥ IC 器件尽量直接焊在电路板上，少用 IC 座。

⑦ 尽可能使用贴片器件，以降低由于直插的引脚产生的电磁干扰。

10.4　供电系统抗干扰与最小系统可靠性设计

嵌入式最小系统是嵌入式系统的核心部分，它的可靠性直接影响整个系统的可靠性，除了选择器件的考虑之外，嵌入式最小系统要采取以下主要措施。

10.4.1　供电系统的抗干扰措施

任何硬件都需要供电，嵌入式系统也不例外。由于电源是嵌入式系统的重要组成部分，与所有电路相连，因此如果电源不可靠，将直接影响整个系统的运行。

1. 交流电网的异常现象

我国理想的交流电频率应该是 50 Hz 的正弦波，但实际上，由于负载的变动，如电机、电焊机、鼓风机等电器设备的启停，甚至日光灯的开关都可能造成电源电压的波动，严重时使正弦波出现尖峰脉冲（图 10.11），这种尖峰幅值有时可达几十甚至上千伏，持续时间可达几毫秒，极容易造成嵌入式系统死机，甚至会损坏硬件，对系统威胁极大。

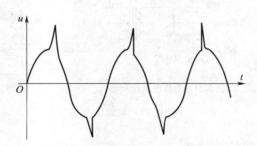

图 10.11　交流电源正弦波上的尖峰

除了尖峰以外，还有可能出现欠压、过压、浪涌与跌落、瞬间停电等异常情况。

2. 线性电源的抗干扰措施

线性电源是指由交流电通过变压、整流、滤波和稳压得到的直流稳压电源。它的前级是交流供电线路，交流供电系统的抗干扰措施就是要保证抑制交流供电系统的异常出现或将引起的影响降到最低程度。

（1）选择稳定电源进线

要选择供电稳定的进线电源，尽量不要将电源线直接接到负载变化大、高频设备等的电源上。

（2）采用交流稳压器

采用交流稳压器稳定交流电压，如图 10.12 所示。

图 10.12　采用交流稳压器的电源组成

（3）采用 UPS 电源或采用掉电保护电路

在重要的场合，还可以采用 UPS（不间断电源）保证系统不间断供电。UPS 在有交流电时对其中的电池充电，在瞬间掉电时，立即切换由电池供电进行逆变，保证系统电源不间断。

在没有 UPS 的情况下，可以设计掉电保护电路，采用锂电池保护数据不因瞬间掉电而丢失。

（4）电源去耦

除上述措施外，还应该注意电源系统中的去耦设计，它的作用是消除以各种途径引入电源中的高频干扰。主要措施是在电源不同部位放置去耦电容，如图 10.13 所示。电容通常选用分布电感小的瓷片电容，在要求高的场合，在成本允许的前提下可选用云母电容，同时要注意电容的耐压。

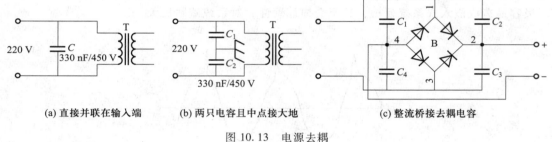

图 10.13　电源去耦

（5）瞬间脉冲干扰的抑制

可以利用干扰抑制器或干扰滤波器来消除尖峰脉冲。干扰抑制器或干扰滤波器为四端口，两个端口输入，两个端口输出，输入端接进线，输出端接出线，连接嵌入式系统的电源输入端。也可以采用瞬态抑制二极管 TVS 来抑制尖峰脉冲，如图 10.14 所示。TVS_1 和 TVS_2 为双向 TVS 管，TVS_3 为单向 TVS 管，这样可以保证不同位置的尖峰脉冲干扰被 TVS 管吸收。

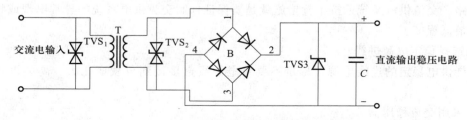

图 10.14　采用 TVS 管抑制尖峰脉冲的变压整流电路

3. 开关电源的抗干扰措施

相对于线性电源，开关电源具有体积小、重量轻、效率高、电压范围宽等优点。开关电源的初级和次级具有良好的隔离效果。但由于开关电源频率比较高，通常在 20 kHz 以上，频率越高，高频干扰就越大。

抑制开关电源的干扰，除了选择品质较好的开关电源外，在使用时可以利用 AC 电源滤波器来抑制干扰，如图 10.15（a）所示，也可以使用 DC 滤波器，如图 10.15（b）所示。

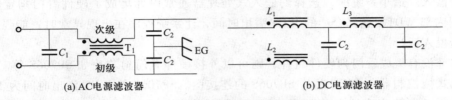

(a) AC电源滤波器　　　　　　　　(b) DC电源滤波器

图 10.15　开关电源中的电源滤波电路

由于嵌入式系统都采用直流电供电，因此对直流供电电源要采取相应措施来抑制干扰。

4. 供电模块要保证稳定且不受干扰

除采取以上供电系统的抗干扰措施外，还可在嵌入式处理器电源和地之间就近连接两个去耦合电容，一个采用 10 μF/16 V 的钽电容，一个采用 0.01 μF 的独石电容，如图 10.16 所示。

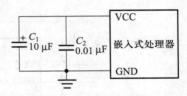

图 10.16　嵌入式处理器电源引入的去耦处理

10.4.2　嵌入式最小系统的可靠性设计

嵌入式最小系统是嵌入式系统的核心部分，它的可靠性直接影响整个系统的可靠性，除了选择器件的考虑之外，在抗干扰方面，嵌入式最小系统可采取以下主要措施。

1. 嵌入式处理器的选用

可根据需求，尽可能选择片上资源够用的嵌入式处理器，尤其是片上存储器，尽量不要外扩，以减少器件的累积干扰或相互干扰。最小系统越小越好，即构成最小系统的元件越少越好。

2. 时钟电路的选择和配置

以 ARM 为核心的嵌入式处理器大部分都集成了内部振荡器，时钟源有多种选择，从可靠性的角度，应尽可能使用内部振荡器作为时钟源，以减少外部时钟对系统的电磁干扰。ARM 处理器内部通常有高速的内部 RC 振荡器和低速振荡器，除非是特定组件，完全可以不使用外部时钟，仅使用内部时钟源。快速组件可以选择内部高速 RC 振荡器，慢速组件可以选用低速振荡器。

3. 保证系统可靠复位，防止嵌入式系统在电源过渡状态下运行

当系统上电或断电过程过长，嵌入式系统中不稳定状态时间较长时，可能导致逻辑失误、控制出错或数据改写等。因此在嵌入式系统设计中，必须保证当嵌入式系统电源跌落到

某一数值时，系统能可靠复位，嵌入式系统电源上升到正常值时，系统才启动工作。也就是保证系统在低于特定电压（通常为额定工作电压的 85%）时，嵌入式系统处于可靠的复位状态。

要达到这一点，除了要选择具有内部可靠复位电路的嵌入式处理器外，还可以考虑外加专用复位芯片，详见第 5 章 5.4.2 节。

4. 重视看门狗的使用，防止程序运行失常

在设计嵌入式最小系统时，选择的嵌入式处理器通常内部集成了硬件看门狗定时器组件 WDT，启用内部 WDT，选择合适的 WDT 溢出时间，让系统程序在出现异常时，能强行使嵌入式系统重新投入运行。

如果内部没有集成看门狗硬件组件，则可以外接硬件看门狗芯片如 SP706S 等。图 10.17 所示为嵌入式微控制器与 WDT 芯片 SP706S 的连接图。SP706S 的 WDT 溢出时间为 1.6 s，只要正常程序中不断改变连接在 WDI 的 GPIO 引脚的状态，即可让 SP706S 的定时计数器清零。只有程序失常，才会使 WDI 的状态不改变，使其在经过 1.6 s 后产生低电平有效的复位信号，该信号强行使嵌入式微控制器复位。

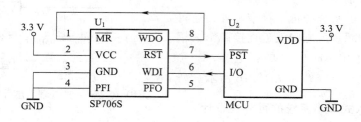

图 10.17　嵌入式微控制器与外围看门狗芯片的连接

5. 数据保护

在嵌入式应用系统中，有些数据非常重要，比如累积的电度值、设置的参数等，不希望这些数据因为断电而丢失。

对于改写次数不频繁的数据，可以保存在嵌入式处理器片上 EEPROM 组件中。如果内部没有 EEPROM，则可采用外接串行接口的 EEPROM，如 AT24C 系列 I^2C 的 EEPROM。

对于改写次数频繁的数据，就不能写入 EEPROM，因为 EEPROM 的读写次数是有限的。如果强行不断写入，将损坏 EEPROM。可以采用第 5 章 5.6.7 节介绍的铁电存储器。

10.5　接地系统抗干扰措施

接地的可靠性对于嵌入式应用系统的影响也非常重要。本节主要介绍接地的种类，以及常用接地的抗干扰措施。

10.5.1 接地的种类

接地有两种，一种是安全接地或称为保护接地，一种是工作接地。

1. 工作接地

工作接地是为电路正常工作而提供的一个基准电位。该基准电位可以设为电路系统中的某一点、某一段或某一块等。当该基准电位不与大地连接时，视为相对的零电位。这种相对的零电位会随着外界电磁场的变化而变化，从而导致电路系统工作的不稳定。当该基准电位与大地连接时，基准电位视为大地的零电位，而不会随着外界电磁场的变化而变化，但是不正确的工作接地反而会增加干扰，如共地线干扰、地环路干扰等。

为防止各种电路在工作中产生相互干扰，使之能相互兼容地工作，根据电路的性质将工作接地分为不同的种类，如直流地、交流地、数字地、模拟地、信号地、功率地、电源地等。

（1）信号地

信号地是各种物理量的传感器和信号源零电位的公共基准地线。由于信号一般都较弱，易受干扰，因此对信号地的要求较高。

（2）模拟地

模拟地是模拟电路零电位的公共基准地线。由于模拟电路既承担小信号的放大又承担大信号的功率放大，既有低频放大又有高频放大，因此模拟电路既易受干扰，又可能产生干扰，所以对模拟地的接地点选择和接地线的敷设更要充分考虑。

（3）数字地

数字地是数字电路零电位的公共基准地线。由于数字电路工作在脉冲状态，特别是脉冲的前后沿较陡或频率较高时，易对模拟电路产生干扰，所以对数字地的接地点选择和接地线的敷设也要充分考虑。

（4）电源地

电源地是电源零电位的公共基准地线。由于电源往往同时供电给系统中的各个单元，而各个单元要求的供电性质和参数可能有很大差别，因此既要保证电源稳定、可靠的工作，又要保证其他单元稳定、可靠的工作。

（5）功率地

功率地是负载电路或功率驱动电路零电位的公共基准地线。由于负载电路或功率驱动电路的电流较强、电压较高，所以功率地线上的干扰较大。因此功率地必须与其他弱电地分别设置，以保证整个系统稳定、可靠的工作。

2. 保护接地

保护接地就是将正常情况下不带电，而在绝缘材料损坏后或其他情况下可能带电的电器金属部分（即与带电部分相绝缘的金属结构部分）用导线与接地体可靠连接起来的一种保护人的方式。

3. 保护接零

保护接零是指电气设备正常情况下不带电的金属部分用金属导体与系统中的零线连接起来，当设备绝缘损坏碰壳时，就形成单相金属性短路，短路电流流经相线（零线回路），而不经过电源中性点接地装置，从而产生足够大的短路电流，使过流保护装置迅速动作，切断漏电设备的电源，以保障人身安全。

4. 防雷接地

防雷接地是针对防雷保护设备（避雷针、避雷线、避雷器等）的需要而设置的接地。对于直击雷，避雷装置（包括过电压保护接地装置在内）促使雷云正电荷和地面感应负电荷中和，以防止雷击的产生；对于静感应雷，感应产生的静电荷，其作用是迅速地把它们导入地中，以避免产生火花放电或局部发热造成易燃或易爆物品燃烧爆炸的危险。

5. 防静电接地

设备移动或物体在管道中流动，因摩擦产生静电，静电聚集在管道、容器与贮罐或加工设备中，形成很高电位，对人身安全及设备和建筑物都有危险。采用防静电接地后，静电一旦产生就导入地中，以消除其聚集的可能。

6. 隔离接地

所谓隔离接地，是指把干扰源产生的电场限制在金属屏蔽的内部，使外界免受金属屏蔽内干扰源的影响。也可以把防止干扰的电器设备用金属屏蔽接地，任何外来干扰源所产生的电场都不能进入机壳内部，从而使屏蔽内的设备不受外界干扰源的影响。

7. 屏蔽接地

屏蔽接地是为了防止电磁干扰，在屏蔽体与地或干扰源的金属壳体之间所做的永久良好的电气连接。屏蔽接地属于保护接地。

屏蔽与接地配合使用才能起到屏蔽的效果。例如静电屏蔽，当用完整的金属屏蔽体将带正电的导体包围起来时，在屏蔽体的内侧将感应出与带电导体等量的负电荷，外侧出现与带电导体等量的正电荷，因此外侧仍有电场存在。如果将金属屏蔽体接地，外侧的正电荷将流入大地，外侧将不会有电场存在，即带正电导体的电场被屏蔽在金属屏蔽体内。

再如交变电场屏蔽。为降低交变电场对敏感电路的耦合干扰电压，可以在干扰源和敏感电路之间设置导电性好的金属屏蔽体，并将金属屏蔽体接地。只要设法使金属屏蔽体良好接地，就能使交变电场对敏感电路的耦合干扰电压变得很小。

保护接地就是一种安全接地，就是与大地可靠连接。通常高大建筑物均有一个良好的接地系统，其目的是防雷。电气设备的金属外壳接地，目的是防止电气设备漏电或与机壳短路时，人接触设备触电伤亡。安全接地的特点是与大地相连。

10.5.2 接地的方式

在嵌入式应用系统中有各种不同的地，合适接地可有效抑制由于接地不当而引起的干扰或不可靠因素。对于不同情况，要采取不同的接地方式。工作接地按工作频率可采用以下几种接地方式。

1. 低频系统的单点接地

工作频率低（小于 1 MHz）的电路采用单点接地式（即把整个电路系统中的一个结构点看作接地参考点，所有对地连接都接到这一点上，并设置一个安全接地螺栓），以防两点接地产生共地阻抗的电路性耦合。

多个电路的单点接地方式又分为串联和并联两种，由于串联接地会产生共地阻抗的电路性耦合，所以低频电路最好采用并联的单点接地。

为防止工频和其他杂散电流在信号地线上产生干扰，信号地线应与功率地线和机壳地线绝缘，且只在功率地、机壳地和接大地的接地线的安全接地螺栓上相连（浮地式除外）。地线的长度与截面的关系为

$$S > 0.83\ L$$

其中 L 为地线的长度，单位为 m；S 为地线的截面，单位为 m^2。

单点接地的示意如图 10.18 所示，所有模拟地只有一个连接点，所有数字地也只有一个连接点，最后把模拟地和数字地就近相连。

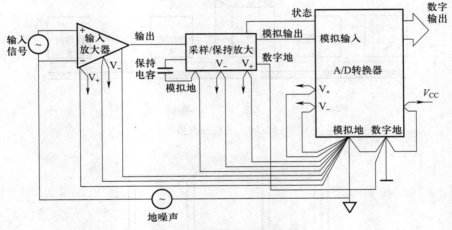

图 10.18　单点接地连接

2. 高频系统的多点接地

工作频率高（大于 10 MHz）的电路采用就近多点接地式（即在该电路系统中，用一块接地平板代替电路中每部分各自的地回路）。因为接地引线的感抗与频率和长度成正比，工作频率高时将增加共地阻抗，从而将增大共地阻抗产生的电磁干扰，所以要求地线的长度尽量短。采用多点接地时，尽量找最接近的低阻值接地面接地。

3. 中频系统的混合接地

工作频率介于 1~10 MHz 的电路采用混合接地式。当接地线的长度小于工作信号波长的 1/20 时，采用单点接地式，否则采用多点接地式。

4. 输入系统接地

对于输入系统的接地，在信号源端可以将信号源的外壳、屏蔽层连接在一起接大地；对接

413

收端，将信号源及屏蔽层接工作电源的地，与大地隔离，如图 10.19 所示。

5. 主机系统的接地

主机与外设的一点接地如图 10.20 所示。另外一种接地方法是主机外壳接地，机芯浮空，如图 10.21 所示，这是常规的接地方法。

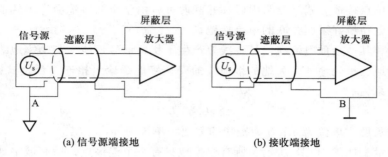

图 10.19　输入系统接地

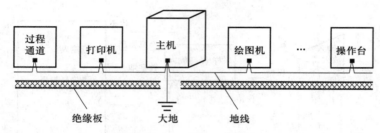

图 10.20　主机一点接地

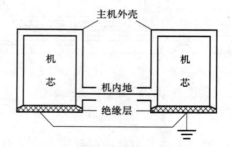

图 10.21　主机外壳接地，机芯浮空

10.6　过程通道的抗干扰设计

由 10.1.3 节中的可靠性设计模型可知，除了最小系统外，嵌入式应用系统的过程通道（输入通道和输出通道）是干扰的主要侵入地。按照干扰的作用方式，可把过程通道的干扰分为差模干扰、共模干扰以及长线传输干扰。因此抑制过程通道的干扰是提高嵌入式应用系统可靠性的重要手段。本节介绍过程通道的主要干扰源及其一般抑制方法。

10.6.1 差模干扰及其抑制

差模干扰也称作串模干扰，是指由两条信号线本身作为回路时，由于外界干扰源或设备内部本身耦合而产生的干扰信号。串模干扰如图 10.22 所示。串模干扰 U_s 与信号源中的有效信号 U_n 串联进入过程通道。图 10.22（a）为信号与干扰的波形示意图，图 10.22（b）为干扰的表现形式，图 10.22（c）为产生串模干扰的原因，原因是有干扰线存在，就有分布电容存在，附近导线（干扰线）交变电流 I_a 流过将产生磁场，通过分布电容耦合，产生干扰电压 U_s，从而与信号 U_n 一道进入嵌入式系统。

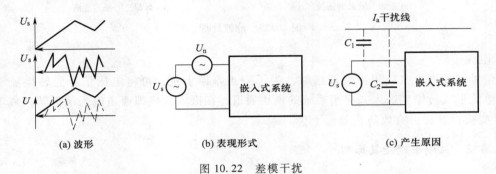

(a) 波形　　　　　　　(b) 表现形式　　　　　　　(c) 产生原因

图 10.22　差模干扰

差模干扰与被测信号所处的地位相同，因此一旦产生差模干扰就不容易消除，所以应当首先防止它的产生。因此，应当尽量避免干扰场的形成。例如，将信号导线远离动力线；合理布线，减少杂散磁场的产生；对变压器等电器元件加以磁屏蔽等。

在没有条件采取主动措施的前提下，在不可避免的干扰场形成后，防止差模干扰的抑制措施有以下几种。

1. 采用双绞线

由于把信号导线扭绞在一起能使信号回路包围的面积大为减少，而且两根信号导线到干扰源的距离大致相等，分布电容也大致相同，所以能使由磁场和电场通过感应耦合进入回路的差模干扰大为减小。

2. 增加屏蔽措施

为了防止电场的干扰，可以把信号导线用金属包起来。通常的做法是在导线外包一层金属网（或者铁磁材料），外套绝缘层。屏蔽的目的就是隔断"场"的耦合，抑制各种"场"的干扰。屏蔽层必须可靠接地才能真正防止干扰。

3. 信号滤波

对于变化速度很慢的直流信号，可以在通道的输入端加入低通滤波电路，以使混杂于信号的干扰衰减到最小。对于抑制差模干扰采取的滤波措施如图 10.23 所示。图 10.23（a）为无源低通滤波，图 10.23（b）为有源低通滤波。滤波电路要紧靠嵌入式系统的模拟通道 ADC 引脚。

对于不同频率的信号，可以采用不同的滤波方法，滤波处理详见第 7 章 7.3.2 节。

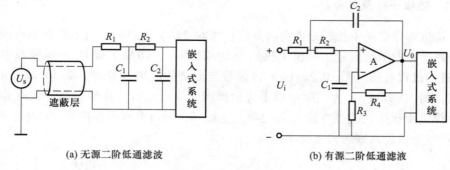

(a) 无源二阶低通滤波   (b) 有源二阶低通滤液

图 10.23　滤波处理

4. 电流传输

当信号源离嵌入式应用系统较远时，为了防止差模干扰，可将电压信号先转换成电流信号，以电流形式传输到嵌入式应用系统的模块通道，在嵌入式模拟通道输入端再转换成电压进行 A/D 变换，这样可有效防止差模干扰。

10.6.2　共模干扰及其抑制

共模干扰是指在两根信号线上产生的幅度相等、相位相同的噪声。共模干扰的产生如图 10.24 所示。图 10.24（a）为共模干扰的表现形式，图 10.24（b）为共模干扰产生的原因。由此可见，当传感器由于通过长的导线引入嵌入式应用系统模拟通道时，传感器的地与嵌入式系统的地之间就会产生一定的电位差 U_{cm}，并直接加在输入端。只是两信号线上均有此电位差。

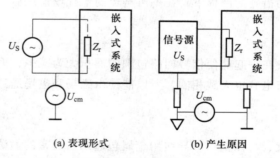

(a) 表现形式   (b) 产生原因

图 10.24　共模干扰

由于嵌入式应用系统信号电平不高，因此共模干扰也会使嵌入式应用系统的信号产生畸变，带来各种测量的错误。共模干扰的抑制就是要有效隔离两个地之间的电气联系，或采用差分输入来解决。防止共模干扰通常采取的具体措施有变压器隔离、光电隔离、浮地屏蔽等。

1. 变压器隔离

变压器隔离是有效隔离前端地与嵌入式应用系统地的有效手段，可消除由于地电位差引起的共模干扰。采用变压器隔离抑制共模干扰的电路原理如图 10.25 所示。前端信号 U_s（可来自远方传感器）通过双绞线经过放大变换为 U_{S1}，U_{S1}通过调制送变压器隔离，再进行解调得到U_{S2}，最后进入嵌入式系统的模拟通道 A/D 变换器，从而消除共模电压产生的干扰。

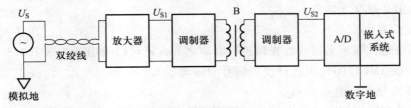

图 10.25　变压器隔离

2. 光电隔离

光电隔离是使用最广泛，成本较低，且非常有效的抑制干扰的手段。

（1）模拟通道的隔离

输入模拟通道的光电隔离原理如图 10.26 所示，采用线性光耦作为光电隔离器件，详见第7 章 7.3.5 节模拟信号隔离。输出模拟通道同样采用线性光电隔离，如图 10.27 所示。

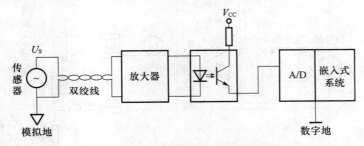

图 10.26　输入模拟通道的光电耦合隔离

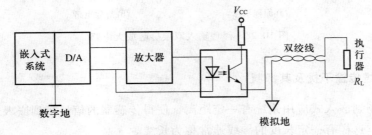

图 10.27　输出模拟通道的光电耦合隔离

（2）数字通道的隔离

对于数字通道，包括开关量信号的隔离，可采用普通光耦（数字光耦）完成对通道的电气隔离。隔离的连接可参见第 6 章 6.2.2 节。

3. 专用数字隔离

对于数字通道，无论是数字输入还是数字输出，除了采用光电耦合隔离外，还可以参照第6 章 6.2.2 节使用其他数字隔离器件进行数字通道的隔离。

4. 通信线路隔离

为了提高通信接口的抗干扰能力，如 RS-485，也可以采用光电隔离方法对通信线路进行隔离，可参见第 9 章 9.3.2 节。

5. 隔离运放隔离

对于模拟通道，除了采用线性光耦进行隔离之外，还可以采用第 7 章 7.3.5 节中介绍的专用隔离运放（如 AMC1200）来进行模拟信号的隔离。

6. 浮空屏蔽与差分输入

浮空屏蔽是利用屏蔽层使输入信号的模拟地浮空，使共模输入阻抗大为提高，共模电压在输入回路中引起的共模电流大为减小，从而抑制共模干扰进入嵌入式系统。浮空屏蔽的原理及等效电路如图 10.28 所示。嵌入式系统采用内外两层屏蔽，内屏蔽层与外屏蔽层是浮地的，而内屏蔽层与信号源和信号线屏蔽层是一点接地的，被测信号到嵌入式系统中的放大器是差分输入放大器，这样模拟地与数字地之间的共模电压在进入放大器之前就非常少，再加上差分放大器的差分作用，使共模干扰为零。

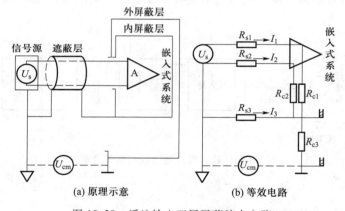

(a) 原理示意　　　　　(b) 等效电路

图 10.28　浮地输入双层屏蔽放大电路

10.6.3　长线传输干扰及其抑制

由于生产现场到嵌入式应用系统有一定距离，使得传感器的信号接到嵌入式应用系统需要很长的导线连接，这样有一定长度的导线通常称为长线。

长线的长度不是绝对的，对于高速运行的嵌入式系统，如 ns 级速度，1 m 就要当长线处理，如果速度在 10 μs 的系统，几米长的连接线才需要当作长线处理。就目前的嵌入式应用系统而言，一般几米以上均要当作长线处理。

信号线长，除了容易引入外界干扰，产生延时外，还会产生传输过程中的电波反射。

对于长线传输干扰的抑制可以采取以下措施。

1. 采用双绞线加屏蔽

只要是长线，就最好使用双绞线并加屏蔽，屏蔽线接地。双绞线可以使两根线上的干扰均等，采用差分放大后容易消除共模干扰，采取屏蔽措施可防止外界空间辐射的干扰。

2. 长线的终端电阻匹配

一般双绞线的特性阻抗（波阻抗）为 $100 \sim 200\ \Omega$，同轴电缆一般为 $50 \sim 100\ \Omega$。通常，信号传输时长线的匹配电阻的连接如图 10.29 所示，其中图 10.29（a）为简单匹配电阻的连接方法，是直接在终端（接收端）的两线之间连接一个匹配电阻 R，选择 R 与长线的特性匹配电阻 R_p 相等，使之匹配，以防止电波反射。但当终端电阻变低时，会使波形的高电平下降，容易降低高电平的抗干扰能力，因此采用图 10.29（b）所示的连接方法，在信号+端接一个上拉电阻到电源 E_c 端，这是常规连接方法，值得推广采纳。等效电阻 $R = R_1 R_2/(R_1 + R_2)$，可以简单选择 $R_1 = R_2 = 2R_p$，使 $R = R_p$ 得以匹配。

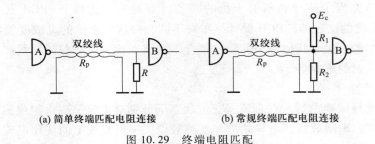

(a) 简单终端匹配电阻连接　　　(b) 常规终端匹配电阻连接

图 10.29　终端电阻匹配

3. 长线的始端电阻匹配

在始端串联一个匹配电阻同样也可以消除反射，提高抗长线干扰的能力。始端电阻匹配的连接如图 10.30 所示，其中 $R = R_p - R_{sc}$，R_{sc} 为 A 门输出低电平时的输出阻抗。通常，现代集成电路 CMOS 器件的输出阻抗都非常小，因此可以选择 R 与 R_p 相当。

另外，对于第 9 章中介绍的远距离有线通信接口，如 RS-485 和 CAN 总线，通常的连接方法就是这种阻抗匹配的方法，只是在两端各连接一个 $120\ \Omega$ 的匹配电阻。详见第 9 章 9.3.3 节和 9.7.2 节。

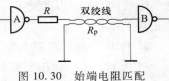

图 10.30　始端电阻匹配

10.7　印制电路板抗干扰设计

印制电路板（PCB）是电子产品中电路元件和器件的支撑件，它提供电路元件和器件之间的电气连接。随着电子技术的飞速发展，PCB 的密度越来越高。PCB 设计的好坏对抗干扰能力影响很大。因此在进行 PCB 设计时，必须遵守 PCB 设计的一般原则，并符合抗干扰设计的要求。

前面几节从原理上讨论了可靠性及抗干扰设计，本节将介绍从印制电路板设计角度如何提高抗干扰能力。

10.7.1 印制电路板的电磁干扰

在印制电路板中，印制导线用来实现电路元件和器件之间的电气连接，是 PCB 中的重要组件。PCB 导线多为铜线，铜自身的物理特性也决定其在导电过程中必然存在一定的阻抗，导线中的电感成分会影响电压信号的传输，而电阻成分则会影响电流信号的传输，在高频线路中电感的影响尤为严重。因此，在 PCB 设计中必须注意和消除印制导线阻抗所带来的影响。

PCB 的干扰源、路径和接收器构成了电磁干扰的三个要素。其中嵌入式应用系统中的时钟系统、运行中的总线提供了电磁干扰的信号源；PCB 中的走线（线迹）与干扰源相连的 I/O 端口及导线、电缆充当了传导和辐射干扰的路径（有时称为天线）；PCB 上的集成电路、线迹、I/O 线等为干扰的接收器。PCB 设计与布局不同，对这些干扰的灵敏度差异很大。

印制电路板中的电磁干扰包括公共阻抗耦合、差模干扰、高频载流导线产生的辐射，以及印制线条对高频辐射的感应等。

1. PCB 导线产生干扰

PCB 上的印制导线通电后，在直流或交流状态下分别对电流呈现电阻或感抗，而平行导线之间存在电感效应、电阻效应、电导效应、互感效应；一根导线上的变化电流必然影响另一根导线，从而产生干扰；PCB 板外连接导线甚至元器件引线都可能成为发射或接收干扰信号的天线。

印制导线的直流电阻和交流阻抗可以通过公式 $R = \rho L/S$ 和公式 $XL = 2\pi fL$ 来计算，式中 L 为印制导线长度（m），S 为导线截面积（mm^2），ρ 为铜的电阻率，f 为交流频率。正是由于这些阻抗的存在，从而产生一定的电位差，这些电位差的存在必然会带来干扰，从而影响电路的正常工作。

2. PCB 中的环路和天线

PCB 上的天线包括所有线迹、器件、器件引脚、接插件和导线，也就是说，PCB 上或连接到 PCB 上的所有器件都可充当天线。在达到一定工作频率时，就会在天线上发射电磁波，造成电磁干扰。

任何电子环路都可以发送和接收电磁干扰，环路面积越大，接收的电磁干扰就越大。环路还会产生差模干扰。传输路径越长，阻抗越大，电磁干扰越严重，因此要尽量缩短路径长度。

3. PCB 中的电磁干扰源

嵌入式应用系统中的时钟系统是 PCB 中的主要电磁干扰源，除振荡器以外，时钟分频电路、倍频电路、时钟线都是系统中的关键电磁干扰源。电磁辐射与频率有关，也与时钟电路布局、路径和去耦设计有关。

4. PCB 中的噪声耦合

线间耦合是 PCB 中常见的噪声干扰。

5. PCB 中的差模干扰和共模干扰

当信号源传输到负载并由负载返回时，就会产生差模干扰，差模干扰与环路有关，减少环路面积可降低差模干扰。

PCB 上的电缆线容易形成共模干扰，辐射的电磁波会在电缆上产生共模干扰，屏蔽是防止共模干扰的有效手段。

PCB 设计不合理很容易产生以上干扰，影响嵌入式系统的可靠运行，因此在 PCB 设计之初就必须考虑抗干扰措施。

10.7.2　印制电路板的电磁兼容设计

除了在原理设计上采用抗干扰和提高可靠性的相关措施外，印制电路板的电磁兼容设计（就是抗电磁干扰的设计）对整个硬件系统的可靠性也起着不可替代的作用。下面介绍 PCB 抗干扰的相关措施。

1. 区域划分与合理布局

在设计 PCB 时，通常要根据模块来划分几个区域，不同区域占据不同位置。强电与弱电分开并做隔离处理，数字与模拟也要分开处理。区域划分及布局示意如图 10.31 所示。

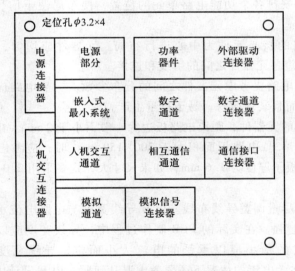

图 10.31　PCB 区域划分及布局

设计之初就要考虑 PCB 的尺寸大小。PCB 尺寸过大，印制线条长，阻抗增加，抗噪声能力下降，成本也增加；PCB 尺寸过小，则散热不好，且邻近线条易受干扰。在确定 PCB 尺寸后，再确定特殊元件的位置。最后，根据电路的功能单元，对电路的全部元器件进行布局。

（1）确定特殊元件的位置时要遵守的原则

① 尽可能缩短高频元器件之间的连线，设法减少它们的分布参数和相互间的电磁干扰。易受干扰的元器件不能挨得太近，输入和输出元件应尽量远离。

② 某些元器件或导线之间可能有较高的电位差，应加大它们之间的距离，以免放电引起

意外短路。带高电压的元器件应尽量布置在调试时手不易触及的地方。

③ 质量超过 15 g 的元器件应当用支架加以固定并焊接。又大又重、发热量大的功率器件不宜装在印制板上，而应装在整机的机箱底板上，且应考虑散热问题。热敏元件应远离发热元件。

④ 对于电位器、可调电感线圈、可变电容器、微动开关等可调元件的布局，应考虑整机的结构要求。若是机内调节，应放在印制板上方便调节的地方；若是机外调节，其位置要与调节旋钮在机箱面板上的位置相适应。

⑤ 应留出印制板定位孔及固定支架所占用的位置。

⑥ 时钟发生器、晶振和 CPU 的时钟输入端应尽量靠近且远离其他低频器件。

⑦ 小电流电路和大电流电路尽量远离逻辑电路。

⑧ 应保证发热量大的器件处在印制板的上方。

⑨ 功率线、交流线尽量布置在和信号线不同的板上，否则应和信号线分开走线。

（2）根据电路的功能单元，对电路的全部元器件进行布局时要遵守的原则

① 按照电路的流程安排各个功能电路单元的位置，使布局便于信号流通，并使信号尽可能保持一致的方向。

② 以每个功能电路的核心元件为中心进行布局。元器件应均匀、整齐、紧凑地排列在 PCB 上，尽量减少和缩短各元器件之间的引线和连接。

③ 在高频下工作的电路要考虑元器件之间的分布参数。一般电路应尽可能使元器件平行排列，这样不但美观，而且装焊容易，易于批量生产。

④ 位于电路板边缘的元器件，距离电路板边缘一般不小于 2 mm。电路板的最佳形状为矩形，长宽比为 3∶2 或 4∶3。电路板面积大于 $200 \times 150 \text{ mm}^2$ 时，应考虑电路板所受的机械强度。也就是说，一般的板子厚度为 1.6 mm，如果尺寸大，则要采用 2.0 mm 的板子。

2. 电源线布置

① 根据电流大小，尽量调宽导线布线。PCB 导线宽度与电路电流承载值有关，一般导线越宽，承载电流的能力越强。在实际的 PCB 制作过程中，导线宽度应以能满足电气性能要求而又便于生产为宜，它的最小值以承受的电流大小而定，导线宽度和间距可取 0.3 mm（12 mil）。导线的宽度在大电流的情况下还要考虑温升问题。PCB 设计中铜厚度、线宽和电流的关系如表 10.3 所示。没有特殊说明的情况下，一般电路板的铜厚度为 35 μm。

表 10.3　PCB 设计中铜厚度、线宽和电流的关系

线宽/mm	电流/A		
	铜厚度（35 μm）	铜厚度（50 μm）	铜厚度（70 μm）
0.15	0.2	0.5	0.7
0.2	0.55	0.7	0.9
0.3	0.8	1.1	1.3

线宽/mm	电流/A		
	铜厚度（35 μm）	铜厚度（50 μm）	铜厚度（70 μm）
0.4	1.1	1.35	1.7
0.5	1.35	1.7	2.0
0.6	1.6	1.9	2.3
0.8	2.0	2.4	2.8
1.0	2.2	2.6	3.3
1.2	2.7	3.0	3.6
1.5	3.2	3.5	4.2
2.0	4.0	4.3	5.1
2.5	4.5	5.1	6.0

例如，如果某器件需要驱动 500 mA 的电流，该段走线宽度至少要在 0.2 mm 以上。在空间允许的情况下，导线越宽，阻抗越小，抗干扰能力越好。

② 电源线、地线的走向应与信号的传递方向一致。

③ 在印制板的电源输入端应接上 10~100 μF 的去耦电容。

3. 地线布置

① 数字地与模拟地分开，按照 10.5.2 节中介绍的工作接地方法连接地线。

② 接地线应尽量加粗，至少能通过 3 倍于印制板上的允许电流，在空间允许的情况下，越粗越好，但通常设置为 1~3 mm。

③ 接地线应尽量构成死循环回路，这样可以减少地线电位差。

④ 当印制电路板以外的信号线相连时，通常采用屏蔽电缆。对于高频信号和数字信号，屏蔽电缆的两端都接地，低频模拟信号用的屏蔽电缆，一端接地为好。

4. 去耦电容配置

集成电路电源和地之间的去耦电容有两个作用：一方面是集成电路的蓄能电容，另一方面旁路掉该器件的高频噪声。数字电路中典型的去耦电容值是 0.1 μF。这个电容的分布电感的典型值是 5 μH，它的并行共振频率大约为 7 MHz。也就是说，对于 10 MHz 以下的噪声有较好的去耦效果，对 40 MHz 以上的噪声几乎不起作用。

1 μF、10 μF 的电容，并行共振频率在 20 MHz 以上，去除高频噪声的效果要好一些。

每 10 片左右集成电路要加一片充放电电容或一个蓄能电容，电容值可选 10 μF 左右。最好不使用电解电容，电解电容是由两层薄膜卷起来的，这种卷起来的结构在高频时表现为电感。要使用钽电容或聚碳酸酯电容。

去耦电容的选用并不严格，可按 $C = 1/F$ 选择，即 10 MHz 取 0.1 μF，100 MHz 取 0.01 μF。

在焊接时，去耦电容的引脚要尽量短，长的引脚会使去耦电容本身发生自共振。例如，1 000 pF 的瓷片电容引脚长度为 6.3 mm 时，自共振的频率约为 35 MHz，引脚长 12.6 mm 时为 32 MHz。因此最好使用贴片电容，避免产生自共振。

① 印制板电源输入端跨接 10~100 μF 的电解电容，在空间允许的情况下越大越好（不考虑成本时）。

② 去耦电容的大小一般取 $C = 1/F$，F 为数据传输频率。

③ 每个集成芯片的电源 V_{cc} 和地 GND 之间跨接一个 0.01~0.1 μF 的陶瓷电容。如果空间不允许，可为每 4~10 个芯片配置一个 1~10 μF 的钽电容。

④ 对抗干扰能力弱、关断电流变化大的器件，以及 ROM、RAM，应在 V_{cc} 和 GND 间就近接 0.01~0.1 μF 的去耦电容。

⑤ 在嵌入式处理器复位端 RESET 上配以 0.01 μF 的去耦电容。

⑥ 去耦电容的引线不能太长，尤其是高频旁路电容不能带引线，最好使用贴片电容。

5. 走线的抗干扰设计

① 输入端与输出端的边线应避免相邻平行，以免产生反射干扰，必要时应加地线隔离。两相邻层的布线要互相垂直，平行容易产生寄生耦合。最好加线间地线，以免发生反馈耦合。

② 线宽的规划是：地线>电源线>信号线，具体信号的宽度可参见表 10.3 所示的基本标准。如果不清楚电流的大小，通常信号线宽度为 8~12 mil（0.2~0.3 mm），电源线宽度为 50~100 mil（1.27~2.54 mm）。

③ PCB 内部的数字地和模拟地实际上是分开的，它们之间互不相连，只是在 PCB 与外界连接的接口（如插头等）处相连。数字地与模拟地分开接地后，一个连接点就近连接。

④ 连线越短越好。

⑤ 布线时，各条地址线的长度尽量一致，且尽量短。

⑥ 两面的线尽量垂直布置，防止相互干扰。

⑦ 用地线将时钟区圈起来，时钟线要尽量短。

⑧ 走线要避免突变，拐弯处一般取圆弧形，而直角或夹角在高频电路中会影响电气性能，如图 10.32 所示。如用 45° 折线而不用 90° 折线，以减小高频信号对外的发射与耦合。

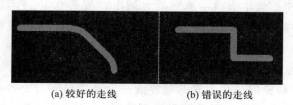

(a) 较好的走线　　　(b) 错误的走线

图 10.32　PCB 的走线

⑨ 时钟线尽量垂直于 I/O 线，这样比平行于 I/O 线干扰小。

⑩ 石英晶振和对噪声特别敏感的元件下面不要走线。

6. 过孔的抗干扰设计

过孔本身存在对地的寄生电容，如果已知过孔在铺地层上的隔离孔直径为 D_2，过孔焊盘的直径为 D_1，PCB 的厚度为 T，板材介电常数为 ε，则过孔的寄生电容大小近似于 $C = 1.41 \varepsilon T D_1 / (D_2 - D_1)$。过孔的寄生电容会使信号波形产生失真，干扰有效的信号。此外，对电路造成的主要影响是延长信号的上升时间，降低电路的速度。因此，合理设计过孔有利于提高抗干扰能力。印制板上的一个过孔大约引起 0.6 pF 的电容。

在高速 PCB 设计中，看似简单的过孔往往也会给电路的设计带来很大的负面效应。为了降低过孔的寄生效应带来的不利影响，在设计中应尽量做到以下几点。

① 选择合理尺寸的过孔。必要时可以考虑使用不同尺寸的过孔，例如对于电源或地线的过孔，可以考虑使用较大尺寸以减小阻抗，而对于信号走线，则可以使用较小的过孔。

② 使用较薄的 PCB 有利于减小过孔的寄生电容。

③ PCB 上的信号走线尽量不换层，也就是说，尽量不要使用不必要的过孔。

④ 电源和地的管脚要就近打过孔，过孔和管脚之间的引线越短越好。可以考虑并联打多个过孔，以减少等效电感。

⑤ 在信号换层的过孔附近放置一些接地的过孔，以便为信号提供最近的回路。甚至可以在 PCB 上放置一些多余的接地过孔。

⑥ 对于密度较高的高速 PCB，可以考虑使用微型过孔。

7. 焊盘的抗干扰设计

① 焊盘中心孔要比器件引线直径稍大一些。焊盘太大易形成虚焊。焊盘外径 D 一般不小于 $(d+1.2)$ mm，其中 d 为引线孔径。对高密度的数字电路，焊盘最小直径可取 $(d+1.0)$ mm。

② 焊盘能用圆形不用方形，以降低高频信号经过时产生的反射。

③ 电源和地线经过的过孔和焊盘可以大一些，其他孔可以小一些。

8. 元件封装尽量选择贴片封装

选择表面安装器件即贴片器件是提高 PCB 可靠性的重要步骤。贴片封装具有以下优点。

① 基板面积小，具有良好的高频特性。

② 系统重量轻，连接牢固，抗冲击能力强。

③ 贴片的平面地。电源的设置有利于噪声的吸收。

9. 其他原则

① 总线加 10 kΩ 左右的上拉电阻，有利于抗干扰。

② 不用的管脚通过上拉电阻（10 kΩ 左右）接 V_{cc}，或与使用的管脚并接。

③ 发热的元器件（如大功率电阻等）应避开易受温度影响的器件（如电解电容等）。

④ 对噪声和干扰非常敏感或高频噪声特别严重的电路，应该用金属罩屏蔽起来。铁磁屏蔽对 500 kHz 的高频噪声效果并不明显，薄铜皮屏蔽效果要好一些。使用螺丝钉固定屏蔽罩时，要注意不同材料接触时引起的电位差造成的腐蚀。

⑤ 使用泪滴技术使焊接点更加圆滑，减少信号经过引脚时突变产生干扰。

⑥ 采用大面积敷铜接地，以增加抗干扰能力。

10.8 嵌入式系统的能量控制与低功耗设计

能量控制和低功耗设计是嵌入式硬件系统设计的一个重要课题，除了节能环保的要求外，对于使用电池供电的嵌入式应用系统也是必须考虑的问题。同时，低功耗设计也具有显著的电磁兼容效益，对提高可靠性也具有一定的效果。本节主要介绍嵌入式系统的能量控制与低功耗设计的有关内容。

10.8.1 能量控制与低功耗设计及其意义

这里的能量控制就是控制嵌入式系统消耗的总电能。电能=电功率×时间，即电能公式有 $W=PT$，$P=UI$，有时也可用 $W=U^2T/R=I^2RT$，P 为电功率，U 为电压，I 为电流，R 为电阻，T 为工作时间。由此可见，能量控制可以控制电压、电流、电阻或工作时间。在负载电阻 R 一定的前提下，在单位时间内要降低电能，就是要想方设法降低工作电压和工作电流。

以上是理想情况下消耗的静态电能公式，在实际应用中，嵌入式应用系统中消耗的能量是动态的，除了与工作电压、电流和时间有关外，还与工作频率、动态电容等因素有关。在嵌入式硬件系统中，k 个硬件组件的总能耗公式为

$$W=\sum C_k\times U_k\times I_k\times F_k\times T_k, \quad (k=0,1,2,3,\cdots,n-1) \tag{10.1}$$

C_k 为动态电容，U_k、I_k 为系统在不同的状态或条件下的电压、电流，F_k 为工作频率，T_k 则为系统在此状态或条件下所维持的时间。

如果把工作时间因素去除，最低能耗设计就变成最低功耗设计了，如式（10.2）所示。

$$P=\sum C_k\times U_k\times I_k\times F_k, \quad (k=0,1,2,3,\cdots,n-1) \tag{10.2}$$

从硬件设计的角度，最低功耗设计就是使 P 最小。低功耗设计（low-power design）的目的就是使嵌入式应用系统所消耗的电能最低。

随着半导体工艺的飞速发展和芯片工作频率的提高，芯片的功耗迅速增加，而功耗增加又将导致芯片发热量的增大和可靠性的下降。因此，功耗已经成为集成电路设计中的一个重要考虑因素。为了使产品更具竞争力，工业界对芯片设计的要求已从单纯追求高性能、小面积转为对性能、面积、功耗的综合要求。而微处理器作为数字系统的核心部件，其低功耗设计对降低整个系统的功耗具有重要的意义。

在嵌入式系统的设计中，低功耗设计是许多设计人员必须面对的问题，其原因在于嵌入式系统被广泛应用于便携式和移动性较强的产品中，而这些产品不是一直都有充足的电源供应，往往是靠电池供电，所以设计人员要从每一个细节来考虑降低功率消耗，从而尽可能地延长电池使用时间。事实上，从全局来考虑低功耗设计已经成为一个越来越迫切的问题。

10.8.2 低功耗设计的内容及步骤

从能耗公式可以看出，要进行低功耗设计，就是要降低工作电压，减少工作电流，在可能

的情况下降低工作频率，减少部件的工作时间。

1．嵌入式系统低功耗设计的主要内容

嵌入式系统的低功耗设计内容主要包括纯硬件低功耗设计、能量管理设计以及电源管理设计。

（1）纯硬件低功耗设计

所谓纯硬件低功耗设计，就是无须软件控制的硬件低功耗设计，也称为本质低功耗设计。这部分设计主要考虑低功耗器件的选择、电路设计中的防异常功耗、电源设计中的最高效率设计等。

（2）能量管理设计

能量管理是对嵌入式处理器内部硬件组件以及具有可控使能端的外围器件进行有效的管控，只在必须使用时才打开使能，允许其工作，其他时间关闭这些不用的器件，从而合理控制硬件组件的工作。对于处理器的管理还包括休眠模式的启用以及定时中断唤醒等。这样可以减少工作时间，降低能量消耗。

（3）电源管理设计

现代嵌入式处理器内部的各种片上组件大都具有分别控制的功能，对于不使用的组件，通过电源管理可以切断它们与电源的联系以降低功耗。

2．低功耗设计步骤

（1）方案确定

从嵌入式系统的整体考虑低功耗设计方案，确定功耗目标。

（2）低功耗器件的选择

尽量选取低功耗器件，如选择 CMOS 器件，包括 MCU 及外围器件。

（3）低功耗硬件设计

外围电路有时是整个嵌入式系统消耗能量的大户，对外围器件要加以功耗控制和能量管理。

（4）软件低功耗设计

软件的低功耗设计是整个系统设计中重要的一环，系统整体能量控制、外围电路模块的使用、调度和切换等均需要通过软件的编程来实现，才能达到预期的低能耗目标。

10.8.3　低功耗器件的选择

1．嵌入式处理器的选择

目前，ARM 系列处理器功耗低、功能强、效率高，随着不断更新，成本越来越低，成为嵌入式处理器的首选。尤其是 ARM Cortex-M0+/M0 以及 ARM Cortex-M3/M4，分别是适用于低端和中高端产品开发的低功耗处理器。此外，TI 公司的 MSP430 也是低功耗微控制器的代表。

除了选定嵌入式处理器外，还要使其工作在低功耗模式，平常休眠，有中断或事务触发则唤醒。另外尽可能选择低速运行模式，即选择的时钟源频率在满足工作速度的前提下，频率越低，功耗越低。

2．充分利用嵌入式处理器片上集成的功能

嵌入式处理器已经将许多硬件集成到一块芯片中，使用这些功能比用扩展方式扩展外围电路要有效得多。单片化的成本要比使用扩展方式低，而且性能更好，功耗电低。

3. 尽量选用 CMOS 集成电路

CMOS 集成电路的最大优点是微功耗（静态功耗几乎为零），其次的优点是输出逻辑电平摆幅大，因而抗干扰能力强，同时它的工作温度范围宽，因此 CMOS 电路一出现就和低功耗便携式仪器仪表结下了不解之缘。

4. 采用电池低电压供电

由前面的功耗公式可知，系统功耗和系统的供电电压成正比关系。供电电压越高，系统功耗也就越大。

目前已经出现了不少低电压供电（小于 4.5 V）的嵌入式处理器及其外围电路，工作电压可低至 1.8 V（有些处理器的内核工作电压）。嵌入式处理器的工作电压以 3.3 V 居多。

5. 尽量使用高速低频工作方式

低功耗处理器嵌入式系统中几乎全部采用的是 CMOS 器件，而 CMOS 集成电路由它的结构所决定，静态功耗几乎为零，仅在逻辑状态发生转换期间有电流流过。因此，CMOS 集成电路的动态功耗和它的逻辑转换频率成正比，和电路的逻辑状态转换时间成正比。从降低功耗的角度来说，CMOS 集成电路应当快速转换，低频率地工作。

6. 选用低功耗高效率的外围器件和电路

在必须选用某些外围器件时，尽可能选择低功耗、低电压、高效率的外围器件。这样是为了降低系统的总体功耗。此外，还应尽量选用低功耗及高效率的电路形式。低功耗的电路以低功耗为主要技术指标，它不盲目追求高速度和大的驱动能力，以满足要求为限度，因而电路的工作电流都比较小。

7. 选择可关断功能的外围器件

有些器件可以被关断，通过嵌入式处理器的控制来关断器件可以降低功耗。参见 10.8.5 节。

8. 选择可休眠的低功耗存储器

有些存储器具有零功耗管理方式，器件只有在读或写的具体访问时才自动激活电路，完成数据读写操作，随后自动进入休眠状态，仅消耗极微小的电流。例如，AM29SL800B 就是这样的存储器器件，容量为 8 MB，工作电压为 1.8 V，写入电压为 2.7 V。

10.8.4　低功耗电源设计

在常见厂商提供的嵌入式开发板中，广泛采用 78XX、LM1117 等系列三端稳压器，这对于功耗没有要求的实验室使用是没有问题的，但这些稳压芯片却并不适合进行低功耗嵌入式产品设计。低功耗电源通常采用 LDO（低压差线性稳压器）电源芯片进行设计。因此，选择合适的 LDO 芯片至关重要。

选择 LDO 芯片的要素是压差、噪声、静态电流和共模抑制比。

1. TPS797 系列降压型 LDO 构建的低功耗电源

低功耗嵌入式系统若要进行稳压电路设计，必须采用低功耗的 LDO，如 TI 公司的 TPS797 系列，其外形引脚如图 10.33 所示。该系列自身功耗仅 1.2 μA。TSP79718、TSP79730、

TSP79733 分别为输出为 1.8 V、3.0 V 和 3.3 V 的升压型 LDO 芯片。嵌入式最低功耗系统用得最多的是 TPS79733，输入电压为 2~5.5 V 时，提供 3.3 V/10 mA 的输出，要求输入电压超过输出电压 1 V 及以上。

采用手机锂电池（4.2 V）供电的低功耗电源设计如图 10.34 所示。电池并联 0.1 μF 电容，连接到 TPS79733 的 VIN 和 GND 之间，电池正极接 VIN，输出端 VOUT 并接 0.47 μF 的电容后接嵌入式处理器电源端，PG（PowerGood）接嵌入式处理器复位引脚，电池接通瞬间，PG = 0，一段时间后电源稳定输出时，即电源准备就绪后，PG = 1，使复位引脚上电时产生复位信号，电源正常后处于工作状态，满足嵌入式处理器复位要求。

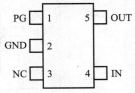

图 10.33　TPS797 系列 LDO 芯片外形引脚

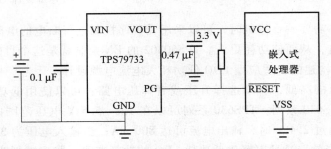

图 10.34　采用 TSP79733 的 3.3 V 低功耗电源设计

2. 单节电池供电基于 TPS6030X 系列构建的升压型 LDO 低功耗电源

对于采用 1.5 V 电池供电的嵌入式产品，要采用低功耗的升压电路。例如 TI 公司的 TPS6030X 系列采用电荷泵结构，其外形引脚如图 10.35 所示，增加几个外接电容就能够在 0.9~1.8 V 输入电压范围内保证 2 路 3 V 或 3.3 V 稳压输出，OUT1 的输出电流可达 40 mA，OUT2 的输出电流可达 20 mA，自身功耗只有 65 μA；并且带有开关脚 EN，EN 接低电平时输出关闭，功耗下降到 1 μA 以下。

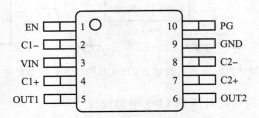

图 10.35　升压型 3.3 V 低功耗 LDO 电源芯片 TPS60302

由一节 1.5 V 或 1.2 V 电池供电的 3.3 V 低功耗电源设计如图 10.36 所示。电源输出 OUT2 接嵌入式处理器的 VCC，PG 接复位信号，用一个 GPIO 引脚控制 EN 端，当 GPIO 引脚为高电平时，允许该电源芯片工作；当 GPIO 引脚为低电平时，禁止电源芯片工作，即电源输入与电源输出绝缘而隔离。

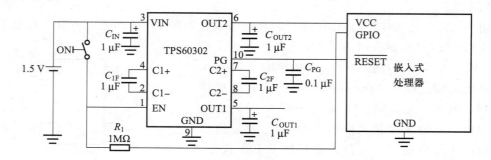

图 10.36　由 1.5 V 电池供电升压型 3.3 V 低功耗电源设计

当嵌入式产品不需要一直待机时，可以采用受程序控制进行断电的电源开关电路，让产品在不使用时自动断电，从而使功耗更低。TPS60302 的 EN 控制就是这个目的。

3. TPS630 系列构建的自适应型 LDO 低功耗大电流电源设计

可根据电池电压的高低，自动选择升压或者降压电路，可以使用低功耗的自适应稳压电路，如 TI 公司的 TPS630 系列。TPS630 系列可以在 1.8~5.5 V 电压范围内稳定地输出 3.3 V 电压，当输入电压超过 2.4 V 时，输出电流可达 800 mA；当输入电压为 3.6~5.5 V 时，输出电流达 1 200 mA。当然，这种电路比低功耗 LDO 的功耗略高，静态功耗为 30~50 μA。因此，LDO 电源芯片可用于由 2 节、3 节电池或用手机锂电池（4.2 V）供电的场合，如图 10.37 所示。

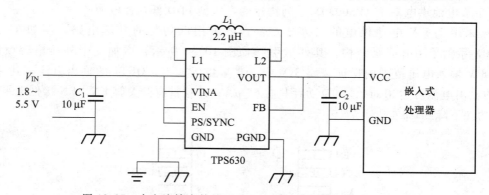

图 10.37　大电流输出的基于 TPS630 的 3.3 V 低功耗电源设计

4. S-1206B33 构建的低功耗升压型 LDO 电源设计

S-1206 是输入电压为 1.7~6.5 V，输出电流为 250 mA，输出电压从 1.2 V 到 5.2 V 不等的固定电压输出的 LDO 芯片。芯片名称的后缀决定输出电压值，如 33 为 3.3 V，50 为 5.0 V。S-1206 要求 $V_{IN} > V_{OUT} + 1.0$ V，即要求输入电压高于输出电压，是典型的升压型 LDO 电源芯片，其引脚及封装如图 10.38 所示，由它构建的电源如图 10.39 所示，其中电容 C_{IN} 和 C_L 为 0.1 μF。

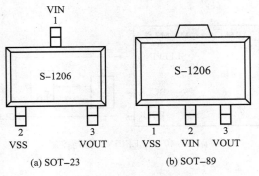

(a) SOT-23   (b) SOT-89

图 10.38   S-1206 的外形封装

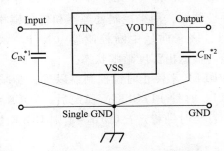

图 10.39   基于 S-1206 的 3.3 V 低功耗电源设计

10.8.5 嵌入式处理器的功率控制

以 ARM Cortex-M 为内核的嵌入式微控制器之所以功耗低，除了取决于其内核特性之外，还缘于它对功率的精确控制能力。Cortex-M3/M0 支持多种功率控制的特性：睡眠模式、深度睡眠模式、掉电模式和深度掉电模式。

处理器时钟速率可通过改变时钟源、重新配置 PLL 值或改变处理器时钟分频器值来控制，允许用户根据应用要求在功率和处理速度之间进行权衡。此外，外设功率控制器可以关断每个片内外设，从而对系统功耗进行良好的调整。

ARM Cortex-M 处理器利用 SLEEPING 和 SLEEPDEEP 两个信号指示处理器进入睡眠的具体时间。

1. 内核提供的功率控制方式

（1）SLEEPING

该信号有效时，处理器进入睡眠状态，表示处理器时钟可以停止运行。在接收到一个新的中断后，NVIC 会使该信号变无效，使内核退出睡眠状态。

在低功耗状态利用 SLEEPING 来门控处理器的 HCLK 时钟以减少功耗的实例如图 10.40 所示。图中，FCLK 为自由振荡的处理器时钟，HCLK 为处理器时钟。当 SLEEPING = 0 时，使能有效 HCLK 的时钟就是 FCLK；当 SLEEPING = 1 时，时钟使能禁止，HCLK 将没有时钟输入，这就是所谓的睡眠状态，此时不消耗功率，降低了能耗。

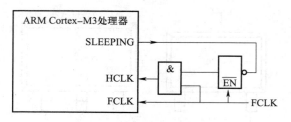

图 10.40　SLEEPING 功耗控制

（2）SLEEPDEEP

当系统控制寄存器的 SLEEPDEEP 位（bit2）置位时，该信号有效，使处理器进入深度睡眠状态。该信号被传送给时钟控制器，用来控制处理器和包含锁相环（PLL）的系统元件以节省功耗。在接收到新的中断时，嵌套向量中断控制器（NVIC）将 SLEEPDEEP 信号变无效，并在时钟控制器时钟稳定时让内核退出深度睡眠状态。

在低功耗状态利用 SLEEPDEEP 来停止时钟控制器以进一步减少功耗的实例如图 10.41 所示。退出低功耗状态时，当 PLL 时钟 PLLCLKIN 稳定后，LOCK = 0，才使能 Cortex-M 时钟，这可以保证处理器不会重启，直至时钟稳定；LOCK = 1 则 HCLK 禁止。当 SLEEPDEEP = 0 时，时钟控制器禁止关闭时钟。

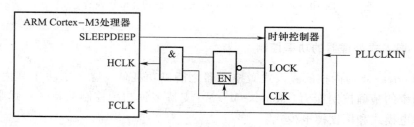

图 10.41　SLEEPDEEP 功耗控制

为了检测中断，处理器在低功耗状态下必须接收自由振荡的 FCLK。因此，在 SLEEPDEEP 有效期间，可以通过降低 FCLK 频率进一步降低功耗。

2. 低功耗模式

通过 Cortex-M 执行 WFI（等待中断）或 WFE（等待异常）指令可进入任何低功耗模式。Cortex-M 内部支持两种低功耗模式：睡眠模式和深度睡眠模式，它们通过 Cortex-M 系统控制寄存器中的休眠深度位（如 SLEEPDEEP）来选择，如图 10.39 所示。掉电模式和深度掉电模式通过 PCON 寄存器中的位来选择。

Cortex-M3 具有一个独立电源域，可为 RTC 和电池 RAM 供电，以便在维持 RTC 和电池 RAM 正常操作时关闭其他设备的电源。

（1）睡眠模式

当进入睡眠模式时，内核时钟停止。从睡眠模式恢复并不需要任何特殊的序列，但要重新使能 ARM 内核的时钟。

在睡眠模式下，指令的执行被中止，直至复位或中断出现。外设在 CPU 内核处于睡眠模式期间继续运转，并可产生中断使处理器恢复执行指令。在睡眠模式下，处理器内核自身、存储器系统、有关控制器及内部总线停止工作，因此这些器件的动态功耗会降低。

只要出现任何使能的中断，CPU 内核就会从睡眠模式中唤醒。

（2）深度睡眠模式

当芯片进入深度睡眠模式时，主振荡器掉电且所有内部时钟停止。IRC 保持运行并且可配置为驱动看门狗定时器，允许看门狗唤醒 CPU。由于 RTC 中断也可用作唤醒源，32 kHz 的 RTC 振荡器不停止。Flash 进入就绪模式，这样可以实现快速唤醒。PLL 自动关闭并断开连接。CCLK 和 USBCLK 时钟分频器自动复位为 0。

在深度睡眠模式期间，保存处理器状态以及寄存器、外设寄存器和内部 SRAM 的值，并且将芯片引脚的逻辑电平保持为静态。可通过复位或某些特定中断（能够在没有时钟的情况下工作）来终止深度睡眠模式和恢复正常操作。由于芯片的所有动态操作被中止，因此深度睡眠模式使功耗降低为一个极小的值。

在唤醒深度睡眠模式时，如果 IRC 在进入深度睡眠模式前被使用，则 2 位 IRC 定时器开始计数，并且在定时器超时（4 周期）后，恢复代码执行和外设活动。如果使用主振荡器，则 12 位主振荡器定时器开始计数，并且在定时器超时（4096 周期）后恢复代码执行。用户必须在唤醒后重新配置所需的 PLL 和时钟分频器。

只要相关的中断使能，器件就可从深度睡眠模式中唤醒。这些中断包括 NMI、外部中断 EINT0~EINT3、GPIO 中断、以太网 Wake-On-LAN 中断、掉电检测、RTC 报警中断、看门狗定时器超时、USB 输入引脚跳变或 CAN 输入引脚跳变。

（3）掉电模式

掉电模式执行在深度睡眠模式下的所有操作，但也关闭 Flash 存储器。进入掉电模式使 PCON 中的 PDFLAG 位置位，这节省了更多功耗。但是唤醒后，在访问 Flash 存储器中的代码或数据前，必须等待 Flash 恢复。

当芯片进入掉电模式时，IRC、主振荡器和所有时钟都停止。如果 RTC 已使能，则它继续运行，RTC 中断也可用来唤醒 CPU。Flash 被强制进入掉电模式。PLL 自动关闭并断开连接。CCLK 和 USBCLK 时钟分频器自动复位为 0。

从掉电模式唤醒时，如果在进入掉电模式前使用了 IRC，那么经过 IRC 的启动时间（60 ms）后，2 位 IRC 定时器开始计数并且在 4 个周期内停止计数（expiring）。如果用户代码在 SRAM 中，那么在 IRC 计数 4 个周期后，用户代码会立即执行；如果代码在 Flash 中运行，那么在 IRC 计数 4 个周期后，启动 Flash 唤醒定时器，100 ms 后完成 Flash 的启动，开始执行代码。当定时器超时时，可以访问 Flash。用户必须在唤醒后重新配置 PLL 和时钟分频器。

只要相关的中断使能，器件就可从深度睡眠模式中唤醒。这些中断包括 NMI、外部中断 EINT0~EINT3、GPIO 中断、以太网 Wake-On-LAN 中断、掉电检测、RTC 报警中断、USB 输入引脚跳变或 CAN 输入引脚跳变。

（4）深度掉电模式

在深度掉电模式中，关断整个芯片的电源（实时时钟、RESET 引脚、WIC 和 RTC 备用寄存器除外）。进入深度掉电模式会使 PCON 中的 DPDFLAG 位置位。为了优化功率，用户有其他选择，可关断或保留 32 kHz 振荡器的电源。

当使用外部复位信号、使能 RTC 中断或产生 RTC 中断时，可将器件从深度掉电模式中唤醒。

3. 从低功耗模式中唤醒

任何使能的中断均可将 CPU 从睡眠模式中唤醒。某些特定的中断可将处理器从深度睡眠模式或掉电模式中唤醒。

若特定的中断使能，则允许中断将 CPU 从深度睡眠模式或掉电模式中唤醒。唤醒后，将继续执行适当的中断服务程序。这些中断为 NMI、外部中断、GPIO 中断、以太网 Wake-On-LAN 中断、掉电检测中断、RTC 报警中断。此外，如果看门狗定时器由 IRC 振荡器驱动，则看门狗定时器也可将器件从深度睡眠模式中唤醒。

可以将 CPU 从深度睡眠模式或掉电模式中唤醒的其他功能有 CAN 活动中断（由 CAN 总线引脚上的活动产生）和 USB 活动中断（由 USB 总线引脚上的活动产生）。相关的功能必须映射到引脚且对应的中断必须使能才能实现唤醒。

4. 对片上外设的功率控制

除了对内核进行功耗控制外，ARM 处理器可以通过外设控制寄存器，禁止或允许指定片上外设的时钟电源来控制功耗。ARM 处理器绝大多数的片上硬件组件均有相应的电源时钟控制位来控制，这样便于关闭不用的组件的时钟电源来降低功耗。

除了看门狗定时器、引脚连接模块和系统控制模块等少数外设功能不能被关闭外，其他外设均可以关闭。不同的嵌入式处理器，其外设的控制寄存器名称和控制位有所不同，但原理都是一样的，就是是否禁止指定的外设接入时钟源。指定的片上外设如果没有时钟源，它就不工作了，几乎不消耗电能。

通常，外设控制寄存器的每一位控制一个片上外设组件，以便对片上外设的功率进行控制。暂时不用的片上外设可以禁止，使用时才打开。这种单独禁止和允许片上组件的做法，是当今嵌入式处理器的通常做法，被众多嵌入式处理器厂家所采纳，便于进行低功耗设计，符合节能环保的要求。

有些嵌入式处理器的片上外设对应的控制寄存器的相关位可控制电源的开关。

10.8.6 对外围电路的功耗管理

有些器件内部具有自动关断功能，即可根据外部运行信号的状态自动进行功耗管理。在无谓等待状态下，自动关闭相关电源、时钟，进入微功耗的待机模式，在正常工作时则自动被唤醒投入工作。

1. 对可关断的通信接口芯片的功耗管理

由第 9 章可知，RS-232 接口应用十分广泛，专用的 RS-232 逻辑电平转换芯片与嵌入式处理器的连接非常方便。除了第 9 章介绍的 MAX232/SP232、MAX3232/SP3232 等普通 RS-232 转换接口芯片外，还有一类是可通过外部引脚控制其工作状态的 RS-232 接口芯片，典型代表有 MAX3226（速度为 250 Kbps）、MAX3227（速度为 1 Mbps），工作时可把电流降低到 1 μA，如图 10.42 所示。图 10.42 （a）为 MAX3226/MAX3227 引脚图，图 10.42 （b）为 MAX3226/MAX3227 的典型连接示意图。引脚中，FORCEON 和 $\overline{\text{FORCEOFF}}$ 为管理 MAX3226/MAX3227 能量的控制引脚，其中当 $\overline{\text{FORCEOFF}}$ = 0 时，不管 FORCEON 为高电平还是低电平，均为强行关断模式，T_OUT 输出高阻状态；只有当 $\overline{\text{FORCEOFF}}$ = 1 时，MAX3226/MAX3227 才进入工作状态，此时，如果 FORCEON = 1，则为正常工作模式，没有关断功能；如果 FORCEON = 0，则为自动关断工作模式，具有自关断功能，即如果没有收发的数据进入芯片，则在 30 s 之后自动关断，当有数据时则自动打开收发转换器。图示的接法为自动关断模式。

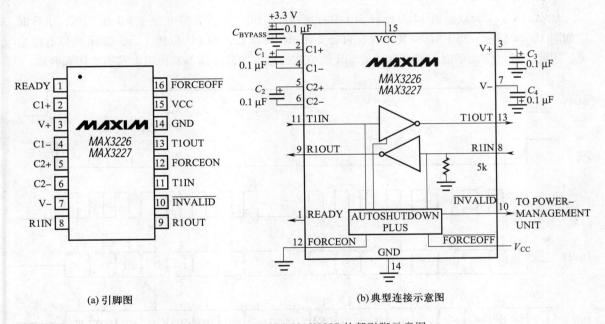

(a) 引脚图　　　　　　　　　　(b) 典型连接示意图

图 10.42　MAX3226/MAX3227 外部引脚示意图

在实际应用中，由嵌入式处理器直接控制关断，而不让其自动关断，可以在无数据收发时立即关断，进一步降低功耗。具体接法如图 10.43 所示。图中用一个 GPIO 引脚控制 $\overline{\text{FORCEOFF}}$，FORCEON 接低电平。平常工作时让 $\overline{\text{FORCEOFF}}$ = 1，需要关断时让 $\overline{\text{FORCEOFF}}$ = 0，这样是否关断可完全由嵌入式处理器控制。

2. 对具有外部功耗管理功能的器件的功耗管理

有些器件内部具有自动低功耗运行模式，而进入自动低功耗运行模式可由外部来控制，这种外部控制恰恰符合嵌入式处理器管理外部器件的要求。

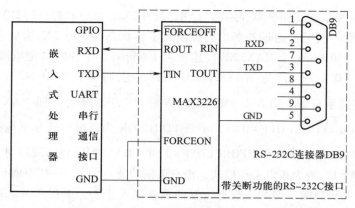

图 10.43　嵌入式处理器与具有可关断功能的 RS-232 的接口

MAX110/111 为双通道 14 位具有 SPI 串行接口的 ADC，内部有掉电命令 PD 和 PDX，工作时序如图 10.44 所示。当 PXD 位置 1 时，自动关闭 RC 振荡器；当 PD 位置 1 时，关闭模拟电路电源。因此，可以借助于嵌入式处理器的 SPI 接口方便地控制其振荡器或模拟电路的关闭和开启。

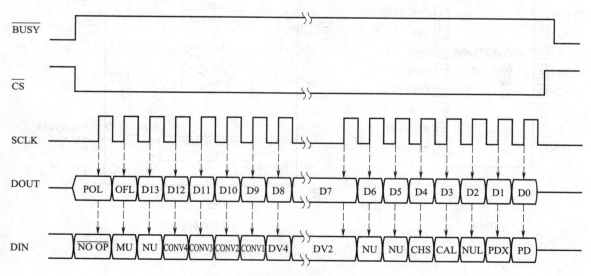

图 10.44　MAX110/111 工作时序

3. 对无功率管理功能的器件的功耗管理

对于那些芯片不具备低功耗管理功能，也没有触发引脚来控制的器件，可以由嵌入式处理器直接通过电子开关控制电源的通断。工作时打开电源，不工作时切断电源。

（1）专用电源开关芯片控制外围器件的电源通断

MAX662A 是专用于电源开关的可关断芯片，如图 10.45 所示。输入的电源 V_{cc} 接电源输入端，输出直接连接外围器件的电源端，当控制引脚 SHDN = 0 时，输出电源与输入电源接通，可供电给外围芯片；当 SHDN = 1 时，电源输出被关断。

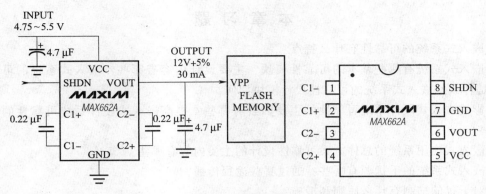

图 10.45　用于电源开关的可关断芯片 MAX662A

（2）自行搭建电源关断电路

自行搭建电源关断电路的具体应用如图 10.46 所示。图 10.46（a）利用嵌入式处理器的一个 GPIO 引脚来控制不具备功耗控制的外围器件。当 GPIO 引脚为高电平时，PNP 三极管 8550 截止，电源 V_{cc} 与外围的无功耗器件断开，外围电路不耗电；当需要使用外围器件时，才让 GPIO 引脚为低电平，此时三极管导通，电源 V_{cc} 通过 ce 进入外围的无功耗控制器件，使其得电而工作。

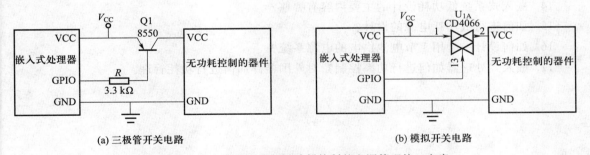

(a) 三极管开关电路　　　　　　　　　　　　(b) 模拟开关电路

图 10.46　嵌入式处理器与无功耗控制的电源管理接口方案

图 10.46（b）采用专用模拟开关 CD4066 来控制电源的接通，但模拟开关允许通过的最大电流为 25 mA，因此对于小电流工作的器件，只要不超过这个电流即可使用模拟开关来控制，这种控制方式本身比三极管要省电。模拟开关与三极管的控制逻辑相反，即当 GPIO = 0 时，模拟开关断开，禁止电源接入外围器件；当 GPIO = 1 时，模拟开关导通，电源接入外围器件。

注意，对外围器件进行操作时，先要通过 GPIO 控制让电源接入外围电路，延时一段时间，等外围器件稳定后再对其操作，操作完毕再让 GPIO 控制来关断电源，这样可以在外围器件不工作时降低能耗。

本 章 习 题

1. 嵌入式系统的可靠性有什么特点？

2. 嵌入式系统有哪些基本的可靠性模块？主要设计内容有哪些？嵌入式系统的可靠性设计原则是什么？嵌入式系统的可靠性设计模块如何？

3. 影响嵌入式硬件系统可靠性的主要因素有哪些？提高嵌入式硬件系统可靠性的主要措施有哪些？

4. 嵌入式应用系统的总体方案可靠性设计的主要内容有哪些？

5. 嵌入式系统的干扰源有哪些？通过哪些途径传播？

6. 对干扰的抑制有什么原则和措施？

7. 供电系统的抗干扰措施有哪些？

8. 最小系统的抗干扰设计有哪些措施？

9. 接地的种类有哪些？有哪些接地方式？

10. 差模干扰和共模干扰有何区别？如何抑制差模干扰和共模干扰？

11. 长线传输的干扰如何抑制？

12. 印制电路板的干扰源有哪些？如何对印制电路板进行电磁兼容设计？

13. 为什么要进行能量控制？能量与哪些因素有关？

14. 嵌入式系统低功耗设计的主要内容有哪些？

15. 如何进行低功耗电源的设计？

16. 如何设计一个用 1 节电池供电的电源系统？

17. 嵌入式处理器如何进行功率控制？对外围器件如何进行功耗管理？

第 11 章　嵌入式硬件综合设计

【本章提要】

在现代工业自动控制中，包括调节阀在内的各种阀门是最主要的执行器件之一，它们在石油、化工、电力、水利等行业发挥着重要的作用。随着嵌入式技术、控制技术及通信技术的发展，电动执行机构的控制器越来越受到重视。本章以多功能阀门控制器为例子，参照第 1 章 1.3 节嵌入式硬件系统设计的主要内容，结合前面的章节，详细介绍嵌入式硬件设计的方法和步骤。

前面几章介绍了嵌入式硬件系统的基本知识及嵌入式硬件各组成部分的设计，本章利用前面的知识，以电动阀门控制器的嵌入式应用系统为例讨论嵌入式硬件综合设计。主要内容包括系统设计要求、硬件需求分析及体系结构设计、最小系统设计、通道设计、嵌入式硬件综合以及系统调试等。

【学习目标】

- 了解嵌入式系统总体设计的基本要求、功能及主要指标。
- 能根据具体要求进行需求分析，熟悉体系结构设计内容。
- 能对于一个实际最小系统进行有效设计。
- 了解通道器件选取原则，熟悉模拟与数字通道及相互通道设计的主要内容及典型硬件电路。
- 会用电子线路设计软件进行典型嵌入式系统系统原理图和 PCB 设计。
- 了解系统的调试过程，会根据实际应用进行标度变换。

11.1 系统设计要求

本节以需求方的具体要求为设计目标，提出多功能阀门控制器的总体设计要求和功能要求及技术指标。

11.1.1 系统总体设计要求

以 ARM 微控制器为核心，设计一款三相多功能型阀门控制器，可选择电压等级为 AC 380 V 阀门电动装置专用控制模块。该阀门控制器接收来自 DCS（数字控制系统）等系统或上位机的控制信号，控制电动执行器对阀门进行打开、关闭或停止操作，可实施对全行程任意点的控制。控制接点输出直接为 380 V 交流信号，供外部接触器使用。控制方式集远方开关、现场开关、电流输入（4~20 mA）控制开关以及基于 RS-485 总线的 ModBus RTU 协议的总线命令方式、控制开关于一体。集相序自动调整、阀位变送、隔离放大、功率驱动等诸多功能于一体，具有缺相保护、欠压保护、过力矩保护、电子互锁保护、禁动延时保护等完善的保护功能。自带现场按钮现场开关控制，实施现场操作并提供多种报警输出；配备阀位液晶显示屏，精确、直观地显示阀位开度及阀门状态；加配红外遥控功能及总线控制，实现较高防护等级的现场操作。

阀门控制器工作过程为：上电后，LCD 屏显示阀门的当前状态，在没有任何故障的情况下，当有现场或远方操作、输入电流控制或通过 RS-485 总线发命令要求开阀或关阀时，进行开关阀操作并及时显示阀门开度，遇到到位信号则停止。

① 现场或远方操作时，如果相序正确，则开阀时让电机正转，从而完成开阀操作；如果相序相反，则开阀时让电机反转，完成开阀操作；当遇到开到位时停止开阀，让电机停止运转。关阀时，如果相序正确，则让电机反转，从而完成关阀操作；如果相序相反，则让电机正转，完成关阀操作；当遇到关到位时停止开阀，让电机停止运转。

② 电流控制输入时，如果相序正确，则当输入电流对应的开度值大于实际阀门开度时，让电机正转，从而完成开阀操作；如果相序相反，则开阀时让电机反转，完成开阀操作；当遇到开到位时停止开阀，让电机停止运转。当输入电流对应的开度值小于实际阀门开度时，如果相序正确，让电机反转，从而完成关阀操作；如果相序相反，则关阀时让电机正转，完成关阀操作；当遇到关到位时停止开阀，让电机停止运转。如果输入电流对应的开度接近或等于实际阀门开度，不管是否到位，都自动停止开关阀操作。

③ 通过基于 RS-485 总线的 ModBus RTU 协议控制阀门的操作，有开阀命令、关阀命令，还有获取阀门状态的命令等，按照命令与上位机交互。

无论采用何种方式操作阀门，只要遇到故障即要立即停止开关阀操作，并在 LCD 上显示相应故障，同时点亮 LED 故障指示灯。

11.1.2 主要功能要求与技术指标

1. 工作电源

电动阀门的工作电源的额定电压为交流（380+10%）V、（50+5%）Hz，支持额定工作电流为 5~50 A 不等的各种电机，电源接线方式为三相三线制。输入阀门控制器的电源也就是电动阀门控制器的工作电源。

2. 具有缺相检测和相序识别功能并能自动调整功能

可识别三相电的相序，判断是否缺相，在不改变接线的前提下自动调整接到电动阀门的三相电源的相序，从而正确执行对阀门的开、关控制。

① 能判断三相电是否缺相。

② 能自动识别三相电的相序。

③ 当正序相序时，开阀为电机正转，关阀为电机反转；当相序反接之后，开阀为电机反转，关阀为电机正转。

3. 具有阀门电机温度、阀门开度及欠压检测功能

① 能检测阀门电机的温度。

② 能检测阀门开度值。阀门开度采用 1 kΩ 阀位电位器连接阀门减速机构，在 0~1 kΩ 范围内检测阀门开度对应为 0~100%，0% 为阀门全开，100% 为阀门全关。

③ 能检测电压欠压并置故障位。额定电压为 380 V，当电源电压低于额定电压×（1−15%）（即低于 323 V）时，判定为欠压；当恢复到额定电压×（1−10%）时为正常，即当电压由低于 323 V 上升到超过 342 V，取消欠压标志，恢复正常。

4. 具有故障检测并报警功能

① 电动阀门的主要故障有欠压、缺相、开过力矩、关过力矩等。

② 过力矩故障信号为无源触点信号，且出现过力矩时只是短时间触点接通，然后断开，主要有开过力矩（TSOpen）和关过力矩（TSClose）。当出现过力矩时，立即停止开关阀操作，并在 LCD 屏上显示相应过力矩。当出现开过力矩时，停止开关阀，只有反方向的关才能消除开过力矩标志；当出现关过力矩时，停止开关阀，只有反方向的开才能消除关过力矩标志。

③ 遇到故障时，在 LCD 上显示相关故障信息，同时点亮 LED 故障灯，并输出报警信号。当所有故障排除后，报警消除。

5. 具有阀门状态检测及显示功能

① 阀门状态包括阀门开度、欠压、缺相、相序错误、开过力矩、关过力矩、开到位、关到位等。

② 阀门开度表示阀门打开的程度，用 0~100% 表示，0% 表示全关到位，100% 表示全开到位，开度以 % 显示在 LCD 屏上。

③ 开到位和关到位为常闭无源触点，当到位时，相应阀门到位，触点闭合。

④ 相应状态能在 LCD 上显示。

6. 远程输入控制信号的类型

① 远程控制是非现场操作阀门的一种方式，远程输入控制信号要能支持无源触点和有源 DC 24 V 逻辑两种形式。

② 输入控制信号主要包括远方开、远方保持、远方关三种信号。

7. 具有多种操作阀门的方式

可通过现场操作、远方操作、电流输入控制操作以及总线操作多种控制方式来操作电动阀门。

① 具有远方操作和现场操作的切换按键，以设置是远方操作还是现场操作，并能在 LCD 屏上显示所选择的方式。

② 现场操作：采用现场操作优先原则，只要是现场操作，其他方式将失效。现场操作通过现场按键完成开阀、关阀操作，可设置为保持型开或关，也可以设置为点动型开或关，由拨码开关决定。如果是保持型开关，则只要触发一下开或关，就一直到开到位或关到位才停止；如果是点动型开关，则只有开或关信号有效才开或关，无效即停止。

③ 远方操作：对于远方信号输入，有远方开阀、远方关阀和远方保持。在切换到远方操作时有效。

④ 电流输入的控制操作：在远方操作方式下，电流控制操作有效。输入电流范围为 4~20 mA，4 mA 对应全关，对应开度为 0%；20 mA 对应全开，对应开度为 100%；12 mA 表示开或关到 50%。电流调节控制开关阀的灵敏度可设置（灵敏度太高容易振荡，来回开关，太低则精度不够，可根据实际情况由软件设定灵敏度并长期保存）。电流输入分辨度为 0.01 mA。

⑤ 总线操作：在远方操作方式下，基于 RS-485 总线，采用 ModBus RTU 通信协议对阀门进行操作。起始波特率为 9 600 bps，波特率可设置，字符格式为 8、N、1（8 位数据，无校验，1 位停止位）。与上位通信。

8. 具有能反映阀门开度的反馈电流输出功能

① 输出电流为 4~20 mA，对应阀门开度为 0~100%，电流输出给外部二次仪表使用。

② 电流输出不需要电位器，采用按键自动校正，0% 对应 4 mA，100% 对应 20 mA。

③ 电流输出精度为 0.01 mA。

9. 工作温度为 −30~+70℃，环境湿度 ≤95%（25℃）

10. 能在干扰环境下可靠工作

11.2 硬件需求分析与体系结构设计

作为嵌入式应用系统设计的第一步，系统需求分析是设计和开发嵌入式应用系统的关键一步，如果分析不到位，就很难把握问题的关键，也就很难满足用户需求。要根据系统设计要求，逐一分析硬件和软件的具体需求。

11.2.1 嵌入式硬件需求分析

对照以上功能要求与技术指标要求，硬件需求分析如下所述。

1. 工作电源的分析

由于系统直接由交流三相电流 380 V/50 Hz 供电，因此，嵌入式硬件系统的电源应该由 380 V 变换得到。采用第 4 章 4.2 节线性稳压直流电源的一般设计方法，即通过变压、整流、滤波和稳压来设计用于阀门控制的嵌入式硬件系统的工作电源。380 V 交流作为电源模块的输入。

输出直流电源有嵌入式处理器工作电源 5 V 或 3.3 V、继电器工作电源（选择 DC 24 V），还有运算放大器工作电源 12 V 等。

2. 系统对模拟通道的要求

（1）对模拟输入的要求

根据设计要求，需要欠压检测、阀门开度检测、输入 4~20 mA 电流检测、阀门电机温度检测等，因此需要至少 4 个 ADC 通道。

由于要求输入能分辨出 0.01 mA 电流，对于满度 20 mA，分辨率为 $0.01/20 = 0.000\ 5$，即万分之五，因此 ADC 的分辨率不能低于 11 位，可选择分辨率为 12 位的内置 ADC。

（2）对模拟输出的要求

系统要求有 4~20 mA 电流输出，可以选择内置有 DAC 的嵌入式处理器，如果选用 DAC，则至少需要 12 位。也可以使用具有 PWM 功能的嵌入式处理器模拟输出模拟信号，PWM 要具有 12 位以上。通常，嵌入式处理器的 PWM 计数器为 8 位、10 位、16 位、24 位和 32 位等，选用 16 位 PWM 即可。

3. 系统对数字通道的要求

（1）对数字输入通道的要求

系统要求具有缺相检测和相序识别功能，采用数字技术，要将三相的每一相隔离变为三路方波，送嵌入式系统，相序检测整合三相波形，送嵌入式系统，因此需要 4 个 GPIO 输入引脚；在阀门状态检测中，需要检测的数字输入或开关输入状态有开过力矩、关过力矩、开到位、关到位，因此需要 4 个 GPIO 输入引脚；远程控制输入引脚有远方开、远方关和远方保持，需要 3 个 GPIO 输入引脚；现场操作需要开阀按键、关阀按键以及与远方切换按键，因此需要 3 个 GPIO 输入引脚；现场操作时使用的点动保持开关需要 1 个 GPIO 输入引脚。可见，系统需要 15 个 GPIO 输入引脚。

（2）对数字输出通道的要求

报警输出需要 1 个 GPIO 输出引脚；故障指示需要 1 个 GPIO 输出引脚；控制阀门电机正反转需要 2 个 GPIO 输出引脚；选择具有串行方式的 LCD 模块，需要 6 个 GPIO 引脚（CSB、RS、SCL、SDA、RESET、电源控制）；因此，数字输出占用的 GPIO 引脚数为 10 个。

4. 系统对总线的要求

根据需求，需要 RS-485 总线，需要 UART 引脚 2 只（TXD 和 RXD）。最好能具有 RS-485 自动控制收发的功能。

5. 系统对数据存储器的要求

（1）对 EEPROM 的要求

根据设计要求，系统需要校正参数，如 4~20 mA 电流，需要校正系数的保存，设置的系统其他参数、工作方式等也均需要长期保存，且掉电时不丢失。因此，嵌入式处理器内部最好有可以存放数据的非易失性存储器 EEPROM。

（2）对 SRAM 的要求

系统运行时需要定义许多内存变量，给堆栈留有一定空间，还要定义一些表格以供查询使用，因此需要内置 4 KB SRAM 数据存储器。

6. 系统对定时计数器的要求

定时检测、定时显示、循环控制等多种定时参数，需要内置 1~3 个定时计数器。

7. 系统对外部引脚中断的要求

对于外部信号输入引脚的状态检测，以中断方式为最佳，因此嵌入式处理器内部最好能支持 GPIO 输入中断。

8. 系统对程序存储器 Flash 的要求

根据设计要求，需要一定容量（至少 16 KB）的 Flash 程序存储器。

9. 系统对看门狗定时器的要求

为保证系统可靠运行，需要嵌入式处理器内置看门狗定时器 WDT。

11.2.2　嵌入式阀门控制器体系结构设计

由第 1 章可知，嵌入式系统体系结构设计的任务是描述系统如何实现所述的功能和非功能需求，包括对硬件、软件和执行装置的功能划分以及系统的软件、硬件选型等。

基于嵌入式系统的阀门控制器体系结构如图 11.1 所示，阀门控制器由硬件和软件组成。

硬件包括嵌入式最小系统、人机交互通道、输入通道、输出通道以及通信互连通道。其中，嵌入式最小系统由嵌入式微控制器、时钟模块、复位模块、电源模块、调试模块组成，人机交互通道由 LCD 液晶模块、LED 指示模块、现场操作模块以及远方操作模块组成，输入通道包括温度检测模块、开度检测模块、欠压检测模块、4~20 mA 电流检测模块、状态检测模块，输出通道包括 4~20 mA 电流输出模块、报警输出模块、阀门输出控制模块、阀门驱动模块，通信互连通道由 RS-485 模块构成。

软件包括驱动层软件和应用层软件两部分，驱动层软件包括定时计数器 Timer、GPIO、PWM、ADC、DAC、WDT 以及 UART 等，应用层包括 4~20 mA 电流输出模块、模拟量检测模块（温度、欠压、开度）、开关阀操作模块（远方操作、现场操作、电流输入控制模块）、故障检测保护模块、液晶显示模块、定时中断模块、RS-485 通信模块以及报警处理模块。

阀门控制器与电动阀门的连接原理如图 11.2 所示，三相电接入电源模块，电源模块把 380 V 的交流电通过变压、整流、滤波和稳压供给阀门控制器的不同电源，同时通过隔离调理，得到可以检测缺相和相序识别的信号，接入阀门控制器输入端，阀门控制器接收电动阀门的各种状态信号和开度及温度信号，得到的开度及状态送 LCD 屏显示，有故障时输出报警信号。通过现场、远程、电流输入或 RS-485 总线，根据需要控制阀门控制器，借助于中间继电器输出正反转控制信号并驱动接触器或固态继电器（根据电机功率选择一定容量的接触器或固态继电器），以控制电动阀门电机的正反转。

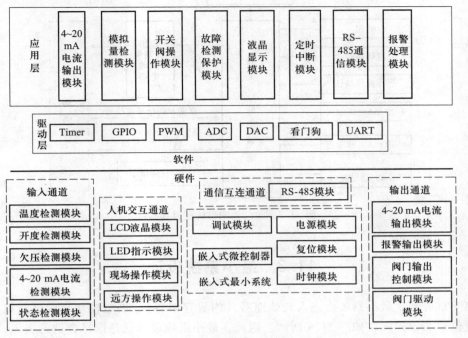

图 11.1　阀门控制器体系结构

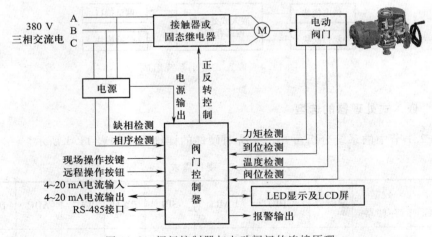

图 11.2　阀门控制器与电动阀门的连接原理

　　阀门控制器的硬件组成如图 11.3 所示。阀门控制器由电源、嵌入式最小系统、现场按键、远程操作按钮、电流输入、电流输出、RS-485 通信接口、LED 故障指示、LCD 显示屏以及输出控制及驱动电路等构成。

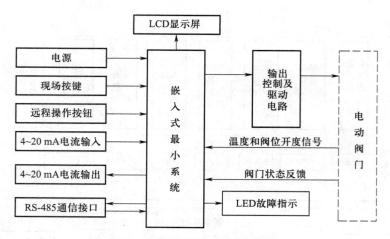

图 11.3 阀门控制器的硬件组成

11.3 最小系统设计

由第 5 章可知，最小系统由嵌入式处理器（内置存储器）、供电模块、调试接口、时钟模块以及复位模块等构成，如图 11.4 所示。因此，最小系统设计就是选择合适的嵌入式处理器，设计电源模块、复位模块、时钟模块及调试接口。

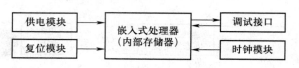

图 11.4 嵌入式最小系统组成

11.3.1 嵌入式处理器的选型

按照 11.2.1 节中的系统分析可知，系统对硬件的详细需求如表 11.1 所示。

表 11.1 硬件需求

电源	程序存储器	数据存储器	定时器	GPIO	UART	SPI	PWM	WDT	ADC	DAC	温度
输入交流 380 V，输出直流 5 V、12 V 和 24 V	>16 KB	SRAM> 4 KB，EEPROM> 1 KB	1~3 个	15 个输入，10 个输出 共占用 25 个引脚	2 个，一个连接 RS-485 总线，一个下载程序，占用 5 个引脚	1 个，占用 4 个引脚，用于 LCD	1 路，16 位，占用 1 个引脚	1 个	12 位，4 通道，占用 4 个引脚	12 位，占用 1 个引脚	−30~ +70℃，工业级

446

按照第 5 章 5.2 节介绍的嵌入式处理器选型的原则，应选择性价比高的嵌入式处理器，但这还比较笼统。可以说，以性价比原则来选择用于工业控制、仪器仪表、物联网感知节点等中低端嵌入式应用的处理器内核，以 ARM Cortex-M 系列为最优，然后再根据功能参数和性能参数，选择一款基于 ARM Cortex-M0、ARM Cortex-M3 或 ARM Cortex-M4 内核的嵌入式微控制器。

如果选择使用 PWM 代替 DAC，则完全可以选择基于 ARM Cortex-M0 芯片的嵌入式微控制器，主要芯片有 ST（意法半导体）公司的 STM32F0 系列，Cypress（赛普拉斯）公司的 PSoC4 系列，Infineon（英飞凌）公司的 XMC1000 系列，Freescale（飞思卡尔）公司的 Kinetis L 系列，NXP（恩智浦）公司的 LPC1100 系列，Nuvoton（新唐）公司的 NUC100 系列、M051 系列、Mini-51 系列以及 Nano100 系列，Atmel（爱特梅尔）公司的 SAM D20 系列等。

按照表 11.1 所示的要求，对照需求可知，嵌入式处理器至少应该具备的引脚数如下：GPIO 引脚 25 个，2 个 UART 引脚 5 个，SPI 引脚 4 个，PWM 引脚 1 个（16 位计数），ADC 引脚 4 个（4 通道、12 位），DAC（或 PWM）引脚 1 个，电源和地引脚 2 个，时钟引脚 2 个，复位引脚 1 个，这样至少要 45 个引脚。而超过 45 个引脚的封装主要有 LQFP48、LQFP64、LQFP100 等。因此选择的芯片以 LQFP48 封装为宜。同样是采用 LQFP48 封装，在性能相近的 Cortex-M0 芯片中，STM32F051 系列和 M051 系列的价格比较便宜，很有竞争力。少引脚比如 TSSOP20 的 Cortex-M0 芯片 STM32F0 系列价格最低，但引脚数不够用。

按照表 11.1 所示的硬件要求，可以对照厂家选型表选择 STM32F051 或 M051 系列中封装为 LQFP48 的一款 MCU，如 M051 系列中的 M058LDN LQFP48。

M058LDN 具有宽电压工作功能，工作电压为 2.5~5.5 V，内部有 32 KB Flash 用于存储用户程序（APROM），4 KB Flash 用于存储数据（DataFlash），4 KB Flash 用于存储 ISP 引导代码（LDROM），4 KB SRAM 用作内部高速暂存存储器，完全满足存储要求；I/O 引脚共有 40 个，有 4 个定时器，2 个 UART，支持 RS-485 功能，2 个 SPI，2 个 I^2C，8 个通道 16 位的 PWM，8 个通道的 12 位 ADC，4 个比较器，可进行在系统编程（ISP）和在电路编程（ICP）；工作温度为 -40~85℃。因此该款 MCU 完全满足系统需求。

M058LDN 还具有 GPIO 输入防反弹功能，可以用来消除由于机械抖动造成的干扰，对于输入通道的可靠性设计具有很大帮助且成本很低，无须外加消抖电路。

11.3.2 供电模块的设计

根据表 11.1 的需求可知，需要三路直流电源输出，其中 5 V 和 12 V 为一个地，5 V 给最小系统供电（M058LDN 可用 5 V 供电，如果 MCU 为 3.3 V 供电，则还需要在 5 V 加一个 3.3 V 输出的 LDO 芯片，如 1117-3.3），12 V 给单电源供电的运算放大器供电，24 V 电源与前面两组电源隔离，用于继电器线包电源。

参见第 4 章 4.2 节的有关内容，变压器选择初级输入交流为 380 V/50 Hz，次级一路为 15 V/200 mA，另外一路为 25 V/100 mA，通过全波整流，经过滤波后通过稳压电路稳压输出三路电源，如图 11.5 所示。

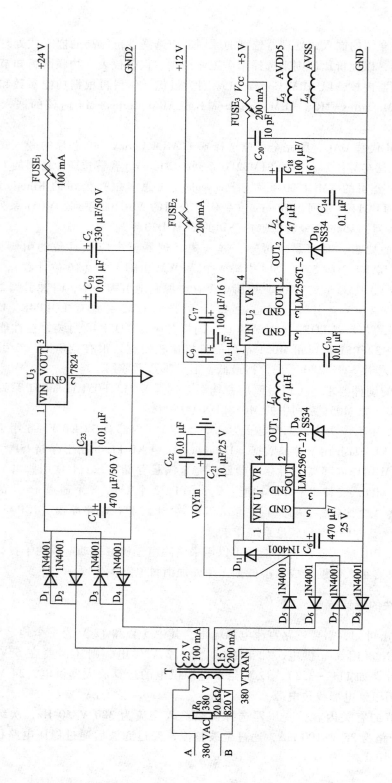

图 11.5 供电模块

图中 R_0 为压敏电阻，阻值为 20 kΩ，额定电压 820 V 用来保护变压器。选择压敏电阻的原则是：压敏电阻的耐压为工作电压的 2.2 倍为宜。7824 对 25 V 交流经整流、滤波后的脉动直流进行稳压，得到稳定的 24 V 电源。LM2596T-12 把 15 V 交流经整流、滤波后的脉动直流变换成稳定的直流 12 V 电源。LM2596T-5 把 15 V 交流经整流滤波后的脉动直流变换成稳定的直流 5 V（V_{CC}）电源。LM2596T 系列稳压芯片采用开关型工作方式，其特点是耐压高，工作稳定，功耗比 78XX 系列线性稳压芯片低，效率高。为防止电路过流或短路引起电源芯片烧坏，电源输出电路上串联可自动恢复的保险丝 $FUSE_1$～$FUSE_3$，当瞬间电流增加时，保险丝温度迅速升高，使自恢复保险丝 PN 结迅速断开，当外界恢复正常后自动恢复导通状态。$FUSE_1$、$FUSE_2$ 和 $FUSE_3$ 分别为 24 V、12 V 和 5 V 的自恢复保险丝，输出短路时立即熔断，当短路排除后及时自动恢复。5 V 和 GND 经过电感作为模拟信号通道的电源 AVDD5 和地 AVSS。

11.3.3　最小系统设计

除电源、MCU 外，其他模块主要有时钟模块、复位模块、调试模块等，如图 11.6 所示。这里采用最简单的复位电路，即 RC 复位电路。为保证复位更加可靠，也可以参照第 5 章 5.4.2 节介绍的专用外部复位芯片 CAT811 产生复位信号。时钟模块仅采用一个 12 MHz 晶振和两只电容组成，调试接口采用 SW 串行调试接口，共有 4 个有效的引脚。除电源和地外，其他调试信号均接 10 kΩ 的上拉电阻。

应该说明的是，随着技术的不断进步和完善，许多厂家的 MCU 的时钟可以选择外部时钟，也可以使用内部集成的高速或低速时钟，因此为了降低成本，在没有特别要求的情况下，外部时钟电路完全可以省去，这样可以节省一只晶体 MJZ，两只电容 C_1 和 C_2，既节省了空间和成本，也增强了可靠性。但应注意，在下载程序时要选择系统内部时钟；编程时也要注意所有与时钟有关的硬件组件如 PWM、UART、Timer、WDT、ADC/DAC 等，要选择内部时钟作为定时的时钟源。

11.4　通　道　设　计

通道设计是指除最小系统以外的其他设计，包括输入通道（数字和模拟输入通道）、输出通道（数字和模拟输出通道）、人机交互通道、互连通信通道等。

11.4.1　通道模块元器件选型

通道模块元器件选型应该遵守以下原则。

1. 普遍性原则

所选的元器件应是被广泛使用且验证过的，尽量少使用冷门、偏门芯片，以减少开发风险。

2. 高性价比原则

在功能、性能、使用率都相近的情况下，尽量选择性价比高的元器件，以降低成本。

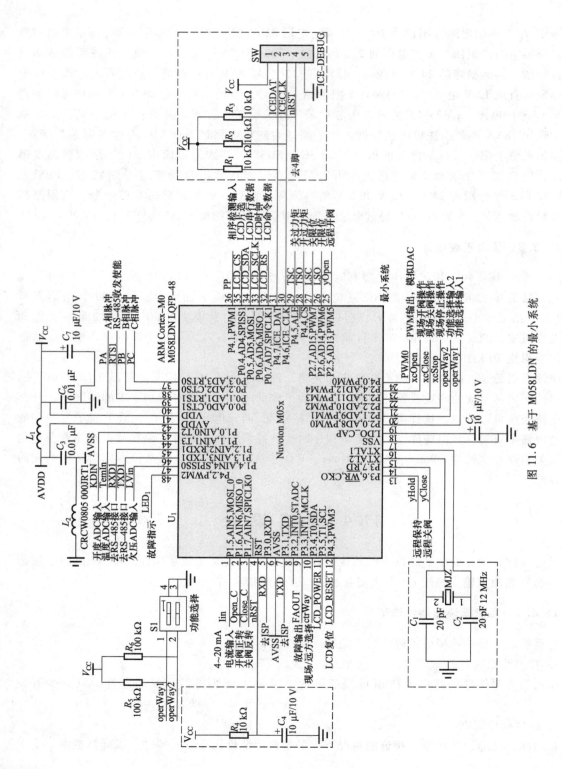

图 11.6 基于 M058LDN 的最小系统

450

3. 采购方便原则

尽量选择容易买到、供货周期短的元器件。

4. 持续发展原则

尽量选择在可预见的时间内不会停产，能长期供货的元器件。

5. 可替代原则

尽量选择引脚兼容的芯片品牌比较多的元器件。如用同类的运放、光耦、三极管、TTL/CMOS 器件等。

6. 向上兼容原则

尽量选择以前老产品用过的元器件。这些元器件经过多年的检验，稳定性、可靠性都比较高。

7. 资源节约原则

尽量用上元器件的全部功能和管脚。比如运放有单运放、双运放、四运放等，光耦也有单光耦、双光耦、四光耦等。要尽管合理使用这些器件。

11.4.2 模拟通道硬件设计

模拟通道包括模拟输入通道和模拟输出通道，本例中由于 MCU 内部没有 DAC，因此系统的模拟输出（4~20 mA 电流）采用 PWM 模拟。

根据需求分析可知，模拟输入通道的任务是检测温度、阀门开度、输入电流大小以及工作电压是否欠压。模拟输出通道就是设法产生可编程的 4~20 mA 电流输出。

1. 4~20 mA 电流输出电路设计

根据需求，要产生与开度对应的 4~20 mA 电流输出，由于 M058LDN 内部没有 DAC 组件，因此通过其内置的 PWM 组件来模拟 DAC，产生可控制的模拟电压，然后再进行 V/I 变换。输出电流的电路原理如图 11.7 所示。通过 PWM0 输出频率为 1 kHz，脉冲宽度可由软件控制的 PWM 波形，经过由 $R_{44}/C_{10}/R_{43}/C_8/R_{39}/C_{15}$ 组成的无源多阶低通滤波器，将周期性宽度不同的脉冲序列变换成幅度不同的直流电压信号，调整占空比可以将直流电压信号控制在 0.4~2.0 V 之间，经过由 $U_{21A}/R_{51}/BG_5/Z_2/R_{52}/R_{50}$ 组成的 V/I 变换电路，变换成 4~20 mA，最后经过 TVS_1 保护输出到 JIOUT 连接器上。

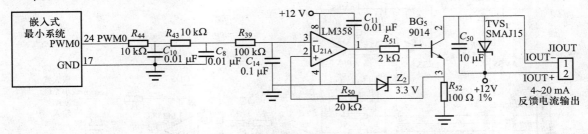

图 11.7 基于 PWM 控制的模拟输出产生电路原理图

2. 4~20 mA 电流输入检测电路设计

按照系统要求，要检测输入的 4~20 mA 电流来控制阀门开关，电流检测电路原理如

图 11.8 所示。被检测的 4~20 mA 电流流经 R_5 后得到 $-0.8 \sim -4$ V 的电压，经过 RC 低通滤波后送入 U_{13A} 运算放大器负端，经过反向 1 : 1 放大，输出 $0.8 \sim 4$ V 的电压经过 R_4 和 C_{22}/C_{23} 送嵌入式最小系统，由 MCU 的 ADC（AIN5）进行 A/D 变换得到数字量。由于 MCU 采用 5 V 供电，ADC 为 12 位，因此得到的数字量为 $4 \times 0.2/5 \times 4\,096 = 655$，对应 4 mA；$20 \times 0.2/5 \times 4\,096 = 3\,277$，对应 20 mA；如果为 1 mA，则对应的数字量为 $D = I \times 0.2/5 \times 4\,096 \approx I \times 164$。因此如果得到的数字量是 D，则输入的电流 $I \approx D/164$。如果得到的数字量为 1 968，则输入的电流为 12 mA。

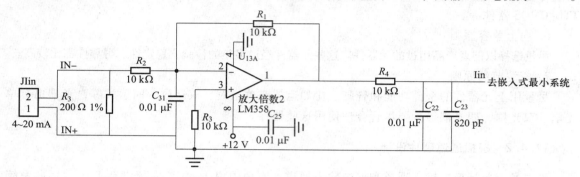

图 11.8　基于 PWM 控制的电流输入检测电路原理图

3. 温度输入检测电路设计

根据要求，可采用 PT100 铂电阻来检测电机温度。采用插入式 PT100 在电机关键发热处打孔，将 PT100 塞进孔中。电路原理如图 11.9 所示，图示为四线接法，也可以采用二线或三线接法，可视系统对精度的要求确定。具体接法及通过 PT100 检测温度的原理可参见第 7 章 7.7.2 节的有关内容。PT100 热电阻传感器在 1 mA 恒流源的作用下，当温度变化时，由于电阻跟着变化，使通过 PT100 电阻的电压发生变化，电压信号送到 U_{10B} 进行放大，U_{11A} 进行二阶有源低通滤波后送到嵌入式最小系统，由 MCU ADC（AIN1）进行 A/D 变换，再经过相应的温度变换（通常可以查表）得到温度值。

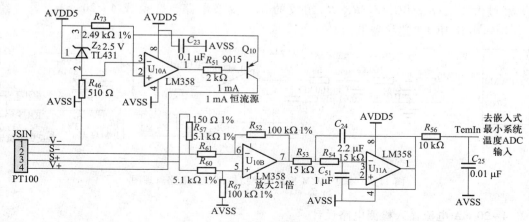

图 11.9　基于 PT100 的电机温度检测电路原理图

4. 欠压输入检测电路设计

欠压检测如下进行：电源电路经过变压降压后得到 15 V 交流，经过全波整流后得到脉动直流，进入图 11.10 所示的欠压检测电路，经过 R_{36} 和 R_{40} 分压电路分压后送入 U_{21B} 运放，经过放大后，得到 MCU 能够接受的电压范围，送嵌入式最小系统由 MCU ADC（AIN4）进行 A/D 变换，得到与输入电压对应的数字量关系，经过运算即可得到输入电压值，由软件进行判定，当对应电压低于额定电压的 80% 时视为欠压。

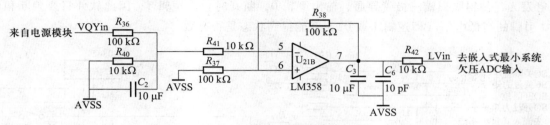

图 11.10　欠压输入检测电路原理图

5. 开度输入检测电路设计

开度输入检测电路的原理如图 11.11 所示。由需求分析可知，阀门开度是由 1 kΩ 电位器连接到阀门电机减速机构轴上，轴转动，电位器跟着旋转，从而电位器中间抽头对另外一端的电阻值跟着变化，加上电源后，电位发生同步变化，通过检测电位变化就可知晓阀门开度值（阀门开的位置）。将阀门阀位电位器一端连接一个 200 Ω 电阻，电阻另外一端接模拟 5 V 电源 AVDD5，电位器中间抽头连到运放输入+端，电位器另外一端接地。U_{20A} 接跟随器，U_{20B} 接二阶有源低通滤波器，最后经过 R_{21}/C_7 将调理后的开度信号送往嵌入式最小系统给 MCU ADC（AIN0），经过 A/D 变换得到数字量，再通过一定变换即可得到开度的百分比。

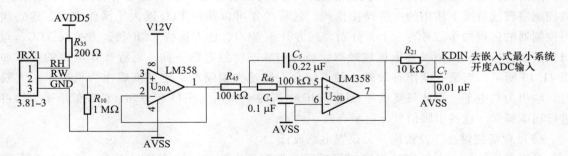

图 11.11　开度检测电路原理图

11.4.3　数字通道硬件设计

数字通道包括输入数字通道和输出数字通道。输入数字通道包括阀门的各种状态输入的检测、现场和远方的操作按键输入检测、通过拨码开关进行的功能设置输入检测等。

1. 数字输入通道设计

（1）阀门状态的检测电路设计

阀门的开关状态主要有开过力矩 TSO、关过力矩 TSC、开限位 LSO 和关限位 LSC。由于这些量是机械触点，在运行情况下有强烈的脉冲干扰，并且在触动瞬间也会产生电火花干扰，基于此，一方面在触点两头用 0.33 μF 的电容吸收抖动产生的电火花，另外一方面采用光电耦合器进行光电隔离，当状态有效时，机构中的触点闭合，通过图 10.12 所示接法，对应光耦的发光管发光，使得隔离端三极管导通，输出逻辑 0，断开时输出逻辑 1，因此软件只要判断相应 I/O 引脚的高低电平（即逻辑 1 或 0），就能得到状态是否有效。

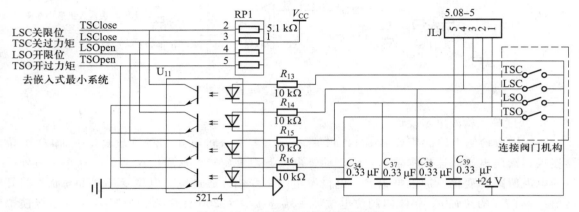

图 11.12 阀门状态检测电路原理图

（2）远程操作回路设计

远程（或远方）操作就是离本地有一定距离，通常是几十米或上百米的情况下，在远方控制阀门的操作。通常是电动阀门所在现场（阀门控制器通常安装在电动阀门体内或附近）离控制室较远情况下使用的一种操作模式。远程操作可以使用 PLC 或人工操作方式，送到阀门控制器的远程操作信号有三个，分别为远方开阀 YCO、远方保持 YCB 和远方关阀 YCC，阀门控制器为按键、按钮或其他机械触点。与阀门状态检测电路一样，远程操作电路的原理如图 11.13 所示。当某一操作有效时，触点闭合，通过光耦隔离，使光耦输出为低电平；无效时，输出为高电平。因此只要软件检测 GPIO 引脚的 yOpen、yHold 和 yClose 的高低电平，即可进行相应操作。这些引脚信号低电平有效。

（3）现场按键操作及拨码开关设置电路设计

对于现场操作，由于按键或按钮靠近阀门控制器，距离一般不超过 2 m，通常是几十厘米，因此可以直接将按键连接到嵌入式最小系统。对于按键或按钮的抖动，可以使用 M058LDN MCU 内部特有的防反弹机制来消除，因此电路设计中可不考虑消抖动问题。现场按键操作电路及功能选择电路比较简单，其原理如图 11.14 所示。按键时，对应操作引脚为高电平，有按键按下时为低电平；拨码开关拨到 ON 时，对应选择引脚为低电平，否则为高电平，根据功能选择引脚电平的高低即可选择不同的功能。

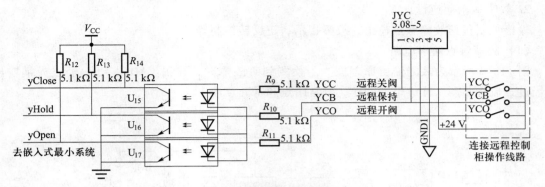

图 11.13　远程操作回路电路原理图

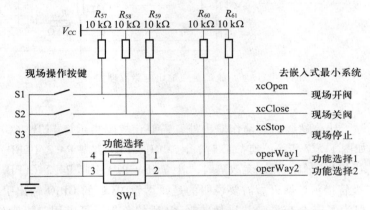

图 11.14　现场按键操作及拨码开关设置电路原理图

（4）相序和缺相检测输入电路设计

相序和缺相检测输入电路如图 11.15 所示，原理详见第 8 章 8.6.6 节中缺相和相序的检测。

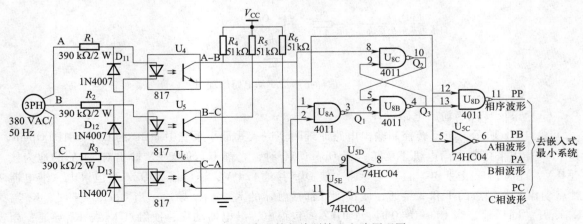

图 11.15　相序和缺相检测输入电路原理图

2. 数字输出通道设计

输出控制包括故障触点输出、故障指示、正反转控制等。

（1）故障触点输出电路

图 11.16 所示为故障输出原理图。当检测到有故障时，输出 FAOUT = 0，经过光耦输出，再经过三极管驱动，让继电器动作，有常闭点和常开点输出。

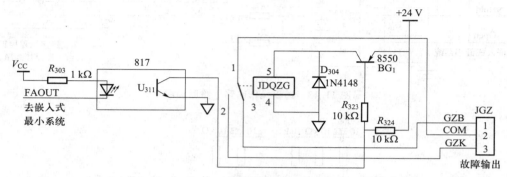

图 11.16　故障触点输出电路原理图

（2）故障指示灯

如果有故障，除了让故障继电器动作输出外，还要让故障指示灯 LED₁（GZLED）点亮。故障指示灯驱动电路如图 11.17 所示。有故障时，让 MCU GPIO 引脚 P4.2（LED₁）输出 0，Q_4 导通，GZLED 发光二极管指示灯点亮；无故障时，让 MCU GPIO 引脚 P4.2（LED₁）输出 1，Q_4 截止，GZLED 发光二极管指示灯熄灭。需要说明的是，尽管 MCU 的 GPIO 输出引脚可以驱动一个 LED 发光二极管，但为了安全起见，并尽量减轻 MCU 的负担，可以用三极管作开关管，这样，GPIO 很小的电流都可以使三极管导通，点亮发光二极管或其他指示灯（电流可达几百毫安）。

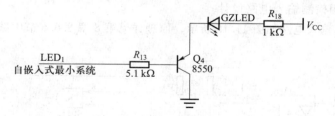

图 11.17　故障指示灯驱动电路原理图

（3）正反转控制输出电路设计

图 11.18 所示为正反转控制输出电路原理图。嵌入式最小系统中 MCU 的 GPIO 引脚 OpenC 和 CloseC 用来控制阀门电机正反转，当 OpenC = 0 时，光耦 U_{15} 的 OPEN 输出对 24 V 的地为接近 0 V，此时，三极管 BG_2 的 c-e 导通，使 OPJ 接通 +24 V，继电器 JDQZZ 线包得电，继电器触点动作，其触点的 1 和 2 接通，使接到外部接触器的 K_c 与 K_{11} 导通；当 OpenC = 1 时，K_c 与 K_{11} 断开。同样地，当 CloseC = 0 时，JDQFZ 线包得电，继电器动作，使触点 K_c 与 K_{21} 导通；当 CloseC = 1 时，K_c 与 K_{21} 断开。

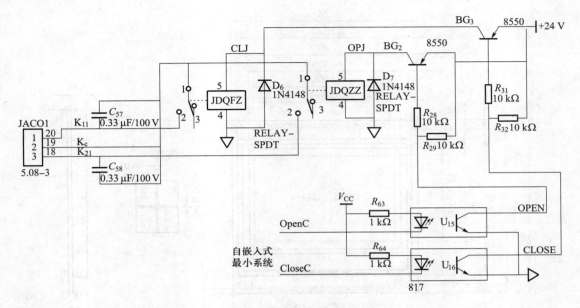

图 11.18　正反转控制电路原理图

控制电路在 MCU 的控制下，实现触点 K_c 与 K_{11} 以及 K_c 与 K_{21} 的导通与断开，再将触点接入阀门电机的驱动回路，如图 11.19 所示，即可实现电机的正转和反转。当 OpenC = 0 且 CloseC = 1 时，K_c 与 K_{11} 导通，正转接触器 KM_1 得电动作，使三相电机正转；当 OpenC = 1 且 CloseC = 0 时，K_c 与 K_{21} 导通，反转接触器 KM_2 得电动作，使电机反转；当 OpenC = 1 且 CloseC = 1 时，电机停止不动。

（4）LCD 显示输出接口设计

本智能阀门控制器采用的 LCD 显示模块为 HJ12864-COG-1，可显示点阵图形和字符，也可以显示汉字，是性价比极高的 LCD 模块，采用四线制的 SPI 串行接口与 MCU 连接。

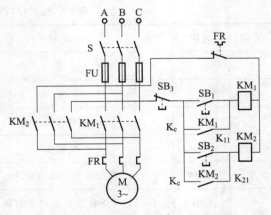

图 11.19　正反转驱动电路原理图

128×64 的通用点阵 LCD 模块 HJ12864-COG-1 的尺寸如图 11.20 所示。如果全部显示汉字（16×16 点阵），可显示 4 行，每行可显示 8 个汉字，也可以选择点阵图形。

HJ12864-COG-1 的具体引脚如表 11.2 所示，操作时序如图 11.21 所示。

CSB 为 LCD 片选信号，低电平选中 LCD 模块；RS 为指令/数据写操作选择，RS = 0 写指令，RS = 1 写数据；SCL 为时钟，SDA 为数据。操作时序图中的各种时间如表 11.3 所示。

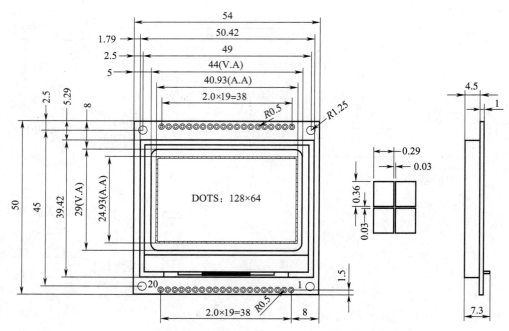

图 11.20　LCD 模块 HJ12864-COG-1 示意图

表 11.2　HJ12864-COG-1 引脚说明

引脚	名称	方向	说明	引脚	名称	方向	说明
1	–	–	空	11	–	–	空脚
2	–	–	空	12	–	–	空脚
3	V_{SS}	–	电源负	13	–	–	空脚
4	V_{DD}	–	电源正	14	–	–	空脚
5	LEDA	–	背光电源，通常接 V_{DD}	15	–	–	空脚
6	CSB	I	片选使能，低电平有效	16	–	–	空脚
7	A0-RS	I	数据指令寄存器选择，高数据，低指令	17	–	–	空脚
8	RSTB	I	复位信号，低有效	18	–	–	空脚
9	SDA	I/O	串行数据	19	–	–	空脚
10	SCL	I	串行时钟	20	–	–	空脚

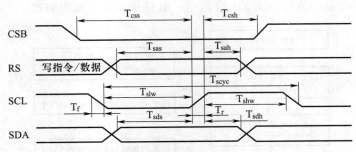

图 11.21　HJ12864-COG-1 操作时序

表 11.3　相关时间约定

项目	信号	标识	最小	最大	单位
串行时钟	SCL	T_{scyc}	50	—	ns
时钟高电平宽度		T_{shw}	25	—	
时钟低电平宽度		T_{slw}	25	—	
指令建立时间	RS	T_{sas}	20	—	
指令宽度		T_{sah}	10	—	
数据建立时间	SDA	T_{sds}	20	—	
数据宽度		T_{sdh}	10	—	
片选建立时间	CSB	T_{css}	20	—	
片选保持时间		T_{csh}	40	—	

HJ12864-COG-1 的显示结构如表 11.4 所示。

表 11.4　HJ12864-COG-1 的显示结构

Y =	0~127 列										行号
	0	1	...	62	63	64	65	...	126	127	
X = 0	DB0 ↓ DB7	DB0 ↓ DB7	DB0 ↓ DB7	DB0 ↓ DB7	DB0 ↓ DB7	DB0 ↓ DB7	DB0 ↓ DB7	DB0 ↓ DB7	DB0 ↓ DB7	DB0 ↓ DB7	0 ↓ 7
↓	DB0 ↓ DB7	DB0 ↓ DB7	DB0 ↓ DB7	DB0 ↓ DB7	DB0 ↓ DB7	DB0 ↓ DB7	DB0 ↓ DB7	DB0 ↓ DB7	DB0 ↓ DB7	DB0 ↓ DB7	8 ↓ 55
X = 7	DB0 ↓ DB7	DB0 ↓ DB7	DB0 ↓ DB7	DB0 ↓ DB7	DB0 ↓ DB7	DB0 ↓ DB7	DB0 ↓ DB7	DB0 ↓ DB7	DB0 ↓ DB7	DB0 ↓ DB7	56 ↓ 63

对 LCD 模块写数据的流程如图 11.22 所示，软件依照这个流程编程。

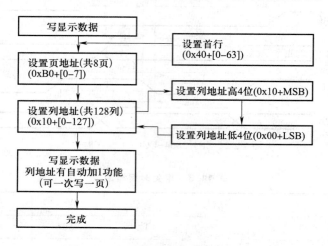

图 11.22　HJ12864-COG-1 操作时序

按照需求，智能阀门控制器的 128×64 LCD 显示屏 HJ12864-COG-1 与最小系统的接口如图 11.23 所示。

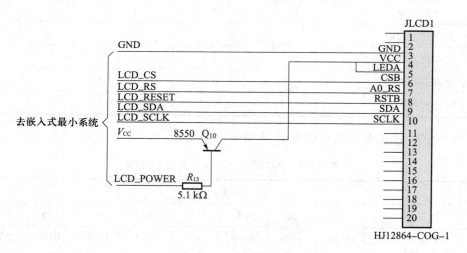

图 11.23　最小系统与 LCD 模块 HJ12864-COG-1 的接口

LCD_POWER（P3.5）控制 LCD 电源，当 LCD_POWER = 0 时，LCD 的电源才有电；当 LCD_POWER = 1 时，LCD 模块不得电，这样可以控制是否让 LCD 显示，不需要显示时关闭 LCD 模块可以节省电能。

应该说明的是，在 LCD_CS、LCD_RS、LCD_RESET、LCD_SDA 以及 LCD_SCLK 上最好接 3~100 kΩ 的上拉电阻，但由于 M058LDN 的内部 GPIO 均有弱上拉电阻，因此实际应用时可以省去上拉电阻。通过图示接口写一个字节数据的流程如图 11.24 所示。

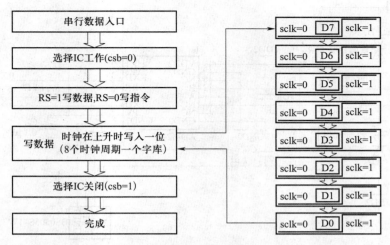

图 11.24 对 LCD 模块 HJ12864-COG-1 的接口写一个字节数据的流程

11.4.4 互连通信接口设计

按照需求,阀门控制系统互连通信接口为一个基于 RS-485 的远程通信接口。互连通信接口原理参见第 9 章 9.3.2 节的设计。图 11.25 所示为不带隔离的廉价 RS-485 通信接口。图 11.26 所示为带光电隔离的高可靠 RS-485 接口,这个接口采用了带光电隔离的 RS-485 收发器,采用 UART1 的 RS-485 功能完成基于 RS-485 的主从式通信任务,阀门控制器作为从机使用。图 11.26 中 U_2 为 DC-DC 电源模块,把 MCU 的 5 V 变换成隔离的 5 V,使得嵌入式最小系统与外部 RS-485 通信的上位机等处于完全电气隔离状态,从而不受外界干扰。

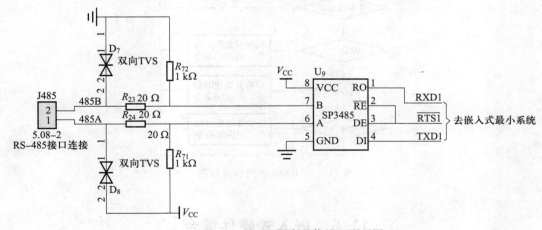

图 11.25 RS-485 无隔离通信接口原理图

RS-485 接口可以通过双绞线连接远方具有 RS-485 接口的主机,进行远程通信。这里 UART1 的 RTS1 自动对 RS-485 进行收发的转换。

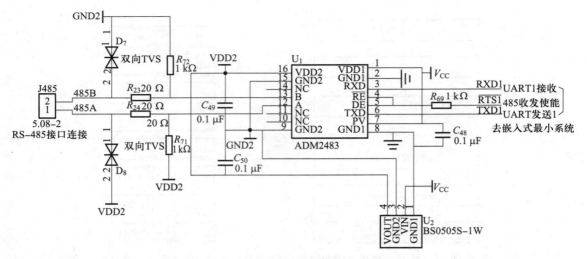

图 11.26　RS-485 隔离型通信接口原理图

基于 UART1 的 RS-485 通信，采用 ModBus RTU 通信协议，详见第 9 章 9.3.4 节，通信流程如图 11.27 所示。

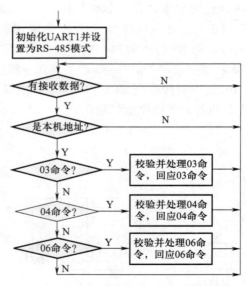

图 11.27　RS-485 通信流程图

11.5　嵌入式硬件综合

前面几节根据系统总体要求进行了需求分析，并给出系统硬件组成的不同单元模块的设计，本节将这些单元模块整合成一个完整的嵌入式硬件系统，即所谓的硬件综合。

462

11.5.1 硬件原理图综合

通常一个完整的嵌入式应用系统涉及的部分很多，如前面的最小系统、模拟通道、数字通道、互连通信通道等各种通道，每个部分都可以用一个独立的原理图单独设计。作为一个完整的嵌入式应用系统，这些独立设计的原理图又有相互的联系，希望能把各种原理图整合成一个完整的系统，这就需要进行硬件综合。

前面几节分别设计了系统的不同组成单元，在确保各单元电路原理完全正确的前提下，可以进行系统硬件原理图的综合。在前面进行各部分设计时，每个部分都设计了输入或输出信号的连接器或设置了网络标号，把这些组成部分合起来构成一个完整的硬件系统，是原理图综合的主要目标。

用电子线路辅助软件绘制设计的原理图时应该按照一定的格式标准进行。

1. 原理图格式标准

原理图设计格式的基本要求是：清晰、准确、规范、易读。具体要求如下：

（1）功能模块化，布局合理化

尽量将各功能部分模块化（如步进电机驱动、直流电机驱动、PG 电机驱动、开关电源等），以便于同类机型资源共享，各功能模块界线须清晰；各功能块布局要合理，整份原理图须布局均衡，避免有些地方很挤，而有些地方又很松；接插件（如电源输入、输出负载接口、采样接口等）尽量分布在图纸的四周，示意出实际接口外形及每一接脚的功能；滤波器件（如高/低频滤波电容、电感）须置于作用部位的附近。

（2）特殊器件特别处理，标识标注要清楚明了

可调元件（如电位器）、切换开关等对应的功能须标识清楚；每一部件尤其是 IC 电源的去耦电容须置于对应引脚的附近，便于对照 PCB 检查；重要的控制或信号线须标明流向及用文字标明功能；嵌入式处理器为整机的控制中心，接口线最多，故嵌入式处理器周边须多留一些空间进行布线及相关标注，而不至于显得过分拥挤。

（3）关键器件适当说明，文字标识统一

嵌入式处理器的设置须在旁边做一表格进行对应设置的说明；重要器件（如接插座、IC 等）外框用粗体线（统一为 0.5 mm）绘制，以明示清楚；用于标识的文字类型须统一，文字高度可分为不同层次以分出层次关系；元件标号可按功能块进行标识；元件参数/数值务求准确标识，特别留意功率电阻一定须标明功率值，高耐压的滤波电容除了标出容量，还须标明耐压值，如 100 μF/100 V 等。

（4）每张原理图设置标准图框并标注相关信息

每张原理图都需要有标准图框，并标明对应图纸的功能、文件名、制图人名/确认人名、日期以及版本号等。

（5）原理图的自我检测与审核规范化

在设计初始阶段，完成原理图设计后可利用工具进行电气检测，并通过各种手段进行自我审查，自我审核合格后须提交给项目主管进行再审核，直到合格后才能开始进行 PCB 设计。

2. 原理图设计参考

原理图设计前的方案确认应遵循以下基本原则。

① 详细理解设计需求，从需求中整理出电路功能模块和性能指标要求。

② 根据功能和性能需求制定总体设计方案。

③ 针对已经选定的嵌入式处理器芯片，选择一个与需求比较接近的成功参考设计。

④ 对选定的嵌入式处理器厂家提供的参考设计原理图外围电路进行修改。修改时对于每个功能模块都要找至少 3 个相同外围芯片的成功参考设计，如果找到的参考设计连接方法都是完全一样的，那么基本可以放心参照设计，但即使只有一个参考设计与其他的不一样，也不能简单地按少数服从多数的原则处理，而要细读芯片数据手册，深入理解管脚含义，多方讨论，联系芯片厂商技术支持，最终确定科学、正确的连接方式。如果仍有疑义，可以做兼容设计。

⑤ 对于每个功能模块，要尽量找到更多的成功参考设计，功能越难则应找到越多的成功参考设计，以确保设计的正确性。如果是参考已有的产品进行设计，设计中要留意现有产品有哪些遗留问题，这些遗留问题与硬件的哪些功能模块相关，在设计这些相关模块时要更加注意推敲，不能机械照抄原来的设计。

⑥ 数字电源和模拟电源分割，数字地和模拟地分割，单点接地，数字地可以直接接机壳地（大地），机壳必须接地，以保护人身安全。

⑦ 保证系统各模块资源不冲突。

⑧ 元器件要正确封装。在绘制原理图时，每个元件要有合适的封装，电阻、电容通常有直插、贴片封装，贴片封装又分为 0402、0603、0805 等大小不同的封装。此外，常用芯片的封装也要按照要求选择。最为重要的是特殊器件，即设计软件中没有的元件封装，必须自行建立封装，以便在 PCB 设计时能正确找到对应的封装。

⑨ 阅读系统中所有芯片的手册（一般是设计参考手册），看它们未用的输入管脚是否需要做外部处理，是要上拉、下拉还是悬空，如果需要上拉或下拉，则一定要做相应处理，否则可能引起芯片内部振荡，导致芯片不能正常工作。

⑩ 在不增加硬件设计难度的情况下，尽量保证软件开发方便，或者以较小的硬件设计难度来换取更多方便、可靠、高效的软件设计。

⑪ 注意设计时尽量降低功耗和散热，这部分可详见第 10 章 10.8 节有关低功耗设计的内容。此外，可以在功耗和发热较大的芯片中增加散热片或风扇。

3. 原理图综合

借助于电子线路辅助设计软件，如 PROTEL 或其后续版本的 Altium Designer，分别将最小系统、输入通道（包括数字和模拟输入通道）、输出通道（包括数字和模拟输出通道）、人机交互通道、互连通信通道等各部分的原理图绘制好。

以 PROTEL 为例，建立一个名为 MyProject. DDB 的项目，按照前面介绍的原理图设计格式标准及设计参考的要求，分别绘制各部分的原理图。假设前面电源部分的原理图名为 POWER. SCH、最小系统的原理图名为 MINISYSTEM. SCH、模拟通道的原理图名为 ANA-

LOG. SCH、数字通道（含人机交互通道）原理图名为 DIGITAL. SCH、通信通道原理图名为 COMM. SCH。

在 PROTEL 中实现多张原理图的统一编号，即多张原理图表示一个完全的电路原理，其实就是一个电路板对应的电路原理图，只是为了模块化设计，按照模块划分原理图。将多个模块原理图综合为一个完整的原理图的方法如下。

① 在 PROTEL 中建立项目 MyProject. DDB。

② 分别绘制各部分原理图，即分别在项目中建立原理图 POWER. SCH、MINISYSTEM. SCH、ANALOG. SCH、DIGITAL. SCH、COMM. SCH，并逐一绘制完成各自的原理图。

③ 创建空原理图，名为 Total. SCH，用这个原理图综合所有以前绘制的各部分原理图。

④ 从 Design（设计）菜单中选择 Create Symbol From Sheet（从图纸生成符号）选项，在弹出的选项图中选择加入已经设计好的原理图 POWER.SCH。按照同样的方法，把 MINISYSTEM. SCH、ANALOG. SCH、DIGITAL. SCH、COMM. SCH 一一加入 Total.SCH 中，如图 11. 28 所示。

⑤ 从 Tools（工具）菜单中选择 Annotate（注释）选项，取消选中 Options 标签下的 Current Sheet Only 选项，然后再选中 Advanced Options 标签下需要编号的图纸文件名，并在 From 下双击默认的起始标识修改起始标识，再双击 To 下面的默认结束标识并修改结束标识。这里将列表中上述原理图名全部选中，并全部选择好起始和结束标识，单击 OK 按钮即可使原理图中的每个元件具有唯一的统一标识。

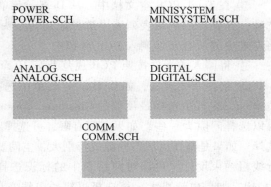

图 11. 28　Total. SCH 综合图示

⑥ 从 Design（设计）菜单中选择 Create Netlist（创建网络表）选项，创建网络表时，要注意在 Sheets To Netlist 下选择 Active Project 选项，不能选择 Active Sheet 选项。最后单击 OK 按钮，即可产生网络表。

至此，一个由多个原理图综合到一个原理图并生成一个完整网络表的步骤全部完成，下面即可设计 PCB。

4. 生成元件清单表

对于嵌入式产品，在生产之前要采购元器件，因此需要通过原理图产生元件清单列表，具体方法如下：

① 在打开的 Total. SCH 窗口中，从 Report（报告）菜单中选择 Bill of Material 选项，在生成清单向导中选择 Project 选项，单击 Next 按钮。

② 选中 Footprint 和 Descriptor 复选框，单击 Next 按钮。

③ 在弹出的选项中，保持默认选项不变，单击 Next 按钮。

④ 在弹出的选项框中，选中 Protel Format 和 Client Spreadsheet 两个复选框，这一项列出的元件清单中统计了同类型的总数，便于采购使用，后一项为每个元件一行，便于焊接对照。单

击 Next 按钮。

⑤ 单击 Finish 按钮完成元件清单生成。

可以将该表格复制到 Excel 中进行分类排序、统计、统一格式等各项操作。

11.5.2 硬件 PCB 设计

按照第 10 章 10.7 节印制电路板抗干扰设计的要求，从原理图中导入网络表，进行 PCB 设计，主要步骤如下：

① 打开前面已经建立的工程 MyProject.DDB，并建立一个新 PCB 文档，命名为Total.PCB。

② 按照系统尺寸的要求，在 KeepOutLayer 层绘制一个矩形框，作为 PCB 的最大尺寸限定。

③ 在 Total.PCB 空文档中，从 Design 菜单中选择 Netlist（网络表）（英文版为 Load Net..）选项，在弹出的网络表列表中选择原理转接头综合过程中产生的 Total.net，单击 Execute 按钮，将原理中的所有元件调入 PCB 文档中。

④ 将调入的元件按照 PCB 规范及第 10 章 10.7 节的要求进行元件布局。

⑤ 选择布线规划，如从 Design 菜单中选择 Rules（规则）选项，在弹出的对话框中选择 Routing，在其中选择最顶端的 Clearance Constraint，进行间隙约束设计。如果板子空间足够大，可以选择间隙大一些，如果空间有限，可选择间隙小一些，通常默认为 12 mil，特殊需求可特殊选择。如果是高压区域，间隙要特别大，空间要求也要大。再选择最底端的 Width Constraint，进行线粗约束设计。可针对网络表中的标识选择不同线粗，如地线、电源线尽量粗一些，至少 50 mil，如果电流更大，要选择更粗的走线宽度。具体要求详见第 10 章 10.7 节中的走线抗干扰设计。

布线规则很多，这两项是最为重要的部分，此外还有过孔风格及大小的限定、布线优先权、走线弯曲度（45°还是圆弧等）等。

⑥ 从 Auto Route（自动布线）中选择 All（全部），在弹出的对话框中选择 Route All，即可对整体进行自动布线。

⑦ 对于有些特殊电路，自动布线后要进行人工修改。对于模拟电路、功率电路等有要求的特殊电路，在自动布线后，需要人工修改和调整。方法是从 Place（放置）菜单中选择 Track（中文版为"线"，英文版为 Interactive Routing）选项，对准原来自动布线的线进行直接重新走线，即可自动修改原来的走线，这就是半自动走线。

⑧ 分层显示，检查走线的正确性。在布线完毕后，可以只显示走线的一层，这样可以方便地观察走线是否有交叉。有时，自动布线会将两条不该走到一块的线连接在一起，而 100%显示布线时看不出冲突，这时通过分层观察才能发现问题所在，在印制板子之前及时调整正确。

⑨ 焊盘泪滴设定。在完成上述处理后，可通过 Tools 菜单选择 Teardrops（泪滴处理）选项，在弹出的对话框内单击 OK 按钮即可。这种处理使焊盘更加丰满，抗干扰性能更好。

⑩ 对部分重点区域敷铜接地，以增强抗干扰能力。从 Place 菜单中选择 Polygon Plane

（敷铜）选项，在弹出的对话框中的 Net Options 中选择 GND（地）网络标号，选中 Remove Dead，在 Plane Setting 中选择网格尺寸和线宽度，最后单击 OK 按钮即可。对于高压大电流的区域，建议少采用这种方式；在小信号、小电流需要接地屏蔽时，可以用这种方法敷铜接地。

⑪ 调整元件标识位置。在布线完成之后，分层查看元件标识是否被过孔或焊盘盖住，可以适当调整标识的字符大小和位置。最后标注 PCB 的名称、设计者及版本日期等信息，以便于今后对照查找。

至此，一块完整的嵌入式应用系统电路板就完成了 PCB 设计，交由线路板厂家制作即可。

11.6 系 统 调 试

按照上述几节的要求设计好原理图，在设计原理图的同时，需要借助于 Multisim 仿真软件进行逻辑仿真，仿真正确后，再采用电子线路 CAD 软件进行原理图设计。这些软件有很多，但使用非常广泛的有 PROTEL 及其后续的 Altium Designer 以及 ORACD 和 CADENCE。按照上一节介绍的方法设计完原理图，并进行电气规则检测无误后，生成网络表，将网络表装入设计的 PCB。PCB 设计完毕，检测无误后可送交厂家制板，等线路板制作完成，即可着手进行硬件的焊接、测试和调试。

11.6.1 硬件调试概述

1. 主要调试内容

按照第 1 章 1.4.2 节所述的硬件调试内容进行静态和动态调试。

（1）静态检查

静态检查是在不通电情况下进行的检测，包括线路板裸板（没有焊接元器件时的线路板）检查和有元器件的线路板检查。

① 裸板静态检查。拿到线路板之后，先不要着急焊接，先用万用表电阻挡测量一下 PCB 上的电源与地之间是否为无穷大，以查看线路板的电源对地是否有短路情况。如果电源对地没有短路，可以按照模块分别焊接元器件。

② 焊接后静态检查。在没有形成定型产品之前，硬件上难免会有些问题，对于初次设计的硬件调试，务必不要急于把所有器件焊接完，要边焊接边测试，以检测电源对地是否有短路现象，如果把所有器件全部焊接上去，即使检测出电源对地短路，也很难找到短路的具体部位，因为所有电源都是连接在一起的，所有地也是连接在一起的。只有分模块焊接，焊接一个模块测试一个模块，才能起到事半功倍的效果。

焊接完每个模块后也不能急于通电，必须在通电之前，逐一对照原理图检查 PCB 各电源对地是否有短路情况，各连接插座是否有短路情况。方法是用万用表二极管挡，检测没有明显短路或明显阻值很小的情况，一般不小于 500 Ω。检测有极性器件如二极管、电解电容以及锂电容等是否接反。仔细检测 IC 芯片是否焊接正确，查看 IC 的 1 脚是否对准 PCB 上的 1 脚标识。发现异常时不能通电，必须排除异常后再通电测试。

（2）动态检测

① 对于已焊接的模块，用万用表电压挡检测各电源是否按照设计要求输出额定电压，如果不正常则排除。

② 用万用表或示波器根据原理图检测相关逻辑状态是否正常。

③ 逐个模块检查功能的正确性，如果功能都不正确，考虑 MCU 是否复位正常，有没有振荡信号。

④ 使用简单测试软件测试模块功能，直到所有功能正常。

⑤ 对于总线或多通道信号的分析和观察，可以借助于逻辑分析仪进行。

2. 常用调试工具

用于硬件调试的工具包括发光二极管、RS-232 连接器、仿真器、万用表、4~20 mA 电流校准仪、信号发生器、直流稳压电源、示波器、逻辑分析仪以及标准电阻箱等，这些调试工具如图 11.29 所示。

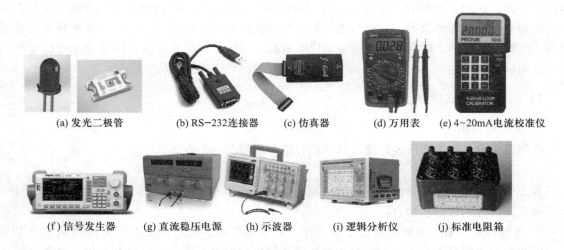

| (a) 发光二极管 | (b) RS-232连接器 | (c) 仿真器 | (d) 万用表 | (e) 4~20mA电流校准仪 |

| (f) 信号发生器 | (g) 直流稳压电源 | (h) 示波器 | (i) 逻辑分析仪 | (j) 标准电阻箱 |

图 11.29　常用硬件调试工具

发光二极管是最简单的调试工具，只需要嵌入式处理器一根引脚，通过驱动即可让发光二极管发光（见第 6 章 6.6.2 节图 6.55）。借助于发光二极管，可以通过软件让发光二极管呈现常亮、常灭、短闪亮、长闪亮等不同显示方式，以指示不同的工作状态，进而通过发光二极管的发光形式来确定系统的运行状态。发光二极管的发光方式是成本最低、最简单的调试手段。

在调试过程中，往往可以使用嵌入式处理器的串行口向外部调试主机或其他具有串行口的设备发送有关调试信息，以便于观察当前程序运行位置的执行情况，这是在不使用专用仿真器的情况下最常用、最直观且最经济的调试手段。

468

ARM 嵌入式处理器内部均有基于 JTAG 或 SWD 的仿真调试接口，可通过外置仿真器（协议转换器）连接目标机和调试主机（PC 或笔记本电脑，如图 1.14 所示）。

万用表可以测量电阻、电压、电流、电容、三极管、二极管，有的还可以测量频率、温度等，是硬件调试的必备工具。测量不同类别的器件要打到相应的挡位，不能弄错，如测量电流不能用电压挡，测量电压不能用电阻挡等。测量时也要注意量程不能超过万用表标示的量程，否则会烧坏万用表。万用表有两只表笔，一只为红色，一只为黑色。测量直流电压时，红笔接电源+，黑笔接地；测量电流时，红笔接电流入+，黑笔接电流出−。测量是否短路时可以用电阻挡，短路时电阻值为 0。为了方便听到短路，多数数字万用表均有蜂鸣器挡，当红、黑笔连接到短路的线路或器件时，万用表会发出声响，此时再观察本挡的电阻值是否是 0，如果是则表示真正的短路。如果电阻值不为 0 而发出声响，则不一定是短路，小于 200 Ω 的电路也会发出声响。因此判断是否短路不能只听声响，还要看电阻值是否为 0。

4~20 mA 电流校准仪主要用于校正 4~20 mA 电流，对于具有 4~20 mA 输入和输出的模拟系统，电流校准仪是一个必备的调试工具。

信号发生器用来产生不同类别的激励信号，可用于嵌入式硬件系统的逻辑输入，如要测量外部频率，可以让信号发生器产生指定频率的方波，送到嵌入式系统，看嵌入式系统测量的频率是否正确。信号发生器也可以发出模拟信号，如正弦波信号等，便于调试时模拟现场不同类别的信号并加以校准。

直流稳压电源是输出可调节电压的仪器，可以作为直流电压信号的输出，供系统输入测试使用。

示波器是显示被测点工作波形的仪器，周期性变化的信号能连续显示在示波器上。使用示波器要注意被测点的频率和幅度，否则显示效果会受到很大影响。

用示波器可方便地观察周期性变化的波形，但不容易观察瞬间脉冲，而逻辑分析仪可以方便地测量任何形式的信号。逻辑分析仪是分析数字系统逻辑关系的仪器，它具有记忆功能，可记忆测量瞬间多通道的工作波形。逻辑分析仪属于数据域测试仪器中的一种总线分析仪，即以总线（多线）概念为基础，同时对多条数据线上的数据流进行观察和测试，这种仪器对复杂数字系统的测试和分析十分有效。

标准电阻箱用于任何可用电阻来调节的调试环节，它的精度很高，可以满足调试需求。本系统使用电阻箱的目的是校准 PT100 检测电路，代替 PT100 在不同温度时输出的电阻值。

3. 调试连接

嵌入式应用系统的开发与调试是借助于集成开发软件环境和硬件调试工具进行的。调试嵌入式系统的连接关系如图 1.14 所示。

11.6.2　电源模块的调试

电源模块是整个硬件系统的供电源，电源有问题，嵌入式系统是无法正常工作的。因此在调试硬件模块之前，首先要把电源调通。电源调试同样也要先进行静态调试，再进行动态调试。

电源的静态调试就是检测电源模块中的有极性器件是否连接正确,尤其是二极管、有极性的电解电容和钽电容,以及芯片 1 脚的位置是否焊接正确,如果焊接正确,再用万用表二极管挡测量各源电源+对地的导通状态,如果显示的电阻过小(小于 500 Ω),则电源可能有问题。

对于 11.3.2 节图 11.5 所示的供电模块,由于其输入电压为 380 V 交流,因此要注意别碰到高压处,用万用表测量输入端时,电压挡要打到 750 V 交流电压挡,手握表笔千万别碰到金属,以防触电。最好在输入端使用一个空气开关,通过空气开关接入本电源,这样方便调试。

三路电源输出端的自恢复保险丝 FUSE1、FUSE2、FUSE3 起到保护的作用,调试过程中出现短路时可立即断开,保护电源不被烧坏,电路恢复正常时保险丝自动恢复。这三个保险丝先不焊接,通电后用万用表测量 U3-3 对 GND2,看是否为 24 V,测量 U1-4 对地是否是 12 V,测量 U2-4 对地是否为 5 V,如果电源均正常,则切断电源,将自恢复保险丝焊接上去,再通电测试+24 V 对 GND2 是否为 24 V,+12 V 对 GND 是否为 12 V,+5 V 对 GND 和 AVDD5 对 AVSS 是否为 5 V。如果电源全部正常,可进行其他模块的调试。如果电压偏离额定输出电压值较大,可以考虑稳压芯片的筛选,因为电源芯片如 7824 以及 2596-12 和 2596-5 的输出误差一般能满足系统的设计,如果要求高就要进行适当的筛选,选出适当的电源芯片。

必要时用示波器观察各路电源的纹波是否能够满足设计要求,如果纹波过大,影响电源质量,可以在滤波电容方面考虑关联大的电容,进行进一步滤波处理。

对于电源调试,除了用万用表和示波器之外,还要注意仔细观察电路板的变化,有没有烧焦的味道,有没有大的声响等,都是判断电源是否有故障的直观方法。如果有烧焦的味道,说明电流过大或有短路情况发生,器件会烧焦,产生异味;如果电解电容耐压不够,压敏电阻耐压不够,或器件电压过高,则均会瞬间产生爆炸声响。

如果电源有问题,可以从变压、整流、滤波和稳压四个部分分别查找原因。可逐级检测,如果不容易准确判断出现问题的位置,可先从最前级开始检查,割去后续电路的通路,通电查看本级输出是否满足要求,没有问题再逐步扩展到后级,直到找到问题的位置为止。电源正常后,即可进入后面的调试。

11.6.3 最小系统调试

最小系统模块是嵌入式应用系统的核心模块,是确保系统正常运行的关键模块,因此电源调通之后,首先要调试的就是嵌入式最小系统。

对于最小系统的调试,首先要检测原理图与 PCB 的一致性,检查电源对地有无短路,通电用万用表检查各电源电压是否正常以及检查程序下载能否正常进行。

检验最小系统是否能工作最直观的方法是看是否能够通过调试接口 JTAG 或 SWD 下载程序,无论是通过集成开发环境 RealView MDK-ARM,还是通过 ICP 程序下载程序,如果能正常下载,则说明最小系统基本上工作是正常的,否则说明最小系统有问题。

除了下载程序时选择的处理器型号不对等原因外，其他问题可以通过最小系统的组成逐一来查找原因。前面电源已经调试成功了，最小系统的调试主要包括调试接口、时钟电路以及复位电路，因此可以从这几个方面查找问题所在。

1. 检查复位电路

任何最小系统，如果复位电路不可靠，则系统无法正确工作，程序下载也不正常。如何才能知道复位是否正常呢？可以在上电时用示波器观察复位引脚的信号波形来判断系统的复位是否正常。将示波器探头接 MCU 的复位引脚，另一端接 MCU 的地，查看上电瞬间复位引脚是否有跳变。对于低电平复位的 MCU，如本阀门控制器选择的 ARM Cortex-M0 的 M058LDN，上电时复位引脚的波形为从上电开始到稳定先为低电平，然后很快有一个上升沿，这就是正常的复位信号，如果是高电平有效的复位，则上电时会产生由高到低的电平变化。复位引脚的上电波形如图 11.30 所示。有的复位信号没有那么陡峭的边沿，但至少要有电平的变化。如果没有图示的相关波形，就应该仔细检查一下复位电路。如果是 RC 构成的简单复位电路，可尝试适当增大电阻或电容的值，使复位时间延长；另外还要仔细检查连接的可靠性，如果是由专用复位芯片构成的复位电路，则要仔细看资料，看芯片是否适合 MCU 复位要求，有的复位芯片是低电平有效，有的是高电平有效，有的高低电平可选择，因此必须与 MCU 复位电平一致才能可靠复位。

(a) 低电平复位引脚　　　　　　　　(b) 高电平复位引脚

图 11.30　复位引脚的上电波形

2. 检查时钟电路

时钟电路非常简单，只要用示波器测量 MCU 时钟端对地，如果有晶体标称频率的周期性高频信号，即说明时钟电路没有问题。如果时钟电路与 MCU 时钟接入端两个引脚对地没有振荡波形，则说明系统没有起振，时钟电路有问题。不起振的原因可能是没有接好电源，晶体没有焊接好或晶体损坏，或电容损坏。

3. 检查调试接口

目前流行的调试接口有 JTAG 和 SWD 两种，对于 ARM Cortex-M0，通常使用串行调试接口 SWD（参见第 5 章 5.5.2 节）。由最小系统组成可知，SWD 接口非常简单，除了几个上拉电阻就是一个 SWD 插座，只需要用万用表对照原理图仔细检查 PCB 连接是否正确即可。

所有问题全部解决后，最小系统即可正确工作，下面就可以调试外围通道和其他模块了。

11.6.4　标度变换

所谓标度变换，是指将对应参数值的大小转换成能直接显示为有量纲的被测工程量数值，也称为工程转换。对于嵌入式系统中的模块通道，标度变换是非常重要的一个环节，有了标度变换才可以把由 ADC 转换得到的数字量变换为传感器实际感知的物理量。

由传感器将物理量变换成模拟电信号，经过 A/D 转换后成为相应的数字量，该数字量仅仅对应被测工程量参数值的大小，并不是原来带有单位量纲的参数值。只有通过标度变换，才能由数字量得到实际的物理量。生产过程中的各个参数都有不同的单位，例如压力的单位是 Pa，流量的单位是 m^3/h，温度的单位是℃，电流的单位为 A 或 mA，电压的单位为 V，阀门开度的单位为%等。

标度变换有线性和非线性之分，应根据实际要求选用适当的标度变换方法。

1. 线性标度变换

在现代传感器中，物理量与感知的模拟电信号大小呈线性关系的占大多数，调理电路通常采用线性放大，因此它的标度变换通常采用线性变换。测量值（物理量参数值）Y_x 与 A/D 转换结果 N_x（数字量）之间是线性关系，线性变换的基本依据是二元一次线性方程式：

$$Y_x = kN_x + b \tag{11.1}$$

该方程源于 $y = kx + b$，这里 $y = Y_x$，$x = N_x$。

假设 Y_0 为被测量下限，Y_m 为被测量上限，Y_x 为标度变换后的测量值，N_0 为测量值下限所对应的数字量，N_m 为测量值上限所对应的数字量，N_x 为测量值对应的数字量，则有

$$\begin{cases} Y_m = kN_m + b \\ Y_0 = kN_0 + b \end{cases}$$

经过变换，解出二元一次方程组得 $k = (Y_m - Y_0)/(N_m - N_0)$，$b = Y_0 - N_0(Y_m - Y_0)/(N_m - N_0)$，代入 $Y_x = kN_x + b$，由此可以得到标度变换公式为

$$Y_x = Y_0 + (Y_m - Y_0) \times (N_x - N_0)/(N_m - N_0) \tag{11.2}$$

其中 Y_0、Y_m、N_0、N_m 对于某一具体的参数来说为常数，不同的参数有不同的值。

2. 非线性标度变换

从模拟量输入通道得到的有关过程参数的数字信号与该信号所代表的物理量不一定呈线性关系，则其标度变换公式应根据具体问题进行分析。有的可以分段线性描述，有的是开方运算，没有固定公式。

例如，一个差压变送器送来的差压信号 $\triangle P$，流量计算公式为 $G = k\sqrt{\triangle P}$，因此它是非线性变换。标度变换公式为

$$G_x = ((\sqrt{N_x} - \sqrt{N_0})/(\sqrt{N_m} - \sqrt{N_0})) \times (G_m - G_0) + G_0$$

G_0 和 G_m 为流量下限和上限值，N_0 和 N_m 为下限和上限对应的数字量。

非线性变换的表达式要根据传感器感知的物理量与实际输出电信号的关系来确定。

有了标度变换，对通道硬件的精确度就没有要求，只要稳定性好就可以，即保障电参数不变，通过标度变换可以精确校准测量值，因此一般调理电路不需要电位器来调节准确度。标度变换的常数，比如 Y_0、Y_m、N_0 和 N_m 是通过初始调试时实际运行得到的，是不变的，因此可以将这些参数定义为常量直接使用。如果在一批产品中硬件存在差异，则这些常数在不同硬件中也有一定差异，因此可以把这些有可能在不同硬件中有不同值的常数设置为变量，在实际运行中，可以通过设置的方式改变这些常数，以适应不同硬件的要求。

11.6.5 通道调试

1. 模拟通道的调试

静态检查无误后，系统加电，让信号发生器输出模拟信号给模拟通道输入端，用示波器或万用表测量调理电路输出是否正常，是否在预期的设计范围之内，查看调理电路是否输出正确的模拟量，如果不正确（过大或过小），则可以通过调整反馈电阻的值来改变运放的放大位数，直到达到要求为止。这个数值不要求很精确，只要基本达到要求的范围即可，因为可以从软件上来精确校准测量值。

（1）4～20 mA 电流输出模块调试

对于图 11.7 所示的输出 4～20 mA 电流的输出电路，首先用可调直流稳压电源输出稳定的 2 V 电压，接入图中的电阻 R_{39} 与运放输入端 3 脚，用万用表电流 mA 挡，红笔接 IOUT+，黑笔接 IOUT−，上电后，看电流是否在 20 mA 左右，如果相差不大，说明电压转换为电流的电路工作正常。

在 RealView MDK-ARM 环境中，编写 PWM 输出程序，让 MCU 的 PWM0 输出 1 kHz 的 PWM 输出波形，试着调整 PWM 占空比，用电流表观察输出电流的大小，直到输出为 4.0 mA（Y_0），记下占空比寄存器 CMR0A 的值 KILow（N_0），再调整占空比，使电流输出为 20.0 mA（Y_m），记下此时的占空比寄存器 CMR0A 的值 KIHigh（N_m）。因此要输出 Y_x mA 的电流，则由于线性关系，使用前面所述的标度变换公式（11.2），可得

$$Y_x = 4.0 + (20.0 - 4.0) \times (N_x - \text{KILow}) / (\text{KIHigh} - \text{KILow})$$

因此占空比寄存器 CMR0A 的值 Nx 为

$$N_x = (Y_x - 4.0) \times ((\text{KIHigh} - \text{KILow}) / (20.0 - 4.0) + \text{KILow}$$

即

$$\text{CMR0A} = (Y_x - 4) \times ((\text{KIHigh} - \text{KILow}) / 16 + \text{KILow}$$

由此公式可知，电路参数有误差没有关系，只要器件稳定不变，精确调整占空比就可以很好地控制电流输出。

（2）4～20 mA 电流输入检测模块的调试

对于 4～20 mA 电流输入检测电路的调试，可以利用 4～20 mA 电流校准。先将标准电流源调整到 4 mA（Y_0），通过该电路编写 ADC 程序，获取 A/D 变换后的数字量 DIL（N_0），再调整电流源到 20 mA（Y_m），得到数字量 DIH（N_m）。由线性标度变换公式（11.2）可知，任意电流 Y_x mA 为

$$Y_x = 4 + (20 - 4) \times (D_x - \text{DIL}) / (\text{DIH} - \text{DIL}) = 4 + 16 \times (D_x - \text{DIL}) / (\text{DIH} - \text{DIL})$$

（3）温度检测模块调试

将图 11.9 所示温度输入检测电路 PT100 接线端子中 V+ 和 S+ 短接，S− 与 V− 短接，用标准电阻箱把电阻值调整到 100 Ω（对应 PT100 为 0 ℃），电阻箱电阻输出一端接 V+，另外一端接 V−。由电路原理可知，电阻通过电流产生电压，通过调理电路，最后输出与温度（电阻）相关的模块电压信号 TemIn，送 MCU 的 ADC 通道 AIN1，编写 A/D 变换测试程序，得到数字量 Dt_0；再将电阻箱电阻调整到 138.51 Ω（对应 PT100 为 100 ℃），得到数字量 Dt_{100}。由于电机

温度通常在 0~100 ℃ 范围内，因此根据第 7 章 7.2.1 节关于 PT100 的描述可知，在 0~100 ℃ 范围内，温度与电阻近似为线性关系：$R_t = R_o(1+At)$，而电阻与输出电压又成正比关系，因此电机温度检测可以使用线性标度变换公式（11.2），已知 $Y_0 = 0$，$Y_m = 100$，$N_0 = Dt_0$，$N_m = Dt_{100}$，因此

$$Y_x = 100 \times (N_x - Dt_0)/Dt_{100}$$

即通过 A/D 变换得到一个数字量 N_x，即可得到温度 Y_x。

对于温度范围比较宽的温度测量，需要查 PT100 分度表确定具体温度值与电阻的关系。可参见 PT100 相关资料。

（4）欠压模块的调试

所谓欠压，是指电压低于额定电压的 80% 以上，因此用三相调压器把 380 V 电压调整到 304 V。由于本电路没有额外的电位器可调节，因此这里的所谓调试就是软件的调试。当来自电源模块的欠压信号 YQYin 经过本电路调理后，变为一定电平的直流电压信号 LVin，送嵌入式系统的 MCU ADC 通道 AIN4。编写 ADC 转换程序，得到数字量 DLv（由于只是整流和滤波，因此波形不是纯正直流，建议在一个周期内定时采样多点，然后通过均方根运算得到有效值 DLv），再调整 380 V 电源电压为 342 V（380 V×90%），得到转换的数字量 DV，当数字量低于 DLv 时即判定为欠压，实行欠压保护，当电压升到超过数字量 DV 时，取消欠压报警。切不可当电压小于 304 V 时判定为欠压，高于 304 V 时判定为正常。这样没有一点回差，产生的结果是，当电压在 304 V 左右不断波动时，系统就会出现一会欠压、一会正常的振荡情况，这是系统所不能允许的，因此要有回差。正确的判定方法是低于 304 V 判定为欠压，电压在 304~342 V 之间保持欠压状态，只有当高于 342 V 时才取消欠压状态，恢复为正常状态。此时当电压下降时，若电压在 304~342 V 之间，保持原来的正常状态不变，只有再低于 304 V 时才判定为欠压，因此有 38 V 的电压回差。回差的大小取决于系统要求和电网环境，如果电网稳定，回差可以小一些；如果电网波动大，则回差要加大。

（5）开度检测模块的调试

对于开度检测模块，静态检查无误后，把 1 kΩ 阀位电位器（与阀门机构相连动）接入 JRX1 连接器，中心抽头接 RW，通电后，把阀门关到位，通过 ADC 软件选择开度通道 AIN0，启动 A/D 后得到数字量 DL，再把阀门开到位，经 ADC 转换得到数字量 DH，关到位对应开度 0%，开到位对应开度 100%。由于电阻的变化，经过调理电路后，输出与之成正比的电压，经过 A/D 变换之后，得到的数字量也与电压呈线性关系，因此当开关对应数字量为 D_x 时，已知 $Y_0 = 0$，$Y_m = 100$，$N_0 = DL$，$N_m = DH$，代入线性标度公式（11.2），可得开度值 KD 为

$$KD = Y_x = 100 \times (D_x - DL)/(DH - DL)$$

2. 数字输入通道的调试

本系统的数字输入通道包括阀门状态检测电路、远程操作回路、现场按键操作及拨码开关设置电路以及相序和缺相检测输入电路。

（1）阀门状态检测电路调试

在静态检查后通电检测，对于连接到阀门机构的连接器 JLJ，用导线将公共端 3 脚连接

到 1 脚, 用万用表直流电压挡测量 TSOpen 对地的电压, 看是否接近 0, 不超过 0.5 V 即为逻辑正常。取下导线, 断开连接器, 再测量电压是否接近 V_{CC}, 如果是则本回路测量正常。然后依次以同样的方法测试 LSOpen、LSClose 以及 TSClose 的逻辑关系是否正常。如果有一路不正常, 则检测连接是否可靠, 有没有短路现象, 光耦是否完好, 直到各路状态均正常为止。

(2) 远程操作回路的调试

与上述调试阀门状态的方法一样, 通电后用一根导线将连接器 JYC 的 5 脚与 1 脚短接, 用万用表直流电压挡测量 yClose 对地逻辑是否为 0, 断开导线, 看逻辑是否为 1, 如果是则正常, 否则异常, 查看线路有无接错, 光耦有无损坏, 直到逻辑正常。用同样的方法测试 yHold 及 yOpen 对地的逻辑关系, 直到测试正常。

(3) 现场按键操作及拨码开关设置电路的调试

通电后, 按下相应的按键, 用万用表直流电压表测量相应引脚对地是否逻辑为 0, 抬起来是否为 1; 功能选择的测试也一样, 拨码开关打到 ON 时, 功能选择输出应该为逻辑 0, 否则为逻辑 1。

(4) 相序和缺相检测输入电路的测试

对于缺相的调试, 三相电接通后用示波器观察对应相的波形如 PA、PB、PC, 如果全为 50 Hz 的方波, 则为正常; 取下一相, 如果方波变为一条直线 (0 电位), 则说明该相缺相。

对于相序检测电路的调试, 只需要查看 PP 点的波形, 正常相序波形为脉冲信号; 将相序反接, 再观察 PP 波形, 如果为高电平直线, 则说明检测正确。

3. 数字输出通道的调试

(1) 故障输出电路调试

故障输出电路的调试就是利用 GPIO 引脚输出高低电平, 检测输出结果是否正确。对于图 11.16 所示的故障输出电路, 让 MCU 的 FAOUT (P3.2) 输出 0, 用万用表蜂鸣器挡检测故障输出接线端子的 2 脚和 3 脚, 如果有声响, 且当 P3.2 输出 1 时没有声响, 则故障输出电路正常; 否则检测三极管、继电器以及光耦是否工作正常。另外, 检查续流二极管 D_{304} 有没有接反, 如果接反了, 则继电器永远不会动作。排除故障直到满足上述要求。

(2) 故障指示灯电路调试

对于图 11.17 所示的故障指示灯电路, 只需要让 MCU 的 LED_1 (P4.2) 输出 0, 观察指示灯 FZLED 是否被点亮, 如果点亮, 再让 P4.2 输出 1, 则故障指示灯熄灭。如果有问题, 则看一下发光二极管是否接反, 三极管是否正确, 直到排除问题为止。

(3) 阀门电机正反转控制电路调试

对于图 11.18 和图 11.19 所示的电路, 静态检测无误后通电, 让 MCU 的 OpenC(P1.6) = 0 且 CloseC(P1.7) = 1, 看正转接触器 KM_1 是否动作, 电机能否正转; 如果正常, 再让 OpenC (P1.6) = 1 且 CloseC(P1.7) = 0, 看反转接触器 KM_2 是否动作, 电机能否反转; 如果正常, 再让 OpenC(P1.6) = 1 且 CloseC(P1.7) = 1, 看正转接触器和反转接触器是否都断开, 电机是否停止。如果动作正常, 则结束调试, 否则重点仔细检查光耦 U_{15} 和 U_{16}、三极管 BG_2 和 BG_3、继电器 JDQZZ 和 JDQFZ 以及续流二极管 D_6 和 D_7 连接是否正确，直到故障排除。

（4）LCD 输出接口调试

对于图 11.23 所示的 LCD 模块，静态检测连接没有问题后，先让 MCU 的 LCD_POWER（P3.5）输出 0，看 LCD 背光是否点亮，如果不亮则说明有问题，检查三极管 Q_{10} 是否接错了或不是 PNP 管，直到背光被点亮。再按照 LCD 的时序要求和操作步骤编写显示程序，测试 LCD 模块是否正常。通常的做法是采用厂家提供的 C 语言示例程序，进行移植后测试。因为大部分 LCD 提供的是 51 单片机的 C 语言程序，要移植到 ARM MCU 中，需要做的工作是对引脚进行定义。

软件可以按照 LCD 模块时序的要求，编程实现信息的显示。LCD 显示更新的策略可以以时间为触发条件，也可以按照阀门状态的变化来更新显示。通常情况是，在没有特定事件作为触发条件时，按照每隔一段时间更新一次显示。在慢变系统时，可以每秒更新一次显示，在快变系统时，每当有状态变化或采集的数据变化就更新显示。LCD 显示程序流程如图 11.31 所示。正常情况下 LCD 显示阀门状态、阀门开度、电机温度等，当有时钟更新时显示时钟，有数据更新时更新数据，有上位机命令时显示命令；当没有任何触发显示的条件超过一定时间（如 1 s 或 10 s）时，则自动关闭（让 LCD_POWER=1）背景以节约能量；当有闪烁命令时让指定信息闪烁显示。

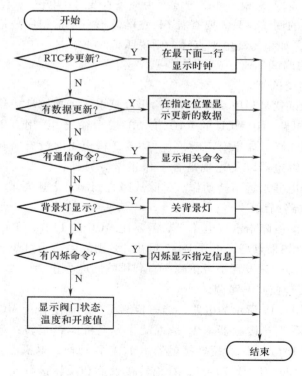

图 11.31　LCD 显示程序流程

4. 互连通信接口调试

静态检查无误后上电，编写通信测试程序，发送和接收须单独调试。

由于本系统仅使用 RS-485，因此可将图 11.25 和图 11.26 所示 RS-485 通信接口电路中 J485 的 A 和 B 分别连接到图 11.32 所示的 RS-485 转 RS-232 转换器的 485 总线的 A 和 B，然后把转换器连接到 PC 的 RS-232 接口，通过 ModBus-RTU 调试工具，编写简单的通信程序调试接口的发送与接收是否正常，注意波特率、字符格式要一致。最后再通过 ModBus 专用测试软件来测试完整的 RS-485 程序是否正常。

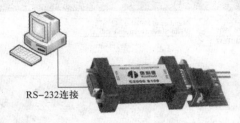

图 11.32　RS-485 与 RS-232 转换器

图 11.33 所示为 ModBus RTU 测试软件 Modbus-RTU 调试工具 CRC16 版的主界面。在下面的接收、发送区域可以接收基于 CRC16 校验的标准 ModBus RTU 协议的数据帧，也可以在上面的目标字串中输入要发送的一帧除校验码之外的地址、功能码、数据（参见第 9 章 9.3.4 节），它会自动添加 CRC16 校验，并在发送区域发送，这样测试时不必每个帧数据都自行计算 CRC 校验。该测试工具可以按照 ModBus RTU 协议单向命令测试接收或发送，但不能以主机身份不断自动发送命令。

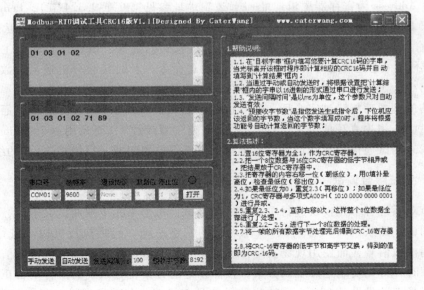

图 11.33　ModBus RTU 调试软件

如果要在不自行编写主机程序的情况下通过测试软件自动按照协议要求向从机发送数据或命令，可使用专用测试软件。图 11.34 所示为控制系统经常使用的 ModBus RTU 协议专用测试软件 ModScan32。

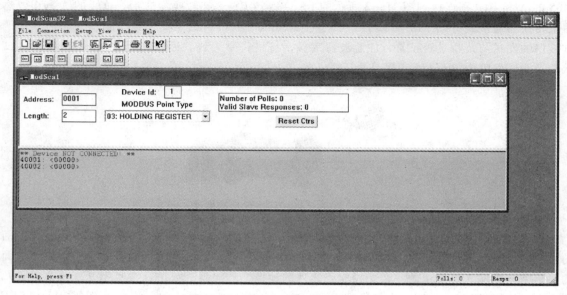

图 11.34　ModBus RTU 专业测试软件

这里可以通过 Connection 菜单配置波特率和字符格式，并连接到指定的串口。Device Id 设置分机地址，Address 为寄存器逻辑地址+1（逻辑地址参见第 9 章 9.3.4 节），Length 为数据长度，MODBUS Point Type 为功能码类型。本测试软件支持 01 线圈状态、02 输入状态、03 保持寄存器、04 输入寄存器等。下面的窗格用于显示接收到的数据。该软件自动以主机身份向指定 Device Id 分机（这里就是阀门控制器）定时发送命令，及时接收分机送来的数据，并显示在下面的窗格中。定时时间可以通过 Setup 菜单设置。

以上通信的基本功能测试完毕后，还要进行距离测试。基于 RS-485 总线，通信距离可达 1.2 km。测试时，很少真正使用 1.2 km 的通信电缆（双绞线），而是用一个 1 km 的仿真线代替实际传输线来测试通信效果。仿真线由电阻、电感等电路组成，以模拟 1 km 的线路。

11.6.6　系统综合调试

以上各节对系统各单元模块进行单独测试和调试，每个单元单独调试完毕后，要进行综合系统测试和调试，即联调（联合调试）。把设计的完整系统（包括执行机构）进行通电调试，调试时不使用模拟信号，而使用现场实际传感器得到的信号，使系统调试真实可信。

系统联调时，首先要制定好统调方案，按照预定的方案检查系统的运行是否正常，系统及各项参数指标是否满足设计要求，系统间的通信是否畅通，与系统联动的设备控制是否灵活。有时要反复调整多次，才能使系统工作在最佳状态。

为了验证系统的可靠程度，还要进行系统的运行试验，确认系统在功能方面的完备性、可靠性，并做好系统试运行记录。这些记录均是工程验收和日后维修、维护所不可缺少的技术文件资料。

按照设计要求将设计好的阀门控制器硬件与电动阀门连接好，三相380 V交流电用一个三相刀掷开关连接到系统中，如图11.35所示。

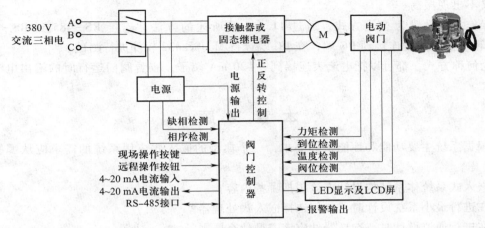

图11.35　系统综合调试连接图

综合调试的目标是达到系统总体设计要求，完成需求分析中的所有功能要求，并保证系统能长时间可靠工作。

单独模块的调试有对应单独测试模块的软件，这里的综合调试，是阀门控制器软件已经完全按照系统的工作要求形成了完整的程序。

连接完好后通电，查看 LED 及 LCD 显示是否正常，在没有开关阀时，仅显示当前阀门的状态，如有无开关到位、有无开关过力矩、是否缺相、是否欠压等。如果没有任何故障，故障指示灯应该熄灭。

将某一相断开，查看 LCD 屏上有无缺相显示，然后再将相序接反，查看 LCD 屏有无相序错误显示，如果都正常，可进行下面的开关阀操作。

将操作方式打到现场操作，查看 LCD 是否显示现场，然后按现场开阀操作按键，LCD 显示开，阀门电动正转，LCD 上显示不断变大的开度值，直到开到位达到100%，同时到位信号有效，显示开到位，电机停止运行。按现场关阀按键，LCD 显示关，阀门电机反转，开度不断减小，直到0%，关到位，LCD 显示关到位和0%，电机停止。当不到位时，按停止键立即停止。

将操作方式打到远方操作方式，LCD 显示远方，按远方开或关按键，电机的操作方式同现场。

在开关的过程中，如果遇到过力矩的情况，则立即停止开或关的操作，并显示开过力矩或关过力矩。

将操作方式设置为电流输入控制，把 4～20 mA 标准电流源加入电流输入端，改变电流大小即可控制阀门运行到指定位置。当电流为 4 mA 时，相当于将阀门关闭到位；当电流为 20 mA 时，相当于将阀门开到位；当电流为 12 mA 时，相当于把阀门开或关到 50% 的阀位。因此可在 4～20 mA 范围内指定一个电流值，让阀门运行到指定位置。如果出现来回振荡，可把灵敏度调低一些，如果精确度不够，可把灵敏度调高，找到一个恰当的灵敏度，既满足精确度的要求，又不出现振荡。

将操作方式设置为总线方式，通过 11.6.5 节所述的方法，连接 RS-485 到 RS-232 转 RS-485 转换器，然后连接到 PC 端，在 PC 端运行 ModScan32 软件进行测试。

无论何种方式，都可以把电流表连接到 4～20 mA 端子，查看阀门运行时的输出电流是否满足要求。

本 章 习 题

1. 根据系统主要功能和性能指标要求，一个典型的嵌入式应用系统的需求应从哪些方面分析和考虑？

2. 嵌入式系统体系结构设计应该包括哪些内容？

3. 在进行最小系统设计时，如何选择嵌入式处理器？

4. 在进行通道设计时，选择器件应该遵循什么原则？

5. 什么是标度变换？为何要进行标度变换？对于线性标度变换，假设一个传感器的输出量为湿度，自行定义变量，说明其变换过程。

6. 通过本章学习，简述嵌入式硬件设计的步骤有哪些？各个步骤的关键点在哪里？

附录　部分习题参考答案

习题 3.6　答案：N = T×FPCLK/(PR+1) = 1 000 000×40/200 = 200 000。

习题 3.9　答案：CNR = 22.118 4 MHz/(PR+1)/200 kHz = 22 118 400/200 = 110 592；占空比为 50%，CMR = CNR/2 = 110 592/2 = 55 296。

习题 3.12　答案：一个字符占有 1 位起始位、8 位数据、1 位停止位，共 10 位，波特率为 115 200 指的是 1 s 传输 115 200 位，因此 1 s 传输 115 200/10 = 11 520 个字符，1 分钟最快（字符之间无等待）可传输 691 200 个字符。

习题 4.7　答案：$T = 1/50$ Hz = 20 ms，按照要求 $RLC \geqslant (3\sim5)T/2$，因此 $C \geqslant (3\sim5)\times20/2/0.05 = 600\sim1\ 000$ μF，可选择 680 μF 或 820 μF。当然，如果不考虑体积和成本，电容越大越好。$U_c = 1.2U_2 = 1.2\times25 = 30$ V，考虑 10% 的波动，至少使用 35 V 耐压，因此可选用 680 μF/35 V 或 820 μF/35 V 耐压的电解电容。由于 35 V 与 50 V 的电容在价格上没有什么差别，因此出于安全考虑，可选用 680 μF/50 V 或 820 μF/50 V 耐压的电解电容。

习题 4.9　答案：根据已知条件，实际总输出功率为：P = 12 V×0.25 A+5 V×0.2 A = 4 W。

根据 78 系列集成稳压器的要求，假设输出电压为 U_0，则稳压器输入端不小于 U_0+3 V，这也是滤波后的直流电压值 $U_c = U_0+3$ V。根据全波整流滤波的关系，滤波后由（4.7）式知 $U_c = 1.2U_2$。根据上述关系，得到不同输出电压要求的变压器次级电压有效值 U_2 的关系如附表 1 所示。

附表 1　稳定输出电压 U_0 与变压器次级电压有效值 U_2 的关系

U_0	输出电流 I_0	等效负载	U_c （U_0+3 V）	U_2 （U_c/1.2）	波动±10%时 U_2	
					理论计算	实际取值
12 V	250 mA	48 Ω	15 V	12.5 V	13.89 V	14 V
5 V	200 mA	25 Ω	8 V	6.67 V	7.41 V	7.5 V

以上通过输出电压推算出了变压器次级输出电压的值分别为：第一组独立 14 V/250 mA，第二组 7.5 V/200 mA。

变压器输出功率为 14 V×0.25 A+7.5 V×0.2 A = 5 W，选用 5 W 的变压器，变压器初级为 220 V/5 W。

对于整流二极管的整流电流，可以根据式（4.5）计算的 3 倍选择，也可以直接根据输出电流的 3 倍选择。对于反向电压值的选择，可根据 $URM = \sqrt{2}\,U_2$ 加上 10% 的波动选择。对于滤波电容的选择，可根据式（4.6）计算电容容量取上限。根据式（4.7）计算和选择耐压值如附表 2 所示。

附表 2 整流二极管参数与滤波参数计算和选择

U_2（+10%）	输出电流 I_0	等效负载	整流二极管整流电流 3 倍	整流二极管反向耐压	选择二极管标称耐压	计算滤波电容容量	选择标称电容容量	计算滤波电容耐压	选择滤波电容耐压
13.89 V	250 mA	48 Ω	750 mA	19.64 V	25 V	625~1 041 μF	1 000 μF	16.67 V	25 V
7.41 V	200 mA	25 Ω	600 mA	10.46 V	16 V	1 200~2 000 μF	1 200 μF	8.892 V	16 V

由表 4.2 可知，各组整流电路中的二极管最大耐压不超过 50 V，电流不超过 1 A，因此全部选择 1N4001，滤波电容可分别选择 1 000 μF/25 V、1 200 μF/16 V（电解电容只有最低 16 V）。

电源电路图如附图 1 所示。

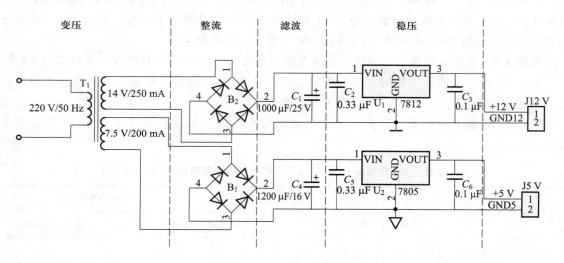

附图 1 题 4.9 电源电路原理图

习题 4.10 答案：由 LM2575HV-ADJ 资料可知，这个系列有固定 5 V 和 12 V 输出，没有 15 V 输出，因此选择通过 $V_{out} = V_r(1 + R_2/R_1)$ 关系，调整 R_1 和 R_2 的值达到特定输出电压的目的。当 $R_1 = 3$ kΩ 时，输出 15 V 对应的 R_2 值为 33.58 kΩ，R_2 可以用几个电阻串联以得到精确的 33.58 kΩ 的大小，也可使用电阻器调节到 33.58 kΩ。电源电路如附图 2 所示。

习题 4.11 答案：选用 AIC1642-33 降压型 DC-DC 芯片比较方便设计只有 1 节电池供电的嵌入式电源。电路如附图 3 所示。

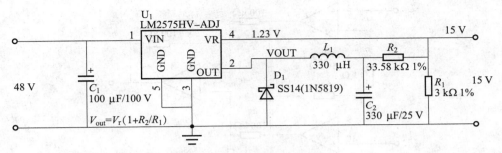

附图2　DC-DC 应用电源电路

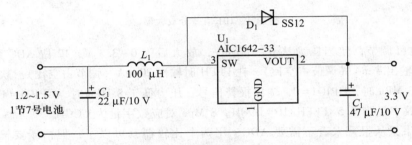

附图3　1节电池供电的电源设计电路

习题 7.6　答案：根据截止频率 $f_0 = 1/(2\pi RC)$，$f_0 = 100$ kHz，不妨设 $C = 0.1$ μF，则 $R = 1/(2\pi f_0 C) = 1.59$ kΩ，可取标称值 1.6 kΩ，即选择 $C = 0.1$ μF，$R = 1.6$ kΩ。RC 组合有多种，不是唯一的，只要符合 $C = 1$ nF~10 μF 且同时满足截止频率要求即可。

习题 7.7　答案：当 $R_1 = R_2$，$C_1 = C_2$ 时，截止频率 $f_0 = 1/(2\pi\sqrt{R_1 C_1 R_2 C_2})$，变换为 $f_0 = 1/(2\pi RC)$，$f_0 = 100$ Hz，不妨设 $C = 0.47$ μF，则 $R = 1/(2\pi f_0 C) = 3.39$ kΩ，可取标称值 3.4 kΩ 1%，即选择 $C_1 = C_2 = 0.47$ μF，$R_1 = R_2 = 3.4$ kΩ 1%。RC 组合有多种，不是唯一的，只要符合 $C = 1$ nF~10 μF 且同时满足截止频率要求即可。由于 $R_3 = 10$ kΩ，要求放大倍数为 10 倍，$R_f/R_3 = 10$，因此 $R_f = 100$ kΩ。

习题 7.8　答案：根据第 2 章 2.4.2 中的差分放大器公式（2.4）可知，取 $c = 1$，当 $a = b$ 时，放大倍数 $= 1 + 2a = 101$，$a = 50$，$aR_1 = bR_1 = 50R_1$，不妨设 $R_1 = 1$ kΩ，则 $aR_1 = 50$ kΩ，$bR_1 = 50$ kΩ，$R = 100$ kΩ。

习题 7.16　答案：3.3 V 供电的嵌入式处理器，内部 ADC 参考电压一般也为 3.3 V，因此要将 100 mV 放大到 3.3 V，则要放大 33 倍，可以使用差分放大器，参见第 2 章 2.4.2 节。通常取 $c = 1$，$a = b$，$R_1 = R_2$，$1 + 2a = 33$，$a = 16$，电路如附图 4 所示。附图 5 中 U_{12} 和 U_{13A} 与若干电阻构建了一个放大倍数为 33 倍的差分放大器，R_{83}、C_{54}、R_{84}、C_{59} 以及 U_{13A} 构建了一个截止频率约为 1 kHz 的二阶有源低通滤波器（假设压力变化速度远小于 1 kHz），滤除 1 kHz 以上的干扰。最后将压力信号调理到 0~3.3 V 送 MCU 片上 ADC 输入端。输出电流电路通过片上 PWM0 输出频率

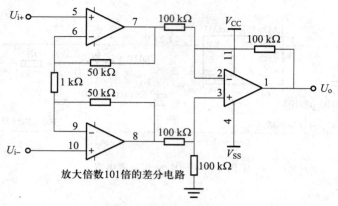

U_{i+} 5 +
6 −
7
100 kΩ
V_{CC}
100 kΩ
11
2 −
3 +
1
U_o
4
V_{SS}
1 kΩ
50 kΩ
50 kΩ
U_{i-} 9 −
10 +
8
100 kΩ
100 kΩ

放大倍数101倍的差分电路

附图4　101倍差分放大器

1 kHz，占空比可调节，使当压力从 0～100 mV，放大后为 0～3.3 V，12 位 ADC 数字量为 0～FFFH，让 0 时输出 4 mA（调节占空比），让 FFFH 时输出 20 mA（调节占空比）。软件上要判定，当压力超过 8.5 MPa 时，GPIO1 = 0，输出报警信号；压力低于 8 MPa 时，GPIO1 = 1，解除报警。8.5 MPa 对应数字量为 8.5×FFFH/10 = D98H，8 Mpa 对应数字量为 CCCH。

注意：如果只从报警来看不需要 ADC，用两个比较器就可以了，但由于要输出与压力对应的电流，因此采用 ADC 采样压力值，再输出电流并输出报警。

习题 8.12　答案：按照要求采用 M058LDN，用 P4.4 控制电磁阀的开关与关闭，用 P4.5 控制开始和停止出料，P4.0 作为工作按键检测，P4.1 为停止按键检测，用于紧急停止。流量检测仅使用一个 1% 的 160 Ω 的电阻进行简单的电流到电压的变换（也可以参见图 7.39 电流转换为电压的电路）。由于使用了直流 24 V 控制的三相固态继电器，且电机的功率为 7.5 kW，因此额定电流为 19.74 A，可以选择 40 A 以上的固态继电器，如 JG–TH3Z40D2，该型号为 3 相交流，输出电流达到 40 A，控制电压为 18～30 V，额定工作电压为 36～430 V（交流）。电路原理图如附图 6 所示。

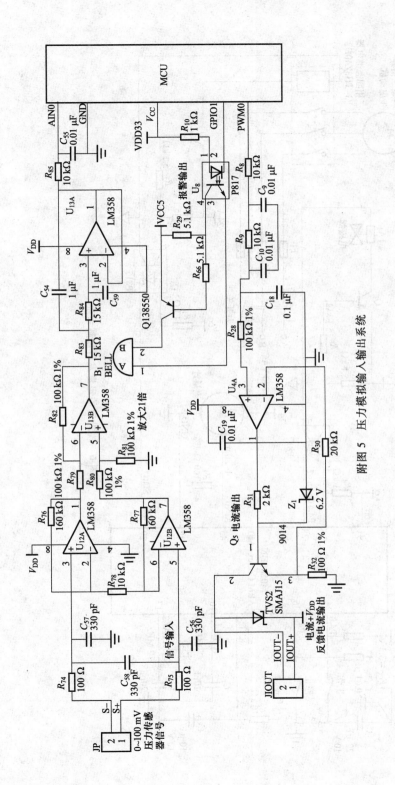

附图 5 压力模拟输入输出系统

485

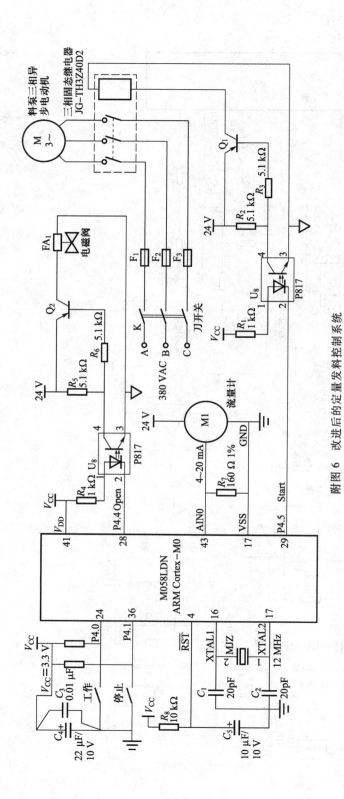

附图 6　改进后的定量发料控制系统

参 考 文 献

[1] 教育部高等学校计算机类专业教学指导委员会. 高等学校嵌入式系统专业方向核心课程教学实施方案 [M]. 北京：高等教育出版社，2014.

[2] GANSSLET J. 嵌入式硬件 [M]. 和凌志，林志红，尹陆军，译. 北京：电子工业出版社，2010.

[3] YIU J. ARM Cortex-M0 权威指南 [M]. 吴常玉，魏军，译. 北京：清华大学出版社，2013.

[4] 教育部考试中心. 全国计算机等级考试三级教程：嵌入式系统开发技术 [M]. 2015 年版. 北京：高等教育出版社，2014.

[5] 马维华. 微机原理与接口技术 [M]. 2 版. 北京：科学出版社，2009.

[6] 马维华. 嵌入式系统原理及应用 [M]. 2 版. 北京：北京邮电大学出版社，2010.

[7] 马维华. 嵌入式微控制器技术及应用 [M]. 北京：北京航空航天大学出版社，2015.

[8] 林莘. 现代高压电器技术 [M]. 2 版. 北京：机械工业出版社，2011.